机器人操作系统 ROS 应用实践

彭 刚　林天麟　刘锦涛　胡春旭　姚 昱　杨 帆　编著

電子工業出版社

Publishing House of Electronics Industry

北京 • BEIJING

内 容 简 介

越来越多的机器人正走向人们的生活及生产环境，机器人操作系统（Robot Operating System，ROS）作为一种重要的软件开发框架，提高了机器人系统的开发与部署效率，在分工协作、软件维护和系统扩展中具有重要意义。本书以任务为驱动，按照工作导向的思路展开教学，通过“学中做、做中学”的方式，循序渐进地介绍机器人操作系统应用开发方法；通过构思、设计、实施和运行多个环节，构建基于传感器的智能机器人系统。本书内容全面，包括机器人系统组成、将机器人连接到ROS、建立机器人系统模型、移动机器人激光SLAM、移动机器人自主导航、基于多传感器的SLAM、机械臂运动控制、计算机视觉、基于视觉的机械臂抓取、移动机器人视觉SLAM、ROS 2.0介绍与编程基础等内容，有利于读者掌握ROS原理与应用实践开发方法，培养软件全栈开发能力。

本书通俗易懂、内容丰富，是作者团队多年机器人科研项目和产品开发的积累，书中提供了大量的实例代码供读者学习研究。

本书可作为高等院校自动化、机器人工程、人工智能、机电一体化等相关专业的“机器人系统原理”“机器人操作系统”“机器人系统应用开发”课程的教材和教学参考书，也可以作为工程实训与学科竞赛的实践教材和实验配套教材，同时可供广大希望从事机器人系统开发和设计的工程技术人员、教师或者个人参考。

图书在版编目（CIP）数据

机器人操作系统ROS应用实践 / 彭刚等编著. —北京：电子工业出版社，2023.7

ISBN 978-7-121-38602-2

Ⅰ. ①机… Ⅱ. ①彭… Ⅲ. ①机器人—操作系统—程序设计—高等学校—教材 Ⅳ. ①TP242

中国版本图书馆CIP数据核字（2020）第034434号

责任编辑：刘　瑀
印　　刷：三河市鑫金马印装有限公司
装　　订：三河市鑫金马印装有限公司
出版发行：电子工业出版社
　　　　　北京市海淀区万寿路173信箱　邮编：100036
开　　本：787×1 092　1/16　印张：22　　字数：577千字
版　　次：2023年7月第1版
印　　次：2024年3月第3次印刷
定　　价：79.90元

凡所购买电子工业出版社图书有缺损问题，请向购买书店调换。若书店售缺，请与本社发行部联系，联系及邮购电话：（010）88254888，88258888。

质量投诉请发邮件至zlts@phei.com.cn，盗版侵权举报请发邮件至dbqq@phei.com.cn。

本书咨询联系方式：（010）88254115，liuy01@phei.com.cn。

前　言

机器人操作系统（Robot Operating System，ROS）作为智能移动机器人与无人驾驶技术的成熟平台，已被广泛应用于物流、巡检、智能汽车等行业。越来越多的机器人公司和开发者选择 ROS 作为开发框架，在 ROS 社区和众多软件功能包的基础上，进行应用系统的开发。ROS 已经逐渐成为机器人领域的事实标准，并将逐步从研发走向市场，助力机器人与人工智能的快速发展。同时，ROS 及其应用技术已成为机器人行业与人工智能领域的热门技术之一，人才紧缺，潜力巨大。机器人是一个综合了多个学科的应用领域，涵盖了机电一体化、自动化控制、电子信息、人工智能、机器视觉、网络通信、材料与能源等诸多学科。本书以任务为驱动，融合先进的工程对象教学方法，采用理论知识与实践相结合的教学模式，提高读者实际应用场景的项目研发能力。

本书由浅入深地介绍了机器人系统组成与 ROS 应用实践，不仅能使读者快速了解机器人和 ROS，而且为读者讲解移动机器人与机械臂两个应用方向的基本原理与常用算法，重点培养读者动手实践能力，以及将学到的知识加以应用的能力。读者从本书中可以学到：

- ROS 的使用与开发编程方法；
- 在 ROS 中建立机器人运动模型与 GUI 可视化方法；
- 在 ROS 环境下开发机器人传感器与驱动器；
- 多种 SLAM 算法与多传感器融合方法；
- 基于 ROS 的移动机器人导航与路径规划方法；
- 机械臂运动模型及 MoveIt 与 Gazebo 仿真；
- 计算机视觉在 ROS 中的应用开发；
- 相机内参与外参标定、手眼标定；
- 基于 2D/3D 视觉的物体识别与机械臂控制；
- 视觉 SLAM 系统应用开发；
- ROS 2.0 编程基础。

本书架构

本书共 11 章，可以分为四部分，各章节之间的关系如图 1 所示。

第一部分（第 1、2、3、11 章）是 ROS 应用系统基础，帮助读者了解机器人系统组成，熟悉典型传感器和执行器的功能，以及 Linux 操作系统和 ROS 常用功能包的使用方法，介绍如何进行机器人建模及使用 ROS 实现机器人仿真，并与物理机器人连接，介绍如何实现机器人运动控制和传感器数据采集，让读者建立一个简单的 ROS 机器人应用系统。

第二部分（第 4、5、6 章）介绍基于激光雷达、惯性测量单元（IMU）、里程计等多传感器融合的移动机器人平台搭建，介绍 SLAM 基础、机器人定位与地图建立方法、传感器标定及导航和路径规划，使读者掌握如何设计、开发一个相对完整的 ROS 移动机器人应用系统。

第三部（第 7、8、9 章）介绍基于视觉的机械臂运动控制，涉及机械臂控制、计算机视觉、相机内参与外参标定、深度学习、机械臂抓取等方面。通过这部分内容的实践，读者可以掌握设计、开发基于视觉的智能机械臂系统所需的 ROS 和图像知识。

第四部分（第 10 章）介绍基于 ROS 的视觉 SLAM 系统开发，涉及视觉 SLAM 框架和典型算法讲解，以及几种常见视觉 SLAM 算法介绍。这部分内容适合从事智能移动机器人、无人驾驶系统高级开发的读者学习。

在实际教学中，若教学内容侧重机器人原理或者机械臂控制，可以采用第 1、2、3、7、8、9、11 章组织教学；若教学内容侧重移动机器人和 SLAM，可以采用第 1、2、3、4、5、6、8、10、11 章组织教学。

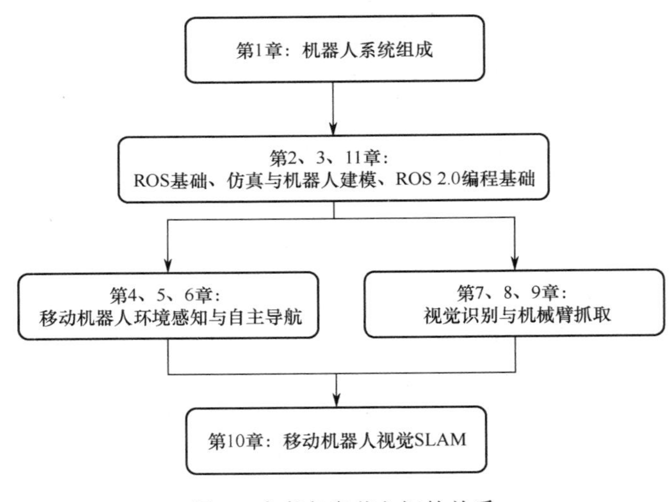

图 1　本书各章节之间的关系

主要内容

机器人系统一般由机械结构、硬件及软件等组成，想要学习机器人系统开发，需要从这几方面开始学起。

在第 1 章中，首先介绍了机器人的两种机械结构——移动底盘和机械臂，本书所用的机器人平台是这两种结构的组合，然后介绍了计算平台、控制系统、驱动系统、传感系统等，并简要介绍了机器人系统的软件组成。

在第 2 章中，讲解了 ROS 文件系统与通信机制，通过任务实践，让一个真实机器人运动了起来。

在第 3 章中，介绍了机器人建模与运动控制，并使用激光雷达实现了机器人对环境的感知。

在第 4、5、6 章中，主要讲解了移动机器人环境感知与自主导航。第 4 章介绍了激光 SLAM 理论基础及环境建图与位姿估计，并且介绍了两种经典激光 SLAM 算法。在使用激光雷达完成建图任务后，第 5 章讲解了 ROS 导航框架，介绍了移动机器人在地图中的定位、自主导航和路径规划技术。第 6 章介绍了基于多传感器的 SLAM 技术，包括传感器标定、基于滤波器和基于图优化的 SLAM。

在第 7、8、9 章中，主要讲解了机械臂运动控制、视觉识别，以及基于视觉的机械臂抓取。第 7 章介绍在仿真环境中对机械臂进行建模，讲解了机械臂的控制与运动规划。由于机械臂操作对象时需要进行目标识别和定位，因此对计算机视觉的学习是必不可少的。第 8 章介绍了计算机视觉的基本知识，如 OpenCV 库、相机内参与外参标定、图像变换及常见的图像检测算法等。第 9 章首先讲解了深度相机的原理，介绍了基于深度学习的物体识别；然后讲解了手眼标定，通过深度相机获取物体在三维空间中的位置，控制机械臂对物体进行抓取操作，详细介绍了物体抓取的姿态估计、机械臂抓取运动规划等。

在第 10 章中，介绍了除激光 SLAM 外，其他几种视觉 SLAM 算法和稠密建图方法。

在第 11 章中，介绍了 ROS 2.0 的编程方法。

书中各章都安排了相应任务让读者动手实践，体验机器人应用程序运行的乐趣，加深对知识的理解，如图 2 所示。书中程序涉及 C/C++或 Python 编程语言，读者应具有 Linux 基础和一定的计算机编程能力。另外，阅读本书也需要具备一定的数学基础，包括高等数学、概率论、线性代数和矩阵论。机器人学是一项和实践紧密相关的技术，其理论知识如果不能转化为让机器人运动的代码，就没有实际意义。只有脚踏实地，运行和体验这些代码后，读者才能真正掌握 ROS 应用系统开发方法。

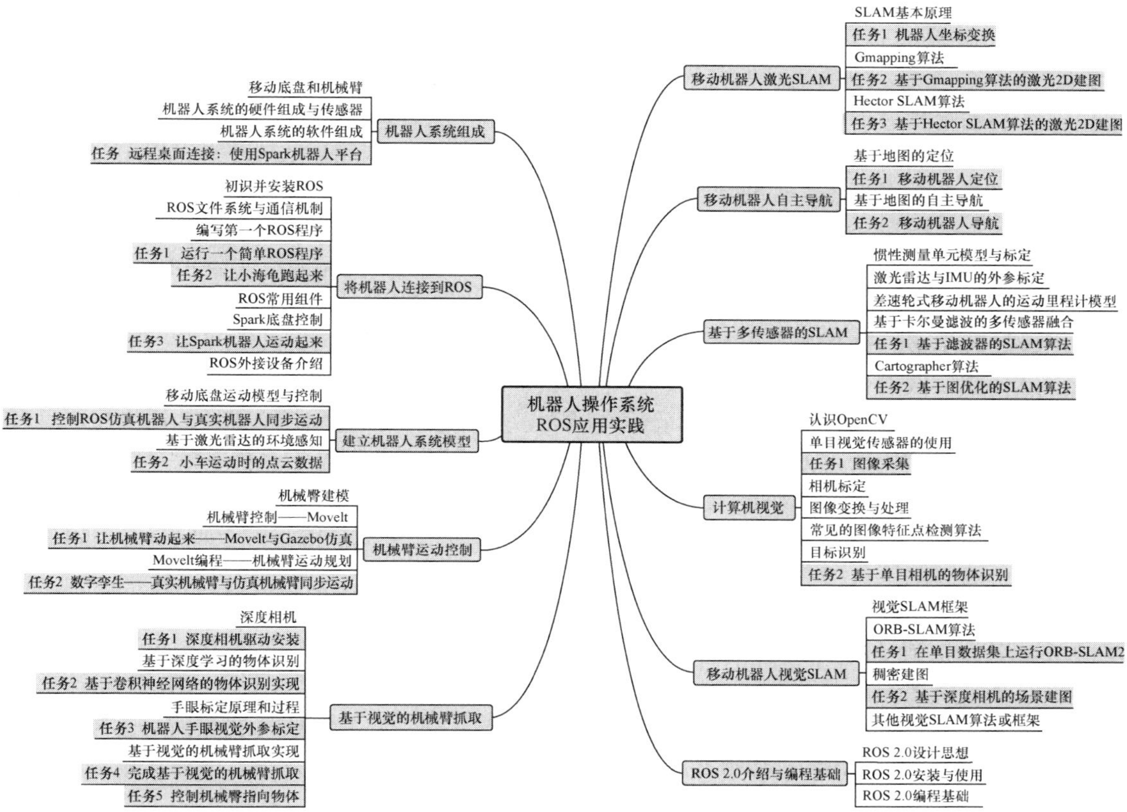

- 机器人操作系统 ROS应用实践
  - 机器人系统组成
    - 移动底盘和机械臂
    - 机器人系统的硬件组成与传感器
    - 机器人系统的软件组成
    - 任务 远程桌面连接：使用Spark机器人平台
  - 将机器人连接到ROS
    - 初识并安装ROS
    - ROS文件系统与通信机制
    - 编写第一个ROS程序
    - 任务1 运行一个简单ROS程序
    - 任务2 让小海龟跑起来
    - ROS常用组件
    - Spark底盘控制
    - 任务3 让Spark机器人运动起来
    - ROS外接设备介绍
  - 建立机器人系统模型
    - 移动底盘运动模型与控制
    - 任务1 控制ROS仿真机器人与真实机器人同步运动
    - 基于激光雷达的环境感知
    - 任务2 小车运动时的点云数据
  - 机械臂运动控制
    - 机械臂建模
    - 机械臂控制——MoveIt
    - 任务1 让机械臂动起来——MoveIt与Gazebo仿真
    - MoveIt编程——机械臂运动规划
    - 任务2 数字孪生——真实机械臂与仿真机械臂同步运动
  - 基于视觉的机械臂抓取
    - 深度相机
    - 任务1 深度相机驱动安装
    - 基于深度学习的物体识别
    - 任务2 基于卷积神经网络的物体识别实现
    - 手眼标定原理和过程
    - 任务3 机器人手眼视觉外参标定
    - 基于视觉的机械臂抓取实现
    - 任务4 完成基于视觉的机械臂抓取
    - 任务5 控制机械臂指向物体
  - 移动机器人激光SLAM
    - SLAM基本原理
    - 任务1 机器人坐标变换
    - Gmapping算法
    - 任务2 基于Gmapping算法的激光2D建图
    - Hector SLAM算法
    - 任务3 基于Hector SLAM算法的激光2D建图
  - 移动机器人自主导航
    - 基于地图的定位
    - 任务1 移动机器人定位
    - 基于地图的自主导航
    - 任务2 移动机器人导航
  - 基于多传感器的SLAM
    - 惯性测量单元模型与标定
    - 激光雷达与IMU的外参标定
    - 差速轮式移动机器人的运动里程计模型
    - 基于卡尔曼滤波的多传感器融合
    - 任务1 基于滤波器的SLAM算法
    - Cartographer算法
    - 任务2 基于图优化的SLAM算法
  - 计算机视觉
    - 认识OpenCV
    - 单目视觉传感器的使用
    - 任务1 图像采集
    - 相机标定
    - 图像变换与处理
    - 常见的图像特征点检测算法
    - 目标识别
    - 任务2 基于单目相机的物体识别
  - 移动机器人视觉SLAM
    - 视觉SLAM框架
    - ORB-SLAM算法
    - 任务1 在单目数据集上运行ORB-SLAM2
    - 稠密建图
    - 任务2 基于深度相机的场景建图
    - 其他视觉SLAM算法或框架
  - ROS 2.0介绍与编程基础
    - ROS 2.0设计思想
    - ROS 2.0安装与使用
    - ROS 2.0编程基础

图 2　本书各章节主要内容和任务

书中各章内容不偏重原理性的理论讲解或数学公式推导，否则读者容易出现“能看懂原理，但不会编程实现”的情况。我们尽量深入浅出地讲解 ROS 中的机械臂运动学、图像处理、相机标定、SLAM 等相关理论和数学知识。读者通过任务实践，调试各个功能代码和相关参数，看看会发生什么样的变化，可以快速理解原理性的知识。正所谓“知者行之始，行者知之成”，这也体现了本书的撰写思路：通过“学中做、做中学”的方式，以任务为驱动，按照工作导向的思路展开教学。本书每章后，提供了扩展阅读材料，希望读者进一步阅读相关文献，深入掌握知识细节。只有掌握体系化的知识，看问题才深刻，才能理解背后的逻辑。

本书的作者团队是国内较早一批 ROS 应用的开发者，具备多年项目研发、大量工业应用系统实践经验，对智能机器人整个技术栈有着全面深入的研究，研发过多款移动机器人、物流 AGV（Automated Guided Vehicle）、服务机器人、巡检机器人、6/7 自由度机器人、复合机器人、无人驾驶智能工程机械、特种机器人等系统和产品。本书内容是作者团队 20 余年机器人科研项目开发的积累，书中提供了大量的实例代码供读者学习研究，前期作为讲义和实验手册已在全国众多双一流、985、211、其他本科高校应用，以及作为工程实训与学科竞赛的实践配套资料应用。基于本书，全国已开展“星火计划”和中国 ROS 社区系列公开课活动，教学效果好，有利于读者快速地掌握 ROS 原理与应用实践开发方法。

读者对象

本书不仅可以作为高等院校相关专业本科生或研究生的教材，也可供对 ROS 应用开发感兴趣的读者阅读，还可作为从事移动机器人、机械臂控制、无人驾驶、无人机方向的研究人员的参考资料。

致谢和声明

在本书的写作过程中，我们得到了许多人的帮助，包括但不限于：

深圳创想未来机器人有限公司为本书提供了案例验证，以及面向 ROS 教学的配套硬件平台 Spark，其硬件包含了机器人领域常用的部件，如移动底盘、光电传感器、激光雷达、深度相机、机械臂、嵌入式系统、控制 PC、自动充电模块等。该平台结构灵活性高、扩充性强，可根据不同的应用增加调整所需模块，通过该平台就能对大部分机器人的应用进行实验和研究。

我指导的研究生为本书从使用者的角度提供了修改意见并完成资料收集，他们是：廖金虎、虎璐、陈博成、陈善良、任振宇、谭泽杰、李剑峰、王浩、杨进、关尚宾、万少威、彭嘉悉、周奕成、段航琪、许镳等，在此向他们表示感谢。在读研过程中，掌握智能机器人方向体系化的全栈知识，锻炼独立的科研综合能力，将科学探索融入实际项目的研发中，从实际项目中发现科学问题，并进行深入分析、实验研究，对每个研究生都很重要。在本书成稿之际，我们研发的一个施工机械无人驾驶课题入选了湖北省新一代人工智能重大技术创新成果（场景），面对过去 2 年经历的困难，坚持、有韧性，把不确定性的过程变成确定性的结果，是学生获得的一笔宝贵财富。

此外，华中科技大学人工智能与自动化学院、机械科学与工程学院、土木与水利工程学院的很多老师和领导，以及电子工业出版社的章海涛、刘瑀等编辑，对本书的出版给予了大力支持，在此向他们表示感谢。

由于 ROS 和 Linux 系统的开源特点，本书在写作过程中除参考原始文献外，还参考了一些 ROS 社区、CSDN 博客、知乎专栏资料，以及已经出版的 ROS 著作、机器人相关期刊和会议论文等，如有问题，请及时与我们联系，我们会尽快加以修正。

本书配套资源可扫描下方二维码下载，也可登录华信教育资源网（www.hxedu.com.cn）免费下载。

本书涉及知识点众多，难免有错漏。如有疑问，欢迎与我们联系。

最后特别感谢家人长期的理解和支持。

彭刚

本书配套资源

目　　录

第 1 章　机器人系统组成

机器人已广泛地应用于工业、医学、农业、建筑业及军事等领域，机器人系统通常包括以下几方面：机、电、控、感、智、协。也就是说，机器人系统是由机械、驱动、控制、感知、智能，以及多机协作组成的系统，是机器人和作业对象及环境共同构成的一个整体。机器人作为一个教学与科研平台，非常适合作为工程对象，用于学习和掌握软件编程、嵌入式技术、控制技术、传感器技术、机电一体化、图像处理与模式识别、多智能体及数据通信等方面的专业知识。本章介绍机器人系统组成，包括计算平台、控制系统、驱动系统、传感系统，以及软件组成等。

1.1　移动底盘和机械臂

1.1.1　移动底盘

对于移动机器人（Mobile Robot）来说，最基本的部件就是底盘。大到无人驾驶汽车，小到简易智能小车，都有不同的底盘驱动方式。所谓底盘驱动方式，简而言之，就是轮子如何通过布局和速度合成，让移动机器人灵活地运动。按照每个轮子的速度输出是否受约束，即每个轮子是否可以独立地输出速度而不考虑其他轮子输出速度的约束，底盘驱动方式可以分为约束型和非完整约束型，如图 1.1 所示。约束型包括差分驱动、阿克曼驱动、同步驱动；非完整约束型包括全向驱动、腿足驱动。

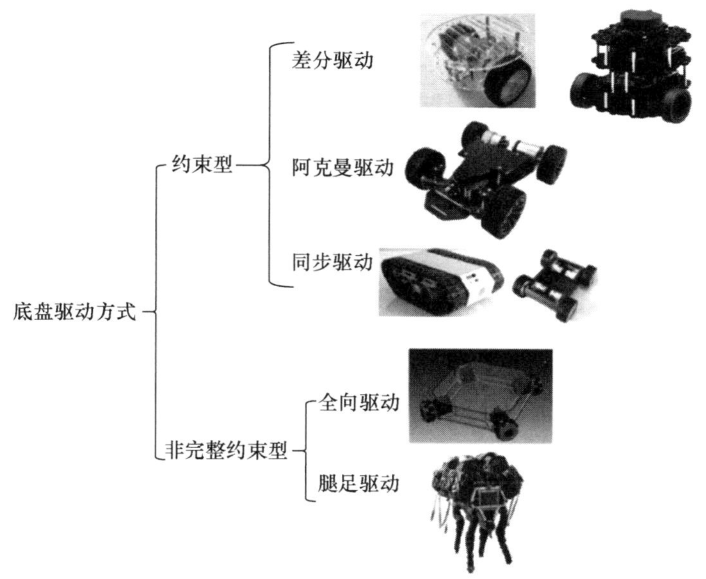

图 1.1　底盘驱动方式分类

差分驱动：最常见的形式，差分驱动是由左右两个平行的驱动轮构成的，这两个轮子都

具有动力输出。差分驱动底盘上通常还会安装万向轮（从动轮，不提供动力）用于支撑重量。机器人依靠左轮和右轮的速度差来运动，包括直行、转弯等，这也正是差分驱动的由来。差分驱动通过控制左右轮产生不同的速度差，让机器人以不同的线速度和角速度运动。有名的 turtlebot 机器人、pioneer 先锋机器人、家庭扫地机器人均采用这种驱动方式。

阿克曼驱动：绝大部分的汽车底盘采用阿克曼驱动，即采用前轮转向、后轮驱动的方式。阿克曼驱动的两个后轮提供动力输出，通过一个差速器进行速度分配，以产生不同转弯半径的速度差，前轮由方向盘控制转弯。因此，阿克曼驱动的关键就在于后轮的差速器。汽车上用的差速器采用一种特殊的齿轮组合结构，它能够根据车体实时的转弯半径，将发动机的输出速度自动分配到两个轮子上。而在移动机器人上，由于驱动轮一般直接连接电动机，所以用电子调速器代替差速器。

同步驱动：最常见的例子就是履带车，同步驱动是指同一侧的前轮和后轮的速度是一模一样的，形式上与差分驱动形式相同。一些没有履带的四轮底盘，也可以采用同步驱动方式，以增加驱动能力，使载重更大、行驶更平稳。不过相对于差分驱动底盘而言，轮式里程计精度相对较低，因为采用同步驱动的底盘在平坦的路面上转弯时，车体会产生不同程度的颤动，所以同步驱动底盘结构不利于转弯。

全向驱动：底盘的运动方向不受约束，可以在平面内做出任意方向的“平移+自转”动作。底盘既可以直着走，又可以横着走，不需要转动车身方向，就可以朝任意方向运动。全向驱动方式可以提升机器人的运动效率，尤其在大型货运仓库中，如果物流搬运小车采用全向驱动方式运动，能大大节省时间。全向驱动底盘的轮子由轮毂和辊子构成，轮毂是整个轮子的主体支架，辊子没有连接动力源，可以自由滚动，安装在轮毂周围。按照轮毂与辊子轴线所成的角度，全向驱动底盘的轮子分为全向轮（Omni Wheel）和麦克纳姆轮（Mecanum Wheel，简称麦轮）两种。

全向轮的轮毂与辊子轴线相互垂直，底盘有三轮全向结构和四轮全向结构两种。三轮全向结构中的三个全向轮分别相隔 120°，可以全方位移动。四轮全向结构中的每个轮子相互垂直，组成正交四轮全向轮结构。四个全向轮成十字形摆放的时候刚好构成十字坐标系，不过为了轴向的性能更好，人们一般采用 X 型摆放。

麦克纳姆轮是一种常见的全向驱动结构，其轮毂与辊子轴线的夹角为 45°，有互为镜像的左轮和右轮，采用四轮底盘结构，常用于平坦路面，不适合非平坦路面的场合应用。

腿足驱动：来源于仿生结构，结构较复杂，有两足、四足、六足驱动等，人形双足机器人、机器狗、机器昆虫等均采用腿足驱动。腿足驱动增加了机器人腿部自由度，增强了机器人以各种步态行走的能力，从而提高了机器人运动的机动性，扩大了机器人可行走的范围。但其附加的关节和驱动电机也会带来动力、控制、重量和能量方面的问题和技术挑战。

本书使用的实验机器人采用差分驱动底盘，其结构示意图如图 1.2 所示。

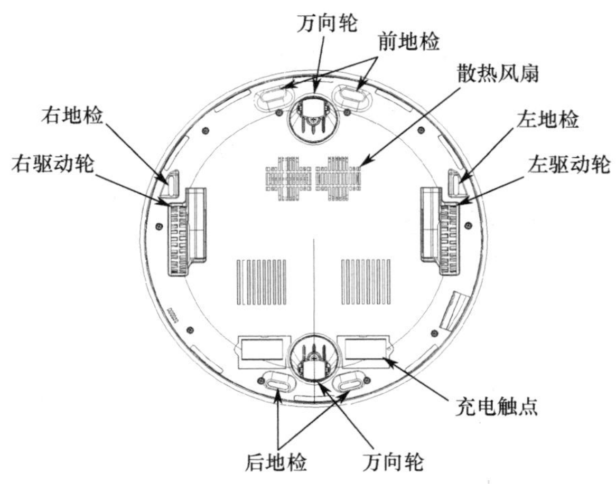

图 1.2　差分驱动底盘结构示意图

移动底盘的主要参数如表 1.1 所示。

表 1.1　移动底盘的主要参数

驱动方式（两个主动轮，差分驱动）	主 要 参 数
主动轮直径	68mm
最大速度	0.4m/s
编码器	12 位
载荷重量	5kg
越障高度	5mm
电池容量	18000mA
光电传感器	墙测：8 个，分布在底盘四周，用于障碍物或墙壁检测 地检：6 个，分布在底盘底部，朝下，用于楼梯检测
电源输出接口	两路 12V/3A 电源输出
充电电压	DC 19V

下面介绍两轮差速底盘的运动学模型。

1. *两轮差速底盘运动学分析*

如图 1.3 所示，两轮差速底盘的两个驱动轮位于底盘左右两侧，通过给定不同速度来实现转向控制，一般还会加一到两个辅助的万向轮作为支撑轮。

如图 1.4 所示，车体轮子半径为 r，两轮到车体中心的距离为 d，左右轮的间距 $D=2d$，左右轮角速度分别为 W_L 和 W_R，左右轮速度分别为 V_L 和 V_R；设车体速度为 V，角速度为 ω（逆时针旋转为正方向），转弯半径为 R。由此可得两轮差速底盘的运动学方程如下：

左轮速度：$V_L=\omega(R-d)$

右轮速度：$V_R=\omega(R+d)$

车体速度：$V=\omega R=\omega(R-d+R+d)/2=(V_L+V_R)/2=(rW_L+rW_R)/2$

车体角速度：$\omega= V_L/(R-d) = V_R/(R+d)$

则有：$R=(V_R+V_L)d/(V_R-V_L)$，$R+d=2V_Rd/(V_R-V_L)$

进一步可以得到：

$$\omega=V_R/(R+d)=(V_R-V_L)/2d=(-V_L+V_R)/2d=(-rW_L+rW_R)/2d$$

将车体速度和角速度写成矩阵的形式，如下：

$$\begin{bmatrix} V \\ \omega \end{bmatrix} = \begin{bmatrix} r/2 & r/2 \\ -r/2\text{d} & r/2d \end{bmatrix} \begin{bmatrix} W_L \\ W_R \end{bmatrix} = \begin{bmatrix} r/2 & r/2 \\ -r/\text{D} & r/D \end{bmatrix} \begin{bmatrix} W_L \\ W_R \end{bmatrix}$$

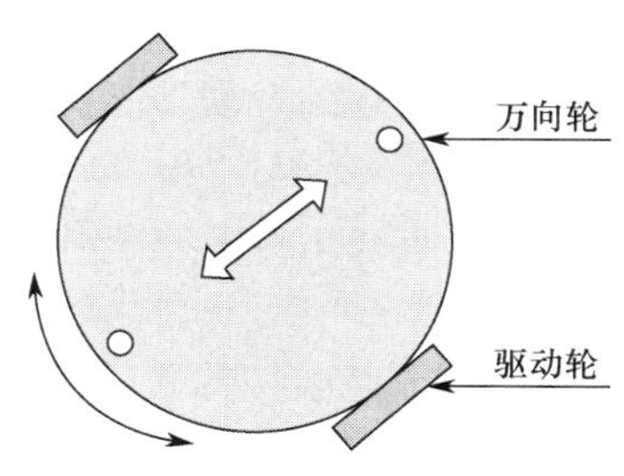

图 1.3　两轮差速底盘示意图

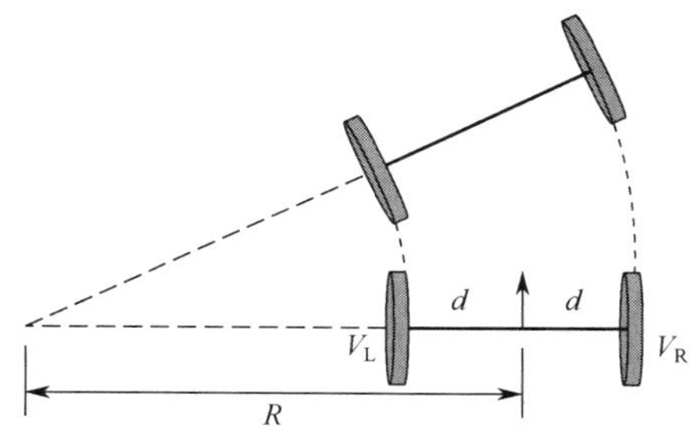

图 1.4　两轮差速底盘运动学分析

2. 两轮差速底盘的运动模型

为了进行机器人的轨迹控制，需要知道机器人的运动模型。两轮移动机器人的轨迹可以看成由多段圆弧或者直线（旋转速度为 0 时）组成。

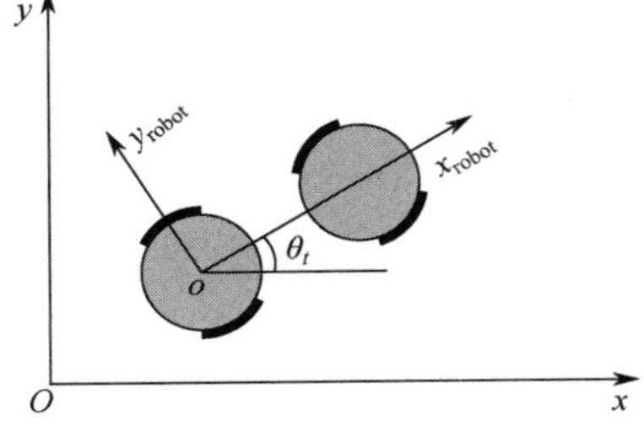

图 1.5　两轮差速底盘的运动模型

采用两轮差速底盘结构的移动机器人不能横向移动，只能前进和旋转。

t 时刻时，定义机器人车体速度和角速度为 (v_t, w_t)。

如图 1.5 所示，θ_t 为 t 时刻时机器人坐标系 x_{robot} 轴与世界坐标系 x 轴的夹角。从 t 时刻到 t+1 时刻，机器人的运动距离很短（编码器采样周期一般是 ms 级），因此可以将两相邻点之间的运动轨迹看成直线，即沿机器人坐标系 x_{robot} 轴移动了 $v_t \times \Delta t$。

将该段距离分别投影在世界坐标系 x 轴和 y 轴上，得到 t+1 时刻相对于 t 时刻，机器人在世界坐标系中移动的位移 Δx 和 Δy，以及机器人的旋转角度 $\Delta\theta$：

$$\Delta x = v_t \times \Delta t \times \cos(\theta_t)$$

$$\Delta y = v_t \times \Delta t \times \sin(\theta_t)$$

$$\Delta\theta = w_t \times \Delta t$$

以此类推，如果想推算一段时间内机器人的运动轨迹，需要将这段时间的增量累计求和。

1.1.2　机械臂

机械臂（Manipulator Robot）是一种典型的工业机器人，我们可以经常看到它们工作的照片或录像，例如，它们可在工厂中完成装配、焊接、抓取等任务，或在手术室中进行手术操作。世界上第一个机械臂诞生于 1959 年，是一个用于压铸的五轴液压驱动机械臂，手臂的控制由一台计算机完成。UNIMATE 和 VERSTRAN 作为工业机器人产品的实用机型（示教再现），是 1962 年推出的。此后，机械臂在工业应用中获得了巨大的成功，在全世界多个行业中进行作业。人们现在买的很多日常用品可能都是由机械臂进行装配、包装或操作过的。与移动机器人不同，机械臂不能在环境中任意运动，它们有一个固定的基座，所以它们的工作空间有限。图 1.6 展示了几种不同类型的机械臂。

通常采用自由度（Degree Of Freedom，DOF）来描述机械臂的运动关节个数。目前，最常见的是 6DOF 机械臂，如图 1.6（a）所示，其由一系列刚性连杆和转动关节组成，属于串联式连杆机械臂。图 1.6（b）是 4DOF SCARA（Selective Compliance Assembly Robot Arm，选择柔性装配机器人手臂）机械臂，其在竖直方向是刚性的，而在水平面上具有柔性，因此它非常适合平面作业任务，如电子电路板的装配。图 1.6（c）是 6DOF 协作机械臂，顾名思义，就是机械臂与人可以在生产线上协同工作，充分发挥机械臂的效率及人的智能。这种机械臂不仅性价比高，而且安全方便，能够极大地促进制造企业的发展。协作机械臂作为一种新型的工业机器人，让机器人摆脱了护栏或围笼的束缚，具有广泛的应用领域。图 1.6（d）是一种 7DOF 柔性机械臂，由于比 6DOF 机械臂多了一个关节，它在工作空间中具有更好的柔性和运动灵活性。图 1.6（e）是直角坐标机械臂，它沿着轨道有三个运动自由度，具有非常大的工作空间。图 1.6（f）是一个并联机械臂，所有连杆都并行地与末端工具相连，机械臂关节的所有电机都安装在基座上，结构刚性强，而且并联结构比串联结构具有更好的运动速度优势。

工作空间相对固定、场景结构化降低了机械臂对环境感知的要求。对于一个工业机器人而言，若作业环境相对固定，则其不仅能高速和高精度运动，而且能提前获知作业对象的位置。同时，安全问题也被简化，只需用安全护栏把人员挡在机器人的工作空间之外即可。

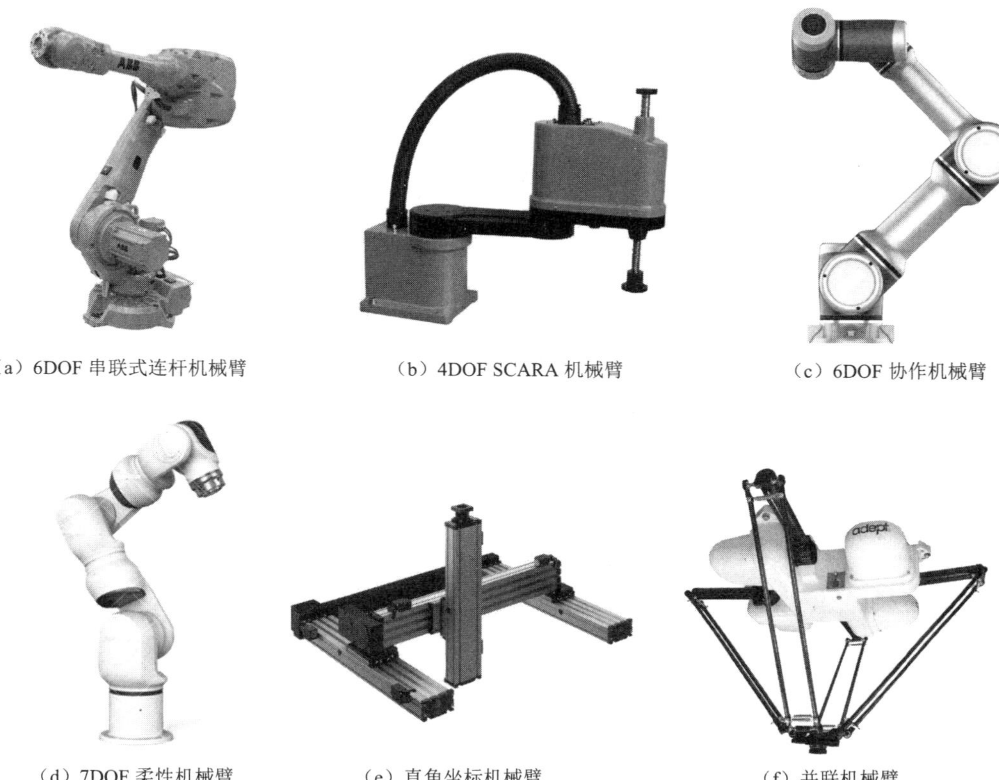

（a）6DOF 串联式连杆机械臂　（b）4DOF SCARA 机械臂　（c）6DOF 协作机械臂

（d）7DOF 柔性机械臂　（e）直角坐标机械臂　（f）并联机械臂

图 1.6　几种不同类型的机械臂

机械臂要想工作，除需要轨迹规划和运动控制之外，还需要在它的末端加上执行器或工具来操作作业对象。末端执行器可以是一个简单的两指平行夹持器，或者是吸盘，以及可弯曲的气动夹爪，还可以是一个复杂的具有多个可弯曲手指关节的仿人机械手，如图 1.7 所示。

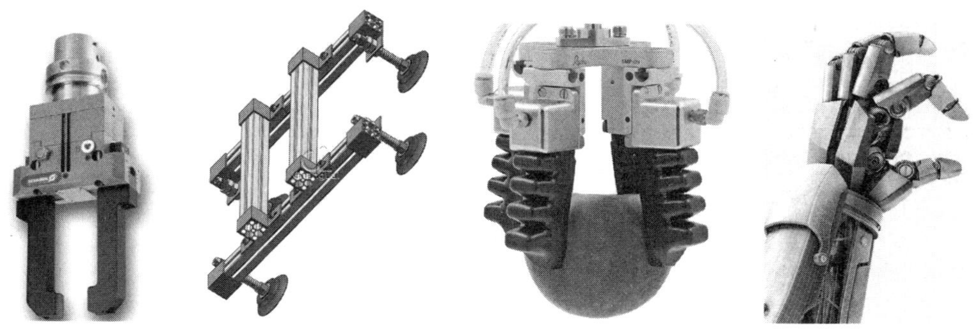

图 1.7　常见的机械臂末端执行器

本书使用的实验机器人是一个移动机械臂，也叫复合机器人，即移动底盘上安装的机械臂，该机械臂为一个桌面型 4DOF 机械臂，结构如图 1.8 所示。

机械臂主要参数如表 1.2 所示。

图 1.8　桌面型 4DOF 机械臂

表 1.2　机械臂主要参数

重　　量	2.2kg	臂展（工作范围）	50～320mm
机身材料	铝合金	最大末端运动速度	100mm/s
机身尺寸（长×宽×高）	150mm×140mm×281mm	工作电压	DC 12V
自由度	4	驱动方式	步进电机+减速器
重复定位误差	0.2mm	执行器	吸盘
负载	500g	编码器	12 位

1.2　机器人系统的硬件组成

从控制的角度来看，机器人系统硬件可以分成四大部分，即执行机构、驱动系统、传感系统和控制系统，如图 1.9 所示。

各部分之间的控制关系如图 1.10 所示。

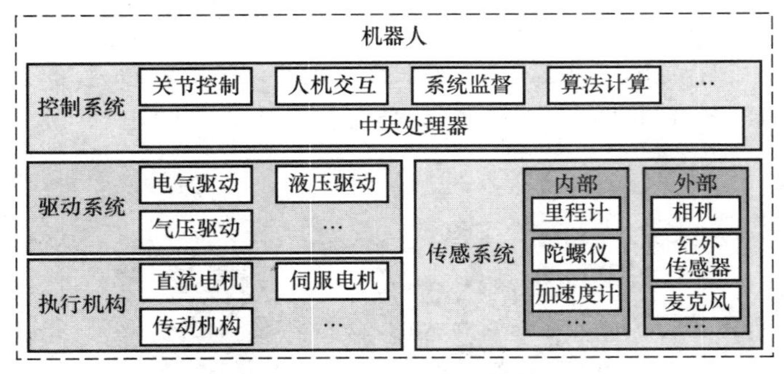

图 1.9　机器人系统的硬件组成

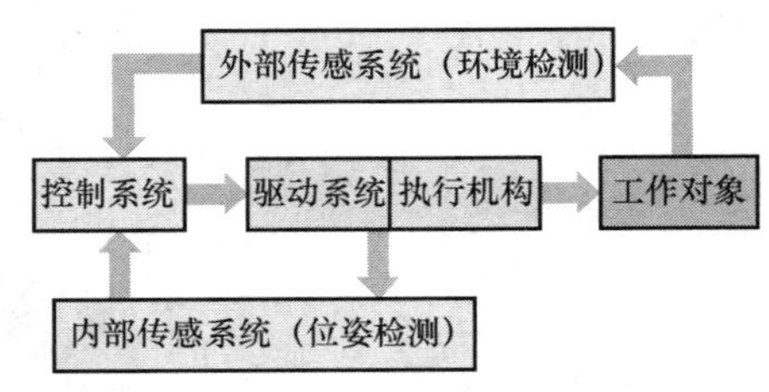

图 1.10　机器人各部分之间的控制关系

1.2.1　控制系统

控制系统由计算平台和运动控制器组成。

计算平台是计算机系统硬件与软件的设计和开发的基础，决定了计算机系统的性能。其中，硬件的基础是中央处理器（CPU），软件的基础是操作系统。目前，具有环境感知能力的移动底盘通常有一个运行 ROS 的计算主机。根据芯片的不同，计算主机一般有以下几种：

（1）基于 ARM Cortex-A 系列的 MPU（Micro Processing Unit）：属于中低端，如树莓派（Raspberry Pi）、香橙派（Orange Pi）、香蕉派（Banana Pi）等，性价比高。

（2）基于集成 ARM、GPU、NPU（Neural Processing Unit）的瑞芯微 RK3399 系列芯片：属于中高端，性价比高。这类计算主机还有基于华为海思等的芯片，如 Atlas 200 等。

（3）基于 Nvidia Jetson-TX2 或 Xavier 系列的芯片：属于高端产品，性能强大，同时配置了英伟达自身的 GPU。

（4）基于 X86 架构的 CPU：属于高端产品，性能强大，如迷你 PC、工控机或笔记本计算机，以及进一步集成 GPU 和 VPU（Video Processing Unit）的 AINUC 系列迷你计算机。

计算平台实现机器人系统任务及信息的处理，ROS 计算主机的选择需要考虑程序开发、安装和功耗等问题。上述几类计算平台都支持 Ubuntu Linux 操作系统，可以部署 ROS。其中高端产品适合用来做深度学习和计算机视觉方面的应用。本书使用的 Spark 实验机器人采用基于 X86 架构的 CPU，并集成 GPU 和 VPU 的 AINUC 系列迷你计算机作为智能计算平台，可以满足绝大部分移动平台开发需要。

运动控制（Motion Control）是指将预定的控制方案、规划指令转变成期望的机械运动，实现机械运动精确的位置控制、速度控制、加速度控制、转矩或力控制。运动控制器控制电机的运行方式，在机器人和数控机床等领域广泛使用。

目前，移动底盘和机械臂的运动控制器广泛使用 DSP（Digital Signal Processing，数字信号处理）或者基于 ARM Cortex-M 内核的 32 位单片机，具有高性能、低成本、低功耗的特点。运动控制器需要完成机器人的关节控制（电流/速度/位置反馈）、人机交互、系统监督、关节电机运动控制算法计算等功能。

1.2.2　驱动系统

机器人运动时需要对关节控制信号进行功率变换，以驱动关节运动，实现机器人的各种动作。机器人的驱动系统主要分为电气驱动、液压驱动和气压驱动。

（1）电气驱动是利用各种电机产生力和力矩，直接或经过机械传动去驱动执行机构，以获得机器人的运动。因为省去了中间能量转换的过程，所以电气驱动比液压及气压驱动效率高，使用方便且成本低。

（2）液压驱动的优点是能够以较小的驱动输出获得较大的驱动力或力矩，即获得较大的功率重量比。一般将驱动油缸直接做成关节的一部分，结构简单紧凑，刚性好。液压驱动方式大多用于对输出力要求较高而对运动速度要求较低的场合，如无人驾驶。

（3）气压驱动一般用于机械臂末端执行器，其通过对负压和正压的控制，驱动机械臂进行物体取放。由于空气的可压缩性，气压驱动系统具有较好的缓冲作用。气压驱动很难保证较高的定位精度，使用时会产生噪声。同时，因为空气中含有水分，所以气压驱动系统易锈蚀，在低温下易结冰，这些因素限制了气压驱动系统在机器人系统中的应用。

其他特种驱动方式包括压电体驱动、超声波电机驱动、橡胶驱动和形状记忆合金驱动等。

1.2.3　执行机构

机器人执行机构是直接面向工作对象的机械装置，相当于人的手和脚。根据不同的工作对象，执行机构也各不相同。机械臂一般采用伺服电机作为运动执行机构，组成各个关节；移动机器人一般采用直流电机作为移动执行机构，在任务场景中运动。

1.2.4 传感系统

传感器通常由敏感元件、转换元件和转换电路组成。敏感元件是能直接感受或响应被测量的部分，转换元件是将非电量转换成电参量的部分，转换电路则是将转换元件输出的电信号转换成便于处理、显示、记录和传输的部分。

在机器人系统中，传感器具有十分重要的作用，可完成信号的采集和反馈。传感系统包括内部传感系统和外部传感系统。内部传感系统包括里程计、陀螺仪、加速度计等，可以通过自身信号反馈检测位姿状态；外部传感系统包括相机、红外传感器、麦克风等，可以检测机器人所处的外部环境信息、障碍物信息，并与内部传感系统进行数据融合，优化位姿估计。

此外，机器人的电源系统为机器人的控制系统、执行机构、传感系统等提供能源。机器人各个组成部分采用不同的电源电压等级，如 48V、24V、12V、5V 或 3.3V 等。为保证机器人系统的稳定性，还需要对电源进行保护、滤波等处理，所以机器人系统都有一个电源管理子系统，提供和维护机器人系统各部分的电源需求。

1.3 传感器

1.3.1 编码器

编码器是对机器人关节电机转速进行测量反馈的重要部件，常见类型包括光电编码器和磁性编码器。编码器通常采用正交编码形式进行信号输出，即 AB 两相信号正交输出，另外，电机转过一圈时还会输出 Z 相脉冲信号。

光电编码器安装在电机轴、关节或操纵机构上，用于测量角速度和位置。光电编码器的照明源、固定光栅与轴一起旋转带动细光栅的转盘。当转盘转动时，根据运动光栅的排列，穿透光检测器的光量发生变化，得到正弦波，将其与阈值进行比较，变换成离散的方波脉冲。编码器的分辨率以每转周期数（CPR）度量，典型的编码器分辨率是 2000CPR，目前，已有 10000CPR 的光电编码器。

在移动机器人系统中，通常使用正交光电编码器，如图 1.11 所示。通过观测到的信道 A 和信道 B 的脉冲序列之间的相位关系，以及观察哪个方波首先产生一个上升边沿，就可以辨认转动方向。四个可检测的不同状态，可使其分辨率可达到原来的四倍。因此，一个 2000CPR 的正交编码器可以产生 8000 个计数。

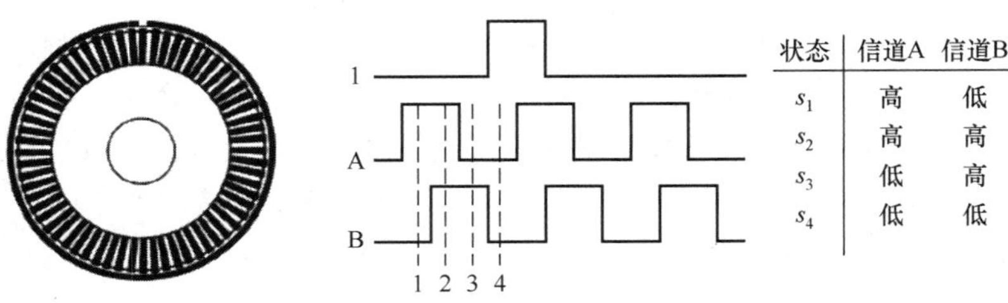

状态	信道A	信道B
s_1	高	低
s_2	高	高
s_3	低	高
s_4	低	低

图 1.11 正交光电编码器示意图

本书使用的 Spark 机器人，其移动底盘的轮式编码器采用磁性编码器。磁性编码器根据霍尔效应原理，产生霍尔电压，该电压经过信号处理电路，被转化成计算机可以识别的数字信号，实现编码功能。电机旋转一圈产生 12 个脉冲，轮子的直径为 68mm，结合电机减速器

的减速比 61.6:1，可以计算出一个脉冲对应轮子移动的距离为 68×3.14159/61.6/12=0.289mm。进一步地，根据单位定时时间内的脉冲个数，便可测出转速。

1.3.2　惯性测量单元

惯性测量单元（Inertial Measurement Unit，IMU）是测量物体三轴姿态角（或角速度）及加速度的装置。一般地，一个 IMU 包含了三个单轴的加速度计和三个单轴的陀螺仪，加速度计检测物体的加速度信号，而陀螺仪检测角速度信号。IMU 测量物体在三维空间中的角速度和加速度，并以此解算出物体的姿态。IMU 在移动机器人和飞行器导航中有着很重要的应用价值。在移动机器人系统中，IMU 通常被用来和轮式里程计进行融合，或者直接参与即时定位与地图构建（Simultaneous Localization And Mapping，SLAM）。

根据 IMU 输出的数据种类，常见的 IMU 有六轴、九轴、十轴等种类，如图 1.12 所示。

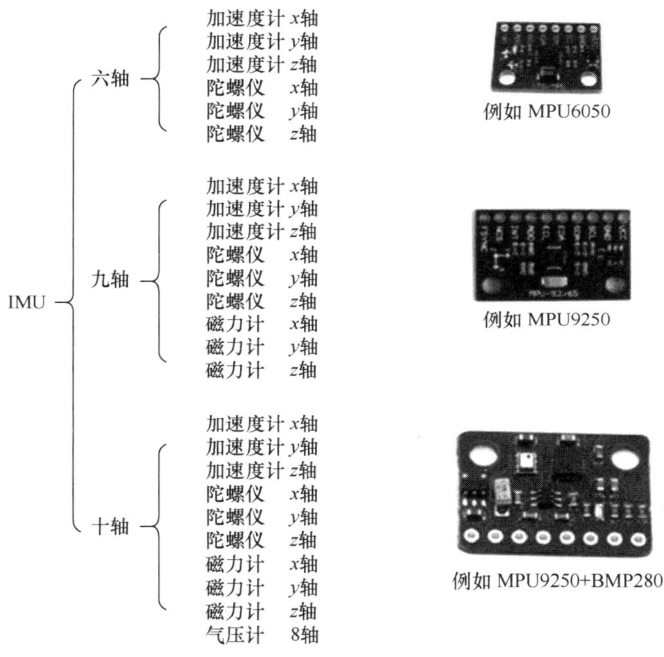

图 1.12　六轴、九轴、十轴 IMU 模块

IMU 在制造过程中，加工精度会导致其实际的坐标轴与理想的坐标轴之间有一定的偏差；同时，三轴加速度计、三轴陀螺仪、三轴磁力计的原始值会与真实值之间有一个固定的偏差。这就要求在使用 IMU 的原始测量数据时，需要对数据进行误差校准，来消除轴偏差、固定零点偏差、尺度偏差等，如图 1.13 所示。

$$acc\_calib = Ta \times Sa \times (acc + Ba + Na)$$

$$w\_calib = Tw \times Sw \times (w + Bw + Nw)$$

$$mag\_calib = Tm \times Sm \times (mag + Bm + Nm)$$

$$mag\_calib2 = Tm2a \times mag\_calib$$

图 1.13　IMU 误差校准的数学模型

其中，加速度计原始测量值向量 **acc** 加上零偏补偿 **Ba** 和白噪声补偿 **Na** 后，再用尺度矫正矩阵 **Sa** 和轴偏差矫正矩阵 **Ta** 变换后，就可以得到校准后的三轴加速度向量 **acc_calib**。

通过类似的方法可以得到校准后的三轴角速度 **w_calib** 和三轴磁力 **mag_calib**，最后还要将磁力计坐标系下的磁力数据 **mag_calib** 变换到加速度坐标系下，变换得到的 **mag_ calib2** 将用于加速度计/磁力计的数据融合。

校准过程就是求解误差校准数学模型等式右边的各个校准系数的过程。求解校准系数一般采用最小二乘法或矩阵求逆来实现。IMU 数据校准完成后，就可以根据 IMU 各轴数据进行数据融合，得到三轴姿态角（roll、pitch、yaw）。姿态融合算法有很多种，如扩展卡尔曼滤波法。

因此，在移动机器人系统中，使用 IMU 实现里程计融合或 SLAM，需要完成底层的 IMU 误差校准和姿态角融合两个过程。

图 1.14 是移动机器人位置、速度、加速度测量原理图。IMU 对陀螺仪和加速度计两者的测量误差非常敏感。例如，陀螺仪的漂移会不可避免地影响车辆方向的估计；为获得位置，加速度计的数据被积分两次，任何的残留重力向量都会造成位置上的估计误差。在移动机器人应用中，为消除漂移，需要以某些外部测量做参考，常用相机或 GPS 做参考。例如，使用相机获取环境中的特定特征或者位置时，就可以消除漂移误差。类似地，通过 GPS 信号，也可以纠正移动机器人的姿态估计。

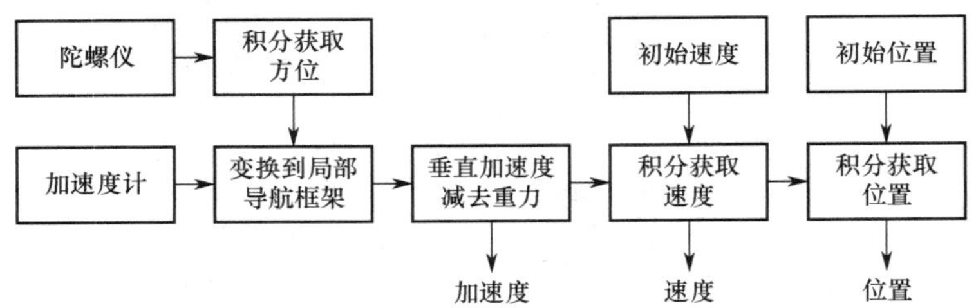

图 1.14　移动机器人位置、速度、加速度测量原理图

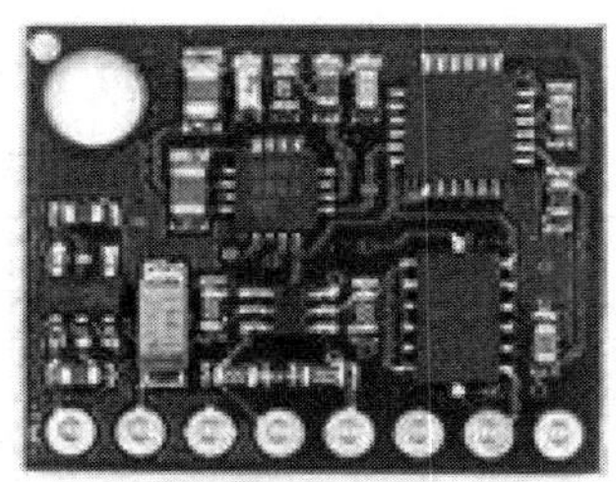

图 1.15　机器人底盘集成的 IMU 模块

本书使用的 Spark 机器人底盘集成了一个具有六轴运动姿态陀螺仪的 IMU 模块，如图 1.15 所示。该模块集成高精度的陀螺仪和加速度计，利用动力学解算与卡尔曼滤波算法，求解出实时的运动姿态数据。

1.3.3　激光雷达

雷达（Radar）是一种利用电磁波探测目标位置的电子设备，其功能包括搜索目标和发现目标，测量距离、速度、角位置等运动参数，以及测量目标反射率、散射截面和形状等特征参数。传统的雷达是以微波和毫米波波段的电磁波为载波的雷达。激光雷达以激光作为载波，可以用振幅、频率、相位和振幅来搭载信息，作为信息载体。激光雷达具有如下优点。

（1）激光的发散角小，能量集中，激光雷达探测灵敏度高，角分辨率、速度分辨率和距离分辨率都高。

（2）抗干扰能力强，隐蔽性好，不受无线电波干扰，低仰角工作时对地面不敏感。

（3）多普勒频移大，可以探测从低速到高速的目标，采用距离-多普勒成像技术可以得到运动目标的高分辨率清晰图像。

（4）波长比微波短好几个数量级，具有更窄的波束，可以在分子量级上对目标进行探测。

（5）在功能相同的情况下，比微波雷达体积小，重量轻。

但是，激光雷达也有以下缺点：

（1）激光受大气及气象影响，在大气衰减和遇到恶劣天气时，激光雷达作用距离缩短。

此外，大气湍流也会降低激光雷达的测量精度。

（2）激光的光束窄，难以搜索目标和捕获目标。因此，一般先用其他设备进行大空域、快速的目标捕获，然后用激光雷达对目标进行精密跟踪测量。

在移动机器人系统中，获取周围环境轮廓形状和障碍物检测是非常重要的。有了激光雷达扫描得到的点云信息，机器人就可以进行 SLAM，并进行避障和自主导航。

激光雷达是以发射激光束探测目标位置、速度等特征量的雷达系统，天线和系统的尺寸可以做得很小，如图 1.16 所示。

图 1.16　激光雷达

激光雷达在直流无刷电机机构的驱动下旋转，实现对周围环境 360°全方位扫描。激光雷达由激光发射机、激光接收机等组成。其中，激光发射机以一定的波长和波形，通过光学天线发射一定功率的激光。激光接收机由激光器、调制器、冷却系统、发射天线和激光电源组成，通过光学天线收集目标的回波信号，并将其通过光电探测器转换成电信号，电信号经过放大和信号处理后，人们即可获得距离、方位、速度和图像信息，从而对目标进行探测、跟踪和识别。

激光雷达系统的收发核心问题是激光的发射波形和调制形式。激光的发射波形分为调幅连续波、调频连续波和窄脉冲。目前比较流行的是激光发射波形采用三角形或者线性调频连续波，后置信号处理采用脉冲压缩技术。近年来，可调谐激光技术和高度重复频率的窄脉冲技术快速发展，显示出了许多优点。

表 1.3 给出了调频连续波和窄脉冲的发射波形的性能比较。

表 1.3　调频连续波和窄脉冲的发射波形的性能比较

波　　形	相干探测（相同测距分辨率和一定功率限制条件下）	测距分辨率	测速分辨率	成像速率
调频连续波（时域脉冲）	易	中	较高	较高
调频连续波（频域脉冲）	难	中	高	高
窄脉冲	难	高	低	高

激光雷达的激光接收机采用的技术有非相干接收技术和相干接收技术两大类。其中，非相干接收技术以脉冲计数为基础进行测距，优点是技术简单和成熟。而相干接收技术有外差接收、自差接收和零差接收等方式，接收灵敏度和速度分辨率高。但是，相干接收技术要求接收机的频带特别宽，对激光发射的频率稳定度要求也高，对光学天线系统和机内光路的校准要求更严格。相干激光雷达的发射机还有激光稳频系统、频率控制系统和偏振控制系统，接收机的信息处理单元更复杂。所以，我们要根据具体使用要求确定采用哪种接收方式。

主流的激光雷达基于两种原理：一种是三角测距法，另一种是飞行时间（Time of Flight，ToF）测距法。

激光雷达的主要性能指标如表 1.4 所示。

表 1.4　激光雷达的主要性能指标

指　标	描　述
测量范围	有效测量距离
扫描频率	一秒内雷达进行多少次扫描
角分辨率	两个相邻测距点间的角度步进
测量分辨率/精度	可以感知到的距离最小变化量
测距采样率	一秒内雷达进行多少次测距输出
IP 防护等级	防尘和防水等级，由两个数字组成：第一个数字表示防止外物侵入的能力等级，第二个数字表示防湿气、防水侵入的密闭程度，两个数字越大，表示其防护等级越高

激光雷达的测距方式包括单点测距、单线扫描、多线扫描、固定区域扫描等。

（1）单点测距是最简单的基础测距方式，可以实现几十米、几百米甚至几千米的测量。

（2）单线扫描由单点测距模块加电机旋转形成的平面点云数据实现，可以对一维空间进行监测，得到与物体之间的角度和距离值。

（3）多线扫描是在多个角度上，对三维空间进行更精细的扫描，包括 4 线、8 线、16 线、64 线、128 线扫描等，线数越多，扫描越精细，扫描速度越快，点云数据更新越快。

目前移动机器人和无人驾驶领域已配备多线激光雷达，线数越多，扫描到的信息也就越多。国内激光雷达产品公司有镭神智能、速腾聚创、北醒光子、思岚科技、禾赛科技、北科天绘等，国外激光雷达产品公司有日本 HOKUYO、德国 SICK、美国 Velodyne 等。

（4）固定区域扫描由固态激光雷达完成。固态激光雷达是完全没有移动部件的激光雷达，不需要旋转就可以对一定角度内的固定区域进行扫描，探测其与空间内物体之间的角度和距离值。固态激光雷达的典型技术包括光相控阵（Optical Phased Array，OPA）和 Flash 两种。

固态激光雷达虽然存在扫描角度有限、旁瓣问题、加工难度高、信噪比差等缺点，但其结构简单、尺寸小、无旋转部件、抗振动性能好、使用寿命长，因此也逐渐得到应用。固态化、小型化、低成本化将是未来激光雷达的发展趋势。

另外，有一种非完全旋转的激光雷达，通过 MEMS（Micro Electro Mechanical System）微振镜实现扫描，因此常被称为“MEMS 激光雷达”。其是一种混合式激光雷达，并不算是纯固态激光雷达，这是因为在 MEMS 方案中并没有完全消除机械，而是将机械微型化了，其扫描单元变成了 MEMS 微振镜。MEMS 激光雷达以较低的成本和较高的准确度实现了固态激光雷达的很多性能特点。

本书所用的 Spark 机器人配置的激光雷达采用光学三角测距法，测距采样率为每秒 8000 次，主要规格参数如表 1.5 所示。

表 1.5　激光雷达主要规格参数

量程	0.13～16m（反射率 80%）	测量分辨率	0.25mm
采样率	8000 次/s	通信接口	UART (3.3.V TTL)
扫描频率	4～20Hz	工作电压	DC 5V
激光波长	780nm	工作电流	500mA
激光功率	3mW（最大功率）	体积	Φ75mm×42mm
精度	＜1%@16m	重量	190g

1.3.4 相机

机器人系统搭载的相机可以用来做目标识别、视觉 SLAM、视频监控等。相机种类有单目（Mono）相机、双目（Stereo）相机和 RGB-D（深度）相机等。

单目相机结构简单、成本低，缺点是在单张图片里，无法确定一个物体的真实大小。因为没有深度信息，目标可能是一个很大但很远的物体，也可能是一个很近但很小的物体。如果通过相机的运动形成视差，就可以测量物体相对深度。在视觉 SLAM 中，单目 SLAM 估计的轨迹和地图将与真实的轨迹和地图相差一个因子，也就是尺度（Scale），仅凭图像无法确定这个真实尺度，所以具有尺度不确定性。

双目相机可以测量物体深度信息，基线（双目间距）距离越大，能够测量的距离就越远。其缺点是配置与标定较为复杂，深度量程和精度受到双目基线与分辨率限制，视差计算非常消耗计算资源，需要 GPU/FPGA 设备加速，常见的双目相机有 ZED2 双目相机。

RGB-D 相机通过结构光（Structured Light）或 ToF 原理测量物体深度信息，缺点是测量范围窄、噪声大、视野小、易受日光干扰、在室外环境使用效果不好、无法测量玻璃等透射材质的信息。相比于双目相机通过视差计算深度的方式，RGB-D 相机能够主动测量每个像素的深度。

通过结构光原理来测量像素距离的 RGB-D 相机有 Kinect V1、Intel RealSense ZR300、T265、D435i、D455、奥比中光等。通过 ToF 原理来测量像素距离的 RGB-D 相机有 Kinect V2。

RGB-D 相机原理如图 1.17 所示。无论采用结构光原理还是 ToF 原理，RGB-D 相机都需要向探测目标发射一束光线（通常是红外线）。在结构光原理中，相机根据返回的结构光图案，计算物体与相机的距离。而在 ToF 原理中，相机向探测目标发射脉冲光，根据发送到返回之间的光束飞行时间，确定物体与相机的距离。

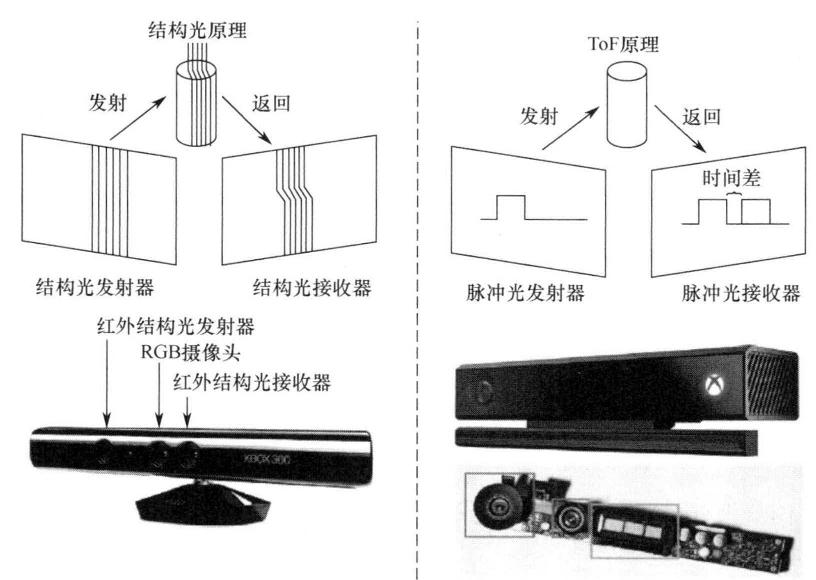

图 1.17　RGB-D 相机原理

RGB-D 相机能够实时地测量每个像素点的距离。在测量深度后，RGB-D 相机进行深度与彩色图像素之间的配对，输出一一对应的彩色图和深度图。对于同一个图像位置，其可以读取到色彩信息和距离信息，计算像素的 3D 相机坐标，生成点云。对 RGB-D 数据，既可

以在图像层面进行处理，也可以在点云层面进行处理。

一些双目相机和 RGB-D 相机集成了 IMU，方便进行多传感器融合，提高位姿精度。

本书所用的 Spark 机器人配置了国产奥比中光的 Astra 深度相机，其是一种结构光 RGB-D 相机，通过获取 RGB 和深度点云数据，进行室内环境感知，为实现地图构建和导航等功能提供必要的信息。

1.3.5 红外传感器

红外传感器是利用红外线的物理性质来进行测量的传感器，包括光学系统、检测元件和转换电路等。图 1.18 是一个红外传感器模块。

图 1.18 红外传感器模块

光学系统按结构可分为透射式和反射式两类。

检测元件按工作原理可分为热敏检测元件和光电检测元件。热敏检测元件主要采用热敏电阻，热敏电阻受到红外线辐射时温度升高，电阻发生变化，这种变化通过转换电路变成电信号输出。热敏电阻可分为正温度系数热敏电阻（温度升高，电阻变大）和负温度系数热敏电阻（温度升高，电阻变小）。光电检测元件采用光敏元件，光敏元件通常由硫化铅、硒化铅、砷化铟、砷化锑、碲镉汞三元合金、锗及硅掺杂等材料制成。

红外传感器可用于无接触温度测量、气体成分分析和无损探伤，在医学、军事、空间技术和环境工程等领域广泛应用。例如，采用红外传感器可远距离测量人体表面温度的热像图，可以发现温度异常的部位。

在机器人系统中，红外传感器常用于检测障碍物，一般工作在灵敏度最高的 38kHz～40kHz 附近。本书所用的 Spark 机器人配置若干红外传感器，分布在移动底盘的四周和底部（朝下），用于障碍物、墙壁或楼梯的检测。

1.3.6 超声波传感器

超声波传感器也叫超声波雷达，是将超声波信号转换成其他能量信号（通常是电信号）的传感器。超声波振动频率高于 20kHz，具有频率高、波长短、穿透力强、方向性好的特点，易于定向传播。超声波传感器已广泛应用在工业、国防、生物医学等方面。图 1.19 是一个超声波传感器模块。

一般来说，按照气体、液体、固体的顺序，超声波在介质中的传播速度越来越快。超声波对液体、固体的穿透性好。超声波传播速度还取决于温度。在 15℃的空气中，超声波传播速度为 340m/s。温度越高，超声波传播速度越快。超声波碰到杂质或分界面时会产生显著反射，形成反射回波，碰到活动的物体时能产生多普勒效应。

图 1.19 超声波传感器模块

超声波传感器具有如下优点。

（1）结构简单，制造方便，成本较低。

（2）超声波对雨、雪、雾的穿透力强，超声波传感器可以在恶劣天气下工作。

（3）超声波对光照和色彩不敏感，超声波传感器可以用于识别透明及反射性差的物体。

（4）不容易受环境电磁场的干扰。

超声波传感器具有如下缺点。

（1）测距速度不如激光雷达和毫米波雷达。

（2）超声波有较小的扩散角，只能测量距离，不可以测量方位，所以超声波传感器只能在低速（如泊车）时使用，需要安装多个超声波传感器才能检测不同方向的障碍物。

（3）超声波传感器的发射信号和余振信号会对回波信号造成覆盖或干扰，在距离物体较近时可能会丧失探测功能，即存在探测盲区。

在机器人系统中，超声波传感器一般用于测距，其采用回声探测法，即超声波发射器向某一方向发射超声波，在发射的同时计时器开始计时，超声波在空气中传播，途中碰到障碍物阻挡就立即反射回来，超声波接收器收到反射的超声波时，计时器就立即停止计时。根据超声波传播速度和计时器记录的时间，就可以计算出发射点距障碍物的距离。

1.3.7 毫米波雷达

毫米波雷达工作在毫米波段，波长为 1～10mm，其通过测量回波的时间差检测距离。图 1.20 是一个毫米波雷达模块。毫米波雷达具有体积小、质量轻、抗干扰、空间分辨率高的特点。与红外传感器、激光雷达等相比，毫米波雷达穿透雾、烟、灰尘的能力强，具有可全天时、全天候（大雨天除外）测量的特点。毫米波雷达的缺点是探测距离受到频段损耗的直接制约，无法感知行人。因为行人的反射强度小，反射波容易被其他物体的反射波埋没。

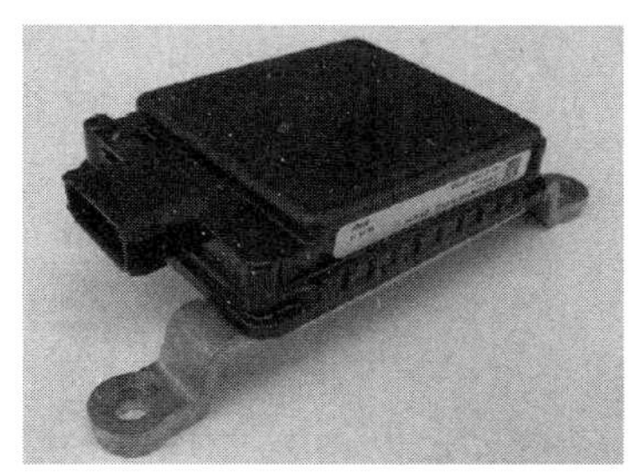

图 1.20 毫米波雷达模块

在移动机器人、无人驾驶领域，毫米波雷达是核心部件之一，用于主动安全检测，能够在全天候场景下快速感知 0～200m 范围内周边环境中物体的位置、速度等信息。

毫米波雷达的工作频段通常在 22～80GHz，常用的频段是 24GHz/77GHz/79GHz。其中，77GHz/79GHz 频段在物体分辨率、测速和测距精确度方面，相较于 24GHz 频段具有明显优势。

24GHz 毫米波雷达测量距离较短（5～30m），主要应用于后方或两侧盲区的检测；77GHz 毫米波雷达测量距离较长，主要应用于前方或两侧的盲区检测；79GHZ 毫米波雷达的优点是可以获取被测物体的图像，弥补现有毫米波雷达技术在目标识别方面的不足，而在分辨率、探测距离等方面可以达到与 77GHz 雷达等同的效果。

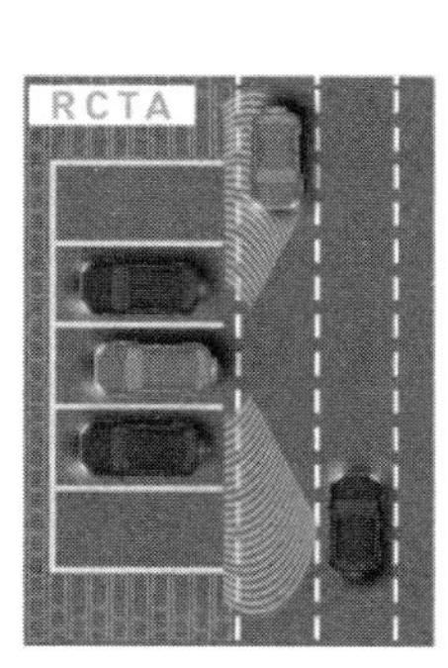

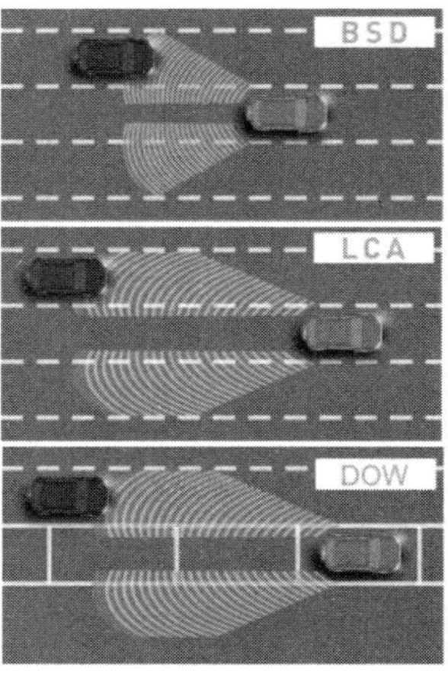

图 1.21 毫米波雷达在汽车上的主要应用

图 1.21 所示，毫米波雷达在汽车上已得到

了广泛使用，以提高驾驶安全性，主要包括：前方碰撞预警（Forward Collision Warning，FCW）、后向碰撞预警（Backward Collision Warning，RCW）、盲点检测（Blind Spot Detection，BSD）、换道辅助（Lane Change Assistant，LCA）、倒车横穿预警（Reverse Crossing Warning，RCTA）、开门预警（Door Open Warning，DOW）等。

1.3.8 碰撞传感器

碰撞传感器用来检测移动车体与其他物体是否发生接触碰撞，从而做进一步的安全防护。常见的碰撞传感器模块如图 1.22 所示。碰撞传感器分为机电结合式和电子式。例如，在移动机器人底盘上安装的碰撞传感器通常是一种接触开关。在汽车上，碰撞传感器是安全气囊系统中的控制信号输入装置，在汽车发生碰撞时，碰撞传感器检测汽车碰撞的强度信号，车载计算机根据碰撞传感器的信号来判定是否引爆充气元件使气囊充气。

（a）移动机器人常用的碰撞开关

（b）汽车常用的碰撞传感器模块

图 1.22 碰撞传感器模块

1.3.9 多传感器融合

在移动机器人、无人驾驶领域，由于环境是动态变化的，单传感器不能形成对环境的完全信息覆盖，每种传感器都有各自的优缺点，如表 1.6 所示。因此，需要通过多传感器融合进行环境感知。在移动车体上，通常配备相机、激光雷达、毫米波雷达和超声波传感器等，将这些传感器综合运用，可从不同角度扩大感知范围，增强系统的可靠性和安全性。

表 1.6 主要传感器的优缺点对比

传感器类型	探测距离	功 能	优 点	缺 点
激光雷达	300 米	障碍物识别、定位、地图构建	精度高、探测范围较大，可以绘制 360°环境 3D 地图	易受雨、雾等天气影响，成本较高，体积较大
相机	500 米	道路信息识别、障碍物识别、定位、地图构建	可识别物体形状、颜色和纹理，成本低、分辨率高	受光照强度和逆光影响大、易受恶劣天气影响、受视野范围影响
超声波雷达	10 米	障碍物探测（近）	测距方法与数据处理简单、成本低、受天气影响小、抗干扰能力强	测量范围小，仅适用于低速场景
毫米波雷达	1000 米	障碍物探测（中、远）	对灰尘、烟雾穿透能力强，受环境影响小，测量相对速度、距离的精度高	难以识别物体形状、颜色和纹理，测量角度比激光雷达小

在无人驾驶领域，高级驾驶辅助系统（Advanced Driver Assistance System，ADAS）正朝着自主驾驶（Autonomous Driving Solution，ADS）发展。ADS 主要分为无自动化（L0）、驾驶辅助（L1）、部分自动驾驶（L2）、有条件自动驾驶（L3）、高度自动驾驶（L4）和完全自动驾驶（L5）。只有通过多传感器协同工作，融合不同传感器的感知信息，才能实现全场景、全天候的无人驾驶。

1.4　机器人系统的软件组成

1.4.1　操作系统

操作系统（Operating System）可对计算机中的各项资源进行调度，包括软硬件设备、数据信息等，其功能主要包括以下几方面。

（1）进程管理：进行多任务管理，解决处理器的调度、分配和回收等问题。

（2）存储管理：存储分配、存储共享、存储保护、存储扩张。

（3）设备管理：设备分配、设备传输控制。

（4）文件管理：文件存储管理、目录管理、文件操作管理、文件保护。

（5）作业管理：响应和处理用户提交的请求。

1.4.2　应用软件

应用软件（Application）和系统软件相对应，是各种应用程序的集合，分为应用软件包和用户程序。其中，应用软件包是利用计算机解决某类问题而设计的程序集合，即用各种程序设计语言编制的程序。

应用软件可以是一个特定的程序，如一个图像浏览器；也可以是一组功能联系紧密、可以互相协作的程序的集合，如微软的 Office 软件；还可以是一个由众多独立程序组成的庞大的软件系统，如数据库管理系统。

Spark 机器人平台是一种应用软件，其自带了多个基于 ROS 的应用程序，主要功能如下。

（1）让机器人动起来。

（2）让机器人使用激光雷达进行建图和导航。

（3）让机器人使用深度相机进行建图和导航。

（4）机械臂与相机标定。

（5）让机器人通过机械臂进行视觉抓取。

（6）让机器人通过深度学习进行物品检测。

下载链接

任务　远程桌面连接：使用 Spark 机器人平台

Spark 机器人是面向 ROS 教学的机器人平台，包含移动底盘、机械臂、计算主机、扩充支架、触摸屏、电量显示屏，以及激光雷达、深度相机等传感器，其组成结构如图 1.23 所示。该平台灵活性高、扩充性强，可根据不同应用增加或调整所需模块。通过该平台就能对大部分机器人应用进行实验。该平台软件例程丰富，并在线更新，让开发者可以迅速验证自己编写的 ROS 程序。

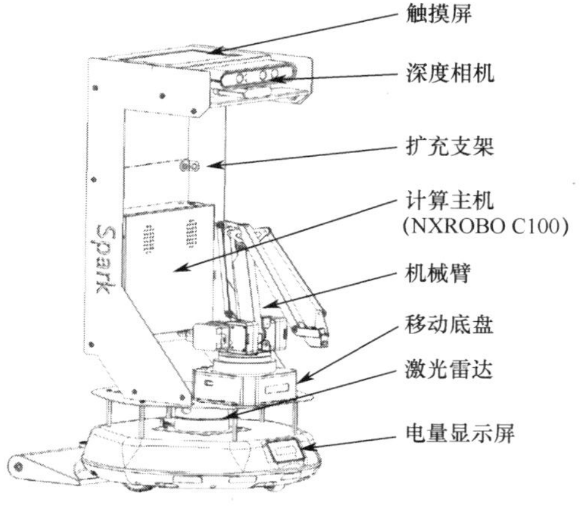

图 1.23　Spark 机器人组成结构

Spark 机器人的计算主机中安装了 Ubuntu 操作系统和 ROS，以及相关 Demo 源码；其底盘运动控制器采用 STM32 单片机，机械臂运动控制器采用 ATmega 2560 单片机；其传感器子系统主要有底盘的轮式编码器与里程计、激光雷达、IMU、深度相机、红外传感器（墙检和地检）等；其人机交互子系统集成了 7 寸的触摸屏，以及两个 8 欧 2W 的全频扬声器；其电源子系统包括一个 15000mAH 容量的电池，充电输入为 DC 19V，内部提供 DC 5V 与 3.3V 电源供电，以及两路 DC 12V/3A 输出，供外部扩展使用。

为了操作和控制 Spark 机器人，需要用自己的 PC 远程桌面连接其计算主机。本任务将介绍 Spark 机器人远程桌面连接的步骤。

按 Spark 机器人开机键，电源指示红灯亮，等待语音提示后，启动完成。Spark 机器人出厂时，默认采用 AP 连接模式（Spark 机器人内置的无线网卡发射 Wi-Fi 热点）。下面，根据不同的操作系统分别介绍连接的步骤。

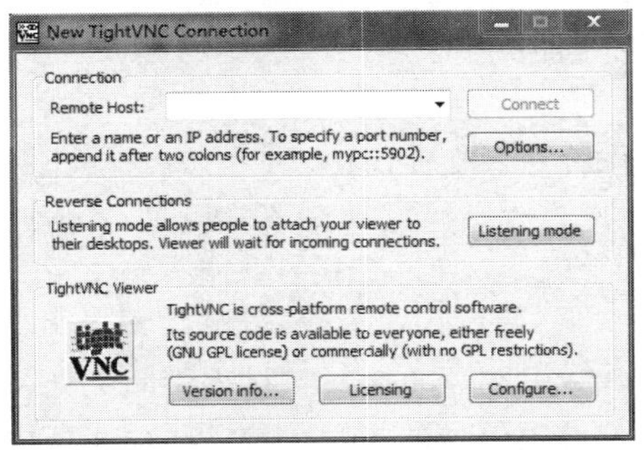

图 1.24　TightVNC 界面

1. Windows 系统下的连接

首先下载 TightVNC 远程控制软件。TightVNC 是一款开源免费的 VNC（Virtual Network Console）远程控制软件，能够帮助用户轻松控制远程的计算机。安装后，打开软件，界面如图 1.24 所示。

然后，找到 Spark 机器人热点并连接，如图 1.25 所示，热点的名称为“spark-xxxx”（按两次 AP 按键，Spark 机器人会播报 Wi-Fi 名称，默认 Wi-Fi 密码为 12345678）。AP 按键位置如图 1.26 所示。

图 1.25　Windows 系统连接到 Spark 机器人

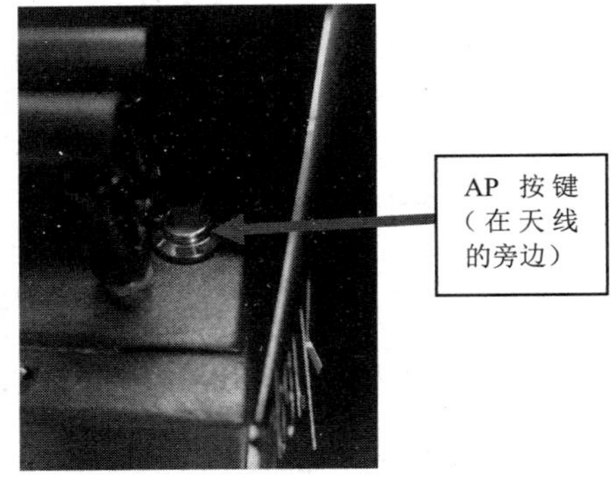

图 1.26　AP 按键位置

打开 TightVNC 远程控制软件，输入 IP 地址，如图 1.27 所示。在 AP 模式下，IP 地址多数为 192.168.42.1 或者 10.42.0.1（按一次 AP 按键，Spark 机器人会播报 IP 地址，以播报的地址为准）。单击 Connect 按钮，如果连接正常，会弹出密码输入对话框，如图 1.28 所示。

输入密码：spark，单击 OK 按钮，即可进入远程桌面，如图 1.29 所示.

此时，用户的 PC 与 Spark 机器人采用 AP 连接模式。若想切换为 Wi-Fi 连接模式，即 PC、Spark 机器人连接到同一个 Wi-Fi 网络下（如实验时的 Wi-Fi 局域网名称为 HiWiFi_NXROBO），如图 1.30 所示，可按照以下步骤操作。

先将 PC 连接到以“spark-xxxx”开头的 Wi-Fi 网络上，接着在浏览器地址栏输入 192.168.42.1（具体的 IP 地址以当前 Spark 机器人的 IP 地址为准），然后按回车键。进入 Wi-Fi 设置页面，选择要连接的 Wi-Fi 网络，输入所选择网络的密码，单击“连接”按钮，Spark 机器人将会进行 Wi-Fi 连接。连接正常后，当前页面将无反应。如果 Spark 机器人连接网络不成

功，其将会恢复到原来的 AP 模式，此时请重新操作进行连接。

和 AP 模式类似，在 Windows 系统上打开 TightVNC 远程控制软件，输入 IP 地址，如图 1.31 所示。在 Wi-Fi 连接模式下，IP 地址多数为 192.168.*.*（按一次 AP 按键，Spark 机器人会播报 IP 地址）。

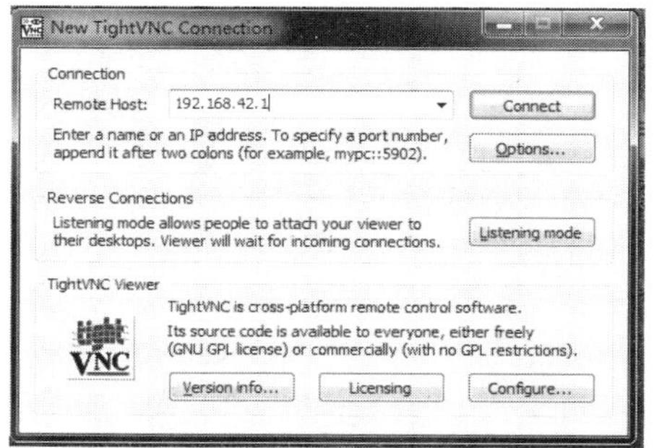

图 1.27　输入 IP 地址

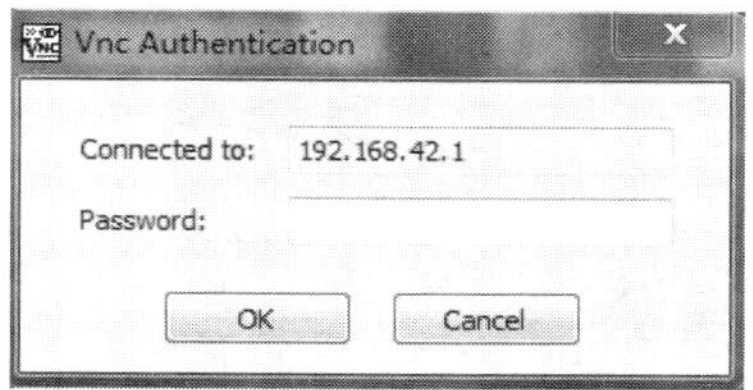

图 1.28　密码输入对话框

图 1.29　进入远程桌面

图 1.30　Windows 系统与 Spark 机器人连接同一个 Wi-Fi 网络

图 1.31　输入 IP 地址

单击 Connect 按钮，如果连接正常，会弹出密码输入对话框，然后输入密码：spark，单击 OK 按钮，即可进入远程桌面。

这样就实现了 Wi-Fi 连接模式。若想返回 AP 模式，可连按 AP 按键四次（每次按下间隔不超过 1 秒），Spark 机器人会播报“正在启动热点，IP 地址为 xxx”，此时已切换回 AP 模式（每次切换，建议重启 Spark 机器人）。

2. Ubuntu 系统下的连接

在 Ubuntu 系统中，打开命令行，输入如下命令安装 vncviewer：

```
$ sudo apt-get update
$ sudo apt-get install vncviewer
```

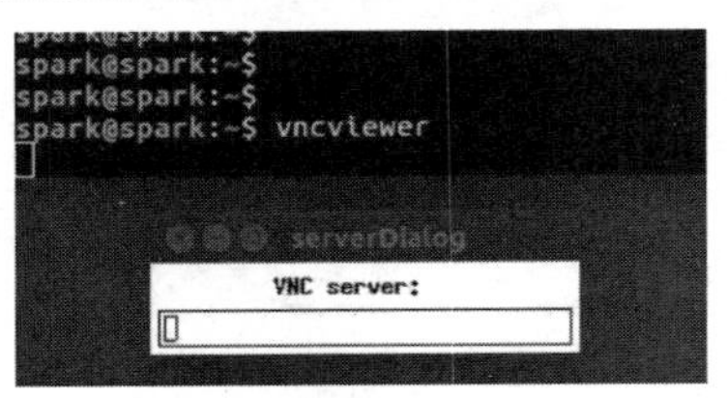

图 1.32　在 Ubuntu 系统下运行 vncviewer

安装完成后，直接在命令行中输入 vncviewer，即可运行 vncviewer，如图 1.32 所示。

在 Ubuntu 系统下，采用 AP/Wi-Fi 模式连接时，首先输入 Spark 机器人的 IP 地址，然后输入用户名和密码（用户名和密码均默认为 spark），便可以连接 Spark 机器人。其他操作方式与 Windows 系统下的方式相似。

完成远程连接 Spark 机器人的计算主机后，就可以控制 Spark 机器人了。下面我们运行一个例程，让 Spark 原地旋转。

打开命令行，进入~/spark/目录，先输入：

```
$ source devel/setup.bash
```

然后启动 Spark 机器人：

```
$ roslaunch spark_turn_around spark_turn_around.launch
```

运行后，Spark 机器人将原地旋转。教材的配套代码中有具体实现，后面的章节中将会介绍如何控制机器人运动。

1.5　本章小结

本章主要介绍了机器人系统的组成，包括硬件组成及软件组成等，以帮助读者了解机器人系统。其中，重点介绍了不同传感器的功能和应用场景差异。此外，本章还介绍了 Spark 机器人平台的连接和使用方法，为后续的学习准备好动手实践的机器人系统和远程桌面连接。

扩 展 阅 读

（1）分析由移动底盘与机械臂组成复合机器人的优点。

（2）了解偏置式构型机械臂和 SRS 构型机械臂结构的特点。

（3）根据机器人系统的应用目标，如无人驾驶系统的场景特点，分析如何进行传感器选型和数量配置。

练　习　题

（1）城市场景下，交通工具常使用哪种移动底盘驱动方式，为什么不使用全向驱动方式？

（2）机器人系统的硬件选型，一般从哪几方面考虑？为什么？

（3）从控制的角度简述机器人系统的组成，以及各部分之间的关系。

（4）简述机器人常使用的传感器有哪些，它们各自的作用是什么。

（5）介绍激光雷达的优缺点，简述单线激光雷达和多线激光雷达的区别。

（6）在测量物体深度信息时，RGB-D 相机有哪些测量方式？有什么优缺点？其原理与双目相机测量原理有什么区别？

（7）简述自动驾驶 L2、L3 和 L4 级的区别。

（8）对于两轮差速底盘模型，若车体速度为 V，左右轮速度分别为 V_L 和 V_R，车体角速度为 ω，转弯半径为 R，左右轮的间距为 D，两轮到车体中心的距离为 d，求其运动学方程。

（9）设移动机器人底盘电机旋转一圈产生 12 个脉冲，轮子直径为 68mm，减速器减速比为 61.6:1，如果单位时间内的脉冲数为 X，计算轮子转速。

第 2 章　将机器人连接到 ROS

ROS 是一个得到广泛使用的机器人操作系统框架，可以在不同的机器人系统中实现底层代码复用，使开发人员专注于机器人应用功能的实现。

本章首先介绍 ROS 的起源、架构和特点，然后详细介绍如何安装 ROS 和设置环境变量，接着讲解 ROS 文件系统与通信机制。在此基础上，读者可以根据教材内容编写一个 ROS 程序，熟悉 ROS 工作空间和功能包，以及 ROS 节点的编写和运行。接下来，本章将介绍几种 ROS 常用组件，其中可视化工具可以方便机器人系统的调试，rosbag 用于数据记录，方便算法的测试。最后，本章将机器人连接到 ROS，让读者通过控制 Spark 机器人的运动熟悉 ROS。

2.1　初识 ROS

2.1.1　ROS 起源

ROS 起源于 2007 年，是斯坦福大学人工智能实验室与机器人技术公司 Willow Garage 的合作项目。2008 年之后，由 Willow Garage 公司进行推广，该项目研发的机器人 PR2 就是在 ROS 框架的基础上实现的。2010 年，Willow Garage 公司开源了 ROS，其很快在机器人研究领域引起了越来越多的关注。

ROS 的主要目标是为机器人研究和开发提供代码复用的支持和服务，包括硬件抽象、底层设备控制、常用函数调用、进程间消息传递，以及包（Package）管理，并提供跨计算机、分布运行代码所需的工具和库函数。ROS 是一个分布式的进程（也就是“节点”）框架，这些进程被封装在易于分享和发布的程序包和功能包中。

为支持机器人项目的开发和实现，ROS 支持一种类似于代码存储库的联合系统，这个系统可以实现各个工程项目的协作及发布，从文件系统到用户接口完全独立（不受 ROS 限制），所有的工程项目都可以被 ROS 的基础工具整合在一起。

2.1.2　ROS 架构

ROS 架构如图 2.1 所示，其分为三层：OS 层（OS Layer）、中间件层（Middleware Layer）和应用层（Application Layer）。

1. OS 层

ROS 不能直接运行在计算机硬件之上，需要依托操作系统。在 OS 层，可以直接使用 ROS 官方支持度最好的 Ubuntu 操作系统（Linux），也可以使用 Mac、Windows、RTOS 等操作系统。

2. 中间件层

Linux 是一个通用系统，并没有针对机器人开发提供特殊的中间件，所以 ROS 设计了中间件层，其中最为重要的是基于 TCPROS/UDPROS 的通信系统。ROS 的通信系统基于 TCP/UDP 网络，并进行了再次封装，即得到 TCPROS/UDPROS。ROS 通信系统使用发布/订阅、客户端/服务器等模型，可以实现多种通信机制的数据传输。

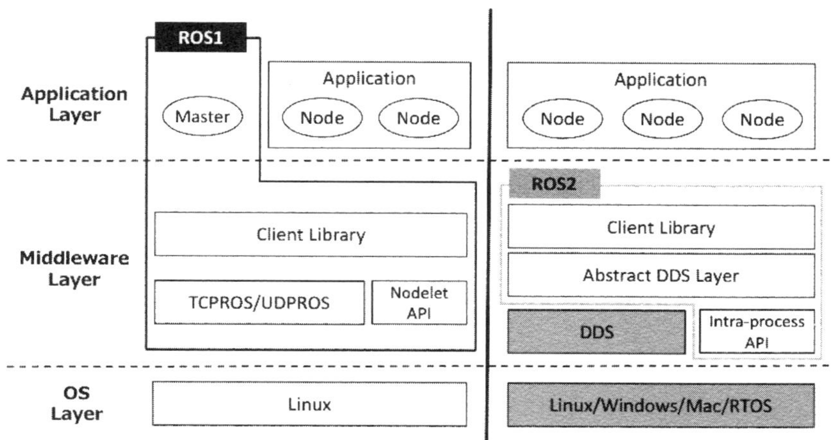

图 2.1　ROS 架构

除 TCPROS/UDPROS 的通信机制外，ROS 还提供一种进程内的通信方法——Nodelet，其可以为多进程通信提供一种更优化的数据传输方式，适合对数据传输实时性方面有较高要求的应用。

在通信系统的基础上，ROS 提供了大量机器人开发相关的库，如数据类型定义、坐标变换、运动控制等，可以提供给应用层使用。

3. *应用层*

在应用层，节点（Node）管理器 Master 组件负责管理整个系统的运行。ROS 开源社区内共享了大量的机器人应用功能包，这些功能包内的模块以节点为单位运行，以 ROS 标准的输入/输出作为接口，只需要了解接口规则即可实现复用，极大地提高了开发效率。

随着机器人技术的快速发展，ROS 得到了极大的推广和应用。尽管 ROS 还存在不少的局限性，但是 ROS 开源社区内的功能包数量逐年呈指数级上涨，不少开发者和研究机构还针对 ROS 的局限性进行了改良，为机器人开发者带来了巨大的便利。为提高 ROS 整体性能，在 ROS Con 2014 上，正式发布了新一代 ROS 架构（Next-generation ROS: Building on DDS），2015 年 8 月，ROS 2.0 的 Alpha 版本发布，经过一年多的测试与优化，2016 年 12 月 19 日，ROS 2.0 的 Beta 版本正式发布。众多新技术和新概念被应用到了新一代的 ROS 2.0 之中，提升了架构的整体性能，增强了 ROS 各方面的综合能力。

如图 2.1 所示，ROS 2.0 与 ROS 1.0 的系统架构对比如下：

（1）ROS 1.0 主要构建于 Linux 系统之上，ROS 2.0 支持的操作系统包括 Linux、Windows、Mac、RTOS，甚至支持没有操作系统的裸机。

（2）ROS 1.0 的通信基于 TCPROS/UDPROS，强依赖于 Master 节点的处理，而 ROS 2.0 取消了 Master，通信是基于数据分发服务（Data Distribution Service，DDS）的，同时 ROS 2.0 内部提供了 DDS 的抽象层实现，用户可以不用关注底层的 DDS 使用了哪个 API。

ROS 中最重要的一个概念是“节点”，这种基于发布/订阅模型的节点，可以让开发者并行开发低耦合的功能模块，并且便于进行二次复用。ROS 2.0 采用的 DDS，提升了发布/订阅模型的性能。

（3）在 ROS 1.0 中，Nodelet 和 TCPROS/UDPROS 是并列的层次，也是负责通信的，Nodelet 可为同一个进程中的多个节点提供一种更优化的数据传输方式。ROS 2.0 中仍保留了这种数据传输方式，改名叫 Intra-process，同样也独立于 DDS。

可以看到，ROS 2.0 与 ROS 1.0 架构的不同主要是由数据分发服务引起的。DDS 是对象管理组织（Object Management Group，OMG）在 2004 年正式发布的一个专门为实时系统设计的数据分发/订阅标准，最早应用于美国海军，解决舰船复杂网络环境中大量软件升级的兼容性问题。目前 DDS 已经成为美国国防部的强制标准，已广泛应用于国防、民航、工业控制等领域，成为分布式实时系统中数据发布/订阅的标准解决方案。

DDS 是以数据为核心的发布/订阅模型，这种模型创建了一个“全局数据空间”（Global Data Space）的概念，所有独立的应用都可以访问该空间。在 DDS 中，每个发布者或者订阅者都成为参与者（Participant），类似于 ROS 节点的概念。每个参与者都可以使用某种定义好的数据类型来读/写全局数据空间。

ROS 2.0 还在不断发展中，在学术界和工业界未得到大范围的使用，但有着更强性能的 ROS 2.0 将成为未来的发展趋势。

2.1.3 ROS 特点

ROS 是一个分布式的框架，使用了基于 TCP/IP 的通信方式，以实现模块间点对点的松耦合连接，可以进行若干种类型的通信，包括基于主题（Topic，也叫话题）的异步数据流通信，基于服务（Service）的同步数据流通信，以及基于参数服务器的数据存储通信等。

为了支持机器人研究和开发中的代码重用，ROS 具有以下特征。

（1）分布式进程：以可执行进程的最小单元（节点）进行编程，每个进程独立运行，并收发数据。

（2）功能包管理：以功能包的形式管理多个进程，便于共享、修改和重新发布。

（3）公共存储库：每个功能包都公开给公共存储库（如 GitHub），并标识许可证。

（4）API：使用 ROS 开发程序时，可以通过调用 API 将其加载到应用代码中。

（5）支持多种编程语言：ROS 程序提供客户端库（Client Library），支持 Java、Python、C++、C#、Lua、Lisp 和 Ruby 等编程语言。

ROS 完全免费和开源，拥有良好的生态系统，包括活跃的开源社区、不断更新的模块和线上/线下交流平台。开发者可以在社区中下载、复用各种机器人功能模块，大大加速了机器人的应用开发。同时，ROS 遵照 BSD（Berkly Software Distribution）许可，给使用者较大的自由，允许使用者修改和重新发布其中的应用代码，甚至可以对代码进行商业化的开发与销售。读者可以在 ROS 官网上查看更多关于 ROS 的介绍。

2.2 安装 ROS

2.2.1 操作系统和 ROS 版本

ROS 目前主要支持 Ubuntu 操作系统，随着近几年嵌入式系统的快速发展，ROS 也针对 ARM 处理器编译了核心库和部分功能包。在安装 ROS 之前，需要明确开发环境并且选择合适的 ROS 发行版本。ROS 的发行版本（ROS Distribution）指 ROS 软件包的版本，与 Linux

的发行版本（如 Ubuntu）的概念类似。推出 ROS 发行版本的目的在于使开发者可以使用相对稳定的代码库。每个发行版本推出后，ROS 开发者通常仅对这一版本的 bug 进行修复，同时提供少量针对核心软件包的改进。表 2.1 是 ROS 当前的主要发行版本信息。

表 2.1　ROS 当前的主要发行版本信息

版 本 名 称	发 布 日 期	操作系统平台
ROS Melodic Morenia	2018 年 5 月 23 日	Ubuntu 17.10, Ubuntu 18.04, Debian 9, Windows 10
ROS Lunar Loggerhead	2017 年 5 月 23 日	Ubuntu 16.04, Ubuntu 16.10, Ubuntu 17.04, Debian 9
ROS Kinetic Kame	2016 年 5 月 23 日	Ubuntu 15.10, Ubuntu 16.04, Debian 8

ROS Kinetic Kame 版本（以下简称 ROS Kinetic）的网上开源资料丰富，本书使用该版本，对应的 Linux 系统是 Ubuntu 16.04 LTS（Long Term Support，长期支持）。如果对最新的 ROS 版本感兴趣，读者可以自行下载安装，对于常用的功能包，不同的版本之间是可以兼容使用的。

2.2.2　Linux 基础简介

Linux 是免费使用和自由传播的类 UNIX 操作系统，是一个基于 POSIX 和 UNIX 的多用户、多任务、支持多线程和多 CPU 的操作系统。随着互联网的发展，Linux 得到了全世界软件爱好者、组织、公司的支持。Linux 除在服务器操作系统方面保持着强劲的发展势头以外，在个人计算机、嵌入式系统上都有着长足的进步。使用者不仅可以直观地获取 Linux 操作系统的实现机制，而且可以根据自身的需要来修改和完善 Linux，使其最大化地适应用户的需要。

Linux 与其他操作系统相比，具有性能稳定、开源、技术社区用户多等特点。开源使得用户可以自由修改和完善 Linux，灵活性高，成本低。Linux 系统中内嵌网络协议栈，经过适当的配置就可实现路由器的功能。这些特点使得 Linux 成为开发路由交换设备的理想平台。另外，Linux 系统的核心防火墙组件性能高效、配置简单。在很多企业网络应用中，为了追求速度和安全，Linux 系统被网络运维人员不仅当成服务器使用，而且当成网络防火墙使用。

本书不涉及过于复杂和深入的 Linux 技术知识，只会用到一些基础的操作。读者可以在计算机中自行下载并安装 Ubuntu Linux 系统。在使用过程中，如果遇到问题，可以充分利用网络资源进行搜索。

下面列出几种 Linux 常用命令，读者可以上网查询更多命令的使用方法。

（1）ls 命令，用于展示文件夹的内容，使用语法如下。

```
-a：全部的档案文件，连同隐藏档案文件（包括“.”目录）一起列出来
-A：全部的档案文件，连同隐藏档案文件，但不包括“.”与“..”这两个目录
-d：仅列出目录本身，而不列出目录内的档案文件
-f：直接列出结果，而不进行排序（ls 默认会以文件名排序）
-F：根据档案文件、目录等信息，用不同符号进行标记。其中，*代表可执行档案；/代表目录；=代表 socket 档案；| 代表 FIFO 档案
-h：将档案文件的容量列出来
-i：列出 inode 位置，而不列出档案文件属性
-l：长数据串输出，包含档案文件的属性等数据
-n：列出 UID 与 GID ，而非使用者与群组的名称
-r：将排序结果反向输出，例如，原本文件名按由小到大排列，反向则按由大到小排列
-R：连同子目录内容一起列出来
-S：以档案容量大小排序
-t：以时间排序
```

ls 命令使用举例如图 2.2 所示。

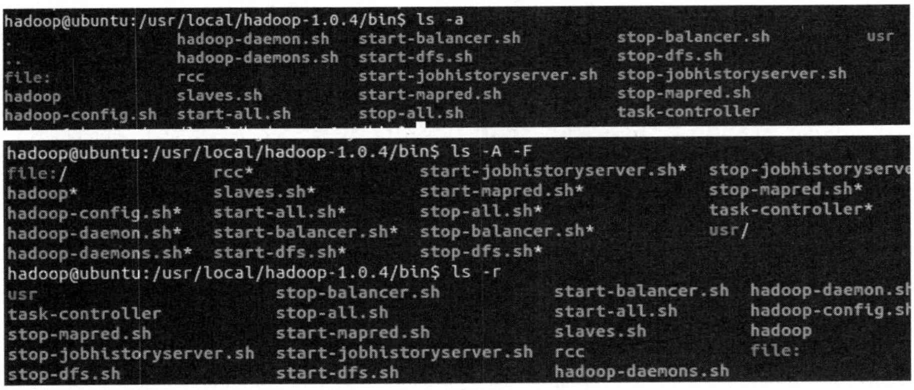

```
hadoop@ubuntu:/usr/local/hadoop-1.0.4/bin$ ls -a
.                 hadoop-daemon.sh   start-balancer.sh          stop-balancer.sh          usr
..                hadoop-daemons.sh  start-dfs.sh               stop-dfs.sh
file:             rcc                start-jobhistoryserver.sh  stop-jobhistoryserver.sh
hadoop            slaves.sh          start-mapred.sh            stop-mapred.sh
hadoop-config.sh  start-all.sh       stop-all.sh                task-controller
```

```
hadoop@ubuntu:/usr/local/hadoop-1.0.4/bin$ ls -A -F
file:/              rcc*                 start-jobhistoryserver.sh*  stop-jobhistoryserve
hadoop*             slaves.sh*           start-mapred.sh*            stop-mapred.sh*
hadoop-config.sh*   start-all.sh*        stop-all.sh*                task-controller*
hadoop-daemon.sh*   start-balancer.sh*   stop-balancer.sh*           usr/
hadoop-daemons.sh*  start-dfs.sh*        stop-dfs.sh*
hadoop@ubuntu:/usr/local/hadoop-1.0.4/bin$ ls -r
usr                       stop-balancer.sh           start-balancer.sh   hadoop-daemon.sh
task-controller           stop-all.sh                start-all.sh        hadoop-config.sh
stop-mapred.sh            start-mapred.sh            slaves.sh           hadoop
stop-jobhistoryserver.sh  start-jobhistoryserver.sh  rcc                 file:
stop-dfs.sh               start-dfs.sh               hadoop-daemons.sh
```

图 2.2 ls 命令使用举例

（2）find 命令，用于查找文件，使用语法如下。

```
find [PATH] [option] [action]
# 与时间有关的参数：
-mtime n：n 为数字，意思为列出在 n+1 天之前被更改过的文件
-mtime +n：列出在 n 天之前（不含 n 天本身）被更改过的文件
-mtime -n：列出在 n 天之内（含 n 天本身）被更改过的文件
-newer file：列出比 file 还要新的文件
# 加号表示之前的时间，减号表示之后的时间
# 例如：
find -mtime 0   # 在当前目录下，查找今天之内有改动的文件

# 与用户或用户组名有关的参数：
-user name：列出文件所有者为 name 的文件
-group name：列出文件所属用户组为 name 的文件
-uid n：列出文件所有者的用户 ID 为 n 的文件
-gid n：列出文件所属用户组的用户组 ID 为 n 的文件
# 例如：
find /home/hadoop -user hadoop   # 在目录/home/hadoop 中找出文件所有者为 hadoop 的文件

# 与文件权限及名称有关的参数：
-name filename：找出文件名为 filename 的文件
-size [+-]SIZE：找出比 SIZE 还要大（+）或小（-）的文件
-tpye TYPE：查找文件类型为 TYPE 的文件，TYPE 的值主要有一般文件（f）、设备文件（b、c）、目录（d）、连接文件（l）、socket（s）、FIFO 管道文件（p）
-perm mode：查找文件权限等于 mode 的文件，mode 用数字表示，如 0755
-perm -mode：查找文件权限必须全部包括 mode 权限的文件，mode 用数字表示
-perm +mode：查找文件权限包含任一 mode 权限的文件，mode 用数字表示
# 例如：
find / -name passwd   # 查找文件名为 passwd 的文件
find . -size +12k   # 查找当前目录中文件大小大于 12KB 的文件
find . -perm 0755   # 查找当前目录中文件权限为 0755 的文件
```

find 命令使用举例如图 2.3 所示。

（3）cd 命令，用于改变当前目录，使用语法如下。

```
cd /root/Docements    # 切换到目录/root/Docements 中
cd ./path             # 切换到当前目录下的 path 目录中，“.”表示当前目录
cd ../path            # 切换到上层目录中的 path 目录中，“..”表示上一层目录
```

cd 命令使用举例如图 2.4 所示。

```
hadoop@ubuntu:/usr/local/hadoop-1.0.4/bin$ find /usr/local/hadoop-1.0.4/bin -user hadoop
/usr/local/hadoop-1.0.4/bin
/usr/local/hadoop-1.0.4/bin/stop-all.sh
/usr/local/hadoop-1.0.4/bin/hadoop-daemons.sh
```

```
hadoop@ubuntu:/usr/local/hadoop-1.0.4/bin$ find /usr/local/hadoop-1.0.4/bin -group hadoop -name sta
rt-mapred.sh
/usr/local/hadoop-1.0.4/bin/start-mapred.sh
```

图 2.3　find 命令使用举例

```
adoop@ubuntu:/usr/local/hadoop-1.0.4/bin$ cd ..
adoop@ubuntu:/usr/local/hadoop-1.0.4$
```

图 2.4　cd 命令使用举例

（4）tree 命令，用于显示树形的层级目录结构。其是非原生命令，需要安装。tree 命令使用举例如图 2.5 所示。

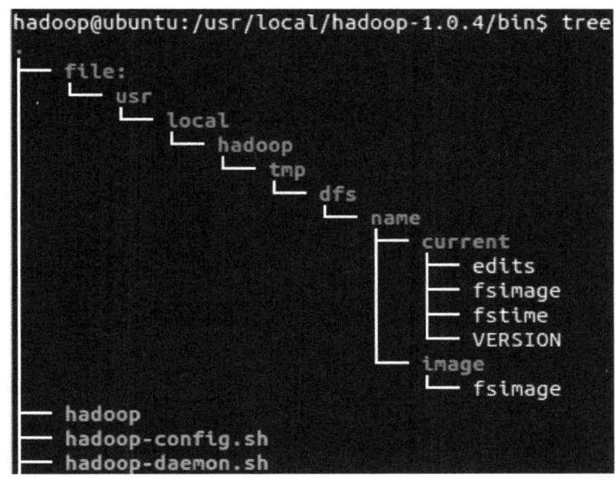

```
hadoop@ubuntu:/usr/local/hadoop-1.0.4/bin$ tree
.
├── file:
│   └── usr
│       └── local
│           └── hadoop
│               └── tmp
│                   └── dfs
│                       └── name
│                           ├── current
│                           │   ├── edits
│                           │   ├── fsimage
│                           │   ├── fstime
│                           │   └── VERSION
│                           └── image
│                               └── fsimage
├── hadoop
├── hadoop-config.sh
├── hadoop-daemon.sh
```

图 2.5　tree 命令使用举例

（5）cp 命令，用于复制文件，使用语法如下。

-a：将文件的特性一起复制

-p：连同文件的属性一起复制，而非使用默认方式，与-a 相似，常用于备份

-i：若目标文件已经存在，在覆盖时先进行询问操作

-r：递归持续复制，用于目录的复制

-u：目标文件与源文件有差异时才会复制

cp 命令使用举例如图 2.6 所示。

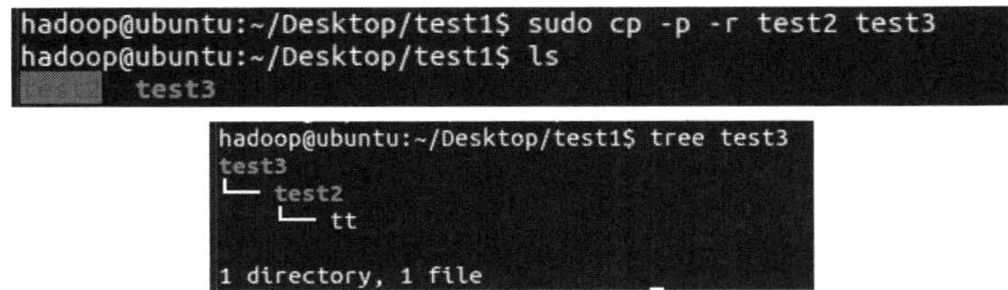

```
hadoop@ubuntu:~/Desktop/test1$ sudo cp -p -r test2 test3
hadoop@ubuntu:~/Desktop/test1$ ls
test2  test3
```

```
hadoop@ubuntu:~/Desktop/test1$ tree test3
test3
└── test2
    └── tt

1 directory, 1 file
```

图 2.6　cp 命令使用举例

（6）rm 命令，用于删除文件或目录，使用语法如下。

-f：强制（force）执行，忽略不存在的文件，不会出现警告消息

-i：交互模式，在删除前询问是否确定删除

-r：递归删除，最常用于目录删除

rm 命令使用举例如图 2.7 所示。

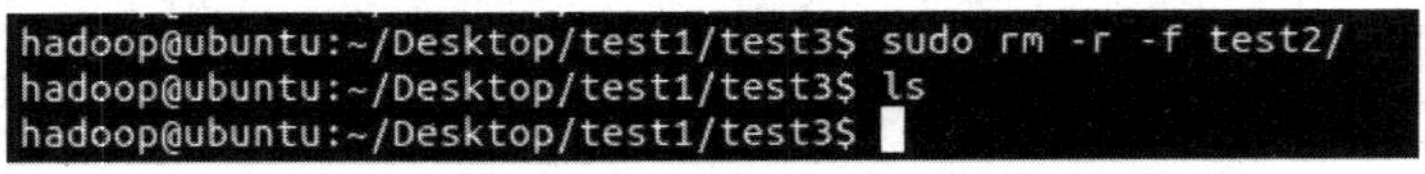

```
hadoop@ubuntu:~/Desktop/test1/test3$ sudo rm -r -f test2/
hadoop@ubuntu:~/Desktop/test1/test3$ ls
hadoop@ubuntu:~/Desktop/test1/test3$
```

图 2.7　rm 命令使用举例

（7）mv 命令，用于移动文件，使用语法如下。

```
-f：强制（force）执行，如果目标文件已经存在，不会询问而直接覆盖
-i：交互模式，若目标文件已经存在，则会询问是否覆盖
-u：若目标文件已经存在，且比目标文件新，则会更新
```

mv 命令使用举例如图 2.8 所示。

（8）pwd 命令，用于查看“当前工作目录”的完整路径，使用语法如下：

```
Pwd       # 显示连接（link）路径
pwd －P   # 显示实际路径，而非连接路径
```

将/usr/local/man 连接到/usr/local/share/man 目录后，执行 pwd 命令，结果如图 2.9 所示。

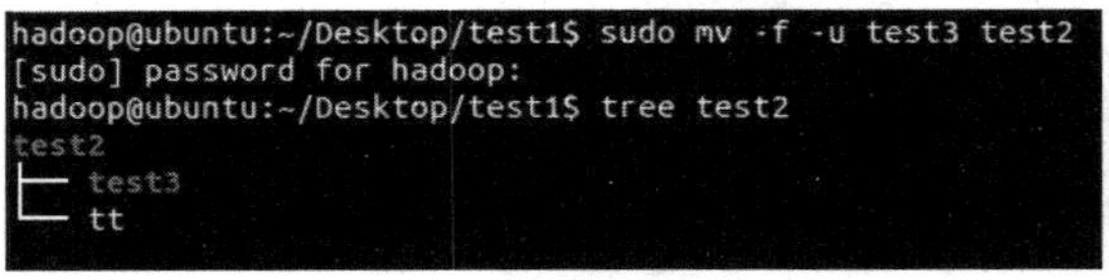

```
hadoop@ubuntu:~/Desktop/test1$ sudo mv -f -u test3 test2
[sudo] password for hadoop:
hadoop@ubuntu:~/Desktop/test1$ tree test2
test2
├── test3
└── tt
```

图 2.8　mv 命令使用举例

```
hadoop@ubuntu:/usr/local/man$ pwd
/usr/local/man
hadoop@ubuntu:/usr/local/man$ pwd -P
/usr/local/share/man
hadoop@ubuntu:/usr/local/man$
```

图 2.9　pwd 命令使用举例

（9）tar 命令，用于压缩和解压，使用语法如下。

```
-c：新建压缩包文件
-t：查看压缩包文件里面含有哪些文件
-x：解压缩包，注意，-c, -t, -x 不能同时出现在同一条命令中
-j：通过 bzip2 进行压缩/解压缩
-z：通过 gzip 进行压缩/解压缩
-v：在压缩/解压缩过程中，将正在处理的文件名显示出来
-f filename：filename 为要处理的文件
-C dir：指定压缩/解压缩的目录 dir
```

tar 命令使用举例：

```
压缩：tar -jcv -f filename.tar.bz2
查询：tar -jtv -f filename.tar.bz2
解压缩：tar -jxv -f filename.tar.bz2 -C /usr/local/man
```

（10）mkdir 命令，用于创建目录，使用语法如下。

```
mkdir [选项]...  目录...
-m：模式，创建目录的同时设定目录的权限，权限包含读（Read）、写（Write）、执行（eXecute）
-p：可以是一个路径名称。若路径中的某些目录不存在，加上此选项后，系统将自动创建不存在的目录，即一次可以建立多个目录
-v：每次创建新目录都显示信息
```

mkdir 命令使用举例如图 2.10 所示。该命令表示在目录/test1 下建立子目录 test2，权限设置为当前用户（User）有读、写和执行权限，同组用户（Group）有读、写和执行权限，其他用户（Other）也有读、写和执行权限。

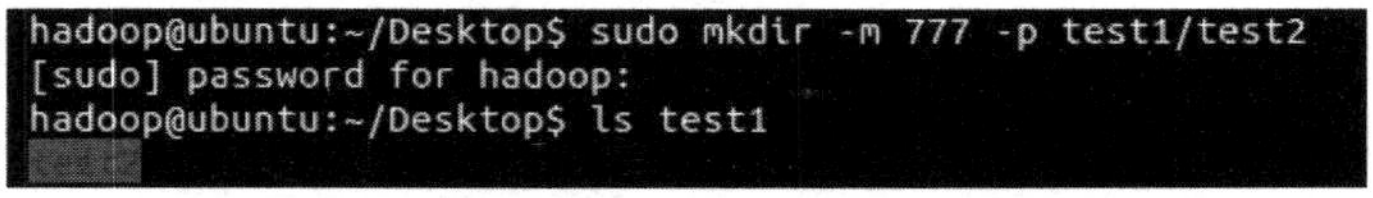

```
hadoop@ubuntu:~/Desktop$ sudo mkdir -m 777 -p test1/test2
[sudo] password for hadoop:
hadoop@ubuntu:~/Desktop$ ls test1
test2
```

图 2.10　mkdir 命令使用举例

注意：sudo 表示允许普通用户以系统管理者 root 的身份执行命令。

2.2.3　ROS 安装

本节介绍 ROS Kinetic 的安装步骤。

1. 使用软件库安装 ROS Kinetic

ROS 的安装说明可以在 ROS 官网的 Getting Started 部分的 Install 选项卡中找到。一般使用软件库（Repository）安装 ROS。

2. 配置 Ubuntu 软件库

在开始安装之前，首先需要配置软件库，把软件库属性设为 restricted、universe、multiverse。为了检查你的 Ubuntu 版本是否支持这些软件库，可以单击桌面左面的 Ubuntu 软件中心（Software & Updates），如图 2.11 所示。

选择 Ubuntu Software 选项卡，保证各个选项与图 2.12 一致。

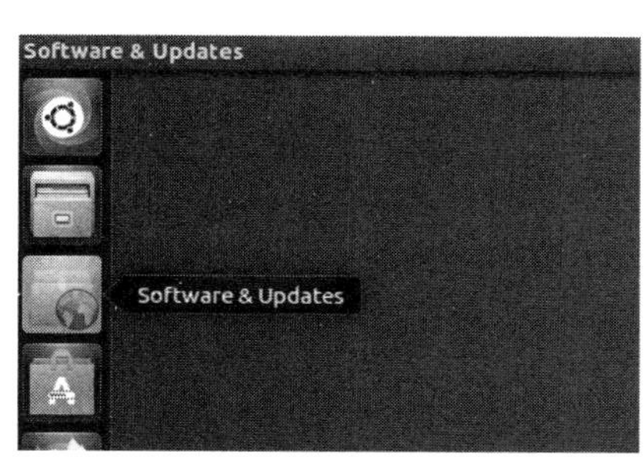

图 2.11　单击 Ubuntu 软件中心

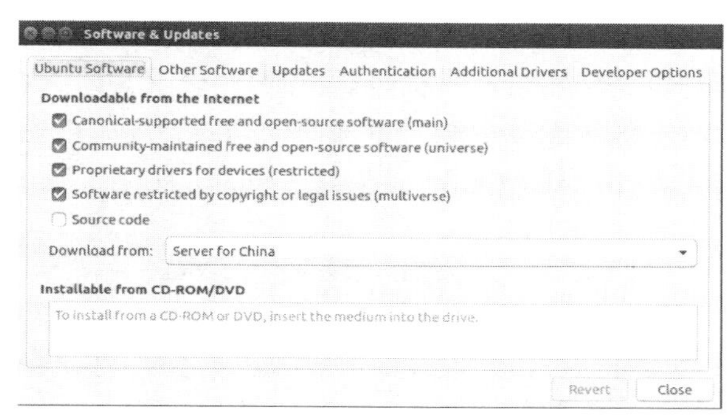

图 2.12　Ubuntu 系统软件源的设置

3. 添加 ROS 软件源

首先选择 Ubuntu 版本，在多种版本的操作系统中都可以安装 ROS Kinetic。

然后为 Ubuntu 的包管理器增加软件源地址，设置计算机接收来自 packages.ros.org 的软件。

sources.list 是 Ubuntu 系统保存软件源地址的文件，位于/etc/apt 目录下，下面将 ROS 的软件源地址添加到该文件中，确保后续安装时可以正确找到 ROS 相关软件的下载地址。

打开命令行，输入下面的命令，添加 ROS 官方的软件源镜像：

```
$ sudo sh -c ‘echo “deb http://packages.ros.org/ros/ubuntu $(lsb_release -sc) main” >
/etc/apt/sources.list.d/ros-latest.list’
```

为了提高软件的下载、安装速度，也可以使用一些国内的镜像软件源。

4. 下载示例代码

示例代码在 GitHub 上，可扫描二维码下载。一旦添加了正确的软件库，操作系统就知道在哪里下载程序，并根据命令自动安装软件。

下载链接

5. 添加密钥

这一步是为了确认原始的代码是正确的，并且没有人在未经所有者授权的情况下修改任何程序代码，即确定代码来自授权网站并且没有被修改。通常情况下，当添加完软件库时，就已经添加了软件库的密钥，并将其添加到操作系统的可信任列表中。

```
$ sudo apt-key adv --keyserver hkp://ha.pool.sks-keyservers.net:80 --recv-key
421C365BD9FF1F717815A3895523BAEEB01FA116
```

如果连接密钥服务器时遇到了问题，可以尝试在上面的命令中用下面的链接来替换：

```
hkp://pgp.mit.edu:80    或    hkp://keyserver.ubuntu.com:80
```

6. 安装 ROS

在开始之前，先升级一下软件包，避免错误的库版本或软件版本产生各种问题。输入以下命令进行升级：

```
$ sudo apt-get update
```

ROS 非常大，通常情况下，根据用途不同有四种安装方式。

（1）完全安装方式（推荐的安装方式，需要足够大的硬盘空间），即桌面完整安装（desktop-full）。使用下面的命令安装：

```
$ sudo apt-get install ros-kinetic-desktop-full
```

将安装 ROS、rqt 工具（rqt 是一个 GUI 框架，以插件的形式实现各种工具和界面）、rviz 可视化环境、通用机器人库、2D（如 stage）和 3D（如 gazebo）仿真环境、导航功能包集（移动、定位、地图绘制、机械臂控制），以及其他感知库，如视觉、激光雷达和 RGB-D 相机。

（2）如果希望安装特定部分的功能包集，或没有足够的硬盘空间，那么可以仅安装桌面安装文件，包括 ROS、rqt 工具、rviz 可视化环境和其他通用机器人库。之后在需要的时候，再安装其他功能包集。使用下面的命令安装：

```
$ sudo apt-get install ros-kinetic-desktop
```

（3）如果只是想尝试一下 ROS，可以安装 ROS-base。ROS-base 通常直接安装在机器人上，尤其是当机器人没有屏幕和人机交互界面，只能远程登录时。它只安装 ROS 的编译和通信包，而不安装任何的 GUI 工具。使用下面的命令安装：

```
$ sudo apt-get install ros-kinetic-ros-base
```

（4）独立安装特定的 ROS 功能包集，使用下面的命令安装（将 PACKAGE 替换为指定的功能包名称）：

```
$ sudo apt-get install ros-kinetic-PACKAGE
```

2.2.4 设置环境变量

为了能够运行 ROS，系统需要知道可执行文件或二进制文件及其他命令的位置，使用下面的命令运行脚本：

```
$ source /opt/ros/kinetic/setup.bash
```

如果安装的是其他 ROS 发行版本，如 Indigo，则也需要通过调用脚本来使用它，以配置使用环境，那时在命令中用 indigo 代替 kinetic 即可。

为了测试是否完成 ROS 安装及是否安装正确，可以在命令行中输入 roscore 命令，看一下是否有程序启动。

注意：如果再次打开一个命令行窗口，并输入 roscore 或其他 ROS 命令，发现其无法工作，这是因为需要再一次运行脚本来配置全局变量和 ROS 的安装路径。为了解决这个问题，需要在.bashrc 文件的最后添加脚本，该脚本将被运行并配置环境。

```
$ echo "source /opt/ros/kinetic/setup.bash" >> ~/.bashrc
```

.bashrc 文件在用户的 home 文件夹下（/home/USERNAME/.bashrc）。每次用户打开命令行，这个文件会加载命令行的配置。当在.bashrc 文件最后添加上面的脚本后，就可以避免每

次打开一个新的命令行时都要重复输入命令。

如果要使配置生效，必须使用下面的命令去运行这个文件，或关闭当前命令行，打开另一个新的命令行：

```
$ source ~/.bashrc
```

注意：如果安装了不止一个 ROS 的发行版本，由于每次调用脚本都会覆盖系统当前配置，所以~/.bashrc 只能设置你正在使用的 ROS 版本的 setup.bash。为了实现在几个发行版本之间的切换，需要调用不同的 setup.bash 脚本。例如：

```
$ source /opt/ros/kinetic/setup.bash
```

或

```
$ source /opt/ros/indigo/setup.bash
```

如果在.bashrc 文件中存在多个 ROS 发行版本的 setup.bash 脚本，则最后一个脚本是运行的版本，因此建议只导入一个单独的 setup.bash 脚本。

如果想通过命令行检查使用的版本，可使用命令：

```
$ echo $ROS_DISTRO
```

2.2.5　验证安装

执行以下命令，在 Ubuntu 中安装构建包（Building Package）所需的依赖：

```
$ sudo apt-get install python-rosinstall python-rosinstall-generator python-wstool build-essential
```

这样，就完成了一个完整的 ROS 系统安装。

通过以下命令启动 ROS Master，测试系统是否已安装成功：

```
$ roscore
```

如果一切正常，你会在命令行中看到如图 2.13 所示的信息。

```
albert@albert:~/catkin_ws$ roscore
... logging to /home/albert/.ros/log/22314436-d47d-11e8-be1b-28d2441e5d67/roslaunch-albert-29641.log
Checking log directory for disk usage. This may take awhile.
Press Ctrl-C to interrupt
Done checking log file disk usage. Usage is <1GB.

started roslaunch server http://localhost:36259/
ros_comm version 1.12.14


SUMMARY
========

PARAMETERS
 * /rosdistro: kinetic
 * /rosversion: 1.12.14

NODES

auto-starting new master
process[master]: started with pid [29656]
ROS_MASTER_URI=http://localhost:11311/

setting /run_id to 22314436-d47d-11e8-be1b-28d2441e5d67
process[rosout-1]: started with pid [29669]
started core service [/rosout]
```

图 2.13　roscore 命令执行后的信息

2.3　ROS 文件系统与通信机制

2.3.1　文件系统

类似于操作系统，ROS 将所有文件按照一定的规则进行组织，不同功能的文件被放置在不同的文件夹下，如图 2.14 所示。

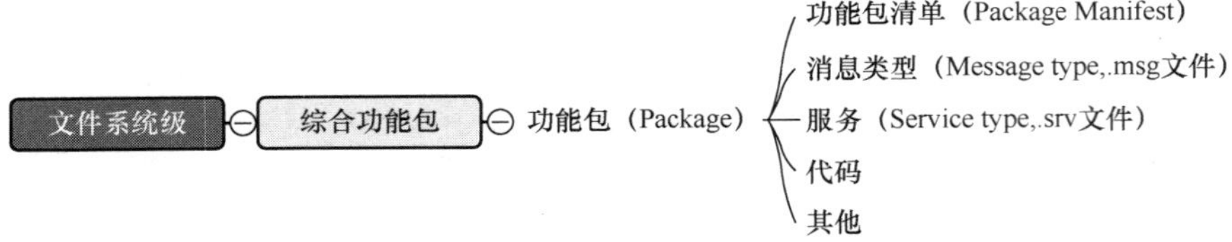

图 2.14　ROS 的文件系统结构

综合功能包：将几个具有某些功能的功能包组织在一起，就形成了综合功能包（Stack）。

功能包：ROS 的软件组织形式。功能包是用于创建 ROS 程序的最小结构，包含 ROS 运行的节点（进程）、配置文件等。

功能包清单：提供关于功能包名称、版本号、内容描述、作者信息、许可信息、依赖关系、编译标志等的信息。每个功能包清单由一个名为 package.xml 的文件管理。

消息类型：消息是 ROS 节点之间发布/订阅的通信信息，可以使用 ROS 提供的消息类型保存，也可以使用.msg 文件保存，在功能包的 msg 文件夹下可自定义所需要的消息类型。

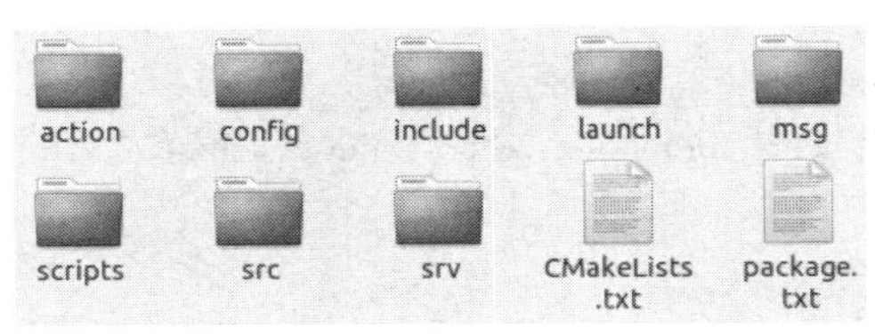

图 2.15　ROS 功能包的典型文件结构

服务：定义了 ROS 客户端/服务器通信模型下的请求与应答数据类型，可以使用 ROS 系统提供的服务类型，也可以使用.srv 文件，在功能包的 srv 文件夹中进行定义。

代码：存放功能包节点源码的文件夹。

图 2.15 是 ROS 功能包的典型文件结构。

这些文件夹的主要功能如下。

（1）config：放置功能包中的配置文件，由用户创建。

（2）include：放置功能包中需要的头文件。

（3）scripts：放置可以直接运行的 Python 脚本。

（4）src：放置需要编译的 C/C++代码。

（5）launch：放置功能包中的所有启动文件。

（6）msg：放置功能包自定义的消息类型。

（7）srv：放置功能包自定义的服务类型。

（8）action：放置功能包自定义的动作命令。

（9）CMakeLists.txt：存放编译器编译功能包的规则，必须有。

（10）package.xml：存放功能包清单，必须有。

图 2.16 是一个典型的功能包清单示例。

从功能包清单中可以清晰地看到该功能包的名称、版本号、内容描述、作者信息和许可信息等。除此之外，<buildtool_depend>标签定义了编译构建工具，通常为 catkin；<depend>标签定义了编译、导出和运行代码所依赖的其他功能包，具体来说，<depend>标签整合了<build_depend>、< build_export_depend >和< exec_depend>的标签功能。

在 ROS 功能包的开发过程中，这些信息需要根据功能包的具体内容进行修改。

ROS 针对功能包的创建、编译、修改、运行设计了一系列命令，表 2.2 简要列出了一些常用命令。这些命令会被经常使用，需要在实践中不断加深理解。

```
▼<package format="2">
   <name>realsense2_camera</name>
   <version>2.2.7</version>
  ▼<description>
     RealSense Camera package allowing access to Intel T265 Tracking module and SR300 and D400 3D cameras
   </description>
   <maintainer email="sergey.dorodnicov@intel.com">Sergey Dorodnicov</maintainer>
   <maintainer email="doron.hirshberg@intel.com">Doron Hirshberg</maintainer>
   <license>Apache 2.0</license>
   <url type="website">http://www.ros.org/wiki/RealSense</url>
   <url type="bugtracker">https://github.com/intel-ros/realsense/issues</url>
   <author email="sergey.dorodnicov@intel.com">Sergey Dorodnicov</author>
   <author email="doron.hirshberg@intel.com">Doron Hirshberg</author>
   <buildtool_depend>catkin</buildtool_depend>
   <depend>image_transport</depend>
   <depend>cv_bridge</depend>
   <depend>nav_msgs</depend>
   <depend>nodelet</depend>
   <depend>genmsg</depend>
   <depend>roscpp</depend>
   <depend>sensor_msgs</depend>
   <depend>std_msgs</depend>
   <depend>message_runtime</depend>
   <depend>tf</depend>
   <depend>ddynamic_reconfigure</depend>
   <depend>diagnostic_updater</depend>
   <depend>librealsense2</depend>
  ▼<export>
     <nodelet plugin="${prefix}/nodelet_plugins.xml"/>
   </export>
 </package>
```

图 2.16 典型的功能包清单示例

表 2.2 ROS 的常用命令

命　令	作　用	命　令	作　用
catkin_create_pkg	创建功能包	roscp	复制功能包中的文件
rospack	获取功能包的信息	rosed	编辑功能包中的文件
catkin_make	编译工作空间的功能包	rosrun	运行功能包中的可执行文件
rosdep	自动安装功能包依赖的其他包	roslaunch	运行启动文件
roscd	功能包目录跳转		

2.3.2 ROS 通信及其工作机制

2.3.2.1 ROS 计算图

ROS 会创建一个连接到所有进程的网络，即计算图，包括节点、节点管理器、参数服务器、消息、服务、主题和消息记录包，它们以不同的方式向这个计算图提供数据，如图 2.17 所示。在系统中的任何节点都可以访问此网络，并通过该网络与其他节点交互，获取其他节点发布的消息，并将自身数据发布到网络上。

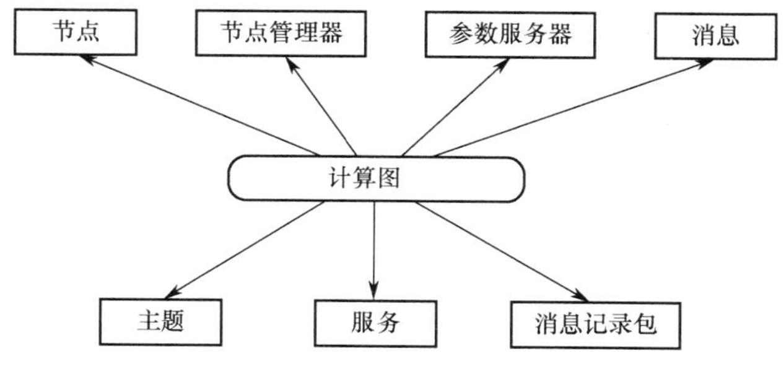

图 2.17 ROS 计算图

1. 节点（Node）

节点是主要的计算执行进程。如果需要一个可以与其他节点进行交互的进程，那么就需要创建一个节点，并将该节点连接到 ROS 网络中。通常情况下，系统包含能够实现不同功能的多个节点，每个节点都具有特定的单一功能。

节点需要使用 roscpp 或 rospy 的 ROS 客户端库进行编写。当许多节点同时运行时，可以很方便地将端对端的通信绘制成如图 2.18 所示的节点关系图。进程就是图中的节点，而端对端的连接关系就是节点之间的连线。

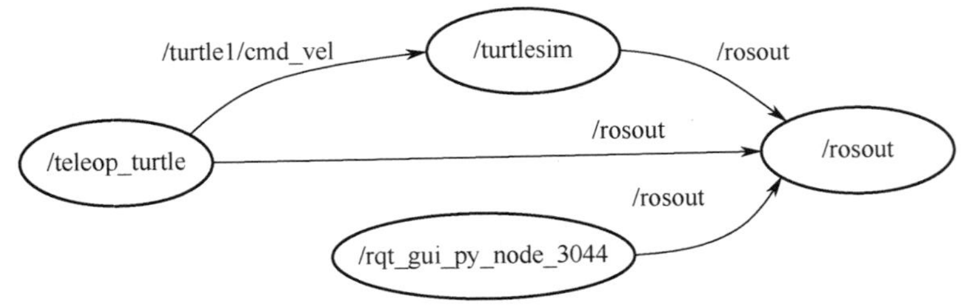

图 2.18　ROS 中的节点关系图

2. 节点管理器（Master）

节点管理器用于节点的名称注册和查找等。如果在整个 ROS 系统中没有节点管理器，就不会有节点、服务、消息之间的通信。需要注意的是，ROS 本身就是一个分布式网络系统，因此可以在某一台计算机上运行节点管理器，在其他计算机上运行由该节点管理器管理的节点。

3. 参数服务器（Parameter Server）

参数服务器能够使数据通过关键词进行存储。通过使用参数服务器，我们就能够在运行时配置节点或改变节点的工作任务。

4. 消息（Message）

节点通过消息完成彼此的沟通。消息包含一个节点发送到其他节点的数据信息。ROS 中包含很多种标准类型的消息，同时用户也可以基于标准消息开发自定义类型的消息。

5. 主题（Topic）

主题相当于 ROS 网络对消息进行路由和管理的数据总线。每一条消息都要发布相应的主题。当一个节点发送数据时，就说明该节点正在向主题发布消息。节点可以通过订阅某个主题，接收来自其他节点的消息。一个节点可以订阅一个主题，而并不需要该节点同时发布该主题。这就保证了消息的发布者和订阅者之间相互解耦，完全无须知道对方的存在。主题名称必须是唯一的，否则在同名主题之间的消息路由就会发生错误。

6. 服务（Service）

在发布主题的时候，正在发送的数据能够以多对多的方式交互。但当需要从某个节点获得一个请求或应答时，就不能通过主题来实现了。在这种情况下，服务允许直接与某个节点进行交互。此外，服务也必须有唯一的名称。当一个节点提供某个服务时，所有节点都可以通过使用 ROS 客户端所编写的代码与它通信。

7. 消息记录包（Bag）

消息记录包是用于保存和回放 ROS 消息数据的文件格式，是存储数据的重要机制。它能够获取并记录各种传感器数据，进行机器人系统开发和算法测试。

2.3.2.2　ROS 通信机制

ROS 是一个分布式框架，为用户提供多节点（进程）之间的通信服务，所有软件功能和工具都建立在这种分布式通信机制上，所以 ROS 的通信机制是最底层，也是最核心的技术。了解其相关原理，就可以在开发过程中更好地使用 ROS。下面介绍 ROS 最核心的三种通信机制。

1. 主题通信机制

主题在 ROS 中使用最为频繁，其通信机制也较为复杂。基于发布/订阅模型的主题通信机制如图 2.19 所示，在 ROS 中有两个节点：一个是发布者 Talker，另一个是订阅者 Listener。两个节点分别发布、订阅同一个主题，对启动顺序没有强制要求。假设 Talker 首先启动，可以通过下面七步来分析建立通信的详细过程。

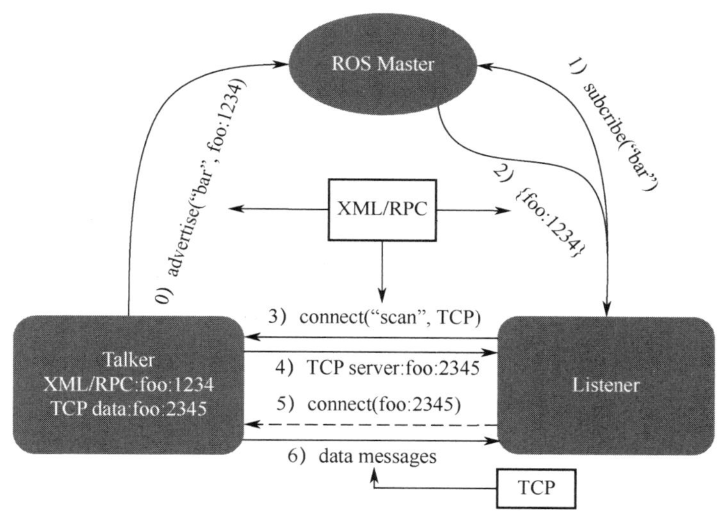

图 2.19　基于发布/订阅模型的主题通信机制

① Talker 注册

发布者 Talker 启动，通过 1234 端口使用远程过程调用（Remote Procedure Call，RPC）向 ROS Master 注册 Talker 的信息，包括所发布消息的主题名。然后 ROS Master 会将节点的注册信息加入注册列表中。

② Listener 注册

订阅者 Listener 启动，同样通过 RPC 向 ROS Master 注册 Listener 的信息，包含需要订阅的主题名。

③ ROS Master 进行信息匹配

Master 根据 Listener 的订阅信息在注册列表中进行查找，如果没有找到匹配的 Talker，则等待 Talker 的加入；如果找到匹配的 Talker，则通过 RPC 向 Listener 发送 Talker 的 RPC 地址信息。

④ Listener 发送连接请求

Listener 接收到 ROS Master 发回的 Talker 地址信息，通过 RPC 向 Talker 发送连接请求，传输订阅的主题名、消息类型及通信协议（TCP/UDP）。

⑤ Talker 确认连接请求

Talker 接收到 Listener 发送的连接请求后，继续通过 RPC 向 Listener 确认连接信息，其中包含自身的 TCP 地址信息。

⑥ Listener 与 Talker 建立网络连接

Listener 接收到确认连接信息后，使用 TCP 与 Talker 建立网络连接。

⑦ Talker 向 Listener 发布数据

成功建立连接后，Talker 开始向 Listener 发送主题数据。

前五个步骤使用的通信协议都是 RPC，最后发布数据的过程才使用到 TCP。ROS Master 在节点建立连接的过程中起到了重要作用，但是并不参与节点之间实际数据传输。

另外，节点建立连接后，可以关掉 ROS Master，节点之间的数据传输并不会受到影响，但是其他节点就无法加入这两个节点之间的网络了。

2. 服务通信机制

服务是一种带有应答的通信机制，基于服务器/客户端的服务通信机制如图 2.20 所示。与主题通信机制相比，减少了 Listener 与 Talker 之间的 RPC 通信。过程如下：

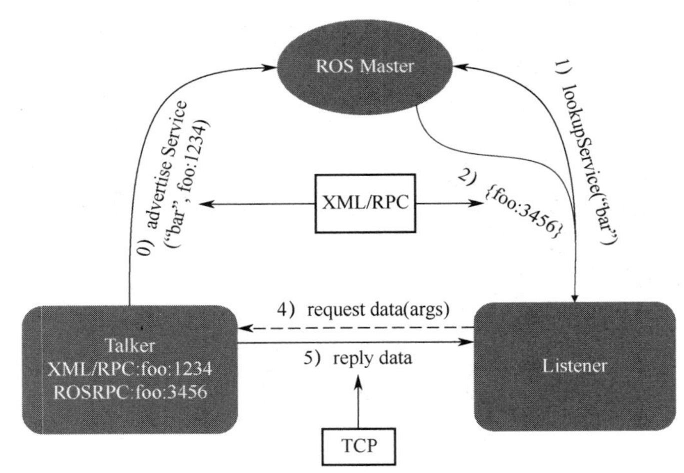

图 2.20 基于服务器/客户端的服务通信机制

① Talker 注册

发布者 Talker 启动，通过 1234 端口使用 RPC 向 ROS Master 注册 Talker 信息，包括所提供的服务名，然后 ROS Master 会将节点的注册信息加入注册列表中。

② Listener 注册

订阅者 Listener 启动，同样通过 RPC 向 ROS Master 注册 Listener 信息，包含需要订阅的服务名。

③ ROS Master 进行信息匹配

Master 根据 Listener 的订阅信息在注册列表中进行查找，如果没有找到匹配的服务提供

者，则等待该服务的提供者加入；如果找到匹配的服务提供者信息，则通过 RPC 向 Listener 发送 Talker 的 TCP 地址信息。

④ Listener 尝试与 Talker 建立网络连接

Listener 接收到 Talker 的地址信息后，使用 TCP 与 Talker 建立网络连接，并且发送服务的请求数据。

⑤ Talker 向 Listener 发布服务应答数据

Talker 接收到服务请求和参数后，开始执行服务功能，执行完后，向 Listener 发送应答数据。

主题和服务是 ROS 中最基础也是使用最多的通信机制，它们的区别如表 2.3 所示。主题通信机制是 ROS 中基于发布/订阅模型的异步通信模式，这种机制将信息的产生者和使用者互相解耦，常用于不断更新、有较少逻辑处理的数据通信；而服务通信机制多用于处理 ROS 中的同步通信，采用客户端/服务器模型，常用于数据量较小、但有强逻辑处理的数据交换。

表 2.3　主题通信机制与服务通信机制的区别

项　　目	主题通信机制	服务通信机制
同步性	异步	同步
通信模型	发布/订阅	客户端/服务器
底层协议	ROSTCP/ROSUDP	ROSTCP/ROSUDP
反馈机制	无	有
缓存区	有	无
实时性	弱	强
节点关系	多对多	一对多（一个服务器）
适用场景	较少逻辑处理	强逻辑处理

3. 参数管理机制

参数类似于 ROS 中的全局变量，由 ROS Master 进行管理，基于 RPC 的参数管理机制较为简单，不涉及 TCP/UDP 的通信，如图 2.21 所示。过程如下：

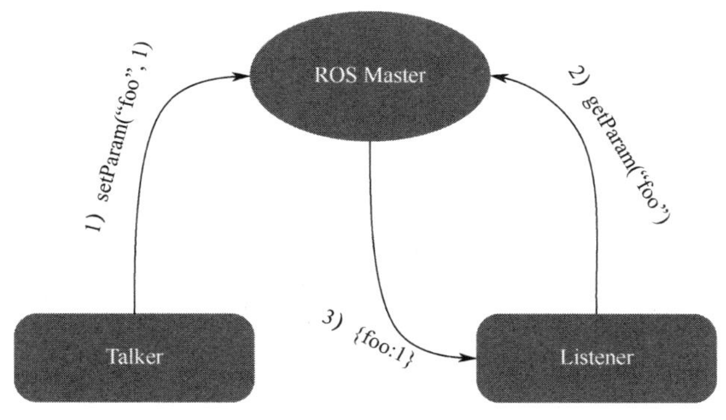

图 2.21　基于 RPC 的参数管理机制

① Talker 设置变量

Talker 使用 RPC 向 ROS Master 发送参数设置数据，包括参数名和参数值，ROS Master 会将参数名和参数值保存到参数列表中。

② Listener 查询参数值

Listener 通过 RPC 向 ROS Master 发送参数查找请求，包含所要查找的参数名。

③ ROS Master 向 Listener 发送参数值

Master 根据 Listener 的查找请求，在参数列表中进行查找，查找到参数后，使用 RPC 将参数值发送给 Listener。

这里需要注意的是，如果 Talker 向 ROS Master 更新参数值，Listener 在不重新查询参数值的情况下，是无法知道参数值已经被更新的。在很多应用场景中，需要动态参数更新机制，例如，在机器人导航及建图应用中，需要经常修改程序中的参数值，此时可以使用回调函数（callback）进行动态参数更新。

2.4 编写第一个 ROS 程序

学习了 ROS 文件系统与通信机制后，本节将介绍 ROS 程序的编写方式。首先建立 ROS 的功能包依赖及工作空间，然后创建功能包、编辑相关文件，即对发布节点和订阅节点的源文件进行编写，以及编译和构建功能包。编译生成 ROS 可执行文件后，通过 rosrun 命令运行单个节点，或者通过 roslaunch 命令运行多个节点。本节还将介绍 launch 文件的编写规则和运行方法，以及坐标变换的编程基础，以描述机器人各部件的坐标变换。

2.4.1 ROS 功能包依赖管理

安装好 ROS 后，接着需要做两项工作：一是建立本地 ROS 功能包依赖数据库；二是 ROS 环境变量的设置（前文已经介绍过了）。ROS 功能包依赖管理是根据本地数据库完成的。

下载或编写的功能包往往需要依赖其他的 ROS 功能包或第三方软件包。ROS 提供了一个便捷的功能包依赖管理工具：rosdep。rosdep 是不依赖 ROS 独立发布的工具之一，默认安装于/usr/bin/目录下。

如果本地还没有安装 rosdep，则可以通过以下命令安装：

```
$ sudo apt-get install python-rosdep
```

初始化并更新 rosdep，建立本地 ROS 功能包依赖数据库的命令如下，rosdep update 命令执行界面如图 2.22 所示。

```
$ sudo rosdep init
$ rosdep update
```

```
exbot@ubuntu:~
exbot@ubuntu:~$ rosdep update
reading in sources list data from /etc/ros/rosdep/sources.list.d
Hit https://raw.githubusercontent.com/ros/rosdistro/master/rosdep/osx-homebrew.y
aml
Hit https://raw.githubusercontent.com/ros/rosdistro/master/rosdep/base.yaml
Hit https://raw.githubusercontent.com/ros/rosdistro/master/rosdep/python.yaml
Hit https://raw.githubusercontent.com/ros/rosdistro/master/rosdep/ruby.yaml
Hit https://raw.githubusercontent.com/ros/rosdistro/master/releases/fuerte.yaml
Query rosdistro index https://raw.githubusercontent.com/ros/rosdistro/master/ind
ex.yaml
Add distro "groovy"
Add distro "hydro"
Add distro "indigo"
Add distro "jade"
updated cache in /home/exbot/.ros/rosdep/sources.cache
exbot@ubuntu:~$
```

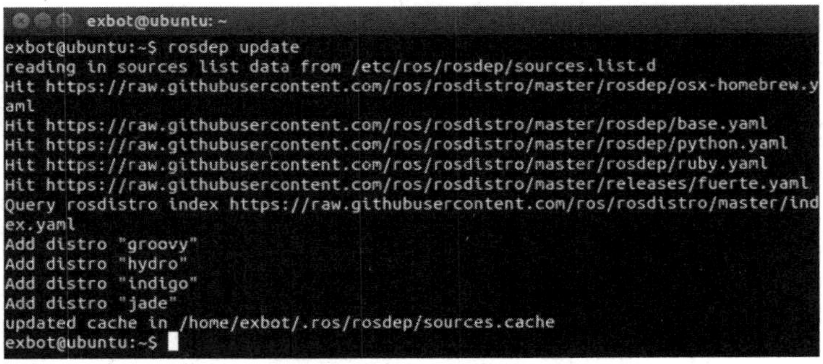

图 2.22　rosdep update 命令执行界面

sudo rosdep init 命令将在/etc/ros/rosdep/sources.list.d 目录下建立一个列表索引文件，文件

内容即为 rosdep 获取依赖关系文件的地址。采用 Groovy 的 ROS 发行版本依赖关系文件地址由 GitHub 上 rosdistro 中的 index.yaml 决定。

rosdep update 命令则根据列表索引文件更新依赖数据库，存放位置为~/.ros/rosdep/sources.cache 目录。

执行上面两个命令会得到文件的存放位置。

除上面说的初始化并更新 rosdep 外，rosdep 用得最多的功能是检查和安装功能包的依赖。rosdep 命令的参数如下：

```
$ rosdep [options] <command> <args>
```

例如：

$ rosdep check <stacks-and-rospackages>：检查功能包的系统依赖是否安装。

$ rosdep install <stacks-and-rospackages>：如果系统依赖未安装，则生成 bash 脚本并运行以安装功能包的系统依赖。

$ rosdep keys <stacks-and-rospackages>：列出功能包的系统依赖的 key 值。

$ rosdep resolve <rosdeps>：根据 key 值变换出系统依赖。

2.4.2　ROS 工作空间

ROS 一般默认安装在/opt/ros/目录下。但在进行机器人系统开发时，需将下载的源码和用户编写的功能包存放到其他目录中，以便修改和编译，这样的目录称为工作空间。对于下载的功能包来讲，建立工作空间时可以根据实际需要修改代码，实现多版本共存，又不影响 ROS 安装目录下的功能包。

ROS 中不同的编译构建系统有着不同的工作空间。下面分别介绍 ROS 的编译构建系统、catkin 工作空间创建、工作空间覆盖（overlay）、环境变量等内容。

1. 编译构建系统

ROS 前后出现了两种不同的编译构建系统——rosbuild 和 catkin。

catkin 是官方推荐的 ROS 编译构建系统，是 ROS 原编译构建系统 rosbuild 的继承者。catkin 通过综合 CMake 宏和 Python 脚本，在 CMake 正常工作之前实现一些功能操作。与 rosbuild 相比，其设计更具有规则性，可以更好地发布功能包，支持交叉编译，可移植性好。Groovy 版本之后的功能包基本都是使用 catkin 构建（build）的。

2. catkin 工作空间创建

单个 catkin 功能包可以像普通的 CMake 项目一样建成一个独立的项目，但创建 catkin 工作空间后可以一次编译构建多个有依赖关系的功能包。catkin 工作空间的创建由 catkin 本身完成。catkin 一般在安装 ROS 时已经安装完成，使用时需要设置环境变量。

```
$ source /opt/ros/kinetic/setup.bash
```

catkin 工作空间的创建命令如下：

```
$ mkdir -p ~/catkin_ws/src
$ cd ~/catkin_ws/src
$ catkin_init_workspace
```

catkin 工作空间创建好后，就具备了执行 catkin_make 命令的条件，catkin_make 命令必须在 catkin 工作空间的最顶层执行。

```
$ cd ~/catkin_ws/
$ catkin_make
```

这时，catkin 工作空间的文件结构如下：

```
catkin_ws/                      -- 工作空间
src/                            -- 源码空间
CMakeLists.txt                  -- 到 catkin/cmake/toplevel.cmake 文件的链接
build/                          -- 构建空间
CATKIN_IGNORE
            ...
devel/                          -- 开发空间（由 CATKIN_DEVEL_PREFIX 变量设定）
            lib/
            .catkin
            .rosinstall
            env.bash
            setup.bash
            setup.sh
            ...
install/                        -- 安装空间（由 CMAKE_INSTALL_PREFIX 变量设定）
            lib/
            .catkin
            env.bash
            setup.bash
            setup.sh
            ...
```

从上面的文件结构中可以看出，catkin 工作空间有四个组成部分：源码空间、构建空间、开发空间和安装空间。

源码空间存放功能包的所有源码文件，编译构建时从这个目录中寻找功能包。其显著标志就是 CMakeLists.txt 文件，链接到.cmake 文件。构建空间存放编译构建过程中的中间文件。开发空间存放构建好的可执行程序和运行库，可由 CATKIN_DEVEL_PREFIX 变量重新设定，但目录的选择要求必须满足子目录没有功能包。安装空间就是功能包的安装目录，可由 CATKIN_INSALL_PREFIX 变量重新设定。因为是新建的工作空间，所以默认的 install 目录并未创建，执行 catkin_make install 命令后，此目录才会创建。

3. 工作空间覆盖（overlay）

通常 ROS 核心功能包安装在/opt/ros/ROS_DISTRO 目录下，而用户的工作空间一般设置在用户目录下，用户常常因为自身需求，而改动已发行的功能包或创建自己的功能包，并让所有依赖于此功能包的调用都选择用户工作空间中的同名定制功能包，而非系统安装目录中的功能包。工作空间覆盖就可以实现这个功能。

工作空间覆盖实际上就是系统环境链的覆盖。系统环境链覆盖能让 ROS 找到安装在系统目录中的功能包，以及用户工作空间中的功能包。对于两处同名的功能包，则采取遮蔽下层的策略。这一策略的实现主要通过环境变量实现，覆盖的顶层相关路径放置在各环境变量的最前面，也就优先搜索顶层相关路径。

4. 环境变量

不管是 ROS 非独立发布的工具还是功能包，其运行都是要依赖系统环境变量的设置（安装 ROS 系统后要设置环境变量）。

ROS 默认的环境变量都是通过 ROS 中形如 setup.XXX 这样的脚本来完成设置的（XXX 为所使用脚本的名称）。在 ROS Kinetic 版本中，使用 setup.bash 设置。

为了避免每次新开一个脚本，就执行一次 source 命令，通常把上面的命令添加到~/.bashrc

文件中。这样，新开 bash 脚本时，会自动执行.bashrc 中的脚本。

如图 2.23 所示，可用 env 命令查看与 ROS 相关的系统环境变量。

```
spark@spark: ~
spark@spark:~$ env |grep ros
ROS_ROOT=/opt/ros/kinetic/share/ros
ROS_PACKAGE_PATH=/opt/ros/kinetic/share
LD_LIBRARY_PATH=/opt/ros/kinetic/lib:/opt/ros/kinetic/lib/x86_64-linux-gnu
PATH=/opt/ros/kinetic/bin:/home/spark/bin:/home/spark/.local/bin:/usr/local/sbin
:/usr/local/bin:/usr/sbin:/usr/bin:/sbin:/bin:/usr/games:/usr/local/games:/snap/
bin
PYTHONPATH=/opt/ros/kinetic/lib/python2.7/dist-packages
PKG_CONFIG_PATH=/opt/ros/kinetic/lib/pkgconfig:/opt/ros/kinetic/lib/x86_64-linux
-gnu/pkgconfig
CMAKE_PREFIX_PATH=/opt/ros/kinetic
ROS_ETC_DIR=/opt/ros/kinetic/etc/ros
spark@spark:~$
```

图 2.23　用 env 命令查看与 ROS 相关的系统环境变量

5. catkin 工作空间覆盖（overlay）

catkin 工作空间执行 catkin_make 命令时会在 devel 目录下生成系统环境设置脚本（setup.XXX），执行 catkin_make install 命令时会在安装目录下生成类似的系统环境设置脚本，这些脚本已包含ROS 安装目录环境设置脚本的设置内容，也会保留其他脚本已经设置的环境变量。通过这些脚本就可以实现 catkin 工作空间覆盖。

例如，下面的脚本用于覆盖系统安装目录，运行结果如图 2.24 所示。

```
$ source /opt/ros/kinetic/setup.bash env | grep ros
$ mkdir -p ~/catkin_ws/src
$ cd ~/catkin_ws/src
$ catkin_init_workspace
$ cd ~/catkin_ws
$ catkin_make
$ source ~/catkin_ws/devel/setup.bash
$ env | grep ros
```

```
spark@spark: ~/catkin_ws
spark@spark:~/catkin_ws$ env |grep ros
ROS_ROOT=/opt/ros/kinetic/share/ros
ROS_PACKAGE_PATH=/home/spark/catkin_ws/src:/opt/ros/kinetic/share
LD_LIBRARY_PATH=/home/spark/catkin_ws/devel/lib:/opt/ros/kinetic/lib:/opt/ros/ki
netic/lib/x86_64-linux-gnu
PATH=/opt/ros/kinetic/bin:/home/spark/bin:/home/spark/.local/bin:/usr/local/sbin
:/usr/local/bin:/usr/sbin:/usr/bin:/sbin:/bin:/usr/games:/usr/local/games:/snap/
bin
PYTHONPATH=/home/spark/catkin_ws/devel/lib/python2.7/dist-packages:/opt/ros/kine
tic/lib/python2.7/dist-packages
PKG_CONFIG_PATH=/home/spark/catkin_ws/devel/lib/pkgconfig:/opt/ros/kinetic/lib/p
kgconfig:/opt/ros/kinetic/lib/x86_64-linux-gnu/pkgconfig
CMAKE_PREFIX_PATH=/home/spark/catkin_ws/devel:/opt/ros/kinetic
ROS_ETC_DIR=/opt/ros/kinetic/etc/ros
spark@spark:~/catkin_ws$
```

图 2.24　catkin 工作空间覆盖的第一个例子

由于 catkin 功能包编译默认是对整个工作空间所有功能包的编译，所以用户都有需求创建一个以上的 catkin 工作空间。下面的脚本实现了两个 catkin 工作空间的覆盖，在前面的脚本基础上，继续运行以下脚本，运行结果如图 2.25 所示。

```
$ mkdir -p ~/catkin_ws_2/src
$ cd ~/catkin_ws_2/src
$ catkin_init_workspace
$ cd ~/catkin_ws_2
$ catkin_make source ~/catkin_ws_2/devel/setup.bash
$ env | grep ros
```

```
exbot@ubuntu: ~/catkin_ws_2
exbot@ubuntu:~/catkin_ws_2/devel$ cd ..
exbot@ubuntu:~/catkin_ws_2$ . devel/setup.bash
exbot@ubuntu:~/catkin_ws_2$ env | grep ros
ROS_ROOT=/opt/ros/indigo/share/ros
ROS_PACKAGE_PATH=/home/exbot/catkin_ws_2/src:/home/exbot/catkin_ws/src:/opt/ros/indigo/shar
e:/opt/ros/indigo/stacks
LD_LIBRARY_PATH=/home/exbot/catkin_ws_2/devel/lib/i386-linux-gnu:/home/exbot/catkin_ws/deve
l/lib/i386-linux-gnu:/opt/ros/indigo/lib/i386-linux-gnu:/home/exbot/catkin_ws_2/devel/lib:/
home/exbot/catkin_ws/devel/lib:/opt/ros/indigo/lib
CPATH=/home/exbot/catkin_ws_2/devel/include:/home/exbot/catkin_ws/devel/include:/opt/ros/in
digo/include:/opt/eigen
PATH=/home/exbot/catkin_ws_2/devel/bin:/home/exbot/catkin_ws/devel/bin:/opt/ros/indigo/bin:
/opt/jdk1.8.0_25/bin:/usr/local/sbin:/usr/local/bin:/usr/sbin:/usr/bin:/sbin:/bin:/usr/game
s:/usr/local/games
PYTHONPATH=/home/exbot/catkin_ws_2/devel/lib/python2.7/dist-packages:/home/exbot/catkin_ws/
devel/lib/python2.7/dist-packages:/opt/ros/indigo/lib/python2.7/dist-packages
PKG_CONFIG_PATH=/home/exbot/catkin_ws_2/devel/lib/i386-linux-gnu/pkgconfig:/home/exbot/catk
in_ws/devel/lib/i386-linux-gnu/pkgconfig:/opt/ros/indigo/lib/i386-linux-gnu/pkgconfig:/home
/exbot/catkin_ws_2/devel/lib/pkgconfig:/home/exbot/catkin_ws/devel/lib/pkgconfig:/opt/ros/i
ndigo/lib/pkgconfig
CMAKE_PREFIX_PATH=/home/exbot/catkin_ws_2/devel:/home/exbot/catkin_ws/devel:/opt/ros/indigo
ROS_ETC_DIR=/opt/ros/indigo/etc/ros
exbot@ubuntu:~/catkin_ws_2$
```

图 2.25　catkin 工作空间 overlay 的第二个例子

这样，在~/.bashrc 中添加的 source 命令就显得没用了。如果 catkin_ws 是主要工作空间，只要运行其 devel 目录下的 setup 脚本，就可以设置好所有的环境参数（具体查看_setup_util.py，环境变量设置脚本由其生成），所以可以用 source ~/catkin_ws/devel/setup.bash 命令替换掉原有的 source 命令，如图 2.26 所示。

```
setup.sh (~/rosbuild_ws) - VIM    exbot@ubuntu: ~/catkin_ws    exbot@ubuntu: ~/catkin_ws

workspace_path = os.environ.get('ROS_WORKSPACE', os.path.abspath('.'))
filename = os.path.join(workspace_path, '.rosinstall')

if not os.path.isfile(filename):
  print('ERROR')
  sys.exit("There is no file at %s" % filename)

with open(filename, "r") as fhand:
  try:
    v = fhand.read();
  except Exception as e:
    print('ERROR')
    sys.exit("Failed to read file: %s %s " % (filename, str(e)))

try:
  y = yaml.load(v);
except Exception as e:
  print('ERROR')
  sys.exit("Invalid yaml in %s: %s " % (filename, str(e)))

if y is not None:

NORMAL                                  [102][0x66]                BUFF:1
```

图 2.26　用 source ~/catkin_ws/devel/setup.bash 命令替换掉原有的 source 命令

2.4.3　功能包创建与编译

2.4.3.1　使用构建系统工具创建功能包

catkin 功能包主要由以下三部分组成。

（1）package.xml 文件：功能包清单，必须包含。

（2）CMakeLists.txt 文件：编译器编译功能包的规则，必须包含。

（3）功能包：在每个文件夹下只能有一个功能包，且功能包之间不允许嵌套。

先进入源码空间，然后使用 catkin_create_pkg 命令创建名为 beginner_tutorials，依赖

std_msgs、rospy、roscpp 的功能包：

```
$ cd ~/catkin_ws/src
$ catkin_create_pkg beginner_tutorials std_msgs rospy roscpp
```

其中，beginner_tutorials 为功能包的名字（必填），其后为此功能包的依赖列表。

catkin_create_pkg 命令的语法如下：

```
$ catkin_create_pkg [package_name] [depend1] [depend2] [depend3]
```

依赖项 std_msgs 包含了常见消息类型，表示基本数据类型和其他基本的消息构造，如多维数组；rospy 是使用 Python 实现的 ROS 各种功能；roscpp 是使用 C++实现的 ROS 各种功能。它们提供了一个客户端库，让 Python 和 C++程序员能够调用这些接口，快速完成与 ROS 的主题、服务和参数相关的开发工作。

创建功能包过程如图 2.27 所示。这样就在~/catkin_ws/src 下创建了名为 beginner_tutorials 的文件夹及相应文件，其结构如下：

```
beginner_tutorials/
src\
    include\
    CMakeLists.txt
    package.xml
```

```
exbot@ubuntu: ~/catkin_ws/src
exbot@ubuntu:~/catkin_ws/src$ catkin_create_pkg beginner_tutorials std_msgs roscpp rospy
Created file beginner_tutorials/CMakeLists.txt
Created file beginner_tutorials/package.xml
Created folder beginner_tutorials/include/beginner_tutorials
Created folder beginner_tutorials/src
Successfully created files in /home/exbot/catkin_ws/src/beginner_tutorials. Please adjust the
 values in package.xml.
exbot@ubuntu:~/catkin_ws/src$
```

图 2.27　创建功能包过程

在创建 ROS 功能包时，功能包的命名规范如下：只允许使用小写字母、数字和下画线，而且首个字符必须是小写字母。如果功能包不符合该命名规范，则不被 ROS 工具支持。

2.4.3.2　package.xml 文件

功能包的根目录下，有两个文件：package.xml 和 CMakeLists.txt，这两个文件是 catkin 功能包必须包含的文件，它们是 catkin_create_pkg 命令根据下面的模板文件生成的：

```
/usr/lib/python2.7/dist-packages/catkin_pkg/templates/package.xml.in
/usr/lib/python2.7/dist-packages/catkin_pkg/templates/CMakeLists.txt.in
```

package.xml 文件是原 rosbuild 系统中 stack.xml 和 manifest.xml 文件的替代者，主要包含以下四方面信息：

（1）描述性数据　（如功能包的简介、维护者）。

（2）依赖的 ROS 功能包或系统软件包。

（3）功能包的元信息（如作者、网址）。

（4）功能包发行信息（如功能包版本）。

功能包格式有第一版和第二版两种版本，官方推荐用第二版格式。下面介绍第二版的 package.xml 文件格式。

（1）基础结构：package.xml 是以 XML（eXtensible Markup Language，可扩展标记语言）形式组织的结构化数据，形式为<package format="2"> </package>。

（2）必填标签：为保证功能包的描述完整，有几个必须存在的标签，分别如下。

<name>：功能包名称。

<version>：版本号，以 d.d.d 的格式表示，d 表示整数。

<description>：功能包特性简介。

<maintainer>：功能包发布者信息。

<license>：遵循的版权协议名。

示例如下：

```
<package format="2">
<name>beginner_tutorials</name>
<version>1.1.1</version>
<description>功能包描述</description>
<maintainer email="root@exbot.net">Exbot</maintainer>
<license>BSD</license>
<buildtool_depend>catkin</buildtool_depend>
</package>
```

（3）依赖关系标签：功能包清单文件中还要包含一个依赖关系标签，catkin 功能包中至少要包含一个依赖关系。

依赖关系有 6 种。

- 编译构建依赖：指定构建此功能包需要的软件包。
- 构建导出依赖：指定此功能包构建库文件时需要的软件包。
- 执行依赖：指定此功能包运行时需要的软件包。
- 测试依赖：指定单元测试时需要的附加依赖。
- 构建工具依赖：指定该包需要构建的工具。
- 文档工具依赖：指定该包生成文档时需要的文档生成工具。

如果编译构建依赖、构建导出依赖和执行依赖都是同一个软件包，则可用依赖关系标签替代。

（4）元功能包：元功能包是集合了多个功能包的逻辑功能包，目录下并不含有功能包。元功能包清单使用标签<export> <metapackage /> </export>。

在依赖关系上，元功能包只与成员功能包有运行依赖关系。作为功能包，元功能包也需要有 CMakeLists.txt 文件，形式如下：

```
cmake_minimum_required(VERSION 2.8.3)
project(<PACKAGE_NAME>)
find_package(catkin REQUIRED)
catkin_metapackage()
```

（5）可选标签：包括<url>和<author>。

<url>：功能包的网址信息，主要有功能包相关主页，开源项目地址等。

<author>：功能包的作者信息，可以有多个。

2.4.3.3 编写 CMakeLists.txt 文件

CMakeLists.txt 是 CMake 构建系统的配置文件，根据此文件可生成 makefiles 文件，用于描述代码如何编译构建，以及安装位置等参数。

catkin 在内部使用 CMake，CMake 是一个符合工业标准的跨平台编译系统。CMakeLists.txt 文件中包含了一系列的编译命令，包括应该生成哪种可执行文件，需要哪些源文件，以及在哪里可以找到所需的头文件和链接库。

任何兼容 CMake 的软件包至少包含一个 CMakeLists.txt 文件。相比普通的 CMake 项目，catkin 项目中的 CMakeLists.txt 文件只是额外多加了几条约束。CMakeLists.txt 文件主要包含

以下内容：

- CMake 最低版本要求。
- 功能包名称。
- 构建时需要的其他 CMake/catkin 软件包。
- 定义需预处理的 message/service/action 文件及其预处理生成宏。
- 定义功能包构建的导出信息。
- 定义构建目标对象。
- 单元测试。
- 安装规则。

上面所列的内容既是 CMakeLists.txt 文件的包含元素，又是其有序结构。如果缺少内容或内容错序，则可能导致构建不成功。

下面进行内容元素的规则说明。

（1）CMake 最低版本要求。

规定 CMake 的最低版本，catkin 构建必须以此行开头，使用 cmake_minimum_required 宏命令，目前要求 CMake 版本不低于 2.8.3，如：

```
cmake_minimum_required(VERSION 2.8.3)
```

CMake 是向下兼容的，如果系统中使用的版本较高，一般不会出问题，如果低于此处定义的版本，则会出现警告或错误。

（2）功能包名称。

通过 CMake 的 project()宏命令定义功能包名称。

例如：针对前面创建好的功能包 beginner_tutorials，其写法如下：

```
project(beginner_tutorials)
```

这实际定义了 CMake 的工程名，可在 CMake 脚本中，通过${PROJECT_NAME}访问，该宏命令还会创建环境变量 beginner_tutorials_BINARY_DIR 和 beginner_tutorials_SOURCE_DIR。

（3）构建时需要的其他 CMake/catkin 软件包。

定义构建此工程时需要的其他 CMake/catkin 软件包。

使用 find_package()宏命令，其格式如下：

```
find_package(<name> [[REQUIRED|COMPONENTS] [componets...]])
```

这里，catkin 是必须要定义的，具体如下：

```
find_package(catkin REQUIRED)
```

在 CMake 工作阶段，工程依赖的其他包会自动作为 catkin 的组件（components）加入，如果将其加入 find_package()中，过程则简单得多。对照已创建的功能包，应该这样写：

```
find_package(catkin REQUIRED COMPONENTS std_msgs rospy roscpp)
```

find_package()宏命令会创建_FOUND、_INCLUDE_DIRS 或_INCLUDES、_LIBRARIES，又或_LIBS、_DEFINITIONS 这几个环境变量，以供 CMake 脚本调用。可在构建成功后，查看工作空间 build 目录下的 CMakecache.txt 文件。

（4）定义需预处理的 message/service/action 文件及其预处理生成宏。

messages(.msg)、services(.srv)和 actions(.action)三个文件是需要进行预处理的文件，以便功能包构建使用。

下面分别是处理 messages(.msg)、services(.srv)和 actions(.action)三个文件的宏：

```
add_message_files()
add_service_files()
add_action_files()
```

这三个宏后必须紧跟预处理生成的宏：

```
generate_messages()
```

如果使用了上述宏，则在之前的 find_package()宏中，需添加功能包信息参数：

```
find_package(catkin REQUIRED COMPONENTS message_generation)
```

而且在 package.xml 文件中，也必须添加 message_generation、actionlib 和 actionlib_msgs 作为构建依赖；添加 message_runtime、actionlib 和 actionlib_msgs 作为运行依赖。如果功能包依赖的其他功能包中已包含这些依赖，则不必再次添加（actionlib*在需处理.action 文件时添加）。

那么，package.xml 文件内容为（假设这些 messages 依赖 std_msgs 和 sensor_msgs）：

```
find_package(catkin REQUIRED COMPONENTS
    message_generation
    std_msgs
    sensor_msgs
    actionlib_msgs
    actionlib
)

add_message_files(DIRECTORY msg
    FILES
    MyMessage1.msg
    MyMessage2.msg
)

add_service_files(DIRECTORY srv
    FILES
    MyService.srv
)

add_action_files(DIRECTORY action
    FILES
    MyAction.action
)

generate_messages(DEPENDENCIES std_msgs sensor_msgs actionlib_msgs)
```

（5）定义功能包构建的导出信息。

导出信息是为构建系统提供的 catkin 信息，以供生成 pkg-config 和 CMake 文件。通过 catkin 构建系统的 catkin_package()宏实现，有以下五个可选参数。

- INCLUDE_DIRS：包含路径（如用于 cflags）。
- LIBRARIES：库路径。
- CATKIN_DEPENDS：依赖的其他 catkin 工程。
- DEPENDS：依赖的非 catkin 的 CMake 工程。
- CFG_EXTRAS：其他配置项。

具体写法如：

```
catkin_package(
    INCLUDE_DIRS include
    LIBRARIES ${PROJECT_NAME}
    CATKIN_DEPENDS std_msgs rospy roscpp
    DEPENDS eigen opencv)
```

（6）定义构建目标对象。

构建目标包括可执行程序和库文件，定义构建目标对象是指定义构建时所需的包含路径、

目标构建规则等信息。

包含路径：通过 include_directories()和 link_directories()两个宏实现，分别表示要包含的头文件路径和库路径。头文件路径可以手动指定，也可以使用由 find_package()宏生成的形如 *_INCLUDE_DIRS 这样的 CMake 变量；库路径一般由 find_package()自动生成添加，无须指定，如有特殊要求，可手动添加路径。具体语法如下：

```
include_directories(<dir1>, <dir2>, ..., <dirN>)
link_directories(<dir1>, <dir2>, ..., <dirN>)
```

目标构建规则：指定构建的目标名称及其源文件和链接需要的库，由 add_executable()和 add_library()两个宏分别实现可执行程序和库目标的定义，语法如下：

```
add_executable(<executableTargetName>, <src1>, <src2> ..., <srcN>)
add_library(<libTargetName>, <src1>, <src2> ..., <srcN>)
```

需要说明的是，目标名称必须是唯一的。

另外，还要使用 target_link_libraries()宏定义可执行程序链接需要的库，语法如下：

```
target_link_libraries(<executableTargetName>, <lib1>, <lib2>, ... <libN>)
```

注意：当 target_link_libraries()宏引用本功能包中的库文件时，要先由 add_executable()宏定义其为构建目标。

（7）单元测试。

单元测试通过 catkin 的宏 catkin_add_gtest()实现，例如：

```
catkin_add_gtest(myUnitTest test/utest.cpp)
```

（8）安装规则。

构建完成后，所有构建目标将会存放于 catkin 工作空间的 devel 目录中，如果想用 make install 命令执行安装操作，就必须定义安装规则。

安装对象一般有可执行程序或脚本、库、头文件、roslaunch 文件及其他资源类文件。安装规则定义通过 install()宏实现，有以下四个参数。

- TARGETS：需安装的对象。
- ARCHIVE DESTINATION：静态库和 DLL 的清单文件。
- LIBRARY DESTINATION：非 DLL 共享库和模块。
- RUNTIME DESTINATION：可执行对象和 DLL 的共享库。

具体如下：

```
install(TARGETS ${PROJECT_NAME}
  ARCHIVE DESTINATION ${CATKIN_PACKAGE_LIB_DESTINATION}
  LIBRARY DESTINATION ${CATKIN_PACKAGE_LIB_DESTINATION}
  RUNTIME DESTINATION ${CATKIN_PACKAGE_BIN_DESTINATION}
)
```

Python Bindings 库必须安装到特殊的文件夹中，以便其他 Python 代码导入（import）：

```
install(TARGETS python_module_library
  ARCHIVE DESTINATION ${CATKIN_PACKAGE_PYTHON_DESTINATION}
  LIBRARY DESTINATION ${CATKIN_PACKAGE_PYTHON_DESTINATION}
)
```

头文件的安装规则如下：

```
install(DIRECTORY include/${PROJECT_NAME}/
  DESTINATION ${CATKIN_PACKAGE_INCLUDE_DESTINATION}
  PATTERN ".svn" EXCLUDE
)
install(DIRECTORY include/
DESTINATION ${CATKIN_GLOBAL_INCLUDE_DESTINATION} PATTERN ".svn" EXCLUDE)
```

roslaunch 文件的安装规则如下（以 roslaunch 文件为例）：

```
install(DIRECTORY launch/
  DESTINATION ${CATKIN_PACKAGE_SHARE_DESTINATION}/launch
  PATTERN ".svn" EXCLUDE)
```

因为 Python 执行代码无法使用 add_library()和 add_executable()，CMake 无法获取安装对象信息，所以 catkin 提供了 catkin_install_python()宏来定义 Python 执行代码的安装规则：

```
catkin_install_python(PROGRAMS scripts/
myscript DESTINATION ${CATKIN_PACKAGE_BIN_DESTINATION})
```

对于 Python 程序，可通过添加 catkin_python_setup()宏进行安装。此宏通过调用 setup.py 实现 Python 程序安装。

2.4.3.4 功能包的编译构建

编写好 package.xml、CMakelist.txt 及功能代码后，就可以进行功能包的编译构建了。Catkin 功能包的编译构建只需在 catkin 工作空间顶层目录下执行 catkin_make 命令即可，命令如下：

```
$ cd ~/catkin_ws catkin_make
```

执行上面的命令会编译构建 ~/catkin_ws/src 下的所有功能包。如果只想编译构建部分指定的包，则使用命令：

```
$ catkin_make -DCATKIN_WHITELIST_PACKAGES="package1; package2"
```

如果需要安装功能包，则执行：

```
$ catkin_make install
```

任务 1 运行一个简单 ROS 程序

1. 创建工作空间（workspace）

创建一个 catkin_ws：

```
$ sudo mkdir -p ~/dev/catkin_ws/src
$ cd ~/dev/catkin_ws/src
$ catkin_init_workspace
```

注意：如果使用 sudo 命令一次性创建多个目录，则这多个目录都属于 root。因此，非 root 用户则无法在 root 目录中创建工作空间。

创建工作空间目录后，里面并没有功能包。接着使用下面的命令编译工作空间：

```
$ cd ~/dev/catkin_ws
$ catkin_make
```

输入 ls -l 命令，可以看到创建的新目录，分别是 build 和 devel。

在当前 bash 环境下读取并运行 setup.bash 文件：

```
$ source devel/setup.bash
```

确认是否已经加载好 catkin 工作空间环境变量：

```
$ echo $ROS_PACKAGE_PATH
```

若显示类似下面的信息，则代表 ROS 的工作空间已经创建好了。

```
/home/dev/catkin_ws/src:/opt/ros/kinetic/share
```

2. 创建功能包（package）

使用 catkin_create_pkg 命令，在创建的工作空间中创建新的功能包：

```
$ cd ~/dev/catkin_ws/src
$ catkin_create_pkg amin std_msgs roscpp
```

catkin_create_pkg 命令创建了一个存放这个功能包的目录（amin），并在目录下生成了两个配置文件：package.xml 和 CMakeLists.txt。catkin_create_pkg 命令还定义了功能包的依赖项。在上面的示例中，依赖项为 std_msgs 和 roscpp。

3. 编写 ROS 节点程序

编写一个简单的 ROS 节点程序，命名为 hello.cpp。这个名为 hello.cpp 的源文件也存放在功能包目录（amin）中。

ROS 节点程序如下:

```
#include <ros/ros.h>
int main (int argc, char **argv)
{
   ros::init(argc, argv, "hello") ;
   ros::NodeHandle nh;
   ROS_INFO_STREAM("Hello, ROS!") ;
}
```

当功能包中含有多种类型的文件时，可以在功能包目录下创建 src 子目录来存放 C++源文件，便于文件组织。

4. 编译 hello.cpp 程序

使用 ROS 的 catkin 编译构建系统编译 hello.cpp 程序。

第一步：声明依赖库。

对于 C++程序而言，声明程序所依赖的其他功能包是必要的，以确保 catkin 能够向 C++编译器提供编译功能包所需的头文件和链接库。

为了给出依赖库，需要编辑 CMakeLists.txt 与 package.xml 文件，通过使用 build_depend（编译依赖）和 run_depend（运行依赖）两个关键字实现，格式如下：

```
<build_depend>package-name</build_depend>
<run_depend>package-name</run_depend>
```

这一步可以省略，因为在创建功能包并说明依赖项的同时，系统自动声明了依赖库，除非创建时未说明依赖项。

使用 rospack depends 1 命令可以查看功能包的直接依赖。

在很多情况下，会遇到依赖的依赖，即间接依赖。例如，amin 的依赖文件 roscpp 也有其他依赖。可以使用 rospack depends amin 命令，列出 amin 功能包的所有依赖文件。

第二步：声明可执行文件。

在 CMakeLists.txt 中添加两行，声明创建的可执行文件名称：

```
$ add_executable(executable-name source-files)
$ target_link_libraries(executable-name ${catkin_LIBRARIES})
```

第一行声明可执行文件名称，以及生成此可执行文件所需的源文件列表。如果有多个源文件，则用空格分开。

第二行告诉 CMake 在链接可执行文件时，需要链接哪些库（在 find_package 中定义）。如果包括多个可执行文件，则为每个可执行文件复制和修改上述两行代码。

在本例程中，hello.cpp 源文件编译出来的可执行文件名为 hello，需要在 CMakeLists.txt 文件中的 include_directories(include ${catkin_INCLUDE_DIRS}) 之后，添加如下两行：

```
$ add_executable(hello src/hello.cpp)
$ target_link_libraries(hello ${catkin_LIBRARIES})
```

第三步：编译工作区。

在工作空间目录下，利用 catkin_make 命令进行编译：

```
$ cd ~/dev/catkin_ws
$ catkin_make
```

编译结果如图 2.28 所示，会在~/dev/catkin_ws/devel/amin 目录下生成 hello 可执行文件。

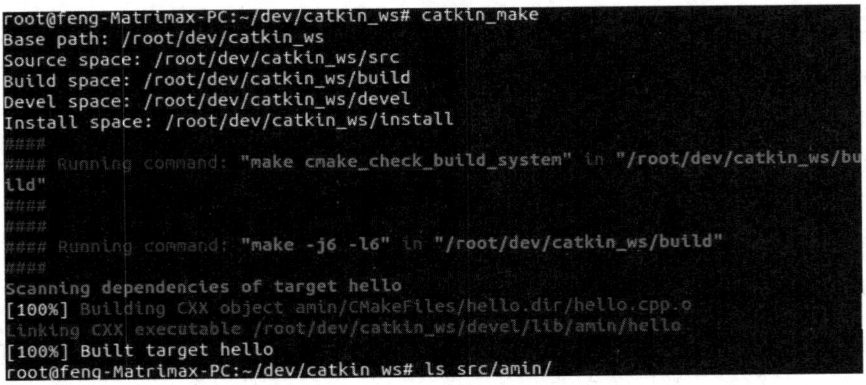

```
root@feng-Matrimax-PC:~/dev/catkin_ws# catkin_make
Base path: /root/dev/catkin_ws
Source space: /root/dev/catkin_ws/src
Build space: /root/dev/catkin_ws/build
Devel space: /root/dev/catkin_ws/devel
Install space: /root/dev/catkin_ws/install
####
#### Running command: "make cmake_check_build_system" in "/root/dev/catkin_ws/bu
ild"
####
####
#### Running command: "make -j6 -l6" in "/root/dev/catkin_ws/build"
####
Scanning dependencies of target hello
[100%] Building CXX object amin/CMakeFiles/hello.dir/hello.cpp.o
Linking CXX executable /root/dev/catkin_ws/devel/lib/amin/hello
[100%] Built target hello
root@feng-Matrimax-PC:~/dev/catkin_ws# ls src/amin/
```

图 2.28　catkin_make 编译结果

5. 执行 hello 程序

程序是一个节点，节点需要一个节点管理器才可以正常运行。首先启动节点管理器：

```
$ roscore
```

节点管理器启动后，运行 setup.bash 脚本文件：

```
$ source devel/setup.bash
```

setup.bash 脚本文件是 catkin_make 在工作空间中 devel 子目录下自动生成的，里面设置了若干环境变量，能够使 ROS 找到已创建的功能包和新生成的可执行文件（也就是将程序注册）。

使用如下命令，运行节点：

```
$ rosrun amin hello
```

节点运行的语法格式为

```
$ rosrun package-name executable-name
```

其中，package-name 为功能包名称，executable-name 为可执行文件名称。

这个简单的 ROS 程序的运行结果如图 2.29 所示。

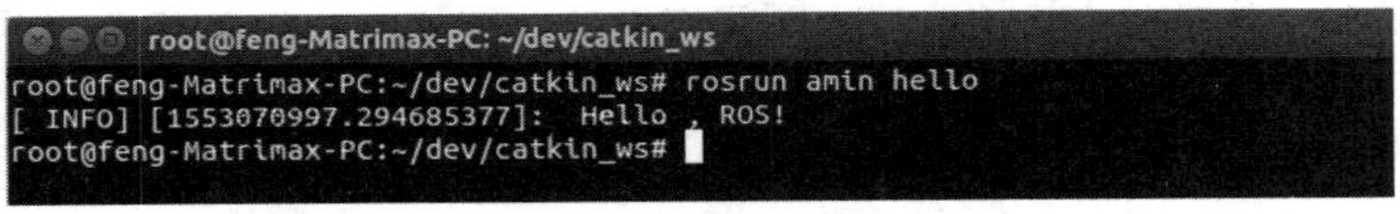

```
root@feng-Matrimax-PC: ~/dev/catkin_ws
root@feng-Matrimax-PC:~/dev/catkin_ws# rosrun amin hello
[ INFO] [1553070997.294685377]:  Hello , ROS!
root@feng-Matrimax-PC:~/dev/catkin_ws#
```

图 2.29　程序运行结果

2.4.4　ROS 节点的编写规则

节点是执行计算任务的进程，一个系统一般由若干节点组成。节点分为发布节点（Publish Node）和订阅节点（Subscribe Node），发布节点会将消息发布到一个指定的主题上，订阅节点订阅该主题，获取消息。发布与订阅的消息类型需要事先定义。

1. 发布节点编写

首先，进入工作空间的功能包中，即 src 文件夹中：

```
$ cd ~/catkin_ws/src/ ros_demo_pkg/src
```

然后，建立发布节点文件，demo_topic_publisher.cpp 示例程序如下：

```
#include "ros/ros.h"
#include "std_msgs/Int32.h"
#include <iostream>
int main(int argc, char **argv)
{
```

```
    ros::init(argc, argv,"demo_topic_publisher");  //初始化节点 demo_topic_publisher
    ros::NodeHandle node_obj;    //创建一个 NodeHandle 对象，用来与 ROS 进行通信
    //创建一个主题发布节点，节点是 number_publisher，发布的主题名称是"/numbers"，发布的数据
类型是 Int32，并设置消息池缓存大小 buffer size
    ros::Publisher number_publisher = node_obj.advertise<std_msgs::Int32>("/numbers",10);
    //定义发送数据频率，如果频率高，应注意需要同时增大消息池缓存大小 buffer size
    ros::Rate loop_rate(10);   //10Hz
    int number_count = 0;    //初始化一个 int 型变量
    //当按 Ctrl+C 键时，ros::ok()会返回 0，退出该 while 循环
    while (ros::ok())
    {
     std_msgs::Int32 msg;                    //创建 Int32 类型的 ROS 消息 msg
     msg.data = number_count;                //将整数变量值赋给 msg 的成员 data
     ROS_INFO("%d", msg.data);               //输出 msg.data 的值，同时存储在 log 系统里
     number_publisher.publish(msg);          //节点发布 msg 数据到主题上
     //读取和更新 ROS 主题，如果没有 spinOnce()或 spin()，节点不会发布消息
     ros::spinOnce();
     loop_rate.sleep();                //为了达到设置的发送频率，需要设置延迟时间
     number_count++;
    }
    return 0;
   }
```

spinOnce()和 spin()函数是 ROS 消息回调处理函数，通常会出现在 ROS 的主循环中，程序需要不断调用 ros::spinOnce() 或 ros::spin()。两者的区别在于：前者调用后，还可以继续运行之后的程序；后者在调用后不会再返回，即程序不会往下运行了。

ros::spinOnce() 只调用了一次，如果还想再调用该函数，就需要加上循环。ros::spinOnce() 用法灵活，需要考虑调用消息的时机、调用频率，以及消息池缓存大小，这些都要根据实际情况协调，不然会造成数据丢包或者延迟。

2. 订阅节点编写

与发布节点类似，在进入工作空间的功能包（src 文件夹）中后，建立订阅节点文件，demo_topic_subscriber.cpp 示例程序如下：

```
#include "ros/ros.h"
#include "std_msgs/Int32.h"
#include <iostream>
//创建一个回调函数，若有新数据在主题更新时执行该函数，则提取新数据并输出
void number_callback(const std_msgs::Int32::ConstPtr& msg) {
    ROS_INFO("Received [%d]",msg->data);
}

int main(int argc, char **argv) {
    ros::init(argc, argv,"demo_topic_subscriber");
    ros::NodeHandle node_obj;
    //创建订阅节点 number_subscriber，订阅主题是"/numbers"，关联 callback()函数
    ros::Subscriber number_subscriber = node_obj.subscribe("/numbers",10, number_callback);
    //写入 spin()，相当于一个无限循环，订阅节点会等待主题更新数据
    ros::spin();        //按 Ctrl+C 键才会退出
    return 0;
}
```

如果程序中写了消息订阅函数，那么程序在运行过程中，除主程序以外，ROS 还会自动在后台按照规定的格式接收订阅的消息，但是并不是立刻就处理接收的消息，而是要等到 ros::spinOnce()或 ros::spin()执行的时候才处理，这也是消息回调函数的原理。

ros::spin()函数不会出现在循环中，因为程序运行到 spin()后就不调用其他语句了，所以 spin()函数后面除 return 以外，不能有其他语句。

注意：如果程序中编写了消息订阅函数，不要忘了在相应位置加上 ros::spinOnce()或 ros::spin()函数，否则将不能得到发布节点发出的数据或消息。另外，需合理设置消息池缓存大小和 ros::spinOnce()调用频率，例如，若消息发送频率为 10Hz，ros::spinOnce()的调用频率为 5Hz，则消息池缓存大小一定要大于 2。

3. 构建节点

编辑 package 文件夹里的 CMakelist.txt 文件，然后编译和构建源码。进入工作空间的功能包（src 文件夹）中，在 CMakeLists.txt 文件中，添加如下语句：

```
include_directories(
    include
    ${catkin_INCLUDE_DIRS}
    ${Boost_INCLUDE_DIRS}
)
#This will create executables of the nodes
add_executable(demo_topic_publisher src/demo_topic_publisher.cpp)
add_executable(demo_topic_subscriber src/demo_topic_subscriber.cpp)

#This will generate message header file before building the target
add_dependencies(demo_topic_publisher mastering_ros_demo_pkg_generate_messages_cpp)
add_dependencies(demo_topic_subscriber mastering_ros_demo_pkg_generate_messages_cpp)

#This will link executables to the appropriate libraries
target_link_libraries(demo_topic_publisher ${catkin_LIBRARIES})
target_link_libraries(demo_topic_subscriber ${catkin_LIBRARIES})
```

添加好 executable、depedencies 和 target_link 三部分之后，在命令行中输入以下命令，以编译包含上述节点的功能包：

```
$ cd ~/catkin_ws/
$ catkin_make
```

编译功能包后，将编译生成的可执行文件设置为全局变量，便可以运行这个 ROS 节点了。

```
$ cd ~/catkin_ws/
$ source /devel/setup.bash
```

2.4.5 运行节点的两种途径

ROS 节点的运行有两种途径，一种是直接通过 rosrun 命令运行，但 rosrun 命令每次只能运行一个节点，一个复杂的机器人应用系统中会存在很多节点，使用 rosrun 命令逐个运行节点就显得很烦琐，因此运行 ROS 节点的另一种途径是使用 roslaunch 命令，roslaunch 命令可用于自动打开和运行 Master 节点和多个自定义节点。

1. rosrun 命令运行节点

使用 rosrun 命令运行节点时，首先运行节点管理器 Master：

```
$ roscore
```

接下来，就可以运行 ROS 功能包中的任意节点了：

```
$ rosrun   package_name node_name
```

例如，运行前面编写的发布节点和订阅节点：

```
$ rosrun mastering_ros_demo_pkg demo_topic_publisher
$ rosrun mastering_ros_demo_pkg demo_topic_subscriber
```

2. roslaunch 命令运行节点

roslaunch 命令允许一次启动 launch 文件中定义的多个 ROS 节点，启动参数等在启动文件（launch 文件）中配置。若系统之前没有启动 roscore，则 roslaunch 命令会自动启动它。

roslaunch 命令的语法如下：

```
$ roslaunch [package] [filename.launch]
```

例如：

```
$ roslaunch ros_demo_pkg demo.launch
```

而 demo.launch 是功能包 ros_demo_pkg 中的 launch 文件，在下一节将进行介绍。

2.4.6 launch 文件

launch 文件是 ROS 中一种同时启动多个节点的途径，可以自动启动 ROS 节点管理器 Master，并且可以实现每个节点的配置，为多个节点的操作提供了很大的便利。

2.4.6.1 基本元素

以下面这个简单的 launch 文件为例，进行介绍。

```
<launch>
<node pkg="turtlesim" name="sim1" type="turtlesim_node"/>
<node pkg="turtlesim" name="sim2" type="turtlesim_node"/>
</launch>
```

launch 文件采用 XML 的形式进行描述，包含一个根标签<launch>和两个节点标签<node>。

XML 文件必须包含一个根标签<launch>，文件中的其他内容都必须包含在这个标签中。

节点标签<node>是启动文件的核心，包含三个属性：pkg、type 和 name。

其中，pkg 是节点所在的功能包名称，type 是节点的可执行文件名称，这两个属性等同于使用 rosrun 命令运行节点时的输入参数。name 属性用来定义运行节点的名称，它覆盖节点中 init()函数输入参数中的节点名称。

除了上面三个最常用的属性，还有可能用到以下属性。

- output=“screen”：将节点的标准输出打印到命令行中，默认输出为日志文档。
- respawn=“true”：复位属性，该节点停止时，会自动重启，默认为 false。
- required=“true”：必要节点，当该节点被终止时，launch 文件中的其他节点也被终止。
- ns=“namespace”：命名空间，为节点内的相对名称添加命名空间前缀。
- args=“arguments”：节点需要的输入参数。

2.4.6.2 参数设置

为方便设置和修改，launch 文件支持参数设置的功能，类似于编程语言中的变量声明。参数设置的标签有两个：<param>和<arg>，一个代表 parameter，另一个代表 argument。

1. <param>

parameter 是 ROS 系统运行中的参数，存储在参数服务器中。在 launch 文件中通过<param>标签加载 parameter。launch 文件运行后，parameter 就被加载到 ROS 的参数服务器上了。每个活跃的节点都可以通过 ros:param:get()接口来获取 parameter 值，用户也可以在命令行中通过 rosparam 命令获得 parameter 值。

<param>的使用方法如下：

```
<param name="output_frame" value="odom"/>
```

运行 launch 文件后，output_frame 这个 parameter 值就被设置为了 odom，并且被加载到 ROS 参数服务器上了。

实际机器人系统的参数数量很多，可采用另外一种类似的参数（<rosparam>）进行加载：

```
<rosparam file="$(find 2dnav_pr2)/config/costmap_common_params.yaml" command="load"
ns="local_costmap" />
```

<rosparam>将 YAML 格式文件中的参数全部加载到 ROS 参数服务器中，需要设置 command 属性为 load，还可以选择设置命名空间 ns。

2. <arg>

<arg>标签与<param>标签的中文意思都是“参数”，但这两个“参数”的意义是完全不同的。argument 类似于 launch 文件内部的局部变量，仅限于 launch 文件使用，便于 launch 文件的重构，与 ROS 节点内部的实现没有关系。

<arg>的使用方法如下：

```
<arg name="arg-name" default= "arg-value"/>
```

在 launch 文件中，<arg>的使用方法如下：

```
<param name="foo" value="$(arg arg-name)" />
<node name="node" pkg="package" type="type " args="$(arg arg-name)" />
```

2.4.6.3 重映射机制

ROS 提供了一种重映射机制，类似于 C++中的别名机制，即无须修改功能包接口，只要将接口名称重映射一下，取一个别名（接口的数据类型必须相同），机器人系统就可以识别它了。在 launch 文件中，通过<remap>标签实现这个重映射功能。

例如：turtlebot 的键盘控制节点发布的速度控制命令主题是/turtlebot/cmd_vel。如果在实际的机器人系统中，订阅的速度控制命令主题是/cmd_vel，则将/turtlebot/cmd_vel 重映射为/cmd_vel，就可以接收到速度控制命令了。

```
<remap from="/turtlebot/cmd_vel" to="/cmd_vel"/>
```

2.4.6.4 嵌套复用

在复杂的机器人系统中，launch 文件往往有很多，这些 launch 文件之间也会存在依赖关系。如果要直接复用一个已有的 launch 文件，可以使用标签包含其他 launch 文件，类似 C 语言中的 include。

```
<include file="$(dirname)/other.launch" />
```

launch 文件是 ROS 中非常实用、灵活的文件。在使用 ROS 的过程中，很多情况下并不需要编写大量的代码，仅需要使用已有的功能包，编辑一下 launch 文件就可以实现很多机器人功能了。

2.4.7 坐标变换基础

2.4.7.1 坐标变换简介

坐标变换（TransForm，TF）包括了位置和姿态两方面。要注意区分坐标变换和坐标系变换两个概念。坐标变换是一个坐标在不同坐标系下的变换，而坐标系变换是不同坐标系的相对位姿关系变换。

ROS 中的机器人模型包含大量的部件，每个部件统称为 link（如机器人的连杆），每个 link 都对应一个坐标系，可用 frame 表示该部件的坐标系。例如，全局/世界坐标系表示为 world

frame，机器人基座坐标系表示为 base frame，夹爪坐标系表示为 gripper frame。TF 可以以时间为轴，跟踪这些坐标系。

TF 是一个通俗的名称，实际上它有很多含义：

（1）TF 可以被当成一种标准规范，这套标准定义了坐标变换的数据格式和数据结构，即一种树状的数据结构——TF 树（坐标变换树）。

（2）TF 可以被看成是一个主题/tf，主题中的消息保存了 TF 树的数据结构，它维护了机器人自身部件，以及机器人和环境地图之间的坐标变换关系。/tf 主题表示的内容是整个机器人的 TF 树，/tf 主题需要很多节点来维护，每个节点维护两个 frame 之间的关系。

（3）TF 可以被看成是一个功能包，包含了很多工具，用于查看关节间的坐标变换等。

（4）TF 提供 API 接口，对发布节点与订阅节点进行了封装，可以用来进行节点程序编程。通过 TF 接口，便可以进行 TF 树中的坐标系变换关系的维护与订阅。TF 树维护了坐标系之间的关系，基于主题通信机制，可以持续地发布不同 link 之间的坐标关系。这种树状结构要保证父子坐标系都有某个节点在持续地发布它们之间的正确位姿关系，才能使树状结构保持完整，从而保证任意两个 frame 之间的连通。如果某一环节出现断裂，就会引发系统报错。

两个相邻 frame 之间依靠 broadcaster 节点发布它们之间的位姿关系，broadcaster 就是一个发布节点，如果两个 frame 之间发生了相对运动，broadcaster 就会发布相关消息。

2.4.7.2　坐标变换原理

TF 树以父子坐标系的形式来组织，可以提供任意两个坐标系的位姿变换关系。最上面是父坐标系，往下是子坐标系。也就是说，其可以提供机器人系统中任一个点，在所有坐标系之间的坐标变换。只要给定一个坐标系下的某个点的坐标，就能获得这个点在其他任意坐标系下的坐标。

为了合理、高效地表示任意坐标系的位姿变换关系。TF 使用多层多叉树的形式描述 ROS 系统坐标系，树中的每个节点都是一个坐标系，而每个坐标系都有一个父坐标系，同时，一个坐标系可以有多个子坐标系。具有父子关系的坐标系是相邻的，用带箭头的线连接起来。

1. TF 坐标系描述规范

在描述坐标变换时，source 是坐标变换的源坐标系，target 是目标坐标系。在描述坐标系变换时，parent 是原坐标系，child 是变换后的坐标系，这个变换表示的是坐标系变换，是 child 坐标系在 parent 坐标系下的姿态描述。也就是说，从 parent 坐标系到 child 坐标系的坐标系变换（Frame Transform）等同于把空间中一个点 p 从 child 坐标系变换到 parent 坐标系中。

例如，从 A 坐标系到 B 坐标系的坐标系变换矩阵为 ${}_{\mathrm{B}}^{\mathrm{A}}\boldsymbol{T}$，表示 B 坐标系在 A 坐标系中的描述，代表了把空间中一个点 p 在 B 坐标系中的坐标向量 ${}^{\mathrm{B}}\boldsymbol{P}$，变换成在 A 坐标系中的坐标向量 ${}^{\mathrm{A}}\boldsymbol{P}$，即有：

$$ {}^{\mathrm{A}}\boldsymbol{P} = {}_{\mathrm{B}}^{\mathrm{A}}\boldsymbol{T}\,{}^{\mathrm{B}}\boldsymbol{P} $$

2. TF 树通信方式

TF 树的建立和维护是基于主题通信机制的。TF 树根据每对父子坐标系的变换关系来维护整个系统的所有坐标系的变换关系。每个 parent 坐标系到 child 坐标系的变换关系依靠 broadcastor 发布节点来持续发布，但并不是让每对父子坐标系都发布一个主题，而是将所有的父子坐标系都集合到一个主题上，该主题的消息中传递的数据是所有父子坐标系的变换关系。

3. TF 树的建立和维护

在建立 TF 树时，需要指定一个 parent 坐标系作为最初的坐标系，如机器人系统中的 map 坐标系。当发布一个从已有的 parent 坐标系到新的子坐标系 child 的坐标系变换时，TF 树就会添加一个树枝。TF 树的建立和维护依靠 TransformBroadcaster 类的 sendTransform 接口。

TransformBroadcaster 类是一个发布节点，而 sendTransform 接口是封装发布节点的函数。

在程序运行过程中，需要不断更新已有的 parent 坐标系到已有的 child 坐标系的坐标系变换，从而保证最新的位姿变换关系。TF 树要保证父子坐标系中都有某个节点在持续地发布这两个坐标系之间的正确位姿关系，才能使树状结构保持完整。

4. TF 树的使用

当正确建立一棵 TF 树后，就可以利用 TF 提供的订阅节点，订阅任意两个坐标系的变换关系。订阅节点接收/tf 主题上的消息，该消息包括所有发布的父子坐标系的变换关系，即当前时刻的整棵 TF 树，然后搜索这棵树，根据不同的父子坐标系关系找到所需变换的路径。这条变换路径就能通过父子关系通路连接起两个坐标系，将该通路上的变换矩阵相乘，得到两个坐标系的变换关系。可以看出，订阅节点要想获得某两个坐标系的关系就要搜索这棵树，开销较大，为保证实时性的要求，可以将每个变换仅缓存 10 秒。

TF 对发布节点与订阅节点进行了封装，使开发者通过 TF 接口就可以简单地建立对 TF 树中某些坐标系变换关系的维护与订阅。在使用 TF 树时，利用 tfbuffercore 来维护完整的树结构及其状态，利用 tflisener 监听任意两个坐标系之间的变换，利用 lookuptransform 或 waitfortransform 来获得任意坐标系之间的变换。

TF 树支持 tf-prefix，可以在多个机器人上用。通过改变 tf-prefix 的前缀，可以让不同机器人使用不同的 prefix，以此来区分不同的机器人。如果只有一个机器人，一般使用/。

2.4.7.3 TF 消息

每对父子坐标系之间，即两个相邻 frame 之间，依靠 broadcaster 节点发布消息和维护坐标系之间的变换关系。TransformStamped.msg 就是/tf 主题上的消息，该消息用来表示两个 frame 之间的坐标系变换关系。

前面介绍了，ROS 是靠 TF 树来表示整个系统的坐标系变换关系的，而非简单地靠多个父子坐标系间的变换关系来描述。由于 TransformStamped.msg 消息的 TF 树消息类型仅是其中的一对父子坐标系位姿的描述方式，因此，TF 树消息类型是基于 TransformStamped.msg 消息的。TransformStamped.msg 消息类型如下：

```
geometry_msgs/TransformStamped（该消息类型属于 geometry_msgs 程序包，而非 tf 包）
std_mags/Header header
        uint32 seq
        time stamp
        string frame_id
string child_frame_id
geometry_msgs/Transform transform
        geometry_msgs/Vector3 translation
                float64 x
                float64 y
                float64 z
        geometry_msgs/Quaternion rotation
                float64 x
```

```
                float64 y
                flaot64 z
                float64 w
```

该消息表示的是当前坐标系 frame_id 和它的子坐标系 child_frame_id 之间的变换关系。具体的变换位姿是由 geometry_msgs/Transform 消息类型来定义的：用三维向量表示平移，用四元组表示旋转。

由于/tf 主题表示的内容是整个机器人系统的 TF 树，而不是某两个坐标系的变换关系，因此，/tf 主题需要很多节点来维护，每个节点维护一对父子坐标系之间的关系，即一个/tf 主题可能会有很多个节点向它发送消息。

TF 树是由多个 frame 之间的坐标变换拼接而成的，下面介绍在/tf 主题上进行传输的 TF 树的消息类型。

需要说明的是，ROS Hydro 发布后，TF 功能包出现了新迭代版本 TF2，它可以更有效地提供相同的功能集，在当前的开发中，直接用 TF2 替换原先的 TF 功能包即可。TF2 功能包用来进行坐标变换等具体操作，以及负责与 ROS 进行消息通信。

TF2 中的 TF 树对应的消息类型是 tf2_msgs/TFMessage.msg，该消息位于 tf2_msgs 程序包内。tf2_msgs/TFMessage.msg 消息类型的具体格式为

```
geometry_msgs/TransformStamped[] transforms
        std_msgs/Header header
                uint32 seq
                time stamp
                string frame_id
        string child_frame_id
        geometry_msgs/Transform transform
                geometry_msgs/Vector3 translation
                        float64 x
                        float64 y
                        float64 z
                geometry_msgs/Quaternion rotation
                        float64 x
                        float64 y
                        flaot64 z
                        float64 w
```

可以看出，TF 树的消息类型实际上是一个 TransformStamped 类型的可变长度数组，其是由很多组两个 frame 之间的 TF 消息（TransformStamped）形成的，是用于描述整个机器人系统的 TF 树的消息类型（tf2_msgs/TFMessage.msg）。

2.4.7.4　TF 在 roscpp 与 rospy 中的接口

在 roscpp 和 rospy 中，TF 提供了很多有用的接口，包括以下几种。

（1）数据类型的定义（类）：向量、点、四元数、3×3 旋转矩阵、位姿等。

（2）数据变换：旋转矩阵、四元数、欧拉角、旋转轴之间的变换函数。

（3）关于点、向量、角度、四元数等运算的函数。

（4）TF 类，封装了发布节点与订阅节点接口，发布节点将坐标系变换关系发布到/tf 主题上的一段 transform 上，通过订阅节点可以得到从源坐标系到目标坐标系之间的变换关系。

TransformBroadcaster 类是发布节点接口，当在某个节点中构建了 tf::TransformBroadcaster 类，然后调用 sendTransform()时，就可以将坐标系变换关系发布到/tf 主题上的一段 transform

上了。而 TransformListener（监听器）则是从/tf 主题上接收坐标变换的类。

2.4.7.5 TF 功能包相关命令使用

使用 TF 功能包可实现以下两个功能。

（1）监听坐标系变换：接收并缓存系统发布的所有坐标系变换，从中查询所需要的坐标系变换。

（2）广播坐标系变换：向系统广播坐标系之间的变换关系。系统会存在多个不同部分的坐标系变换广播，每个广播都可以直接将坐标系的变换关系直接插入 TF 树，不需要再进行同步。

TF 功能包提供了丰富的命令行工具，来帮助用户调试和创建坐标系变换关系。下面列举几个常用的命令行工具。

（1）显示当前所有 frame：

```
$ rosrun tf tf_monitor  #显示当前坐标变换树的信息
$ rostopic echo /tf      #以 TransformStamped 消息类型的数组显示所有父子 frame 的位姿变换关系
```

tf_monitor 工具的功能是打印 TF 树中的所有坐标系信息，并通过输入参数来查看指定坐标系之间的信息。

（2）绘制 TF 树：

```
$ rosrun tf view_frames
```

首先订阅/tf 主题，然后根据接收到的消息绘制 TF 树。view_frames 是可视化的调试工具，该命令以图形的形式显示 TF 树中所有的 frame 和父子坐标系关系等信息。

（3）查看当前的 TF 树：

```
$ rosrun rqt_tf_tree rqt_tf_tree
```

该命令也用于查询 TF 树，但是该命令用于动态查询当前的 TF 树，即当前的任何变化都能立即看到，如何时断开、何时连接，并可通过 rqt 插件显示出来。

（4）查询任意两个 frame 之间的变换关系：

```
$ rosrun tf tf_echo[source_frame][target_frame]
```

tf_echo 工具的功能是查看指定坐标系之间的变换关系，即将源坐标系和目标坐标系之间的位姿变换关系显示出来。

任务 2　让小海龟跑起来

首先输入：

```
$ roscore
```

执行该命令是开启 ROS 所有服务的第一步。然后，执行 ROS 自带的小海龟程序：

```
$ rosrun turtlesim turtlesim_node
```

这样就开启了一个小海龟示例程序，这个节点会接收其他节点发出的速度信息，将小海龟当前的位姿信息发布到屏幕上。

使用 rostopic 工具，查看当前节点发布的主题名称：

```
$ rostopic list
$ rostopic echo /turtle1/pose
```

屏幕上会打印出/turtle1/pose 这个主题的内容。

使用如下命令，可以看到屏幕上的小海龟正在慢慢向前移动：

```
$ rostopic pub -r 10 /turtle1/cmd_vel geometry_msgs/Twist '{linear: {x: 0.2, y: 0, z: 0}, angular: {x: 0, y: 0, z: 0}}'
```

注意：冒号后有空格，否则格式不对。

这样，使用 rostopic 工具向/turtle1/cmd_vel 发出了消息类型为 geometry_msgs/Twist 的消息，消息内容使用 YAML 格式。如果将 linear 项中的 x 变为 0，angular 项中的 z 变为 1.0，则可以看到小海龟正在旋转。

使用 rosmsg 工具，可以查看 geometry_msgs/Twist 消息类型的格式：

```
$ rosmsg show geometry_msgs/Twist
```

屏幕上打印出了 geometry_msgs/Twist 消息类型的格式，包含空间中刚体的速度表示：三个方向的线速度、三个方向的角速度。

使用 rosbag 工具，可以记录主题数据：

```
$ rosbag record -a -O cmd_vel_record
```

记录 10 秒左右，按 Ctrl+C 键退出，然后可以使用下面的命令播放刚才记录的运动：

```
$ rosbag play cmd_vel_record.bag
```

使用 rqt_graph 可视化工具，可以看到数据在几个节点之间的传递过程，如图 2.30 所示。

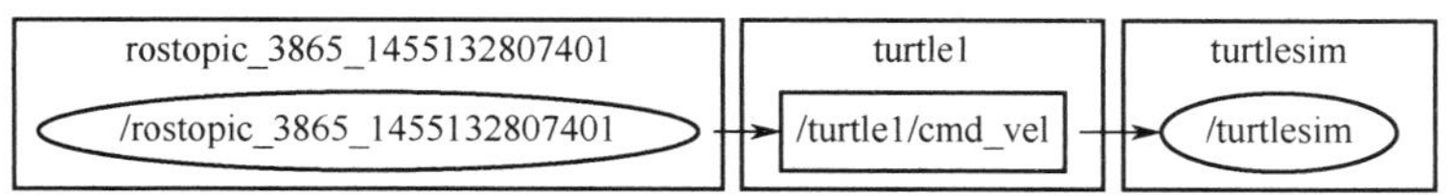

图 2.30　使用 rqt_graph 可视化工具

使用 rosservice 工具，可以演示 turtlesim node 提供的服务：

```
$ rosservice call /spawn '{x: 1.0, y: 1.0, theta: 1.0, name:''}'
```

输入服务中需要发出的数据服务请求（service request），包括小海龟生成的位置与姿态，以及名字。如果生成成功，则会返回 turtlesim_node 提供的服务响应（service response）。

也可以使用 rqt 工具中的 Service Caller 实现这个功能，如图 2.31 所示。

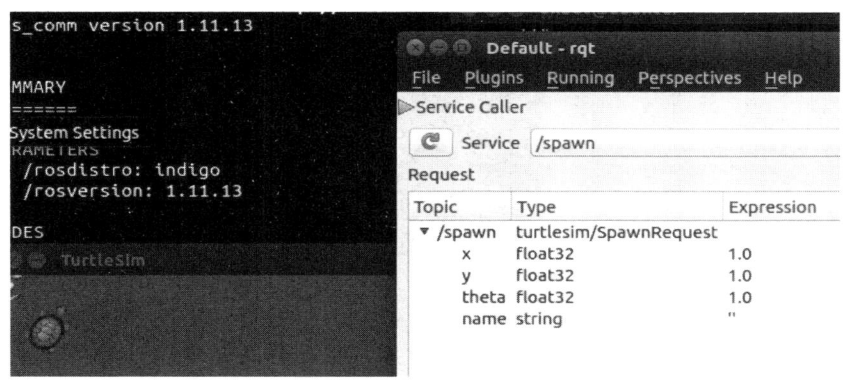

图 2.31　rqt 工具中的 Service Caller 演示

下面，启动键盘控制节点，就可以让小海龟动起来。新建一个命令行，输入命令：

```
$ rosrun turtlesim turtle_teleop_key
```

这样，通过键盘的上、下、左、右键，就可以实现对小海龟运动的控制了。

2.5　ROS 常用组件

ROS 包含大量的工具组件，可以帮助开发人员进行可视化仿真、数据记录和代码调试。本节主要介绍这些 ROS 常用组件的使用方法。

2.5.1 可视化工具

2.5.1.1 rviz

机器人系统中，一般都有相机、激光雷达等设备，深度相机或 3D 激光雷达还能够提供点云格式的 3D 数据。rviz 是 ROS 的三维可视化工具，可以进行 3D 数据的可视化表达。例如，无须编程就能表达激光雷达的点云数据，或者表达 RealSense、Kinect 或 Xtion 等深度相机的点云数据，以及表达从相机中获取的图像等数据。

rviz 能让用户在窗口中预览图像，rviz 界面中可显示各种基本元素，如多边形、不同的标记、地图（通常是 2D 网格地图），甚至机器人的位姿。rviz 支持导航功能包的数据显示，如里程、路径等。此外，rviz 还能展示机器人组件的 CAD 模型，并将每个组件的坐标系之间的变换考虑进去，画出 TF 树，为坐标系仿真调试提供很大的帮助。

当安装桌面完整版的 ROS 时，rviz 会默认被安装。如果安装的 ROS 中缺少 rviz，请使用如下命令进行安装：

```
$ sudo apt-get install ros-kinetic-rviz
```

rviz 的启动方式有两种：一是直接启动，执行 rosrun rviz 命令；二是以插件形式通过 rqt 启动，执行 rosrun rqt_rviz 命令，或者先启动 rqt，再在 GUI 中手动加载 rviz 插件。

rviz 界面如图 2.32 所示。

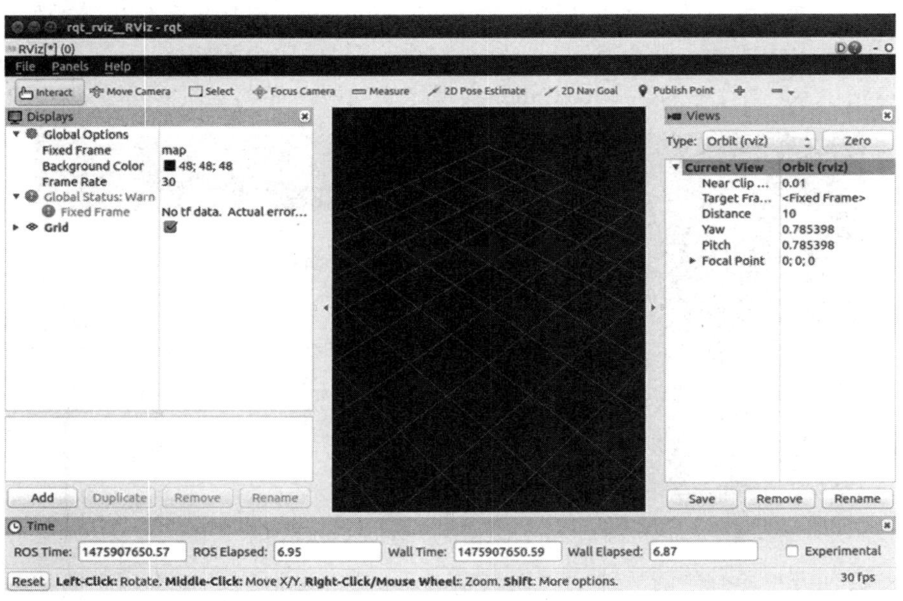

图 2.32 rviz 界面

rviz 界面介绍如下。

（1）3D 视图区（3D View）：位于窗口中间部分，可以用三维方式查看各种数据。3D 视图区的背景颜色、框架、网格等可以在左侧显示区的全局选项（Global Options）和网格（Grid）中进行设置。

（2）显示区（Displays）：左侧的显示区用于从各种主题中选择所需数据的视图。单击左下方的 Add 按钮，可以选择不同风格的显示区。

（3）菜单条（Menu）：提供保存或读取显示状态的命令，还可以选择各种面板。

（4）工具栏（Tools）：提供各种功能工具，如交互（Interact）、移动相机（Move Camera）、选择（Select）、定焦相机（Focus Camera）、测量（Measure）、二维姿态估计（2D Pose Estimate）、二维导航目标（2D Navigation Goal）及发布目标点（Publish Point）等。

（5）视图（Views）设置区：设定三维视图的视点。

- Orbit：以指定的视点为中心旋转，这是最常用的默认视图画面。
- FPS（第一人称）：显示第一人称视点所看到的视图画面。
- ThirdPersonFollower：显示第三人称视点所看到的视图画面。
- TopDownOrtho：Z 轴视图，以直射视图，而非透视法显示。
- XYOrbit：类似于 Orbit，但焦点固定在 Z 轴值为 0 的 XY 平面上。

（6）时间（Time）显示区：显示当前的系统时间和 ROS 时间。

如果需要重启 rviz，可以单击窗口底部的 Reset 按钮。

2.5.1.2　Gazebo

Gazebo 是一个 3D 动态仿真模拟器，能够在室内和室外环境中模拟机器人，提供高保真度的物理模拟。Gazebo 提供了一整套传感器模型，以及友好的交互方式，方便用户进行程序开发。

如果没有安装 Gazebo，可以通过以下命令进行安装：

```
$ sudo apt-get install ros-kinetic-gazebo-ros-pkgs ros-kinetic-gazebo-ros-control
```

Gazebo 界面如图 2.33 所示。若出现 vmw_ioctl_command error 无效的参数，可以尝试设置 export SVGA_VGPU10=0。

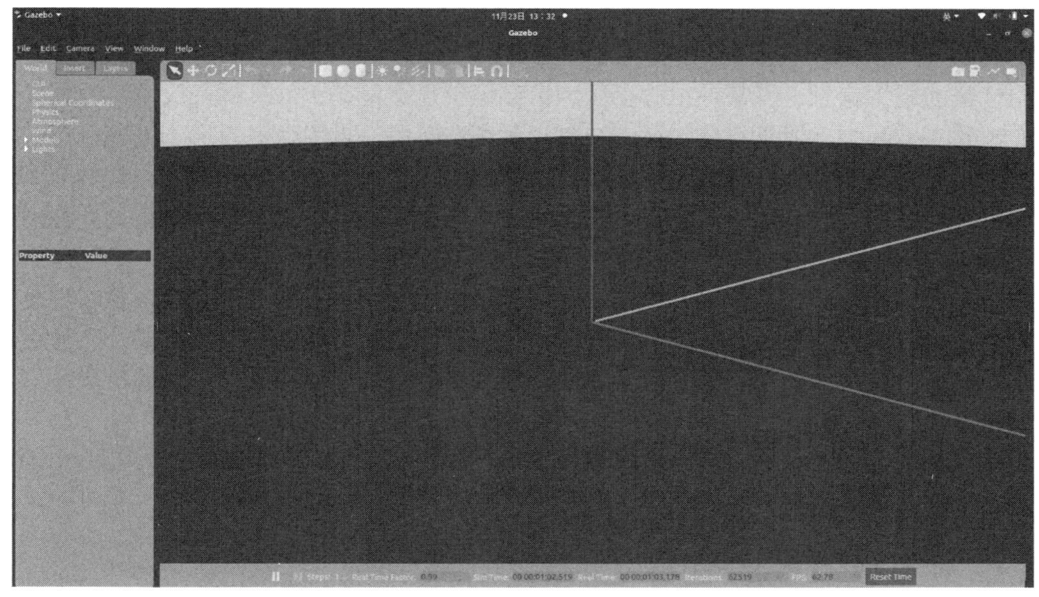

图 2.33　Gazebo 界面

Gazebo 界面左侧有三个选项卡。

World：“世界”选项卡，显示当前场景中的模型，并允许查看和修改模型参数，还可以通过展开 GUI 选项，调整相机姿势来更改相机视角。

Insert："插入"选项卡，可添加新模型。

Layers："图层"选项卡，一个图层中可以包含一个或多个模型。打开或关闭图层，将显或隐藏该图层中的模型。

Gazebo 界面上部的工具栏是 Gazebo 的主工具栏，包含常用的与模拟器交互的图标按钮，如选择、移动、旋转和缩放对象等；可创造一些简单的形状（如立方体、球体、圆柱体），以及复制/粘贴模型等。

构建 Gazebo 仿真环境有两种方法：一是通过模型列表直接添加机器人或外部物体的模型；二是通过 Gazebo 提供的 Building Editor 工具手动绘制地图。Gazebo 仿真环境如图 2.34 所示。

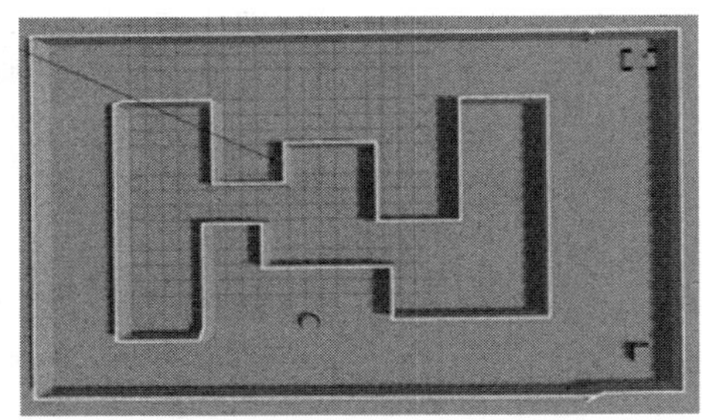

图 2.34　Gazebo 仿真环境

2.5.2　rosbag 数据记录与回放

在进行机器人系统仿真时，往往需要将实验会话数据记录下来，制作数据集，用于后续分析、处理和算法验证，也便于实现数据集资源共享。

ROS 提供了 rosbag 工具进行数据记录与回放，能够将所有节点发布到其主题的消息、消息类型、时间戳等信息，以某种结构存储为消息记录包文件，用来离线回放实验数据，并模拟真实的状态。其中，消息记录包是一个包含各主题所发消息的容器，用于记录机器人各节点间的会话过程。消息记录包文件是系统运行期间消息传递的记录文件，能回放整个过程，甚至包括时间延迟。因此记录消息时，都会加上时间戳。所以不仅消息报文头里有时间戳，记录消息时，也有时间戳。

用于记录消息的时间戳和报文头内的时间戳之间有区别，前者是消息被记录时的时间，而后者是消息产生和发布时的时间。消息记录包中存储的数据使用二进制格式，支持对超高速数据流的处理和记录。由于文件的增大会降低数据的记录速度，因此可以选择压缩算法进行数据压缩。

记录或回放消息记录包时，都可以使用正则表达式或主题列表来过滤要处理的主题；也可通过指定节点名选择其订阅的主题或处理所有主题。

2.5.2.1　使用 rosbag 记录数据

当节点正常运行后，通过 rosbag 工具的 record 命令，可以记录数据，例如：

```
$ rosbag recode /camera /tf -j -O test
```

上面的命令使用 bz2 压缩算法，将数据保存为 test.bag 包文件。默认情况下，rosbag 程序会订阅相关节点并开始记录消息，将数据存储在当前目录下的消息记录包文件中。如果记录完成，则按 Ctrl + C 键结束记录。recode 命令的具体参数如图 2.35 所示。

```
Usage: rosbag record TOPIC1 [TOPIC2 TOPIC3 ...]

Record a bag file with the contents of specified topics.

Options:
  -h, --help            show this help message and exit
  -a, --all             record all topics
  -e, --regex           match topics using regular expressions
  -x EXCLUDE_REGEX, --exclude=EXCLUDE_REGEX
                        exclude topics matching the follow regular expression
                        (subtracts from -a or regex)
  -q, --quiet           suppress console output
  -o PREFIX, --output-prefix=PREFIX
                        prepend PREFIX to beginning of bag name (name will
                        always end with date stamp)
  -O NAME, --output-name=NAME
                        record to bag with name NAME.bag
  --split               split the bag when maximum size or duration is reached
  --size=SIZE           record a bag of maximum size SIZE MB. (Default:
                        infinite)
  --duration=DURATION   record a bag of maximum duration DURATION in seconds,
                        unless 'm', or 'h' is appended.
  -b SIZE, --buffsize=SIZE
                        use an internal buffer of SIZE MB (Default: 256, 0 =
                        infinite)
  --chunksize=SIZE      Advanced. Record to chunks of SIZE KB (Default: 768)
  -l NUM, --limit=NUM   only record NUM messages on each topic
  --node=NODE           record all topics subscribed to by a specific node
  -j, --bz2             use BZ2 compression
  --lz4                 use LZ4 compression
```

图 2.35　rosbag 工具的 record 命令的具体参数

此外，在 launch 文件中调用 rosbag record 命令也可以进行数据记录。

2.5.2.2　回放消息记录

若要回放消息记录，只需运行 roscore，不需要再运行其他任何节点，然后执行以下命令：

```
$ rosbag play xxx.bag
```

回放过程中，可以按空格键暂停播放，或按 S 键步进播放，回放结束时会自动停止。回放记录包文件时，就像实时会话一样，会在 ROS 中再现情景，向主题发送数据。因此，开发者常常使用该功能调试算法。

2.5.2.3　检查消息记录包中的主题和消息

有两种方法可查看消息记录包中的数据。

第一种方法是使用 rosbag 工具的 info 命令，使用方法是 rosbag info <bag_file>，如图 2.36 所示，执行命令后能显示消息记录包中文件的信息，如创建日期、持续时间、文件大小、内部消息数量、文件压缩格式及文件内部数据类型等，还会有主题列表及其对应的名称、消息数量和消息类型。

```
path:        Skeleton_Data.bag
version:     2.0
duration:    2:54s (174s)
start:       Mar 30 2012 17:30:15.47 (1333099815.47)
end:         Mar 30 2012 17:33:10.02 (1333099990.02)
size:        78.6 MB
messages:    29211
compression: none [101/101 chunks]
types:       pi_tracker/Skeleton          [34722af981b6a61700ff31df5a97c2e0]
             sensor_msgs/CompressedImage  [8f7a12909da2c9d3332d540a0977563f]
             tf/tfMessage                 [94810edda583a504dfda3829e70d7eec]
topics:      /camera/rgb/image_color/compressed    1258 msgs    : sensor_msgs/CompressedImage
             skeleton                               976 msgs    : pi_tracker/Skeleton
             tf                                   26977 msgs    : tf/tfMessage
 (8 connections)
```

图 2.36　rosbag info <bag_file>执行结果

第二种方法是使用 rqt_bag 工具，如图 2.37 所示。使用 rqt_bag 工具，不仅会出现图形界面，还支持记录和回放消息记录包、查看图像（如果有）、绘制标量数据图和消息数据结构。需要注意的是，此工具的回放与 rosbag 的回放是不一样的，此工具的回放仅显示数据，不能发布主题，不能用于算法调试。

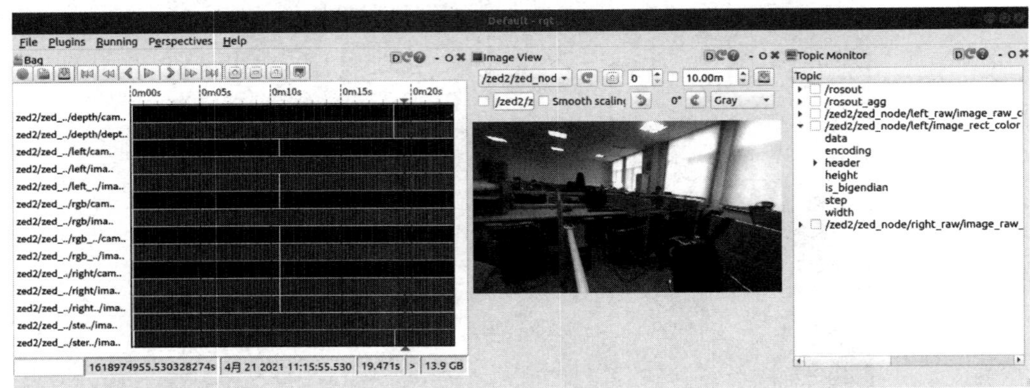

图 2.37　rqt_bag 界面

2.5.3　ROS 调试工具箱

ROS 针对机器人开发与调试提供了一系列可视化的工具，这些工具的集合就是 QT 工具箱。安装 ROS 时，一般会自带 QT 工具箱。如果没有安装，可以使用以下命令安装 QT 工具箱：

```
$ sudo apt-get install ros-kinetic-rqt
$ sudo apt-get install ros-kinetic-rqt-common-plugins
```

2.5.3.1　日志输出工具（rqt_console）

日志输出工具用于输出日志内容（Message）、日志级别（Severity）、节点（Node）、时间戳（Stamp）、主题（Topics）、位置（Location）等信息。使用下面的命令启动日志输出工具：

```
$ rqt_console
```

启动成功后，可以看到如图 2.38 所示的界面，显示当前系统的日志记录。

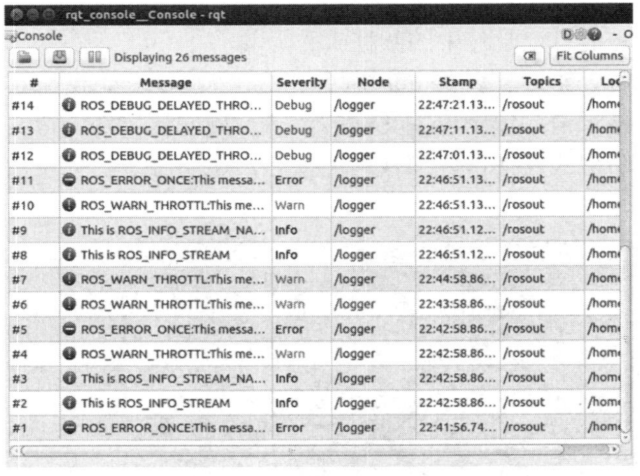

图 2.38　rqt_console 界面

2.5.3.2　计算图可视化工具（rqt_graph）

计算图是 ROS 处理数据的一种点对点的网络形式。程序运行时，所有进程及它们所进行的数据处理将会通过点对点的网络形式表现出来，即通过节点、节点管理器、主题、服务

等来表现。使用下面的命令启动计算图可视化工具：

```
$ rqt_graph
```

图 2.39 是 turtlesim 例程的计算图示例。

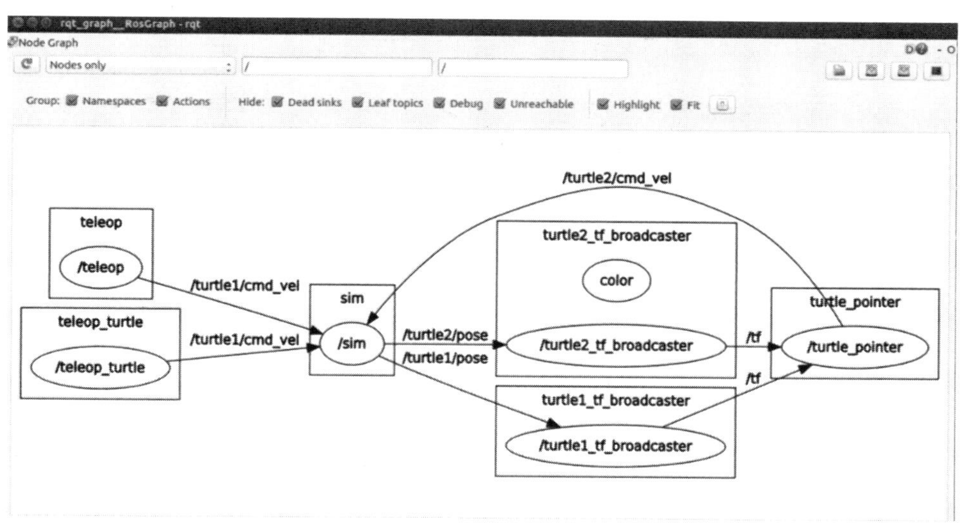

图 2.39　turtlesim 例程的计算图示例

2.5.3.3　二维数值曲线绘制工具（rqt_plot）

rqt_plot 是一个二维数值曲线绘制工具，其可在 *XY* 坐标系中用曲线描绘数据，用于观察变量随时间的变化趋势。使用下面的命令启动二维数值曲线绘制工具：

```
$ rqt_plot
```

启动后，在界面上方可输入需要显示的主题消息。在 turtlesim 例程中，可通过 rqt_plot 工具描绘小海龟的 *X*、*Y* 坐标的变化，如图 2.40 所示。

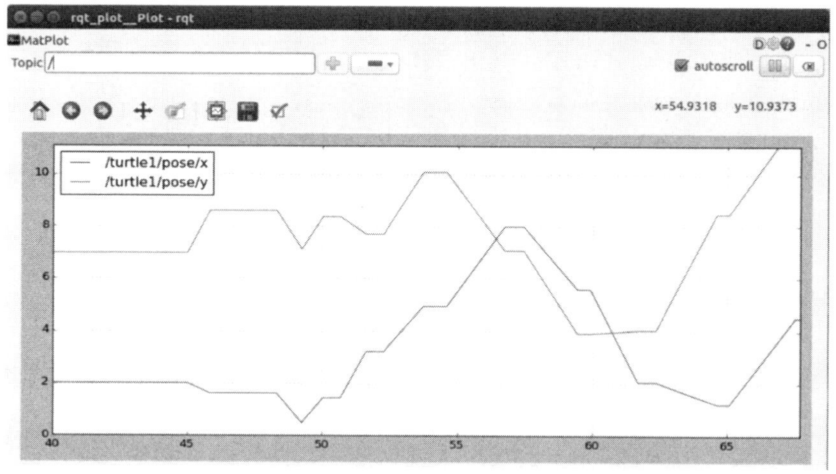

图 2.40　rqt_plot 界面

2.5.3.4　参数动态重配置工具（rqt_reconfigure）

在进行机器人硬件调试时，需要动态地调整、设置正在运行的节点参数值（不仅允许用户在启动时修改变量，还允许用户在运行过程中修改变量），以更高效地开发和测试节点。使用下面的命令启动重配置工具：

```
$ rosrun rqt_reconfigure rqt_reconfigure
```

启动后，界面显示系统当前所有可动态配置的参数，开发者可以通过输入框、滑动条或下拉框进行动态配置。图 2.41 是对 Kinect 相机的动态参数配置示例。

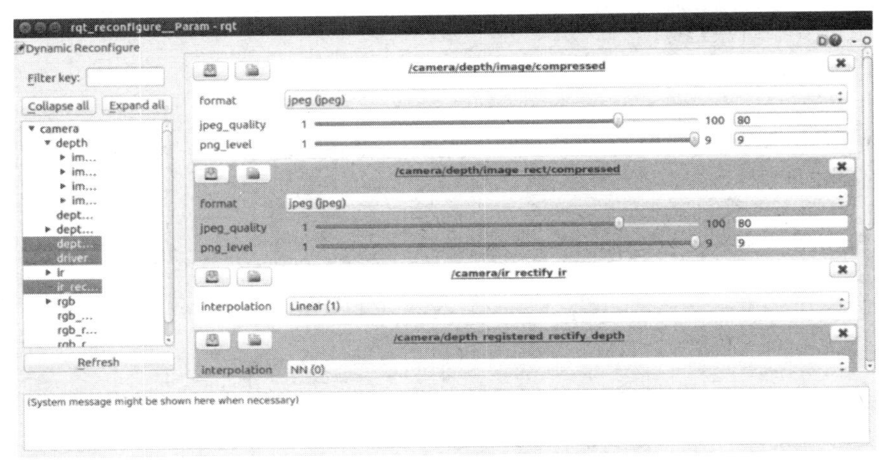

图 2.41　rqt_reconfigure 界面

2.5.3.5　系统检测工具（roswtf）

除 QT 工具箱之外，ROS 还提供了 roswtf 工具来检查系统安装、环境变量、功能包、roslaunch 文件等，roswtf 支持插件扩展功能，有下列三种用法。

（1）检查系统安装及环境变量：直接运行 roswtf 工具。

（2）检查功能包：先切换到功能包目录下，然后运行 roswtf 工具。

（3）检查 roslaunch 文件：使用命令 roswtf yourfile.launch。

roswtf 命令支持以下选项。

- all roswtf：检查 ROS_PACKAGE_PATH 变量指向路径中的所有功能包。
- no-plugins：禁用 roswtf 插件。
- offline：只进行离线测试。

一般来说，检测结果的警告对系统正常运行是没有影响的，如果出现系统异常，可参照错误信息来判断问题所在。

2.6　Spark 底盘控制

前面已经介绍了如何编写和运行一个简单的 ROS 程序，以及让小海龟跑起来。接下来介绍如何控制一个真实的机器人运动。

在 Spark 机器人自带的 PC 上，已实现了通信节点，并订阅了名为 cmd_vel 的主题。通信节点接收到消息后，就可以控制底盘运动了。因此，只需要在程序中发布 cmd_vel 主题，并不断发布对应的消息，就可实时控制 Spark 机器人的底盘运动。

类似小海龟仿真中的 turtle_teleop_key 节点，可以在上位机 PC 端，实现一个键盘控制节点，将按下键盘按键变换成 Twist 格式的速度控制消息，通过 cmd_vel 主题发布。键盘控制节点的实现基

于 spark_teleop 功能包中的相关代码，详细代码参见配套资源中的 spark_teleop/src/teleop_node.cpp。

在配置环境变量后，启动 spark_teleop 功能包中的 teleop.launch 文件即可运行键盘控制节点。teleop.launch 的内容如下所示，通过键盘上的 W、S、A、D 四个键，可实现 Spark 机器人底盘的前、后、左、右运动。

```
<launch>
<!—Spark 机器人底盘驱动，机器人描述，底盘，相机-->
    <include file="$(find spark_bringup)/launch/driver_bringup.launch"/>
    <!--Spark 机器人键盘控制：W、S、A、D 键分别代表前、后、左、右-->
    <!--node pkg="spark_teleop" type="spark_teleop_node" name="spark_teleop_node" args="0.15 0.5"/-->
    <!--在 rviz 中显示-->
    <arg name="rvizconfig" default="$(find spark_teleop)/rviz/teleop.rviz" />
    <node name="rviz" pkg="rviz" type="rviz" args="-d $(arg rvizconfig)" required="true" />

        <!--创建新的终端，Spark 机器人键盘控制：W、S、A、D 键分别代表前、后、左、右-->
        <node pkg="spark_teleop" type="keyboard_control.sh" name="kc" />
</launch>
```

任务 3　让 Spark 机器人运动起来

在实际应用中，移动机器人需要实现自主运动，而不是由人来控制的运动。因此，在本任务中，我们通过 cmd_vel 主题发布 Twist 消息，让 Spark 机器人自己运动起来。

打开命令行，进入~/spark/目录，输入如下命令，启动 Spark 机器人，让 Spark 机器人自己运动起来：

```
$ source devel/setup.bash
$ roslaunch spark_move_straight spark_move_straight.launch
```

运行例程后，Spark 机器人将直线运动。下面具体看一下实现过程。

在文件管理器中打开 spark_move_straight 文件夹，可以看到其中包含 launch 文件夹、src 文件夹、CMakeList.txt 文件、package.xml 文件，如图 2.42 所示。

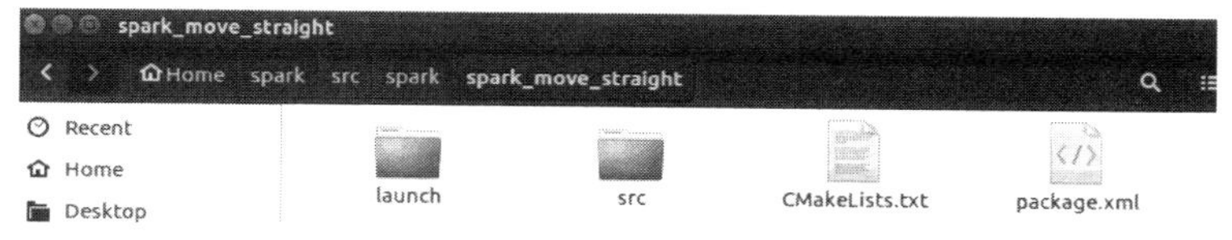

图 2.42　spark_move_straight 文件夹

首先打开 src 文件夹，里面包含 spark_move_straight.cpp，内容如下：

```
#include "ros/ros.h"
#include <geometry_msgs/Twist.h>

int main(int argc, char** argv)
{
  ros::init(argc, argv, "spark_move_straight_node");        //ROS 节点初始化
  ROS_INFO("The spark are moving straight!!!");             //终端输出文字
  ros::NodeHandle nh;                                       //创建节点句柄
  ros::Publisher cmd_pub;                                   //创建一个发布节点 Publisher

  //发布名为/cmd_vel 的主题，消息类型为 geometry_msgs::Twist
  cmd_pub = nh.advertise<geometry_msgs::Twist>("/cmd_vel", 1);
  ros::Rate rate(10);                                       //设置循环的频率
  double prev_sec = ros::Time().now().toSec();              //获取当前时间
  int sec = 3;                                              //设置运动时间为 3s
```

```
    while (ros::ok())
    {
      if (ros::Time().now().toSec() - prev_sec > sec)      //时间是否到了
        break;
      geometry_msgs::Twist vel;                            //速度命令
      vel.linear.x = 0.1;                                  //沿 x 轴运动的速度
      vel.angular.z = 0;                                   //绕 z 轴旋转的速度
      cmd_pub.publish(vel);                                //发布速度主题
      rate.sleep();                                        //按照循环频率延时
    }
    ROS_INFO("Spark stop moving!!!");
    ros::spin()                                            //循环等待回调函数
    return 0;
}
```

例程中创建了速度对象 vel，设置沿 x 轴运动的速度和绕 z 轴旋转的速度后，发布速度主题。另外，这个例程给 Spark 机器人设置了运动时间（3s）。如果需要让机器人旋转，修改绕 z 轴的转速 vel.angular.z 即可。在很多应用中，如在机器人避障运动中，这些速度参数应根据实际情况动态变化。

然后打开 package.xml 文件，其包含的依赖如图 2.43 所示。其中，spark_base 依赖用于驱动 Spark 机器人硬件（如底盘上的电机等）。

同样，在 CMakeLists.txt 中也需要包含 spark_base 包，如图 2.44 所示。

```
<buildtool_depend>catkin</buildtool_depend>
<build_depend>roscpp</build_depend>
<build_depend>std_msgs</build_depend>
<build_depend>spark_base</build_depend>
```

图 2.43　package.xml 包含的依赖

```
find_package(catkin REQUIRED COMPONENTS
  roscpp
  std_msgs
  spark_base
)
```

图 2.44　CMakeLists.txt 包含的包

在 launch 文件夹的 launch 文件中，也需要包含 spark_base.launch 文件，这样才能让 Spark 机器人运动起来，如图 2.45 所示。

```
<launch>
  <node pkg="spark_move_straight" type="spark_move_straight_node"
        name="spark_move_straight_node" output="screen"/>
  <arg name="serialport" default="/dev/sparkBase"/>
  <include file="$(find spark_base)/launch/spark_base.launch">
        <arg name="serialport" value="$(arg serialport)"/>
  </include>
</launch>
```

图 2.45　launch 文件

这个例程的运行过程信息如图 2.46 所示。

```
started core service [/rosout]
process[spark_move_straight_node-2]: started with pid [30049]
[ INFO] [1576733702.397989516]: The spark are moving straight!!!
process[joint_state_publisher-3]: started with pid [30059]
process[robot_state_publisher-4]: started with pid [30073]
process[spark_base_server-5]: started with pid [30076]
[ INFO] [1576733702.486385821]: spark_base_node for ROS 0.01
[ INFO] [1576733702.486553685]: using the /dev/sparkBase

startReadStream
[ INFO] [1576733702.818656367]: Connected to Sparkbase.
[ INFO] [1576733705.422975804]: Spark stop moving!!!
```

图 2.46　例程的运行过程信息

2.7　ROS 外接设备介绍

使用 ROS 外接设备可以实现机器人与真实世界的交互，ROS 软件包和 ROS 社区支持多种外接设备，并具有稳定的接口。本节介绍 ROS 常用的外接设备，以及其在机器人上的使用方法。

2.7.1　遥控手柄

2.7.1.1　配置与使用

遥控手柄是有一组按钮和电位器的装置，能够实现机器人多种运动模式的控制，如图 2.47 所示。ROS 支持大部分通用型遥控手柄作为输入设备，下面介绍如何在 ROS 中使用这类设备，并结合小海龟等实例进行操作。

图 2.47 遥控手柄

首先，需要安装一些功能包并配置，使用如下命令：

```
$ sudo apt-get install ros-kinetic-joystick-drivers
$ rosstack profile & rospack profile
```

使用 ls 命令，检测遥控手柄能否被识别，结果如图 2.48 所示。

```
$ ls /dev/input/
```

```
exbot@relay-Aspire-4741: ~
exbot@relay-Aspire-4741:~$ ls /dev/input/
by-id     event1    event12   event15   event3   event6   event9   mice
by-path   event10   event13   event16   event4   event7   js0      mouse0
event0    event11   event14   event2    event5   event8   js1      mouse1
```

图 2.48　ls 命令执行结果

使用 jstset 命令检测遥控手柄的工作情况（视情况选择 js0、js1 等）：

```
$ sudo jstest /dev/input/js1
```

这时，遥控手柄会有相应的输出，如图 2.49 所示。

```
exbot@relay-Aspire-4741: ~
exbot@relay-Aspire-4741:~$ sudo jstest /dev/input/js1
Driver version is 2.1.0.
Joystick (GreenAsia Inc.    USB Joystick     ) has 7 axes (X, Y, Z, Rz, Hat0X, H
and 12 buttons (Trigger, ThumbBtn, ThumbBtn2, TopBtn, TopBtn2, PinkieBtn, BaseBt
Testing ... (interrupt to exit)
Axes:  0:     0  1:     0  2:     0  3:     0  4:     0  5:     0  6:     0 Butt
Axes:  0:     0  1:     0  2:     0  3:     0  4:     0  5:     0  6:     0 Butt
Axes:  0:     0  1:     0  2:     0  3:     0  4:     0  5:     0  6:     0 Butt
Axes:  0:     0  1:     0  2:     0  3:     0  4:     0  5:     0  6:     0 Butt
Axes:  0:     0  1:     0  2:     0  3:     0  4:     0  5:     0  6:     0 Butt
Axes:  0:     0  1:     0  2:     0  3:     0  4:     0  5:     0  6:     0 Butt
Axes:  0:     0  1:     0  2:     0  3:     0  4:     0  5:     0  6:     0 Butt
Axes:  0:     0  1:     0  2:     0  3:     0  4:     0  5:     0  6:     0 Butt
Axes:  0:     0  1:     0  2:     0  3:     0  4:     0  5:     0  6:     0 Butt
Axes:  0:     0  1:     0  2:     0  3:     0  4:     0  5:     0  6:     0 Butt
Axes:  0:     0  1:     0  2:     0  3:     0  4:     0  5:     0  6:     0 Butt
Axes:  0:     0  1:     0  2:     0  3:     0  4:     0  5:     0  6:     0 Butt
Axes:  0:     0  1:     0  2:     0  3:     0  4:     0  5:     0  6:     0 Butt
Axes:  0:     0  1:     0  2:     0  3:     0  4:     0  5:     0  6:     0 Butt
Axes:  0:     0  1:     0  2:     0  3:     0  4:     0  5:     0  6:     0 Butt
Axes:  0:     0  1:     0  2:     0  3:     0  4:     0  5:     0  6:     0 Butt
Axes:  0:     0  1:     0  2:     0  3:     0  4:     0  5:     0  6:     0 Butt
Axes:  0:     0  1:     0  2:     0  3:     0  4:     0  5:     0  6:     0 Butt
Axes:  0:     0  1:     0  2:     0  3:     0  4:     0  5:     0  6:-32767 Butt
  9:off 10:off 11:off
```

图 2.49　jstset 命令执行结果

这时就可以在 ROS 系统中使用遥控手柄了，使用时需要用到 joy 和 joy_node 功能包。

2.7.1.2 发送遥控手柄的动作消息

首先运行节点管理器，然后使用以下命令启动 joy_node，如图 2.50 所示。

```
$ roscore
$ rosrun joy joy_node
```

```
exbot@relay-Aspire-4741: ~
exbot@relay-Aspire-4741:~$ rosrun joy joy_node
[ INFO] [1461676676.089527425]: Opened joystick: /dev/input/js0. deadzone_: 0.05
0000.
```

图 2.50 启动 joy_node

查看节点发布的消息，包含遥控手柄的摇杆轴向信息及按钮信息，如图 2.51 所示。

```
$ rostopic echo /joy
```

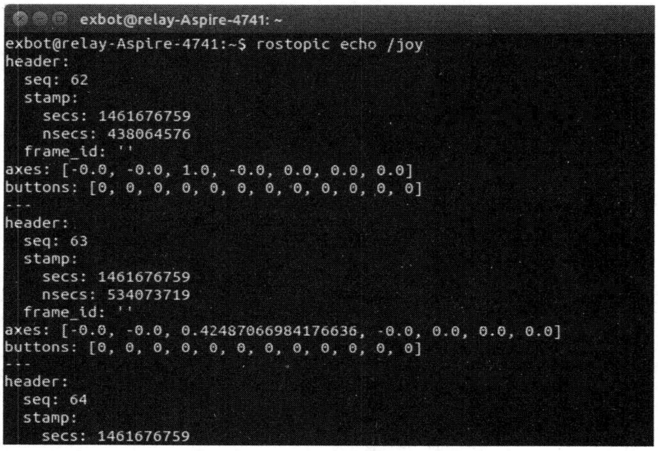

```
exbot@relay-Aspire-4741: ~
exbot@relay-Aspire-4741:~$ rostopic echo /joy
header:
  seq: 62
  stamp:
    secs: 1461676759
    nsecs: 438064576
  frame_id: ''
axes: [-0.0, -0.0, 1.0, -0.0, 0.0, 0.0, 0.0]
buttons: [0, 0, 0, 0, 0, 0, 0, 0, 0, 0, 0, 0]
---
header:
  seq: 63
  stamp:
    secs: 1461676759
    nsecs: 534073719
  frame_id: ''
axes: [-0.0, -0.0, 0.42487066984176636, -0.0, 0.0, 0.0, 0.0]
buttons: [0, 0, 0, 0, 0, 0, 0, 0, 0, 0, 0, 0]
---
header:
  seq: 64
  stamp:
    secs: 1461676759
```

图 2.51 查看节点发布的消息

查看消息类型，如图 2.52 所示。

```
$ rostopic type /joy
```

```
exbot@relay-Aspire-4741: ~
exbot@relay-Aspire-4741:~$ rostopic type /joy
sensor_msgs/Joy
exbot@relay-Aspire-4741:~$
```

图 2.52 查看消息类型

查看消息中使用的字段，如图 2.53 所示。

```
$ rosmsg show sensor_msgs/Joy
```

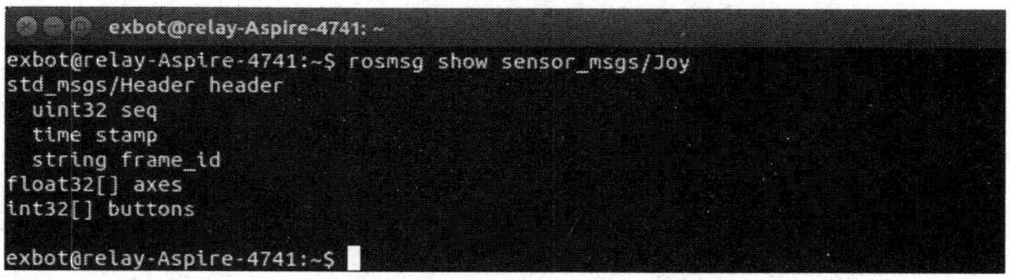

```
exbot@relay-Aspire-4741: ~
exbot@relay-Aspire-4741:~$ rosmsg show sensor_msgs/Joy
std_msgs/Header header
  uint32 seq
  time stamp
  string frame_id
float32[] axes
int32[] buttons

exbot@relay-Aspire-4741:~$
```

图 2.53 查看消息中使用的字段

2.7.1.3 使用遥控手柄控制小海龟

启动 roscore 后，启动小海龟节点（需安装 turtlesim 功能包）：

```
$ roscore
$ rosrun turtlesim turtlesim_node
```

通过 rostopic list 命令查看主题列表，可以看到主题/turtle1/cmd_vel。

使用下面的命令，查看主题类型和消息内容：

```
$ rostopic type /turtle1/cmd_vel
$ rosmsg show geometry_msgs/Twist
```

下面介绍如何将遥控手柄和小海龟关联起来。

下载链接

下载 teleop_twist_joy（扫描二维码）。在 teleop_twist_joy/src/teleop_twist_joy.cpp 中，找到下面的代码段，并进行如下修改：

```
pimpl_->cmd_vel_pub =
nh->advertise<geometry_msgs::Twist>("/turtle1/cmd_vel", 1, true);
```

完成后，在 catkin_ws 工作空间中进行编译。然后，在不同的命令行中启动 roscore 后，分别输入命令：

```
$ rosrun joy joy_node
$ rosrun teleop_twist_joy teleop_node
```

如图 2.54 所示，执行命令后就可以实现用遥控手柄控制小海龟运动了，也可以通过类似的步骤，用遥控手柄控制 Gazebo 中的仿真机器人及真实机器人运动。

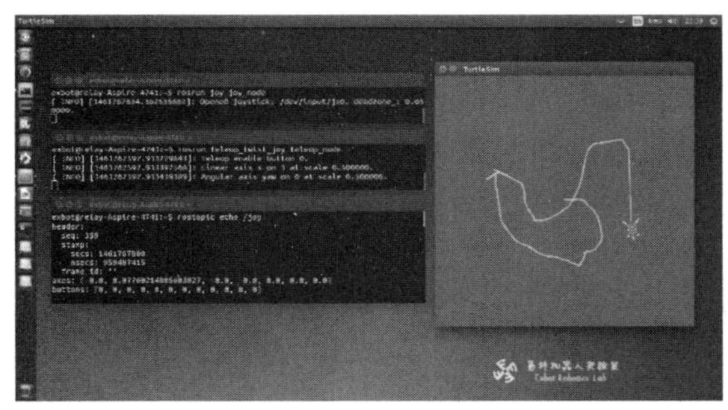

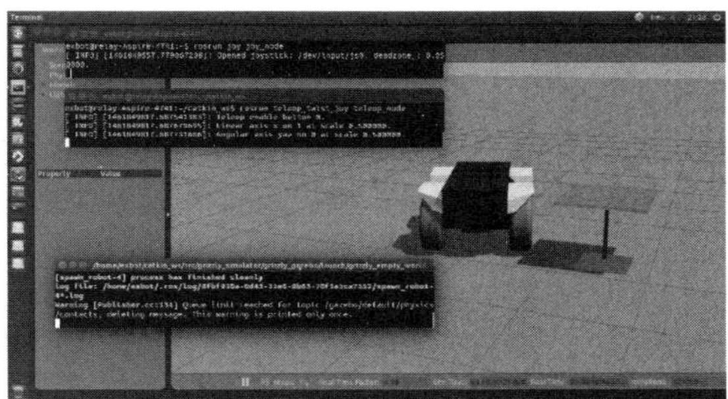

图 2.54　遥控手柄控制效果

如果没有遥控手柄，使用如下命令，通过键盘或鼠标也可以进行机器人的简单遥控，如图 2.55 所示。

```
$ roscore
$ rosrun turtlesim turtlesim_node
$ rosrun teleop_twist_keyboard teleop_twist_keyboard.py
$ rosrun mouse_teleop mouse_teleop.py
```

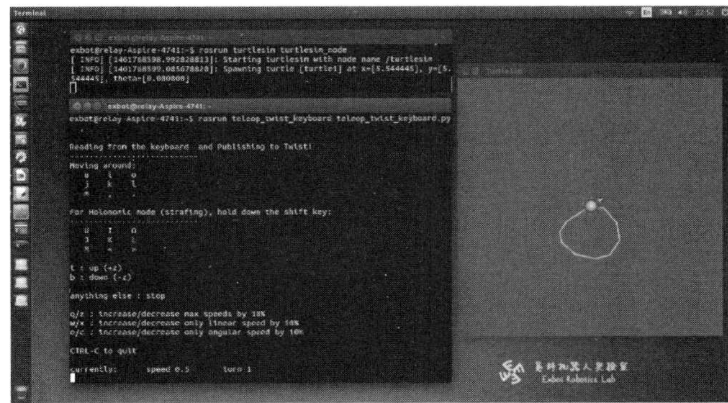

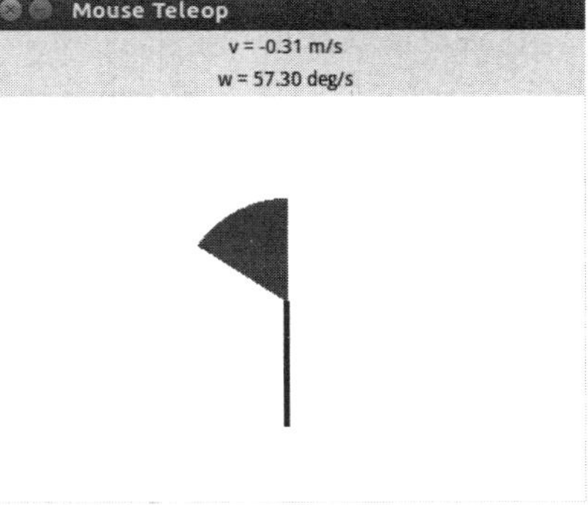

图 2.55　键盘或鼠标遥控效果

ROS 的输入设备除了遥控手柄、键盘、鼠标这三种之外，还有手机或平板电脑等设备，使用它们也可以进行机器人的控制等，具体使用方法读者可以查找资料进一步探索。

2.7.2 激光雷达

激光雷达如图 2.56 所示。移动机器人运动时，需要在环境中获取障碍物的位置和方向，场地轮廓等信息。通过激光雷达，机器人可以测量和其他物体之间的距离；也可以创建并使用地图，然后进行导航。

图 2.56 激光雷达

2.7.2.1 激光雷达配置与使用

Spark 机器人已经集成了激光雷达的驱动及配套程序，从 GitHub 下载代码，并安装依赖即可使用：

```
$ git clone https://github.com/NXROBO/spark.git
```

这里需要注意，启动激光雷达时如果遇到问题，一般是因为 rules 规则没有正确安装，通过 onekey.sh 脚本安装 Spark 依赖即可解决。可以使用下面的命令查看是否正确安装依赖（一般情况下不需要此步骤），如图 2.57 所示。

注意：因为硬件会随时间更新，Spark 机器人配置的激光雷达型号会发生变化，需要根据实际型号修改命令参数。

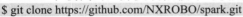

```
spark@spark:~$ ll /dev/ |grep 3ilidar
lrwxrwxrwx   1 root root          7 1月   18 14:12 3ilidar -> ttyUSB1
spark@spark:~$
```

（a）如果 Spark 机器人配置的是杉川激光雷达（3i），则使用参数：3ilidar

```
spark@spark:~/spark$ ll /dev | grep ydlidar
lrwxrwxrwx   1 root root          7 1月   21 11:19 ydlidar -> ttyUSB1
spark@spark:~/spark$
```

（b）如果 Spark 机器人配置的是 EAI 激光雷达，则使用参数：ydlidar

图 2.57 查看是否正确安装依赖

程序正常运行后，就可以使用激光雷达获取信息了。如果使用 EAI 激光雷达（g6），则使用下面的命令启动节点：

```
$ cd ~/spark
$ source devel/setup.bash
$ roslaunch lidar_driver_transfer ydlidar_g6.launch
```

注意：根据不同的激光雷达型号，roslaunch 命令的参数有所不同。

节点正常启动后，结果如图 2.58 所示。

```
setting /run_id to ee342208-7a6d-11ec-9b5c-f81654e30cd3
process[rosout-1]: started with pid [8844]
started core service [/rosout]
process[ydlidar_lidar_publisher-2]: started with pid [8861]
[ INFO] [1642737311.816720418]: YDLIDAR ROS Driver Version: 1.0.2
process[base_link_to_laser4-3]: started with pid [8862]
YDLidar SDK initializing
YDLidar SDK has been initialized
[YDLIDAR]:SDK Version: 1.0.3
LiDAR successfully connected
[YDLIDAR]:Lidar running correctly ! The health status: good
[YDLIDAR] Connection established in [/dev/ydlidar][512000]:
Firmware version: 1.16
Hardware version: 2
Model: G6
Serial: 2021040700000018
[YDLIDAR INFO] Current Scan Frequency: 10.000000Hz
LiDAR init success!
[YDLIDAR3]:Fixed Size: 1818
[YDLIDAR3]:Sample Rate: 18K
[YDLIDAR INFO] Current Sampling Rate : 18K
[YDLIDAR INFO] Now YDLIDAR is scanning ......
```

图 2.58 节点正常启动的结果

2.7.2.2　激光雷达在 ROS 中发布数据

使用 rostopic 命令查看激光雷达是否发布数据：

```
$ rostopic list
```

激光雷达成功发布的数据中会包含/scan，这是激光雷达正在发布消息的主题，通过以下命令查看节点类型、数据结构，以及更多关于激光雷达工作和数据发布的信息：

```
$ rostopic type /scan
$ rosmsg show sensor_msgs/LaserScan
$ rostopic echo /scan
```

为了便于理解，也可以使用下面的命令，在 rviz 界面中可视化数据，如图 2.59 所示。

```
$ rviz
```

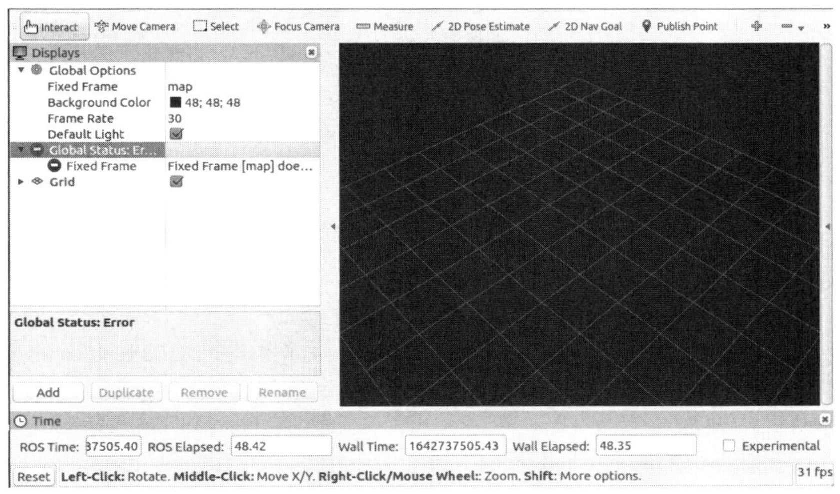

图 2.59　在 rviz 界面中可视化数据

选择 rviz 界面中 Displays 区域的 Global Options→Fixed Frame→laser_fram 选项，如图 2.60 所示。

单击 Add 按钮后，双击 Create visualization 选项，选择 By topic→/point_cloud→PointCloud 选项，如图 2.61 所示。

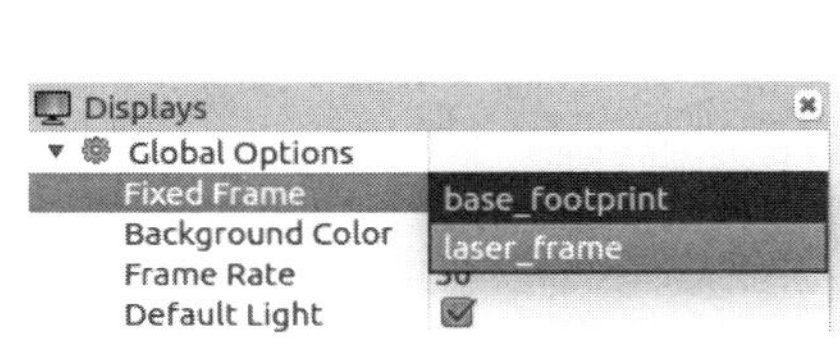

图 2.60　laser_fram 选项

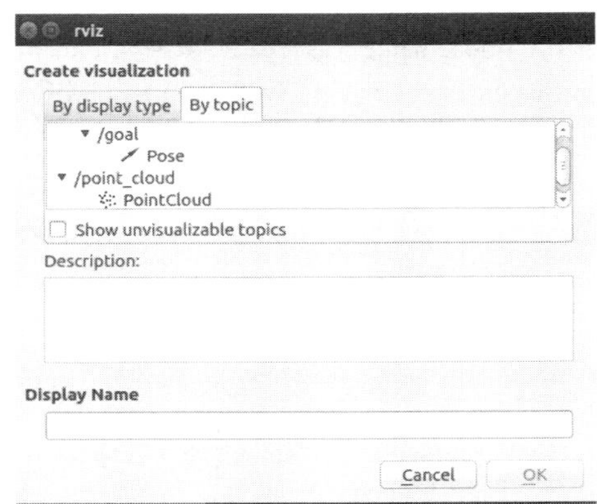

图 2.61　rivz 选择界面

返回 rviz 界面后，将会见到激光雷达所扫描出来的环境轮廓形状，如图 2.62 所示。

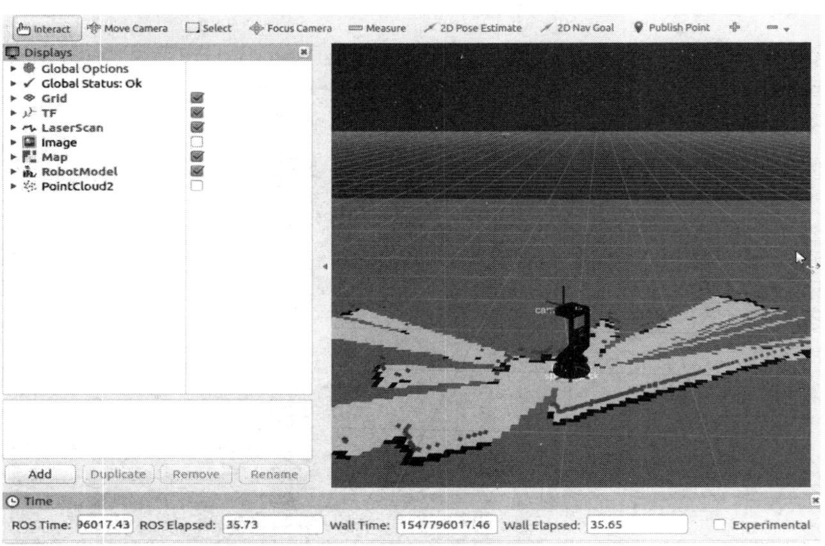

图 2.62　激光雷达所扫描出来的环境轮廓形状

2.7.3　视觉传感器

在 ROS 系统中，视觉传感器主要包括单目相机与深度相机这两类设备。单目相机中以 USB 相机最为普遍。在 ROS 使用这类设备非常简单。

首先，安装相应功能包：

```
$ sudo apt-get install ros-kinetic-usb-cam
```

注意在使用前需要根据相机的 pixel_format 格式进行参数修改，否则会因出错而无法看到图像。通过以下命令启动 USB 相机节点，并测试其是否正常工作：

```
$ roscore
$ rosrun usb_cam usb_cam_node
$ roslaunch usb_cam usb_cam-test.launch
```

usb_cam-test.launch 文件的内容如下：

```
<launch>
<!--相机启动节点，添加相关参数：设备名、图像格式-->
  <node name="usb_cam" pkg="usb_cam" type="usb_cam_node" output="screen" >
    <param name="video_device" value="/dev/video0" />
    <param name="image_width" value="640" />
    <param name="image_height" value="480" />
    <param name="pixel_format" value="yuyv" />
    <param name="camera_frame_id" value="usb_cam" />
    <param name="io_method" value="mmap"/>
  </node>
<!--使用 image_view 节点查看图像-->
  <node name="image_view" pkg="image_view" type="image_view" respawn="false" output="screen">
    <remap from="image" to="/usb_cam/image_raw"/>
    <param name="autosize" value="true" />
  </node>
</launch>
```

启动 usb_cam-test.launch 文件，相机节点运行结果如图 2.63 所示。

图 2.63　相机节点运行结果

也可以通过以下命令，查看显示效果。

```
$ roscore
$ rosrun rqt_image_view rqt_image_view
```

使用 rostopic list 命令查看主题列表，如图 2.64 所示。

```
exbot@relay-Aspire-4741: ~
exbot@relay-Aspire-4741:~$ rostopic list
/image_view/parameter_descriptions
/image_view/parameter_updates
/rosout
/rosout_agg
/usb_cam/camera_info
/usb_cam/image_raw
/usb_cam/image_raw/compressed
/usb_cam/image_raw/compressed/parameter_descriptions
/usb_cam/image_raw/compressed/parameter_updates
/usb_cam/image_raw/compressedDepth
/usb_cam/image_raw/compressedDepth/parameter_descriptions
/usb_cam/image_raw/compressedDepth/parameter_updates
/usb_cam/image_raw/theora
/usb_cam/image_raw/theora/parameter_descriptions
/usb_cam/image_raw/theora/parameter_updates
exbot@relay-Aspire-4741:~$
```

图 2.64　查看主题列表

图 2.65 是一款国产深度相机：奥比中光的 3D 相机 Astra，其集成了麦克风阵列。

图 2.65　奥比中光的 3D 相机 Astra

Spark 机器人已经安装了该相机的驱动及依赖，插好相机 USB 接口后，运行节点：

```
$ roslaunch astra_camera astra.launch
```

可以用 rostopic list 命令查看主题列表，并进行相关操作。通过界面左上角的 Image View 下拉列表，可以选择需要查看的主题。例如，如果要查看深度信息，则选择/camera/depth/ image 选项；如果要查看 RGB 图像，则选择/camera/rgb/ image_raw 选项，如图 2.66 所示。也可以直接使用 rqt_image_view 功能包进行查看。

如果要查看点云数据，可以在 rviz 中，单击 Add 按钮，添加 PointCloud2，如图 2.67 所示。

（a）查看深度信息

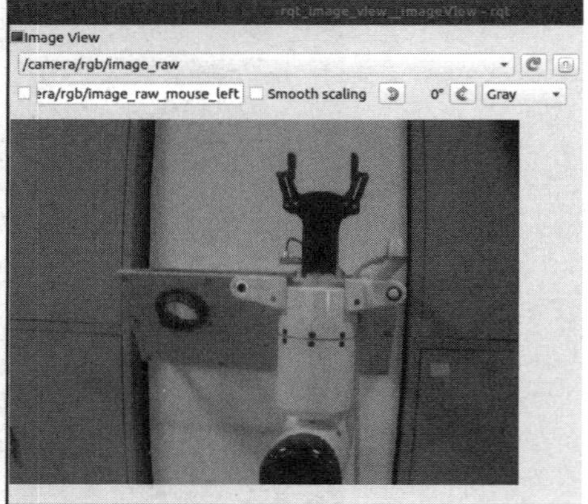

（b）查看 RGB 图像

图 2.66　查看深度信息和 RGB 图像

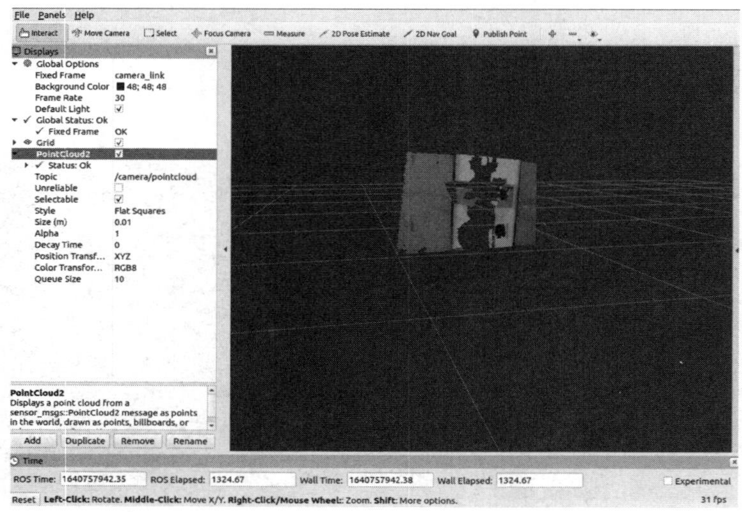

图 2.67　rviz 界面显示点云数据

2.7.4　惯性测量单元与定位模块

2.7.4.1　惯性测量单元

惯性测量单元是测量物体加速度和姿态等信息的电子设备，主要包括三轴陀螺仪、三轴加速度计，甚至还包括磁力计等。Xsens MTi 是一款常见的惯性测量单元，如图 2.68 所示。

首先，执行如下命令，安装惯性测量单元驱动：

```
$ sudo apt-get install ros-kinetic-xsens-driver
$ rosstack profile && rospack profile
```

然后，运行设备节点，就可以查看传感器数据了：

```
$ roslaunch xsens_driver xsens_driver.launch
$ rostopic echo /imu/data
```

也可以在 rviz 中显示可视化的姿态数据。

2.7.4.2　定位模块

机器人通过定位模块来获取自身的位置信息。常见的室内定位技术有蓝牙、Wi-Fi、Zigbee、

UWB（Ultra Wide Band，超宽带）、惯性测量单元、红外定位、超声波定位、LoRa Edge 等。室外定位系统常见的有中国的北斗系统、美国的 GPS（Global Positioning System，全球定位系统）、俄罗斯的 Glonass（Global Navigation Satellite System，格洛纳斯系统）、欧洲的 Galileo（伽利略）系统，以及 RTK（Real Time Kinematic，实时动态差分技术）系统、GNSS（Global Navigation Satellite System，全球导航卫星系统）等。

下面以 NMEA GPS 模块（如图 2.69 所示）为例，介绍 ROS 中 GPS 模块的使用方法。

图 2.68　Xsens MTi 惯性测量单元

图 2.69　NMEA GPS 模块

首先，安装 NMEA GPS 模块驱动：

```
$ sudo apt-get install ros-kinetic-nmea-*
$ rosstack profile & rospack profile
```

运行节点，_port 是端口，_baud 是波特率：

```
$ roscore
$ rosrun nmea_navsat_driver nmea_serial_driver _port:=/dev/rfcomm0 _baud:=115200
```

使用 rostopic list 命令可以查看/fix 的主题列表，使用 rostopic echo /fix 命令可以查看主题消息内容，结果如图 2.70 和图 2.71 所示。

```
exbot@relay-Aspire-4741: ~
exbot@relay-Aspire-4741:~$ rostopic list
/fix
/rosout
/rosout_agg
/time_reference
/vel
exbot@relay-Aspire-4741:~$
```

图 2.70　查看主题列表

```
exbot@relay-Aspire-4741: ~
exbot@relay-Aspire-4741:~$ rostopic echo /fix
header:
  seq: 1
  stamp:
    secs: 1462160634
    nsecs: 222413063
  frame_id: /gps
status:
  status: 0
  service: 1
latitude: 31.58574
longitude: 120.773756667
altitude: nan
position_covariance: [0.919681, 0.0, 0.0, 0.0, 0.919681, 0.0, 0.0, 0.0, 3.678724
]
position_covariance_type: 1
---
```

图 2.71　查看主题消息内容

也可以使用下面的命令，查看原始 NMEA GPS 数据，命令执行结果如图 2.72 所示。

```
$ rosrun nmea_navsat_driver nmea_topic_serial_reader _port:=/dev/rfcomm0 _baud:=115200
$ rostopic echo /nmea_sentence
```

如果没有惯性测量单元和定位模块，也可以使用手机获取这些数据。智能手机都内置三轴陀螺仪和加速度计传感器，以及北斗系统或 GPS 模块，可以通过手机蓝牙将数据传递给 PC，然后 ROS 就可以使用这些数据了。

```
exbot@relay-Aspire-4741: ~
exbot@relay-Aspire-4741:~$ rostopic echo /nmea_sentence
header:
  seq: 83
  stamp:
    secs: 1462160488
    nsecs: 227153062
  frame_id: /gps
sentence: $GPGGA,034128.00,3135.2091,N,12046.4624,E,1,7,1.385,-87.831,M,,M,0,*65
---

header:
  seq: 84
  stamp:
    secs: 1462160488
    nsecs: 252252101
  frame_id: /gps
sentence: $GPGSA,A,3,14,16,27,29,32,70,83,,,,,,2.341,1.385,1.888*31
---
header:
```

图 2.72　查看原始 NMEA GPS 数据

2.7.5　伺服电机

在桌面关节机器人或者小型移动机器人中，常常使用伺服电机。这里简单介绍一下 Dynamixel 伺服电机（如图 2.73 所示）的使用。

图 2.73　Dynamixel 伺服电机

首先，安装设备驱动：

```
$ sudo apt-get install ros-kinetic-dynamixel-*
$ rosstack profile && rospack profile
```

安装完成后，将设备接到计算机上，并执行下面的命令，运行 controller_manager.launch 文件，如图 2.74 所示。

```
$ roslaunch dynamixel_tutorials controller_manager.launch
```

```
exbot@relay-Aspire-4741: ~
exbot@relay-Aspire-4741:~$ roslaunch dynamixel_tutorials controller_manager.laun
ch
... logging to /home/exbot/.ros/log/f55e3744-0cd7-11e6-8f52-70f1a1ca7552/roslaun
ch-relay-Aspire-4741-5770.log
Checking log directory for disk usage. This may take awhile.
Press Ctrl-C to interrupt
Done checking log file disk usage. Usage is <1GB.

started roslaunch server http://relay-Aspire-4741:35612/

SUMMARY
========

PARAMETERS
 * /dynamixel_manager/namespace: dxl_manager
 * /dynamixel_manager/serial_ports/pan_tilt_port/baud_rate: 1000000
 * /dynamixel_manager/serial_ports/pan_tilt_port/max_motor_id: 25
 * /dynamixel_manager/serial_ports/pan_tilt_port/min_motor_id: 1
 * /dynamixel_manager/serial_ports/pan_tilt_port/port_name: /dev/ttyUSB0
 * /dynamixel_manager/serial_ports/pan_tilt_port/update_rate: 20
 * /rosdistro: indigo
 * /rosversion: 1.11.19
```

图 2.74　启动 controller_manager.launch

接着执行：

```
$ roslaunch dynamixel_tutorials controller_spawner.launch
```

然后使用/tilt_controller/command 主题，通过 rostopic pub 命令发布消息驱动电机。

```
$ rostopic pub /tilt_controller/command std_msgs/Float64 -- 0.5
```

注意：这里 0.5 表示弧度，约为 28.65°。

2.7.6　嵌入式控制器

移动机器人的底层运动常采用嵌入式控制器控制，常见的嵌入式控制器有 Arduino、STM32 等，如图 2.75 所示。我们通常使用串口建立底层嵌入式控制器与计算机的数据交互，ROS 主要通过 rosserial 功能包与嵌入式控制器建立通信连接。

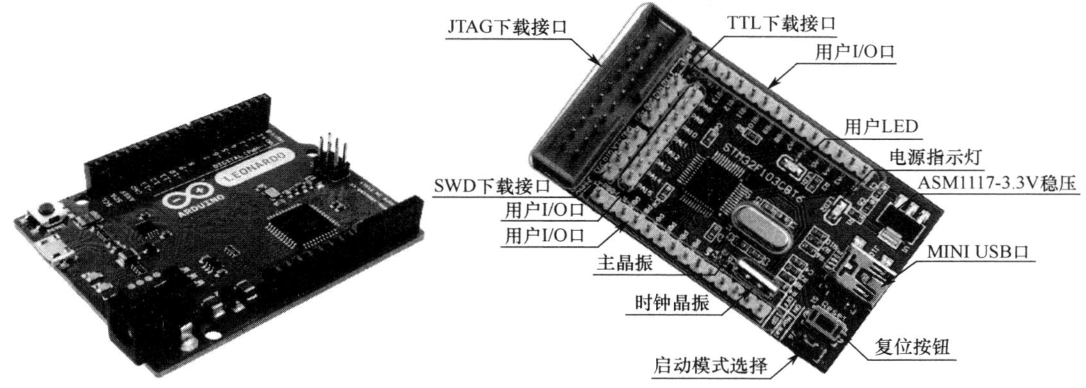

图 2.75　Arduino 和 STM32 嵌入式控制器

2.7.6.1　嵌入式控制器基本配置

下面以 Arduino 为例，介绍嵌入式控制器与 ROS 的连接。

首先，输入下面的命令，安装 rosserial 功能包：

```
$ sudo apt-get install ros-kinetic-rosserial-arduino
$ sudo apt-get install ros-kinetic-rosserial
```

如果已经安装了 Arduino IDE，则可以忽略这一步，然后执行下面的命令：

```
$ sudo apt-get update && sudo apt-get install arduino arduino-core
```

安装完毕后，执行下面的命令就可以实现机器人与嵌入式控制器的数据交互了。

注意：在命令的最后需要指定数据交互的存储路径。

```
$ roscore
$ rosrun rosserial_arduino make_libraries.py /tmp
```

2.7.6.2　嵌入式控制器使用示例

只有包含了头文件，才能在程序里调用头文件中包含的库函数。ros_lib 中提供了丰富的示例代码，这些示例代码都包含了 ros.h 头文件。

例如，hello world 例程的代码片段如下：

```
#include <ros.h>
#include <std_msgs/String.h>
ros::NodeHandle    nh;                //设置节点句柄
std_msgs::String str_msg;
ros::Publisher chatter("chatter", &str_msg); //创建一个发布节点 Publisher，设置需要发布的主题名及
其消息类型
char hello[13] = "hello world!";
void setup()
{
  nh.initNode();                      //节点初始化
  nh.advertise(chatter);              //发布主题
}
void loop()
```

```
{
    str_msg.data = hello;
    chatter.publish( &str_msg );    //发布消息
    nh.spinOnce();                  //循环等待回调函数
    delay(1000);
}
```

例程中主要包括两个函数：setup()和 loop()，分别用于初始化和连续运行。发送消息的主题名为 chatter。启动 roscore 后，在新的命令行中执行下面的命令：

```
$ rosrun rosserial_python serial_node.py /dev/ttyACM0
```

通过 rostopic echo 命令可查看 Arduino 发布的消息。

进一步地，我们还可以控制嵌入式控制器的 I/O 端口，或者获取各种传感器的数据，具体方法读者可以参考其他示例代码和相关文档进行学习。

2.8 本章小结

本章介绍了 ROS 的基础知识及其安装和通信机制，在完成 ROS 环境配置的基础上，读者可以完成一个 ROS 程序的编写，熟悉 ROS 工作空间和功能包的概念，掌握节点的编写和运行。本章还介绍了一些 ROS 常用组件，以及如何进行可视化调试，使读者掌握如何让 Spark 机器人运动起来，帮助读者进一步熟悉机器人系统的外接设备。

扩 展 阅 读

（1）调研其他机器人操作系统及其特点。

（2）掌握坐标系变换的数学知识。

练　习　题

（1）ROS 的主要架构分为哪三层？每层的作用是什么？

（2）ROS 的主要特点有哪些？其在机器人应用开发中有哪些优势？

（3）ROS 功能包可以包含哪些内容？其中哪两项在构成功能包的最小单元时是不可缺少的？

（4）工作空间的框架是怎样的？有几个文件夹？

（5）ROS 的三种通信机制是什么？说明它们的特点与区别。

（6）什么是节点？如何运行一个节点？

（7）什么是节点管理器？它的作用是什么？

（8）简述主题与服务的区别。

（9）坐标变换的含义是什么？举例说明在哪些机器人应用场景中可能会使用到坐标变换。

（10）Gazebo 和 rviz 的区别是什么？

（11）ROS 的外接设备有哪些？与机器人控制器通信时，使用到了 ROS 的哪种通信机制？

（12）编写 ROS 节点，获取计算机相机数据，并将数据以主题形式发布，然后在命令行中显示主题内容。

（13）ROS 可以将多个节点部署在不同的控制主机上，进行分布式通信。若在某局域网中，ROS 的 Master 节点 IP 地址为 192.168.0.101，子网掩码为 255.255.255.0，在该局域网中最多可以部署多少台控制主机进行通信？

（14）根据 TF 原理，若有一个 7 自由度机械臂，第 i 轴坐标系$\{i\}$相对于第 $i-1$ 轴坐标系$\{i-1\}$的齐次变换矩阵表示为${}^{i-1}_{i}\boldsymbol{T}$，求末端坐标系$\{7\}$相对于基座坐标系$\{0\}$的变换矩阵${}^{0}_{7}\boldsymbol{T}$。

（15）TF 可以使用欧拉角和四元数两种方法表示，请推导两者的变换公式。

第 3 章　建立机器人系统模型

建立机器人系统模型是机器人实现运动控制与仿真验证的基础，在 ROS 中，机器人 3D 模型通过 URDF（Unified Robot Description Format，统一机器人描述格式）文件来实现，URDF 是一种描述机器人及其结构、关节、自由度等的 XML 格式文件，我们在 ROS 系统中看到的 3D 机器人都会有 URDF 文件与之对应。本章介绍几种常见的轮式机器人运动模型与 URDF 建模，在此基础上通过 ROS 对机器人进行运动控制，实现仿真机器人与真实机器人的同步运动。本章还将介绍机器人基于激光雷达的环境感知，读者可以观察场景轮廓点云数据，体验机器人视角下的环境感知和障碍物判断。

3.1　移动底盘运动模型与控制

3.1.1　移动机器人运动模型与位置表示

轮式机器人在移动机器人中最为常见，下面介绍四种常见的轮式机器人底盘。

1. 两轮差速底盘

两轮差速底盘采用差分驱动，如图 3.1 所示，两个动力轮位于底盘左右两侧，为保持平衡，一般带有万向轮（Castor Wheel）。每个动力轮都有独立的驱动机构，独立控制速度，通过给定不同的速度实现底盘转向控制，底盘的直线运动是驱动轮通过以相同速度和不同方向的转动来实现的。

图 3.1　两轮差速底盘

将移动机器人视为刚体，在水平面上运动，忽略内部细节和轮子的关节及自由度，坐标系定义如图 3.2 所示，则机器人在平面全局坐标系下的位姿表示为 $\xi_{\mathrm{I}}=[x,y,\theta]^{\mathrm{T}}$。

设移动机器人轮子半径为 r，驱动轮到两轮中间点 P 的距离为 d，左轮和右轮的旋转角速度分别为 $\dot{\varphi}_1,\dot{\varphi}_2$，则左轮和右轮的速度分别为 $r\dot{\varphi}_1,r\dot{\varphi}_2$。机器人在平面全局坐标系下的速度为

$$\dot{\xi}_{\mathrm{I}}=\begin{bmatrix}\dot{x}_{\mathrm{I}}\\ \dot{y}_{\mathrm{I}}\\ \dot{\theta}_{\mathrm{I}}\end{bmatrix}$$

在机器人局部坐标系中，机器人两轮中间点 P 的速度为：$\dot{\xi}_R = \boldsymbol{R}(\theta)\dot{\xi}_I$，其中 $\boldsymbol{R}(\theta)$ 为变换矩阵。有：

$$\begin{bmatrix} \dot{x}_R \\ \dot{y}_R \\ \dot{\theta}_R \end{bmatrix} = \boldsymbol{R}(\theta) \begin{bmatrix} \dot{x}_I \\ \dot{y}_I \\ \dot{\theta}_I \end{bmatrix}$$

$$\dot{\xi}_R = \boldsymbol{R}(\theta)\dot{\xi}_I \rightarrow \dot{\xi}_I = \boldsymbol{R}(\theta)^{-1}\dot{\xi}_R$$

差速运动模型如图 3.3 所示，设移动机器人沿 X_R 正方向移动，两轮中间点 P 在 X_R 方向的平移速度为 $\dot{x}_R$。当两驱动轮同时旋转时：

$$\dot{x}_R = \left(\frac{1}{2}\right)r\dot{\varphi}_1 + \left(\frac{1}{2}\right)r\dot{\varphi}_2$$

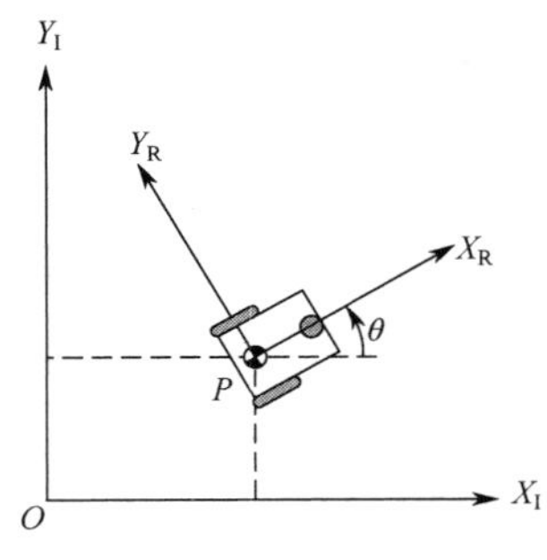

图 3.2　坐标系定义

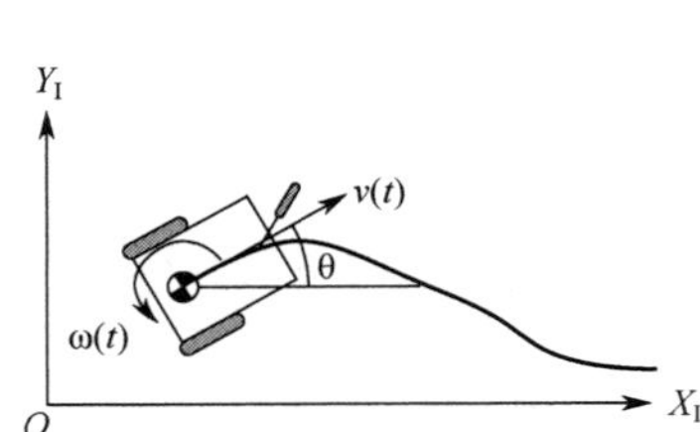

图 3.3　差速运动模型

差速运动的移动机器人，两轮中间点 P 在 Y_R 方向的平移速度为 $\dot{y}_R = 0$。

如果左轮向前旋转，右轮静止，则 P 点以右轮为中心顺时针旋转，旋转速度为 $\omega_1 = \dfrac{r\dot{\varphi}_1}{2d}$。

如果右轮向前旋转，左轮静止，则 P 点以左轮为中心逆时针旋转，旋转速度为 $\omega_2 = \dfrac{r\dot{\varphi}_2}{2d}$。

那么，整个移动机器人的旋转速度为 $\dot{\theta}_R = -\dfrac{r\dot{\varphi}_1}{2d} + \dfrac{r\dot{\varphi}_2}{2d}$。

由此可得，差速驱动的移动机器人运动学模型为

$$\dot{\xi}_I = \boldsymbol{R}(\theta)^{-1}\dot{\xi}_R = \boldsymbol{R}(\theta)^{-1} \begin{bmatrix} \dfrac{r\dot{\varphi}_1}{2} + \dfrac{r\dot{\varphi}_2}{2} \\ 0 \\ -\dfrac{r\dot{\varphi}_1}{2d} + \dfrac{r\dot{\varphi}_2}{2d} \end{bmatrix}$$

2. 阿克曼驱动型底盘

还有一种常见的轮式机器人底盘的运动特性为前轮转向、后轮驱动，其属于阿克曼驱动型底盘，阿克曼驱动型底盘如图 3.4 所示。阿克曼驱动型底盘通过伺服电机调整前轮姿态，从而改变底盘运动方向；通过与电机相连的两个后轮的转动为底盘提供前行动力。

3. 同步驱动型底盘

同步驱动型底盘是一种采用四轮驱动、差速转向的底盘，如图 3.5 所示。四轮驱动是指底盘的四个轮子都能得到驱动力，电机的动力被分配给四个轮子。当遇到路况不好的情况时，

采用四轮驱动的底盘不易出现轮子打滑，底盘的控制能力可以得到较大地改善。

图 3.4　阿克曼驱动型底盘

图 3.5　同步驱动型底盘

4. 全向驱动型底盘

全向驱动型底盘也是一种常见的轮式机器人底盘。其中，三轮全向底盘具有良好的运动特性且结构简单，如图 3.6 所示。三轮全向底盘的三个全向轮互相间隔 120°，每个全向轮由若干小滚轮组成，各滚轮的母线组成一个完整的圆。机器人既可以沿轮面的切线方向移动，也可以沿轮子的轴线方向移动，通过这两种运动的组合，底盘可以实现平面内任意方向的运动。

图 3.6　三轮全向底盘

四轮正交垂直底盘也是一种全向驱动型底盘，如图 3.7 所示，其由四个全向轮组成，分别位于四条边的顶点处。四个全向轮均为主动轮，由电机驱动。这种四轮正交垂直底盘可以沿任意方向进行直线运动。

麦克纳姆轮底盘还是一种全向驱动型底盘，其采用四个麦克纳姆轮作为轮子，如图 3.8 所示。麦克纳姆轮是瑞典麦克纳姆公司的专利，其特点是轮子上安装有很多辊子，轮毂轴和辊子之间的夹角为 45°，可以很容易地实现全向运动，使底盘具有极佳的灵活性。和全向轮相比，麦克纳姆轮可以直接按照传统四轮底盘的方式进行安装。

图 3.7　四轮正交垂直底盘

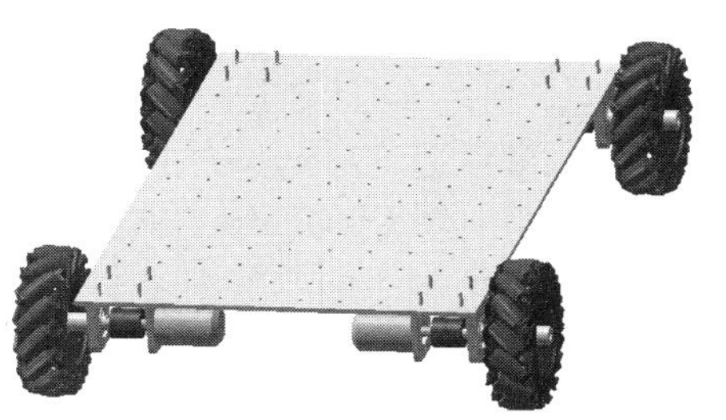

图 3.8　麦克纳姆轮底盘

麦克纳姆轮底盘的运动学分析如图 3.9 所示。

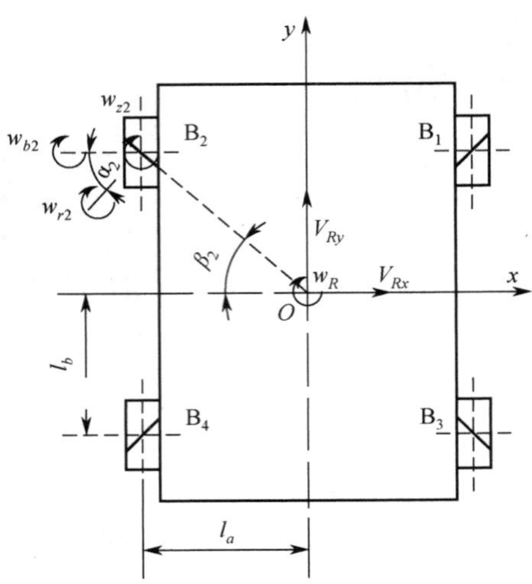

图 3.9　麦克纳姆轮底盘的运动学分析

麦克纳姆轮底盘移动平台运动向量与外部控制输入量之间的关系如下：

$$\begin{bmatrix} v_{Rx} \\ v_{Ry} \\ w_R \end{bmatrix} = \frac{R}{4} \begin{bmatrix} 1 & -1 & -1 & 1 \\ 1 & 1 & 1 & 1 \\ -\frac{1}{l_a + l_b} & \frac{1}{l_a + l_b} & -\frac{1}{l_a + l_b} & \frac{1}{l_a + l_b} \end{bmatrix} \begin{bmatrix} w_{b1} \\ w_{b2} \\ w_{b3} \\ w_{b4} \end{bmatrix}$$

运动向量$[v_{Rx}, v_{Ry}, w_R]$与四个麦克纳姆轮的角速度 w_{bi} 有关，通过控制 w_{bi} 即可控制移动平台三个自由度的独立运动。

（1）当 $w_{b1} = w_{b2} = w_{b3} = w_{b4} \neq 0$ 时，$v_{Rx} = w_R = 0$，$v_{Ry} = w_{bi} \cdot R$，移动平台纵向移动。

（2）当 $w_{b1} = -w_{b2} = -w_{b3} = w_{b4} \neq 0$ 时，$v_{Rx} = w_{bi} \cdot R$，$v_{Ry} = w_R = 0$，移动平台横向移动。

（3）当 $-w_{b1} = w_{b2} = -w_{b3} = w_{b4} \neq 0$ 时，$w_R = w_{bi} \cdot R / (l_a + l_b)$，$v_{Rx} = v_{Ry} = 0$，移动平台原地旋转。

（4）当 $w_{b1} + w_{b3} = w_{b2} + w_{b4} = w \neq 0$，且 $w_{b1} - w_{b2} = w_{b4} - w_{b3} = \delta \neq 0$ 时，$v_{Rx} \neq 0, v_{Ry} \neq 0$，$w_R = 0$，移动平台将沿斜方向做直线运动，方向与 y 轴正方向夹角为 $\beta = \arctan(w / \delta)$。

通过矩阵变换可以得到移动平台的逆运动学方程如下：

$$\begin{bmatrix} w_{b1} \\ w_{b2} \\ w_{b3} \\ w_{b4} \end{bmatrix} = \frac{1}{R} \begin{bmatrix} 1 & 1 & -(l_a + l_b) \\ -1 & 1 & l_a + l_b \\ -1 & 1 & -(l_a + l_b) \\ 1 & 1 & l_a + l_b \end{bmatrix} \begin{bmatrix} v_{Rx} \\ v_{Ry} \\ w_R \end{bmatrix}$$

根据逆运动学方程，可以通过移动平台的目标移动速度求解出四个轮子所需的转速，即所需的电机输出控制量。四个麦克纳姆轮的旋转与移动平台的运动关系可以通过图 3.10 直观表达。

如果每个轮子同时具有转动和旋转两个自由度，则称其为舵轮，如图 3.11 所示。舵轮是集成了驱动电机、转向电机、减速机等的一体化机械结构，通过调整舵轮的角度及速度，可

以使底盘在不转动车体的情况下实现变道、转向等动作，具有很强的灵活性。

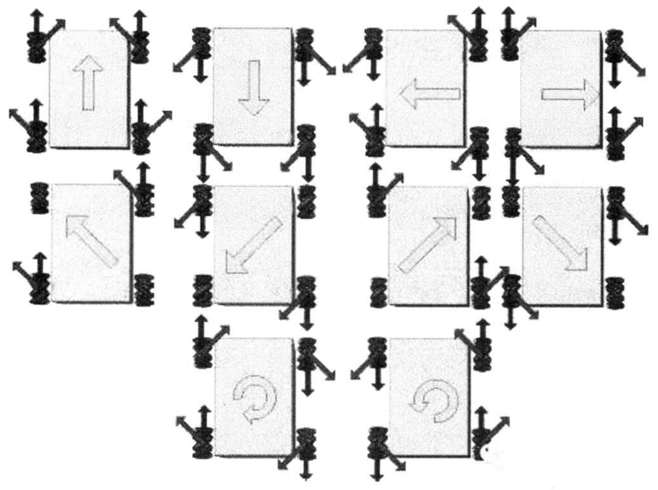

图 3.10　全向运动原理图

图 3.11　舵轮

3.1.2　Gazebo 仿真与 URDF 建模

3.1.2.1　Gazebo 仿真

机器人是一门实践型学科，即使没有实物机器人平台，也可通过仿真实现其功能。常见的机器人仿真主要有两种：一种是算法仿真，可以通过 MATLAB 实现（R2012b 以上版本支持 ROS）；另一种是实景仿真（物理结构及特性仿真），可以通过 Gazebo 实现。本节主要介绍广泛使用的 Gazebo 仿真，以及使用 URDF 建立机器人模型。

Gazebo 是一个 3D 动态仿真模拟器，能准确高效地仿真室内外环境下的机器人系统。与游戏引擎类似，Gazebo 可以进行高度逼真的传感器物理仿真，为程序和用户提供交互接口，可以测试机器人算法和系统设计，以及进行现实情景下的模拟测试。

在 ROS Hydro 版本发布之前，Gazebo 以 simulator_gazebo 功能包集的形式集成于 ROS 系统中。之后的 Gazebo 不再依赖 ROS 系统，而独立发布运行的程序，可以直接在 Ubuntu 系统上安装，通过 gazebo_ros_pkgs 元功能包（Meta Package）封装 Gazebo 接口。gazebo_ros_pkgs 元功能包的 ROS 接口如图 3.12 所示。

其中：

（1）gazebo_ros 主要用于 Gazebo 接口封装、Gazebo 服务端和客户端的启动、URDF 模型生成等；

（2）gazebo_msgs 是 Gazebo 中消息和服务的数据结构；

（3）gazebo_plugins 是 Gazebo 中的通用传感器插件；

（4）gazebo_ros_api_plugin 和 gazebo_ros_path_plugin 可实现 Gazebo 的封装。

（5）gazebo_tests 为 Gazebo 及相关工具和插件提供单元测试。

（6）gazebo_worlds 提供 Gazebo 中的世界模型文件。

（7）gazebo_tools 用于在 ROS 环境中使用 Gazebo 工具，包括 urdf2gazebo 解析、生成/移除机器人等。

在 ROS 系统中，可以通过 gazebo_ros 功能包启动 Gazebo。用 roslaunch 工具启动 Gazebo，并加载一个空的世界模型，如图 3.13 所示，命令如下：

```
roslaunch gazebo_ros empty_world.launch
```

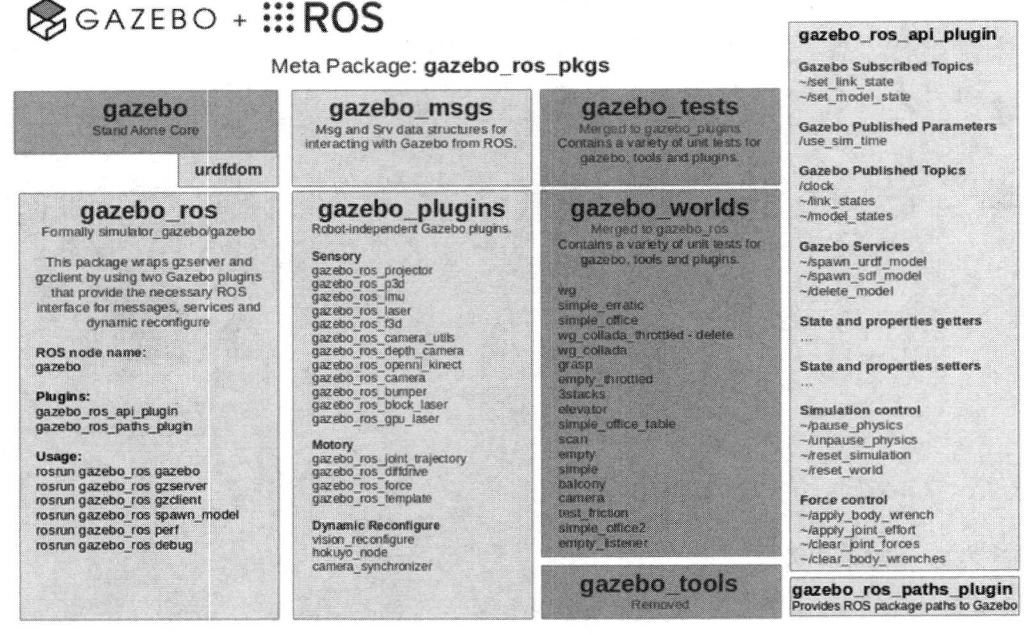

图 3.12　gazebo_ros_pkgs 元功能包的 ROS 接口

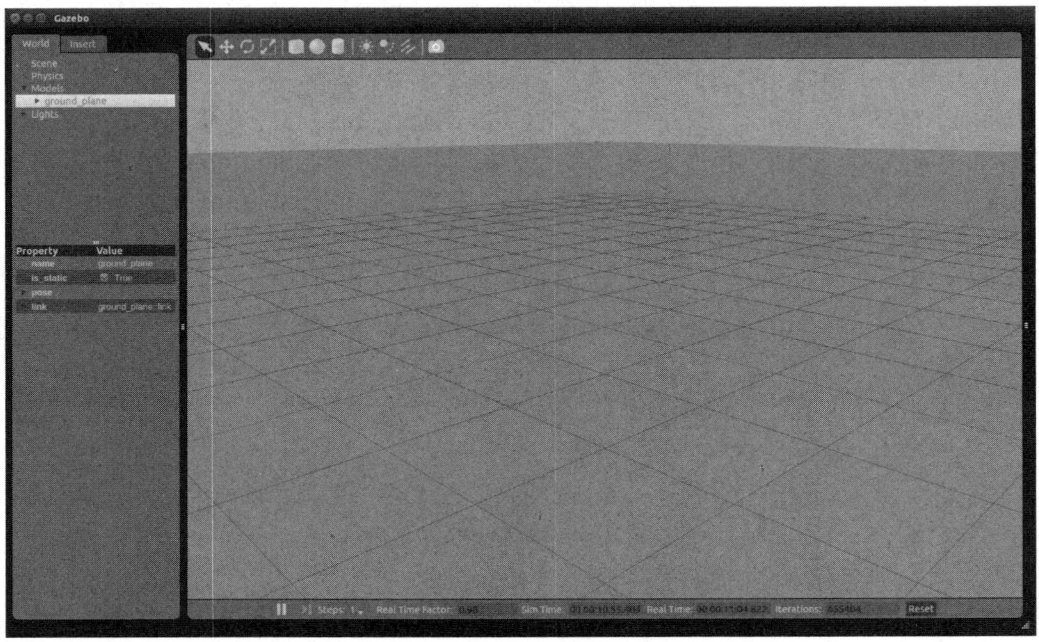

图 3.13　空的世界模型

gazebo_ros 功能包可设置的映射参数如下。

（1）paused：是否以暂停状态启动 Gazebo，默认为 false。

（2）use_sim_time：ROS 的节点是否使用 Gazebo 通过 clock 主题发布的仿真时间，默认为 true。

（3）gui：是否启用 Gazebo 用户交互接口控制视图，默认为 true。

（4）headless：是否禁用仿真渲染组件的功能，当 gui 为 true 时，不能使能此参数，默认为 false。

（5）debug：是否在 gdb 中启动 gzserver（Gazebo Server），用于调试，默认为 false。

例如：

```
roslaunch gazebo_ros empty_world.launch paused:=true use_sim_time:=false gui:=true headless:= false debug:=true
```

如果使用 roslaunch 工具而非 rosrun 启动 Gazebo，一般映射参数可以通过 roslaunch 文件指定。

gazebo_ros 功能包还提供了其他的示例：

```
roslaunch gazebo_ros willowgarage_world.launch
roslaunch gazebo_ros mud_world.launch
roslaunch gazebo_ros shapes_world.launch
roslaunch gazebo_ros rubble_world.launch
```

图 3.14 为 mud_world.launch 文件的运行结果（首次运行，需要等待一段时间下载模型）。

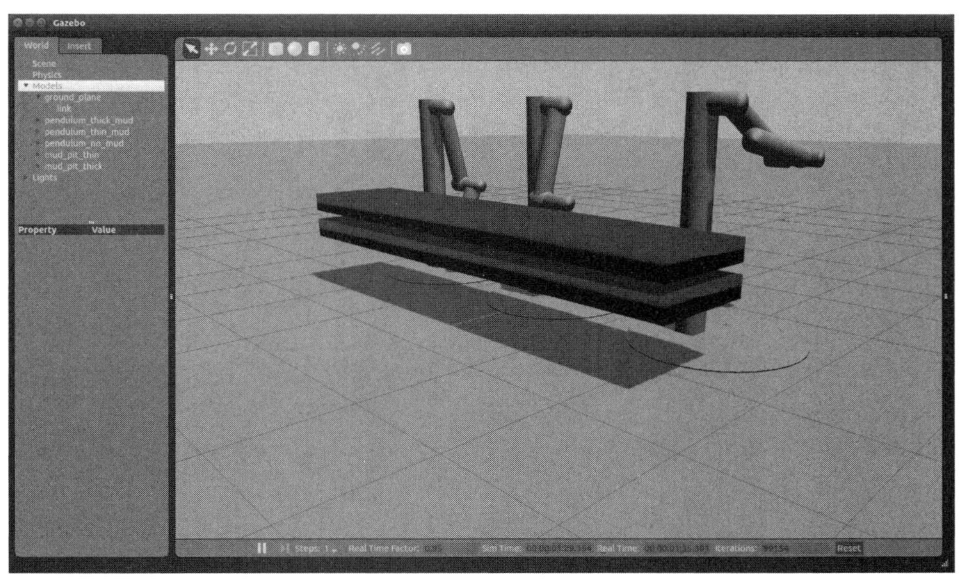

图 3.14 mud_world.launch 文件的运行效果

下面以 mud_world.launch 文件为例，分析 Gazebo 的运行过程。

先查看 mud_world.launch 文件：

```
<launch>
  <!-- We resume the logic in empty_world.launch,
  changing only the name of the world to be launched -->
  <include file="$(find gazebo_ros)/launch/empty_world.launch">
    <arg name="world_name" value="worlds/mud.world"/>
      <!-- Note: the world_name is with respect to
      GAZEBO_RESOURCE_PATH environmental variable -->
```

```
        <arg name="paused" value="false"/>
        <arg name="use_sim_time" value="true"/>
        <arg name="gui" value="true"/>
        <arg name="headless" value="false"/>
        <arg name="debug" value="false"/>
    </include>
</launch>
```

此文件包含了 empty_world.launch 文件，其他代码均为对映射参数的赋值，world_name 以相对路径指定了世界模型的定义文件，绝对路径由 GAZEBO_RESOURCE_PATH 环境变量决定，默认为/usr/share/gazebo-x.x，对 Kinetic 版本来说，其为/usr/share/gazebo-7.0.0。

再查看 empty_world.launch 文件：

```
<launch>
  <!-- these are the arguments you can pass this launch file,
   for example paused:=true -->
  <arg name="paused" default="false"/>
  <arg name="use_sim_time" default="true"/>
  <arg name="extra_gazebo_args" default=""/>
  <arg name="gui" default="true"/>
  <arg name="headless" default="false"/>
  <arg name="debug" default="false"/>
  <arg name="physics" default="ode"/>
  <arg name="verbose" default="false"/>
  <arg name="world_name" default="worlds/empty.world"/>
  <!-- Note: the world_name is with respect
  to GAZEBO_RESOURCE_PATH environmental variable -->
  <!-- set use_sim_time flag -->
  <group if="$(arg use_sim_time)">
    <param name="/use_sim_time" value="true" />
  </group>

  <!-- set command arguments -->
  <arg unless="$(arg paused)" name="command_arg1" value=""/>
  <arg    if="$(arg paused)" name="command_arg1" value="-u"/>
  <arg unless="$(arg headless)" name="command_arg2" value=""/>
  <arg    if="$(arg headless)" name="command_arg2" value="-r"/>
  <arg unless="$(arg verbose)" name="command_arg3" value=""/>
  <arg    if="$(arg verbose)" name="command_arg3" value="--verbose"/>
  <arg unless="$(arg debug)" name="script_type" value="gzserver"/>
  <arg    if="$(arg debug)" name="script_type" value="debug"/>
  <!-- start gazebo server-->
  <node name="gazebo" pkg="gazebo_ros" type="$(arg script_type)" respawn="false"
   output="screen" args="$(arg command_arg1) $(arg command_arg2)    $(arg command_arg3)
    -e $(arg physics) $(arg extra_gazebo_args) $(arg world_name)" />
  <!-- start gazebo client -->
  <group if="$(arg gui)">
    <node name="gazebo_gui" pkg="gazebo_ros" type="gzclient"
     respawn="false" output="screen"/>
  </group>
</launch>
```

此文件通过映射参数设置 Gazebo 运行的相关参数，最后通过 gzserver（debug）和 gzclient 两个脚本分别运行 Gazebo 的 gzserver 和 gzclient 工具，实现 Gazebo 的正常工作。

下面以 mud.world 为例，介绍世界模型是如何定义的。

```
<sdf version="1.4">
    <world name="default">
      <include>
        <uri>model://sun</uri>
```

```
        </include>

        <include>
          <uri>model://ground_plane</uri>
        </include>

        <include>
          <uri>model://double_pendulum_with_base</uri>
          <name>pendulum_thick_mud</name>
          <pose>-2.0 0 0 0 0 0</pose>
        </include>
        ...
      </world>
    </sdf>
```

gzserver 运行时会在本地模型数据库中查找以上代码引用的三个模型，默认的本地模型数据库路径为~/.gazebo/models；如果找不到，则会连接 Gazebo 在线模型库查找并将其下载到本地。如果用到 Gazebo 官网提供的模型，则可提前将其下载到本地，以防止出现网站连接不稳定，Gazebo 仿真场景显示慢、不显示，甚至程序出错等问题。

Gazebo 使用 SDF（Simulation Description Format，仿真描述格式）定义仿真环境和模型。而 ROS 使用 URDF 来定义机器人模型，URDF 是一种基于 XML 规范、用于描述机器人模型的文件。URDF 文件不能直接用于 Gazebo，若要用于 Gazebo，则需对其进行变换并添加用于描述仿真定义的标签。

在 Gazebo 中引入以 URDF 定义的机器人模型有两种方式。

（1）ROS 服务调用方式：将模型定义文件做成 ROS 功能包存放，通过 Python 脚本调用 ROS 服务生成 Gazebo 识别的机器人模型文件，这样也方便功能包在其他计算机上使用。

（2）模型库方式：自建模型库，通过修改环境变量将自建模型库添加到 Gazebo 模型库中，直接将机器人模型定义文件包含到 world 文件中。

一般使用 ROS 服务调用方式，具体过程是：使用 gazebo_ros 功能包下名为 spawn_model 的 Python 脚本，通过封装接口向 Gazebo 发起服务调用，请求加载指定的 URDF 文件。示例如下：

```
$ rosrun gazebo_ros spawn_model -file \`rospack find MYROBOT_description\`/urdf/MYROBOT.urdf -urdf -x 0 -y 0 -z 1 -model MYROBOT
```

该节点的更多参数可通过以下方式查看：

```
$ rosrun gazebo_ros spawn_model -h
![spawn_model_help](./spawn_model_help.png)
```

下面以 baxter 机器人功能包为例，介绍 ROS 服务调用过程。

首先需要安装相关依赖库：

```
$ sudo apt-get install git-core python-argparse python-wstool python-vcstools python-rosdep ros-kinetic-control-msgs ros-kinetic-joystick-drivers
$ cd ~/catkin_ws/src
$ wstool init .
$ wstool merge https://raw.githubusercontent.com/RethinkRobotics/baxter/master/baxter_sdk.rosinstall
$ wstool update
$ cd ..
$ catkin_make
$ source devel/setup.bash
$ roslaunch gazebo_ros empty_world.launch
```

然后新建一个脚本，执行：

```
$ cd ~/catkin_ws/src
$ source devel/setup.bash
$ rosrun gazebo_ros spawn_model -file `rospack find baxter_description`/urdf/baxter.urdf -urdf -z 1 -model baxter
```

执行结果显示了 baxter 机器人模型，如图 3.15 所示。这种 ROS 服务调用方式将机器人模型添加到 Gazebo 模型库中，通过在 world 文件中引用模型的方式实现机器人模型的加载。

由于目前 Gazebo 不依赖 ROS 系统，无法感知 ROS 包，不能直接将 URDF 包的路径用于 world 文件，所以若要使用模型库方式在 Gazebo 中引入以 URDF 定义的机器人模型，需要通过更改环境变量，向 Gazebo 模型库中添加自建模型库。

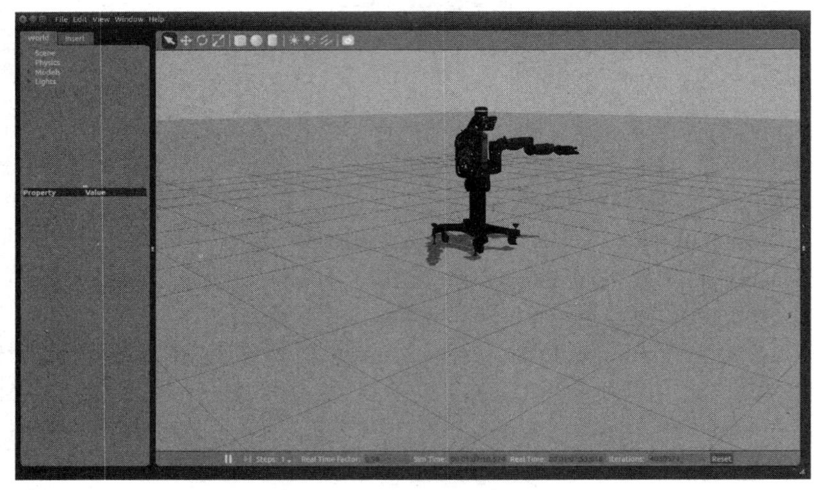

图 3.15　baxter 机器人模型

具体实现过程是：先建立只包含单个机器人的模型库，然后编写此模型的信息配置文件 model.config，最后通过将模型库的路径添加到环境变量 GAZEBO_MODEL_PATH 中，使得 Gazebo 搜索模型时能包含此目录。

例如，建立用于描述机器人信息的功能包 MYROBOT_description，其典型结构如下：

```
~/catkin_ws/src/MYROBOT_description   package.xml   CMakeLists.txt   model.config
/urdf MYROBOT.urdf   /meshes mesh1.dae   mesh2.dae ...   /materials /plugins /cad …
```

其目录层次结构符合 Gazebo 模型库样式，各目录和文件的作用如下：

（1）~/catkin_ws/src/　　模型库目录

（2）MYROBOT_description　　模型目录

（3）model.config　　模型配置文件，用于 Gazebo 加载模型

（4）MYROBOT.urdf　　机器人模型描述文件

（5）meshes　　URDF 使用的纹理文件

model.config 文件的内容一般形如：

```
<model>
    <name>MYROBOT</name>
    <version>1.0</version>
    <sdf>urdf/MYROBOT.urdf</sdf>
    <author>
      <name>My name</name>
      <email>name@email.address</email>
    </author>
    <description>
      A description of the model
    </description>
</model>
```

使用时，在 world 文件中使用 include 引用模型，如：

```
<sdf version="1.4">
  <world name="default">
    <include>
      <uri>model://ground_plane</uri>
    </include>
    <include>
      <uri>model://sun</uri>
    </include>
    <include>
      <uri>model://gas_station</uri>
      <name>gas_station</name>
      <pose>-2.0 7.0 0 0 0 0</pose>
    </include>
    <include>
      <uri>model://MYROBOT</uri>
    </include>
  </world>
</sdf>
```

之后，机器人模型就能在 Gazebo 中显示了。

3.1.2.2　URDF 模型

机器人模型主要通过 URDF 文件来实现。URDF 文件可以用来描述机器人的运动学和动力学模型、机器人的几何表示、机器人的碰撞模型等。机器人基本模型定义主要由一组 link（连杆）元素及连接 link 的各个 joint（关节）元素组成，如图 3.16 所示。

```
<robot name="pr2">
  <link> ... </link>
  <link> ... </link>
  <link> ... </link>
  <joint>   ....   </joint>
  <joint>   ....   </joint>
  <joint>   ....   </joint>
</robot>
```

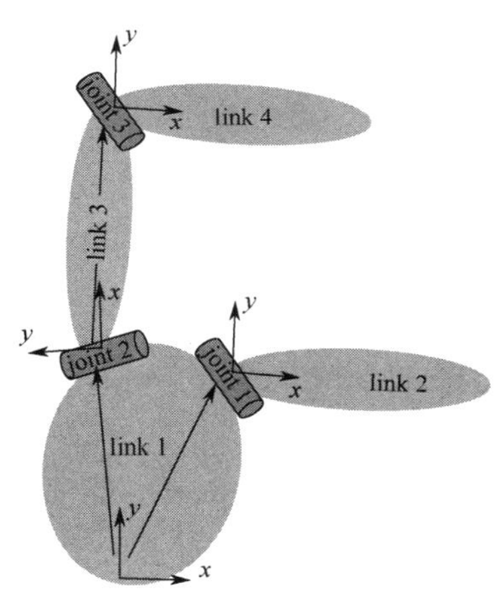

图 3.16　URDF 模型示意

下面分别介绍创建机器人可视模型、添加物理特性这两个步骤。首先创建机器人可视模型，示例来自 ROS 官网的 URDF 教程，机器人模型文件可从功能包 urdf_tutorial 中获取。

机器人模型的形状结构由<link>标签定义，<link>描述了具有名字<name>、惯性<inertial>、视觉特征<visual>、材料<material>和碰撞特性<collision>的刚体。

例如，urdf/01-myfirst.urdf 文件的内容如下：

```
<robot name="myfirst">
  <link name="base_link">
    <visual>
      <geometry>
        <cylinder length="0.6" radius="0.2"/>
      </geometry>
    </visual>
  </link>
</robot>
```

此文件定义了名为 myfirst 的机器人模型，包含一个高为 0.6m、底面半径为 0.2m 的圆柱体。

视觉特征<visual>为 link 的可视属性，此标签指定对象的形状。其中<geometry>标签包括：立方体（box）、圆柱体（cylinder）、球体（sphere）、mesh 模型（通过.stl 等文件导入）等。

执行以下命令查看模型效果，如图 3.17 所示。

```
roslaunch urdf_tutorial display.launch model:='$(find urdf_tutorial)/urdf/01-myfirst.urdf'
```

注意：通过'$(find urdf_tutorial)/urdf/01-myfirst.urdf'将 model 参数值传递给 roslaunch 文件时必须要加引号，否则$(find urdf_tutorial)将在参数传递前执行 shell 命令，会出错。也可以通过'rospack find urdf_tutorial'/urdf/01-myfirst.urdf '进行参数传递，将示例参数传递给 roslaunch 文件。这两种方法的效果是一样的。

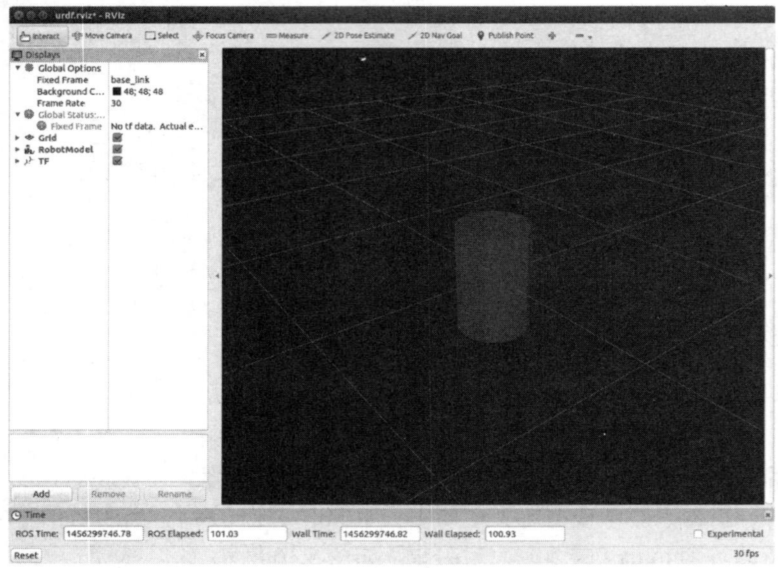

图 3.17　查看模型效果

以上命令启动了 display.launch 文件，并映射了 model 参数。其中，display.launch 文件位于 urdf_tutorial 功能包内，内容如下：

```
<launch>
  <arg name="model" />
  <arg name="gui" default="false" />
  <param name="robot_description" textfile="$(arg model)" />
  <param name="use_gui" value="$(arg gui)"/>
  <node name="joint_state_publisher" pkg="joint_state_publisher" type="joint_state_publisher"/>
  <node name="robot_state_publisher" pkg="robot_state_publisher" type="state_publisher"/>
  <node name="rviz" pkg="rviz" type="rviz" args="-d $(find urdf_tutorial)/urdf.rviz"/>
</launch>
```

display.launch 文件的功能包含：

（1）将模型定义加载至参数服务器；

（2）运行相关节点，发布 sensor_msgs/JointState and transforms 消息；

（3）使用 urdf.rviz 配置文件启动 rviz，显示模型。

为了能添加更多 link 元素，就必须使用<joint>标签。joint 用于连接 parent link 和 child link，有固定的 joint 和活动的 joint 两种形式。

我们先创建一个固定的 joint，见文件 urdf/02-multipleshapes.urdf：

```
<robot name="multipleshapes">
  <link name="base_link">
    <visual>
      <geometry>
        <cylinder length="0.6" radius="0.2"/>
      </geometry>
    </visual>
  </link>
```

```
    <link name="right_leg">
      <visual>
        <geometry>
          <box size="0.6 .2 .1"/>
        </geometry>
      </visual>
    </link>
    <joint name="base_to_right_leg" type="fixed">
      <parent link="base_link"/>
      <child link="right_leg"/>
    </joint>
  </robot>
```

文件创建了一个长为 0.6m、宽为 0.2m、高为 0.1m 的长方体，并定义了连接两个 link 的固定 joint。URDF 文件是以最顶层的 link 为根的树形结构，child link 的位置取决于 parent link。

执行以下命令，通过 rviz 查看模型，如图 3.18 所示。

```
roslaunch urdf_tutorial display.launch model:='$(find urdf_tutorial)/urdf/02-multipleshapes.urdf'
```

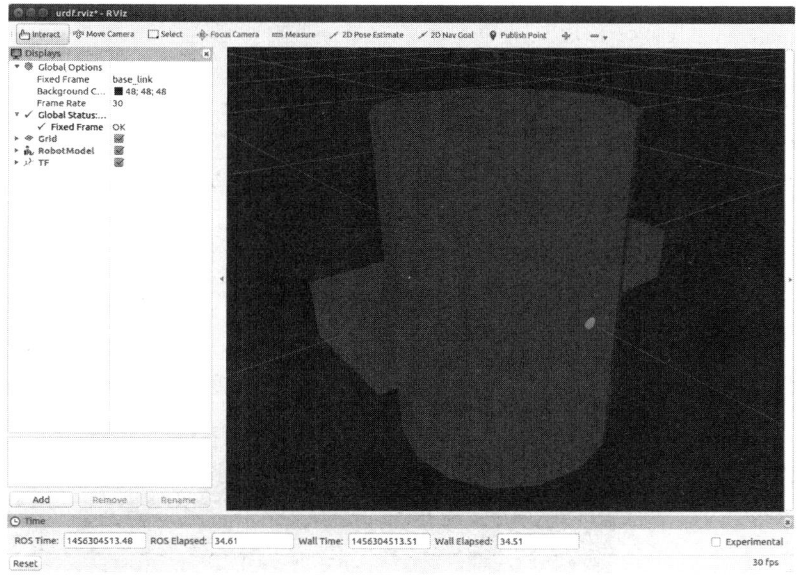

图 3.18　添加 link 后的 myfirst.urdf 运行效果

从图 3.18 中可以看出，两个形状结构重叠在一起，这是因为形状结构的默认原点为其几何中心，两者的原点重合在一起。link 和 joint 都有其原点，为使形状结构不重叠，必须重新定义其原点。link 和 joint 的原点都是通过<origin>标签定义的，<origin>标签有两个属性。

（1）xyz：表示 x 轴、y 轴、z 轴方向上的位移偏移量，单位为 m。

（2）rpy（roll：横滚角；pitch：俯仰角；yaw：偏航角）：表示绕 x 轴、y 轴、z 轴的旋转角，用弧度表示。

对于 link 的原点定义，其 xyz 默认为 0 向量，rpy 默认为模型本身状态；对于 joint 的原点定义，其始终位于 child link 的原点处，xyz 默认为 0 向量，rpy 默认为 0 向量。link 和 joint 结构如图 3.19 所示。

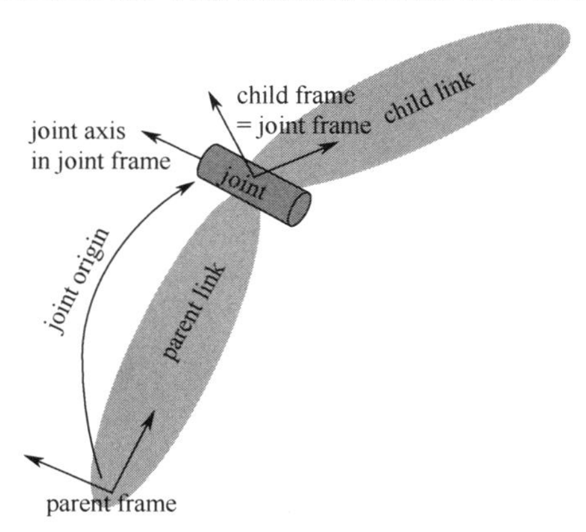

图 3.19　URDF 模型中的 link 和 joint 结构

原点定义如 urdf/03-origins.urdf 文件所示：

```
<robot name="origins">
  <link name="base_link">
    <visual>
      <geometry>
        <cylinder length="0.6" radius="0.2"/>
      </geometry>
    </visual>
  </link>
  <link name="right_leg">
    <visual>
      <geometry>
        <box size="0.6 0.2 0.1"/>
      </geometry>
      <origin rpy="0 1.57075 0" xyz="0 0 -0.3"/>
    </visual>
  </link>
  <joint name="base_to_right_leg" type="fixed">
    <parent link="base_link"/>
    <child link="right_leg"/>
    <origin xyz="0.22 0.25"/>
  </joint>
</robot>
```

对于 joint 原点：参照 parent link 坐标系，向 x 方向偏移 0.22m，向 z 方向偏移 0.25m，即将 child link 的原点向上、向左移动，同时保持朝向不变。

对于 link（right_leg）原点：绕 y 轴旋转 $\pi/2$（1.57075），向 z 方向偏移−0.3m，即形状结构的中心向下移动 0.3m，并绕 y 轴进行了旋转。

通过 rviz 查看模型，如图 3.20 所示。

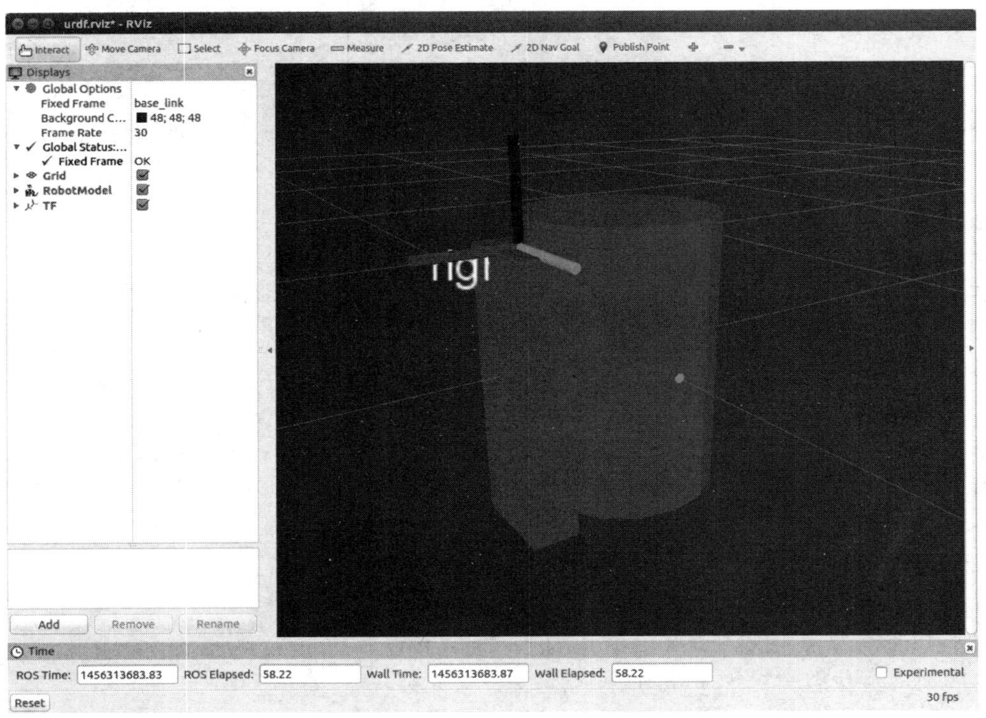

图 3.20 定义原点后的效果

按同样的方法，可以添加 left_leg 等其他形状结构。为使 link 美观，还需要添加材料和纹理。

（1）添加材料：材料的添加通过<material>标签完成，其属性如下。

- name：材料的名字，可引用已定义的材料。
- color：可选，以 rgba 形式表示材料的颜色，用四个数字分别代表红、绿、蓝、透明度，取值范围在[0,1]内，如 1, 0, 0, 0.5。
- texture：可选，表示材质，由文件指定。

（2）添加纹理：通过<mesh>标签加载纹理文件，纹理文件能使模型更贴近现实。这里支持的纹理文件格式有.dae 和.stl。

例如，使用 pr2_description 中的纹理文件，效果如图 3.21 所示。

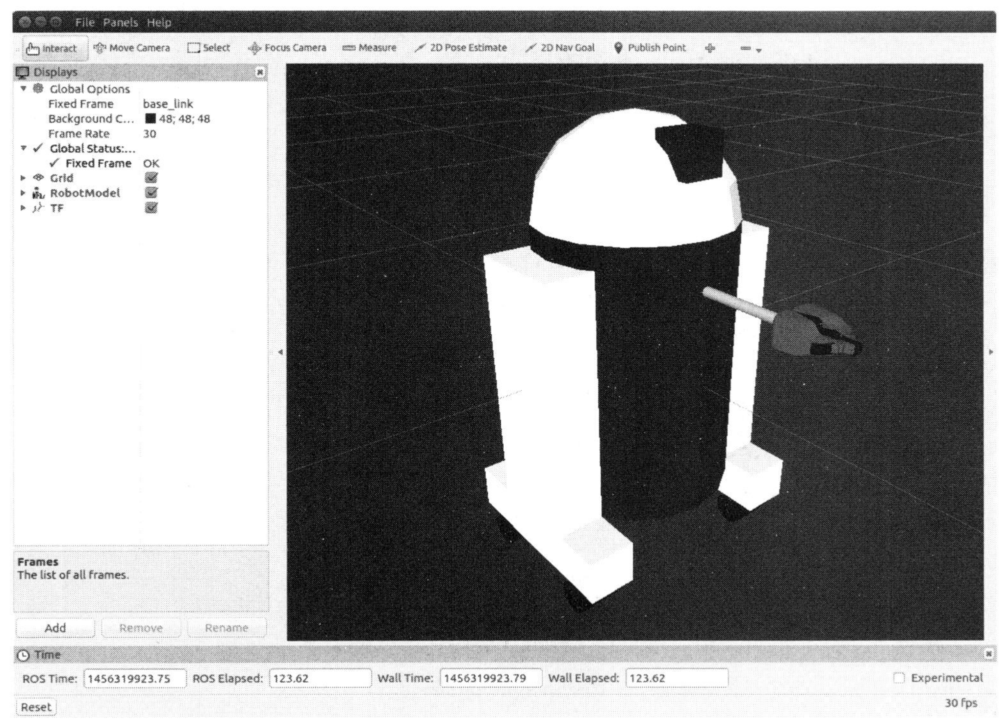

图 3.21　添加纹理后的效果

上面使用的 joint 都是固定的，可以通过更改 joint 类型使其变为活动的 joint，让机器人模型动起来。joint 元素拥有两个属性。

（1）name（必选）：joint 的名字，具有唯一性。

（2）type（必选）：joint 的类型，有以下选项。

- revolute：绕轴旋转的铰链型关节，有最大值和最小值限定。
- continuous：连续型的铰链型关节，绕轴旋转，没有最大值和最小值限定。
- prismatic：沿轴滑动的滑动型关节，有最大值和最小值限定。
- fixed：固定的关节，因为无法运动，所以这类关节不需要指定轴和最大值、最小值。
- floating：具有 6 个自由度的关节。
- planar：垂直于轴做平面运动的关节。

如果将机器人模型放入 Gazebo 仿真环境，还要对其添加物理特性：碰撞属性。link 的碰撞属性不同于其视觉属性，通常使用简化的碰撞模型来定义。同一个 link 可以有多个碰撞属性。碰撞属性使用<collision>标签定义，其组成如下。

（1）name（可选）：指定 link 几何部分的名字，便于引用。

（2）origin（可选）：指定参考坐标系，以 link 的参考坐标系为参照，属性如下。

xyz（可选，默认为 0 向量）：表示 x 轴、y 轴、z 轴方向上的位移偏移量。

rpy（可选）：表示绕 x 轴、y 轴、z 轴的旋转角度。

（3）geometry：定义几何形状，包括立方体（box）、圆柱体（cylinder）、球体（sphere）等。

示例如下：

```
<link name="base_link">
      <visual>
        <geometry>
          <cylinder length="0.6" radius="0.2"/>
        </geometry>
        <material name="blue">
          <color rgba="0 0 .8 1"/>
        </material>
      </visual>

     <collision>
       <geometry>
         <cylinder length="0.6" radius="0.2"/>
       </geometry>
     </collision>
</link>
```

link 的物理特性还包括惯性和接触系数。

惯性通过<inertial>标签定义，其属性如下。

（1）origin（可选）：表示惯性坐标系相对于 link 坐标系的姿态，惯性坐标系的原点位于重心处，属性如下。

xyz（可选，默认为 0 向量）：表示 x 轴、y 轴、z 轴方向上的位移偏移量。

rpy（可选）：表示绕 x 轴、y 轴、z 轴的旋转角度。

（2）mass：表示该 link 的质量，用 value 属性表示。

（3）inertia：表示惯性坐标系的 3×3 转动惯量矩阵，由于转动惯量矩阵是对称的，所以仅指定该矩阵的 6 个对角线元素：$i_{xx}, i_{xy}, i_{xz}, i_{yy}, i_{yz}, i_{zz}$ 即可。

接触系数是 link 之间接触时的一种物理特性，使用<contact_coefficients>标签定义，其属性如下。

（1）mu：摩擦系数。

（2）kp：刚度系数。

（3）kd：阻尼系数。

joint 的物理特性还包括动力学特性，由<dynamics>标签定义，其属性如下。

（1）friction（可选，默认为 0）：静摩擦力，滑动关节的单位是 N，旋转关节的单位是 N·m。

（2）damping（可选，默认为 0）：阻尼值，滑动关节的单位是 N·s/m，旋转关节的单位是 N·s·m/rad。

理解上述几个物理特性，可以更好地进行 Gazebo 仿真。ROS 官方提供了一个名为 xacro

的宏脚本语言来定义机器人描述文件，以使其更简单易读。对于较复杂的机器人模型，通常都会用三维建模软件建立，如 Solidworks，其提供了导出 URDF 文件的插件。

URDF 定义了机器人的运动学及动力学特性，但不能在世界模型中定义自身的姿态，也不能定义环境参数，若想要更真实地进行 Gazebo 仿真，则需进一步添加传感器插件、控制器插件。

3.1.3　机器人状态发布

robot_state_publisher 功能包允许将机器人的状态发布到 TF 系统中。状态发布后，TF 系统中的所有组件都可使用。该功能包使用机器人的运动学模型，将机器人的关节角度作为输入，发布机器人中每个 link 的 3D 姿态。具体来说，robot_state_publisher 使用参数 robot_description 指定的 URDF 和 joint_states 主题中的关节位置计算机器人的正运动学方程，并通过 TF 系统发布结果。

运行 robot_state_publisher 功能包的方法包括：作为 ROS 节点运行或作为库运行。

运行 robot_state_publisher 功能包最简单的方法是将其作为 ROS 节点运行，需要执行以下两个操作。

（1）在参数服务器上加载机器人的 URDF 描述。

（2）将关节位置发布为 sensor_msgs / JointState 的数据源，订阅关节位置主题 joint_states，参数包括：

- robot_description（urdf map）：URDF 机器人描述，通过 urdf_model :: initParam 来访问。
- tf_prefix（string）：设置 TF 前缀，用于命名空间发布变化。
- publish_frequency（double）：发布频率，默认值为 50Hz。
- ignore_timestamp（bool）：若为 true，则忽略 join_states 的 publish_frequency 和时间戳，并为每个接收到的 joint_state 发布 TF，默认值为 false。
- use_tf_static（bool）：设置是否使用/ tf_static 锁存的静态变换广播器，默认值为 true。

设置 XML 机器人描述和关节位置数据源，并创建启动文件后，就可以运行 robot_state_publisher 功能包了，如下所示：

```
<launch>
    <!-- Load the urdf into the parameter server. -->
    <param name="my_robot_description" textfile="$(find mypackage)/urdf/robotmodel.xml"/>
    <node pkg="robot_state_publisher" type="robot_state_publisher" name="rob_st_pub" >
        <remap from="robot_description" to="my_robot_description" />
        <remap from="joint_states" to="different_joint_states" />
      </node>
</launch>
```

运行 robot_state_publisher 功能包的另一种方法是作为库来运行。首先编写 C ++代码，包含头文件：

```
#include <robot_state_publisher/robot_state_publisher.h>
```

然后，包含 KDL（Kinematics and Dynamics Library）树的构造函数：

```
RobotStatePublisher(const KDL::Tree& tree);
```

每次发布机器人状态时，都可以调用 publishTransforms()函数：

```
void publishTransforms(const std::map<std::string, double>& joint_positions, const ros::Time& time);
// publish moving joints
void publishFixedTransforms();     // publish fixed joints
```

其第一个参数是关节名称和关节位置的映像，第二个参数是记录关节位置的时间。需要将完整的运动模型传递给 joint_state_publisher，否则 TF 树是不完整的。

下面介绍使用 robot_state_publisher 的步骤。

（1）创建 URDF 文件。创建一个名为 r2d2 的机器人模型（URDF 文件）。

（2）发布状态。指定机器人所处的状态，创建包：

```
cd %TOP_DIR_YOUR_CATKIN_WS%/src
catkin_create_pkg r2d2 roscpp rospy tf sensor_msgs std_msgs
```

启动编辑器，在 src / state_publisher.cpp 文件中编写以下代码：

```
#include <string>
#include <ros/ros.h>
#include <sensor_msgs/JointState.h>
#include <tf/transform_broadcaster.h>

int main(int argc, char** argv) {
    ros::init(argc, argv, "state_publisher");
    ros::NodeHandle n;
    ros::Publisher joint_pub=    n.advertise<sensor_msgs::JointState>("joint_states", 1);
    tf::TransformBroadcaster broadcaster;
    ros::Rate loop_rate(30);
    const double degree = M_PI/180;

    // robot state
    double tilt=0, tinc=degree, swivel=0, angle=0, height=0, hinc=0.005;

    // message declarations
    geometry_msgs::TransformStamped odom_trans;
    sensor_msgs::JointState joint_state;
    odom_trans.header.frame_id = "odom";
    odom_trans.child_frame_id = "axis";

    while (ros::ok()) {
        //update joint_state
        joint_state.header.stamp = ros::Time::now();
        joint_state.name.resize(3);
        joint_state.position.resize(3);
        joint_state.name[0] ="swivel";
        joint_state.position[0] = swivel;
        joint_state.name[1] ="tilt";
        joint_state.position[1] = tilt;
        joint_state.name[2] ="periscope";
        joint_state.position[2] = height;

        // update transform
        // (moving in a circle with radius=2)
        odom_trans.header.stamp = ros::Time::now();
        odom_trans.transform.translation.x = cos(angle)*2;
        odom_trans.transform.translation.y = sin(angle)*2;
        odom_trans.transform.translation.z = .7;
        odom_trans.transform.rotation= tf::createQuaternionMsgFromYaw(angle+M_PI/2);

        //send the joint state and transform
        joint_pub.publish(joint_state);
        broadcaster.sendTransform(odom_trans);
        // Create new robot state
        tilt += tinc;
        if (tilt<-.5 || tilt>0) tinc *= -1;
        height += hinc;
```

```
            if (height>.2 || height<0) hinc *= -1;

            swivel += degree;
            angle += degree/4;

            // This will adjust as needed per iteration
            loop_rate.sleep();
        }

        return 0;
    }
```

（3）启动文件。文件的内容如下：

```
<launch>
<param name="robot_description" command="cat $(find r2d2)/model.xml" />
<node name="robot_state_publisher" pkg="robot_state_publisher" type="state_publisher" />
<node name="state_publisher" pkg="r2d2" type="state_publisher" />
</launch>
```

（4）观察结果。在源码的程序包中编辑 CMakeLists.txt，确保除其他依赖项之外还添加了 TF 依赖项：

```
find_package(catkin REQUIRED COMPONENTS roscpp rospy std_msgs tf)
```

注意：roscpp 用于解析编写的代码并生成 state_publisher 节点。必须在 CMakelists.txt 的末尾添加以下内容，以生成 state_publisher 节点：

```
include_directories(include ${catkin_INCLUDE_DIRS})
add_executable(state_publisher src/state_publisher.cpp)
target_link_libraries(state_publisher ${catkin_LIBRARIES})
```

然后，转到工作空间的目录，使用以下命令进行构建：

```
$ catkin_make
```

启动软件包（文件名为 display.launch）：

```
$ roslaunch r2d2 display.launch
```

最后，在新命令行中运行 rviz 进行仿真：

```
$ rosrun rviz
```

3.1.4　移动底盘运动控制

将机器人模型加入 Gazebo 仿真环境后，ROS 是如何控制仿真环境中的机器人的呢？在 ROS 系统中，对仿真环境中或现实环境中的机器人的控制都是通过 ros_control 元功能包实现的。ros_control 元功能包是对 pr2_mechanism 元功能包的重写，以适用于所有机器人的硬件封装。

ros_control 元功能包包括硬件接口（hardware_interface::RobotHW）、控制器接口（Cinreoller）、控制器管理（Controller Manager）等，它是一组硬件抽象及控制算法的封装库，负责统一管理硬件驱动与传感器底层细节、处理异常、分配资源，并向上提供统一接口。其包含的各功能包及控制硬件之间数据交互如图 3.22 所示。

ros_control 元功能包可以读取机器人编码器数据和关节状态，利用常见的控制方法，如 PID，控制执行器的输出。ros_control 作为应用程序与机器人之间的中间件，包含控制器接口、传动装置接口、硬件接口、控制器工具箱等模块。针对不同的底盘和机器人，提供多种不同的控制器。ros_control 元功能包框架如图 3.23 所示。

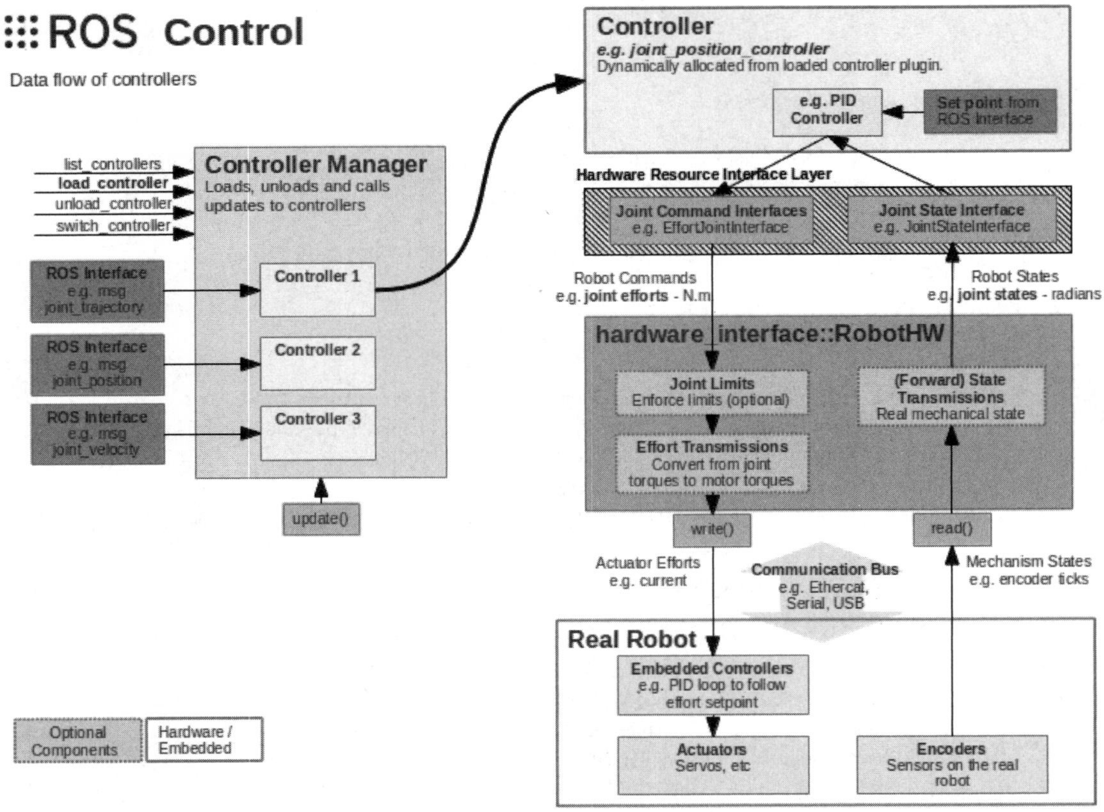

图 3.22　ros_control 元功能包数据交互图

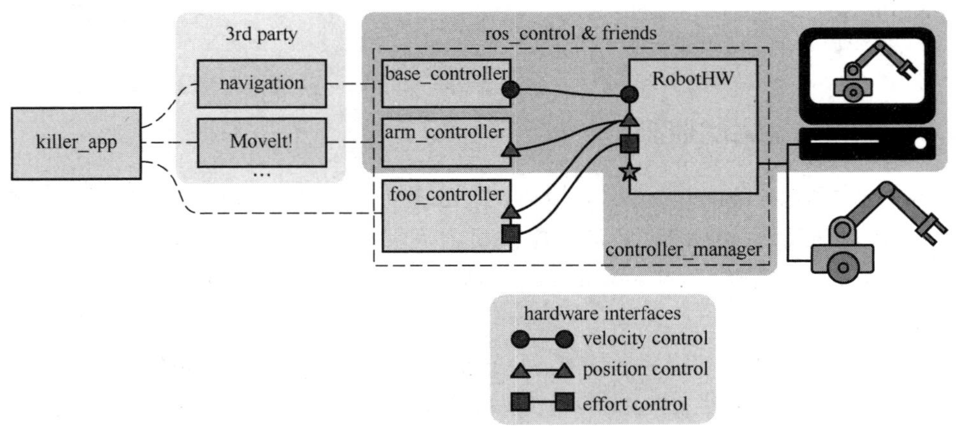

图 3.23　ros_control 元功能包框架

Gazebo 通过 ros_control 和适配器插件实现控制器仿真，从而实现与实际控制相似的过程，ros_control 与 Gazebo 和 ROS 之间的数据交互如图 3.24 所示。

ROS 对仿真机器人和真实机器人的控制，主要区别在于 hardware_interface:RobotHW 部分，Gazebo 通过插件加载默认的 RobotHW 接口或其他接口。在 Gazebo 中使用 ros_control 须在 URDF 文件中添加<transmission>标签和 gazebo_ros_control 插件。

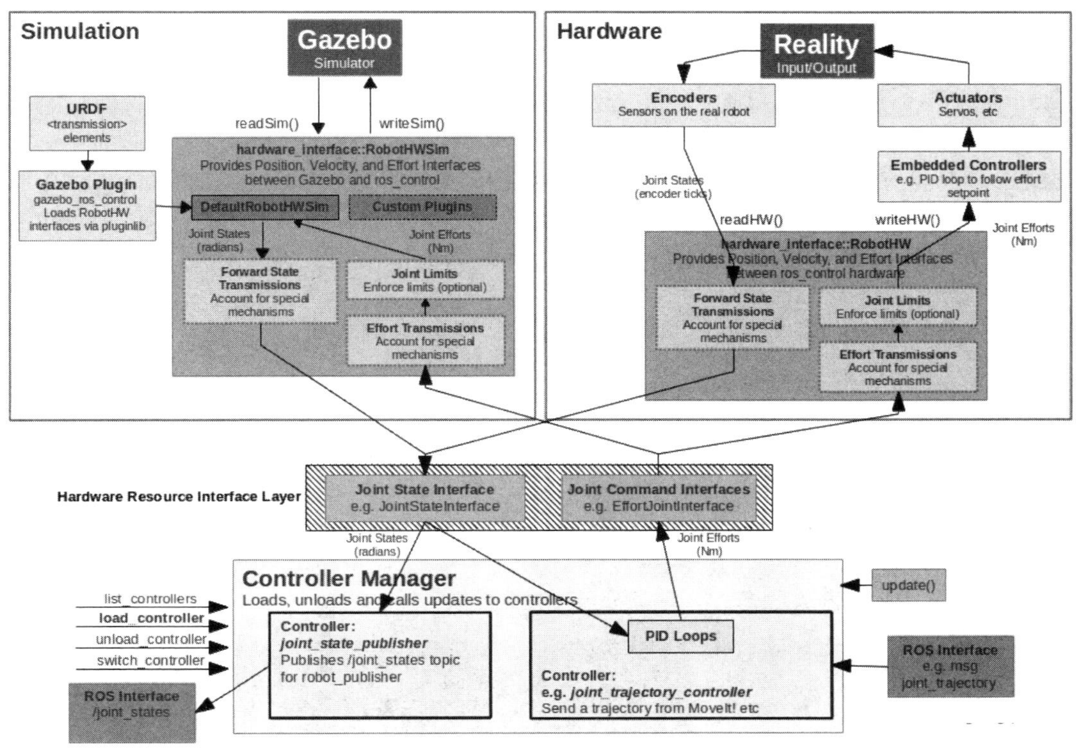

图 3.24　ros_control 与 Gazebo 和 ROS 之间的数据交互

机器人的运动控制与里程计（odometry）紧密相关，/odom 包包含了机器人当前运动状态的信息，参数如下：

```
std_msgs/Header header
string child_frame_id                         //子类坐标系，也是机器人名字
geometry_msgs/PoseWithCovariance pose         //平移和旋转
geometry_msgs/TwistWithCovariance twist       //线速度和角速度
```

ROS 使用 geometry_msgs/Twist 消息类型来发布运动控制命令。运动控制命令会被 base controller 节点使用。base controller 节点订阅/cmd_vel（command velocities）主题，并将运动控制命令（Twist 消息）通过控制算法（如 PID）变换成电机控制信号。

执行下面的命令，可以查看 Twist 消息里包含的参数：

```
$ rosmsg show geometry_msgs/Twist
```

输出结果：

```
geometry_msgs/Vector3 linear
float64 x
float64 y
float64 z
geometry_msgs/Vector3 angular
float64 x
float64 y
float64 z
```

其中，线速度单位为 m/s，角速度单位为 rad/s。

由于轮式机器人在二维平面上运动，因此只需要 Twist 消息中的沿 x 轴线速度、沿 y 轴

线速度和绕 z 轴的角速度三个参数。对于飞行机器人或水下机器人来说，则需要使用 Twist 消息里面的所有参数。

若机器人沿 x 轴以 0.1m/s 线速度直线前进，在命令行中发布 Twist 消息主题，消息形式如下：

```
'[0.1, 0.0, 0.0]' '[0.0, 0.0, 0.0]'
```

或

```
'{linear: {x: 0.1, y: 0, z: 0}, angular: {x: 0, y: 0, z: 0}}'
```

Twist 消息将被发送给机器人，并被其他 ROS 节点使用。

若想要机器人以 1.0rad/s 的角速度旋转，在命令行中发布 Twist 消息主题，消息形式如下：

```
'[0.0, 0.0, 0.0]' '[0.0, 0.0, 1.0]'
```

或

```
'{linear: {x: 0.0, y: 0, z: 0}, angular: {x: 0, y: 0, z: 1.0}}'
```

如果机器人沿 x 轴以 0.1m/s 线速度直线前进，同时以 1.0rad/s 的角速度旋转，那么 Twist 消息形式如下：

```
'[0.1, 0.0, 0.0]' '[0.0, 0.0, 1.0]'
```

或

```
'{linear: {x: 0.1, y: 0, z: 0}, angular: {x: 0, y: 0, z: 1.0}}'
```

使用 rviz 监测机器人的运动，结果如图 3.25 所示。

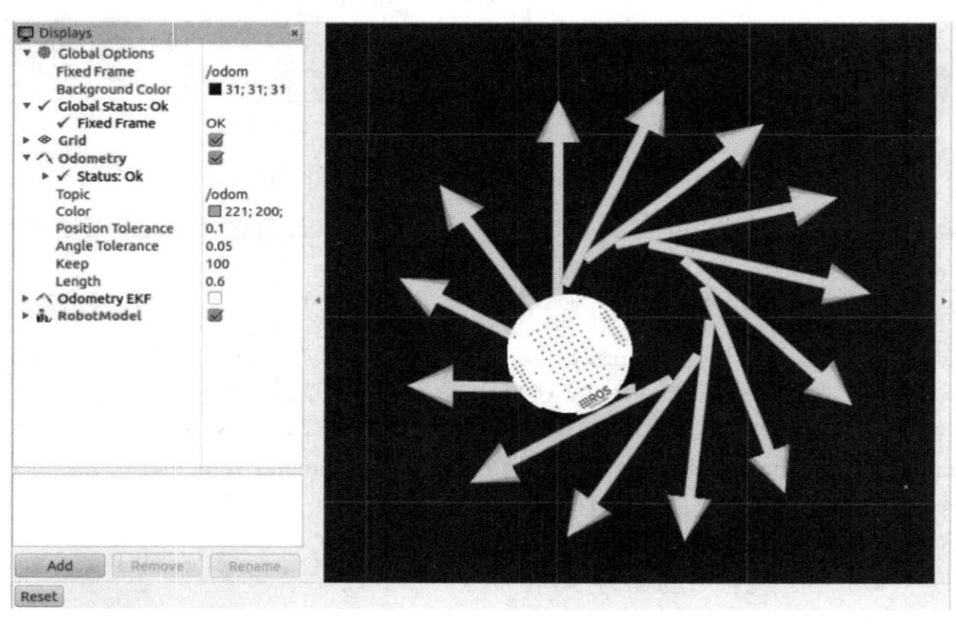

图 3.25　使用 rviz 监测机器人的运动

如果想要机器人停下来，则可以在命令行按 Ctrl+C 键，或者新打开一个命令行，执行以下命令：

```
$ rostopic pub -1 /cmd_vel geometry_msgs/Twist '{}'
```

下面给出一个例子。

首先启动虚拟机器人和 rviz，打开两个命令行，分别执行如下命令：

```
$ roslaunch rbx1_bringup fake_turtlebot.launch   #或者 roslaunch rbx1_bringup fake_pi_robot.launch
$ rosrun rviz -d `rospack find rbx1_nav`/sim.rviz   #注意：命令中的“、”是键盘 Esc 键下面的那个键
```

在 rviz 中，先单击 Reset 按钮清屏，去掉里程计箭头。然后执行下面的命令，让机器人先沿 x 轴前进 3s（-1 表示“仅发布一次”），再逆时针做圆周运动，如图 3.26 所示。

```
$ rostopic pub -1 /cmd_vel geometry_msgs/Twist '{linear: {x: 0.2, y: 0, z: 0}, angular: {x: 0, y: 0, z: 0}}';
$ rostopic pub -r 10 /cmd_vel   geometry_msgs/Twist '{linear: {x: 0.2, y: 0, z: 0}, angular: {x: 0, y: 0, z: 0.5}}'
```

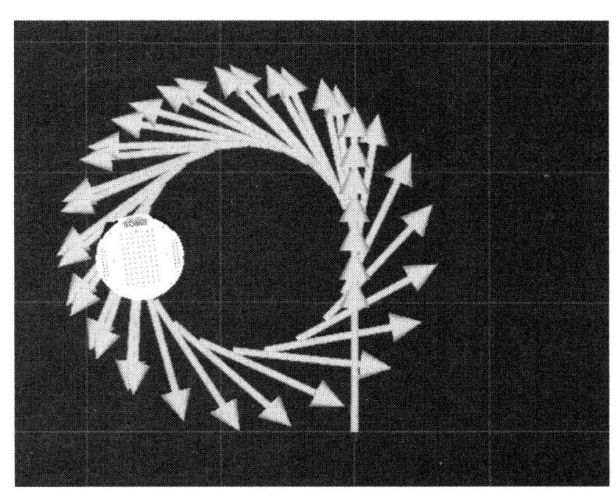

图 3.26　先前进 3s，再逆时针做圆周运动

任务 1　控制 ROS 仿真机器人与真实机器人同步运动

本任务的目的是控制 ROS 仿真机器人和真实机器人同步运动。首先通过键盘控制 rviz 中的仿真机器人运动，然后通过键盘控制真实机器人运动，最后获取真实机器人的信息，并映射至仿真机器人。

准备工作：从 GitHub 上下载 Spark 机器人代码。

```
$ cd ~
$ git clone https://github.com/NXROBO/spark.git
```

1．通过键盘控制 rviz 中的仿真机器人运动

（1）运行仿真机器人。开启命令行，在命令行中输入命令：

```
$ roslaunch spark_description spark_description.launch
```

（2）控制模型运动。spark_description.launch 文件加载了 ros_control 的相关节点及 rviz 节点，将 Spark 机器人成功显示出来了。为了让 Spark 机器人动起来，需要创建一个底盘的模拟节点，可以使用 arbotix 包来完成这个功能。

安装 ros-kinetic-arbotix 之前，建议先执行如下命令，清除 apt 缓存：

```
$ sudo apt-get clean
$ cd /var/lib/apt
$ sudo mv lists lists.old
$ sudo mkdir -p lists/partial
$ sudo apt-get clean
$ sudo apt-get update
```

然后再执行：

```
$ sudo apt-get install ros-kinetic-arbotix
```

接下来，创建 src/spark/spark_description/config/fake_spark_arbotix.yaml 配置文件，编辑 Spark 机器人底盘参数文件：

```
mkdir －p spark/src/spark/spark_description/config
cd spark/src/spark/spark_description/config/
touch fake_spark_arbotix.yaml
gedit fake_spark_arbotix.yaml
```

（3）修改配置文件。修改 fake_spark_arbotix.yaml 文件，内容如下：

```
port: /dev/ttyUSB0
baud: 115200
rate: 20
sync_write: true
sync_read: true
read_rate: 20
write_rate: 20
controllers: {
 # Pololu motors: 1856 cpr = 0.3888105m travel = 4773 ticks per meter (empirical: 4100)
base_controller: {type: diff_controller, base_frame_id: base_footprint, base_width: 0.26, ticks_meter: 4100, Kp: 12, Kd: 12, Ki: 0, Ko: 50, accel_limit: 1.0 }
}
```

（4）启动 launch 文件。复制 spark/src/spark_description/launch/spark_description_rviz.launch 文件，重命名为 spark_description_arbotix.launch，并在文件中加入以下代码：

```
<node name="arbotix" pkg="arbotix_python" type="arbotix_driver" output="screen" clear_params="true">
<rosparam file="$(find spark_description)/config/fake_spark_arbotix.yaml" command="load" />
<param name="sim" value="true"/>
</node>
```

加载 Spark 机器人环境后，启动此 launch 文件：

```
$ cd spark
$ source devel/setup.bash
$ roslaunch spark_description spark_description_arbotix.launch
```

（5）控制 Spark 机器人模型。rviz 正常启动后，就显示出了 Spark 机器人模型。打开一个新的命令行，输入以下命令手动发送/cmd_vel，就会看到 Spark 机器人模型动起来了，如图 3.27 所示。

```
$ rostopic pub -r 10 /cmd_vel geometry_msgs/Twist '{linear: {x: 0.5, y: 0, z: 0}, angular: {x: 0, y: 0, z: 0.5}}'
```

注意：冒号后有空格，否则格式不对。

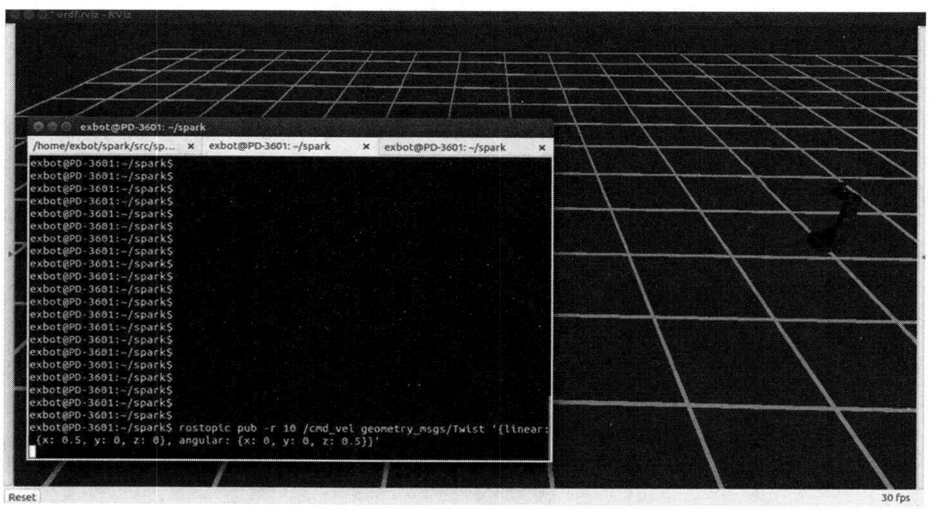

图 3.27　Spark 机器人模型运动

（6）用键盘控制 Spark 机器人模型运动。打开一个新命令行，并加载环境变量，执行下面的命令，就可以通过键盘控制 Spark 机器人模型运动了，如图 3.28 所示。

```
$ source ~/spark/devel/setup.bash
$ rosrun spark_teleop teleop_node 0.2 1
```

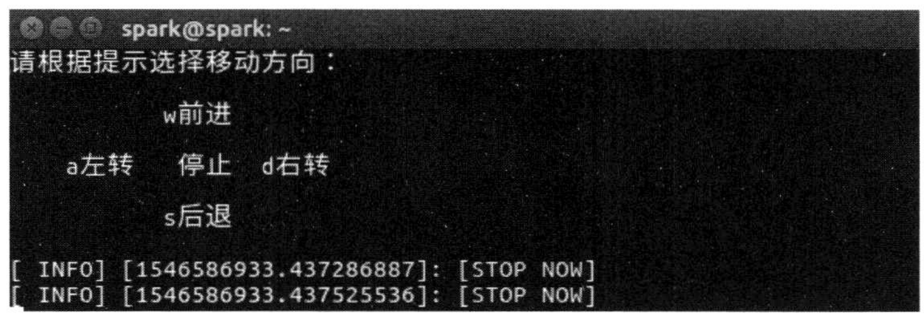

图 3.28　通过键盘控制 Spark 机器人模型运动

2. 通过键盘控制真实机器人运动

Spark 机器人开发包中提供了底盘驱动，存放路径为 spark/src/spark_driver/base/room_base。

首先，启动 Spark 机器人底盘运动控制节点：

```
$ source ~/spark/devel/setup.bash
$ roslaunch spark_base spark_base.launch serialport:="/dev/sparkBase"
```

然后，打开一个新的命令行，向它发送速度：

```
$ rostopic pub -r 10 /cmd_vel geometry_msgs/Twist '{linear: {x: 0, y: 0, z: 0}, angular: {x: 0, y: 0, z: 0.5}}'
```

正确设置串口后，可以看到 Spark 机器人开始运动。

也可以通过键盘控制节点来控制 Spark 机器人运动，在新的命令行中输入：

```
$ source ~/spark/devel/setup.bash
$ rosrun spark_teleop teleop_node 0.2 1
```

另外，开发包中还提供了键盘控制程序，通过键盘上的 W、A、S、D 键，也可以控制 Spark 机器人运动。

3. 获取真实机器人的信息，并映射至仿真机器人

（1）启动真实机器人。启动 Spark 机器人底盘控制节点：

```
$ source ~/spark/devel/setup.bash
$ roslaunch spark_base spark_base.launch serialport:="/dev/sparkBase"
```

（2）启动仿真机器人：

```
$ cd spark
$ source devel/setup.bash
$ roslaunch spark_description spark_description_rviz.launch
```

（3）给真实机器人发送运动控制命令。在新的命令行中，输入如下命令，控制真实机器人原地转圈，仿真机器人也跟着运动：

```
$ rostopic pub -r 10 /cmd_vel geometry_msgs/Twist '{linear: {x: 0, y: 0, z: 0}, angular: {x: 0, y: 0, z: 0.5}}'
```

也可以在新的命令行中，输入如下命令，使用键盘进行控制：

```
$ source ~/spark/devel/setup.bash
$ rosrun spark_teleop teleop_node 0.2 1
```

3.2　基于激光雷达的环境感知

3.2.1　rplidar 功能包

RPLIDAR 是一款低成本 2D 激光雷达传感器，由 SlamTec 公司的 RoboPeak 团队开发，

适用于室内机器人环境感知，具有高速处理引擎，是一款低成本的 2D 激光雷达传感器。

rplidarNode 是 RPLIDAR 的驱动程序，使用 RPLIDAR 提供的 SDK 读取原始扫描结果，并将其变换为 ROS LaserScan 消息。RPLIDAR A1 型号的激光雷达能扫描 360°范围的数据，工作半径为 6m，常用于室内机器人系统的地图构建和定位。

接下来介绍 rplidar 功能包的使用。

1. 安装

建立工作空间并编译：

```
$ mkdir -p ~/turtlebot_ws/src
$ cd ~/turtlebot_ws/src
$ git clone https://github.com/ncnynl/rplidar_ros.git
```

返回上级包编译：

```
$ cd ..
$ catkin_make
```

2. 添加环境变量

添加环境变量：

```
$ source devel/setup.bash
```

也可以使用~/.bashrc 设置环境变量，在下次打开命令行时就会自动进入该环境：

```
$ echo “source ~/turtlebot_ws/devel/setup.bash” >> ~/.bashrc
```

检查和配置端口权限：

```
$ ls -l /dev |grep ttyUSB
$ sudo chmod a+rw /dev/ttyUSB0
```

3. 运行测试

启动 roscore，进入 turtlebot_ws，运行 rplidar 和 rviz：

```
$ roscore
$ cd ~/turtlebot_ws
$ source devel/setup.bash
$ roslaunch rplidar_ros view_rplidar.launch
```

这时就可以看到激光雷达正在工作，如图 3.29 所示。

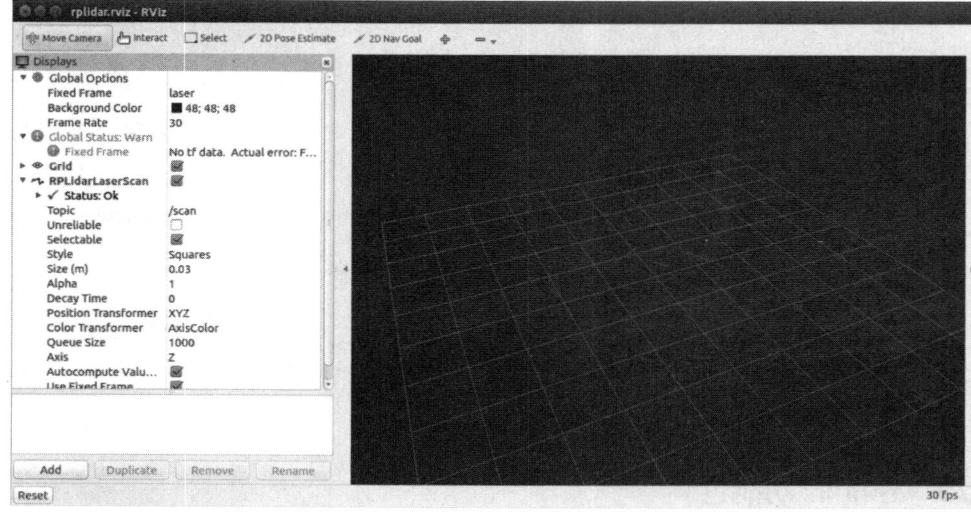

图 3.29　激光雷达正在工作

4. 运行脚本

运行脚本，使用 udev 规则来重新创建激光雷达设备挂载点的重映射：

```
./scripts/create_udev_rules.sh
```

3.2.2 hector_mapping 介绍

hector_mapping 是一种无须里程计数据的 SLAM 算法，它利用 Hokuyo 公司的 UTM-30LX 等激光雷达（扫描频率为 40Hz）实现，可以用于 2D 姿态估计。尽管 hector_mapping 没有提供显式的回环检测功能，但可以满足一般场景的使用需求，已成功应用于无人地面机器人、无人水面车辆、手持制图设备及四旋翼无人机中。

要使用 hector_mapping，需要一个 sensor_msgs / LaserScan 数据源，该节点使用 TF 扫描数据。在 hector_slam 程序中，最重要的是 hector_mapping 节点。下面详细介绍 hector_mapping 相关的 ROS API。

1. 订阅的主题

scan（sensor_msgs/LaserScan）：激光雷达的扫描数据，通常由设备的运行节点提供，如 hokuyonode。

syscommand（std_msgs/String）：系统命令，当接收 reset 命令时，重设地图框（MapFrame）和机器人位置到初始的状态。

2. 发布的主题

map_metadata（nav_msgs/MapMetaData）：发布地图元数据，其余节点可以获取到地图元数据，锁定并定期更新。

map（nav_msgs/OccupancyGrid）：发布地图栅格数据，其余节点可以获取到地图数据，锁定并且定期更新。

slam_out_pose（geometry_msgs/PoseStamped）：无协方差地预估机器人姿态。

poseupdate（geometry_msgs/PoseWithCovarianceStamped）：使用高斯预估不确定地预估机器人姿态。

3. 服务

dynamic_map（nav_msgs/GetMap）：使用该服务获取地图数据。

4. 需要的 TF

->base_frame：通常是固定值，由 robot_state_publisher、oratfstatic_transform_publisher 周期发布。

5. 提供的 TF

map->odom：在地图坐标系中预估的当前机器人姿态，当 pub_map_odom_transform 为 true 时发布。

6. 参数

~base_frame（string，默认值：base_link）：机器人基座坐标系的名称。

~map_frame（string，默认值：map_link）：地图坐标系名称，通常是 map，也就是所谓的全局世界坐标系。

~odom_frame（string，默认值：odom）：里程计坐标系名称。

~map_resolution（double，默认值：0.025）：地图分辨率，单位为 m。

~map_size（int，默认值：1024）：地图中一行网格的数量，地图是正方形的，并且有（map_size×map_size）个网格。

~map_start_x（double，默认值：0.5）：地图坐标系原点[0.0,1.0]在 *x* 轴上相对于网格图的位置，0.5 是中间值。

~map_start_y（double，默认值：0.5）：地图坐标系原点[0.0,1.0]在 *y* 轴上相对于网格图的位置，0.5 是中间值。

~map_update_distance_thresh（double，默认值：0.4）：地图更新的长度阈值，单位为 m，每次更新后，平台必须移动这个参数代表的值的距离后，才能再次更新地图。

~map_update_angle_thresh（double，默认值：0.9）：地图更新的角度阈值，单位为 rad，每次更新后，平台必须转动这个参数代表的值的角度后，才能再次更新地图。

~map_pub_period（double，默认值：2.0）：地图发布的周期，单位为 s。

~map_multi_res_levels（int，默认值：3）：地图多级分辨率网格级数。

~update_factor_free（double，默认值：0.4）：地图更新调节器，用来更新空闲单元的变化，0.5 代表没有更改。

~update_factor_occupied（double，默认值：0.9）：地图更新调节器，用来更新占用单元的变化，0.5 代表没有更改。

~laser_min_dist（double，默认值：0.4）：系统使用的激光扫描端点的最小距离，单位为 m，小于此距离的扫描端点将会被忽略。

~laser_max_dist（double，默认值：30.0）：系统使用的激光扫描端点的最大距离，单位为 m，大于此距离的扫描端点将会被忽略。

~laser_z_min_value（double，默认值：−1.0）：相对于激光扫描器框架的最小高度，用于系统使用的激光扫描端点，单位为 m，小于此距离的扫描端点将会被忽略。

~laser_z_max_value（double，默认值：1.0）：相对于激光扫描器框架的最大高度，用于系统使用的激光扫描端点，单位为 m，大于此距离的扫描端点将会被忽略。

~pub_map_odom_transform（bool，默认值：true）：确定 map->odom 变换是否应该由系统发布。

~output_timing（bool，默认值：false）：是否通过 ROS_INFO 处理每个激光扫描的输出时序信息。

~scan_subscriber_queue_size（int，默认值：5）：订阅/scan 队列的大小（buffer），如果设置的回放速度大于实际速度，该值应该设置得高一点，如 50。

~pub_map_scanmatch_transform（bool，默认值：true）：决定是否发布 scanmatcher->map 的变换标志，scanmatcher 坐标系名称由'tf_map_scanmatch_transform_frame_name'参数决定。

~tf_map_scanmatch_transform_frame_name（string，默认值：scanmatcher_frame）：用来发布 scanmatch->map 变换的坐标名。

3.2.3 hector_mapping 的使用

hector_mapping 的使用步骤如下：

（1）创建工作空间及安装编译 rplidar 包。

（2）安装 hector_mapping 包：

```
$ sudo apt-get install ros-indigo-hector-slam
```

（3）创建 launch 文件。在 rplidar_ros/launch/目录下添加 hector_mapping_demo.launch 文件：

```
<launch>
<node pkg="hector_mapping" type="hector_mapping" name="hector_mapping" output="screen">
<!-- Frame names -->
<param name="pub_map_odom_transform" value="true"/>
<param name="map_frame" value="map" />
<param name="base_frame" value="base_link" />
<param name="odom_frame" value="base_link" />
<!-- Tf use -->
<param name="use_tf_scan_transformation" value="true"/>
<param name="use_tf_pose_start_estimate" value="false"/>
<!-- Map size / start point -->
<param name="map_resolution" value="0.05"/>
<param name="map_size" value="2048"/>
<param name="map_start_x" value="0.5"/>
<param name="map_start_y" value="0.5" />
<param name="laser_z_min_value" value = "-1.0" />
<param name="laser_z_max_value" value = "1.0" />
<param name="map_multi_res_levels" value="2" />
<param name="map_pub_period" value="2" />
<param name="laser_min_dist" value="0.4" />
<param name="laser_max_dist" value="5.5" />
<param name="output_timing" value="false" />
<param name="pub_map_scanmatch_transform" value="true" />
<!--<param name="tf_map_scanmatch_transform_frame_name" value="scanmatcher_frame" />-->
<!-- Map update parameters -->
<param name="update_factor_free" value="0.4"/>
<param name="update_factor_occupied" value="0.7" />
<param name="map_update_distance_thresh" value="0.2"/>
<param name="map_update_angle_thresh" value="0.06" />
<!-- Advertising config -->
<param name="advertise_map_service" value="true"/>
<param name="scan_subscriber_queue_size" value="5"/>
<param name="scan_topic" value="scan"/>
</node>

<!-- 发布两个坐标系之间的静态坐标变换，两个坐标系一般不发生相对位置变化 -->
<node pkg="tf" type="static_transform_publisher" name="base_to_laser_broadcaster" args="0 0 0 0 0 0
/base_link /laser 100"/>
    <node pkg="rviz" type="rviz" name="rviz"
        args="-d $(find hector_slam_launch)/rviz_cfg/mapping_demo.rviz"/>
</launch>
```

（4）运行测试。检查和配置端口权限：

```
$ lsusb
$ sudo chmod a+rw /dev/ttyUSB0
```

运行两个 launch 文件，即可看到激光雷达在扫描周围环境，如图 3.30 所示。

```
$ roslaunch rplidar_ros hector_mapping_demo.launch
$ roslaunch rplidar_ros rplidar.launch
```

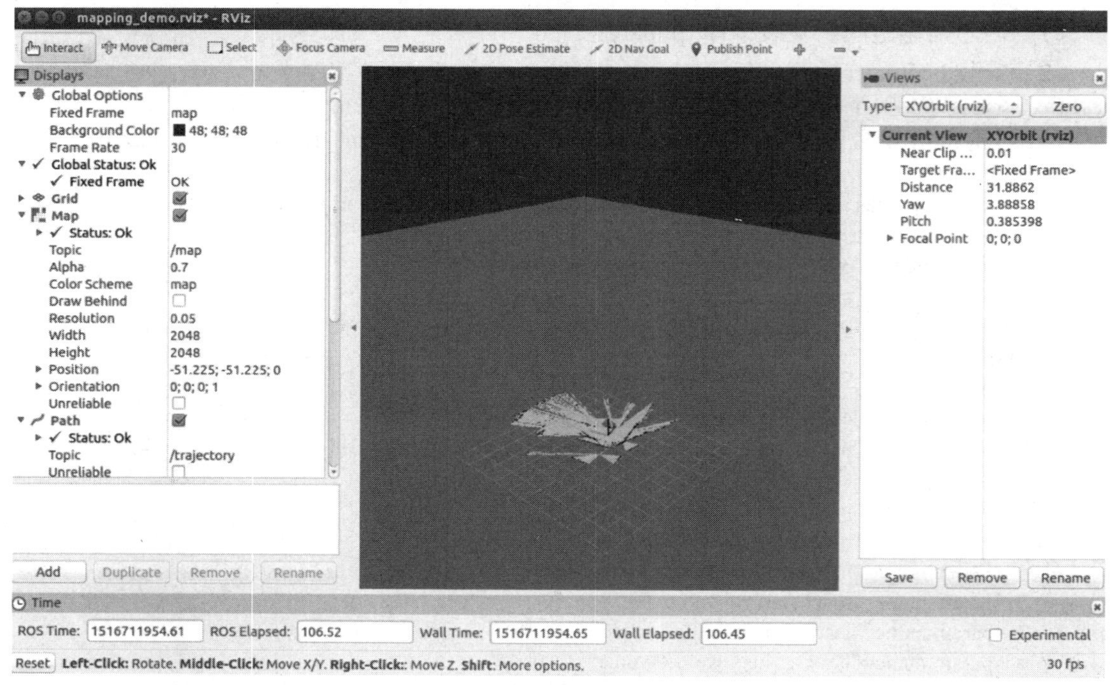

图 3.30　激光雷达在扫描周围环境

任务 2　小车运动时的点云数据

启动激光雷达之前，需检查 Spark 机器人配置的激光雷达型号是否与配置文件中的一致：

```
$ sudo gedit /opt/lidar.txt
```

如果配置的是杉川激光雷达（3i），则修改文件内容为 3iroboticslidar2。

如果配置的是 EAI 激光雷达（g2 或 g6），则修改文件内容为 ydlidar_g2 或 ydlidar_g6。

然后启动激光雷达，如果配置的是杉川激光雷达（3i），使用以下命令启动激光雷达：

```
$ roslaunch iiiroboticslidar2 view_3iroboticslidar2.launch
```

view_3iroboticslidar2.launch 文件的内容如下，该文件首先启动了激光雷达节点，然后启动了 rviz：

```
<launch>
  <include file="$(find iiiroboticslidar2)/launch/3iroboticslidar2.launch" />
  <node name="rviz" pkg="rviz" type="rviz" args="-d $(find iiiroboticslidar2)/rviz/
3iroboticslidar2.rviz" />
</launch>
```

在 rviz 界面中修改坐标系 Fixed Frame 为 lidar_link，添加点云插件，可以看到激光雷达的点云如图 3.31 所示。

如果配置的是 EAI 激光雷达（g2），使用以下命令启动激光雷达：

```
$ roslaunch ydlidar_g2 lidar_view.launch
```

lidar_view.launch 文件的内容如下：

```
<launch>
  <include file="$(find ydlidar_g2)/launch/lidar.launch" />
  <node name="rviz" pkg="rviz" type="rviz" args="-d $(find ydlidar_g2)/launch/lidar.rviz" />
</launch>
```

rviz 界面中修改坐标系 Fixed Frame 为 laser_frame，添加点云插件，激光雷达的点云效果与图 3.31 一致。

下面启动键盘控制，实时观测机器人运动时的激光点云数据。

启动 Spark 底盘运动控制节点：

```
$ source ~/spark/devel/setup.bash
$ roslaunch spark_base spark_base.launch serialport:="/dev/sparkBase"
```

在新的命令行中输入如下命令，启动键盘控制节点：

```
$ source ~/spark/devel/setup.bash
$ rosrun spark_teleop teleop_node 0.2 1
```

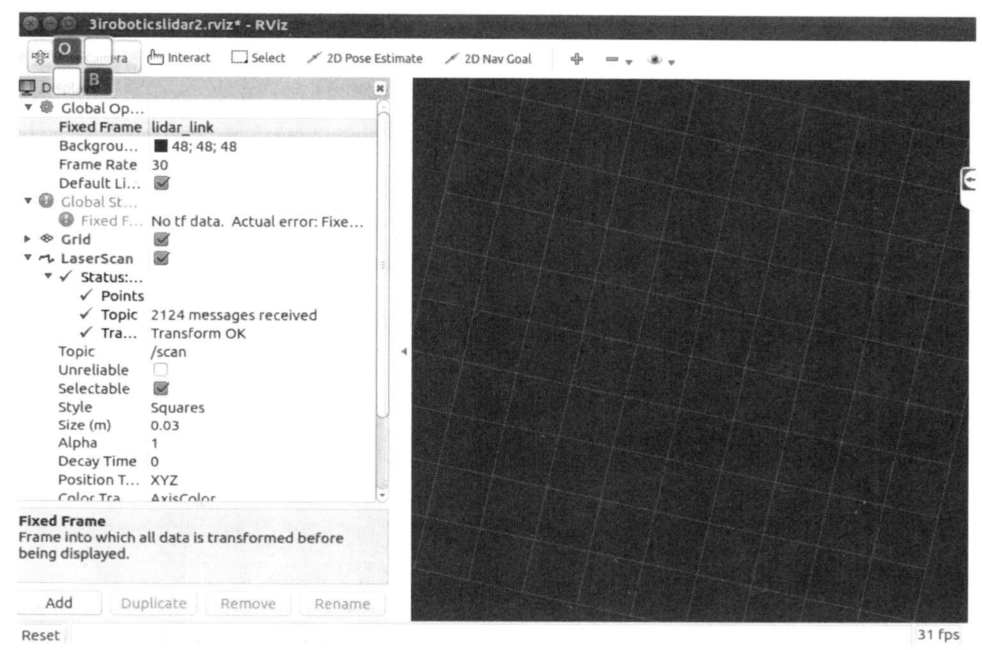

图 3.31　激光雷达的点云

3.3　本章小结

本章首先介绍了常见的移动机器人运动模型、URDF 建模方法和 Gazebo 环境下的仿真，并在 Spark 机器人平台上实现 ROS 仿真机器人和真实机器人的同步运动，加深读者对 ROS 环境下机器人建模与仿真的理解；然后介绍了基于激光雷达的环境感知，并通过实验，观察场景轮廓点云数据，体验机器人视角下的环境感知与障碍物判断。

参 考 文 献

R·西格沃特,I·R·诺巴克什, D·斯卡拉穆扎,等.自主移动机器人导论[M]. 李人厚,宋青松,译. 西安：西安交通大学出版社, 2013.

扩 展 阅 读

（1）了解其他的机器人仿真软件，如 MATLAB、V-REP，以及各大机器人厂家开发的机器人仿真软件。

（2）学习从 Solidworks 中导出 URDF 文件的方法。

练 习 题

（1）在 Gazebo 中如何通过 roslaunch 加载世界模型？

（2）什么是 URDF？其由哪几部分标签组成？

（3）如何通过 roslaunch 把 URDF 模型添加到 Gazebo 中？

（4）创建一个长、宽、高为 0.6m、0.1m、0.2m 的白色立方体的 URDF 模型。

（5）在 URDF 文件中如何对 link 设置视图模型、碰撞模型和惯性模型？

（6）激光雷达消息类型 sensor_msgs/LaserScan 的消息格式是什么？

（7）结合第 1 章的图 1.4 和图 1.5 所示的两轮差速运动模型，分析两轮差速机器人的里程计模型。

（8）已知差速驱动的移动机器人轮子半径为 r，驱动轮到两轮中间点 P 的距离为 d，左轮和右轮的旋转角速度分别为 $\dot{\varphi}_1,\dot{\varphi}_2$，若机器人在平面全局坐标系下的姿态为 $\xi_{\mathrm{I}}=[x,y,\theta]^{\mathrm{T}}$，求其运动学模型 $\dot{\xi}_{\mathrm{I}}=\begin{bmatrix}\dot{x}_{\mathrm{I}}\\ \dot{y}_{\mathrm{I}}\\ \dot{\theta}_{\mathrm{I}}\end{bmatrix}$。

（9）求阿克曼驱动型底盘的正运动学方程和逆运动学方程。

（10）URDF 文件中，使用 xyz 分别表示 x 轴、y 轴、z 轴方向上的位移偏移量，单位为 m；使用 rpy 表示绕 x 轴、y 轴、z 轴的旋转量，单位为弧度。已知 xyz=[0.25，0.24，0.8]，rpy=[π/2，r= π/6，r=－ π/4]，求该变换关系的旋转矩阵、平移向量和四元数表示。

第 4 章　移动机器人激光 SLAM

SLAM 是指移动设备从未知环境中的某一地点出发，通过传感器（如激光雷达、相机等）观测自身位置、姿态、运动轨迹等，并根据自身的位置进行增量式的地图构建，从而达到定位的目的。激光 SLAM 技术凭借稳定、可靠等性能优势，已成为机器人自主定位导航的核心技术。本章介绍 2D 激光 SLAM 算法的原理和使用方法，通过激光雷达扫描环境轮廓，进行定位和建图，常见算法有 Gmapping、Hector SLAM、Karto SLAM、Cartographer 等。读者在 2D 激光 SLAM 算法的基础上，可以进一步学习多线 3D 激光 SLAM 算法，如 LOAM、LeGO-LOAM、LIO-SAM、Fast-LIO 等。

4.1　SLAM 基本原理

4.1.1　SLAM 概述

移动机器人环境感知技术涉及的主要内容包括定位（Localization）、建图（Mapping）和路径规划（Path Planning）/运动控制。SLAM 技术属于定位和建图的交集部分，如图 4.1 所示。

在未知环境中，机器人自主定位与建图是相互关联和相互依赖的，其既需要利用建立好的地图信息来更新自身的位置和姿态，也需要利用准确的位姿估计信息来建立环境地图。SLAM 的基本过程可用图 4.2 描述。

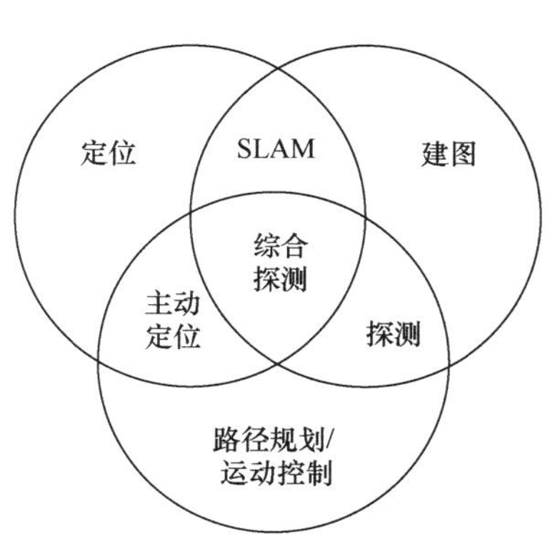

图 4.1　移动机器人各领域的关系

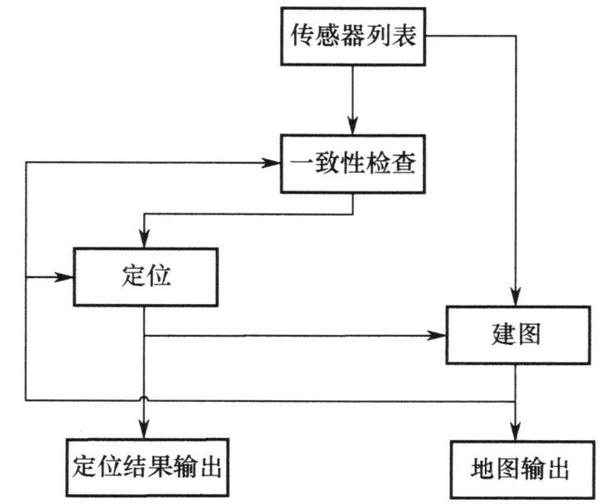

图 4.2　SLAM 的基本过程

实现机器人的自主导航需要机器人能够很好地感知周围环境。在一个未知的复杂环境中，人类可以通过眼睛、耳朵、鼻子等多个器官来感知外界环境的变化，从而确定自身所处的状态，这也体现了人类强大的感知能力。但是在未知环境中，机器人无法像人类一样感知外界环境的动态变化，需要依靠自身携带的传感器来感知外界环境。这些传感器通常包括相机、激光雷达、里程计、惯性测量单元等，机器人需要通过分析传感器数据，进行自身位姿的估计和环境地图的构建。对于三维空间中的机器人（如无人机）来说，通常需要确定自身的三维位置信息、三维旋转信息和环境地图。而对于二维平面上的移动机器人来说，其一般只需

要确定自身的二维坐标信息、二维角度信息和二维地图。精确的位姿估计和地图构建有助于实现机器人自主导航。

4.1.2 移动机器人坐标系

为了进行位姿估计和地图构建，需要建立移动机器人的坐标系。ROS 中，移动机器人的坐标系一般包括 map、base_link、odom、base_laser 等。

（1）map：地图坐标系，该坐标系为固定坐标系（Fixed Frame），与机器人所在的世界坐标系一致。

（2）base_link：机器人本体坐标系，又称基坐标系，原点与机器人中心重合。

（3）odom：里程计坐标系，可以看成一个随移动机器人运动而运动的坐标系，只要机器人运动，就会发布 base_link 到 odom 的 TF。机器人运动开始前（初始时），如机器人在原点处时，odom 和 map 是重合的，即 map 到 odom 的 TF 就是 0。随着时间的推移，由于里程计（根据运动学模型计算）的累计误差，odom 会出现偏差，这时就需要用传感器进行校正，也就是估计。例如，使用激光雷达进行 Gmapping 位姿估计，就可以得到从 map 到 base_link 的 TF，进而得到位姿估计和里程计的偏差，也就是 map 与 odom 的坐标系偏差，即可修正机器人的位姿。

（4）base_laser：激光雷达坐标系，由激光雷达的安装位置确定，与 base_link 的坐标系变换为固定的。

例如，使用 URDF 创建一个底盘模型，TF 属性如图 4.3 所示，图 4.3 显示了 URDF 文件中定义好的两个坐标系：base_link 和 base_laser。按照右手法则，红轴、绿轴、蓝轴分别代表 x 轴、y 轴、z 轴。

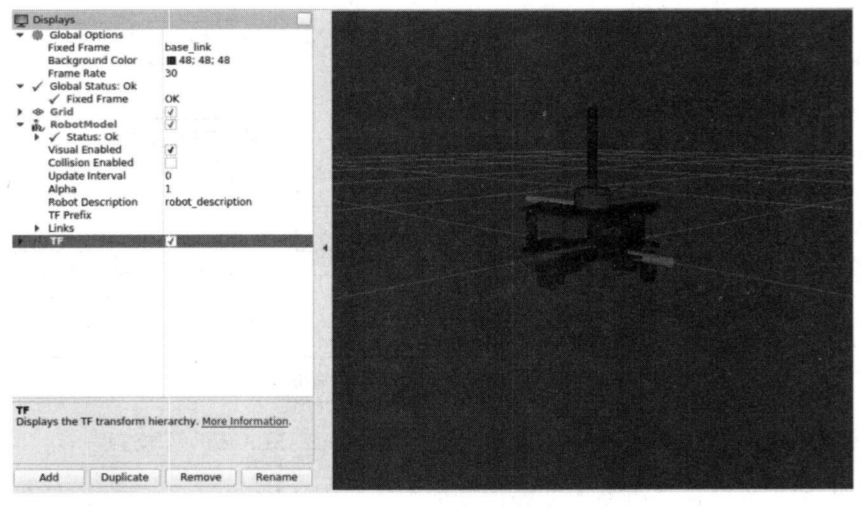

彩色图

图 4.3　TF 属性

利用 tf view 工具，打开新的命令行，输入：

```
$ rosrun tf tf_echo base_link base_laser
```

base_laser 到 base_link 的 TF 如图 4.4 所示。图中，Translation 和 Rotation 为位置与姿态的变换，其中，Translation 显示 base_laser 相对 base_link 在 z 轴上移动了 0.088m；Rotation 以三种不同的形式展现出来：Quaternion（四元数）、RPY（Roll、Pitch、Yaw，绕固定轴 x、y、

z 旋转的角度）的弧度形式和度形式。

```
- Translation: [0.000, -0.000, 0.088]
- Rotation: in Quaternion [0.000, -0.000, 1.000, 0.001]
            in RPY (radian) [-0.000, -0.000, 3.140]
            in RPY (degree) [-0.000, -0.000, 179.909]
```

图 4.4　base_laser 到 base_link 的 TF

这些关系定义可以在 URDF 文件中找到，输入以下命令，就可以看到 robot_state_publisher 发布的 base_link 到 base_laser 的 TF。

```
$ rosrun tf view_frames
```

任务 1　机器人坐标变换

在 ROS 中，所有参考坐标系之间的变换关系都通过 TF 树来确定，如果需要进行相关坐标系之间的变换，需要通过订阅 TF 树来获取变换关系。使用 TF 树时，只需进行 TF 树的发布与监听即可，所有的同步工作都由 ROS 自动完成，而不需要开发人员管理。

如图 4.5 所示，移动机器人平台包含移动底盘和激光雷达两部分，定义了两个坐标系：一个是以机器人平台的中心为原点的 base_link 坐标系，另一个是以激光雷达的中心为原点的 base_laser 坐标系。

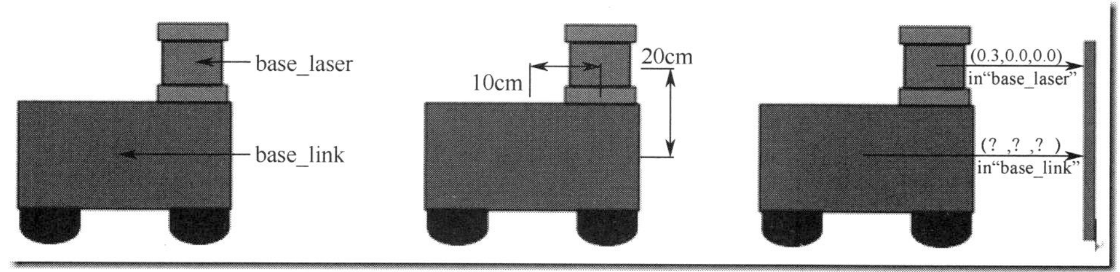

图 4.5　移动机器人平台的两个坐标系

激光雷达可以采集到前方障碍物的数据，这些数据是以激光雷达为原点的测量值，换句话说，也就是 base_laser 坐标系下的测量值。如果机器人使用这些数据进行避障，由于激光雷达没有安装在机器人移动底盘中心上，base_laser 与 base_laser 坐标系原点之间存在偏差，因此会造成障碍物距离机器人中心的距离存在偏差。所以应该将激光雷达测量数据从 base_laser 坐标系变换到 base_link 坐标系下。已知激光雷达安装的位置在机器人的中心点上方 20cm，正前方 10cm 处，因此可以定义这两个坐标系之间的变换关系为(x:0.1m, y:0.0m, z:0.20m)，这样就将数据从 base_laser 坐标系变换到 base_link 坐标系了。如果定义的方向相反，则采用(x:−0.1m, y:0.0m, z:−0.2m)进行变换。

机器人应用系统中存在多个坐标系，如超声波雷达坐标系、毫米波雷达坐标系、激光雷达坐标系、相机坐标系等。一些复杂的系统中往往还配置了多个超声波雷达、毫米波雷达、激光雷达和相机。ROS 的 TF 功能包提供了存储、计算不同传感器测量数据在不同坐标系之间变换的功能，开发者只需要告诉 TF 树这些坐标系之间的变换公式即可。TF 树的数据结构负责管理这些坐标系变换。为了定义和存储 base_link 和 base_laser 两个坐标系之间的关系，需要将它们添加到 TF 树中，如图 4.6 所示。TF 树的每个节点都对应一个坐标系，而节点之间的边对应于坐标系之间的变换关系。TF 树中的所有变换关系都是父（parent）节点到子（child）节点的变换。

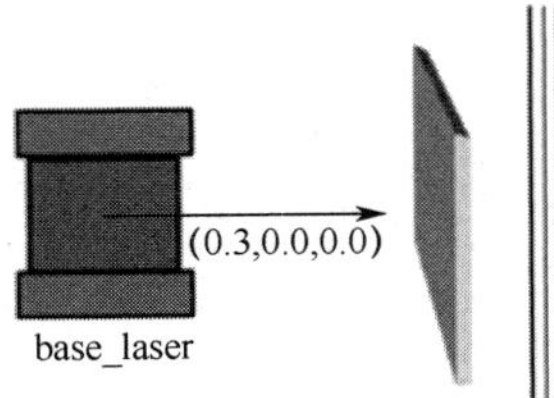

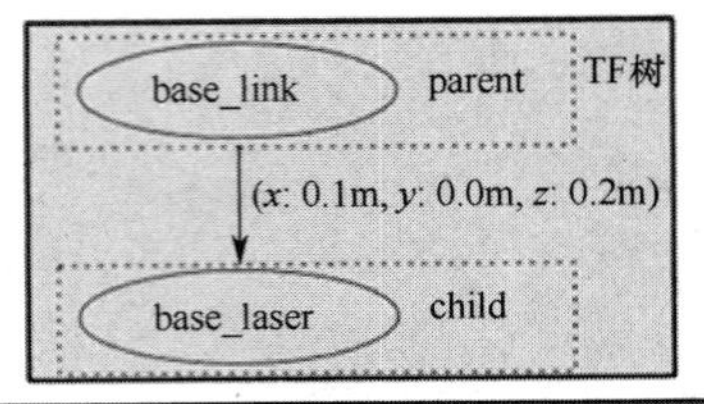

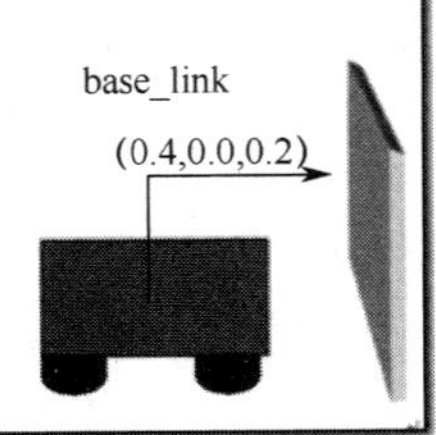

图 4.6　移动机器人的 TF 树

定义两个节点：一个对应于 base_link 坐标系，另一个对应于 base_laser 坐标系。为了创建两个坐标系之间的变换关系，首先需要确定哪个节点是父节点，哪个节点是子节点。这里选择 base_link 作为父节点，这样方便为机器人添加更多的传感器作为子节点。所以，从 base_link 节点到 base_laser 节点的变换关系为(x: 0.1m, y: 0.0m, z: 0.2m)。设置完毕后，就可以通过调用 TF 库，完成从 base_laser 坐标系到 base_link 坐标系的变换了。实现机器人坐标变换的代码分为两部分：

（1）编写广播节点，广播两个坐标系之间的变换关系。

（2）订阅 TF 树，然后从 TF 树中遍历到两个坐标系之间的变换关系，通过公式计算变换后的坐标。

首先创建一个功能包，加入依赖：roscpp、tf、geometry_msgs。

```
$ cd %TOP_DIR_YOUR_CATKIN_WS%/src
$ catkin_create_pkg robot_setup_tf roscpp tf geometry_msgs
```

然后进入功能包，创建 src/tf_broadcaster.cpp 文件，编写广播节点：

```
#include <ros/ros.h>
#include <tf/transform_broadcaster.h>

int main(int argc, char** argv)
{
  ros::init(argc, argv, "robot_tf_publisher");
  ros::NodeHandle n;

  ros::Rate r(100);

  tf::TransformBroadcaster broadcaster;

  while(n.ok()){
    broadcaster.sendTransform(
      tf::StampedTransform(
        tf::Transform(tf::Quaternion(0, 0, 0, 1), tf::Vector3(0.1, 0.0, 0.2)),
        ros::Time::now(),"base_link", "base_laser"));
    r.sleep();
  }
}
```

由于会使用到 tf::TransformBroadcaster 类的实例来完成 TF 树的广播，因此需要先包含相关的头文件 tf/transform_broadcaster.h。

程序创建了一个 tf::TransformBroadcaster 类的实例 broadcaster，用来广播 base_link 坐标系到 base_laser 坐标系的变换关系。

通过 TransformBroadcaster 类来发布变换关系的接口，需要五个参数：

```
broadcaster.sendTransform(
   tf::StampedTransform(
     tf::Transform(tf::Quaternion(0, 0, 0, 1), tf::Vector3(0.1, 0.0, 0.2)),
     ros::Time::now(),"base_link", "base_laser"));
```

第一个参数是两个坐标系之间的旋转变换参数，通过 Quaternion（四元数）来存储，因为两个坐标系之间没有发生旋转变换，所以倾斜角、滚动角、偏航角都是 0；第二个参数是坐标的位移变换参数，两个坐标系之间在 x 轴和 z 轴上发生了位置变化，将位移值填入 Vector3 向量中；第三个参数是时间戳，通过 ROS 的 API 完成；第四个参数是父节点存储的坐标系，即 base_link；最后一个参数是子节点存储的坐标系，即 base_laser。

接下来编写订阅 TF 树的节点，订阅 TF 树后，就可以使用 TF 树中 base_link 坐标系到 base_laser 坐标系的变换关系完成位置数据的坐标变换。在 robot_setup_tf 功能包中，创建 src/tf_listener.cpp 文件，代码如下：

```
#include <ros/ros.h>
#include <geometry_msgs/PointStamped.h>
#include <tf/transform_listener.h>

void transformPoint(const tf::TransformListener& listener)
{
  //we'll create a point in the base_laser frame that we'd like to transform to the base_link frame
  geometry_msgs::PointStamped laser_point;
  laser_point.header.frame_id = "base_laser";

  //we'll just use the most recent transform available for our simple example
  laser_point.header.stamp = ros::Time();

  //just an arbitrary point in space
  laser_point.point.x = 1.0;
  laser_point.point.y = 0.2;
  laser_point.point.z = 0.0;

  try
{
    geometry_msgs::PointStamped base_point;
    listener.transformPoint("base_link", laser_point, base_point);

    ROS_INFO("base_laser: (%.2f, %.2f. %.2f) -----> base_link: (%.2f, %.2f, %.2f) at time %.2f",
        laser_point.point.x, laser_point.point.y, laser_point.point.z,
        base_point.point.x, base_point.point.y, base_point.point.z, base_point.header.stamp.toSec());
  }
 catch(tf::TransformException& ex)
{
    ROS_ERROR("Received an exception trying to transform a point from \"base_laser\" to
\"base_link\": %s", ex.what());
  }
}

int main(int argc, char** argv)
{
  ros::init(argc, argv, "robot_tf_listener");
  ros::NodeHandle n;

  tf::TransformListener listener(ros::Duration(10));

  //we'll transform a point once every second
  ros::Timer timer = n.createTimer(ros::Duration(1.0), boost::bind(&transformPoint,
boost::ref(listener)));

  ros::spin();
}
```

由于会用到 tf::TransformListener 对象来自动订阅 ROS 中的 TF 消息，并管理所有的变换关系数据，因此需要先包含相关的头文件：tf/transform_listener.h。

创建回调函数 transformPoint()，当每次收到 TF 消息时，该函数都会被自动调用。如果设置了发布 TF 消息的频率是 1Hz，那么回调函数执行的频率也是 1Hz。在回调函数中，需要完成数据从 base_laser 坐标系到 base_link 坐标系的变换。首先，创建一个 geometry_msgs::PointStamped 类的虚拟测试点 laser_point，该点的坐标为(1.0, 0.2, 0.0)。该类包含标准的 header 消息结构，可以在消息中加入发布数据的时间戳和坐标系 ID。

下面的代码执行测试点坐标在两个坐标系下的变换：

```
try{
    geometry_msgs::PointStamped base_point;
    listener.transformPoint("base_link", laser_point, base_point);

    ROS_INFO("base_laser: (%.2f, %.2f. %.2f) -----> base_link: (%.2f, %.2f, %.2f) at time %.2f",
        laser_point.point.x, laser_point.point.y, laser_point.point.z,
        base_point.point.x, base_point.point.y, base_point.point.z, base_point.header.stamp.toSec());
}
```

将虚拟测试点 laser_point 变换到 base_base 坐标系下，使用 TransformListener 对象中的 transformPoint()函数即可，该函数包含三个参数：第一个参数是需要变换到的 base_link 坐标系的 ID；第二个参数是需要变换的原始数据，即虚拟测试点 laser_point 的数据；第三个参数用来存储变换完成的数据。函数执行完毕后，base_point 就是变换完成的点坐标。

为了保证代码的容错性，需要进行异常处理，使得当代码出错时，不会造成程序崩溃，并进行错误提示。例如，当没有发布需要的变换关系时，在执行 transformPoint()时就会出错。异常处理的代码如下：

```
catch(tf::TransformException& ex)
{
    ROS_ERROR("Received an exception trying to transform a point from \"base_laser\" to \"base_link\":
%s", ex.what());
}
```

下面进行代码编译。打开功能包中的 CMakeLists.txt 文件，加入相应的编译选项：

```
add_executable(tf_broadcaster src/tf_broadcaster.cpp)
add_executable(tf_listener src/tf_listener.cpp)
target_link_libraries(tf_broadcaster ${catkin_LIBRARIES})
target_link_libraries(tf_listener ${catkin_LIBRARIES})
```

保存文件，进行编译：

```
$ cd %TOP_DIR_YOUR_CATKIN_WS%
$ catkin_make
```

最后运行代码，打开命令行，运行 roscore：

```
$ roscore
```

打开另一个命令行，运行 TF 广播节点 tf_broadcaster：

```
$ rosrun robot_setup_tf tf_broadcaster
```

再打开一个命令行，运行 TF 监听节点 tf_listener，将虚拟测试点坐标从 base_laser 坐标系变换到 base_link 坐标系下：

```
$ rosrun robot_setup_tf tf_listener
```

如果一切正常，在第三个命令行中，就可以看到虚拟测试点的坐标已经成功变换到了 base_link 坐标系下，坐标变换成了(1.10, 0.20, 0.20)。

在机器人应用系统中，注意要将 PointStamped 数据类型修改成实际所使用的传感器发布的消息类型。

4.1.3　ROS 导航与定位过程

下面以常见的双轮差速移动机器人为例，按照自底向上的顺序介绍ROS导航与定位过程，如图 4.7 所示。

最底层是轮速和底盘控制，差速轮结构的移动底盘一般包括两个主动轮和一个从动轮，主动轮上安装有带减速器的电机，每个电机轴上有编码器，可以实现里程计功能。电机驱动器上集成有转速控制器，可以直接调用，ROS 中也包含了很多第三方的驱动器驱动。

往上是位置控制，如果期望机器人按照设定值，以某个速度前进一定的距离，就需要应用 PID 进行闭环控制。如果知道当前位置和朝向，以及目标位置和朝向，ROS 提供了 move_base 功能包控制机器人运动到目标点，并实现避障和路径规划（Path Planner）。

再往上是利用通过 Gmapping 等功能包创建地图，然后利用 AMCL（Adaptive Monte Carlo Localization，自适应蒙特卡罗定位）功能包，根据当前数据进行定位。

最上层是根据语义信息将命令解析成一系列动作，然后驱动下层执行相应命令，使机器人运动到目标位置。

机器人运动到目标位置
↓
创建地图和定位
↓
避障和路径规划
↓
move_base 功能包
↓
位置控制
↓
底盘控制
↓
轮速控制

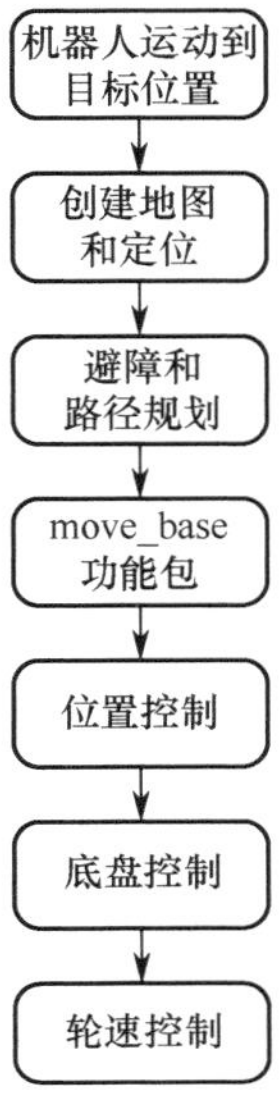

图 4.7　ROS 导航与定位过程

ROS 导航与定位一般是针对差速轮式机器人和完整约束轮式机器人的，移动平台只能接收 x，y 方向速度和偏航角（yaw）角速度；机器人需要激光雷达传感器（或者深度数据模拟的激光数据）创建地图和进行定位；机器人的形状应是尺寸合适的方形或者圆形。

ROS 中的 Navigation（导航）功能包为机器人的导航提供了一套完整的解决方案。Navigation Stack（导航栈）是一个 ROS 的元功能包，其中包含了路径规划、定位、异常行为恢复、地图服务器等功能，这些开源工具包极大地减少了机器人应用系统的开发工作量，可以快速部署实现相关功能。Navigation 功能包中包含了许多导航与定位相关的功能包，其中 move_base 功能包是一个强大的路径规划器，可以驱动移动底盘运动到世界坐标系上的一个目标点，其包含全局路径规划器和局部路径规划器，同时维护两个 costmap（代价地图），一个给全局路径规划器，另一个给局部路径规划器。全局路径规划器根据给定的目标位置进行全局路径的规划，而局部路径规划器根据检测到的障碍物进行局部路径的规划。

这两个 costmap 可以配置多个地图层：

（1）Obstacle Map Layer：障碍地图层，用于动态记录传感器感知到的障碍物信息。

（2）Inflation Layer：膨胀层，在地图上进行膨胀（向外扩张），以避免机器人撞上障碍物。

（3）Static Map Layer：静态地图层，是基本不变的地图层，通常是 SLAM 建立完成的静态地图。

（4）Other Layers：通过插件形式实现的代价地图层（目前已有一些开源插件）。

移动机器人应用系统一般先会通过全局路径规划，使用 navfn 功能包规划出一条从机器人当前位置到目标位置的全局路径。navfn 功能包采用了 Dijkstra（迪杰斯特拉）算法或 A*路径规划算法，计算出代价最小的路径，作为机器人的全局路径。局部路径规划是根据机器人附近的障碍物信息进行实时躲避的路径规划，是一种实时规划，是利用 base_local_planner 功能包实现的。该功能包使用 Trajectory Rollout（轨迹平滑算法）和 Dynamic Window Approaches

（动态窗口算法）计算机器人每个周期内应该采用的速度和转向角度（dx, dy, dθ）。base_local_planner 功能包利用地图数据，搜索到达目标位置的多条路径，然后根据评价标准（是否会撞击障碍物、所需时间等）选取最优的路径，并计算所需要的实时速度和转向角度。

4.1.4 环境建图与位姿估计

地图是对某种特定环境的描述，常见的地图包括栅格地图、点云地图、拓扑地图。移动机器人的定位与建图是两个紧密相关的问题，是可以同时进行的。在 SLAM 的过程中，最常用的地图为栅格地图。

建图的过程可采用直接在全局地图中更新或者在子地图中更新。在全局地图中更新，即所有需要计算的坐标系参考全局地图的坐标系，每次都将对整个地图进行更新或者对整个地图的局部区域进行更新。而在子地图中更新则通过一段时间内的更新过程构建一个局部子地图，这个局部子地图具有自己的坐标系，子地图的更新过程均采用最优 SLAM 算法，子地图与子地图之间通过姿态变换矩阵相连，所有的子地图全部累加后形成全局地图。

在 ROS 中，栅格地图通常是一张 pgm 格式的灰度图像，如图 4.8 所示。图像中的白色像素点表示可行区域，黑色像素点表示障碍物，灰色部分是未知探索区域。

SLAM 问题本质上是一个状态估计问题，即如何通过带有噪声的测量数据估计未知的状态变量。其中，测量数据既可以来自机器人自身运动测量传感器（里程计、惯性测量单元等），也可以来自机器人观测外部环境的传感器（相机、激光雷达），需要估计的未知状态变量包括机器人的位姿和环境地图。如图 4.9 所示，一个完整的 SLAM 过程可以用状态估计 $p(x_t,m|z_t,u_t)$ 来描述。机器人的位姿用 x_t 表示，环境地图用 m 表示，u_t 表示运动传感器的测量值，z_t 表示观测数据。

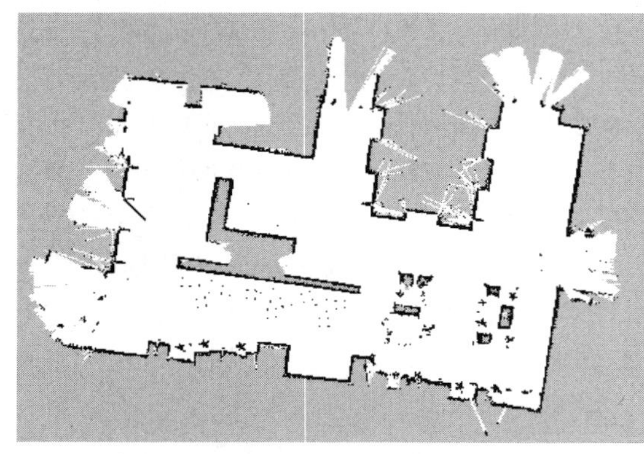

图 4.8　栅格地图

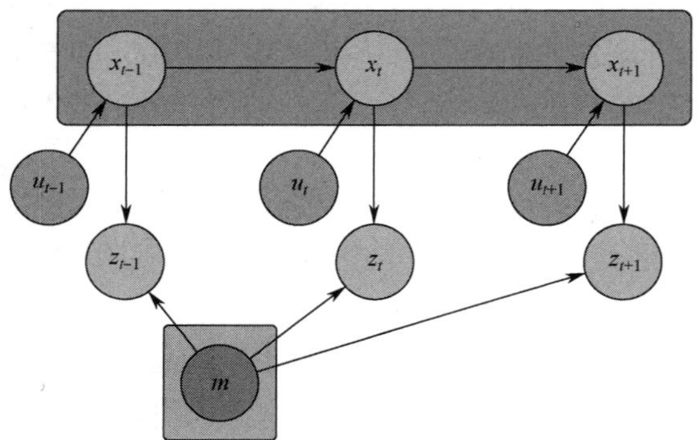

图 4.9　一个完整的 SLAM 问题描述

从数学表述上来看，一个完整的 SLAM 过程由两个基本方程组成：运动方程和观测方程，如式（4-1）所示。运动方程描述的是如何通过运动测量传感器的测量值 u_t 来进行机器人位姿 x_t 的估计，观测方程描述的是如何通过外部环境观测数据 z_t 来进行机器人位姿 x_t 的估计和建图（y）。

$$\begin{cases} x_t = f(x_{t-1},u_t) \\ z_{t,j} = h(y_j,x_t) \end{cases} \tag{4-1}$$

需要说明的是，对于一个仅携带运动测量传感器的机器人来说，由于运动测量传感器存在时间累计误差，往往达不到理想的位姿估计效果，因此机器人通常还需要携带观测外部环

境的传感器来不断消除累计误差。然而，由于环境噪声的存在，运动方程和观测方程往往不是精确成立的，对于这种带有噪声的状态估计问题，可以通过多次迭代优化的方式来进行求解。

SLAM 系统由前端与后端组成，如图 4.10 所示。前端的主要任务是完成传感器数据处理、自身定位和局部建图，实时更新机器人的姿态与地图；而后端的主要任务是完成位姿优化及地图优化，不断优化这些姿态的准确性及地图的准确性。

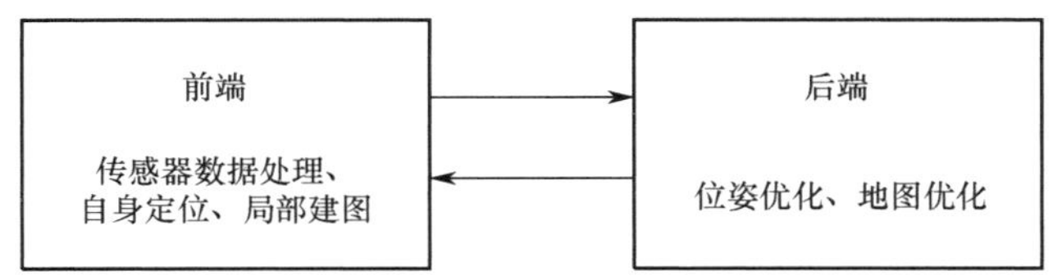

图 4.10　SLAM 系统前端-后端功能框图

根据后端处理方式不同，SLAM 算法可以分为基于滤波器的算法与基于图优化的算法。在 SLAM 算法的早期应用中，通常采用基于滤波器的算法，其利用贝叶斯原理，根据观测信息及控制信息对系统状态的后验概率进行估计，而根据后验概率表示方法的不同，又存在着多种基于滤波器的算法。常用的基于滤波器的算法有卡尔曼滤波（Kalman Filter，KF）算法、扩展卡尔曼滤波（Extended Kalman Filter，EKF）算法、无迹卡尔曼滤波（Unscented Kalman Filter，UKF，也称无损卡尔曼滤波）算法、粒子滤波（Particle Filter，PF）算法等。读者可查找相关资料对上述算法进行进一步学习。

在上述基于滤波器的算法中，由于每一步只考虑机器人当前的位姿或上几步的位姿信息而忽略了更久远的机器人位姿历史信息，因此该算法存在累计误差的问题，由此出现了基于图优化的 SLAM 算法。

与基于滤波器的 SLAM 算法不同，基于图优化的 SLAM 算法使用所有的观测信息，并用其估计机器人完整的运动轨迹及地图，将不同时刻扫描到的地图特征转化为机器人不同时刻位姿间的约束，从而将 SLAM 问题进一步转化为位姿序列的优化估计问题。基于图优化的算法中，节点表示机器人在不同时刻的位姿，而节点之间的边表示位姿与位姿之间的约束关系。基于图优化的 SLAM 算法核心就是通过不断调整位姿节点，从而使节点之间尽可能满足边的约束关系，最终优化的结果即为优化后的机器人运动轨迹与环境地图，该轨迹与地图会更加接近机器人真实的运动轨迹与环境地图。

根据使用传感器的不同，SLAM 的研究方向分为激光 SLAM 和视觉 SLAM。激光 SLAM 精度高、速度快、计算量适中，容易做实时 SLAM，但所用的激光雷达价格较贵。本章主要介绍两种激光 SLAM 算法：Gmapping 和 Hector SLAM。

4.2　Gmapping 算法

Gmapping 是一种广泛应用的 2D 激光 SLAM 算法，采用 Rao-Blackwellized 粒子滤波（RBPF）算法，在重采样的过程中加入了自适应重采样技术，减轻粒子退化问题，并通过加入当前传感器的观测值降低机器人位姿估计（粒子）的不确定性，同时还能适当减少粒子数目。Gmapping 算法的优点是：融合了里程计信息，地图大小可动态调节。Gmapping 算法的缺点是：建图效果与粒子数量有关，每个粒子都需维护一张子地图，对内存消耗较大，并且只能在平坦的室内进行，没有回环检测过程。

4.2.1 原理分析

使用 RBPF 的 Gmapping 算法解决 SLAM 问题的核心思想是利用联合概率密度 $p(x_t,m \mid z_t,u_t)$ 估计地图 m 及机器人的运动位姿 x_t。

利用 Rao-Blackwellized 思想，将上述联合概率分解为式（4-2）。

$$p(x_t,m \mid z_t,u_t)=p(m \mid x_t,z_t)\cdot p(x_t \mid z_t,u_t) \tag{4-2}$$

也就是说，可以先估计机器人位姿，再利用位姿估计地图。而对于位姿的估计，可以采用粒子滤波算法。

4.2.2 实施流程

Gmapping 算法的核心是 RBPF，采用重要性重采样（Sampling Importance Resampling, SIR）滤波，该算法的实施分为以下四个步骤。

（1）粒子采样。对于每一个粒子 i，利用建议分布（Proposal Distribution, PD），基于移动机器人的里程计运动模型，从 t−1 时刻的位姿粒子中 $\{x_{t-1}^{(i)}\}$ 采样出 t 时刻的位姿粒子 $\{x_t^{(i)}\}$。

（2）权重更新。权重更新使用式（4-3）进行，为方便编程实现，将其变换成迭代形式：

$$\begin{aligned}\omega_t^{(i)}&=\frac{p(x_t^{(i)} \mid z_t,u_{t-1})}{\pi(x_t^{(i)} \mid z_t,u_{t-1})}\\&=\frac{1}{p(z_t \mid z_{t-1},u_{t-1})}\cdot\frac{p(z_t \mid x_t^{(i)},z_{t-1})p(x_t^{(i)} \mid x_{t-1}^{(i)},u_{t-1})}{\pi(x_t^{(i)} \mid x_{t-1}^{(i)},z_t,u_{t-1})}\cdot\omega_{t-1}^{(i)}\end{aligned} \tag{4-3}$$

建议分布利用里程计运动模型来近似目标分布函数。但里程计精度远没有其他传感器精度高（如激光雷达），直接采用里程计运动模型进行机器人位姿估计，会导致在感兴趣区域内的粒子权重减小，从而影响定位精度。故 Gmapping 算法采用一种平滑的似然函数，利用激光雷达观测 z_t，将 z_t 集成到建议分布中，即将采样集合集中到观测的似然区内，以避免感兴趣区域内的粒子获得过低的权重。权重更新如式（4-4）所示：

$$\begin{aligned}\omega_t^{(i)}&=\omega_{t-1}^{(i)}\cdot p(z_t \mid m_{t-1}^{(i)},x_{t-1}^{(i)},u_{t-1})\\&=\omega_{t-1}^{(i)}\cdot\int p(z_t \mid m_{t-1}^{(i)},x')\cdot p(x' \mid x_{t-1}^{(i)},u_{t-1})\mathrm{d}x'\end{aligned} \tag{4-4}$$

为了更加有效地产生下一代粒子，Gmapping 算法首先使用激光扫描匹配算法，确定观测似然函数的感兴趣区域，然后在这个感兴趣区域中基于目标分布进行采样更新。

（3）粒子重采样。每种粒子的数量与它们的权重正相关。由于只能采用有限的粒子来近似连续的分布，随着时间的推移，粒子的多样性将丧失，因此必须引进重采样，以增加粒子的多样性。在目标分布与建议分布不同的情况下，更应引进重采样，这样，经过重采样后所有粒子的权重相同，从而增加了粒子的多样性。重采样阈值依据式（4-5）确定：

$$N_{\text{eff}}=\frac{1}{\sum_{i=1}^{N}(\tilde{\omega}^{(i)})^2} \tag{4-5}$$

当 N_{eff} 小于 $N/2$ 时，需进行重采样。

（4）地图更新。Gmapping 算法使用梯度下降法进行搜索匹配，对每个粒子与地图进行扫描匹配，匹配相似度高的得分高，匹配相似度低的得分低，选取得分最高的粒子作为移动机器人的当前姿态，进而用于更新地图。扫描匹配准则依据式（4-6）确认：

$$\hat{x}_t^{(i)} = \arg\max_x p\left(x \mid m_{t-1}^{(i)}, z_t, x_t'^{(i)}\right) \tag{4-6}$$

其中，$x_t'^{(i)}$ 是初始估计值。

Gmapping 算法完整的流程如图 4.11 所示。

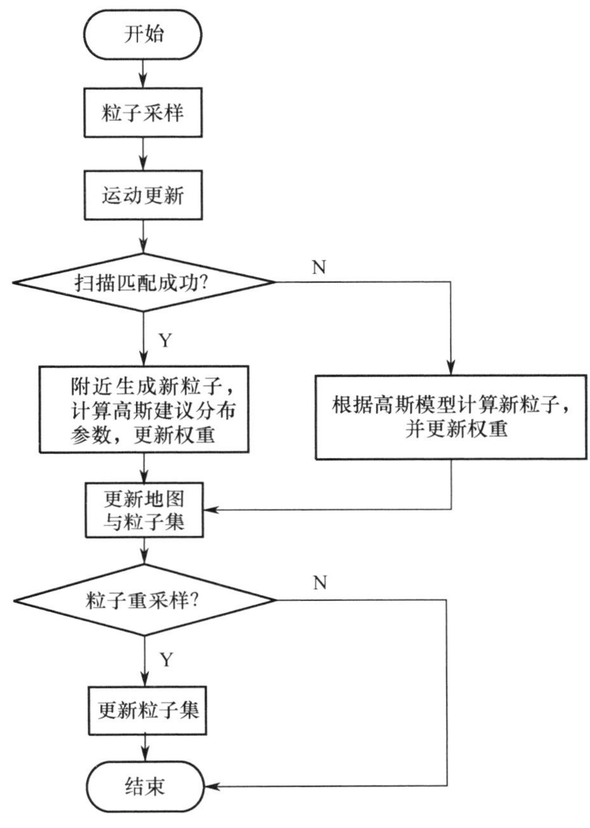

图 4.11　Gmapping 算法流程图

任务 2　基于 Gmapping 算法的激光 2D 建图

本任务将演示用基于单线激光雷达的 Gmapping 算法实现机器人的定位与建图。

安装 ROS 时，会默认安装 gmapping 功能包。对于 ROS 的 Kinetic 版本，可以通过以下命令判断是否已安装：

```
$ sudo apt-get install ros-kinetic-slam-gmapping
```

确认已安装后，进行如下步骤。

（1）安装依赖库。本任务运行的 Gmapping 算法仅使用激光雷达，没有使用 Spark 机器人轮速编码器生成的里程计数据，而使用 rf2o 库借助激光雷达扫描信息生成虚拟的里程计数据。rf2o 库已经包含在了本书配套代码包里了，但我们仍需要手动安装 rf2o 所需的 MRPT 库。可以通过以下命令安装：

```
$ sudo apt install libmrpt-dev mrpt-apps
```

（2）启动 Gmapping 算法：

```
$ cd spark
$ source devel/setup.bash
$ roslaunch spark_slam gmapping_no_odom_teleop.launch lidar_type_tel:=3iroboticslidar2
```

注意：如果 Spark 机器人配置的是 EAI 激光雷达（g2 或 g6），那么 lidar_type_tel:=3iroboticslidar2 需要改为 lidar_type_tel:=ydlidar_g2 或 ydlidar_g6。

其中，gmapping_no_odom_teleop.launch 文件的内容如下：

```
<launch>
    <arg   name="lidar_type_tel"   default="3iroboticslidar2"   doc="lidar   type   [3iroboticslidar2, ydlidar_g2]"/>
    <arg name="camera_type_tel"     default="astrapro"/>
    <include file="$(find spark_slam)/launch/gmapping_no_odom.launch">
        <arg name="camera_types"  value="$(arg camera_type_tel)"/>
        <arg name="lidar_type_tel"  value="$(arg lidar_type_tel)"/>
    </include>
    <!--创建新的命令行，Spark 机器人键盘控制：W、S、A、D 分别代表前、后、左、右-->
    <node pkg="spark_teleop" type="keyboard_control.sh" name="kc_2d" />
    <!--创建新的命令行，确定是否保存地图-->
    <node pkg="spark_slam" type="cmd_save_map.sh" name="csm_2d" />
</launch>
```

上述命令启动的节点包括：Spark 机器人运动控制模型、Spark 机器人运动控制节点、激光雷达节点、Gmapping 算法节点、键盘控制节点、地图保存节点。

（3）查看 Gmapping 算法配置文件 spark_gmapping.launch 的内容：

```
<launch>
<!-- Arguments -->
  <arg name="configuration_basename" default="spark_lds_2d.lua"/>
  <arg name="set_base_frame" default="base_footprint"/>
  <arg name="set_odom_frame" default="odom"/>
  <arg name="set_map_frame"   default="map"/>

  <!-- Gmapping -->
  <node pkg="gmapping" type="slam_gmapping" name="spark_slam_gmapping" output="log">
    <param name="base_frame" value="$(arg set_base_frame)"/>
    <param name="odom_frame" value="$(arg set_odom_frame)"/>
    <param name="map_frame"   value="$(arg set_map_frame)"/>

    <param name="map_update_interval" value="2.0"/>
    <param name="maxUrange" value="3.0"/>
    <param name="sigma" value="0.05"/>
    <param name="kernelSize" value="1"/>
    <param name="lstep" value="0.05"/>
    <param name="astep" value="0.05"/>
    <param name="iterations" value="5"/>
    <param name="lsigma" value="0.075"/>
    <param name="ogain" value="3.0"/>
    <param name="lskip" value="0"/>
    <param name="minimumScore" value="50"/>
    <param name="srr" value="0.1"/>
    <param name="srt" value="0.2"/>
    <param name="str" value="0.1"/>
    <param name="stt" value="0.2"/>
    <param name="linearUpdate" value="1.0"/>
    <param name="angularUpdate" value="0.2"/>
    <param name="temporalUpdate" value="0.5"/>
    <param name="resampleThreshold" value="0.5"/>
    <param name="particles" value="100"/>
    <param name="xmin" value="-10.0"/>
    <param name="ymin" value="-10.0"/>
    <param name="xmax" value="10.0"/>
    <param name="ymax" value="10.0"/>
    <param name="delta" value="0.05"/>
```

```
        <param name="llsamplerange" value="0.01"/>
        <param name="llsamplestep" value="0.01"/>
        <param name="lasamplerange" value="0.005"/>
        <param name="lasamplestep" value="0.005"/>
    </node>
</launch>
```

（4）通过键盘控制机器人在室内环境中运动。Gmapping 算法的建图效果如图 4.12 所示。

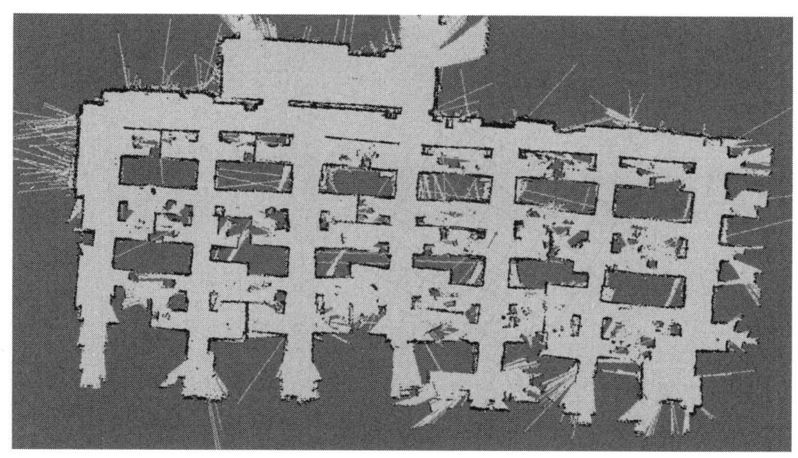

图 4.12　Gmapping 算法的建图效果

地图大小为 40m×20m，栅格分辨率为 5cm。由建图效果可以看出，地图中局部有些畸变，出现了对齐不准的情况，但地图整体较为准确，没有明显的畸变，地图的闭环区域也没有明显的分离。

（5）保存地图。运行一段时间后，切换到提示保存地图的命令行中，按下任意键保存当前建好的地图。地图文件将被保存至 spark_slam/scripts 文件夹下，在该文件夹下，可以看到 test_map.pgm 和 test_map.yaml 两个地图文件。

4.3　Hector SLAM 算法

Hector SLAM 是另一种较为流行的 2D/3D 激光 SLAM 算法，采用高斯牛顿迭代法求解非线性最小二乘问题。Hector SLAM 算法的优点是：无须里程计数据，对地面平坦度要求不高，计算量较小。Hector SLAM 算法的缺点是：需要高频、低测量噪声的激光雷达，地图大小为常量，没有回环检测，高度依赖于扫描匹配的结果，一旦出现匹配失败，算法将失效。

4.3.1　原理分析

1. 双线性地图插值

Hector SLAM 算法为了获取平滑的地图，采取双线性插值法对栅格地图进行插值。双线性插值法的核心思想是：在 x、y 两个方向分别进行一次插值。

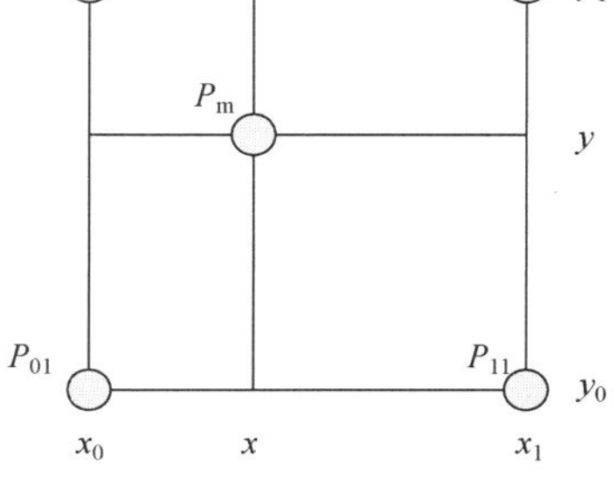

图 4.13　双线性插值法

由图 4.13 可知，P_m 为障碍物的概率如式（4-7）所示。

$$M\left(P_m\right) \approx \frac{y-y_0}{y_1-y_0}\left(\frac{x-x_0}{x_1-x_0}M\left(P_{11}\right)+\frac{x_1-x}{x_1-x_0}M\left(P_{01}\right)\right) + \frac{y_1-y}{y_1-y_0}\left(\frac{x-x_0}{x_1-x_0}M\left(P_{10}\right)+\frac{x_1-x}{x_1-x_0}M\left(P_{00}\right)\right) \tag{4-7}$$

其中，$M\left(P_{xy}\right)$表示栅格P_{xy}为障碍物的概率。$M\left(P_m\right)$的偏导数为

$$\begin{cases} \dfrac{\partial M\left(P_m\right)}{\partial x} \approx \dfrac{y-y_0}{y_1-y_0}\left(M\left(P_{11}\right)-M\left(P_{01}\right)\right)+\dfrac{y_1-y}{y_1-y_0}\left(M\left(P_{10}\right)-M\left(P_{00}\right)\right) \\ \dfrac{\partial M\left(P_m\right)}{\partial y} \approx \dfrac{x-x_0}{x_1-x_0}\left(M\left(P_{11}\right)-M\left(P_{10}\right)\right)+\dfrac{x_1-x}{x_1-x_0}\left(M\left(P_{01}\right)-M\left(P_{00}\right)\right) \end{cases} \tag{4-8}$$

2. 扫描匹配

Hector SLAM 算法扫描匹配的最优准则为

$$\boldsymbol{\xi}^* = \underset{\xi}{\arg\min}[1-M(\boldsymbol{S}_i(\xi))]^2 \tag{4-9}$$

即寻找激光雷达扫描结果与地图最佳对准时的最优变换变量$\boldsymbol{\xi}=[p_x,p_y,\psi]^{\mathrm{T}}$。$\boldsymbol{S}_i(\xi)$是扫描终点在世界坐标系下的坐标，其函数表达式为式（4-10）：

$$\boldsymbol{S}_i\left(\xi\right)=\begin{bmatrix}\cos\left(\psi\right) & -\sin\left(\psi\right) \\ \sin\left(\psi\right) & \cos\left(\psi\right)\end{bmatrix}\begin{bmatrix}s_{i,x} \\ s_{i,x}\end{bmatrix}+\begin{bmatrix}p_x \\ p_y\end{bmatrix} \tag{4-10}$$

对于给定的任意一个初始估计ξ，寻找一个最优估计$\Delta\xi$，使式（4-11）成立。

$$\sum_{i=1}^{n}\left[1-M\left(\boldsymbol{S}_i\left(\xi+\varDelta\xi\right)\right)\right]^2 \to 0 \tag{4-11}$$

对$M\left(\boldsymbol{S}_i\left(\xi+\varDelta\xi\right)\right)$进行一阶泰勒展开，求取展开式的最小值，即对$\Delta\xi$求取偏导数并令偏导数为 0，求得式（4-12）。

$$\Delta\xi=\boldsymbol{H}^{-1}\sum_{i=1}^{n}\left[\nabla M\left(\boldsymbol{S}_i\left(\xi\right)\right)\frac{\partial \boldsymbol{S}_i\left(\xi\right)}{\partial\xi}\right]^{\mathrm{T}}\left[1-M\left(\boldsymbol{S}_i\left(\xi\right)\right)\right] \tag{4-12}$$

其中，海塞（Hessian）矩阵$\boldsymbol{H}$的表达式如式（4-13）所述，$\boldsymbol{S}_i\left(\xi\right)$对$\xi$的偏导数如式（4-14）所示。

$$\boldsymbol{H}=\sum_{i=1}^{n}\left[\nabla M(\boldsymbol{S}_i(\xi))\frac{\partial \boldsymbol{S}_i(\xi)}{\partial\xi}\right]^{\mathrm{T}}\left[\nabla M(\boldsymbol{S}_i(\xi))\frac{\partial \boldsymbol{S}_i(\xi)}{\partial\xi}\right] \tag{4-13}$$

$$\frac{\partial \boldsymbol{S}_i(\xi)}{\partial\xi}=\begin{bmatrix}1 & 0 & -\sin(\psi)s_{i,x}-\cos(\psi)s_{i,y} \\ 0 & 1 & \cos(\psi)s_{i,x}-\sin(\psi)s_{i,y}\end{bmatrix} \tag{4-14}$$

由上述推导可知，Hector SLAM 算法的核心是使用高斯牛顿迭代法的一阶泰勒展开式，去近似代替非线性回归模型，然后通过多次迭代，使原模型的残差平方和（式 4-11）最小。

利用残差公式（式（4-12）），仅需简单的若干次迭代计算，即可得到较优的解，因此 Hector SLAM 算法的运行速度是很快的。同时，Hector SLAM 算法为了获取较好的扫描匹配结果，以及更快的运行速度，采取多分辨率地图分层迭代，加快解的收敛。需要说明的是，这里的多分辨率地图不是简单的由高分辨率地图降采样得到的低分辨率地图，而是算法直接维护的不同分辨率的地图，求解的迭代过程是从低分辨率地图开始，将低分辨率地图迭代得到的解

作为高分辨率地图解的初值，并再次迭代得到更加精确的解。例如，迭代过程可选取三层地图，地图分辨率由低到高分别为 20cm、10cm 及 5cm。对每种分辨率地图迭代计算数次后，将解传递给下一层较高分辨率的地图作为初值，继续迭代计算，最终得到一个最优解。

任务 3　基于 Hector SLAM 算法的激光 2D 建图

本任务将演示用基于单线激光雷达的 Hector SLAM 算法实现机器人的定位与建图。

实现步骤如下。

（1）启动 Hector SLAM 算法：

```
$ cd spark
$ source devel/setup.bash
$ roslaunch spark_slam 2d_slam_teleop.launch slam_methods_tel:=Hector lidar_type_tel:=
3iroboticslidar2
```

注意：如果 Spark 机器人配置的是 EAI 激光雷达（g2 或 g6），那么 lidar_type_tel:= 3iroboticslidar2 需要改为 lidar_type_tel:=ydlidar_g2 或 ydlidar_g6。

其中， 2d_slam_teleop.launch 文件的内容如下：

```
<!--spark 2d slam-->
<launch>
    <arg name="slam_methods_tel" default="hector" doc="slam type [gmapping, cartographer, hector,
karto, frontier_exploration]"/>
    <include file="$(find spark_slam)/launch/2d_slam.launch">
        <arg name="slam_methods" value="$(arg slam_methods_tel)"/>
    </include>
    <!--创建新的命令行，Spark 机器人键盘控制：W、S、A、D 分别代表前、后、左、右-->
    <node pkg="spark_teleop" type="keyboard_control.sh" name="kc_2d" />
    <!--创建新的命令行，确定是否保存地图-->
    <node pkg="spark_slam" type="cmd_save_map.sh" name="csm_2d" />
</launch>
```

该命令启动的节点包括：Spark 机器人运动控制模型、Spark 机器人运动控制节点、激光雷达节点、Hector SLAM 算法节点、键盘控制节点、地图保存节点。

（2）查看 Hector SLAM 算法配置文件，仅使用激光雷达时，修改 spark_hector.launch 配置文件的下面三行：

```
<arg name="odom_frame" default="base_footprint"/>
<arg name="pub_map_odom_transform" default="false"/>
<node pkg="tf" type="static_transform_publisher" name="map_odom_broadcaster" args="0 0 0 0 0 0
/map /odom 100" />
```

spark_hector.launch 配置文件（仅使用激光雷达数据，不使用里程计数据）的内容如下：

```
<launch>
<!-- Arguments -->
<arg name="configuration_basename" default="spark_lds_2d.lua"/>
<arg name="odom_frame" default="base_footprint"/>
<arg name="base_frame" default="base_footprint"/>
<arg name="scan_subscriber_queue_size" default="5"/>
<arg name="scan_topic" default="scan"/>
<arg name="map_size" default="512"/>
<arg name="pub_map_odom_transform" default="false"/>
<arg name="tf_map_scanmatch_transform_frame_name" default="scanmatcher_frame"/>

<!-- Hector SLAMmapping -->
<node pkg="hector_mapping" type="hector_mapping" name="hector_mapping" output="screen">

    <!-- Frame names -->
    <param name="map_frame"   value="map" />
```

```
        <param name="odom_frame" value="$(arg odom_frame)" />
        <param name="base_frame" value="$(arg base_frame)" />

        <!-- Tf use -->
        <param name="use_tf_scan_transformation"   value="true"/>
        <param name="use_tf_pose_start_estimate"   value="false"/>
        <param name="pub_map_scanmatch_transform" value="true" />
        <param name="pub_map_odom_transform"       value="$(arg pub_map_odom_transform)"/>
        <param name="tf_map_scanmatch_transform_frame_name" value="$(arg tf_map_scanmatch_
transform_frame_name)" />

        <!-- Map size / start point -->
        <param name="map_resolution" value="0.050"/>
        <param name="map_size"         value="$(arg map_size)"/>
        <param name="map_start_x"      value="0.5"/>
        <param name="map_start_y"      value="0.5" />
        <param name="map_multi_res_levels" value="2" />

        <!-- Map update parameters -->
        <param name="update_factor_free"            value="0.4"/>
        <param name="update_factor_occupied"        value="0.9" />
        <param name="map_update_distance_thresh" value="0.1"/>
        <param name="map_update_angle_thresh"       value="0.04" />
        <param name="map_pub_period"                value="2" />
        <param name="laser_z_min_value"             value= "-0.1" />
        <param name="laser_z_max_value"             value= "0.1" />
        <param name="laser_min_dist"                value="0.12" />
        <param name="laser_max_dist"                value="3.5" />

        <!-- Advertising config -->
        <param name="advertise_map_service"         value="true"/>
        <param name="scan_subscriber_queue_size"   value="$(arg scan_subscriber_queue_size)"/>
        <param name="scan_topic" value="$(arg scan_topic)"/>

        <!-- Debug parameters -->
        <!--
          <param name="output_timing"         value="false"/>
          <param name="pub_drawings"          value="true"/>
          <param name="pub_debug_output"      value="true"/>
        -->
    </node>
    <node pkg="tf" type="static_transform_publisher" name="map_odom_broadcaster" args="0 0 0 0 0 0
/map /odom 100" />
    </launch>
```

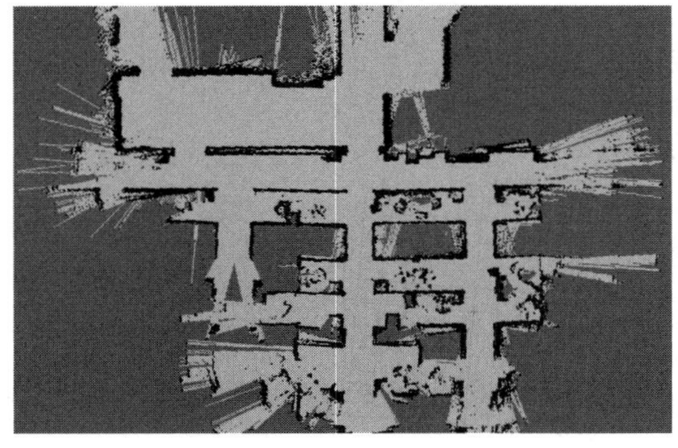

图 4.14　Hector SLAM 算法的建图效果

（3）通过键盘控制机器人在室内环境中运动。Hector SLAM 算法的建图效果如图 4.14 所示，地图没有出现明显的偏移或变形。

（4）保存地图。运行一段时间后，切换到提示保存地图的命令行中，按下任意键保存当前建好的地图。地图文件将被保存至 spark_slam/scripts 文件夹下，该文件夹下可以看到 test_map.pgm 和 test_map.yaml 两个地图文件。

4.3.2　建图结果

由式（4-12）可知，Hector SLAM 算法采

用高斯牛顿迭代法求解全局最优解，而当移动机器人运动过于剧烈时，该方法往往无法求得全局最优解，而求得了一个局部最优解或者迭代数次后无法收敛。由于 Hector SLAM 算法存在累计误差，且没有消除累计误差的措施，所以最终会造成求解失败。因此，当移动机器人运动过于剧烈时，会导致 Hector SLAM 算法失效，尤其是当机器人转向过快时，地图会出现明显的偏差，从而导致建图失败。由此可知，Hector SLAM 适合高采样频率的传感器。

4.4　本章小结

本章主要介绍 SLAM 基本原理及常见的激光 SLAM 算法，分析了 SLAM 中的两大关键技术——环境建图与位姿估计；然后举例讲解了移动机器人坐标变换方法；最后分析了两种经典的激光 SLAM 算法：Gmapping 和 Hector SLAM，并通过两个任务，使读者理解 SLAM 的关键技术，为将来进一步学习或研究其他 SLAM 算法打下基础。

参 考 文 献

[1] 塞巴斯蒂安·特龙，沃尔弗拉姆·比加尔，迪特尔·福克斯.概率机器人学[M]. 曹红玉，谭志，史晓霞，译.北京：机械工业出版社，2019.

[2] 蒂莫西 • D.巴富特.机器人学中的状态估计[M]. 高翔，颜沁睿，刘富强，译. 西安：西安交通大学出版社, 2019.

[3] 郑威. 移动机器人建图与定位系统关键技术研究[D]. 武汉：华中科技大学, 2017.

[4] Dellaert F, Fox D, Burgard W,et al. Monte Carlo localization for mobile robots[C]//Robotics and Automation, 1999. Proceedings. 1999 IEEE International Conference on.IEEE, 1999.DOI:10.1109/ROBOT. 1999. 772544.

[5] Grisetti G, Stachniss C, Burgard W .Improved Techniques for Grid Mapping With Rao-Blackwellized Particle Filters[J].IEEE Transactions on Robotics, 2007, 23(1):34-46.DOI:10.1109/TRO.2006.889486.

[6] Hess W, Kohler D, Rapp H,et al.Real-time loop closure in 2D LIDAR SLAM[C]//2016 IEEE International Conference on Robotics and Automation (ICRA).IEEE, 2016.DOI:10.1109/ICRA.2016.7487258.

[7] Montemarlo M .FastSLAM: A Factored Solution to the Simultaneous Localization and Mapping Problem[C]//Proc of Theaaai National Conference on Artificial Intelligence.American Association for Artificial Intelligence, 2002.DOI:10.1007/s00244-005-7058-x.

[8] Montemerlo M ， Thrun S． Simultaneous localization and mapping with unknown data association using FastSLAM [C]//Proc of the IEEE Int Conf on Robotics＆Automation． Taipei：IEEE Press． 2003：1985-l991．

[9] Montemerlo M, Thrun S, Koller D,et al.FastSLAM 2.0: an improved particle filtering algorithm for simultaneous localization and mapping that provably converges[J].proc.int.conf.on artificial intelligence, 2003.DOI:10.1007/s00214-013-1423-z.

[10] A. Doucet, J.F.G. de Freitas, K. Murphy, and S. Russel.　Rao-Blackwellized partcile filtering for dynamic bayesian networks[C]. Proceedings of the Conference on Uncertainty in Artificial Intelligence (UAI 2000), pp:176–183, June 30-July 3 2000, San Francisco, CA, USA.

[11] Zhang J, Singh S .LOAM: Lidar Odometry and Mapping in Real-time[C]//Robotics: Science and Systems Conference.2014.DOI:10.15607/RSS.2014.X.007.

[12] Shan T, Englot B .LeGO-LOAM: Lightweight and Ground-Optimized Lidar Odometry and Mapping on Variable Terrain[C]//2018 IEEE/RSJ International Conference on Intelligent Robots and Systems (IROS).IEEE, 2019.DOI:10.1109/IROS.2018.8594299.

[13] 申泽邦, 雍宾宾, 周庆国, 李良, 李冠憬. 无人驾驶原理与实践[M]. 北京：机械工业出版社, 2019.

扩 展 阅 读

（1）掌握卡尔曼滤波原理。

（2）熟悉 LOAM 及其改进版本 LeGO-LOAM 原理。

练 习 题

（1）简要描述 SLAM 的基本过程。

（2）ROS 导航框架为机器人定位、建图提供了什么方便？

（3）SLAM 系统的后端处理有哪些优化算法？不同的算法各有什么优缺点？

（4）举例说明移动机器人 base_link 坐标系和 base_laser 坐标系的变换。

（5）Gmapping 算法的核心思想和流程是什么？

（6）ROS Gmapping 功能包的输入、输出是什么？订阅和发布了哪些主题？

（7）说明 Hector SLAM 算法的原理和优缺点。

（8）写出高斯牛顿迭代法的数学表达式。

（9）在命令行中，输入启动命令：roslaunch turtle_tf2 turtle_tf2_demo.launch。该命令用于启动 ROS 中内置的小海龟跟随案例，即用键盘控制一只小海龟运动，另一只小海龟跟随运动，在计算机中复现该案例。

（10）在小海龟跟随案例操作过程中，使用 rosbag 录制数据集，并在录制结束后实现 2 倍速回放。

（11）Gmapping 是经典的 2D 激光 SLAM 算法之一，请结合任务 2 安装 Gmapping 及依赖项。在熟练使用 rosbag 工具后，下载相关数据集，运行 Gmapping，实现建图。

第 5 章　移动机器人自主导航

导航与定位是机器人研究中的重要部分。移动机器人在陌生环境下使用传感器进行建图，然后进行导航、定位。ROS 中，有很多完善的功能包可供开发者直接使用，进行导航需要使用以下功能包：

（1）move_base：进行路径规划，使移动机器人到达指定的位置。

（2）gmapping、hector 或 cartographer 等：根据激光雷达的扫描数据建图。

（3）amcl：根据已经建立好的地图进行定位。

在上一章中，本书介绍了如何利用激光雷达进行地图构建。在此基础上，本章将介绍机器人在地图信息已知的情况下，如何利用传感器信息确定机器人的位置，以及进行自主导航。

5.1　基于地图的定位

如果知道机器人初始位置和左右轮的速度，就可以计算出在一段时间内左右轮分别走了多少距离，进而计算出机器人的位移和转角，从而更新位姿信息。但是，这种方法存在很大的问题。首先，速度是通过机器人的内部传感器获得的，由于传感器存在误差，因此通过对时间积分求距离，累计误差会更大；另外，移动机器人在运动过程中，存在类似打滑的问题，使位姿估计不准确。因此，结合地图来对机器人进行定位能有效减小误差。

5.1.1　蒙特卡罗定位

蒙特卡罗定位（Monte Carlo Localization，MCL）算法是一种概率算法，其将机器人当前位置看成许多粒子的密度模型，采用基于粒子滤波的方法来进行定位。每个粒子可以看成机器人在此位置的假设。蒙特卡罗定位算法可以用在带有外部距离传感器（如激光雷达）的机器人系统上。激光雷达可测量各个方向上机器人与最近障碍物之间的距离。在每个时间点上，机器人都会获得激光雷达的测量值。如图 5.1 所示，图 5.1（a）中，三角形代表机器人，直线代表激光束，正方形格子是机器人在该激光束方向上检测到的最近障碍物；图 5.1（b）为占据栅格地图（Occupancy Grid Map），其中白色格子表示障碍物，黑色格子表示空白位置。

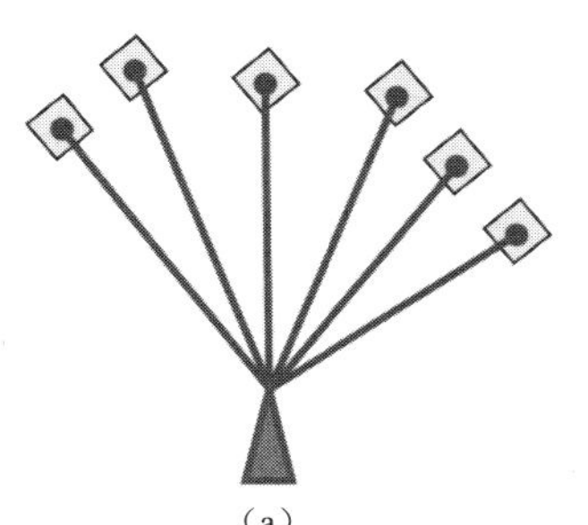
（a）

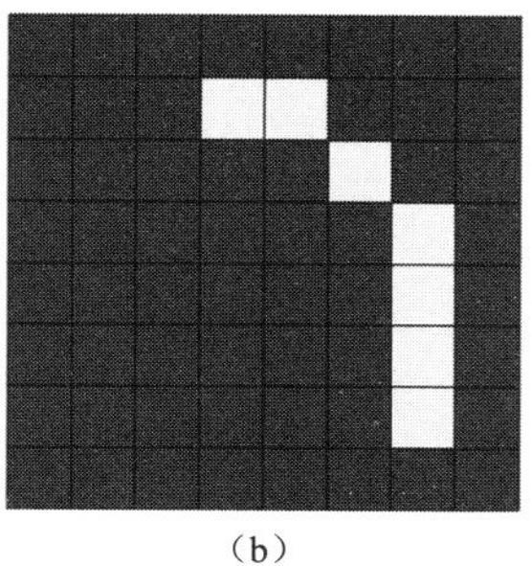
（b）

图 5.1　激光雷达与地图信息

这样，某个时间点的移动机器人定位问题就变成了求解最优函数的问题。根据激光雷达的测量数据，可确定符合地图信息的移动机器人位姿的最优估计，如图 5.2 所示。

如图 5.3 所示，蒙特卡罗定位算法的步骤如下。

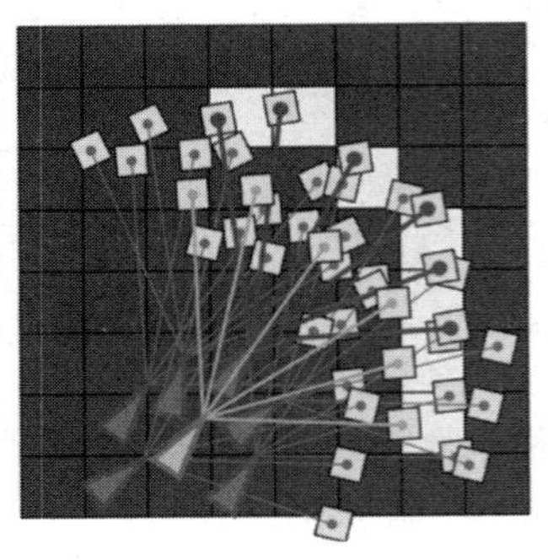

图 5.2　移动机器人位姿的最优估计

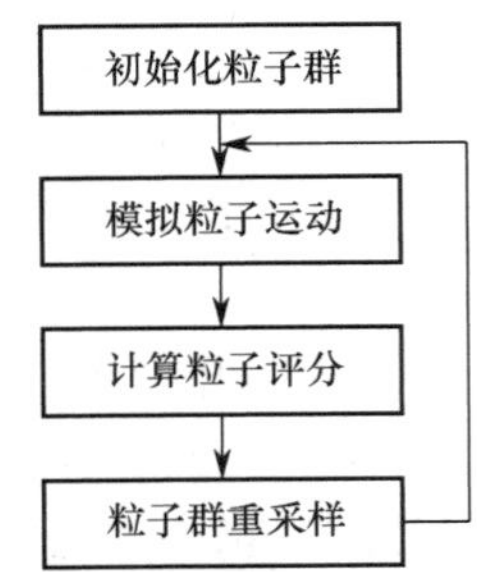

图 5.3　蒙特卡罗定位算法步骤

（1）初始化粒子群。定义粒子群大小为 M，在机器人初始位姿已知的情况下，可复制 M 个初始位姿作为初始粒子群；而在初始位姿未知的情况下，可利用高斯分布随机采样的方法初始化粒子群，即使粒子均匀分布在地图上。

（2）模拟粒子运动。模拟粒子运动可以根据机器人的运动模型，对任意粒子做下一时刻的运动估计，从而得到下一时刻的粒子群，这种方法需要准确地对机器人做运动建模；然而有些时候机器人的运动模型难以建立，可以利用机器人运动的连续性（在两个相邻的采样时间间隔内机器人的运动范围是有限的），使用随机函数生成粒子来描述机器人可能运动到的位置。

（3）计算粒子评分。对于激光雷达采集的每个点，激光雷达读数与地图的匹配有四种情况，如表 5.1 所示。

表 5.1　激光雷达读数与地图匹配情况

匹配情况	Free	Occupied
Free	a	b
Occupied	c	d

如表 3.1 所示，每种匹配情况均有相应的评分，例如，(a，b，c，d) = (+1，−5，−5，+10)，实际情况下，激光雷达扫描出的空白区域会较多，而计算这个栅格的评分又十分耗时，因此可以只计算激光雷达定位到的障碍物与地图中的障碍物的吻合个数，即修改评分为（a，b，c，d）=（0，0，0，+1），对每个粒子评分结束后，选取评分最高的粒子用于该时刻机器人的位姿估计。

（4）粒子群重采样。在每次评分结束后，会发现有些粒子评分很低，即这些粒子严重偏离了机器人的可能位姿，这些粒子必须舍弃掉，以提高粒子群的质量与收敛速度；而有些粒子的评分则很高，并且这些粒子的评分都很接近，则需要保留这些粒子。但直接将评分过低的粒子舍弃必然会减少总粒子数，为了保持粒子群规模大小不变，可以对高得分的粒子进行简单的复制重采样，以保持粒子总数不变。这就是粒子群重采样的过程。

根据上述四个步骤可知，蒙特卡罗定位算法具有如下优点。

（1）无须对机器人进行运动建模即可以对机器人的全局位姿进行估计。

（2）无须知道机器人的初始位姿。

（3）计算过程消耗的内存较少，计算量较小，计算结果较为准确。

（4）机器人运动位姿的估计非常平滑，适合做移动机器人的导航控制。

（5）算法容易实现。

然而蒙特卡罗定位算法也有如下缺点。

（1）一旦机器人位置出现跳变，蒙特卡罗定位算法将失效（存在“机器人绑架”问题）。

（2）定位精度与粒子数有关，提高定位精度需要使用大量粒子。

（3）定位收敛速度较慢。

蒙特卡罗定位算法适用于局部定位和全局定位两类问题，已经成为机器人定位领域中的主流算法。但蒙特卡罗定位算法无法从“机器人绑架”（缺少机器人之前的位置信息或机器人位置出现跳变，导致机器人先前的位置信息的丢失）或全局定位失败中恢复过来。当机器人位置被获取时，其他地方的不正确粒子会逐渐消失。因而在某种程度上，粒子只能“生存”在一个单一的位姿附近，如果这个定位不正确，算法就无法恢复。

5.1.2　自适应蒙特卡罗定位

为解决蒙特卡罗定位算法的一些弊端，人们开发出了它的许多改进版本，其中自适应蒙特卡罗定位（Adaptive Monte Carlo Localization，AMCL）算法颇为有效。由于蒙特卡罗定位算法在粒子群重采样步骤中，可能会意外丢弃所有正确位姿附近的粒子。当粒子数很小（如 50 个），并且扩散到比较大的区域中（如全局定位过程）时，这个问题的严重性就充分显示出来了。这就需要对蒙特卡罗定位算法进行优化，自适应蒙特卡罗定位算法的“自适应”主要体现在两方面：一是解决粒子数固定的问题，当移动机器人定位收敛时，粒子基本都集中在一处，此时可以适当减少粒子数；二是解决“机器人绑架”问题，当发现粒子的平均分数突然降低了（正确的粒子在某次迭代中被抛弃了）时，在全局区域再重新散布一些粒子。

对于“机器人绑架”问题，自适应蒙特卡罗定位算法采用启发式的方法，并提出在重采样的过程中随机加入粒子。“机器人绑架”是一个小概率事件，因此，自适应蒙特卡罗定位算法也是以一定的概率随机散布自由粒子的，但这也引出了两个问题：需要加入多少自由粒子以解决问题？自由粒子是怎样分布的？

对于第一个问题，自适应蒙特卡罗定位算法定义并监视两个权重 ω_{slow} 和 ω_{fast}，它们分别代表长期估计权重和实时估计权重。ω_{slow} 与 ω_{fast} 由设定的参数 α_{slow} 及 α_{fast} 控制，结合前述蒙特卡罗定位与粒子滤波的原理，可计算所有粒子的平均权重 ω_{avg}。则 ω_{slow} 和 ω_{fast} 可用式（5-1）计算：

$$\begin{cases}\omega_{\text{slow}} = \omega_{\text{slow}} + \alpha_{\text{slow}}(\omega_{\text{avg}} - \omega_{\text{slow}}) \\ \omega_{\text{fast}} = \omega_{\text{fast}} + \alpha_{\text{fast}}(\omega_{\text{avg}} - \omega_{\text{fast}})\end{cases} \tag{5-1}$$

而自由粒子的数量则由式（5-2）计算：

$$\max\{0\ ,\ 1-\frac{\omega_{\text{fast}}}{\omega_{\text{slow}}}\} \tag{5-2}$$

当实时估计权重大于长期估计权重时，不加入自由粒子，否则加入自由粒子的数目由式（5-2）计算。

对于第二个问题，加入的自由粒子分布在地图中的自由栅格区，采取均匀分布模型随机分布。

此外，在蒙特卡罗定位算法中，所用粒子数是固定不可变的，而自适应蒙特卡罗定位算法则采取 KLD（Kullback-Leibler Divergence，KL 散度）采样的方式，自适应计算所需粒子数，提高粒子的利用率，减少粒子的冗余，从而提高系统的计算速度并降低系统内存资源的消耗。在蒙特卡罗定位算法中，需要使用均匀随机的粒子覆盖整个地图，因此所需粒子数较多，而当粒子逐渐收敛后，要继续维护如此庞大的粒子群是极其浪费的。故算法中使用式（5-3）计算所需粒子数目的上界 N_{top}。KLD 采样会不断地生成粒子，直到满足式（5-3）所示的上界为止。

$$N_{top} = \frac{k-1}{2\alpha}\left(1-\frac{2}{9(k-1)}+\sqrt{\frac{2}{9(k-1)}}\beta\right)^3 \tag{5-3}$$

其中，α 与 β 分别为真实分布和估计分布之间的最大误差与标准正态分布分位数；k 为粒子状态空间为非空的个数。由式（5-3）可知，粒子数目的上界与 k 有着近似的线性关系，在初始情况下，即全局坐标定位开始时，粒子较为分散，k 值较大，故粒子数目上界较高，保证了定位精度；当全局定位完成后，问题转化为轨迹跟踪问题，此时粒子较为集中，处于收敛状态，粒子的状态空间非空的个数较少，k 值较小，故粒子数目上界较低。通过这样的控制方式，粒子数目得到了有效的动态调整，从而提高了系统的收敛速度。

在 ROS 的导航框架中，amcl 功能包被用于实现移动机器人定位，蒙特卡罗定位算法与里程计定位方法不同，利用外部传感器来得到移动机器人在全局地图中的信息，消除了里程计定位累计误差。下面介绍 amcl 功能包的各种接口。

5.1.2.1 amcl 功能包的主题与服务

amcl 功能包订阅的主题如下。

（1）tf（tf/tfMessage）：表示坐标变换信息。

（2）initialpose（geometry_msgs/PoseWithCovarianceStamped）：表示用于初始化粒子滤波器的均值和协方差。

（3）scan（sensor_msgs/LaserScan）：表示激光雷达测量数据。

（4）map（nav_msgs/OccupancyGrid）：设置 use_map_topic 参数后，amcl 会订阅 map 主题来获取地图数据，用于激光雷达定位。

amcl 功能包发布的主题如下。

（1）amcl_pose（geometry_msgs/PoseWithCovarianceStamped）：表示机器人在地图中的估计位姿，并带有协方差信息。

（2）particlecloud（geometry_msgs/PoseArray）：表示由粒子滤波器维护的位姿估计集合。

（3）tf（tf/tfMessage）：表示发布从 odom（可以通过~odom_frame_id 参数重新映射）到 map 的变换。

amcl 功能包的服务如下。

（1）global_localization（std_srvs/Empty）：用于启动全局定位，所有粒子在地图的空闲空间中随机分散。

（2）request_nomotion_update（std_srvs/Empty）：用于手动执行更新和发布更新粒子的服务。

amcl 功能包调用的服务如下。

static_map（nav_msgs/GetMap）：amcl 调用该服务来获取地图数据。

5.1.2.2　amcl 功能包中的参数

amcl 功能包中的参数很多，有三个类别的参数可用于配置 AMCL 节点：总体过滤器，激光模型和里程计模型。

1. 总体过滤器参数

（1）~min_particles（int，默认值：100）：允许的最小粒子数。

（2）~max_particles（int，默认值：5000）：允许的最大粒子数。

（3）~kld_err（double，默认值：0.01）：真实分布和估计分布之间的最大误差。

（4）~kld_z（double，默认：0.99）：（$1-p$）的上标准正常分位数，其中 p 是估计分布误差小于 kld_err 的概率。

（5）~update_min_d（double，默认值：0.2）：执行一次过滤器更新需要的平移距离（单位：m）。

（6）~update_min_a（double，默认值：$\pi/6.0$）：执行一次过滤器更新需要的旋转角度（单位：弧度）。

（7）~resample_interval（int，默认值：2）：重采样之前所需的过滤器更新次数。

（8）~transform_tolerance（double，默认为 0.1）：发布变换的时间，以指示此变换在未来有效（单位：s）。

（9）~recovery_alpha_slow（double，默认值：0.0（禁用））：慢平均权重滤波器的指数衰减率，用于决定何时通过添加随机姿态来恢复，可能为 0.001。

（10）~recovery_alpha_fast（double，默认值：0.0（禁用））：快速平均权重滤波器的指数衰减率，用于决定何时通过添加随机姿态来恢复，可能为 0.1。

（11）~initial_pose_x（double，默认值：0.0）：初始姿态均值（x 轴），用于初始化具有高斯分布的滤波器（单位：m）。

（12）~initial_pose_y（double，默认值：0.0）：初始姿态均值（y 轴），用于初始化具有高斯分布的滤波器（单位：m）。

（13）~initial_pose_a（double，默认值：0.0），初始姿态均值（偏航角 yaw），用于初始化具有高斯分布的滤波器（单位：弧度）。

（14）~initial_cov_xx（double，默认值：0.5×0.5），初始姿态协方差（$x \times x$），用于初始化具有高斯分布的滤波器（单位：m）。

（15）~initial_cov_yy（double，默认值：0.50.5），初始姿态协方差（$y \times y$），用于初始化具有高斯分布的滤波器（单位：m）。

（16）~initial_cov_aa（double，默认值：（$\pi/12$）×（$\pi/12$）），初始姿态协方差（yaw × yaw），用于初始化具有高斯分布的滤波器（单位：弧度）。

（17）~gui_publish_rate（double，默认值：−1.0（禁用））：可视化时，发布信息的最大频率（单位：Hz）。

（18）~save_pose_rate（double，默认值：0.5）：在变量~initial_pose 和~initial_cov 中存储参数服务器最后估计姿态和协方差的最大频率，用于后续初始化过滤器（单位：Hz）。−1.0 表示禁用。

（19）~use_map_topic（bool，默认值：false）：当设置为 true 时，amcl 将订阅地图主题，而不是通过服务调用来接收地图。

（20）~first_map_only（bool，默认值：false）：当设置为 true 时，amcl 将只使用它订阅的第一个地图，而不是每次在接收到新的地图时就更新。

2. 激光模型参数

（1）~laser_min_range（double，默认值：−1.0）：最小扫描范围，−1.0 表示使用激光雷达默认的最小扫描范围。

（2）~laser_max_range（double，默认值：−1.0）：最大扫描范围，−1.0 表示使用激光雷达默认的最大扫描范围。

（3）~laser_max_beams（int，默认值：30）：表示在更新过滤器时要在每次扫描时使用多少束均匀间隔的光束。

（4）~laser_z_hit（double，默认值：0.95）：模型的 z_hit 部分的混合参数。

（5）~laser_z_short（double，默认值：0.1）：模型的 z_short 部分的混合参数。

（6）~laser_z_max（double，默认值：0.05）：模型的 z_max 部分的混合参数。

（7）~laser_z_rand（double，默认值：0.05）：模型的 z_rand 部分的混合参数。

（8）~laser_sigma_hit（double，默认值：0.2）：在模型的 z_hit 部分中使用的高斯模型的标准偏差（单位：m）。

（9）~laser_lambda_short（double，默认值：0.1）：模型的 z_short 部分的指数衰减参数。

（10）~laser_likelihood_max_dist（double，默认：2.0）：在地图上做障碍物膨胀的最大距离，用于 likelihood_field 模型（单位：m）。

（11）~laser_model_type（string，默认值：likelihood_field）：用于模型选择，可选 beam、likelihood_field 或 likelihood_field_prob。

3. 里程计模型参数

（1）~odom_model_type（string，默认值：diff）：用于模型选择，可选 diff、omni、diff-corrected 或 omni-corrected。

（2）~odom_alpha1（double，默认值：0.2）：根据机器人运动的旋转分量，指定里程计旋转估计中的预期噪声。

（3）~odom_alpha2（double，默认值：0.2）：根据机器人运动的平移分量，指定里程计旋转估计中的预期噪声。

（4）~odom_alpha3（double，默认值：0.2）：根据机器人运动的平移分量，指定里程计平移估计中的预期噪声。

（5）~odom_alpha4（double，默认值：0.2）：根据机器人运动的旋转分量，指定里程计平移估计中的预期噪声。

（6）~odom_alpha5（double，默认值：0.2）：与平移相关的噪声参数（仅在模型为 omni 时使用）。

（7）~odom_frame_id（string，默认值：odom）：里程计坐标系。

（8）~base_frame_id（string，默认值：base_link）：机器人本体坐标系。

（9）~global_frame_id（string，默认值：map）：定位系统发布的全局坐标系。

（10）~tf_broadcast（bool，默认值：true）：设置为 false 时，amcl 不会发布 map 和 odom 之间的坐标系变换。

任务 1　移动机器人定位

在完成本任务前，请确保已经完成了第 4 章的任务 2 或任务 3，并保存了地图，否则执行命令时将报错。注意：机器人必须在已建地图的范围内运行，否则定位将失败。

下面演示移动机器人定位实验，输入以下命令启动 AMCL 定位功能：

```
$ cd spark
$ source devel/setup.bash
$ roslaunch spark_navigation amcl_rviz.launch lidar_type_tel:=3iroboticslidar2
```

注意：如果 Spark 机器人配置的是 EAI 激光雷达（g2 或 g6），idar_type_tel:=3iroboticslidar2 需要改为 lidar_type_tel:=ydlidar_g2 或 ydlidar_g6。

其中， amcl_rviz.launch 文件的内容如下：

```
<!--Spark navigation lidar-->

<launch>
    <!--Spark 机器人运动控制模型-->
    <include file="$(find spark_description)/launch/spark_description.launch"/>

    <!--Spark 机器人运动控制节点-->
    <include file="$(find spark_base)/launch/spark_base.launch">
        <arg name="serialport"    value="/dev/sparkBase"/>
    </include>

    <!--激光雷达节点-->
    <arg name="3d_sensor" default="3i_lidar"/>
    <include file="$(find iiiroboticslidar2)/launch/3iroboticslidar2.launch">    </include>

    <!--地图保存节点-->
    <arg name="map_file" default="$(find spark_slam)/scripts/test_map.yaml"/>
    <node name="map_server" pkg="map_server" type="map_server" args="$(arg map_file)" />

    <!—AMCL 定位节点-->
    <arg  name="custom_amcl_launch_file"  default="$(find  spark_navigation)/launch/includes/amcl/
$(arg 3d_sensor)_amcl.launch.xml"/>
    <arg name="initial_pose_x" default="0.0"/> <!-- Use 17.0 for willow's map in simulation -->
    <arg name="initial_pose_y" default="0.0"/> <!-- Use 17.0 for willow's map in simulation -->
    <arg name="initial_pose_a" default="0.0"/>
    <include file="$(arg custom_amcl_launch_file)">
        <arg name="initial_pose_x" value="$(arg initial_pose_x)"/>
        <arg name="initial_pose_y" value="$(arg initial_pose_y)"/>
        <arg name="initial_pose_a" value="$(arg initial_pose_a)"/>
    </include>

    <!--rviz 显示节点-->
    <arg name="rvizconfig" default="$(find spark_navigation)/rviz/amcl_lidar.rviz" />
    <node name="rviz" pkg="rviz" type="rviz" args="-d $(arg rvizconfig)" required="true"/>

</launch>
```

上述命令启动的节点包括：Spark 机器人运动控制模型、Spark 机器人运动控制节点、激光雷达节点、地图保存节点、AMCL 定位节点、rviz 显示节点。启动成功后，即可在 rviz 中观察到地图和初始粒子群，如图 5.4 所示，图中粒子代表移动机器人位姿估计的可能分布情况。

图 5.4　初始粒子群分布

初始时，粒子是分散的。启动键盘控制节点后，通过控制机器人运动，使得粒子收敛，命令如下：

```
$ source ~/spark/devel/setup.bash
$ rosrun spark_teleop teleop_node 0.2 1
```

随着移动机器人的运动，可以看到粒子群逐渐收敛。收敛后的粒子群分布如图 5.5 所示，可见粒子比较集中，定位效果较好。

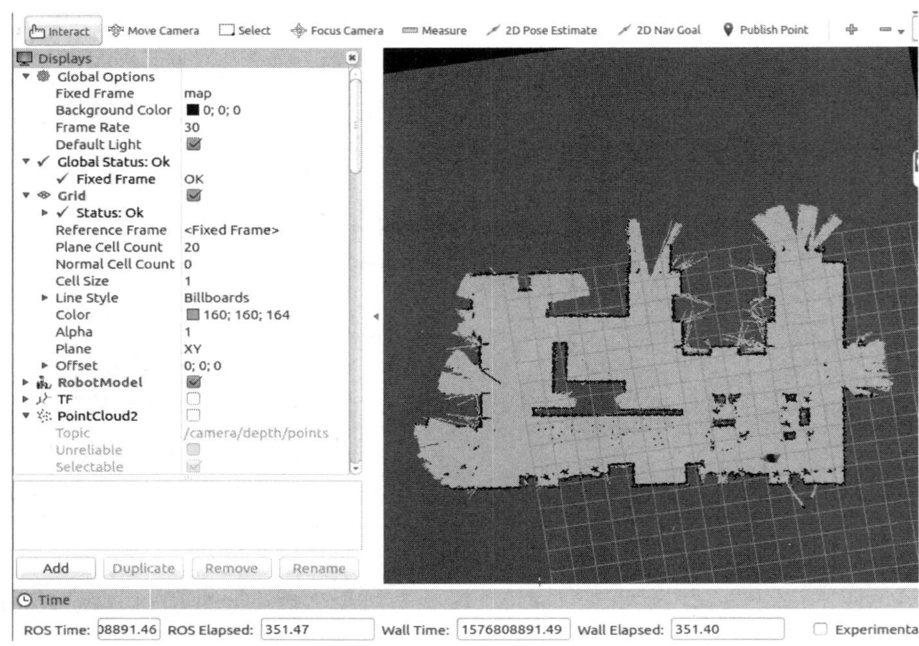

图 5.5　收敛后的粒子群分布

5.2　基于地图的自主导航

5.2.1　导航框架

机器人导航包含定位和路径规划两个核心内容，ROS 提供的 amcl 和 move_base 功能包能够建立起一套完整的导航框架，实现机器人的导航功能。ROS 的导航功能框架如图 5.6 所示。Navigation（导航）功能包的核心是 move_base 功能包，其包含了 global_planner、local_planner、global_costmap、local_costmap、recovery_behaviors 五个包。

move_base 功能包订阅 TF（坐标系转换）、odom（里程计数据）、map（地图）、sensor data（激光雷达数据或点云）及 goal（目标位置）等主题，之后发布 cmd_vel 主题。

TF：利用 ROS 的 TF 工具发布坐标系之间的转换关系，包括：/map->/odom，/odom->/base_link，/base_link->/sensor 等。

odom：导航需要用到里程计数据，需将其用 TF 工具和 nav_msgs/Odometry 消息发布出来。

map：在导航前，提供一张全局地图，需要提前创建（但不是必须的）。

sensor data：用于避障、建图等，可以是激光雷达数据或点云数据（sensor_msgs/ LaserScan or sensor_msgs/PointCloud）。

goal：目标位置在全局地图中的坐标，用 geometry_msgs/PoseStamped 消息格式发布。

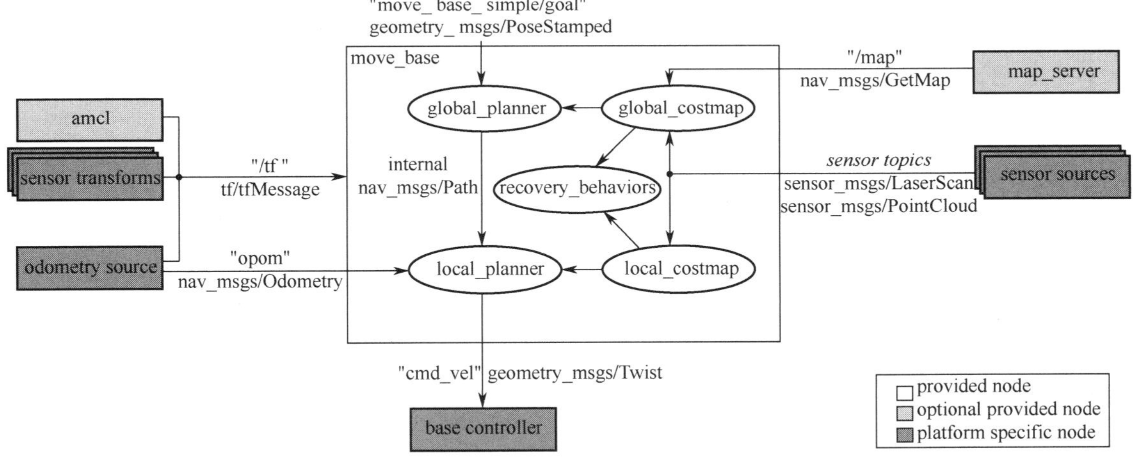

图 5.6　ROS 的导航功能框架

ROS 的导航功能框架中几个主要组件的功能如下。

（1）sensor transforms 组件。该组件涉及使用 TF 进行传感器坐标的变换，机器人中心往往不是传感器中心，需要把传感器的测量数据变换成以机器人中心为原点的坐标信息。例如，若传感器获取的数据是基于激光雷达坐标系 base_laser 的，而控制机器人时，是以机器人本体坐标系 base_link 进行的，则需要根据两者的位置关系进行坐标变换。

（2）sensor sources 组件。这是机器人导航传感器的数据输入组件，数据一般只有两种：激光雷达数据、点云数据。

（3）odometry source 组件。该组件负责提供机器人导航需要输入的里程计数据。

（4）base controller 组件。该组件负责将导航过程中得到的数据封装成具体的线速度和转向角度，发布给硬件平台。

（5）map_server 组件。ROS 的 costmap 地图采用网格形式，每个网格值的范围为 0～255，分为三种状态：占用（障碍物）、无用（自由的）、未知。

ROS 的导航功能框架包含的功能包很多，直接使用如下命令安装：

```
$ sudo apt-get install ros-kinetic-navigation
```

尽管导航功能包设计得尽可能通用，但是其仍然对机器人的硬件有以下三个要求：

（1）导航功能包仅对差分轮式机器人和完整约束轮式机器人有效，并且假设可直接使用速度命令对机器人进行控制，速度命令的格式为：x 方向速度、y 方向速度、速度向量角度。

（2）导航功能包要求机器人安装有激光雷达等二维平面测距传感器，以建图和定位。

（3）导航功能包以方形或者圆形的机器人为模型进行开发，对于其他外形的机器人，虽然可以正常使用，但是支持度可能不佳。

在 ROS 的导航功能框架中可以看到，move_base 功能包提供了 ROS 导航的配置、运行和交互接口，它主要包括两个部分：全局路径规划和局部路径规划。

5.2.2 全局路径规划

全局路径规划是在已知的环境中，从机器人当前位置找到一条到达目标位置最佳路径的过程。这里所说的最佳路径指的是路径上没有障碍物的情况下的最短路径。如果机器人在按照规划好的全局路径进行运动的过程中，遇到阻碍物，则要进行局部路径规划，绕开障碍物，到达目标位置。

例如，栅格地图将实际的场地划分为很多小区域，每个小区域称为一个栅格，每个栅格代表一个节点，这些节点分为障碍物节点、自由节点和未知节点，所有的节点在同一个尺度坐标系下拥有各自唯一的坐标。每个栅格中的障碍物信息用一个二进制数表示，其中“1”表示障碍物节点，“0”表示自由节点，为了简单和安全，将未知节点也用“1”表示，以避免机器人运动到未知区域。所有的自由节点构成了地图中的“自由区”，在“自由区”中，将所有路径点依次连接起来就构成了一幅加权“图”，权值为节点与节点之间的距离，全局路径规划就是求图中顶点到顶点之间的最短路径。

图论（Graph Theory）是数学的一个分支，它以图为研究对象，已经成为解决自然科学、工程技术、社会科学中许多问题的有力工具。图是表示物体与物体之间关系的数学对象，图可定义为一个有序的二元组(V, E)，其中 V 称为顶点集（Vertices Set），E 称为边集（Edges Set），E 与 V 不相交，它们也可写成 $V(G)$和 $E(G)$。如果在图中给每一条边规定一个方向，则该图称为有向图。在有向图中，与一个顶点相关联的边有出边和入边之分。相反，边没有方向的图称为无向图。

最短路径求解问题是图论中的一个经典问题，即寻找两点之间“距离”值最短的路径，常用的算法有 Dijkstra 算法和 A*算法。

5.2.2.1 Dijkstra 算法

Dijkstra（迪杰特斯拉）算法是典型的单源最短路径算法，它用于计算图中一个顶点到其他顶点之间的最短路径。该算法的基本思想是：以起点为中心，每次找到离起点最近的一个顶点，然后以该顶点为中心向外逐层扩展，直到扩展到目标点为止，最终得到起点到其余所有点的最短路径。

设 $G=(V, E)$ 是一个带权的有向图，且权值均大于 0，把图中顶点集 V 分成两组，第一组叫集合 S，是已求出最短路径的顶点的集合，以后每求得一条最短路径，就将其加入集合 S 中，直到所有的顶点全部加入集合 S 中为止。第二组叫集合 U，为其余未确定最短路径的顶点的集合，按照最短路径长度的递增次序，依次把第二组中的顶点加入 S 中，在加入的过程中，总要保持从起点到 S 中各顶点的最短路径长度不大于从起点到 U 中任何顶点的最短路径长度。

Dijkstra 算法具体的步骤如下。

（1）初始化。S 中只包含起点，即 $S=\{V_0\}$，V_0 到 V_0 的距离为 0。U 中包含除起点之外的其他点。若 V_0 与 U 中的顶点 V_i 之间有边可达，则 V_i, V_0 之间有正常权值，一般就是距离值。若二者之间没有边可达，则 V_i, V_0 之间的权值为无穷大（编程时设为一个较大的数值，如 9999）。

（2）从 U 中选取一个距离 V_0 最近的顶点 V_k，把 V_k 加入 S 中，选定的权值就是 V_0 到 V_k 的最短路径长度。

（3）以 V_k 为新的中间点，修改 U 中各顶点的权值：如果从 V_0 经过 V_k 到顶点 V_m 的距离比从 V_0 直接到 V_m 的距离短，则修改顶点 V_m 的权值，使其等于 V_0 到 V_k 的距离与 V_k 到 V_m 的距离之和；如果从 V_0 经过 V_k 到顶点 V_m 的距离比从 V_0 直接到 V_m 的距离长，则维持顶点 V_m 的权值不变。

（4）重复以上步骤直到所有的顶点都被包含在集合 S 中。

图 5.7 所示是一个典型的无向图，下面用 Dijkstra 算法找出 A 点到其他各点的最短路径，路径搜索过程如表 5.2 所示。

图 5.7　一个典型的无向图

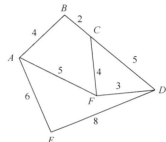

表 5.2　基于 Dijkstra 算法的路径搜索过程

步骤	集合 S	集合 U
1	加入 A 点，此时 $S=\{A\}$ 最短路径为 $A\rightarrow A=0$ 以 A 为中间点开始找	$U=\{B\ C\ D\ E\ F\}$ $A\rightarrow B=4$　$A\rightarrow E=6$　$A\rightarrow F=5$ $A\rightarrow$其他顶点=无穷大 得到 $A\rightarrow B=4$ 的权值最小
2	加入 B 点，此时 $S=\{A\ B\}$ 最短路径为 $A\rightarrow A=0, A\rightarrow B=4$ 以 B 为中间点，从 $A\rightarrow B=4$ 这条路径开始找	$U=\{C\ D\ E\ F\}$ $A\rightarrow B\rightarrow C=6$ $A\rightarrow B\rightarrow$其他顶点=无穷大 得到 $A\rightarrow B\rightarrow C=6$ 的权值最小
3	加入 C 点，此时 $S\{A\ B\ C\}$ 最短路径为 $A\rightarrow A=0, A\rightarrow B=4, A\rightarrow B\rightarrow C=6$ 以 C 为中间点，从 $A\rightarrow B\rightarrow C$ 这条路径开始找	$U=\{D\ E\}$ $A\rightarrow B\rightarrow C\rightarrow D=11$ $A\rightarrow B\rightarrow C\rightarrow F=10$（比第 1 步中 $A\rightarrow F=5$ 要大，F 的权值维持为 5，即 $A\rightarrow F=5$） $A\rightarrow B\rightarrow C\rightarrow E$=无穷大（比第 1 步中 $A\rightarrow E=6$ 要大，E 的权值维持为 6，即 $A\rightarrow E=6$） 得到 $A\rightarrow F=5$ 的权值最小
4	加入 F 点，此时 $S=\{A\ B\ C\ F\}$ 最短路径为 $A\rightarrow A=0, A\rightarrow B=4, A\rightarrow B\rightarrow C=6, A\rightarrow F=5$ 以 F 为中间点，从 $A\rightarrow F$ 这条路径开始找	$U=\{D\ E\}$ $A\rightarrow F\rightarrow D=8$（比第 3 步中 $A\rightarrow B\rightarrow C\rightarrow D=11$ 要小，D 的权值改为 8，即 $A\rightarrow F\rightarrow D=8$） $A\rightarrow F\rightarrow E$=无穷大（比第一步中 $A\rightarrow E=6$ 要大，E 的权值维持为 6，即 $A\rightarrow E=6$） 得到 $A\rightarrow E=6$ 权值最小

（续表）

步骤	集合 S	集合 U
5	加入 *E* 点，此时 *S*={*A B C F E*} 最短路径为 *A*→*A*=0，*A*→*B*=4，*A*→*B*→*C*=6，*A*→*F*=5，*A*→*E*=6 以 *E* 为中间点，从 *A*→*E* 这条路径开始找	*U*={*D*} *A*→*E*→*D*=14（比第 4 步中 *A*→*F*→*D*=8 要大，*D* 的权值维持为 8，即 *A*→*F*→*D*=8） 得到 *A*→*F*→*D*=8 权值最小
6	加入 *D* 点，此时 *S*={*A B C F E D*} 最短路径为 *A*→*A*=0，*A*→*B*=4，*A*→*B*→*C*=6，*A*→*F*=5，*A*→*E*=6, *A*→*F*→*D*=8	集合 *U* 已空，路径搜索完毕

由表 5.2 可以得到最短路径的搜索结果为：*A*→*A*=0, *A*→*B*=4, *A*→*B*→*C*=6, *A*→*F*=5, *A*→*E*=6, *A*→*F*→*D*=8。

在实际应用中，将机器人当前位置作为起点，各路径点作为目标点即可找到最佳路径，其中，顶点与顶点之间路径的权值直接等于栅格与栅格之间的距离。

Dijkstra 算法的验证效果如图 5.8 所示。

图 5.8 所示的结果是图 5.7 所示的无向图的最短路径搜索结果（代码运行结果中的顶点用正体字母表示），图 5.8 中上半部分是图 5.7 中无向图对应的邻接矩阵，搜索结果和表 5.2 中的分析一致。

5.2.2.2 A*算法

A*算法是在静态网络中求解最短路径的算法，它把启发式算法（Heuristic Approach）如 BFS（Breadth-First Search，广度优先搜索）算法和 Dijkstra 算法结合在一起，能保证找到一条最短路径。A*算法的核心思想是找到一条路径，使得机器人在该路径上行走时，每一步的移动代价 *G* 与估算成本 *H* 的和都是最小的。那么，问题也就转化为求取 *G* 与 *H* 的和最小的问题，下面将详细介绍 *G* 与 *H* 的意义及如何使 *G* 与 *H* 的和最小。

如图 5.9 所示，假设机器人想从栅格 A 行走到栅格 B，两栅格中间有一堵墙（黑色区域）。

```
   0      4   9999   9999      6      5
   4      0      2   9999   9999   9999
9999      2      0      5   9999      4
9999   9999      5      0      8      3
   6   9999   9999      8      0   9999
   5   9999      4      3   9999      0
请输入初始顶点编号:
0
A到A的最短距离为: 0 路径为: A->A
A到B的最短距离为: 4 路径为: A->B
A到C的最短距离为: 6 路径为: A->B->C
A到D的最短距离为: 8 路径为: A->F->D
A到E的最短距离为: 6 路径为: A->E
A到F的最短距离为: 5 路径为: A->F
```

图 5.8 Dijkstra 算法的验证效果

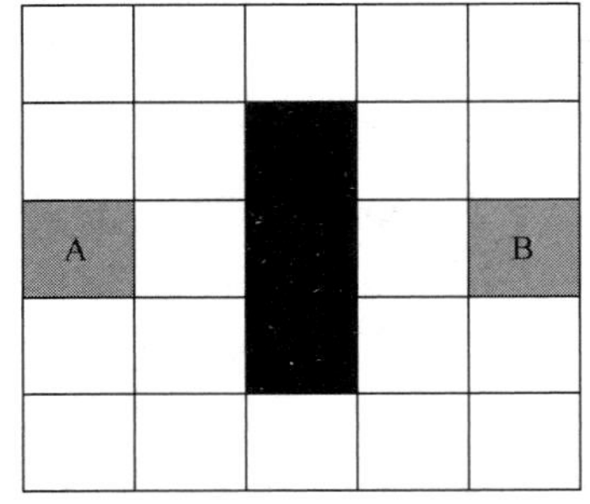

图 5.9 空间障碍物分布示意图

每个栅格的障碍物信息用一个二进制数表示，将有障碍物（墙）的地方与未知的地方统一设置为“1”；将可行走的“自由区”设置为“0”，这样的强制约束可以保证机器人的安全，使其在确切无误的“自由区”中行走。栅格 A 代表机器人的起点，栅格 B 代表机器人的目标点。算法的实施目标是找到从栅格 A 到栅格 B 的一条最短路径。

先给出下面两个定义。*G* 表示从栅格 A 移动到栅格 B 的移动代价；*H* 表示从指定栅格移动到栅格 B 的估算成本。将移动代价和估算成本都用距离值来代替，*G* 就变成了从栅格 A 到栅格 B 的距离（或代价，即启发式评估代价），*H* 表示从指定栅格到栅格 B 的距离（或代价）。

需要注意的是，这里的“距离”指的是经过的栅格数，并非用测量工具测得的直线距离。搜索过程如下：

（1）从栅格 A 开始，首先将栅格 A 放入一个待检查的栅格列表：Open 列表，这个列表里面存放的是需要检查和判断的栅格。

（2）查看所有与栅格 A 相邻的自由栅格，将它们添加到 Open 列表中，并把栅格 A 设置为这些栅格的父亲。

（3）把栅格 A 从 Open 列表中移除，加入另一个列表：Close 列表，这个列表中存放最终选定的栅格，这些栅格会连成最终的路径。

（4）计算 Open 列表中与栅格 A 相邻的所有栅格的 G 与 H，并求出它们的和，找到 G 与 H 的和最小的栅格，将其放到 Close 列表中作为下一个路径点，同时从 Open 列表中删除该栅格。

（5）检查所有与第 4 步中选出的栅格相邻的自由栅格，同时忽略掉已在 Close 列表中的栅格，如果有这样的栅格不在 Open 列表中，就将它加入 Open 列表。

（6）把选定的栅格作为新加入 Open 列表的栅格的父亲，如果某个相邻的自由栅格已经在 Open 列表中了，则检查经由选定的栅格到达这个自由栅格是否具有更小的 G，如果有，则将这个栅格的父亲设为当前选中的栅格，如果没有，则不做任何操作。

（7）不断重复以上操作，直到目标点（栅格 B）也加入了 Close 列表。此时，Close 列表里的点即为寻找的最短路径点。

实现 A*算法需要以下条件。

（1）地图：一个存储静态路网的结构，由栅格组成。

（2）栅格：组成地图的基本单位，也可以叫节点。每个栅格都具有五种属性：坐标、G、H、F（G 和 H 的和）、父亲。

（3）Open 列表：用于存储等待处理的栅格。

（4）Close 列表：用于存储实际路径上的栅格。

（5）起点与目标点：机器人初始位置与目标位置，是算法的两个输入。

以上这些存储结构是实现 A*算法所需要的，下面给出地图结构体、Close 列表、Open 列表的抽象定义。

地图结构体的定义包含了每个栅格的坐标、可达性、相邻栅格个数及栅格的值。

```
typedef struct  //地图结构体
{
    int x, y;    //栅格坐标
    unsigned char reachable, sur, value; //可达性、相邻栅格个数、栅格的值(0 或 1)
} MapNode;
```

Close 列表定义如下：

```
typedef struct  Close                    //Close 列表
{
    MapNode *cur;                        //指向地图结构体的指针
    char  vis;                           //记录栅格是否被访问
    struct Close  *father;               //记录父亲
    int  G,H,F;                          //移动代价、估算成本及两者的和
} Close;
```

Open 列表定义如下：

```
typedef struct  Open                     //Open 列表
{
    int length;                          //当前队列的长度
    Close *Array[MaxLength];             //评价栅格的指针
} Open;
```

A*算法就是围绕着以上三个重要结构体的实现来进行的。由于 A*算法需要对每个栅格的相邻栅格都分析其 F 值，而且地图是用二维数组来实现的，因此一个栅格最多有 8 个相邻栅格，为了一一处理这些栅格，我们设计一个大小为 8 的邻近数组，用循环从邻近数组的第 1 个元素处理到邻近数组的第 8 个元素。

```
typedef struct{
    signed char x,y;
} Point;
const Point dir[8] = {
    {0,1},{1,1},{1,0},{1,-1},        //东、东南、南、西南
    {0,-1},{-1,-1},{-1,0},{-1,1}     //西、西北、北、东北
};
```

例如，如图 5.10 所示，有阴影的栅格表示障碍物，空白的栅格为自由栅格。图中纵轴表示 x 方向，横轴表示 y 方向。图 5.11 所示是从起点(0,0)到目标点(10,12)的路径规划效果（使用 A*算法），由此可见，A*算法可以使机器人有效地避开障碍物，准确地找到最短路径。

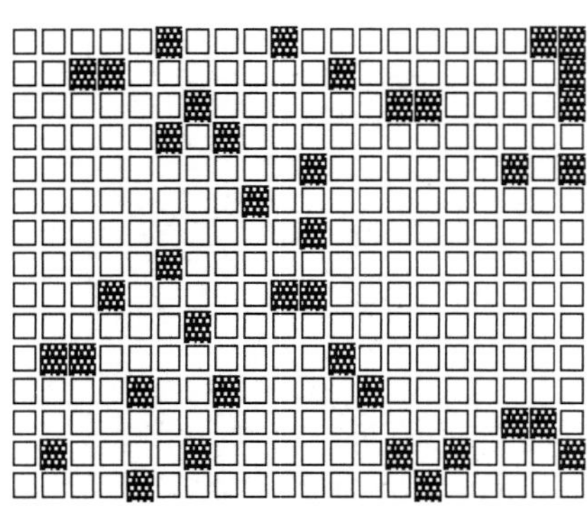

图 5.10 栅格地图

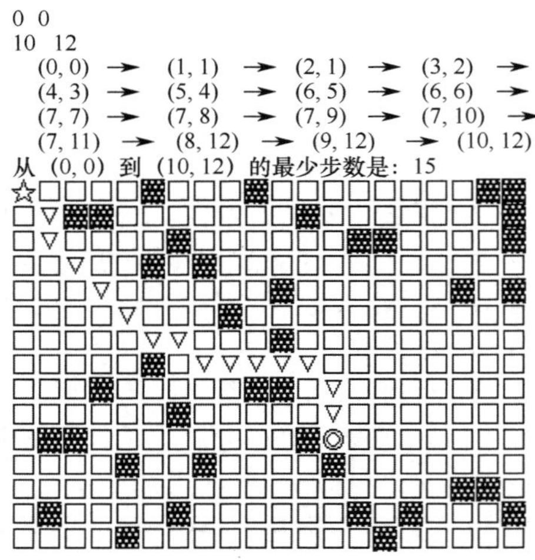

图 5.11 从起点(0,0)到目标点(10,12)的路径规划效果

传统的 A*算法求解得到的路径存在较多的折线拐点，导致获得的路径中存在一些冗余节点，这样的路径不是最优的，并且不利于控制机器人运动，因此需要对求解得到的路径进行优化，以减少路径中冗余节点数，提高机器人运动效率。D*算法是从 A*算法发展而来的，也是一种全局路径规划算法，是一种动态启发式路径搜索算法。D*算法的最大优点是不需要预先探明地图，在事先对环境未知的情况下，机器人也可以展开行动，随着机器人的不断探索，路径也会时刻调整。

5.2.2.3 Dijkstra 算法和 A*算法的区别

Dijkstra 算法和 A*算法都是求解最短路径的有效算法，它们之间的区别主要体现在以下方面。

（1）Dijkstra 算法注重计算起点到其他所有点的最短路径长度，可以看成只有一个输入，即指定的起点；A*算法关注的是点与点之间的最短路径，每次计算会有两个输入：起点与目标点，可以直接得出一条具体的路径。

（2）Dijkstra 算法建立在比较抽象的图论层面，而 A*算法可以更直接地应用于栅格地图中。

（3）A*算法的搜索范围小于 Dijkstra 算法，但 A*算法的效率更高。

（4）当目标点很多时，A*算法会代入较多重复的数据和复杂的估价函数，所以如果不要求获得具体路径而只要求比较路径长短时，Dijkstra 算法会更加高效。

使用 ROS 的导航功能框架中的 move_base 功能包进行全局路径规划时，默认使用 Dijkstra 算法实现，计算 costmap 上的最小代价路径作为机器人的全局路径。如果使用 global_planner 功能包，则全局路径规划算法为优化的 A*算法。

5.2.3　局部路径规划

进行局部路径规划时，需要对障碍物的情况进行详细判断，特别是需要应对多变的动态环境，采用适应性强的处理方式，并简化算法复杂度。

图 5.12 是在栅格地图上进行路径搜索的流程图，机器人先进行全局路径规划，当碰到障碍物时，会选取相应环境参数进行避障处理。

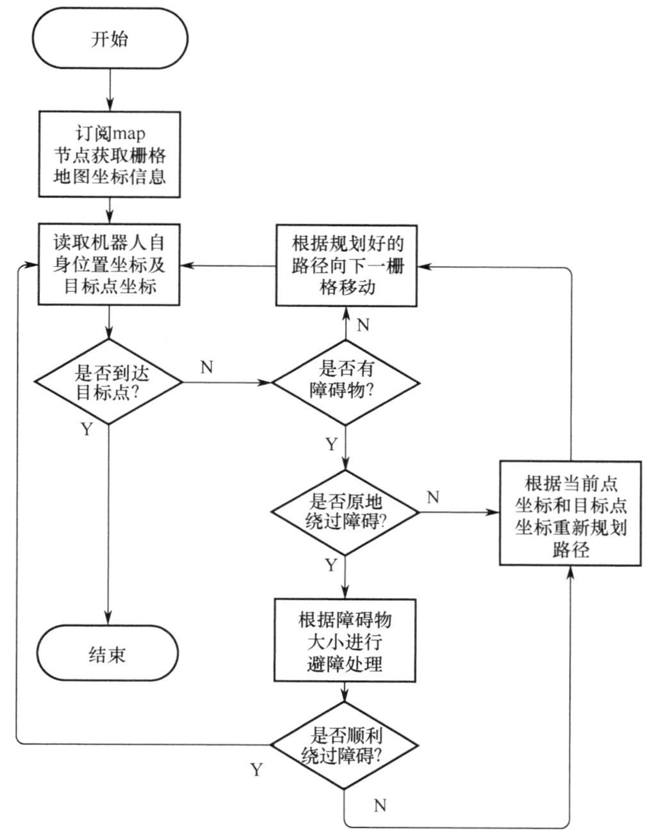

图 5.12　路径搜索流程

局部路径规划中，机器人对环境信息局部未知或完全未知，局部路径规划侧重于考虑机器人当前的局部环境信息，让机器人具有良好的避障能力。局部路径规划要求机器人通过传感器对工作环境进行探测，以获取障碍物的位置和几何性质等信息，需要机器人收集环境数据，并且根据环境模型的动态更新能够随时进行自身的校正。局部路径规划还要求机器人将对环境的建模与搜索融为一体，要求机器人系统具有高速的信息处理能力和计算能力，对环境误差和噪声有较高的鲁棒性，能对规划结果进行实时反馈和校正。但是在局部路径规划过程中，由于缺乏全局环境信息，规划结果有可能不是最优的，甚至可能找不到正确路径或完整路径。

机器人按照规划好的路径行走时，会利用红外测距传感器、超声波雷达或激光雷达进行障碍物检测和实时测距，依据机器人的实际大小，当机器人检测到其与障碍物的距离小于或等于安全距离时，就获取障碍物四周的情况进行避障。因此，局部路径规划是根据机器人附近的障碍物信息进行的实时避障路径规划。

如图5.13所示，根据障碍物的宽度和其与机器人之间的距离，将障碍物标准化为一个矩形。也就是说，在实际情况下，可以忽略障碍物本身的形状，直接获取三个方向上障碍物的宽度信息和距离信息即可，获得抽象后的障碍物分布模型后，机器人就可以安全躲避障碍物，保障安全了。注意：如果抽象出的矩形尺寸不合理，可能会出现估算的障碍物范围比实际范围大的情况，这时需减小移动机器人的活动空间。

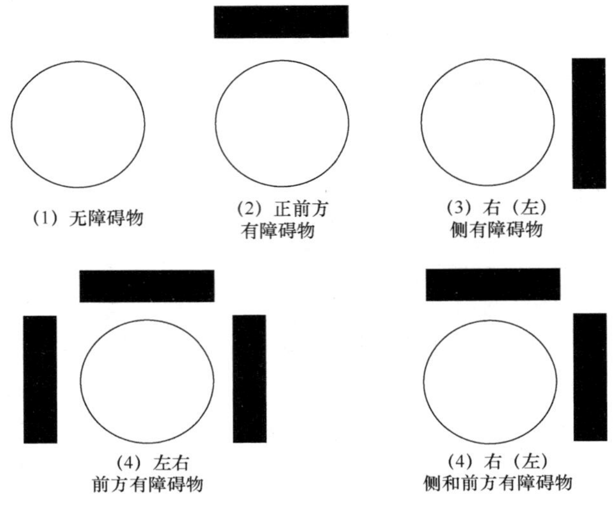

图5.13 障碍物分布模型

局部路径规划的算法主要有人工势场法、动态窗口法和TEB（Timed Elastic Band）算法等。

5.2.3.1 人工势场法

传统的人工势场法是由Khatib提出的一种局部路径规划算法，主要特点是计算量小、易满足实时性要求、规划的路径较平滑。人工势场法将运动空间视为势场模型，目标点对机器人产生引力势场，障碍物对机器人产生斥力势场，机器人在两个势场的合力作用下向目标点运动。

1. 斥力函数的选取

由于障碍物是机器人不能靠近的，因此在势场中，障碍物应该对机器人表现出一种排斥效果，且距离越小，排斥效果越明显，机器人具有的势能越大，反之势能越小。因此，势能和距离成反比，取斥力函数如下：

$$U_r=\begin{cases}k_1/r, r\leqslant r_{\max}(r_{\max}\neq 0)\\0,\text{其他}\end{cases}\tag{5-4}$$

其中，r为机器人参考点与障碍物之间的距离，$r_{\max}$为势场作用的最大范围，k_1为加权系数。机器人所受到的斥力为

$$F_r = -\text{grad}(U_r) = \begin{cases} k_1/r^2, r \leqslant r_{\max}(r_{\max} \neq 0) \\ 0, \text{其他} \end{cases} \tag{5-5}$$

斥力的角度计算公式如下：

$$\theta = \pi + \arctan\left(\frac{y_{\text{obst}} - y_{\text{robot}}}{x_{\text{obst}} - x_{\text{robot}}}\right) \tag{5-6}$$

式（5-6）中，$(x_{\text{obst}}, y_{\text{obst}})$ 为障碍物坐标，$(x_{\text{robot}}, y_{\text{robot}})$ 为机器人坐标。由公式可知，斥力的方向是背离障碍物的，当 $r \to 0$ 时，F_r 趋向于无穷大。为了避免机器人与障碍物发生碰撞，设置一个最小的安全距离 L，使得当 $r \to L$ 时，F_r 足够大即可。为了使 F_r 连续，可将其修改为

$$F_r = \begin{cases} \dfrac{k_1}{(r-L)^2} - \dfrac{k_1}{(r_{\max}-L)}, r \leqslant r_{\max} \\ 0, r > r_{\max} \end{cases} \tag{5-7}$$

L，$r_{\max}$ 的大小取决机器人的尺寸大小。

2. 引力函数的选取

机器人的运动始终是朝着目标点进行的，因而目标点对机器人的作用力可以看成是引力，而且这种引力与机器人和目标点之间的距离有关，二者相距越远，引力就越大。当二者距离为 0 时，引力也就为 0，此时机器人已经到达目标点。根据以上规律，可以将机器人的引力函数设置如下：

$$U_g = k_2 d \tag{5-8}$$

其中，k_2 为加权系数，d 为机器人到目标点的距离。机器人所受的引力如下：

$$F_g = k_2 \tag{5-9}$$

引力的角度计算公式如下：

$$\theta_a = \arctan\left(\frac{y_{\text{goal}} - y_{\text{robot}}}{x_{\text{goal}} - x_{\text{robot}}}\right) \tag{5-10}$$

由式（5-10）可以看出，引力的方向是指向目标点的，且引力值实际上是一个常数。在实际应用中，可以通过调节系数来设置引力值的大小。

3. 合力的计算

在算出机器人所受的引力和斥力后，通过力的分解与合成就可以得出机器人所受到的合力的大小和方向。计算方法如下：

（1）计算出机器人所受到的斥力 F_r 和引力 F_g；

（2）将斥力和引力在 x 轴和 y 轴上进行分解，得到斥力分量 F_{rx} 与 F_{ry}，引力分量 F_{gx} 与 F_{gy}，则合力大小为

$$F_{\text{合}} = \sqrt{(F_{rx} + F_{gx})^2 + (F_{ry} + F_{gy})^2} \tag{5-11}$$

合力方向为

$$\theta_{\text{合}} = \arctan\left(\frac{F_{ry} + F_{gy}}{F_{rx} + F_{gx}}\right) \tag{5-12}$$

通过以上步骤计算出合力的大小和方向后，就能通过合力来确定机器人以最高效率绕过

障碍的方向及需要具有的速度和角速度，为机器人的运动控制提供了参数依据。

人工势场法原理简单、易于编程实现，但是遇到情况复杂、场景中存在多个障碍物时，容易陷入局部极值点，特别是当目标点与障碍物距离很近时，将导致机器人在未到达目标点之前就停止运动，或者在障碍物附近徘徊，增加转弯和变速负担，降低机器人行走效率。因此，出现了一些改进的人工势场法，例如，在传统人工势场法的基础上，通过判断机器人所受的引力和斥力的相关关系来分析机器人是否会陷入某个局部极值点，如果会，则让机器人往垂直于引力的方向行走一段距离来避开该点，同时根据障碍物方位和距离的不同，细化机器人避障时的运行参数。这种改进的算法根据不同的情况，选择不同的参数，相对于传统的只使用一套固定的参数去面对所有情况的算法来说，具有更强的适应性，避障效率有所提升。

图 5.14 是利用上述采用改进的人工势场法进行局部路径规划的动态效果图。图中，红色小圈代表正在运动的移动机器人，蓝色小圈表示地图中并不存在，通过传感器探测到的障碍物情况，由此图可知，该算法能够使机器人有效地避障。

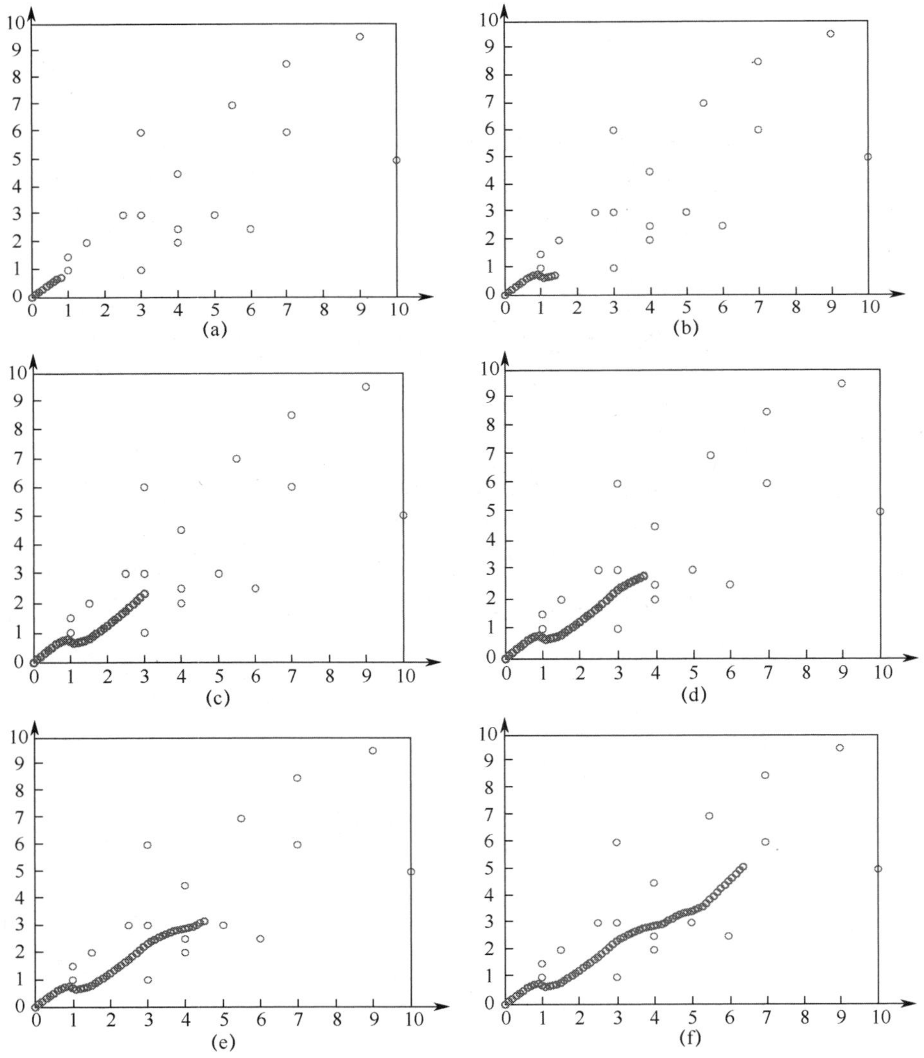

(a)

(b)

(c)

(d)

(e)

(f)

彩色图

图 5.14　采用改进的人工势场法进行局部路径规划的动态效果图

5.2.3.2　动态窗口法

动态窗口法（Dynamic Window Approaches，DWA）：在机器人速度空间中，采样多组速度并模拟机器人在这些速度下一定时间内的运动轨迹，得到多条路径后，对这些路径进行评价，选取最优路径所对应的速度来驱动机器人运动，以避开障碍物。

该算法一般用于在二维平面上进行局部路径规划，适用于静态环境，需要的计算资源少，考虑了机器人的运动学、动力学模型，但其代价函数容易陷进局部最优。DWA 的具体步骤如下：

（1）在机器人速度空间中进行多组离散采样，得到$(\mathrm{d}x, \mathrm{d}y, \mathrm{d}\theta)$；

（2）对每个采样的速度进行模拟，计算机器人以该速度运动一定时间后的状态，得出多条路径；

（3）评价得到的每条路径并舍弃非法路径，评价目标如下：是否接近障碍物、是否接近目标点、是否接近全局路径；

（4）选择得分最高的路径，发送对应的速度给移动机器人；

（5）重复上面的过程。

DWA 需要在机器人运动之前模拟生成许多运动轨迹，使得计算量增大，容易造成避障不及时的问题。当障碍物较多时，会造成机器人打转，导致路径不是最优的等问题，降低机器人的安全性和运动效率。

与 DWA 相似的局部路径规划算法是轨迹平滑（Trajectory Rollout）算法，它们的主要差异是在机器人速度空间中进行采样的差异。轨迹平滑算法的采样点来源于整个前向模拟阶段所有可用速度集合，而 DWA 的采样点仅仅来源于一个模拟步骤中的可用速度集合。这意味着，相比之下，DWA 是一种更加有效的算法，因为其使用了更小的采样空间，运行效率更高；然而 DWA 不适用于低加速度的移动机器人，这时用轨迹平滑算法更好。

下面介绍一种类似 DWA 的动态窗口子图法，并进行局部路径规划。在移动机器人的运动空间中，存在两类障碍物：预先知道的固定障碍物、临时出现的障碍物。对于预先知道的固定障碍物，采用 A*算法、改进的 A*算法或其他方法求解出一条最优的避障路径，使机器人从当前位置到达目标位置。对于临时出现的障碍物，传感器先将观测到的局部障碍物信息映射到局部子图（大小为 $N{\times}N$ 的动态窗口子图）中，然后将映射后的障碍物基于障碍物半径进行圆弧扩充处理，即可将机器人周围的障碍物实时建立后。随着机器人的不断运动，周围空间中的障碍物，包括预先知道的固定障碍物、临时出现的障碍物以及动态障碍物，将会不断更新到动态窗口子图中，用于机器人避障。为了加速判断融合到全局地图中的障碍物是否会与机器人发生碰撞，提高效率，可将处于当前子图范围内的全局路径截取出来，以机器人当前位置为局部起点，以全局路径与子图边界相交的点为局部目标点，采用 Bresenham（布兰森汉姆）直线算法，判断局部起点到局部目标点之间的路径上是否存在障碍物。通过该算法可快速准确地判断临时出现的障碍物是否会与机器人发生碰撞。

动态窗口子图的更新原则是，只有当机器人的运动距离超过设定的阈值时，才更新子图。因此动态窗口子图的更新阈值很关键，若设置得太小，会导致整个系统计算量增加，降低实时性；若设置得太大，则会造成机器人避障的准确性下降。同时，动态窗口子图范围的大小设置也很重要，若设置得过小，会造成机器人避障的准确性下降；若设置得太大，则增加系统的计算量。因此，动态窗口子图的更新阈值与子图范围的大小，需要根据实际效果进行调整。

当把动态窗口子图中的障碍物坐标变换到全局地图坐标系下之后，需要在全局地图中将该坐标对应的位置标识为障碍物区域，并进行障碍物范围扩充处理，使机器人在运动时与障碍物之间存在合适的安全距离，然后控制机器人进行避障。当机器人绕过障碍物后，再清除动态窗口子图融合到全局地图中的障碍物。这样不断循环，直到机器人运动到全局目标点为止。

5.2.3.3 TEB 算法

DWA 针对的机器人模型是差分机器人或全向机器人，即能够做到原地自转的机器人，但 DWA 不能用于基于阿克曼模型的移动底盘。而 TEB（Timed Elastic Band）算法比 DWA 更适用于基于阿克曼模型的移动底盘。

连接起点和目标点的路径，会受到内外力的影响而变形，将这条可以变形的路径定义为 Elastic Band（橡皮筋），变形的条件就是“橡皮筋”受到的内外力约束变化。在起点和目标点之间，存在 N 个使“橡皮筋”变形的控制点（机器人避障时改变运动方向的点），“橡皮筋”内外力相互平衡，使路径收缩，同时与障碍物保持一定的距离。由于机器人在这些点之间运动时需要一定的时间，因此这种算法称为 TEB 算法。

TEB 算法的内外力约束主要如下。

（1）跟随全局规划路径和避障约束力：跟随全局规划路径的约束力将“橡皮筋”拉向全局路径，而避障约束力使得“橡皮筋”远离障碍物。

（2）速度和加速度约束：属于运动学、动力学约束，即移动机器人运动时的最大速度和加速度。

（3）非完整（Non-Holonomic）运动学约束：差速移动机器人在平面上运动时只有两个自由度，只能以朝向的方向进行直线运动或旋转。这种运动学约束使得差速移动机器人沿着由若干弧线组成的平滑轨迹运动。

（4）最短路径时间约束：该约束为时间间隔序列的平方，该约束使得机器人获得具有最短运动时间的路径，而非传统的空间上的最短路径。

可以看出，TEB 算法能从给定路径中找到一系列带时间信息的离散位姿，通过图优化的方法将这些离散位姿组成满足时间最短、距离最短和远离障碍物等目标的轨迹，同时满足机器人运动学、动力学的约束。需要注意的是，优化得到的轨迹并不一定满足所有约束，即给定的约束条件实际上都是软约束条件。

对于两轮差速移动底盘，TED 算法在运动中调节朝向会使运动路径不流畅，机器人在起点和即将到达目标点时会出现不必要的倒退。这在某些应用场景里是不允许的，因为机器人倒退可能会碰到障碍物。因此，需要根据场景对 TED 算法进行一些优化：

（1）机器人在起点不朝向目标点时，TEB 算法规划出的路径会考虑倒退旋转，修正朝向。但在一些场景中，这样的倒退和修正是不允许的。所以针对两轮差速的运动模型，可以先让底盘原地旋转，使其朝向目标点，再执行优化函数，得到最优轨迹。

（2）将机器人到达目标点时的朝向缓存下来，当机器人到达目标点时，对比此时朝向与缓存的目标朝向，当两个朝向有差异时，原地旋转到目标朝向。

（3）根据障碍物信息，找到前方距离障碍物的最短距离，然后根据障碍物的远近调整最大线速度（max_vel_x）约束，改善避障效果。

（4）根据机器人当前位置距离全局目标点的距离来调整最大线速度约束，距离全局目标点远时可以将最大线速度设置得大一点，距离全局目标点近时可以将最大线速度设置得小一点，以防止出现过冲现象。

5.2.4　导航功能包

5.2.4.1　move_base 功能包接口

1．move_base 功能包订阅的动作

（1）move_base/goal（move_base_msgs/MoveBaseActionGoal）：表示 move_base 功能包的运动规划目标。

（2）move_base/cancel（actionlib_msgs/GoalID）：表示撤销指定目标的请求。

2．move_base 功能包发布的动作

（1）move_base/feedback（move_base_msgs/MoveBaseActionFeedback）：表示反馈信息，包含机器人底盘的坐标。

（2）move_base/status（actionlib_msgs/GoalStatusArray）：表示发布到 move_base 功能包的目标状态信息。

（3）move_base/result（move_base_msgs/MoveBaseActionResult）：表示对 move_base 功能包的操作结果为空。

3．move_base 功能包订阅的主题

move_base_simple/goal（geometry_msgs/PoseStamped）：为用户提供一个到 move_base 功能包的非动作接口，不需要关注跟踪目标的执行状态。

4．move_base 功能包发布的主题

cmd_vel（geometry_msgs/Twist）：输入机器人底盘的速度命令。

5．move_base 功能包的服务

（1）~make_plan（nav_msgs/GetPlan）：允许用户从 move_base 功能包请求一个到给定位姿的规划，但不会使 move_base 功能包执行该规划。

（2）~clear_unknown_space（std_srvs/Empty）：允许用户清理机器人周围区域的未知空间。当 costmap（代价地图）在环境中已经停止了很长时间，并在一个新的位置重新启用时有用。

（3）~clear_costmaps（std_srvs/Empty）：允许用户命令 move_base 功能包清除 costmap 中的障碍。这可能会导致机器人撞到东西，要谨慎使用。

6．move_base 功能包中的参数

（1）~base_global_planner（string，默认值：navfn/NavfnROS）：设置 move_base 功能包使用的全局路径规划插件的名称。

（2）~base_local_planner（string，默认值：base_local_planner/TrajectoryPlannerROS）：设置 move_base 功能包使用的局部路径规划插件的名称。

（3）~recovery_behaviors(list，默认值：[{name: conservative_reset, type: clear_costmap_recovery/ClearCostmapRecovery}，{name: rotate_recovery, type: rotate_recovery/RotateRecovery}，{name: aggressive_reset, type: clear_costmap_recovery/ClearCostmapRecovery}]）：设置 move_base 功能包的恢复操作插件列表。当 move_base 功能包没有找到可行规划时，这些操作会执行。

（4）~controller_frequency（double，默认值：20.0）：发布控制命令的循环频率（单位：Hz）。

（5）~planner_patience（double，默认值：5.0）：在空间清理操作执行前，路径规划器等待

有效规划的时间（单位：s）。

（6）~controller_patience（double，默认值：15.0）：在空间清理操作执行前，路径规划器等待有效控制命令的时间（单位：s）。

（7）~conservative_reset_dist（double，默认值：3.0）：从地图中清理空间时，与机器人的距离在该范围内的障碍物会从 costmap 中清除。

（8）~recovery_behavior_enabled（bool，默认值：true）：是否使能 move_base 功能包的恢复行为来清理空间。

（9）~clearing_rotation_allowed（bool，默认值：true）：清理空间时，机器人是否采用原地旋转的方式。

（10）~shutdown_costmaps（bool，默认值：false）：move_base 功能包处于 inactive 状态时，确定是否关闭 costmap 节点。

（11）~oscillation_timeout（double，默认值：0.0）：执行恢复行为之前，允许的振荡时间（单位：s）。

（12）~oscillation_distance（double，默认值：0.5）：机器人需要移动该距离，才会被认为不振荡。

（13）~planner_frequency（double，默认值：0.0）：全局路径规划器的循环频率。

（14）~max_planning_retries（int，默认值：−1），恢复操作之前尝试规划的次数，−1 表示无上限的不断尝试。

5.2.4.2　代价地图配置

导航功能包需要两张代价地图来保存现实世界中的障碍物信息。一张用于在整个环境中创建全局路径规划，另一张用于局部路径规划与实时避障。有一些参数两张地图都需要，而有一些参数在两张地图中各不相同。因此，对于代价地图，有三个配置文件：通用配置文件、全局规划配置文件和局部规划配置文件。

1. 通用配置文件

导航功能包使用代价地图存储障碍物信息，创建一个名为 costmap_common_params.yaml 的通用配置文件，具体内容如下：

```
robot_radius: 0.2
map_type: costmap

static_layer:
  enabled:                  true
  unknown_cost_value: -1
  lethal_cost_threshold: 100

obstacle_layer:
  enabled:                  true
  max_obstacle_height:   2.0
  origin_z:               0.0
  z_resolution:          0.2
  z_voxels:               10
  unknown_threshold:      10
  mark_threshold:         0
  combination_method:     1
  track_unknown_space: false    #true needed for disabling global path planning through unknown space
  obstacle_range: 4.0 #for marking
```

```
    raytrace_range: 4.0 #for clearing
    publish_voxel_map: false
    observation_sources:   scan
    scan:
      data_type: LaserScan
      topic: /scan
      marking: true
      clearing: true
      min_obstacle_height: -0.1
      max_obstacle_height: 1.5
      obstacle_range: 4.0
      raytrace_range: 4.0

  inflation_layer:
    enabled:                    true
    cost_scaling_factor:   0   # exponential rate at which the obstacle cost drops off (default: 10)
    inflation_radius:   0.35 # max distance from an obstacle at which costs are incurred for planning paths
```

obstacle_range 参数决定了将传感器探测到的实时障碍物引入代价地图的最大范围，把它设定为 4m，表示机器人只会更新以其底盘为中心，半径 4m 内的实时障碍物信息到代价地图中。

raytrace_range 参数用于在机器人运动过程中根据传感器信息实时清除某范围内的障碍物（包括全局代价地图中原本存在的障碍物，以及局部代价地图中的实时障碍物），以获得自由移动空间。若设置为 4m，则表示机器人将基于传感器数据试图清除其周围 4m 远的空间内的障碍物以获得自由移动空间。该动作的逻辑是：若在本该检测到障碍物的位置未检测到障碍物，则该障碍物应当从地图上清除。

observation_sources 参数定义了传递空间信息给代价地图的传感器，每个传感器在其后列出详细内容。

min_obstacle_height 和 max_obstacle_height 参数分别描述障碍物的最小高度和最大高度。

inflation_radius 参数给定机器人与障碍物之间必须要保持的最小距离，按照机器人的内切半径对障碍物进行膨胀处理。例如，膨胀半径设定为 0.35m，表示机器人将试图在所有路径上与障碍物保持 0.35m 以上的距离。值得注意的是，该距离指机器人中心到障碍物的距离，因此膨胀半径的值应大于机器人的半径。小于机器人半径的膨胀区域属于碰撞区，该区域被视为不可通行的；大于机器人半径的膨胀区域属于缓冲区，该区域被视为可以通行的，但由于缓冲区的代价高于正常的可通行区域，因此机器人仍然会尽可能避免通过缓冲区。

2. 全局规划配置文件

全局规划配置文件名为 global_costmap_params.yaml，用于存储配置全局代价地图的参数，内容如下：

```
global_costmap:
   global_frame: /map
   robot_base_frame: /base_footprint
   update_frequency: 2.0
   publish_frequency: 0.5
   static_map: true
   transform_tolerance: 0.5
   plugins:
     - {name: static_layer,              type: "costmap_2d::StaticLayer"}
     - {name: obstacle_layer,            type: "costmap_2d::VoxelLayer"}
     - {name: inflation_layer,           type: "costmap_2d::InflationLayer"}
```

global_frame 参数定义了全局代价地图所在的坐标系，一般选择/map 坐标系。

robot_base_frame 参数定义了代价地图参考的机器人本体坐标系。

global_costmap 和 robot_base_frame 参数定义机器人和地图之间的坐标变换，建立全局代价地图必须使用这个变换。

update_frequency 参数决定了代价地图更新的频率。

publish_frequency 参数决定了代价地图发布可视化信息的频率。

static_map 参数决定代价地图是否根据 map_server 提供的地图进行初始化，如果不使用现有的地图，则设为 false。

3. *局部规划配置文件*

局部规划配置文件名为 local_costmap_params.yaml，用于存储配置局部代价地图的参数，内容如下：

```
local_costmap:
    global_frame: /odom
    robot_base_frame: /base_footprint
    update_frequency: 5.0
    publish_frequency: 2.0
    static_map: false
    rolling_window: true
    width: 4.0
    height: 4.0
    resolution: 0.05
    transform_tolerance: 0.5

plugins:
      - {name: obstacle_layer,        type: "costmap_2d::VoxelLayer"}
      - {name: inflation_layer,       type: "costmap_2d::InflationLayer"}
```

global_frame、robot_base_frame、update_frequency、publish_frequency、static_map 参数与全局规划配置文件意义相同。

rolling_window 参数设置为 true，意味着随着机器人在现实世界里运动，代价地图会保持以机器人为中心，不使用滚动窗口。

width、height、resolution 参数分别设置代价地图的宽度（单位：m）、高度（单位：m）和分辨率（单位：m/单元）。这里的分辨率和静态地图的分辨率可能不同，但通常设成一样的。

5.2.4.3 局部路径规划器配置

base_local_planner 局部路径规划器的主要作用是根据规划的全局路径计算发送给机器人底盘的速度控制命令。局部路径规划器需要根据机器人规格尺寸进行参数配置。

例如，采用 DWA 局部路径规划算法，创建名为 dwa_local_planner_params 的文件，内容如下：

```
DWAPlannerROS:
  max_vel_x: 0.3            # x 方向最大线速度，单位：米/秒
  min_vel_x: 0.0            # x 方向最小线速度，单位：米/秒
  max_vel_y: 0.0            # y 方向最大线速度，单位：米/秒
  min_vel_y: 0.0            # y 方向最小线速度，单位：米/秒

  max_trans_vel: 0.3        #机器人最大平移速度的绝对值
  min_trans_vel: 0.05       #机器人最小平移速度的绝对值
  trans_stopped_vel: 0.05   #机器人被认为属于“停止”状态时的平移速度

  max_rot_vel: 2.0          #机器人的最大旋转角速度
```

```
    min_rot_vel: 0.4            #机器人的最小旋转角速度
    rot_stopped_vel: 0.4        #机器人被认为属于"停止"状态时的旋转速度

    acc_lim_x: 1.0              #机器人 x 方向的极限加速度
    acc_lim_theta: 15.0         #机器人极限角加速度
    acc_lim_y: 0.0              #机器人 y 方向的极限加速度

  # Goal Tolerance Parameters
    yaw_goal_tolerance: 0.3   # 0.05
    xy_goal_tolerance: 0.15   # 0.10
  # latch_xy_goal_tolerance: false

  # Forward Simulation Parameters
    sim_time: 1.5               # 1.7
    vx_samples: 6               # 3
    vy_samples: 1
    vtheta_samples: 20          # 20

  # Trajectory Scoring Parameters
    path_distance_bias: 64.0           # 32.0
    goal_distance_bias: 24.0           # 24.0
    occdist_scale: 0.5                 # 0.01
    forward_point_distance: 0.325      # 0.325
    stop_time_buffer: 0.2              # 0.2
    scaling_speed: 0.25                # 0.25
    max_scaling_factor: 0.2            # 0.2

  # Oscillation Prevention Parameters
    oscillation_reset_dist: 0.05       # 0.05

  # Debugging
    publish_traj_pc : true
    publish_cost_grid_pc: true
    global_frame_id: odom
```

又如，采用 TEB 局部路径规划算法，由 teb_local_planner 局部路径规划器实现，主要参数分为下面几类。

（1）与轨迹相关的主要参数：

```
  # Trajectory
  teb_autosize: true
  dt_ref: 0.3  # 期望的轨迹时间分辨率，单位为秒
  dt_hysteresis: 0.03     # 根据当前时间分辨率自动调整大小的滞后窗口，使用 dt ref 的 10%
  max_samples: 500     # 最大采样数
  min_samples: 3       # 最小采样数（始终大于 2），默认值为 3
  global_plan_overwrite_orientation: true     # 覆盖由全局路径规划器提供的局部子目标的方向
  global_plan_viapoint_sep: -0.1   # 如果为正值，则通过点（via-points）从全局规划路径获得，该值
确定参考路径的分辨率（沿着全局规划路径的每两个连续点之间的最小间隔，可以参考 weight_viapoint 来调
整大小，默认值为-0.1）
  allow_init_with_backwards_motion: false
  max_global_plan_lookahead_dist: 3.0   # 指定全局规划路径子集的最大长度
  feasibility_check_no_poses: 5    # 每个采样间隔的姿态可行性分析数，默认值为 4
  publish_feedback: false    # 是否发布包含完整轨迹和动态障碍物列表的规划器反馈，默认值为 false
```

（2）与机器人相关的主要参数：

```
  # Robot
  max_vel_x: 0.4  # 最大线速度，默认值为 0.4
  max_vel_x_backwards: 0.2   # 最大倒退线速度，默认值为 0.2。这个参数是不能设置为 0 或者负数
的，否则会导致错误
```

max_vel_theta: 1.0 # 最大角速度，默认值为 0.3
acc_lim_x: 2.0 # 最大线加速度，默认值为 0.5。若设置为 0，则表示没有约束
acc_lim_theta: 1.0 # 最大角加速度，默认值为 0.5。对于基于阿克曼模型的移动底盘，角速度和角加速度约束制约舵机转向的速度和加速度，其左右转动的过程都受这个限制。如果转向速度设置得高了，转向可能会振荡
min_turning_radius: 0.0 # 最小转弯半径，默认值为 0.0。如果转弯半径设置得大了，过 U 形弯时机器人就会外道入弯，能比较轻松地过弯，但过小弯时机器人也会贴外侧入弯，比较浪费时间；如果转弯半径设置得小了，过小弯时机器人会贴内侧入弯，节省时间，但过 U 形弯时机器人也会随之贴内侧入弯，有可能过不了弯
wheelbase: 0.0 # 驱动轴和转向轴之间的距离，默认值为 1.0，差速移动机器人应设为 0.0
cmd_angle_instead_rotvel: true # 是否将收到的角速度消息转换为操作上的角度变化。设置成 true 时，主题 cmd_vel.angular.z 内的数据是舵机角度，默认值为 false

（3）与避障相关的主要参数：

Obstacles
min_obstacle_dist: 0.2 # 与障碍物的最小期望距离，单位为米
inflation_dist: 0.6 # 障碍物周围缓冲区大小（应大于 min_obstacle_dist 才能生效），默认值为 0.6 当机器人进入缓冲区时，机器人将减速。min_obstacle_dist 和 inflation_dist 两个参数可以对轨迹与障碍物的距离进行调整，来满足不同环境下路径规划的需求
include_costmap_obstacles: true # 是否考虑到局部 costmap 中的障碍物，必须设置成 true 才能规避实时探测到的障碍物
costmap_obstacles_behind_robot_dist: 1.0 # 设置考虑后面 n 米内的障碍物，设置得越大，考虑范围越广，但计算量就越大，同时考虑范围不能超过局部规划的区域
obstacle_poses_affected: 30 # 为了保持距离，每个障碍物位置都与轨道上最近的位置相连
obstacle_association_force_inclusion_factor: 1.5 # 在 n * min_obstacle_dist 的半径范围内强制考虑障碍物，默认值为 1.5
costmap_converter_plugin: "" # 定义插件名称，用于将 costmap 中的单元格转换成点/线/多边形。若设置为空字符，则视为禁用转换，将所有点视为点障碍
costmap_converter_spin_thread: true # 如果为 true，则 costmap 转换器将以不同的线程调用其回调队列，默认值为 true
costmap_converter_rate: 5 # 定义 costmap_converter 插件处理当前 costmap 的频率（该值不高于 costmap 更新频率）

（4）与优化相关的主要参数（这些参数很重要，是对优化算法的权重设置）：

Optimization
no_inner_iterations: 5 # 在每个内循环迭代中调用的实际求解器迭代次数
no_outer_iterations: 4 # 在每个外循环迭代中调用的实际求解器迭代次数
optimization_activate: true
optimization_verbose: false
penalty_epsilon: 0.1 # 为速度约束提供缓冲，在到达速度限制前会产生一定的惩罚，让其提前减速，达到缓冲的效果
weight_max_vel_x: 2 # 满足最大允许平移速度的优化权重，在机器人运动过程中，其主要以高速还是低速运行，主要看这些权重的分配
weight_max_vel_theta: 0 # 满足最大允许角速度的优化权重
weight_acc_lim_x: 1 # 满足最大允许平移加速度的优化权重
weight_acc_lim_theta: 0.01 # 满足最大允许角加速度的优化权重
weight_kinematics_nh: 1000 # 运动学的优化权重
weight_kinematics_forward_drive: 2 # 强制机器人只选择正向（正的平移速度）的优化权重，权重越大，则倒车惩罚越大。范围是 0~1000，按需设置
weight_kinematics_turning_radius: 1 # 采用最小转弯半径的优化权重，权重越大，则越容易达到最小转弯半径。范围是 0~1000，按需设置
weight_optimaltime: 1 # 根据转换/执行时间对轨迹进行收缩的优化权重，即最优时间权重。如果设置得大了，那么机器人会在直道上快速加速，且转弯时也会切内道。而这个参数越小，则机器人整个运动过程中的车速会越稳定。范围是 0~1000，按需设置
weight_obstacle: 50 # 保持与障碍物的最小距离的优化权重，默认值为 50.0

```
weight_viapoint: 1   # 跟踪全局规划路径的权重
weight_inflation (double, default: 0.1)    # 膨胀半径权重
weight_dynamic_obstacle: 10    # 尚未使用
weight_adapt_factor: 2   # 迭代时增加的某些权重
```

TEB 算法还提供了恢复措施，可以将卡在杂物中的机器人，或者路径规划错误时的机器人恢复到正常状态。

另外，move_base 功能包中的其他 yaml 文件的参数，以及 amcl 功能包中的 launch 文件中的参数也同样值得关注。执行下面的命令进行参数配置，如图 5.15 所示。

```
rosrun rqt_reconfigure rqt_reconfigure
```

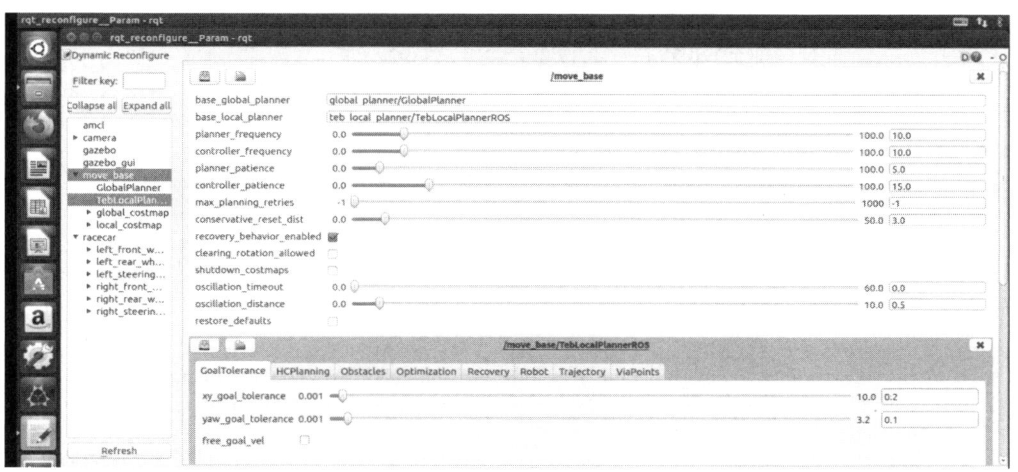

图 5.15　进行参数配置

任务 2　移动机器人导航

针对机器人的真实场景，建立好相应的参数文件和 launch 文件后，就可以进行移动机器人的自主导航了。首先启动导航相关节点，在命令行中输入以下命令：

```
$ cd spark
$ source devel/setup.bash
$ roslaunch spark_navigation amcl_demo_lidar_rviz.launch lidar_type_tel:=3iroboticslidar2
```

注意：如果 Spark 机器人配置的是 EAI 激光雷达（g2 或 g6），则 lidar_type_tel:=3iroboticslidar2 需要改为 lidar_type_tel:=ydlidar_g2 或 ydlidar_g6。

其中，amcl_demo_lidar_rviz.launch 文件的内容如下：

```
<!--spark navigation lidar-->

<launch>
    <!—Spark 机器人运动控制模型-->
    <include file="$(find spark_description)/launch/spark_description.launch"/>

    <!-- Spark 机器人运动控制节点-->
    <include file="$(find spark_base)/launch/spark_base.launch">
        <arg name="serialport"   value="/dev/sparkBase"/>
    </include>

    <!--激光雷达节点-->
    <arg name="3d_sensor" default="3i_lidar"/>
    <include file="$(find iiiroboticslidar2)/launch/3iroboticslidar2.launch">   </include>
```

```
            <!--地图保存节点-->
            <arg name="map_file" default="$(find spark_slam)/scripts/test_map.yaml"/>
            <node name="map_server" pkg="map_server" type="map_server" args="$(arg map_file)" />

            <!--AMCL 定位节点-->
            <arg                    name="custom_amcl_launch_file"                    default="$(find
spark_navigation)/launch/includes/amcl/$(arg
        3d_sensor)_amcl.launch.xml"/>
            <arg name="initial_pose_x" default="0.0"/> <!-- Use 17.0 for willow's map in simulation -->
            <arg name="initial_pose_y" default="0.0"/> <!-- Use 17.0 for willow's map in simulation -->
            <arg name="initial_pose_a" default="0.0"/>
            <include file="$(arg custom_amcl_launch_file)">
                <arg name="initial_pose_x" value="$(arg initial_pose_x)"/>
                <arg name="initial_pose_y" value="$(arg initial_pose_y)"/>
                <arg name="initial_pose_a" value="$(arg initial_pose_a)"/>
            </include>

            <!-- movebase 导航节点-->
            <arg name="custom_param_file" default="$(find spark_navigation)/param/$(arg
        3d_sensor)_costmap_params.yaml"/>
            <include file="$(find spark_navigation)/launch/includes/move_base.launch.xml">
                <arg name="custom_param_file" value="$(arg custom_param_file)"/>
            </include>

            <!--rviz 显示节点-->
            <arg name="rvizconfig" default="$(find spark_navigation)/rviz/amcl_lidar.rviz" />
            <node name="rviz" pkg="rviz" type="rviz" args="-d $(arg rvizconfig)" required="true"/>
        </launch>
```

上述命令启动的节点包括：Spark 机器人运动控制模型、Spark 机器人运动控制节点、激光雷达节点、地图保存节点、AMCL 定位节点、movebase 导航节点、rviz 显示节点。

相比任务 1 中的 amcl_rviz.launch 文件，本任务的启动文件 amcl_demo_lidar_rviz.launch 中多了一个 movebase 导航节点，其可以实现移动机器人的最优路径规划。

启动 amcl_demo_lidar_rviz.launch 文件后，首先需要估计移动机器人的初始位姿，可以通过单击 rviz 界面中的 2D Nav Goal 按钮选定目标点，移动机器人，使粒子收敛；也可以和任务 1 一样，通过键盘遥控机器人，使粒子收敛。粒子收敛后机器人的初始位置如图 5.16 所示。

图 5.16　粒子收敛后机器人的初始位置

机器人初始位姿确定后，可以通过单击 rviz 界面中的 2D Nav Goal 按钮选定新的目标点，实现机器人在地图中的导航。单击界面左下角的 Add 按钮，可添加 Path 插件，查看 movebase 导航节点规划的路径信息。设定导航目标点后，界面上会生成导航的路径，如图 5.17（a）所示。路径包含全局规划路径和局部规划路径，其属性可在插件中进行设置。机器人在运动过程中，由于受里程偏差和环境避障的影响，实际上是按照局部规划路径运动的，最终到达设定的目标点，导航结果如图 5.17（b）所示。

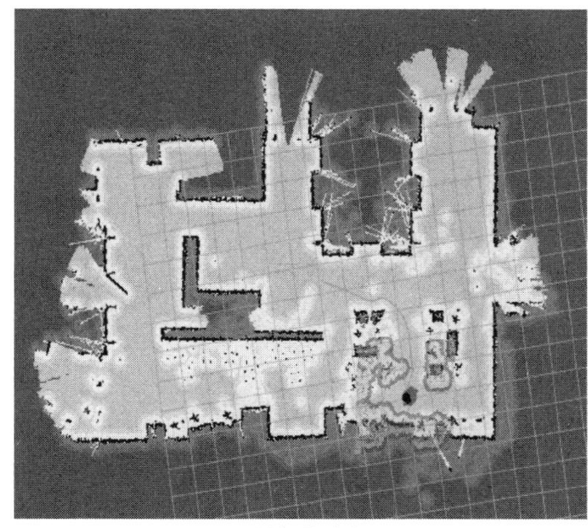

（a）导航的路径

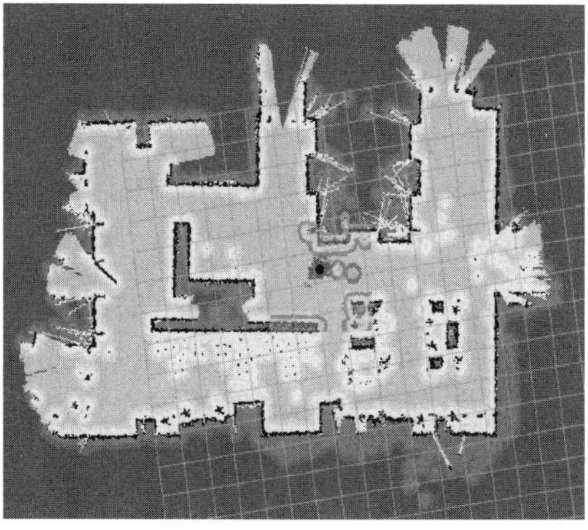

（b）机器人导航结果

图 5.17 机器人导航过程示意图

5.3　本章小结

本章介绍了如何利用传感器信息使机器人获取在已知地图中的定位，并进行自主导航。通过自适应蒙特卡罗定位功能包 amcl 获取机器人在地图中的准确姿态，然后利用 move_base 功能包完成全局路径规划和局部路径规划，实现机器人避障。

参 考 文 献

[1] 塞巴斯蒂安·特龙，沃尔弗拉姆·比加尔，迪特尔·福克斯.概率机器人学[M]. 曹红玉，谭志，史晓霞，译. 北京：机械工业出版社，2019.

[2] Dellaert F , Fox D , Burgard W ,et al. Monte Carlo localization for mobile robots[C]//Robotics and Automation, 1999. Proceedings. 1999 IEEE International Conference on.IEEE, 1999.DOI:10.1109/ROBOT.1999.772544.

[3] 郑威. 移动机器人建图与定位系统关键技术研究[D]. 武汉：华中科技大学, 2017.

[4] 沈宇. 变电站巡检机器人路径规划技术研究[D]. 武汉：华中科技大学, 2017.

[5] 虎璐. 结合激光雷达的双目视觉惯性 SLAM 与导航研究[D]. 武汉：华中科技大学, 2020.

[6] C. Rösmann, W. Feiten, T. Wösch, F. Hoffmann ,T. Bertram. Trajectory modification considering dynamic constraints of autonomous robots. [C]//Proc. 7th German Conference on Robotics, Germany, Munich, 2012.

[7] 胡春旭. ROS 机器人开发实践[M]. 北京：机械工业出版社, 2018.

扩展阅读

（1）掌握粒子滤波原理。

（2）熟悉 ARA*、D*、D* Lite、RRT 和 RRT*等全局路径规划算法。

练　习　题

（1）自适应蒙特卡罗定位算法的实现原理是什么？与蒙特卡罗定位算法相比，有什么优点？

（2）假设地图中存在多处周围环境完全相同的位置，而移动机器人在不知道初始位置的情况下，一直停留在这些位置中的某一个并保持静止，则使用自适应蒙特卡罗定位算法能够得到机器人的正确位姿吗？为什么？

（3）SLAM 算法中的“机器人绑架”问题是什么？可以用哪些方法解决？

（4）move_base 功能包的导航框架是什么？在机器人导航过程中的功能是什么？其包括哪些主题和服务？

（5）全局路径规划与局部路径规划的区别是什么？

（6）编写一个 ROS 节点，实现机器人从起点开始运动，导航到目标点。

（7）全局代价地图和局部代价地图的定义和作用是什么？

（8）代价地图的膨胀层有两个重要的参数 cost_scaling_factor 和 inflation_radius，其中 cost_scaling_factor 称为代价尺度因子 f_c，它影响的是膨胀层缓冲区中代价向外的下降速度，如以下公式所示：

$$\text{cost} = e^{-253 * f_c (d-r)}$$

式中，f_c 是可调节的参数，d 是离障碍物的距离，r 是机器人的半径。

由此判断，f_c 变大，机器人在障碍物附近的运动将发生什么变化？如果 f_c 设置得过大，会有什么坏处？如果 f_c 设置得过小，又会有什么坏处？

（9）导航需要 AMCL 算法用于定位，而 AMCL 算法依赖于建立好的地图。请安装好相关的功能包，使用 sudo apt install ros-<ROS 版本>-map-server 命令安装 map_server，并使用其中的节点 map_saver 保存生成的地图。

（10）导航功能包中包含了诸多节点，不同节点之间的通信使用消息中间件进行。调用 rosmsg info 命令，查看地图、定位及路径规划的消息结构。如调用 rosmsg info geometry_msgs/PoseArray 查看定位相关的消息。

第 6 章　基于多传感器的 SLAM

移动机器人通过其携带的传感器获取对环境的测量结果，同时通过 SLAM 算法进行环境感知，估计机器人位姿、环境结构与特征等，实时推算准确的机器人位姿。许多 SLAM 算法会在构建的环境地图上使用回环检测算法，修正机器人在环境中相对位姿的累计误差，避免对环境建图造成影响，从而提高建图的准确性。为了获取丰富的环境信息，SLAM 算法通常使用激光雷达或相机作为外界传感器。激光雷达能够获取高精度的点云数据。相比于激光雷达，相机能以更低的成本获得信息量更加充足的环境图像，并从图像数据中获取环境中的语义信息，对于动态复杂的非结构化环境具有更强的适应性。但对相机而言，当移动机器人快速运动、视野中存在动态物体或玻璃等透明物体时，其获取的图像数据的有效性和准确性会有所下降。此外，相机也容易受到环境光线、场景低纹理等因素的干扰。因此，仅使用相机作为传感器难以满足系统的鲁棒性需求。

低成本 MEMS（Micro Electro Mechanical System，微机电系统）传感器的广泛应用，使得移动机器人通常还安装有惯性测量单元（IMU），可以获取加速度与角速度。另外，大部分地面移动机器人采用车轮或履带驱动，通常会安装里程计以获取载体运动速度。但如果只利用 IMU 和里程计，则定位不准确，也不能避障。由于各个传感器具有互补性，地面移动机器人可以将激光或视觉测量与易于获得的 IMU 测量及轮速测量相结合进行 SLAM，提高系统的鲁棒性与精度。利用不同传感器的不同特性，将多传感器融合，可做到多传感器的“取长补短”。常用的多传感器信息融合技术有：加权平均法、贝叶斯估计法、多贝叶斯估计法、卡尔曼滤波法、粒子滤波法、人工神经网络法等。

在较恶劣的场景下，人类可以准确地判断自身及周围环境的情况，具有鲁棒性很强的位置与环境感知能力。这是因为人使用眼、耳蜗及下肢反馈来确定自身在环境中的位置。眼负责进行视觉测量，耳蜗负责获得惯性测量，而下肢作为本体感受器能够通过与环境的接触，估计自身在环境中的相对速度。

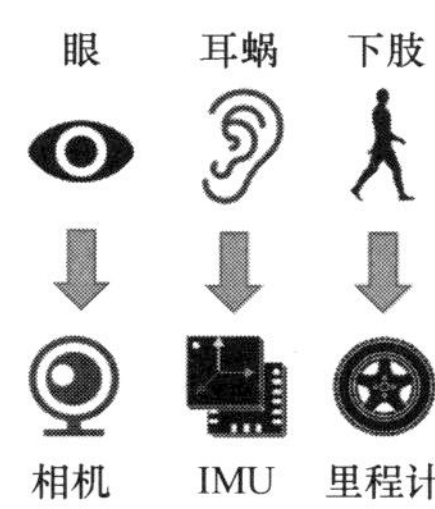

图 6.1　人类的自我感知与机器人多传感器融合感知

如图 6.1 所示，对于移动机器人，相机承担着眼睛的作用，IMU 承担着耳蜗的作用，里程计则可以像人的下肢一样感知自身的“步伐”，得到自身在环境中的相对速度。在 SLAM 算法中，利用这多种优势互补的传感器数据，能够提升鲁棒性，增强机器人在未知、动态、复杂的非结构化环境中的适应能力。本章介绍基于激光雷达、IMU、里程计等的多传感器融合 SLAM 算法，后面的章节将介绍基于视觉（相机）的多传感器融合 SLAM 算法。

6.1　惯性测量单元模型与标定

六轴 IMU 包含加速度计和陀螺仪，加速度计的三个轴与陀螺仪的三个轴分别对应于三维笛卡尔坐标系的 X 轴、Y 轴、Z 轴。加速度计通常由质量块、阻尼器、弹性元件、敏感软件和处理电路等部分组成，用于测量轴向的加速度。陀螺仪的基本原理是，在物体旋转时，旋转轴所指的方向在没有外力干扰下会保持不变，据此可测量物体绕轴旋转的角速度。

6.1.1 惯性测量单元测量模型

1. 加速度计测量模型

加速度计测量模型如下：

$$\hat{\boldsymbol{a}}_k = \boldsymbol{a}_k + \boldsymbol{b}_{ak} + \boldsymbol{R}_{\mathrm{W}}^{\mathrm{B}_k} \boldsymbol{g}^{\mathrm{W}} + \boldsymbol{\eta}_a \tag{6-1}$$

式中，$\hat{\boldsymbol{a}}_k$ 为 IMU 参考坐标系下第 k 帧的加速度计测量值，$\boldsymbol{a}_k$ 为第 k 帧的真实加速度值，$\boldsymbol{b}_{ak}$ 为需要在线估计的第 k 帧的加速度零点误差，$\boldsymbol{R}_{\mathrm{W}}^{\mathrm{B}_k}$ 为参考坐标系到世界坐标系的变换矩阵，$\boldsymbol{g}^{\mathrm{W}} = [0 \quad 0 \quad g]^{\mathrm{T}}$ 为世界坐标系下的重力加速度，g 为当地重力加速度，$\boldsymbol{\eta}_a$ 为加速度白噪声。

通常，加速度白噪声 $\boldsymbol{\eta}_a$ 符合零均值高斯分布：

$$\boldsymbol{\eta}_a \sim N(0, \sigma_a^2) \tag{6-2}$$

假定加速度零点误差 $\boldsymbol{b}_a$ 随时间随机游走，其对时间的导数 $\dot{\boldsymbol{b}}_a$ 符合零均值高斯分布：

$$\dot{\boldsymbol{b}}_a = \boldsymbol{\eta}_{b_a}, \boldsymbol{\eta}_{b_a} \sim N(0, \sigma_{b_a}^2) \tag{6-3}$$

2. 陀螺仪测量模型

陀螺仪测量模型如下：

$$\hat{\boldsymbol{\omega}}_k = \boldsymbol{\omega}_k + \boldsymbol{b}_{gk} + \boldsymbol{\eta}_g \tag{6-4}$$

式中，$\hat{\boldsymbol{\omega}}_k$ 为第 k 帧的陀螺仪测量值，$\boldsymbol{\omega}_k$ 为第 k 帧的真实角速度值，$\boldsymbol{b}_{gk}$ 为需要在线估计的第 k 帧的角速度零点误差，$\boldsymbol{\eta}_g$ 为角速度白噪声。

通常，角速度白噪声符合零均值高斯分布：

$$\boldsymbol{\eta}_g \sim N(0, \sigma_g^2) \tag{6-5}$$

假定角速度零点误差 $\boldsymbol{b}_g$ 随时间随机游走，其对时间的导数 $\dot{\boldsymbol{b}}_g$ 符合零均值高斯分布：

$$\dot{\boldsymbol{b}}_g = \boldsymbol{\eta}_{b_g}, \boldsymbol{\eta}_{b_g} \sim N(0, \sigma_{b_g}^2) \tag{6-6}$$

6.1.2 系统误差的预标定

加速度计与陀螺仪的测量模型仅考虑了传感器的零点误差与白噪声，但是对于实际的 IMU 来说，这不足以建立完全的实际测量模型。在使用 IMU 之前，需要明确 IMU 的系统误差和随机误差，对 IMU 进行预标定，以进一步补偿测量误差，本节介绍系统误差的预标定。

系统误差也叫确定性误差，包括轴向误差和比例系数，轴向误差是用来修正由于制造工艺精度导致的 X、Y、Z 三个轴无法准确正交的问题的；比例系数也叫尺度因子，是用来修正真实值和传感器输出的测量值之间的比值的，即修正传感器数字信号到物理量转换的误差。通常情况下，IMU 在出厂时会标定好确定性误差，从而我们可以将轴向误差和比例系数视为确定值。轴向误差和比例系数如图 6.2 所示。

以 Bosch 公司生产的六轴 IMU BMI055 为例，根据数据手册的描述，加速度计与陀螺仪的交叉轴灵敏度（Cross Axis Sensitivity）的典型值为±1%，意味着一个轴上的测量值将以±1%的比例作用到另一个与之正交的轴上。这个误差可以通过标定“轴向误差”进行补偿。陀螺

仪的灵敏度容差（Sensitivity Tolerance）的典型值为±1%，意味着测得的角速度到实际物理量的比例系数与标称值之间约有±1%的误差，这个误差可以通过标定“比例系数”进行补偿。

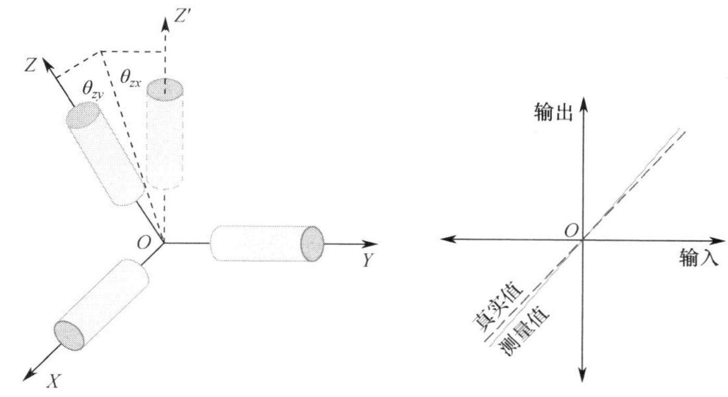

图 6.2　轴向误差（左）和比例系数（右）示意图

这里介绍一种无须外部基准装置的 IMU 标定方法，能够提供“轴向误差”“比例系数”“零点误差”的标定结果。

设加速度计测量模型为

$$\boldsymbol{a}^{\mathrm{O}} = \boldsymbol{T}_a \boldsymbol{K}_a (\boldsymbol{a}^{\mathrm{S}} + \boldsymbol{b}_a + \boldsymbol{\eta}_a) \tag{6-7}$$

式中，$\boldsymbol{a}^{\mathrm{O}}$ 为正交坐标系下的加速度计测量值，$\boldsymbol{a}^{\mathrm{S}}$ 为加速度计实际坐标系下的原始测量值，加速度计轴向误差 $\boldsymbol{T}_a = \begin{bmatrix} 1 & -\alpha_{yz} & -\alpha_{zy} \\ 0 & 1 & -\alpha_{zx} \\ 0 & 0 & 1 \end{bmatrix}$，比例系数 $\boldsymbol{K}_a = \begin{bmatrix} s_x^a & 0 & 0 \\ 0 & s_y^a & 0 \\ 0 & 0 & s_z^a \end{bmatrix}$，零点误差 $\boldsymbol{b}_a = [b_{ax} \quad b_{ay} \quad b_{az}]^{\mathrm{T}}$，$\boldsymbol{\eta}_a$ 为白噪声。

设陀螺仪测量模型为

$$\boldsymbol{\omega}^{\mathrm{O}} = \boldsymbol{T}_g \boldsymbol{K}_g (\boldsymbol{\omega}^{\mathrm{S}} + \boldsymbol{b}_g + \boldsymbol{\eta}_g) \tag{6-8}$$

式中，$\boldsymbol{\omega}^{\mathrm{O}}$ 为正交坐标系下的陀螺仪测量值，$\boldsymbol{\omega}^{\mathrm{S}}$ 为陀螺仪实际坐标系下的原始测量值，陀螺仪轴向误差 $\boldsymbol{T}_g = \begin{bmatrix} 1 & -\gamma_{yz} & \gamma_{zy} \\ \gamma_{xz} & 1 & -\gamma_{zx} \\ -\gamma_{xy} & \gamma_{yx} & 1 \end{bmatrix}$，比例系数 $\boldsymbol{K}_g = \begin{bmatrix} s_x^g & 0 & 0 \\ 0 & s_y^g & 0 \\ 0 & 0 & s_z^g \end{bmatrix}$，零点误差 $\boldsymbol{b}_g = \begin{bmatrix} b_{gx} & b_{gy} & b_{gz} \end{bmatrix}^{\mathrm{T}}$，$\boldsymbol{\eta}_g$ 为白噪声。

IMU 的系统误差预标定过程分为以下步骤。

（1）将 IMU 接入采集设备，并静置 50s，以估计陀螺仪零点误差。

（2）拿起 IMU，沿着 IMU 每个轴的正、负方向进行足够快的旋转（每次旋转后静置 5s），直到对陀螺仪三个轴的正、负共六个方向进行充分的旋转激励，以标定陀螺仪的“轴向误差”和“比例系数”。

（3）手拿 IMU，然后沿着 IMU 每个轴的正、负方向进行快速直线运动（每次运动后静置 5s），直到对加速度计三个轴的正、负共六个方向进行有效的激励，以此标定加速度计的“轴向误差”“比例系数”“零点误差”。

（4）将记录的传感器数据转换为合适的格式后，使用开源工具 imu_tk，标定上述 $\boldsymbol{T}_a$、$\boldsymbol{K}_a$、

$\boldsymbol{b}_a$、$\boldsymbol{T}_g$、$\boldsymbol{K}_g$、$\boldsymbol{b}_g$。

（5）编写 ROS 节点，将实际坐标系下的原始传感器测量值$\boldsymbol{a}^{\mathrm{S}}$′ $\boldsymbol{\omega}^{\mathrm{S}}$，分别使用预标定得到的参数进行补偿，将得到的正交坐标系下的传感器测量值$\boldsymbol{a}^{\mathrm{O}}$′ $\boldsymbol{\omega}^{\mathrm{O}}$作为式（6-1）与式（6-4）中的$\hat{\boldsymbol{a}}_k$′ $\hat{\boldsymbol{\omega}}_k$，用于机器人的位姿估计。

标定得到的零点误差$\boldsymbol{b}_a$、$\boldsymbol{b}_g$是通过离线方法得到的，与测量模型中的$\boldsymbol{b}_{ak}$、$\boldsymbol{b}_{gk}$是不同的，传感器的实际零点误差$\boldsymbol{b}_{ak}$、$\boldsymbol{b}_{gk}$会根据传感器温度、电压等外界因素的不同而不断变化。因此在移动机器人的位姿估计过程中，将在$\boldsymbol{b}_a$、$\boldsymbol{b}_g$的基础上实时估计实际零点误差$\boldsymbol{b}_{ak}$、$\boldsymbol{b}_{gk}$。BMI055 传感器的系统误差标定结果见表 6.1。

表 6.1　BMI055 传感器的系统误差标定结果

项　目		加 速 度 计	陀　螺　仪
零点误差	X 轴	0.080551 m/s²	−0.0032665 rad/s
	Y 轴	0.119632 m/s²	−0.0044932 rad/s
	Z 轴	−0.340042 m/s²	0.0010749 rad/s
比例系数	X 轴	1.01807	0.99514
	Y 轴	1.01469	1.00125
	Z 轴	1.00625	0.99586
轴向误差		$\begin{bmatrix} 1.0 & -0.038892 & -0.002532 \\ 0.0 & 1.0 & 0.022327 \\ 0.0 & 0.0 & 1.0 \end{bmatrix}$	$\begin{bmatrix} 1.0 & -0.057251 & 0.0010978 \\ 0.0646848 & 1.0 & 0.0165902 \\ 0.0037830 & -0.014965 & 1.0 \end{bmatrix}$

6.1.3　随机误差的预标定

由于外界环境不断变化，加速度计与陀螺仪的测量模型中会携带随机白噪音信号，且该信号符合零均值高斯分布，同时两者的零点误差也会随时间游走，其对时间的导数也符合零均值高斯分布，这两类随机噪音信号会造成测量值在采集过程中携带误差，影响精度，因此，需要标定加速度计与陀螺仪的白噪音参数和零点误差随机游走参数。随着 IMU 数据的不断积分，随机误差会越来越大。因此，有必要对 IMU 随机误差进行标定。

在 IEEE 标准中，使用 Allan 方差法进行单轴光纤陀螺仪的测试。Allan 方差法是一种时域分析方法，用于确定信号的噪声。下面使用 Allan 方差法估计加速度计与陀螺仪的随机误差。首先计算原始测量数据在不同带宽τ的低通滤波器下的方差σ，然后将滤波器带宽τ作为 X 轴变量，方差σ作为 Y 轴变量，绘制对数曲线图（Allan 标准差图），分析方差随滤波器带宽的变化趋势；最后，根据 Allan 标准差图，得到陀螺仪与加速度计信号的以下参数。

（1）N——白噪声参数。

陀螺仪数据的单位：$\mathrm{rad/s}\dfrac{1}{\sqrt{\mathrm{Hz}}}$，加速度计数据的单位：$\mathrm{m/s^2}\dfrac{1}{\sqrt{\mathrm{Hz}}}$。

该值对应 Allan 标准差图中斜率为$-\dfrac{1}{2}$的直线部分在$\sigma = 1\mathrm{s}$处的截距。其物理意义是，对于采样频率为f的陀螺仪（或加速度计），实际测量值具有标准差为$\sqrt{f} \times N$的白噪声。

（2）B——零点误差不稳定性参数。

陀螺仪数据的单位：rad/s，加速度计数据的单位：m/s²。

该值对应 Allan 标准差图中σ的最小值。陀螺仪零点误差不稳定性参数的物理意义是，

陀螺仪在准确地补偿静态零点误差后，每小时角度积分的误差小于 $3600 \times B(\text{rad})$。

（3）K——速度零点误差随机游走参数。

陀螺仪数据的单位：$\text{rad/s}^2 \dfrac{1}{\sqrt{\text{Hz}}}$，加速度计数据的单位：$\text{m/s}^3 \dfrac{1}{\sqrt{\text{Hz}}}$。

该值对应 Allan 标准差图中斜率为 $\dfrac{1}{2}$ 的直线部分在 $\sigma = 3\text{s}$ 处的截距。其物理意义是，对于采样频率为 f 的陀螺仪（或加速度计），零点误差对时间的导数符合标准差为 $\sqrt{f} \times N$ 的高斯分布。

加速度计测量模型中的参数 $\boldsymbol{\eta}_a$ 对应加速度白噪声参数 N，参数 $\dot{\boldsymbol{b}}_a$ 对应加速度零点误差随机游走参数 K；陀螺仪测量模型中的参数 $\boldsymbol{\eta}_g$ 对应角速度白噪声参数 N，参数 $\dot{\boldsymbol{b}}_g$ 对应角速度零点误差随机游走参数 K。

随机误差的具体标定过程分为以下步骤。

（1）将 IMU 固定于稳固平面上，避免振动影响标定精度，与安装在机器人上时的安装方向相同，以减少重力加速度对陀螺仪测量的影响。

（2）将 IMU 通过延长线连接到采集设备上，与 PC 建立通信。

（3）静止等待若干分钟，等待 IMU 进入稳定状态。

（4）使用 ROS 的 rosbag 工具记录 2～5 小时的 IMU 数据，这期间保持 IMU 静止，否则会影响标定结果；

（5）使用基于 Allan 方差法的开源工具 imu_utils，将源码中 IMU 的采样频率修改为实际值后，通过公式拟合，得到标定结果。

BMI055 的随机误差标定结果见表 6.2，标定结果与数据手册中给出的数值基本一致。

表 6.2　BMI055 的随机误差标定结果

项　目		白　噪　声	零点误差不稳定性
陀螺仪	X 轴	2.938 e^{-3} rad/s	1.352 e^{-5} rad/s^2
	Y 轴	4.813 e^{-3} rad/s	1.085 e^{-5} rad/s^2
	Z 轴	6.184 e^{-3} rad/s	1.920 e^{-5} rad/s^2
加速度计	X 轴	1.103 e^{-1} m/s^2	1.194 e^{-3} m/s^3
	Y 轴	2.980 e^{-2} m/s^2	1.996 e^{-4} m/s^3
	Z 轴	3.271 e^{-2} m/s^2	2.904 e^{-4} m/s^3

6.2　激光雷达与 IMU 的外参标定

在基于多传感器的 SLAM 系统中，传感器的数据类型不同，采样频率也不同。例如，一个移动机器人系统中，激光雷达的采样频率为 10Hz，相机的采样频率为 15Hz，IMU 的采样频率为 400Hz。在进行数据融合之前，需要保证不同传感器的数据是同一时刻获得的，即进行数据时间同步。选择这些传感器中最低的采样频率作为基准，即将激光雷达的采样时间作为对齐标志，如图 6.3 所示。

通过 ROS 功能包采集的数据每一帧都被标记上了时间戳，由于各传感器之间没有硬件同步功能，因此无法保证采集到的数据帧中有相同的时间戳。下面以激光雷达为基准，保留距离激光雷达数据帧时间戳最近的相机帧。对于 IMU 传感器来说，则通过加权均值法进行时间同步处理，如式（6-9）所示：

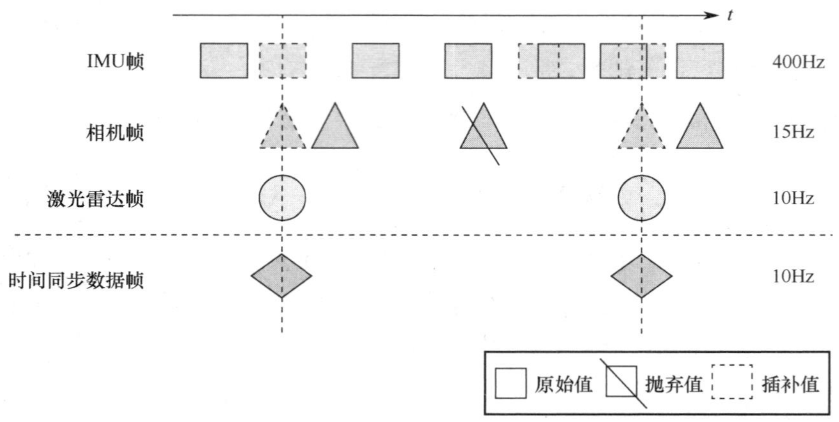

图 6.3　传感器数据时间对齐示意图

$$\begin{cases} \hat{d}_{t_2} = \alpha_1 d_{t_1} + \alpha_2 d_{t_3} \\ \alpha_1 = \dfrac{t_2 - t_1}{t_3 - t_1} \\ \alpha_2 = \dfrac{t_3 - t_2}{t_3 - t_1} \end{cases} \tag{6-9}$$

其中，t_2 是以激光雷达为基准的时间戳，t_1、t_3 分别为 IMU 在 t_2 前后最近的时间戳，d 表示 IMU 数据，即加速度和角速度的测量值，α_1 和 α_2 为时间插值因子。

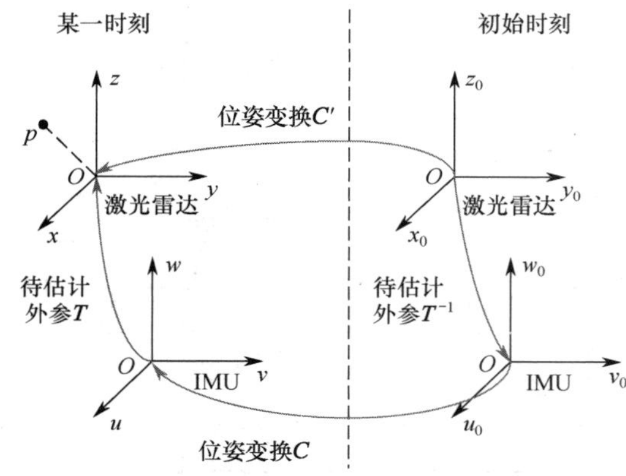

图 6.4　激光雷达-IMU 位姿变换关系

激光雷达获得的是点云数据，粗略地反映了场景中物体的轮廓。激光雷达随着移动机器人的运动而运动，以激光雷达的初始位姿所在的坐标系作为世界坐标系，如图 6.4 所示。

通过下面两种方法可描述每个时刻下，激光雷达所获得的点云数据在世界坐标系下的绝对坐标：

（1）若已知 IMU 到激光雷达的坐标变换关系是 $\boldsymbol{T}=[\boldsymbol{R}\ \boldsymbol{t}]$，对 IMU 数据进行连续积分可以获得位姿变换矩阵 $\boldsymbol{C}$，则当前时刻激光雷达坐标系在世界坐标系中的表示为 $\boldsymbol{T}^{-1}\boldsymbol{CT}$。将激光雷达坐标系下的点云数据用向量表示为 $\boldsymbol{p} = [x\ y\ z]^{\mathrm{T}}$（下同），通过位姿变换的传递性，可知该点在世界坐标系下表示为 $\boldsymbol{T}^{-1}\boldsymbol{CTp}$。

（2）当激光雷达缓慢运动时，前后两帧点云数据中有许多点云是重合的。利用点云配准算法——最近邻迭代（Iterative Closest Points，ICP）算法可以估计出激光雷达在前后两帧之间的位姿变换。不断累计，便可得到当前位姿与初始时刻位姿之间的变换矩阵 $\boldsymbol{C}'$，进而可以得到任一点云在世界坐标系下的表达式，即 $\boldsymbol{C}'\boldsymbol{p}$。

根据上面两种方法的描述，再一次使用点云配准算法构建并优化最近邻误差，便可估计出激光雷达与 IMU 之间的变换矩阵 $\boldsymbol{T}$，$\boldsymbol{T}$ 即为激光雷达与 IMU 的外参变换矩阵。

ICP 算法假定有两个待处理的点云数据集合 P, Q，记 P 为源点云数据集合，Q 为目标点

云数据集合，存在未知空间变换 $\boldsymbol{T}$=[$\boldsymbol{R}$ $\boldsymbol{t}$]使得它们能够进行空间匹配，即将 P 所在的坐标系变换到 Q 所在的坐标系下。

设向量 $\{\boldsymbol{p}_i \in P, \boldsymbol{q}_i \in Q, i = 1,2\ldots,n\}$，$n$ 为两张点云图中最近邻近点云对数，ICP 算法的目的就是找出最邻近的点云对 $(\boldsymbol{p}_i, \boldsymbol{q}_i)$，使得 $\boldsymbol{R}\boldsymbol{p}_i + \boldsymbol{t} = \boldsymbol{q}_i$。

用点云之间的欧氏距离来度量匹配误差：

$$d(\boldsymbol{p},\boldsymbol{q}) = \sqrt{(x_p - x_q)^2 + (y_p - y_q)^2 + (z_p - z_q)^2} \tag{6-10}$$

于是可以建立最小二乘的优化目标函数：

$$\Delta T = \operatorname{argmin} \sum_{i=1}^{n} d(\boldsymbol{p},\boldsymbol{q})^2 \tag{6-11}$$

结束迭代优化的条件有两个，满足其中之一即可：

（1）迭代次数达到设定阈值；

（2）前后两次均方根误差之差的绝对值小于设定阈值，并且前后两次内点比例之差的绝对值小于设定阈值。

在实际处理过程中，源点云和目标点云是不完全一样的，需要剔除误匹配的点云对，从而使迭代优化收敛得更准确。可使用自适应阈值法进行误匹配剔除，具体方法是，对点云对进行统计分析，计算出自适应阈值，从而剔除大于该阈值的点云对。

计算出每次迭代过程中，对应点距离值的均值和标准差：

$$\begin{cases} \mu_d = \dfrac{\sum_{i=1}^{n} d_i}{N} \\ \sigma_d = \sqrt{\dfrac{\sum_{1}^{n} (d_i - \mu_d)^2}{N} - \mu_d^2} \end{cases} \tag{6-12}$$

将自适应阈值设定为

$$d_{\text{Threshold}} = \mu_d + 0.1\sigma_d \tag{6-13}$$

表 6.3 是某个移动机器人系统的激光雷达-IMU 外参变换矩阵标定结果，其中平移向量单位为 m。于是，可以根据传感器两两之间的位姿变换关系，建立起移动机器人平台上的所有传感器坐标系的变换矩阵，为后续的多传感器融合算法奠定基础。

表 6.3　激光雷达-IMU 外参变换矩阵标定结果

参　数	激光雷达-IMU 外参变换矩阵
旋转矩阵 $\boldsymbol{R}$	$\begin{bmatrix} -1.371\text{e}^{2} & 6.931\text{e}^{-2} & 0.902 \\ 0.962 & -7.307\text{e}^{-2} & 3.432\text{e}^{-2} \\ -0.147 & 0.893 & 4.919\text{e}^{-2} \end{bmatrix}$
平移向量 $\boldsymbol{t}$	$\begin{bmatrix} 4.257\text{e}^{-3} & 5.136\text{e}^{-3} & -13.566\text{e}^{-2} \end{bmatrix}$

6.3　差速轮式移动机器人的运动里程计模型

SLAM 算法都需要依据机器人的运动模型进行位姿估计，然后结合其他传感器观测进行位姿校正。假设机器人在二维平面上运动，且不存在车轮打滑的情况，分别在机器人左右轮上安装编码器，基于上述假定条件，对差速轮式移动机器人进行运动学建模。如图 6.5

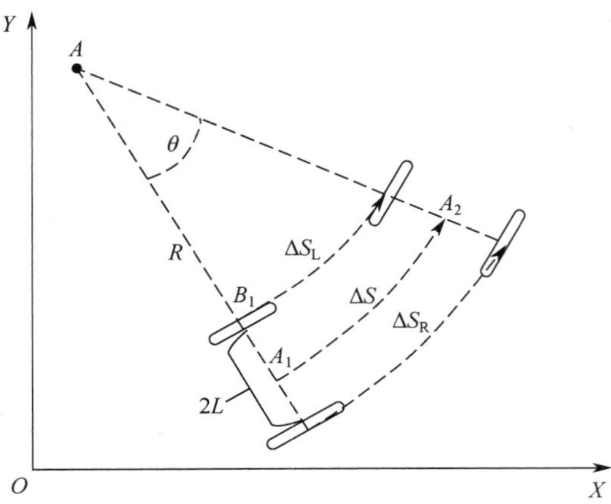

图 6.5　差速轮式移动机器人圆周运动示意图

所示，假定机器人在 XY 平面上运动，机器人中心点在左轮与右轮中间，左轮与右轮之间的距离为 $2L$，左侧轮式编码器测得的速度为 v_L，右侧轮式编码器测得的速度为 v_R，则差速轮式移动机器人的运动学参数由速度 v 和角速度 ω 构成，它们可以根据机器人的左轮速度和右轮速度求解得出。

设差速轮式移动机器人绕着圆心 A 做圆周运动，圆周半径为 $AB_1=R$，当机器人沿着圆心 A 运动很短的时间 t 后，差速轮式移动机器人由 A_1 运动到 A_2，则左轮运动的距离为 ΔS_L，右轮运动距离为 ΔS_R，机器人整体运动距离为 ΔS。根据圆周的弧长与半径 R、夹角 θ 的关系，可得方程组：

$$\begin{cases} \Delta S_L = R\theta \\ \Delta S_R = (R+2L)\theta \end{cases} \tag{6-14}$$

左轮与右轮运动的弧长可由轮式编码器对时间积分获得，即 ΔS_L、ΔS_R、L 为已知量，联合式（6-14）中的两式，可分别求得差速轮式移动机器人做圆周运动的半径 R 与夹角 θ。

$$\begin{cases} R = \dfrac{2L \cdot \Delta S_L}{\Delta S_R - \Delta S_L} \\ \theta = \dfrac{\Delta S_R - \Delta S_L}{2L} \\ \Delta S = \dfrac{\Delta S_L + \Delta S_R}{2} \end{cases} \tag{6-15}$$

式（6-15）中，$\Delta S_L = v_R \cdot t$，$\Delta S_R = v_L \cdot t$。机器人沿着圆心 A 运动很短的时间 t 后，可由运动弧长求解圆周的半径 R 与夹角 θ。当时间 t 逐渐趋近于零时，对式（6-15）中的 θ 与 ΔS 中的时间 t 做微分，可得机器人速度 v 与角速度 ω 如下：

$$\begin{cases} v = \dfrac{v_L + v_R}{2} \\ \omega = \dfrac{v_R - v_L}{2L} \end{cases} \tag{6-16}$$

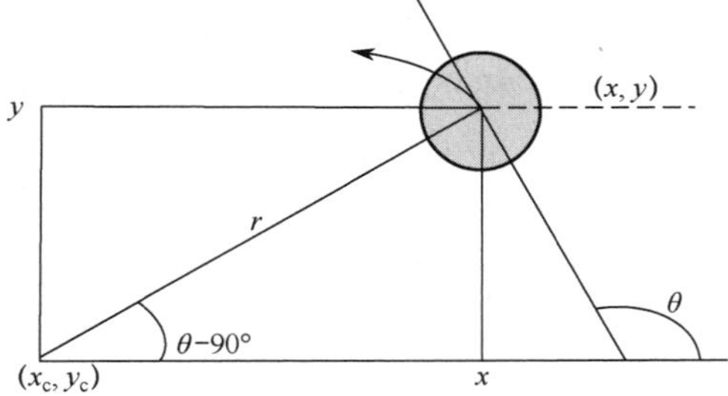

图 6.6　差速轮式移动机器人运动模型示意图

如图 6.6 所示，假设某一时刻机器人速度为 v，角速度为 ω，位姿为 $[x,y,\theta]^T$，其中 x、y 表示二维坐标，θ 表示机器人的航向角。(x_c, y_c) 为机器人运动圆心的坐标。

由速度与角速度的关系可知：

$$\begin{cases} v = \omega \cdot r \\ x_c = x - r\sin\theta \\ y_c = y + r\cos\theta \end{cases} \tag{6-17}$$

机器人的运动速度不会跳变，在一个极短的时间 Δt 内，运动速度为常量。采用三角法，在无噪声情况下，机器人运动了 $v\Delta t$，同时转向了 $\omega\Delta t$ 角度。因此，机器人位姿 $[x',y',\theta']^T$ 可

表示为式（6-18）。但这是理想情况下基于里程计的差速轮式移动机器人运动模型。通常情况下，无论是速度还是角速度中都含有各种噪声，含噪声的速度和角速度可表示为式（6-19）。

$$\begin{bmatrix} x' \\ y' \\ \theta' \end{bmatrix} = \begin{bmatrix} x_{\mathrm{c}} + \dfrac{v}{w}\sin(\theta + \omega\Delta t) \\ y_{\mathrm{c}} - \dfrac{v}{w}\cos(\theta + \omega\Delta) \\ \theta + \omega\Delta t \end{bmatrix} = \begin{bmatrix} x \\ y \\ \theta \end{bmatrix} + \begin{bmatrix} -\dfrac{v}{w}\sin\theta + \dfrac{v}{w}\sin(\theta + \omega\Delta t) \\ \dfrac{v}{w}\cos\theta - \dfrac{v}{w}\cos(\theta + \omega\Delta t) \\ \omega\Delta t \end{bmatrix} \tag{6-18}$$

$$\begin{bmatrix} \hat{v} \\ \hat{\omega} \end{bmatrix} = \begin{bmatrix} v \\ \omega \end{bmatrix} + \begin{bmatrix} \varepsilon_1(v,\omega) \\ \varepsilon_2(v,\omega) \end{bmatrix} \tag{6-19}$$

式（6-19）中，$\varepsilon_1(v,\omega)$ 和 $\varepsilon_2(v,\omega)$ 为误差（噪声）模型。因此，在使用里程计进行机器人位姿估计时，位姿估计精度低，可靠性差，需结合其他传感器观测数据共同求解。

6.4　基于卡尔曼滤波的多传感器融合

SLAM 的过程，可以认为是机器人在未知环境中从某个位姿开始运动，在运动过程中不断重复利用自身携带的传感器（如激光雷达、IMU、相机等）观测到的地图特征（如墙角、柱子等）进行自身位姿的确定，并根据自身的位姿增量式地建立地图，并同时进行定位的过程。因此，SLAM 问题本质上是一个状态估计问题，当前求解 SLAM 问题的算法主要分为两类：基于滤波器的算法与基于图优化的算法。

在第 4 章中介绍过，基于滤波器的 SLAM 算法有卡尔曼滤波（Kalman Filter，KF）算法、扩展卡尔曼滤波（Extended Kalman Filter，EKF）算法、无迹卡尔曼滤波（Unscented Kalman Filter，UKF，也称无损卡尔曼滤波）算法、粒子滤波（Particle Filter，PF）算法等。其中，卡尔曼滤波算法可用于实时动态融合传感器的数据层数据信息。若系统具有线性的运动学模型，且其系统噪声和传感器测量噪声服从高斯分布，利用均方误差最小准则，卡尔曼滤波算法能为数据融合提供统计意义下的最优估计。由于卡尔曼滤波算法具有计算速度快且计算过程所需存储空间较小的优点，因而在多传感器数据融合领域取得了广泛的应用。对于非线性的系统，可采用扩展卡尔曼滤波算法，即将非线性环节线性化，对高阶项采取忽略或逼近的措施；或者采用无迹卡尔曼滤波算法，通过采样的方法近似非线性分布。对于非高斯模型，可采用粒子滤波算法。粒子滤波算法起源于蒙特卡罗思想，即在大量重复实验中，以某事件出现的频率来代替该事件发生的概率。此外，粒子滤波算法还适用于非线性的系统，应用范围广。

在基于滤波器的 SLAM 算法中，每一步只考虑机器人当前的位姿或上几步的位姿信息，而忽略机器人位姿的历史信息，故该种解决方案存在累计误差的问题。因此，后期的 SLAM 算法都围绕着基于图优化的算法方向努力。

任务 1 基于滤波器的 SLAM 算法

本任务将演示基于多传感器融合的激光 SLAM 算法，采用 Gmapping 算法，通过融合激光雷达、里程计、IMU 的数据实现机器人的建图与定位。

Gmapping 是基于激光雷达和里程计方案的一个比较成熟的算法，使用时需要机器人提供激光雷达和里程计数据，它是著名的开源 OpenSLAM 包在 ROS 框架下的一个实现。在 ROS 中，slam_gmapping 是一个元功能包，其具体算法实现在 gmapping 功能包中，其可根据激光雷达设备的输入和姿态数据，建立一个基于栅格的 2D 地图。

安装 ROS 时，会默认安装 gmapping 功能包，对于 ROS 的 Kinetic 版本，可以通过以下命令确定是否安装 gmapping 功能包：

```
$ sudo apt-get install ros-kinetic-slam-gmapping
```

Gmapping 算法运行时，需要启动 slam_gmapping 节点。通常会写一个 launch 文件来启动该节点，具体的参数配置可以写在 launch 文件或 yaml 文件中。

Gmapping 算法的输入主要包括两方面，一是坐标变换 TF，另一个是激光主题 scan。其中 TF 包括机器人本体与里程计之间的动态坐标变换，以及机器人本体与激光雷达坐标系之间的静态坐标变换，而 scan 包含激光输入的数据信息。

（1）启动：

```
$ cd spark
$ source devel/setup.bash
$ roslaunch spark_slam 2d_slam_teleop.launch slam_methods_tel:=gmapping lidar_type_tel:=3 iroboticslidar2
```

注意：如果 Spark 机器人配置的是 EAI 激光雷达（g2 或 g6），则 lidar_type_tel: = 3iroboticslidar2 需要改为 lidar_type_tel:=ydlidar_g2 或 ydlidar_g6。

2d_slam_teleop.launch 文件的内容如下：

```
<!--spark 2d slam-->
<launch>
    <!--spark slam-->
    <arg name="slam_methods_tel" default="gmapping" doc="slam type [gmapping, cartographer, hector, karto, frontier_exploration]"/>
    <include file="$(find spark_slam)/launch/2d_slam.launch">
        <arg name="slam_methods" value="$(arg slam_methods_tel)"/>
    </include>
    <!--创建新的命令行，Spark 机器人键盘控制：W、S、A、D 分别代表前、后、左、右-->
    <node pkg="spark_teleop" type="keyboard_control.sh" name="kc_2d" />
    <!--创建新的命令行，确定是否保存地图-->
    <node pkg="spark_slam" type="cmd_save_map.sh" name="csm_2d" />
</launch>
```

上述命令启动的节点包括：Spark 机器人运动控制模型、Spark 机器人运动控制节点、激光雷达节点、Gmapping 算法节点、键盘控制节点、地图保存节点。

（2）查看 Gmapping 算法配置文件。spark_gmapping.launch 配置文件的内容如下：

```
<launch>
  <!-- Arguments -->
  <arg name="configuration_basename" default="spark_lds_2d.lua"/>
  <arg name="set_base_frame" default="base_footprint"/>
  <arg name="set_odom_frame" default="odom"/>
  <arg name="set_map_frame"   default="map"/>

  <!-- Gmapping -->
  <node pkg="gmapping" type="slam_gmapping" name="spark_slam_gmapping" output="screen">
    <param name="base_frame" value="$(arg set_base_frame)"/>
```

```
    <param name="odom_frame" value="$(arg set_odom_frame)"/>
    <param name="map_frame"   value="$(arg set_map_frame)"/>
    <param name="map_update_interval" value="2.0"/>
    <param name="maxUrange" value="3.0"/>
    <param name="sigma" value="0.05"/>
    <param name="kernelSize" value="1"/>
    <param name="lstep" value="0.05"/>
    <param name="astep" value="0.05"/>
    <param name="iterations" value="5"/>
    <param name="lsigma" value="0.075"/>
    <param name="ogain" value="3.0"/>
    <param name="lskip" value="0"/>
    <param name="minimumScore" value="50"/>
    <param name="srr" value="0.1"/>
    <param name="srt" value="0.2"/>
    <param name="str" value="0.1"/>
    <param name="stt" value="0.2"/>
    <param name="linearUpdate" value="1.0"/>
    <param name="angularUpdate" value="0.2"/>
    <param name="temporalUpdate" value="0.5"/>
    <param name="resampleThreshold" value="0.5"/>
    <param name="particles" value="100"/>
    <param name="xmin" value="-10.0"/>
    <param name="ymin" value="-10.0"/>
    <param name="xmax" value="10.0"/>
    <param name="ymax" value="10.0"/>
    <param name="delta" value="0.05"/>
    <param name="llsamplerange" value="0.01"/>
    <param name="llsamplestep" value="0.01"/>
    <param name="lasamplerange" value="0.005"/>
    <param name="lasamplestep" value="0.005"/>
  </node>
</launch>
```

（3）通过键盘控制机器人在室内环境中运动。基于激光雷达、里程计、IMU 的 SLAM 示意图如图 6.7 所示。

（a）建图与定位开始阶段

（b）建图与定位实现过程

图 6.7　基于激光雷达、里程计、IMU 的 SLAM 示意图

图 6.8 是移动机器人 SLAM 完成后的效果图。

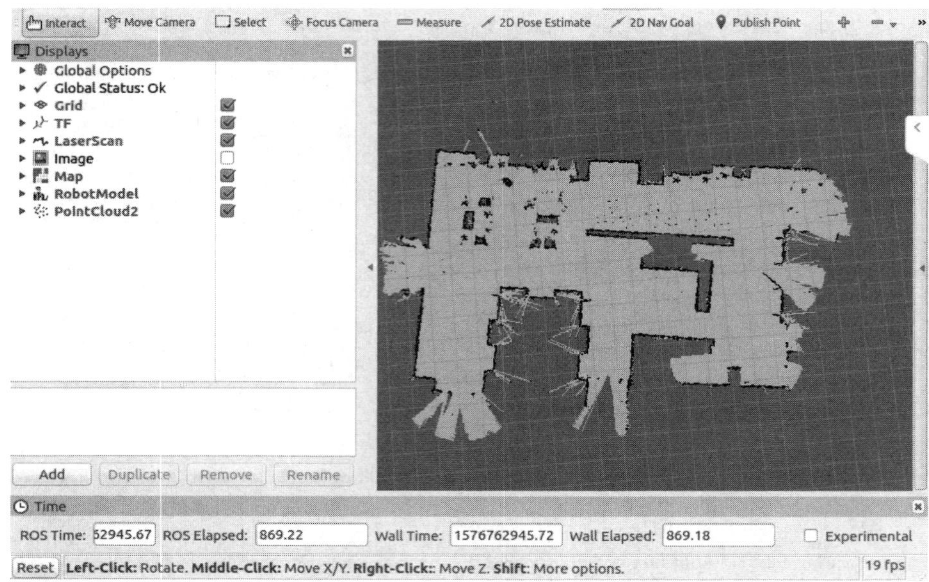

图 6.8　移动机器人 SLAM 完成后的效果图

（4）保存地图。运行一段时间后，切换到提示保存地图的命令行中，按下任意键保存当前建好的地图。地图文件将保存至 spark_slam/scripts 文件夹下，在该文件下，可以看到 test_map.pgm 和 test_map.yaml 两个地图文件。

将本任务的建图结果与第 4 章任务 2 中不使用里程计数据的 Gmapping 算法建图结果进行比较，看看有何不同。

6.5　Cartographer 算法

如第 4 章所述，与基于滤波器的 SLAM 算法不同，基于图优化的 SLAM 方法是由 SLAM 动态贝叶斯网络及图的相似性衍生出来的。基于图优化的 SLAM 算法将要估计的机器人位姿与地图观测数据组成的状态变量，作为 SLAM 贝叶斯网络的节点，而将节点与节点之间的姿态变换矩阵作为转移概率形成边。移动机器人对环境特征的重复观测，会使节点间产生大量的约束，从而在图中添加更多的边。这样，SLAM 问题就转化为如何在尽可能满足图中边的约束条件下，使位姿的平均误差最小的优化问题。

图优化思想起源于 SFM（Structure from Motion）的 BA（Bundle Adjustment）方法，具有直观、能够有效利用所有历史观测数据、对数据关联容错率高、易于回环检测、具有稀疏性的特点。基于图优化的 SLAM 算法将使用所有的观测信息，并用其估计机器人完整的运动轨迹及地图。不同时刻扫描到的地图特征可以转化为机器人不同时刻位姿间的约束，从而将 SLAM 问题进一步转化为一串位姿序列的优化估计问题。图中的节点表示机器人在不同时刻的位姿，而节点之间的边表示位姿与位姿之间的约束关系。图优化的核心就是通过不断调整位姿节点，从而使节点之间尽可能满足边的约束关系，最终优化的结果即为优化后的机器人运动轨迹与地图，该轨迹与地图会更加接近于机器人真实的运动轨迹与地图。

2016 年，Google 公司开源的 Cartographer 算法结合了基于滤波器的算法与基于图优化的算法。该算法的核心内容是利用无迹卡尔曼滤波（UKF）算法融合多种传感器数据进行 SLAM，

在回环检测的过程中利用分支定界法进行剪枝，从而在大规模建立地图的同时，使实时的回环检测成为可能。该算法的优点是：增量式进行地图生长，实时的回环检测，可选择融合多种传感器（多线激光雷达、IMU 和里程计）。该算法的缺点是：计算量较大，建图效果取决于计算机的性能。

6.5.1　原理分析

Cartographer 算法在理论上没有太多的创新，其创新主要体现在工程实现上。Cartographer 算法提供了一种多传感器信息融合的实现手段，使用 UKF 算法对里程计、IMU 与激光雷达进行融合，将融合的姿态结果作为扫描匹配的初始值。此外，Cartographer 算法还给出了一种能够实时运行的回环检测方案，以消除建图过程中产生的累计误差。

Cartographer 算法结构框图如图 6.9 所示。在本地局部优化的过程中，Cartographer 算法首先利用激光雷达、里程计及 IMU（航向角）构建优化约束条件，然后采用 Google 的 Ceres solver 库进行在线实时优化，即图 6.9 中的优化 1；而对于全局优化部分，首先采用多分辨率地图分层的方式，进行分支定界，寻找可以配准的子地图，然后使用稀疏图优化法计算约束条件，再调用 Ceres solver 库进行优化，即图 6.9 中的优化 2。

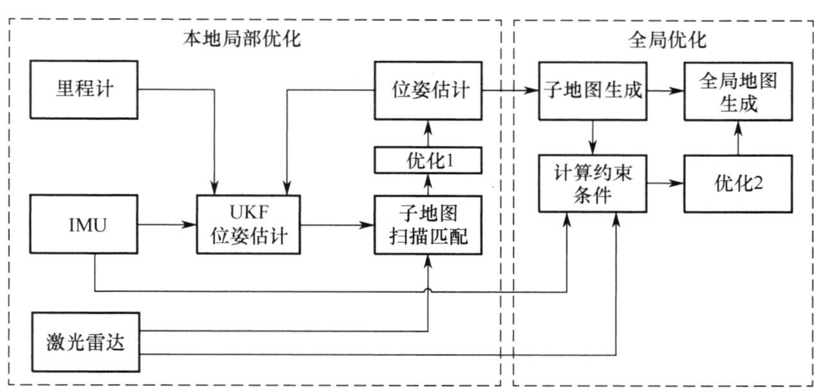

图 6.9　Cartographer 算法结构框图

1. 本地局部优化

如图 6.9 所示，IMU 与里程计进行传感器融合后，得到的是初始姿态矩阵（包括平移向量及旋转矩阵）。数据融合时，首先对陀螺仪数据直接积分得到旋转矩阵的估计，然后使用加速度计与陀螺仪进行互补滤波，得到融合后的旋转矩阵估计；而对于平移向量的估计，则对速度向量进行积分。融合过程如式（6-20）所示。

$$\begin{cases}\mathbf{gv}=\mathbf{gv}\oplus\mathbf{av}\times\Delta t\\ \alpha=1-\mathrm{e}^{-\frac{\Delta t}{T}}\\ \mathbf{gv}=(1-\alpha)\times\mathbf{gv}+\alpha\times\mathbf{acc}\end{cases}\tag{6-20}$$

其中，**gv** 为重力向量，**av** 为角速度向量，Δt 为采样时间间隔，T 为时间常数，α 为补偿系数，**acc** 为加速度向量。

当使用加速度计与里程计计算出当前位姿的估计值后，再以这个初始值为中心，选取固定大小的窗口，均匀散布候选位姿粒子，计算每个粒子与子地图的吻合程度，选取最高得分

的粒子位姿作为实时优化的位姿；紧接着将这个初步优化后的位姿，通过测量值的权重模型，放入 Ceres solver 库中再次优化（图 6.9 中的优化 1），得到更为精确的位姿，并用这个更为精确的位姿反馈计算速度向量。

与 Hector SLAM 算法不同，Cartographer 算法在计算地图栅格概率时采用精度更高、插值效果更平滑的双三次插值法。

2. 全局优化

在 Cartographer 算法中，子地图是由一定数量的激光扫描点云拼接而成的。首先，利用已有的子地图及其他传感器数据，结合 UKF 算法估计该激光扫描点云在子地图中的最佳位姿，然后将该激光扫描点云插入对应的子地图中，当一个子地图构建完成后，也就不会有新的激光扫描点云加入该子地图中了。由于在短时间内传感器的漂移是足够小的，因此子地图的误差也是足够小的，可忽略不计。然而当越来越多的子地图被创建后，子地图与子地图间的累计误差会越来越大，这部分误差并不能忽略。因此，Cartographer 提供一种能够实时运行的回环检测方法来减小这部分的累计误差。方法如下：

回环检测过程采用后台多线程的方式运行，当一个子地图构建完成后，该子地图就会加入回环检测的队列中，回环检测过程会检测队列中所有未检测的子地图；当一个新的激光扫描点云加入子地图时，如果该激光扫描点云的估计位姿与已存在的某个子地图中的某个激光扫描点云的位姿比较接近，则通过扫描匹配策略找到该回环。具体地，扫描匹配策略是在新加入地图的激光扫描点云的估计位姿附近设置一个三维窗口，在该窗口内的多分辨率分层地图中，寻找该激光扫描点云的一个可能的匹配，并采取深度优先搜索的原则及时剪枝，以减少匹配过程的复杂度。如果找到了一个足够好的匹配，则会将该匹配的回环约束条件加入位姿优化问题中，然后再次使用 Ceres solver 库进行全局的位姿优化。

在子地图中完成优化后，为了进一步减小累计误差，Cartographer 算法利用全局优化（图 6.9 中的优化 2），将一系列的子地图构成稀疏图，通过分支定界法计算稀疏图中的节点约束，然后调用 Ceres solver 库完成最后的优化，从而得到全局最优的位姿与地图。

任务 2　基于图优化的 SLAM 算法

本任务将演示 Cartographer 算法，首先介绍 Cartographer 的安装流程及注意事项，然后通过键盘控制机器人，融合激光雷达、IMU 和里程计数据，实现机器人的建图与定位。

1. 安装 cartographer 功能包

（1）为了安装 cartographer，建议安装工具 wstool 和 rosdep：

```
$ sudo apt-get update
$ sudo apt-get install -y python-wstool python-rosdep ninja-build
```

（2）初始化工作空间。在开始这一步前，由于 raw.githubusercontent.com 的域名经常被 DNS 错误解析，因此需要手动更新其 IP 地址。首先访问 https://ipaddress.com/website/raw.githubusercontent.com，得到该域名当前最新的 IP 地址，如 185.199.108.133。然后执行命令：

```
$ sudo gedit /etc/hosts
```

打开文件，在第一行加入：

```
185.199.108.133    raw.githubusercontent.com
```

保存文件并关闭后，执行 ping 命令，验证是否可以访问：

```
$ ping raw.githubusercontent.com
```

如果不能 ping 通，则换一个 IP 地址，重复以上步骤。

之后，执行以下命令：

```
$ mkdir carto_ws
$ cd carto_ws
$ wstool init src
$ wstool merge -t src https://raw.githubusercontent.com/googlecartographer/cartographer_ros/master
/cartographer_ros.rosinstall
```

完成后，执行：

```
$ gedit src/.rosinstall
```

如果其中包含网址 https://ceres-solver.googlesource.com/ceres-solver.git，则将其改为 https://github.com/ceres-solver/ceres-solver.git，否则不做任何改动。

接下来执行如下命令，下载 cartographer 主体功能包：

```
$ wstool update -t src
```

（3）安装依赖，并下载 cartographer 相关功能包（默认版本为 Kinetic，若采用其他 ROS 版本，则相应替换）：

```
$ src/cartographer/scripts/install_proto3.sh
$ sudo pip install rosdepc
$ sudo rosdepc init
$ rosdepc update
$ rosdepc install --from-paths src --ignore-src --rosdistro=kinetic -y
```

若执行 sudo pip install rosdepc 报错，则先执行 sudo apt install python-pip，安装 pip 工具。

注意：这里的 rosdepc 是 rosdep 的国内版本，可以解决一些 rosdep 连接失败的问题。

接下来安装 absl 库：

```
$ sudo apt-get install stow
$ sudo chmod +x ~/carto_ws/src/cartographer/scripts/install_abseil.sh
$ cd ~/carto_ws/src/cartographer/scripts
$ ./install_abseil.sh
```

（4）编译、安装。首先修改 cartographer 功能包的编译选项，打开 carto_ws/src/cartographer/CMakeLists.txt，在文件底部位置添加编译选项：

```
project(cartographer)
add_compile_options(-std=c++11)
set(CARTOGRAPHER_MAJOR_VERSION 1)
```

然后打开 carto_ws/src/cartographer_ros/cartographer_ros/CMakeLists.txt，在文件底部位置添加编译选项：

```
project(cartographer_ros)
add_compile_options(-std=c++11)
```

再打开 carto_ws/src/cartographer_ros/cartographer_ros_msgs/CMakeLists.txt，在文件底部位置添加编译选项：

```
project(cartographer_ros_msgs)
add_compile_options(-std=c++11)
```

打开 carto_ws/src/cartographer_ros/cartographer_rviz/CMakeLists.txt，在文件底部位置添加编译选项：

```
project(cartographer_rviz)
add_compile_options(-std=c++11)
```

因为 absl 库要求用 2011 年的 C++标准编译，所以如果不加编译选项，则编译失败。

接下来，在命令行中输入如下命令：

```
$ cd ~/carto_ws
$ catkin_make_isolated --install --use-ninja
```

```
$ source ~/carto_ws/install_isolated/setup.bash
```

注意：上面的 source 语句不可以放进~/.bashrc 中。

（5）进行 2D 激光雷达数据包测试：

```
wget -P ~/Downloads https://storage.googleapis.com/cartographer-public-data/bags/backpack_2d/
cartographer_paper_deutsches_museum.bag
roslaunch cartographer_ros demo_backpack_2d.launch bag_filename:=${HOME}/Downloads/
cartographer_paper_deutsches_museum.bag
```

采用 2D 激光雷达数据包建立的环境地图如图 6.10 所示。

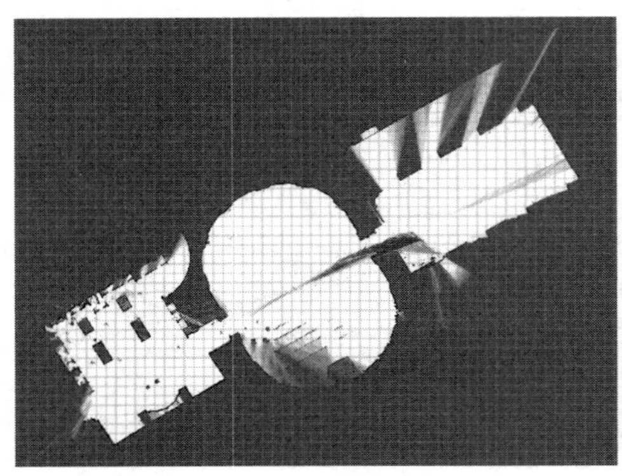
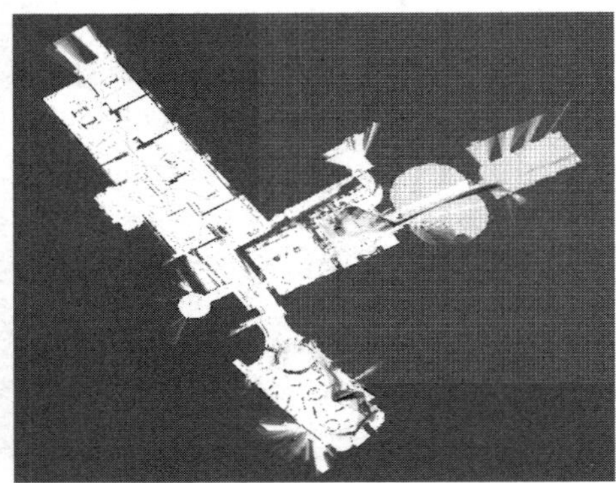

图 6.10　采用 2D 激光雷达数据包建立的环境地图

2. 融合激光雷达、IMU 和里程计的 Cartographer 建图流程

（1）准备工作。首先打开~/spark/devel/_setup_util.py，找到 CMAKE_PREFIX_PATH，将其修改为

```
CMAKE_PREFIX_PATH = '/home/spark/carto_ws/install_isolated'
```

这一步是为了防止不同工作空间的 source setup.bash 语句之间的冲突。

（2）执行下面的命令，开始建图：

```
$ source ~/spark/devel/setup.bash   # 不能省略这句
$ roslaunch spark_slam 2d_slam_teleop.launch slam_methods_tel:=cartographer lidar_type_tel:= 3iroboticslidar2
```

注意：如果 Spark 机器人配置的是 EAI 激光雷达（g2 或 g6），则 lidar_type_tel: = 3iroboticslidar2 需要改为 lidar_type_tel:=ydlidar_g2 或 ydlidar_g6。

其中，2d_slam_teleop.launch 文件的内容如下：

```
<!--spark 2d slam-->
<launch>
    <arg name="slam_methods_tel" default="hector" doc="slam type [gmapping, cartographer, hector,
karto, frontier_exploration]"/>
    <include file="$(find spark_slam)/launch/2d_slam.launch">
        <arg name="slam_methods" value="$(arg slam_methods_tel)"/>
    </include>
    <!--创建新的命令行，Spark 机器人键盘控制：W、S、A、D 分别代表前、后、左、右-->
    <node pkg="spark_teleop" type="keyboard_control.sh" name="kc_2d" />
    <!--创建新的命令行，确定是否保存地图-->
    <node pkg="spark_slam" type="cmd_save_map.sh" name="csm_2d" />
</launch>
```

上述命令启动的节点包括：Spark 机器人运动控制模型、Spark 机器人运动控制节点、激光雷达节点、SLAM 算法节点、键盘控制节点、地图保存节点。

（3）查看 Cartographer 算法的配置文件。在 spark_app/spark_slam/config 文件夹下的

spark_lds_ 2d.lua 文件是 Cartographer 算法的配置文件，内容如下：

```
-- Copyright 2016 The Cartographer Authors
-- Licensed under the Apache License, Version 2.0 (the "License");
-- you may not use this file except in compliance with the License.
-- You may obtain a copy of the License at
-- http://www.apache.org/licenses/LICENSE-2.0
--
-- Unless required by applicable law or agreed to in writing, software
-- distributed under the License is distributed on an "AS IS" BASIS,
-- WITHOUT WARRANTIES OR CONDITIONS OF ANY KIND, either express or implied.
-- See the License for the specific language governing permissions and
-- limitations under the License.

include "map_builder.lua"
include "trajectory_builder.lua"

options = {
  map_builder = MAP_BUILDER,
  trajectory_builder = TRAJECTORY_BUILDER,
  map_frame = "map",
  tracking_frame = "IMU_link", -- imu_link, If you are using gazebo, use 'base_footprint'
(libgazebo_ros_imu's bug)
  published_frame = "odom",
  odom_frame = "odom",
  provide_odom_frame = false,
  publish_frame_projected_to_2d = false,
  use_odometry = true,
  use_nav_sat = false,
  use_landmarks = false,
  num_laser_scans = 1,
  num_multi_echo_laser_scans = 0,
  num_subdivisions_per_laser_scan = 1,
  num_point_clouds = 0,
  lookup_transform_timeout_sec = 0.2,
  submap_publish_period_sec = 0.3,
  pose_publish_period_sec = 5e-3,
  trajectory_publish_period_sec = 30e-3,
  rangefinder_sampling_ratio = 1.,
  odometry_sampling_ratio = 1.,
  fixed_frame_pose_sampling_ratio = 1.,
  imu_sampling_ratio = 1.,
  landmarks_sampling_ratio = 1.,
}

MAP_BUILDER.use_trajectory_builder_2d = true

TRAJECTORY_BUILDER_2D.min_range = 0.1
TRAJECTORY_BUILDER_2D.max_range = 3.5
TRAJECTORY_BUILDER_2D.missing_data_ray_length = 3.
TRAJECTORY_BUILDER_2D.use_imu_data = true
TRAJECTORY_BUILDER_2D.use_online_correlative_scan_matching = true
TRAJECTORY_BUILDER_2D.motion_filter.max_angle_radians = math.rad(0.1)

POSE_GRAPH.constraint_builder.min_score = 0.65
```

```
POSE_GRAPH.constraint_builder.global_localization_min_score = 0.7

return options
```

在基于 Cartographer 算法的建图过程中，各个 ROS 节点关系如图 6.11 所示，机器人局部建图效果如图 6.12 所示。

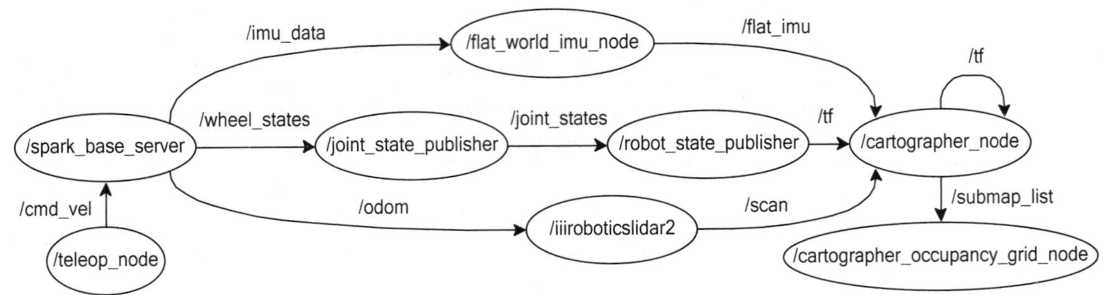

图 6.11 Cartographer 算法各个节点关系图

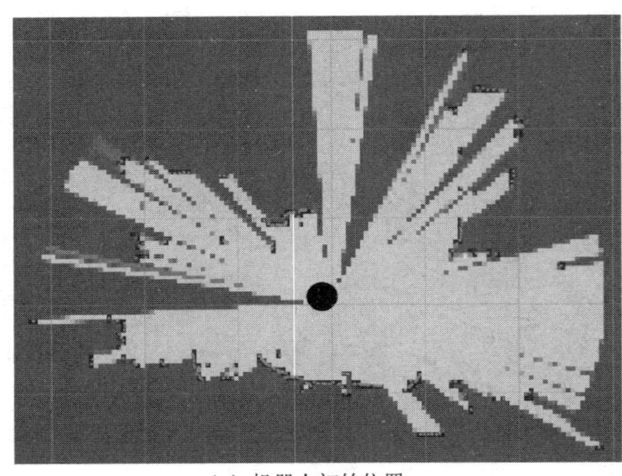
（a）机器人初始位置

（b）机器人建图过程

图 6.12 机器人局部建图效果

6.5.2 建图结果

在更大的场景中进行实验，仅使用激光雷达，采用 Cartographer 算法的建图效果如图 6.13 所示。与 Gmapping 算法和 Hector SLAM 算法的建图效果对比，Cartographer 算法即使只使用激光雷达，也可以取得不错的建图效果，Cartographer 算法可以成功检测到地图中的环形回路。

图 6.14 是融合了激光雷达、IMU 与里程计，采用 Cartographer 算法的建图效果。其中，IMU 与里程计数据经过 UKF 算法融合后，为扫描匹配提供初始值。由于 IMU 的存在，移动机器人在地面不平坦（包含倾角较小的上下坡环境中）时，也可以正常运行。

实验过程中，Cartographer 算法消耗的计算机资源较多，且占用的内存资源会随时间增加，所以该算法需要高性能计算机才能实现。同时，由于 Cartographer 算法的回环检测是多线程并发进行的，即使采用同样的数据集，由于使用的计算机性能不一样，也会造成建立的地图不一样。所以该算法适合性能较高的计算机运行，以取得较好的建图效果。

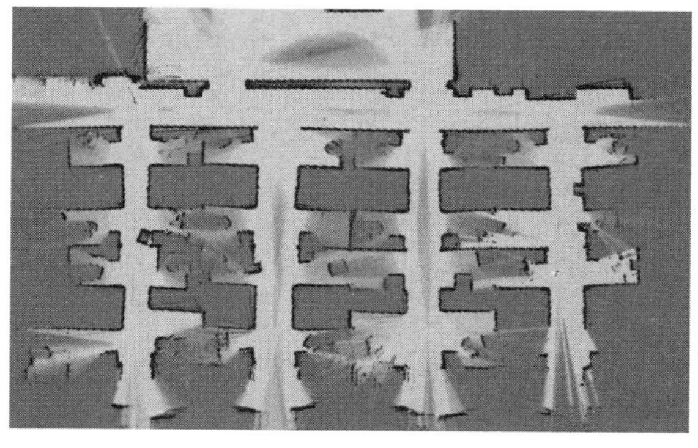

图 6.13　Cartographer 建图效果（仅用激光雷达）

图 6.14　Cartographer 建图效果（融合激光雷达、IMU 和里程计）

6.6　本章小结

本章首先介绍了基于多传感器融合的 SLAM 的背景，然后分别给出了 IMU 的标定、差速轮式移动机器人的运动模型分析；之后，介绍了基于卡尔曼滤波的多传感器融合算法，并给出了 ROS 中 Gmapping 算法的使用方法；最后，介绍了 Cartographer 算法，并通过融合激光雷达、IMU 和里程计的 Cartographer 建图实验，演示了基于多传感器融合的图优化建图算法。

参 考 文 献

[1] 塞巴斯蒂安·特龙，沃尔弗拉姆·比加尔，迪特尔·福克斯.概率机器人学[M]. 曹红玉，谭志，史晓霞，译. 北京：机械工业出版社，2019.

[2] 郑威. 移动机器人建图与定位系统关键技术研究[D]. 武汉：华中科技大学, 2017

[3] 陆泽早. 结合轮速传感器的紧耦合单目视觉惯性 SLAM[D]. 武汉：华中科技大学, 2019.

[4] Dissanayake G, Durrant-Whyte H, Bailey T. A computationally efficient solution to the simultaneous localisation and map building (SLAM) problem[J]. IEEE Transactions on Robotics & Automation, 2001, 17(3):229-241.

[5] Makarenko A A , Williams S B , Bourgault F ,et al.An Experiment in Integrated Exploration[C]// IEEE/RSJ International Conference on Intelligent Robots and Systems.IEEE, 2002.DOI:10.1109/IRDS.2002.1041445.

[6] 曲丽萍. 移动机器人同步定位与地图构建关键技术的研究[D]. 哈尔滨：哈尔滨工程大学, 2013.

[7] Fossel Joscha David, Tuyls Karl, Sturm Juergen. 2D-SDF-SLAM: A signed distance function based SLAM frontend for laser scanners[J]. Proceedings of 2015 International Conference on Intelligent Robots and Systems (IROS 2015), 2015:1949-1955.

[8] Kaijaluoto R , Hyypp A , Kukko A .PRECISE INDOOR LOCALIZATION FOR MOBILE LASER SCANNER[J].ISPRS - International Archives of the Photogrammetry, Remote Sensing and Spatial Information Sciences, 2015, XL-4/W5(4):1-6.DOI:10.5194/isprsarchives-XL-4-W5-1-2015.

[9] Tedaldi D, Pretto A, Menegatti E. A robust and easy to implement method for IMU calibration without external equipments[J].Proceedings of 2014 IEEE International Conference on Robotics and Automation (ICRA 2014), 2014:3042-3049.

[10] Ieee B E .IEEE Standard Specification Format Guide and Test Procedure for Single-Axis Interferometric Fiber Optic Gyros[J].IEEE, 1998.DOI:10.1109/IEEESTD.1998.86153..

[11] Woodman O J , Woodman C O J .An introduction to inertial navigation[J].Journal of Navigation, 2007, 9(3).DOI:10.1017/S0373463300036341.

[12] Hess W , Kohler D , Rapp H ,et al.Real-time loop closure in 2D LIDAR SLAM[C]//2016 IEEE International Conference on Robotics and Automation (ICRA).IEEE, 2016.DOI:10.1109/ICRA.2016.7487258.

[13] Schubert D , Goll T , Demmel N ,et al.The TUM VI Benchmark for Evaluating Visual-Inertial Odometry[J].IEEE, 2018.DOI:10.1109/IROS.2018.8593419.

[14] Shan T , Englot B , Meyers D ,et al.LIO-SAM: Tightly-coupled Lidar Inertial Odometry via Smoothing and Mapping[J]. 2020.DOI:10.1109/IROS45743.2020.9341176.

[15] Xu W , Zhang F .FAST-LIO: A Fast, Robust LiDAR-Inertial Odometry Package by Tightly-Coupled Iterated Kalman Filter[J].IEEE Robotics and Automation Letters, 2021.DOI:10.1109/LRA.2021.3064227.

[16] Xu W , Cai Y , He D ,et al.FAST-LIO2: Fast Direct LiDAR-Inertial Odometry[J].IEEE Transactions on Robotics: A publication of the IEEE Robotics and Automation Society, 2022(4):38.

[17] Dongjiao He, Wei Xu, Nan Chen, Fanze Kong, Chongjian Yuan, Fu Zhang. Point-LIO: Robust High-Bandwidth Light Detection and Ranging Inertial Odometry[J]. Advanced Intelligent Systems, 2023: 2200459.

扩 展 阅 读

（1）熟悉激光雷达和 IMU 相对位置关系的标定方法。

（2）了解多传感器紧耦合和松耦合的特点和区别。

（3）理解 LIO-SAM、FAST-LIO/FAST-LIO2、Ponit-LIO 几种紧耦合 SLAM 方法。

练 习 题

（1）根据本章介绍的 IMU 标定方法，尝试标定一个 IMU 传感器。

（2）分析激光雷达与 IMU 外参标定的过程。

（3）卡尔曼滤波是一种高斯滤波算法，粒子滤波是一种非参数滤波算法。这两种算法的优缺点和应用场景是什么？

（4）针对卡尔曼滤波的局限性，目前的改进方法是什么？

（5）基于滤波器的 SLAM 和基于图优化的 SLAM 这两类算法的区别是什么？

（6）Cartographer 算法在回环检测时，采用什么方法减少计算资源消耗，保证实时性和准确性？

（7）参考 Cartographer 算法在 2D 数据集下进行环境地图构建的方法，实现 3D 数据集下的地图构建。

第 7 章　机械臂运动控制

运动控制是机械臂研究领域的重要部分，本章介绍多关节机械臂的 URDF 建模和可视化控制。ROS 提供了功能完善的机械臂运动规划功能包 MoveIt，其包含运动学建模、操作控制、环境感知、运动规划等功能，是一个易于使用的集成化开发工具。通过 MoveIt 配置助手可进行机械臂配置，结合 Gazebo 仿真软件可以进行人机交互友好的可视化仿真。下面将通过机械臂建模、机械臂控制、MoveIt 编程三部分，介绍机械臂的运动控制实现。

7.1　机械臂建模

7.1.1　ROS 中常用的机械臂

1. UR 机器人

Universal Robots（优傲机器人）公司 2005 年成立于丹麦，针对不同的负载级别，其主要的机器人产品有：UR3、UR5 和 UR10，如图 7.1 所示。

优傲机器人公司在 2009 年推出了第一款协作机器人——UR5，自重 18kg，有效负载可达 5kg，工作半径为 85cm，不仅颠覆了人们对于传统工业机器人的认识，还自定义了“协作机器人”，其与人类操作员可以在同一个空间中协作工作，具有安全度高、无须安全围栏等特点。

2015 年 3 月，优傲机器人公司推出 UR3，自重仅 11kg，有效负载达到 3kg，所有腕关节均可 360°旋转，而末端关节可进行无限旋转。进一步地，UR10 的有效负载为 10kg，工作半径为 130cm。这三款机器人均具有编程简单、灵活度高的特点，可以与人类在一起安全可靠地协作工作，完成如分拣、抓取、装配、打磨等任务。协作机器人进行打磨作业如图 7.2 所示。

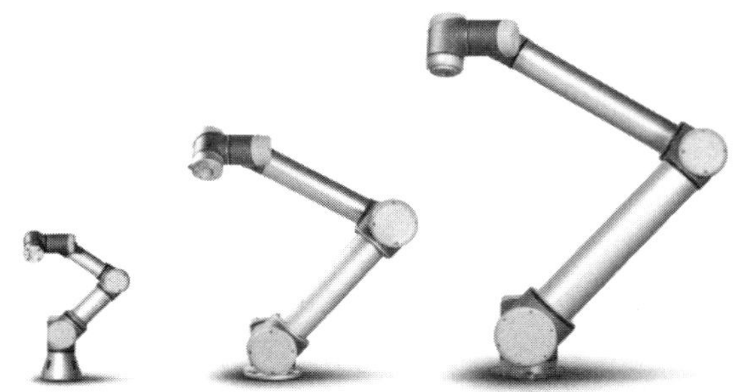

图 7.1　UR3、UR5 和 UR10 机器人

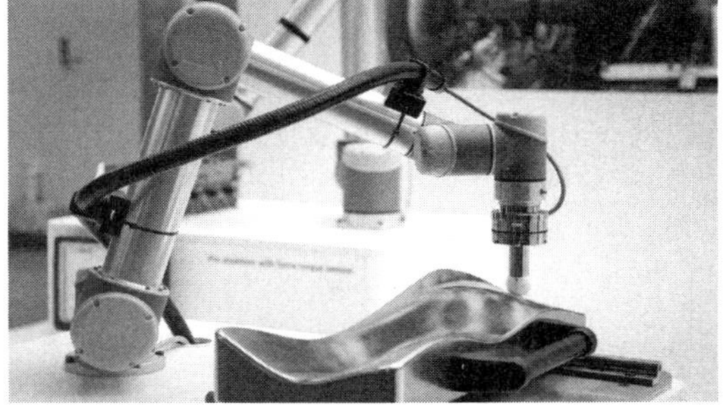

图 7.2　协作机器人进行打磨作业

2. Franka Panda

Franka Panda 是 Franka Emika 公司设计的一款七自由度机械臂，如图 7.3 所示。其每个关节上都安装有力传感器，性能强大。它提供开源接口（FCI），用户可通过 C++和 ROS 进行编程，其内置的机器人控制系统可以通过手机 App 或 Web 页面进行操作，使用方便。此外，其系统灵敏度高，针对大多数重复且单调的操作，如精细装配、旋拧和连接作业，以及测试、检查和组装等，都可以实现自动化。

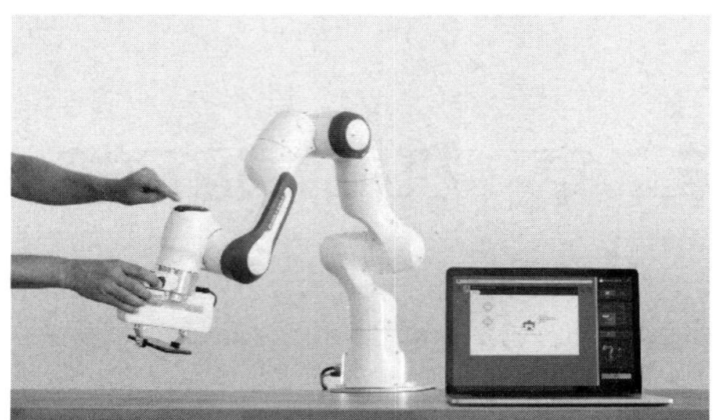

图 7.3 Franka Panda 机械臂

7.1.2 机械臂 URDF 模型

URDF（Unified Robot Description Format，统一机器人描述格式）是 ROS 中非常重要的机器人模型描述格式，ROS 提供了 URDF 文件的 C++解析器，可以解析 URDF 文件中使用 XML 格式描述的机器人模型。

一般来说，任意的机器人模型都可以被分解为两大部分：连杆（link）和关节（joint），如图 7.4 所示。

1. <link>标签

<link>标签描述机器人某个刚体部分的外观和物理属性，包括尺寸、颜色，形状，惯性矩阵，碰撞属性等。

link 结构的 URDF 描述语法如下：

```
<link name="<link name>">
<inertial> . . . . . . </inertial>
        <visual> . . . . . . </visual>
        <collision> . . . . . . </collision>
</link>
```

<inertial>标签描述 link 的惯性矩阵，<visual>标签描述机器人 link 部分的外观，而<collision>标签描述 link 的碰撞属性。从图 7.5 中可以看到，检测碰撞的 Collision 区域大于外观可视的 Visual 区域，这就意味着只要有其他物体与 Collision 区域相交，就认为该 link 发生碰撞。

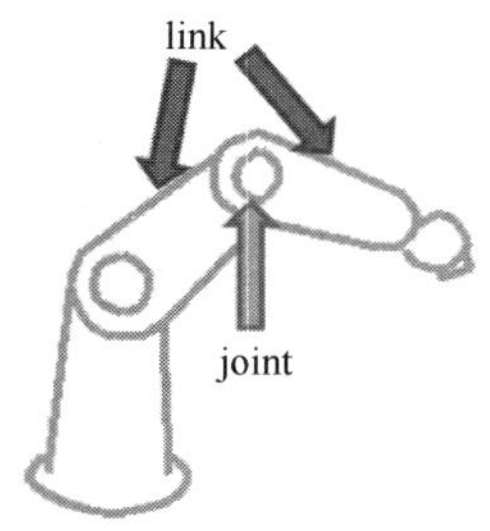

图 7.4 机器人 URDF 模型中的 link 和 joint

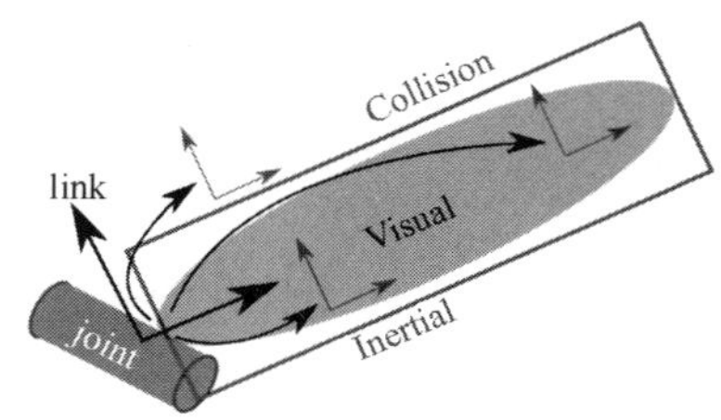

图 7.5 <visual>标签描述的内容

2. <joint>标签

<joint>标签描述机器人关节的运动学和动力学属性，包括关节运动的位置和速度限制。根据机器人的关节运动形式，可以将机器人的关节分为六种类型，如表 7.1 所示。

表 7.1　机器人的关节类型

关节类型	描　述
continuous	旋转关节，可以围绕单轴无限旋转
revolute	旋转关节，类似于 continuous，但是有旋转的角度极限
prismatic	滑动关节，沿某一轴线移动的关节，有位置极限
planar	平面关节，允许在平面正交方向上平移或旋转
floating	浮动关节，允许进行平移、旋转运动
fixed	固定关节，不允许运动的特殊关节

和人类关节一样，机器人关节的主要作用是连接两个 link，这两个 link 分别称为 parent link 和 child link，<joint>标签的说明如图 7.6 所示。

<joint>标签的描述语法如下：

```
<joint name="<name of the joint>">
    <parent link="parent_link"/>
    <child link="child_link"/>
    <calibration .... />
    <dynamics damping ..../>
    <limit effort .... />
    ....
</joint>
```

其中，必须要指定 joint 的<parent link>和<child link>，还可以设置 joint 的其他属性：

（1）<calibration>：关节的参考位置，用来校准关节的绝对位置。

（2）<dynamics>：描述关节的物理属性，如阻尼值、物理静摩擦力等，在动力学仿真中会用到。

（3）<limit>：描述运动的极限值，包括关节运动的上下限位置、速度限制、力矩限制等。

（4）<mimic>：描述该关节与已有关节的关系。

（5）<safety_controller>：描述安全控制器参数。

3. <robot>标签

<robot>是完整机器人模型的最顶层标签，<link>标签和<joint>标签都必须包含在<robot>标签内。一个完整的机器人模型，由一系列<link>标签和<joint>标签组成，<robot>标签的说明如图 7.7 所示。

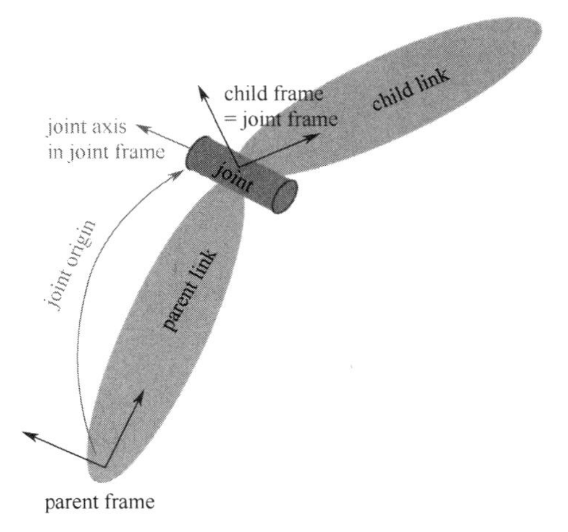

图 7.6　<joint>标签说明

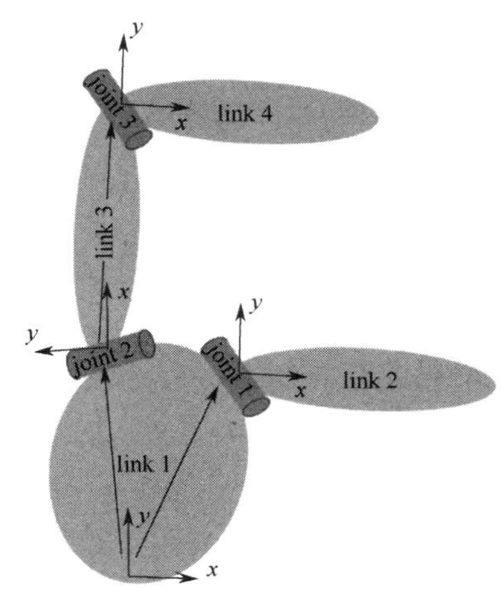

图 7.7　<robot>标签说明

<robot>标签内可以设置机器人的名称，其基本语法如下：

```
<robot name="<name of the robot>">
    <link> ....... </link>
    <link> ....... </link>
    <joint> ....... </joint>
    <joint> ....... </joint>
</robot>
```

7.1.3 机械臂 URDF 建模

在大部分场景下，先使用三维设计软件完成机器人模型的设计，再将其导入 ROS 环境下。Solidworks 是一款常用的三维设计软件，ROS 社区为该软件提供了模型转换插件——sw2urdf。下面以 UR5 机器人的三维模型为例，学习如何使用该插件完成 URDF 模型的转换。

首先，获取 UR5 的三维模型，可以从官网的下载链接中找到 stp 格式的模型文件。然后进入 sw2urdf 插件下载页面，如图 7.8 所示。下载后，在装有 Solidworks 软件的计算机上安装 sw2urdf 插件。

图 7.8　sw2urdf 插件下载页面

安装成功后，打开 Solidworks 软件，Solidworks 软件中的 UR5 机器人模型如图 7.9 所示。

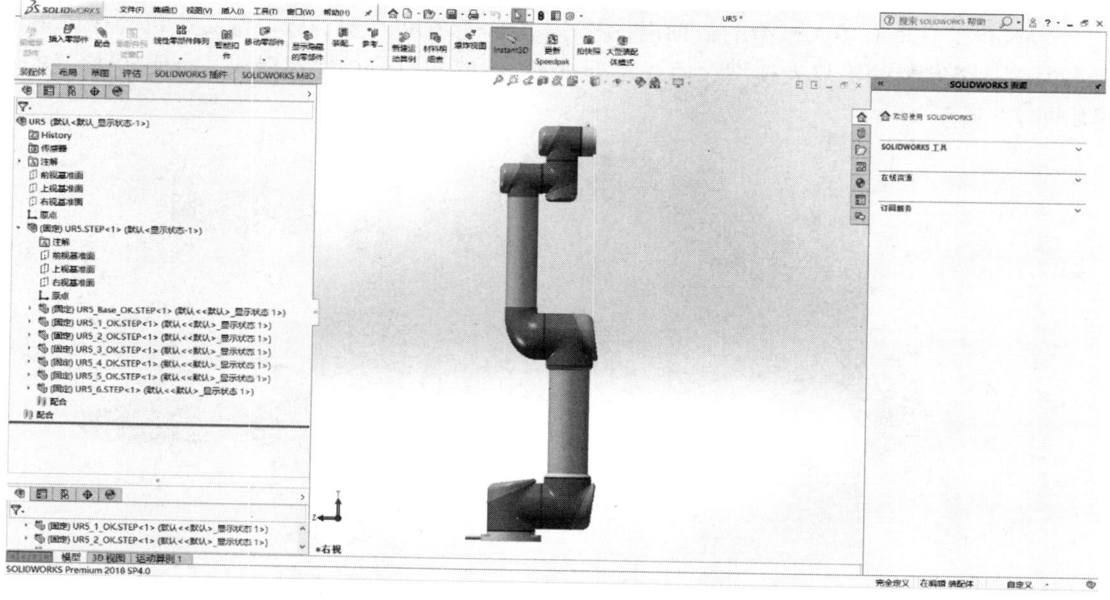

图 7.9　Solidworks 中的 UR5 机器人模型

在导出模型之前，需要使用 Solidworks 软件为模型设置全局坐标系及每个关节的基准轴，设置后的效果如图 7.10 所示。

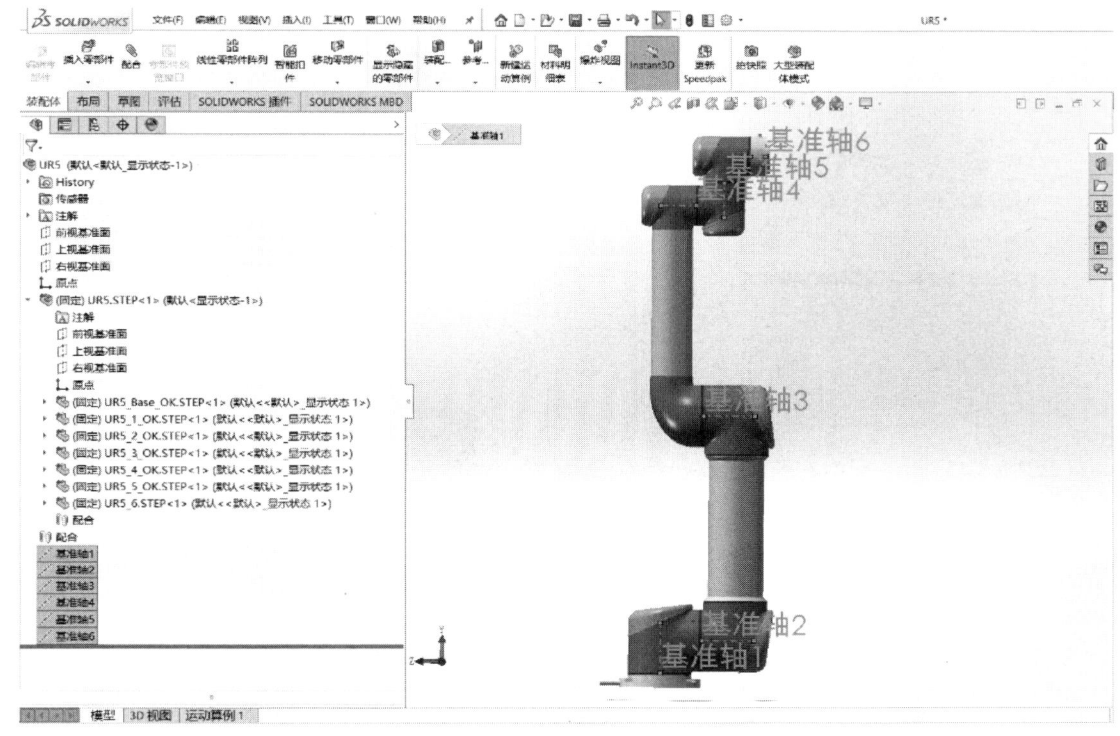

图 7.10　设置全局坐标系及每个关节的基准轴

然后，选择“工具”–>File–>Export as URDF 选项，打开安装好的 sw2urdf 插件，如图 7.11 所示。在打开的插件配置界面中，按照配置说明，选择每个连杆的名称和模型、关节的名称和类型、旋转轴，单击 Number of child links 选项下的上下箭头按钮，即可添加或减少串联关节。

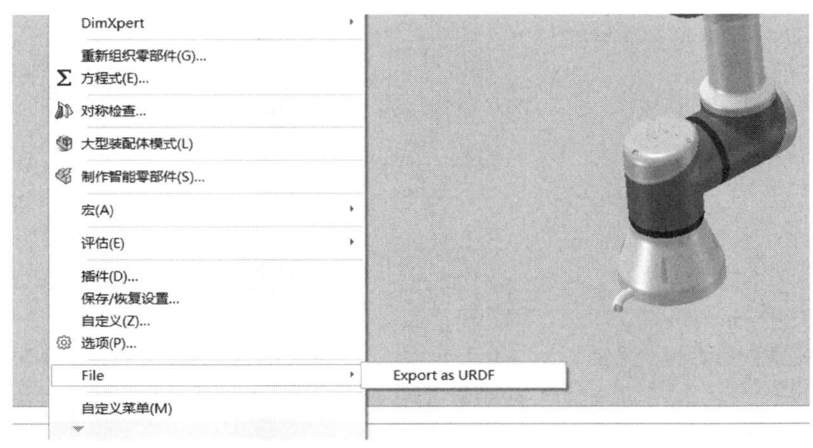

图 7.11　打开 sw2urdf 插件

UR5 是一个六关节、七连杆的串联机器人，需要依次完成所有配置，如图 7.12 所示。

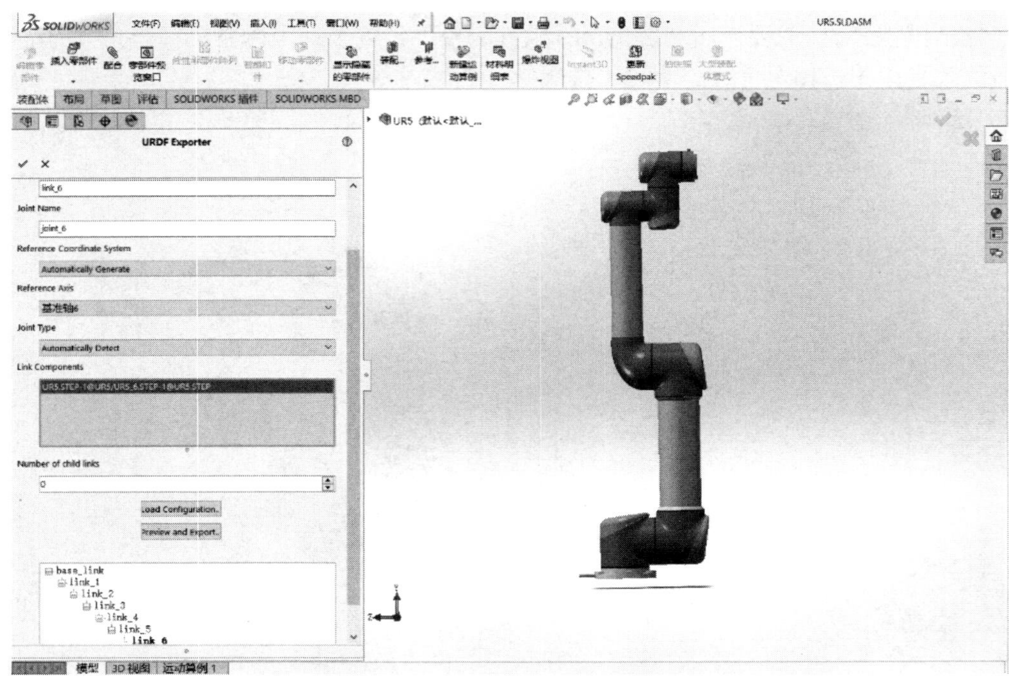

图 7.12　配置 URDF 模型

完成配置后，单击 Preview and Export 按钮，可自动生成所有参考坐标系，并打开一个导出参数的确认界面，如图 7.13 所示。

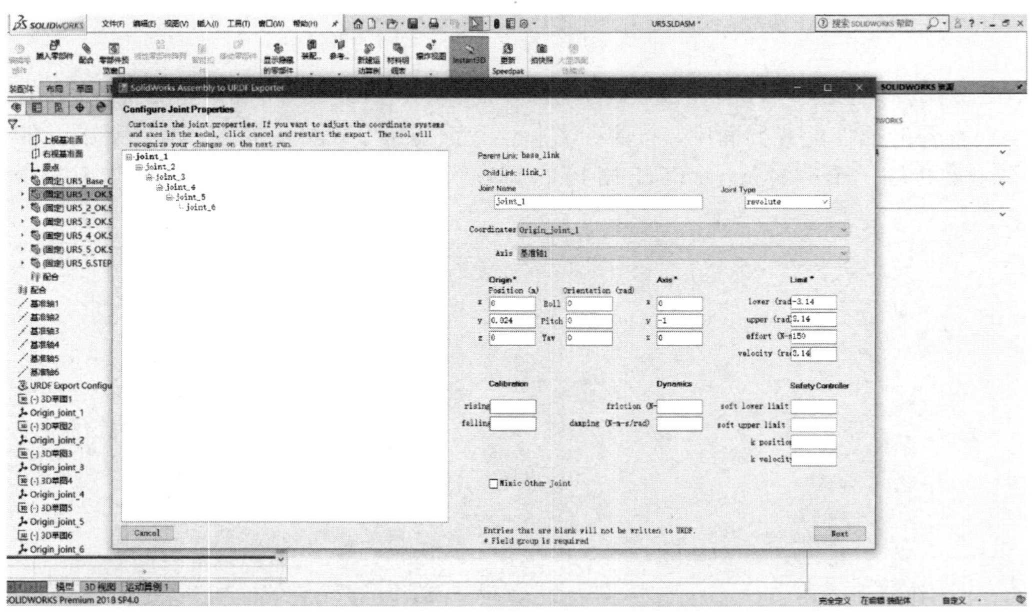

图 7.13　确认配置参数

确认配置的连杆和关节参数正确后，单击界面右下角的 Export URDF and Meshes 按钮，即可自动将 UR5 模型转换成一个 ROS 功能包，其中包含了 UR5 的 URDF 模型及其链接的连杆 meshes（网格）文件，如图 7.14 所示。

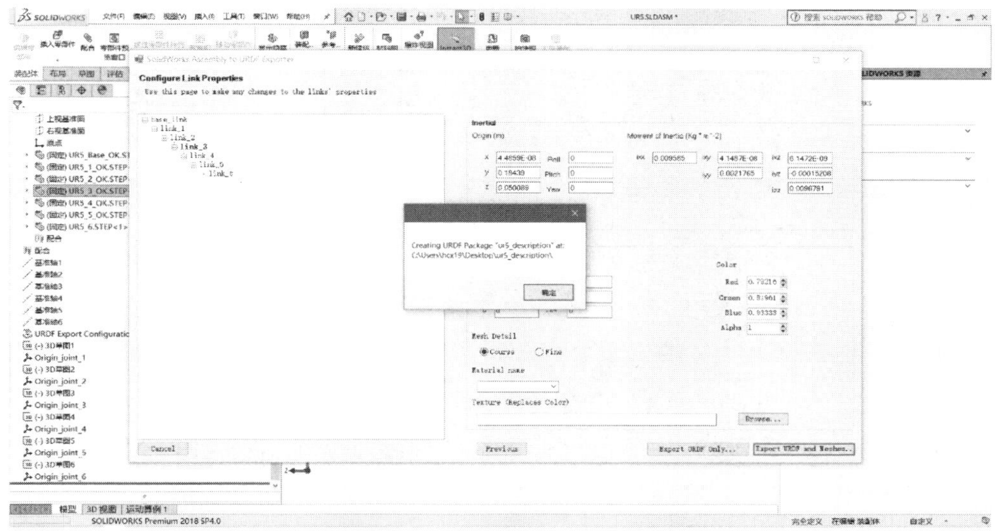

图 7.14　完成模型导出

将该功能包放置在 ROS 工作空间下编译，执行如下命令即可看到 URDF 模型，如图 7.15 所示。

```
$ roslaunch ur5_description display.launch
```

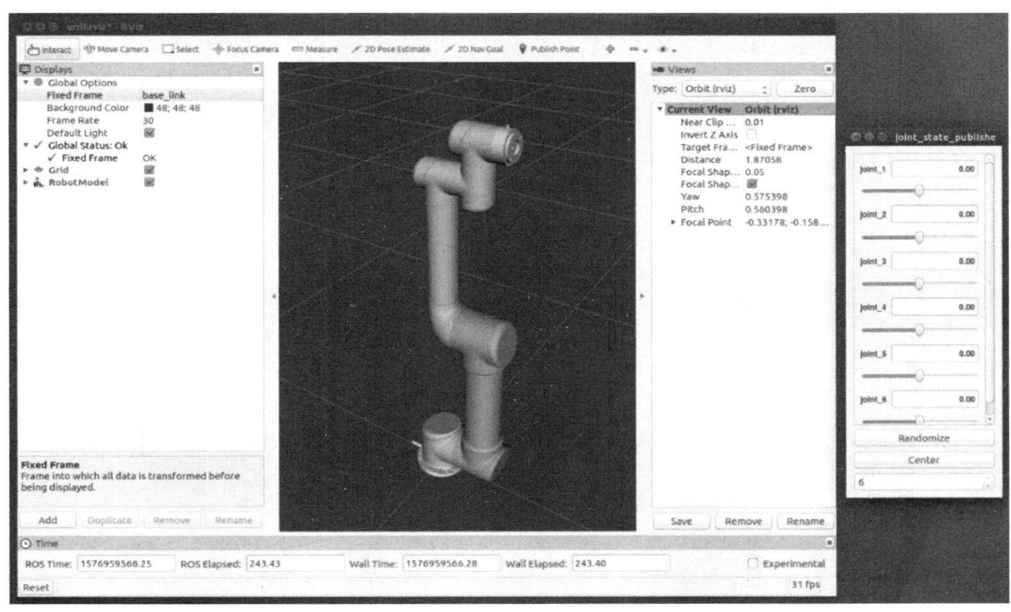

图 7.15　ROS 下显示的模型

接下来，就可以使用 Gazebo 仿真软件和 MoveIt 搭建完整的机械臂运动仿真系统了。Gazebo 是一款功能强大的三维物理仿真软件，具备强大的物理引擎、高质量的图形渲染功能、方便的编程与图形接口。ROS 为 Gazebo 提供了底层驱动包，开发者可以在 ROS 环境下轻松使用 Gazebo 进行机器人仿真。如图 7.16 所示，Gazebo 中的机器人模型除与 rviz 使用的模型相同之外，还可以根据需要在模型中加入机器人和周围环境的物理属性，如质量、摩擦系数、弹性系数等。机器人的传感器信息也可以通过插件的形式加入仿真环境，进行可视化显示。

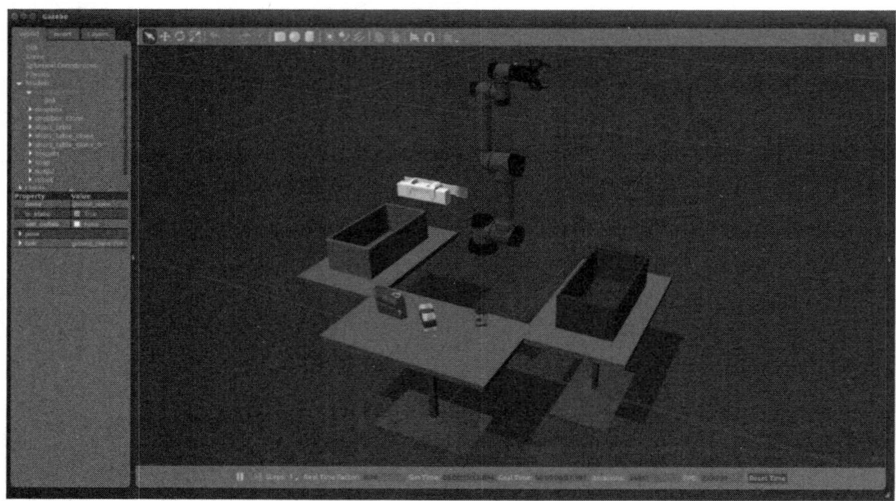

图 7.16　基于 Gazebo 的机器人运动仿真系统

7.2　机械臂控制——MoveIt

7.2.1　MoveIt 简介

最早使用 ROS 框架的 PR2 不仅是一个移动机器人，还带有两个多自由度的机械臂。在 PR2 机器人的基础上，ROS 提供了不少针对机械臂的功能包，这些功能包在 2012 年被集成到一个单独的 ROS 软件——MoveIt 中。MoveIt 为开发者提供了一个易于使用的集成化开发平台，由一系列功能包组成，包含运动规划、操作控制、3D 感知、运动学、控制与导航算法等，而且提供友好的 GUI，广泛应用于工业、商业、研发和其他领域。

MoveIt 目前已经支持如图 7.17 所示的多款常用的机器人，也可以非常灵活地应用到各种机器人系统中。

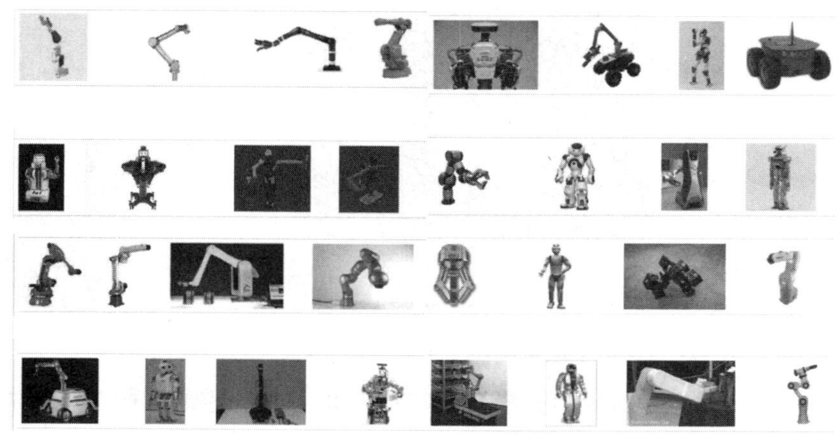

图 7.17　MoveIt 支持众多机器人平台

7.2.2　Setup Assistant 配置机械臂

使用 MoveIt，第一步是使用其自带的 Setup Assistant（配置助手）完成一系列配置工作。

Setup Assistant 会根据用户导入的机器人 URDF 模型，生成 SRDF（Semantic Robot Description Format）文件，创建一个 MoveIt 配置的功能包，完成机器人的配置、可视化和仿真。

下面以 UR5 为例，使用 Setup Assistant 进行配置。首先，使用如下命令启动 Setup Assistant：

```
$ roscore
$ rosrun moveit_setup_assistant moveit_setup_assistant
```

启动成功后，会出现图 7.18 所示的界面。界面左侧列表是接下来需要配置的项目，选择其中的某项，主界面就会出现相应的配置选项。Setup Assistant 配置机器人的步骤如下。

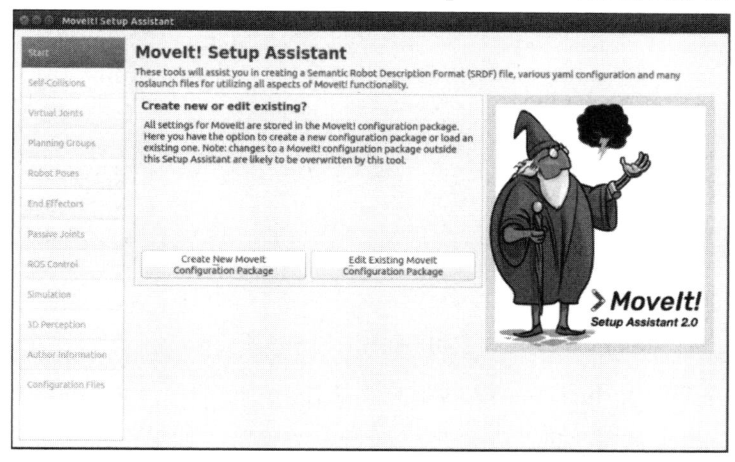

图 7.18　Setup Assistant 的启动界面

1. 加载机器人 URDF 模型（Start）

这里有两个选择，一是新建配置功能包，二是使用已有的配置功能包。

选择新建配置功能包时，在模型加载界面中，设置模型文件为 ur5_description 功能包下的 URDF 文件 ur5_description.xacro，单击 Load Files 按钮，完成模型加载。模型加载成功后，可以在右侧的窗口中看到 UR5 的模型，如图 7.19 所示。

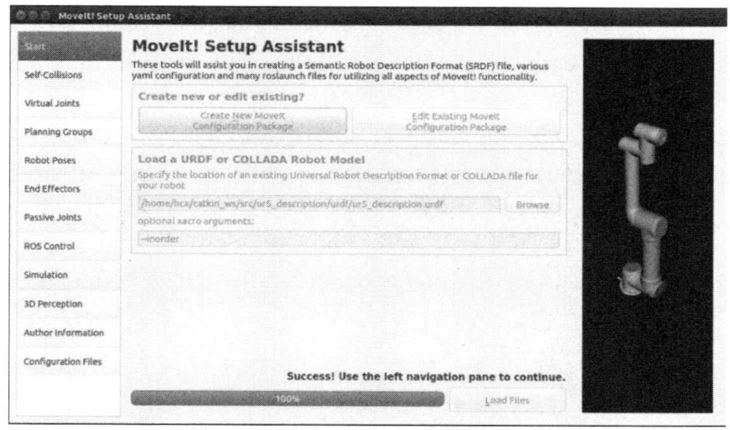

图 7.19　加载机器人模型

2. 配置自碰撞矩阵（Self-Collisions）

选择左侧列表中的第二项 Self-Collisions，配置自碰撞矩阵。

MoveIt 允许设置一定数量的随机采样点，根据这些点生成碰撞参数，检测不会发生碰撞的 link。如果设置过多的点，会造成运算速度较慢，而设置过少的点会导致参数不完善问题。默认的采样点数量是 10000 个，可以获得不错的效果，按照这个默认值，单击 Generate Collision Matrix 按钮，即可生成碰撞矩阵，如图 7.20 所示。

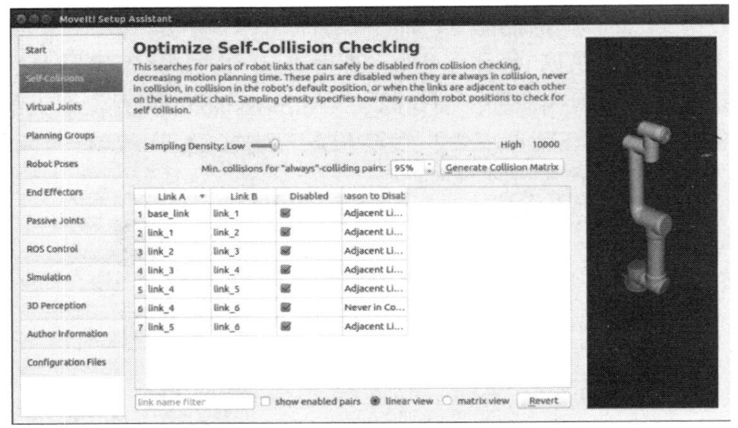

图 7.20　配置自碰撞矩阵

3. 配置虚拟关节（Virtual Joints）

虚拟关节主要用来描述机器人在世界坐标系下的位置。如果机器人是活动的，虚拟关节可以与移动基座关联。如果机器人是固定不动的，不需要设置虚拟关节。

4. 创建规划组（Planning Groups）

这一步可以将机器人的多个组成部分（link，joint）集成到一个组中，运动规划器会针对一组 link 或 joint 完成规划任务。在配置过程中，可以选择运动学解析器。这里创建两个组，一个组为机器人本体，另一个组为末端夹爪。

首先创建机器人本体的 manipulator 组。单击 Add Group 按钮，打开的配置界面如图 7.21 所示。其中，Group Name 为 manipulator；Kinematic Solver 为 kdl_kinematics_plugin/KDLKinematicsPlugin；Kin. Search Resolution 为 0.005；Kin. Search Timeout (sec)为 0.05；Kin. Solver Attempts 为 3。

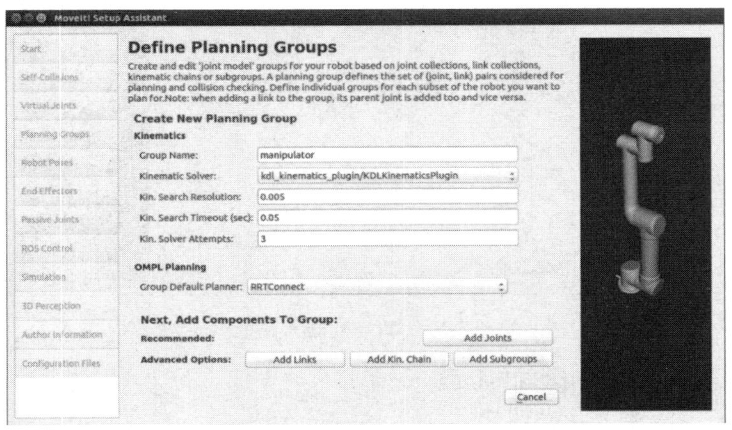

图 7.21　创建机器人本体的 manipulator 组

然后单击 Add Kin. Chain 按钮，设置运动学计算需要包含的 link。在打开的界面中，单击 Robot Links 下的倒三角符号，展开所有 link；然后选中需要的 link，单击 Choose Selected 按钮，就可以选择该 link，如图 7.22 所示。这里将机器人的运动学计算所包含的关节设置如下：Base Link 选择 base_link；Tip Link 选择 link_6。

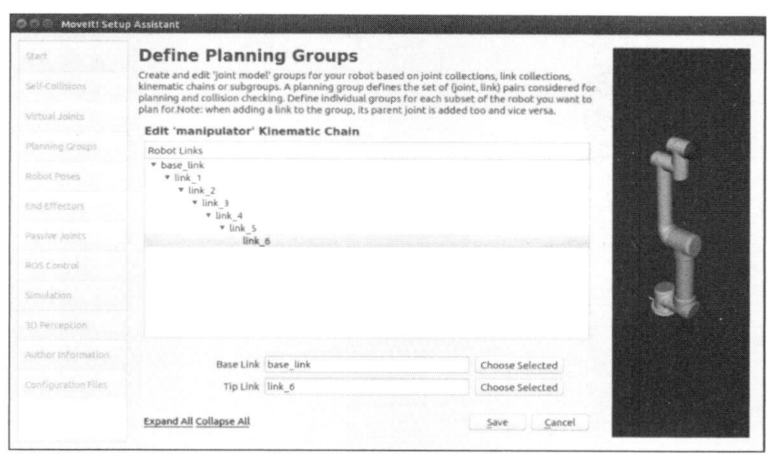

图 7.22　选中需要的 link

5. 定义机器人位姿（Robot Poses）

根据应用场景，可以设置一些自定义的位姿，如机器人的初始位姿、若干工作位姿。在使用 MoveIt 的 API 编程时，可以直接通过名称调用这些位姿。下面配置两个机器人的位姿。

单击 Add Pose 按钮，在打开的界面中，设置第一个位姿——zero。需要在 Pose Name 输入框中输入位姿名称，然后选择对应的 Planning Group 为 manipulator，如图 7.23 所示。该位姿是六轴角度都为 0 的位姿，可以理解为机器人的初始位姿。设置完成后，单击 Save 按钮保存。

图 7.23　设置 zero 位姿

然后设置第二个位姿——home，设置步骤与 zero 类似，不同的是，需要拖动设置界面中的关节控制滑条，将右侧显示的机器人模型控制到希望的位姿，然后保存该位姿。

两个位姿设置完成后，可以看到主界面中的位姿列表，如图 7.24 所示。

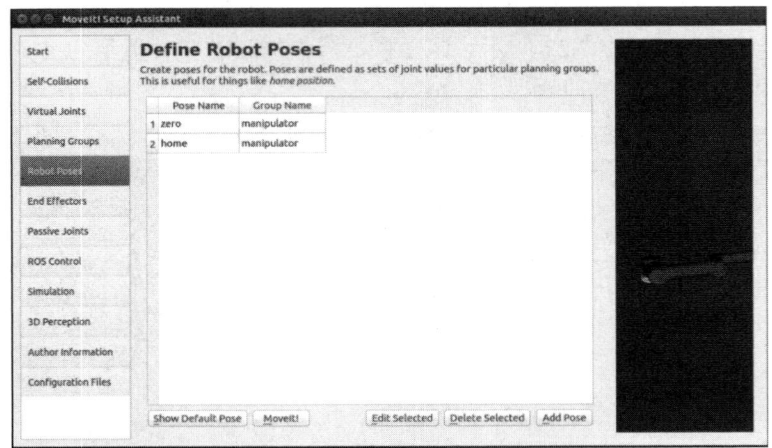

图 7.24　定义完成的机器人位姿列表

6. 配置末端夹爪（End Effectors）

机器人在应用场景中，会在末端安装夹爪，可以在这一步中添加夹爪。

7. 配置无用关节（Passive Joints）

机器人上的某些关节，可能在规划、控制过程中使用不到，可以将它们先声明为无用关节。一般情况下，机械臂没有这种关节，这一步不需要配置。

此外，ROS Control、Simulation、3D Perception 三个步骤均不需要配置，此处略过。

8. 设置作者信息（Author Information）

如图 7.25 所示，根据情况设置作者的信息。

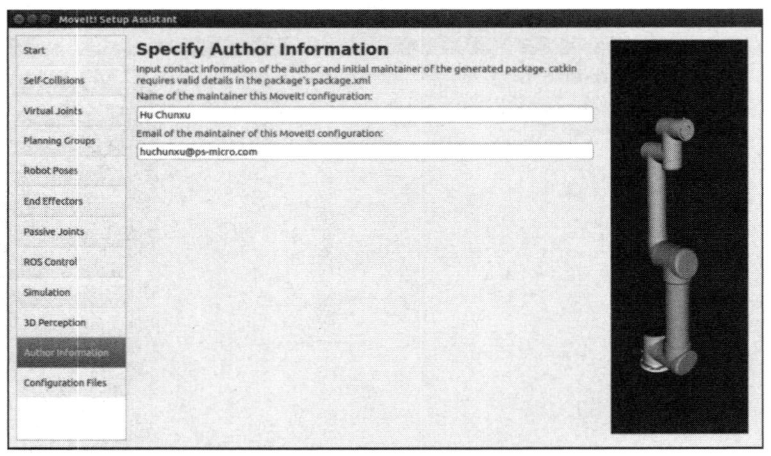

图 7.25　设置作者信息

9. 生成配置文件（Configuration Files）

这一步可以按照之前的配置自动生成配置功能包中的所有文件。

单击 Browse 按钮，选择一个存储配置功能包的路径。Setup Assistant 会将所有配置文件

打包生成一个 ROS 功能包，一般命名为 RobotName_moveit_config，这里命名为 ur5_moveit_config。

单击 Generate Package 按钮，如果成功，则会生成并保存配置文件，在界面底部可以看到“Configuration package generated successfully!”的消息提示，如图 7.26 所示。最后单击 Exit Setup Assistant 按钮，完成机器人的配置工作。

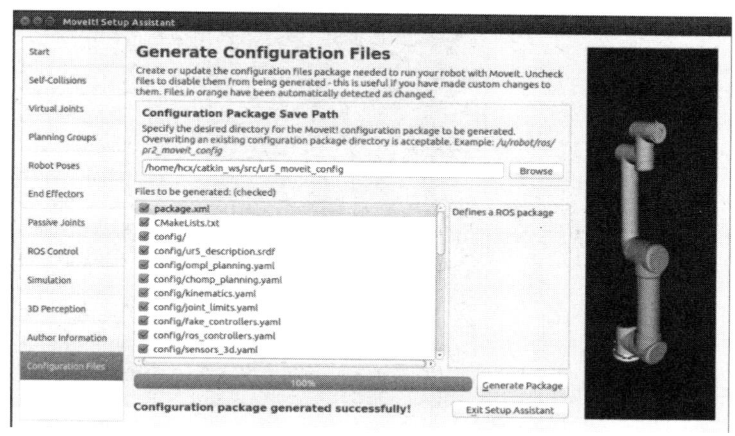

图 7.26　生成并保存配置文件

7.2.3　MoveIt 可视化控制

按照上一节介绍的配置步骤完成后，会生成一个名为 ur5_moveit_config 的功能包，其包含了大部分 MoveIt 启动所需要的配置文件和启动文件，还会包含一个简单的演示 demo，用来测试配置是否成功，使用以下命令即可运行该演示 demo：

```
$ roslaunch ur5_moveit_config demo.launch
```

运行成功后，可以看到如图 7.27 所示的界面。在界面中可以进行拖动规划和随机规划。

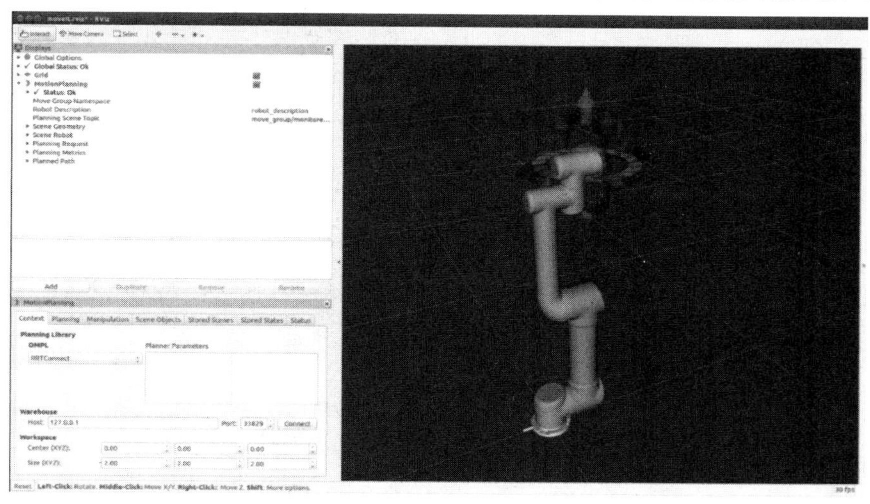

图 7.27　demo 的启动界面

1. 拖动规划

拖动机器人的前端，可以改变机器人的姿态。在左下方的 Planning 选项卡中，单击 Plan and

Execute 按钮，MoveIt 开始规划路径，控制机器人向目标位置移动，在右侧界面中可以看到机器人运动的全部过程，如图 7.28 所示。

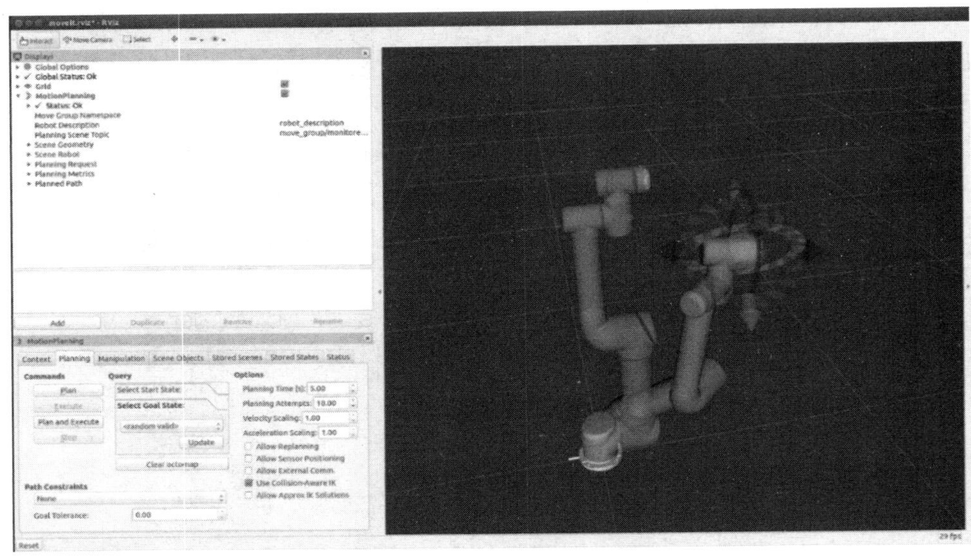

图 7.28　拖动规划的效果

2. 随机规划

在 Query 菜单中，有一个 Select Goal State 子菜单，在下拉列表中选择<random valid>，然后单击 Update 按钮，MoveIt 会在机器人的工作范围内，随机生成一个目标位姿，接着单击 Plan and Execute 按钮，机器人会自动运动到随机产生的目标位姿，如图 7.29 所示。

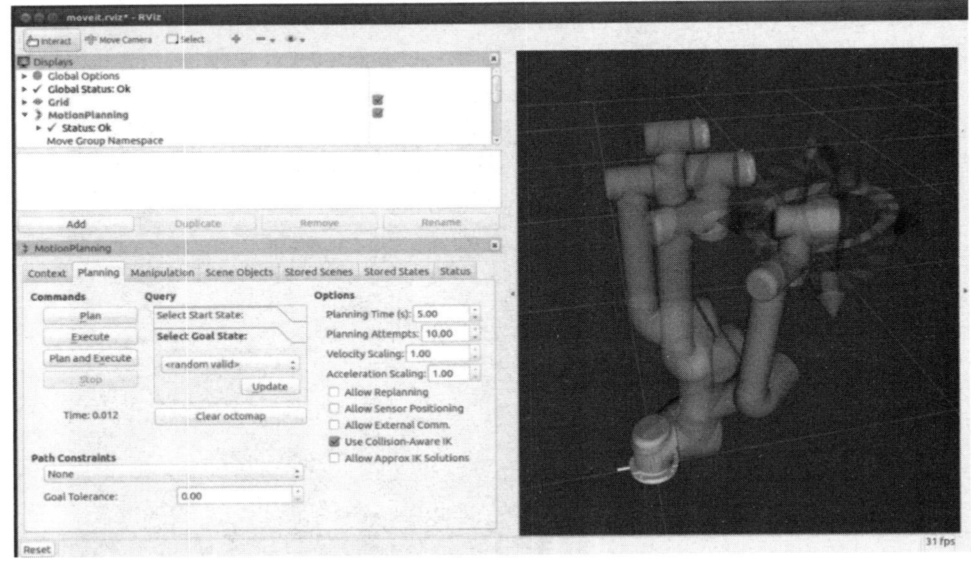

图 7.29　随机规划的效果

7.2.4　机械臂运动学

机械臂的运动学分为正运动学和逆运动学两部分：正运动学是指在机械臂结构参数与关节

变量已知的前提下，求取机械臂末端的位姿。逆运动学则是指在给定参考坐标系下末端期望位姿的条件下，求解机械臂各关节变量的过程。下面简要描述机械臂的运动学原理。

1. 机械臂 D-H 建模

UR5 是六自由度机械臂，使用 D-H 参数法可确定其运动学模型，如图 7.30 所示。

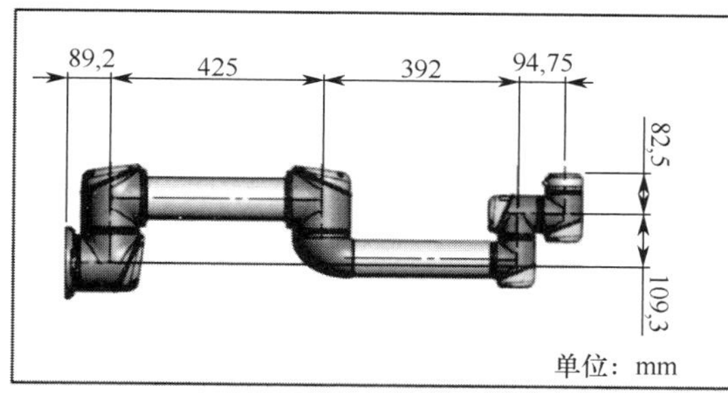

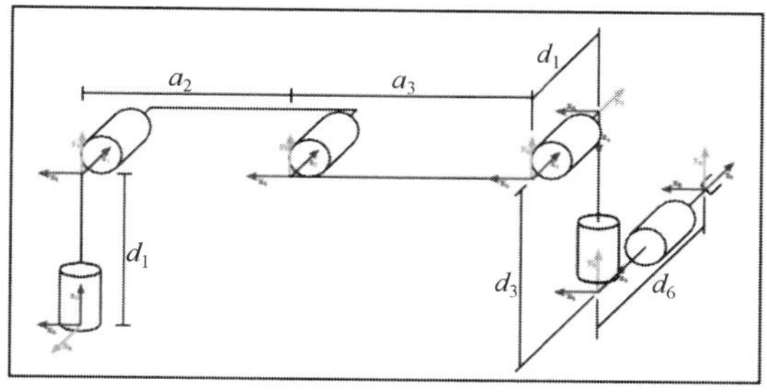

图 7.30　UR5 的 D-H 模型

UR5 的 D-H 参数如表 7.2 所示，转动关节 θ_i 是关节变量，连杆偏移 d_i 是常数。

表 7.2　UR5 的 D-H 参数

关节编号	α（绕 x 轴）	a（沿 x 轴）	θ（绕 z 轴）	d（沿 z 轴）
1	α_1=90	0	θ_1	d_1=89.2
2	0	a_2=−425	θ_2	0
3	0	a_3=−392	θ_3	0
4	α_4=90	0	θ_4	d_4=109.3
5	α_5=−90	0	θ_5	d_5=94.75
6	0	0	θ_6	d_6=82.5

2. 正运动学

建立坐标系 i 在坐标系 i−1 下的齐次变换矩阵，然后把 D-H 参数代入这些变换矩阵，得到所有相邻坐标系的变换矩阵：

$$
{}_1^0\boldsymbol{T}=\begin{bmatrix}\cos(\theta_1) & 0 & \sin(\theta_1) & 0\\ \sin(\theta_1) & 0 & -\cos(\theta_1) & 0\\ 0 & 1 & 0 & d_1\\ 0 & 0 & 0 & 1\end{bmatrix}
$$

$$
{}_2^1\boldsymbol{T}=\begin{bmatrix}\cos(\theta_2) & -\sin(\theta_2) & 0 & a_2\cos(\theta_2)\\ \sin(\theta_2) & \cos(\theta_2) & 0 & a_2\sin(\theta_2)\\ 0 & 0 & 1 & 0\\ 0 & 0 & 0 & 1\end{bmatrix}
$$

$$
{}_3^2\boldsymbol{T}=\begin{bmatrix}\cos(\theta_3) & -\sin(\theta_3) & 0 & a_3\cos(\theta_3)\\ \sin(\theta_3) & \cos(\theta_3) & 0 & a_3\sin(\theta_3)\\ 0 & 0 & 1 & 0\\ 0 & 0 & 0 & 1\end{bmatrix}
$$

$$ {}_4^3\boldsymbol{T}=\begin{bmatrix}\cos(\theta_4) & 0 & \sin(\theta_4) & 0\\ \sin(\theta_4) & 0 & -\cos(\theta_4) & 0\\ 0 & 1 & 0 & d_4\\ 0 & 0 & 0 & 1\end{bmatrix} $$

$$ {}_5^4\boldsymbol{T}=\begin{bmatrix}\cos(\theta_5) & 0 & -\sin(\theta_5) & 0\\ \sin(\theta_5) & 0 & \cos(\theta_5) & 0\\ 0 & -1 & 0 & d_5\\ 0 & 0 & 0 & 1\end{bmatrix} $$

$$ {}_6^5\boldsymbol{T}=\begin{bmatrix}\cos(\theta_6) & -\sin(\theta_6) & 0 & 0\\ \sin(\theta_6) & \cos(\theta_6) & 0 & 0\\ 0 & 0 & 1 & d_6\\ 0 & 0 & 0 & 1\end{bmatrix} $$

则末端坐标系到基座坐标系的变换矩阵为：

$$ \boldsymbol{T}={}_1^0\boldsymbol{T}\,{}_2^1\boldsymbol{T}\,{}_3^2\boldsymbol{T}\,{}_4^3\boldsymbol{T}\,{}_5^4\boldsymbol{T}\,{}_6^5\boldsymbol{T} $$

输入机械臂的六个关节角度 θ_i，就可以得到末端坐标系到基座坐标系的变换矩阵 $\boldsymbol{T}$：

$$ \boldsymbol{T}=\begin{bmatrix}n_x & o_x & a_x & p_x\\ n_y & o_y & a_y & p_y\\ n_z & o_z & a_z & p_z\\ 0 & 0 & 0 & 1\end{bmatrix} $$

变换矩阵 $\boldsymbol{T}$ 左上角的 3×3 的矩阵是旋转矩阵，右上角的 3×1 矩阵是空间位置$[p_x, p_y, p_z]^{\mathrm{T}}$，由变换矩阵 $\boldsymbol{T}$ 可得到机械臂末端位姿，得到正运动学解。

3. 逆运动学

逆运动学相对正运动学要复杂，需要根据机械臂末端的空间位置和姿态，求解机械臂每个关节的旋转角度。逆运动学的求解方法有解析法、数值迭代法和几何法。其中解析法用数学公式进行推导，可以得到全部根，但是计算复杂。主要推导过程如下：

首先，求变换矩阵 $\boldsymbol{T}$ 的过程中，有一些中间矩阵：

$$ {}_3^1\boldsymbol{T}={}_2^1\boldsymbol{T}\,{}_3^2\boldsymbol{T}=\begin{bmatrix}c_2c_3-s_2s_3 & -c_2s_3-s_2c_3 & 0 & a_3(c_2c_3-s_2s_3)+a_2c_2\\ s_2c_3+c_2s_3 & -s_2s_3+c_2c_3 & 0 & a_3(s_2c_3+c_2s_3)+a_2s_2\\ 0 & 0 & 1 & 0\\ 0 & 0 & 0 & 1\end{bmatrix}=\begin{bmatrix}c_{23} & -s_{23} & 0 & a_3c_{23}+a_2c_2\\ s_{23} & c_{23} & 0 & a_3s_{23}+a_2s_2\\ 0 & 0 & 1 & 0\\ 0 & 0 & 0 & 1\end{bmatrix} $$

其中，$c_i=\cos(\theta_i)$，$s_i=\sin(\theta_i)$，$c_{23}=\cos(\theta_2+\theta_3)$，$s_{23}=\sin(\theta_2+\theta_3)$。

$$ {}_4^1\boldsymbol{T}={}_3^1\boldsymbol{T}\,{}_4^3\boldsymbol{T}=\begin{bmatrix}c_{23}c_4-s_{23}s_4 & 0 & c_{23}s_4+s_{23}c_4 & a_3c_{23}+a_2c_2\\ s_{23}c_4+c_{23}s_4 & 0 & s_{23}s_4-c_{23}c_4 & a_3s_{23}+a_2s_2\\ 0 & 1 & 0 & d_4\\ 0 & 0 & 0 & 1\end{bmatrix} $$

然后，由 $\boldsymbol{T}={}_1^0\boldsymbol{T}\,{}_2^1\boldsymbol{T}\,{}_3^2\boldsymbol{T}\,{}_4^3\boldsymbol{T}\,{}_5^4\boldsymbol{T}\,{}_6^5\boldsymbol{T}$，得到 ${}_1^0\boldsymbol{T}^{-1}\boldsymbol{T}\,{}_5^6\boldsymbol{T}^{-1}={}_2^1\boldsymbol{T}\,{}_3^2\boldsymbol{T}\,{}_4^3\boldsymbol{T}\,{}_5^4\boldsymbol{T}={}_5^1\boldsymbol{T}$。

$$ {}_5^1\boldsymbol{T}={}_4^1\boldsymbol{T}\,{}_5^4\boldsymbol{T}=\begin{bmatrix}(c_{23}c_4-s_{23}s_4)c_5 & -c_{23}s_4-s_{23}c_4 & (-c_{23}c_4+s_{23}s_4)s_5 & d_5(c_{23}s_4+s_{23}c_4)+a_3c_{23}+a_2c_2\\ (s_{23}c_4+c_{23}s_4)c_5 & -s_{23}s_4+c_{23}c_4 & (-s_{23}c_4-c_{23}s_4)s_5 & d_5(s_{23}s_4-c_{23}c_4)+a_3s_{23}+a_2s_2\\ s_5 & 1 & c_5 & d_4\\ 0 & 0 & 0 & 1\end{bmatrix} $$

根据：

$$
{}_1^0\boldsymbol{T}^{-1}=\begin{bmatrix} c_1 & s_1 & 0 & 0 \\ 0 & 0 & 1 & -d_1 \\ s_1 & -c_1 & 0 & 0 \\ 0 & 0 & 0 & 1 \end{bmatrix},\ {}_6^5\boldsymbol{T}^{-1}=\begin{bmatrix} c_6 & s_6 & 0 & 0 \\ -s_6 & c_6 & 0 & 0 \\ 0 & 0 & 1 & -d_6 \\ 0 & 0 & 0 & 1 \end{bmatrix}
$$

计算得到：

$$
{}_1^0\boldsymbol{T}^{-1}\boldsymbol{T}\,{}_6^5\boldsymbol{T}^{-1}=\begin{bmatrix} (c_1n_x+s_1n_y)c_6-(c_1o_x+s_1o_y)s_6 & (c_1n_x+s_1n_y)s_6+(c_1o_x+s_1o_y)c_6 & c_1a_x+s_1a_y & -d_6(c_1a_x+s_1a_y)+c_1p_x+s_1p_y \\ n_zc_6-o_zs_6 & n_zs_6+o_zc_6 & a_z & -d_6a_z+p_z-d_1 \\ (s_1n_x-c_1n_y)c_6-(s_1o_x-c_1o_y)s_6 & (s_1n_x-c_1n_y)s_6+(s_1o_x-c_1o_y)c_6 & s_1a_x-c_1a_y & -d_6(s_1a_x-c_1a_y)+s_1p_x-c_1p_y \\ 0 & 0 & 0 & 1 \end{bmatrix}
$$

根据等式两边矩阵的行列相等，可解得：

$$
\theta_1=\pm\arccos\left(\frac{d_4}{\sqrt{(d_6a_y-p_y)^2+(p_x-d_6a_x)}}\right)+\arctan\left(\frac{p_x-d_6a_x}{d_6a_y-p_y}\right)
$$

$$
\theta_5=\pm\arccos(s_1a_x-c_1a_y)
$$

$$
\theta_6=\arctan\left(-\frac{s_1o_x-c_1o_y}{s_1n_x-c_1n_y}\right)
$$

接着由：

$$
{}_1^0\boldsymbol{T}^{-1}\boldsymbol{T}\,{}_6^5\boldsymbol{T}^{-1}\,{}_5^4\boldsymbol{T}^{-1}={}_2^1\boldsymbol{T}\,{}_3^2\boldsymbol{T}\,{}_4^3\boldsymbol{T}={}_4^1\boldsymbol{T}=\begin{bmatrix} c_{23}c_4-s_{23}s_4 & 0 & c_{23}s_4+s_{23}c_4 & a_3c_{23}+a_2c_2 \\ s_{23}c_4+c_{23}s_4 & 0 & s_{23}s_4-c_{23}c_4 & a_3s_{23}+a_2s_2 \\ 0 & 1 & 0 & d_4 \\ 0 & 0 & 0 & 1 \end{bmatrix}
$$

$$
=\begin{bmatrix} c_{234} & 0 & s_{234} & a_3c_{23}+a_2c_2 \\ s_{234} & 0 & -c_{234} & a_3s_{23}+a_2s_2 \\ 0 & 1 & 0 & d_4 \\ 0 & 0 & 0 & 1 \end{bmatrix}
$$

可得：

$$
{}_5^4\boldsymbol{T}^{-1}=\begin{bmatrix} c_5 & s_5 & 0 & 0 \\ 0 & 0 & -1 & d_5 \\ -s_5 & c_5 & 0 & 0 \\ 0 & 0 & 0 & 1 \end{bmatrix}
$$

其中，$c_{234}=\cos(\theta_2+\theta_3+\theta_4)$，$s_{234}=\sin(\theta_2+\theta_3+\theta_4)$。进一步地，得出等式左边等于：

$$\begin{bmatrix} [(c_1n_x+s_1n_y)c_6-(c_1o_x+s_1o_y)s_6]c_5-(c_1a_x+s_1a_y)s_5 & [(c_1n_x+s_1n_y)c_6+(c_1o_x+s_1o_y)s_6]s_5+(c_1a_x+s_1a_y)c_5 & -(c_1n_x+s_1n_y)s_6-(c_1o_x+s_1o_y)c_6 & d_5[(c_1n_x+s_1n_y)s_6+(c_1o_x+s_1o_y)c_6]-d_6(c_1a_x+s_1a_y)+c_1p_x+s_1p_y \\ (n_zc_6-o_zs_6)c_5-a_zs_5 & (n_zc_6-o_zs_6)s_5+a_zc_5 & -n_zs_6-o_zc_6 & d_5(n_zs_6+o_zc_6)-d_6a_z+p_z-d_1 \\ [(s_1n_x-c_1n_y)c_6-(s_1o_x-c_1o_y)s_6]c_5-(s_1a_x-c_1a_y)s_5 & [(s_1n_x-c_1n_y)c_6+(s_1o_x-c_1o_y)s_6]s_5+(s_1a_x-c_1a_y)c_5 & -(s_1n_x-c_1n_y)s_6-(s_1o_x-c_1o_y)c_6 & d_5[(s_1n_x+c_1n_y)s_6+(s_1o_x-c_1o_y)c_6]-d_6(s_1a_x-c_1a_y)+s_1p_x-c_1p_y \\ 0 & 0 & 0 & 1 \end{bmatrix}$$

可解得：

$$\theta_3=\pm\arccos\left(\frac{m^2+n^2-a_2{}^2-a_3{}^2}{2a_2a_3}\right)$$

$$\theta_2=\arctan\left(\frac{n(a_2+a_3c_3)-ma_3s_3}{m(a_2+a_3c_3)+na_3s_3}\right)$$

最后得到：

$$\theta_2+\theta_3+\theta_4=\arctan\left(\frac{(nc_6-o_zs_6)c_5-a_zs_5}{[(c_1n_x+s_1n_y)c_6-(c_1o_x+s_1o_y)s_6]c_5-(c_1a_x+s_1a_y)s_5}\right)$$

从而得到 θ_4。综合有两个解的情况，UR5 逆运动学总共有 $2\times2\times2=8$ 组解。

以上是典型的六自由度串联机械臂的运动学推导过程，开发者不需要单独实现以上算法，ROS 中提供了多种运动学算法功能包，完成 MoveIt 配置后，即可实现机械臂的运动学求解。

任务 1　让机械臂动起来——MoveIt 与 Gazebo 仿真

下面按照以下步骤配置一个完整的机械臂运动仿真系统。

1. 完善机器人模型

机器人 URDF 模型已经描述了机器人的外观特征和物理特性，具备在 Gazebo 中进行仿真的基本条件，但是由于没有在模型中加入 Gazebo 的相关属性，还无法让模型在 Gazebo 仿真环境中动起来。

需要确保对每个 link 的<inertia>标签已经进行了合理的设置，然后要为每个必要的<link>、<joint>、<robot>设置<gazebo>标签。<gazebo>标签是 URDF 模型中描述 Gazebo 仿真所需要的扩展属性。

完善机器人模型的步骤如下。

（1）添加传动装置。真实机械臂的运动需要由电机、减速机等传动装置驱动，仿真机械臂的运动也一样，需在模型中加入：

```
<xacro:macro name="transmission_block" params="joint_name">
<transmission name="tran1">
  <type>transmission_interface/SimpleTransmission</type>
  <joint name="${joint_name}">
  <hardwareInterface>hardware_interface/PositionJointInterface</hardwareInterface>
  </joint>
```

```
    <actuator name="motor1">
    <hardwareInterface>hardware_interface/PositionJointInterface</hardwareInterface>
    <mechanicalReduction>1</mechanicalReduction>
    </actuator>
</transmission>
</xacro:macro>

<xacro:transmission_block joint_name="joint_1"/>
<xacro:transmission_block joint_name="joint_2"/>
<xacro:transmission_block joint_name="joint_3"/>
<xacro:transmission_block joint_name="joint_4"/>
<xacro:transmission_block joint_name="joint_5"/>
<xacro:transmission_block joint_name="joint_6"/>
```

上面的代码中，<joint name = "">定义了将要绑定驱动器的 joint，<type>声明了所使用的传动装置类型，<hardwareInterface>定义了硬件接口类型，这里使用的是位置控制接口。

（2）添加仿真控制器插件。除添加传动装置之外，还需要添加仿真控制器，帮助模型绑定 ROS 消息，完成传感器的仿真输出及对电机的控制，让机器人模型更加真实。需要在模型文件中添加如下插件声明：

```
<gazebo>
  <plugin name="gazebo_ros_control" filename="libgazebo_ros_control.so">
    <robotNamespace>/ur5</robotNamespace>
    <robotSimType>gazebo_ros_control/DefaultRobotHWSim</robotSimType>
    <legacyModeNS>true</legacyModeNS>
  </plugin>
</gazebo>
```

ros_control 是 ROS 中的控制器功能包，这里只声明了使用该插件，还有很多参数需要继续设置。

2. 配置控制器

为了搭建完整的机械臂控制系统，需要配置以下三个控制器：Follow Joint Trajectory Controller、Joint Trajectory Controller、Joint State Controller。

（1）Follow Joint Trajectory Controller：MoveIt 完成运动规划后的输出接口是一个名为 FollowJointTrajectory 的接口，其中包含一系列规划好的路径点轨迹，如何将这些消息发布出去呢？MoveIt 提供了一个名为 Follow Joint Trajectory Controller 的控制器，完成这项工作。

先在 ur5_moveit_config 包中创建 controllers.yaml 文件：

```
controller_manager_ns: controller_manager
controller_list:
  - name: ur5/arm_joint_controller
    action_ns: follow_joint_trajectory
    type: FollowJointTrajectory
    default: true
    joints:
      - joint_1
      - joint_2
      - joint_3
      - joint_4
      - joint_5
      - joint_6
```

然后在 launch 文件 ur5_description_moveit_controller_manager.launch 中加载该配置文件：

```
<launch>
  <!-- loads moveit_controller_manager on the parameter server which is taken as argument
    if no argument is passed, moveit_simple_controller_manager will be set -->
  <arg                                                    name="moveit_controller_manager"
```

```
default="moveit_simple_controller_manager/MoveItSimpleControllerManager" />
        <param name="moveit_controller_manager" value="$(arg moveit_controller_manager)"/>

        <!-- loads ros_controllers to the param server -->
        <rosparam file="$(find ur5_moveit_config)/config/controllers.yaml"/>
    </launch>
```

（2）Joint Trajectory Controller：Gazebo 接收到以上规划好的路径点轨迹数据后，还需要将其转换成各关节的角度值，这里需要使用 Joint Trajectory Controller 控制器完成。

Joint Trajectory Controller 用来控制一组 joint 在关节空间中运动，通过接收到的路径点消息，使用样条插补函数计算得到机械臂各关节的周期位置。常使用的样条插补函数有以下几种：线性样条插补函数（只能保证位置连续，但速度、加速度不连续）、三次样条插补函数（可以保证位置和速度连续，但加速度不连续）、五次样条插补函数（保证位置、速度、加速度都连续）。

这个控制器的使用方法和其他控制器类似，同样需要创建一个配置文件。在 ur5_gazebo 包中，创建配置文件 ur5_trajectory_control.yaml，具体内容如下：

```
arm_joint_controller:
  type: "position_controllers/JointTrajectoryController"
  joints:
    - joint_1
    - joint_2
    - joint_3
    - joint_4
    - joint_5
    - joint_6

  gains:
    joint_1:    {p: 1000.0, i: 0.0, d: 0.1, i_clamp: 0.0}
    joint_2:    {p: 1000.0, i: 0.0, d: 0.1, i_clamp: 0.0}
    joint_3:    {p: 1000.0, i: 0.0, d: 0.1, i_clamp: 0.0}
    joint_4:    {p: 1000.0, i: 0.0, d: 0.1, i_clamp: 0.0}
    joint_5:    {p: 1000.0, i: 0.0, d: 0.1, i_clamp: 0.0}
    joint_6:    {p: 1000.0, i: 0.0, d: 0.1, i_clamp: 0.0}
```

接下来，同样通过 launch 文件加载 Joint Trajectory Controller，创建 ur5_trajectory_controller.launch 文件：

```
<launch>
    <rosparam file="$(find ur5_gazebo)/config/ur5_trajectory_control.yaml" command="load"/>
    <node    name="arm_controller_spawner"    pkg="controller_manager"    type="spawner"
respawn="false" output="screen" ns="/ur5" args="arm_joint_controller"/>
</launch>
```

（3）Joint State Controller：Joint State Controller 的主要作用是将机械臂的关节状态反馈给 MoveIt，让系统知道机械臂的当前状态，从而判断机械臂是否运动到位，rviz 也会根据该反馈数据进行机械臂模型的动态显示。创建 Joint State Controller 的配置文件 ur5_gazebo_joint_states.yaml，具体内容如下：

```
ur5:
  # Publish all joint states -----------------------------------
  joint_state_controller:
    type: joint_state_controller/JointStateController
    publish_rate: 50
```

然后，创建 ur5_gazebo_states.launch 文件，实现参数加载：

```
<launch>
```

```
    <!--将关节控制器的配置参数加载到参数服务器中-->
    <rosparam file="$(find ur5_gazebo)/config/ur5_gazebo_joint_states.yaml" command="load"/>

    <node    name="joint_controller_spawner"    pkg="controller_manager"    type="spawner"
respawn="false"  output="screen" ns="/ur5" args="joint_state_controller" />

    <!--运行 robot_state_publisher 节点，发布 TF-->
    <node name="robot_state_publisher" pkg="robot_state_publisher" type="robot_state_publisher"
        respawn="false" output="screen">
        <remap from="/joint_states" to="/ur5/joint_states" />
    </node>

</launch>
```

3. 运行机械臂运动仿真环境

创建一个名为 ur5_bringup_moveit.launch 的顶层启动文件，启动 Gazebo，并且加载所有控制器，最后再启动 MoveIt。

```
<launch>

    <!-- Launch Gazebo-->
    <include file="$(find ur5_gazebo)/launch/ur5_gazebo_world.launch" />

    <!-- ros_control arm launch file -->
    <include file="$(find ur5_gazebo)/launch/ur5_gazebo_states.launch" />

    <!-- ros_control trajectory control dof arm launch file -->
    <include file="$(find ur5_gazebo)/launch/ur5_trajectory_controller.launch" />

    <!-- moveit launch file -->
    <include file="$(find ur5_moveit_config)/launch/moveit_planning_execution.launch"/>

</launch>
```

通过 ur5_bringup_moveit.launch 文件，运行 MoveIt 和 Gazebo，就会看到打开的 Gazebo 仿真环境和 rviz 界面。

```
$ roslaunch ur5_gazebo ur5_bringup_moveit.launch
```

接下来，使用拖动规划或随机规划控制 Gazebo 中的机械臂。例如，选择的一个随机位置，单击 Plan and Execute 按钮，就可以看到 Gazebo 中的机械臂开始运动了，同时 rviz 中的机器人模型也会同步显示状态，两者保持一致，如图 7.31 所示。

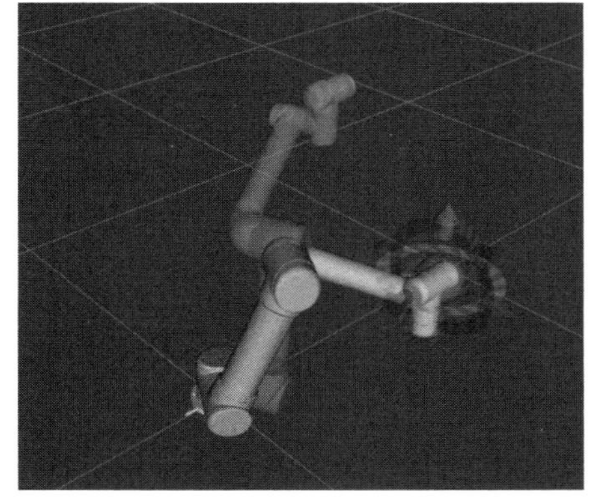

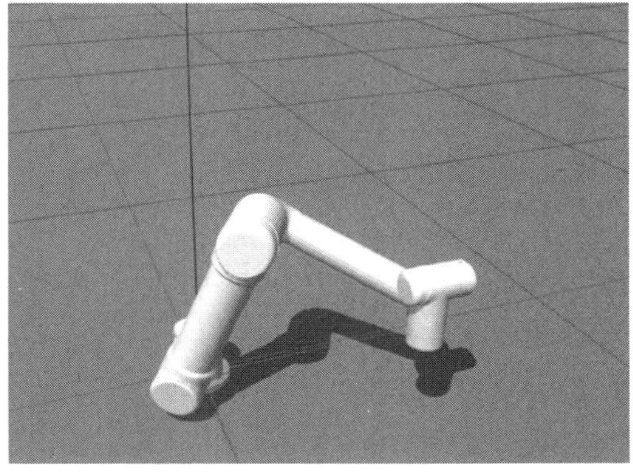

图 7.31　MoveIt + Gazebo 机械臂仿真控制效果

现在 MoveIt 和 Gazebo 就连接到一起了，Gazebo 中的仿真机械臂和真实机械臂非常相似，不仅可以使用 rviz 界面控制仿真机械臂，还可以通过接下来要学习的 MoveIt 编程接口控制仿真机械臂。

7.3 MoveIt 编程——机械臂运动规划

7.3.1 关节空间运动规划

关节空间运动是以机械臂关节角度为控制量的运动。虽然各关节到达期望位置所经过的时间相同，但是各关节运动时是相互独立、互不影响的。机械臂状态使用各关节轴位置描述，指定运动目标的机械臂姿态后，可通过控制各关节轴运动，到达目标位姿。

使用如下命令，进行 UR5 在关节空间下的运动测试：

```
$ roslaunch ur5_moveit_config demo.launch
$ rosrun ur5_planning moveit_fk_demo.py
```

关节空间下的机械臂运动规划效果如图 7.32 所示，可以看到机械臂运动到指定位姿。

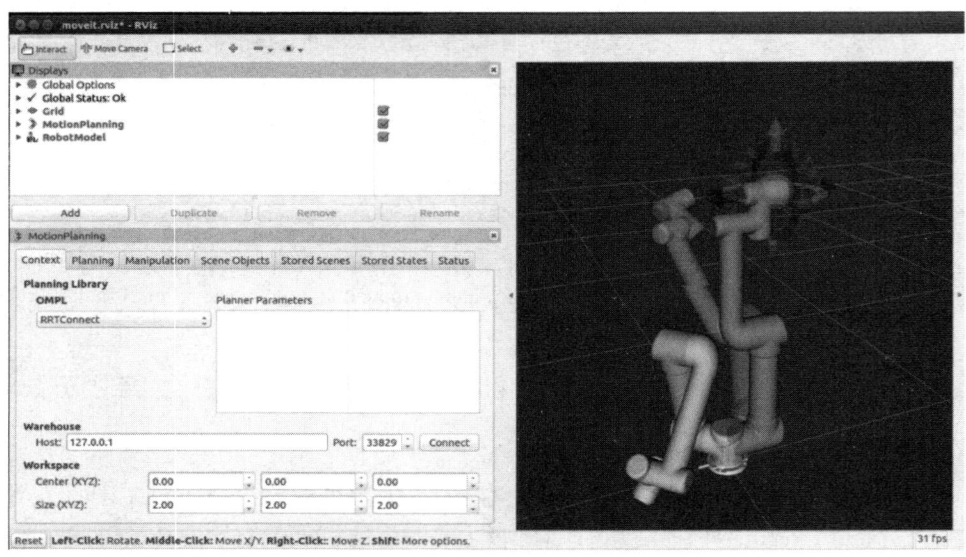

图 7.32 关节空间下的机械臂运动规划效果

在 MoveIt 中，例程 ur5_planning/scripts/moveit_fk_demo.py 的源码如下：

```
import rospy, sys
import moveit_commander

class MoveItFkDemo:
    def __init__(self):
        # 初始化 move_group 的 API
        moveit_commander.roscpp_initialize(sys.argv)

        # 初始化 ROS 节点
        rospy.init_node('moveit_fk_demo', anonymous=true)

        # 初始化需要使用 move_group 控制的机械臂中的 arm group
        arm = moveit_commander.MoveGroupCommander('manipulator')
```

```
        # 设置机械臂运动的允许误差
        arm.set_goal_joint_tolerance(0.001)

        # 设置允许的最大速度和加速度
        arm.set_max_acceleration_scaling_factor(0.5)
        arm.set_max_velocity_scaling_factor(0.5)

        # 控制机械臂先回到初始位姿
        arm.set_named_target('zero')
        arm.go()
        rospy.sleep(1)

        # 设置机械臂的目标位姿，使用六轴的位置数据进行描述（单位：弧度）
        joint_positions = [-2.3524302503112633, 0.23318268951514246, 2.1094235050263386,
-1.4769358554257048, -1.405569430264964, -0.9657781800186755]
        arm.set_joint_value_target(joint_positions)

        # 控制机械臂完成运动
        arm.go()
        rospy.sleep(1)

        # 控制机械臂先回到初始位姿
        arm.set_named_target('zero')
        arm.go()
        rospy.sleep(1)

        # 关闭并退出 MoveIt
        moveit_commander.roscpp_shutdown()
        moveit_commander.os._exit(0)

if __name__ == "__main__":
    try:
        MoveItFkDemo()
    except rospy.ROSInterruptException:
        pass
```

下面分析代码的实现过程。

使用 MoveIt 的 API 前，需要导入其 Python 接口模块：

```
import rospy, sys
import moveit_commander
```

在使用 MoveIt 的 Python API 之前，需要先对 API 进行初始化，底层使用 roscpp 接口，上层进行 Python 封装：

```
moveit_commander.roscpp_initialize(sys.argv)
```

moveit_commander 提供了一个重要的类——MoveGroupCommander，可以创建针对规划组（Planning Groups）的控制对象：

```
arm = moveit_commander.MoveGroupCommander('manipulator')
```

因为是关节空间下的运动，所以需要设置关节运动的允许误差，代码中设置为 0.001，单位是弧度，也就是说，机械臂各轴只要运动到距目标位置 0.001 弧度的范围内，就认为其到达目标位置。

为了让机械臂的运动保持一致，首先让机械臂回到初始位姿，这个初始位姿是在 Setup Assistant 中设置的 zero 位姿，使用 set_named_target()函数，将其参数设置为“zero”。然后使用 go()函数，即可让机械臂运动到 zero 位姿了。注意，要保持一段时间的延迟，确保机械臂已经完成运动。

```
arm.set_named_target('zero')
```

```
        arm.go()
        rospy.sleep(1)
```

机械臂回到初始位姿后，就可以设置运动的目标位姿了：

```
        joint_positions = [-2.3524302503112633, 0.23318268951514246, 2.1094235050263386, -1.4769358554257048, -1.405569430264964, -0.9657781800186755]
        arm.set_joint_value_target(joint_positions)
        arm.go()
        rospy.sleep(1)
```

设置关节空间下目标位姿所使用的函数是 set_joint_value_target()，参数是目标位姿的各关节的弧度。控制机械臂和夹爪的方式一致，先设置运动目标，然后使用 go()函数控制机械臂完成运动。如果机械臂无法到达指定的目标位姿，命令行中会显示报错信息。

这样，机械臂就完成了关节空间的运动。然后关闭接口，退出本例程。

```
        moveit_commander.roscpp_shutdown()
        moveit_commander.os._exit(0)
```

下面总结一下 MoveIt 关节空间运动规划的几个关键步骤：创建规划组的控制对象、设置关节空间运动的目标位姿、控制机械臂完成运动，对应的 API 分别如下：

```
        arm = moveit_commander.MoveGroupCommander('manipulator')
        arm.set_joint_value_target(joint_positions)
        arm.go()
```

7.3.2 工作空间运动规划

在机器人应用系统中，机械臂末端的姿态非常重要，与机械臂关节空间运动规划相对应的是工作空间运动规划，在工作空间运动规划时，机械臂的目标位姿不再使用各关节轴位置给定，而是通过机械臂末端的三维坐标位置和姿态给定。在工作空间运动规划时，需要先通过逆运动学求解各关节轴位置，再进行运动规划，控制机械臂运动。

MoveIt 支持工作空间下的目标位姿设置，使用如下命令运行工作空间下的运动规划例程：

```
        $ roslaunch ur5_moveit_config demo.launch
        $ rosrun ur5_planning moveit_ik_demo.py
```

运行成功后，机械臂运动到了指定位姿。工作空间下的机械臂运动规划效果如图 7.33 所示。

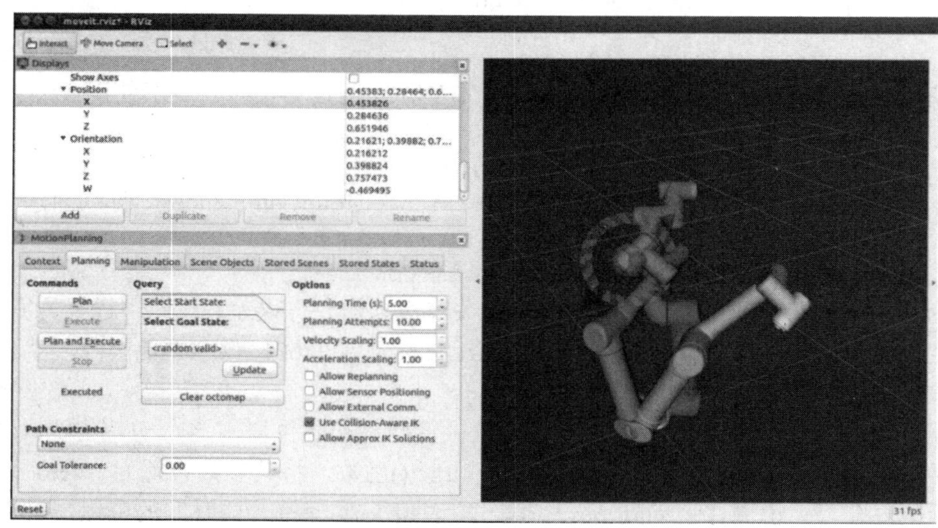

图 7.33　工作空间下的机械臂运动规划效果

同时，在命令行中，可以看到运动规划过程中的输出日志，包含 KDL 运动学求解器完成逆运动学求解的时间，如图 7.34 所示。

```
[ INFO] [1502116962.163886357]: Planner configuration 'arm' will use planner 'geometric::RRTConnect
'. Additional configuration parameters will be set when the planner is constructed.
[ INFO] [1502116962.164372754]: RRTConnect: Starting planning with 1 states already in datastructur
e
[ INFO] [1502116962.226298643]: RRTConnect: Created 5 states (2 start + 3 goal)
[ INFO] [1502116962.226349585]: Solution found in 0.062192 seconds
[ INFO] [1502116962.292467167]: SimpleSetup: Path simplification took 0.001661 seconds and changed
from 4 to 2 states
[ INFO] [1502116962.295298471]: Execution request received for ExecuteTrajectory action.
[INFO] [1502116962.391000]: arm_controller: Action goal recieved.
[INFO] [1502116962.392208]: Executing trajectory
[INFO] [1502116968.114629]: arm_controller: Done.
[ INFO] [1502116968.411918551]: Execution completed: SUCCEEDED
[ INFO] [1502116969.732069622]: Combined planning and execution request received for MoveGroup acti
on. Forwarding to planning and execution pipeline.
```

图 7.34　运动规划过程中的输出日志

例程 ur5_planning/scripts/moveit_ik_demo.py 的源码如下：

```
import rospy, sys
import moveit_commander
from geometry_msgs.msg import PoseStamped, Pose

class MoveItIkDemo:
    def __init__(self):
        # 初始化 move_group 的 API
        moveit_commander.roscpp_initialize(sys.argv)

        # 初始化 ROS 节点
        rospy.init_node('moveit_ik_demo')

        # 初始化需要使用 move_group 控制的机械臂中的 arm group
        arm = moveit_commander.MoveGroupCommander('manipulator')

        # 获取末端 link 的名称
        end_effector_link = arm.get_end_effector_link()

        # 设置目标位姿所使用的参考坐标系
        reference_frame = 'base_link'
        arm.set_pose_reference_frame(reference_frame)

        # 当运动规划失败后，允许重新规划
        arm.allow_replanning(true)

        # 设置位置（单位：米）和姿态（单位：弧度）的允许误差
        arm.set_goal_position_tolerance(0.001)
        arm.set_goal_orientation_tolerance(0.001)

        # 设置允许的最大速度和加速度
        arm.set_max_acceleration_scaling_factor(0.5)
        arm.set_max_velocity_scaling_factor(0.5)

        # 控制机械臂先回到初始位姿
        arm.set_named_target('zero')
        arm.go()
        rospy.sleep(1)

        # 设置机械臂在工作空间中的目标位姿，位置使用 x、y、z 坐标描述
```

```
        # 姿态使用四元数描述，基于 base_link 坐标系
        target_pose = PoseStamped()
        target_pose.header.frame_id = reference_frame
        target_pose.header.stamp = rospy.Time.now()
        target_pose.pose.position.x = 0.454178
        target_pose.pose.position.y = 0.284321
        target_pose.pose.position.z = 0.651409
        target_pose.pose.orientation.x = 0.216404
        target_pose.pose.orientation.y = 0.399163
        target_pose.pose.orientation.z = 0.757239
        target_pose.pose.orientation.w = -0.469497

        # 设置机器臂当前的状态作为运动初始状态
        arm.set_start_state_to_current_state()

        # 设置机械臂末端运动的目标位姿
        arm.set_pose_target(target_pose, end_effector_link)

        # 规划运动路径
        traj = arm.plan()

        # 按照规划的运动路径控制机械臂运动
        arm.execute(traj)
        rospy.sleep(1)

        # 控制机械臂回到初始位姿
        arm.set_named_target('zero')
        arm.go()

        # 关闭并退出 MoveIt
        moveit_commander.roscpp_shutdown()
        moveit_commander.os._exit(0)

if __name__ == "__main__":
    MoveItIkDemo()
```

例程中很多代码段和关节空间运动规划例程中的代码段相同，这里不再赘述。下面主要分析其中与工作空间运动规划相关的代码。

使用 get_end_effector_link()函数获取末端 link 在模型文件中的名称，该名称在后续规划时需要使用：

```
end_effector_link = arm.get_end_effector_link()
```

工作空间中的位姿需要使用笛卡尔坐标值进行描述，所以必须声明该位姿所在的坐标系。set_pose_reference_frame()函数可以设置目标位姿所在的坐标系，这里设置为机器人基座坐标系 base_link：

```
reference_frame = 'base_link'
arm.set_pose_reference_frame(reference_frame)
```

机械臂逆运动学求解时存在无解或多解的情况，其中有些情况下可能无法实现运动规划。这种情况下可以使用 allow_replanning()函数设置是否允许规划失败之后的重新规划：

```
arm.allow_replanning(true)
```

如果设置为 true，MoveIt 会尝试求解五次，否则只求解一次。

使用 ROS 中的 PoseStamped 消息数据描述机械臂的目标位姿。首先需要设置位姿所在的参考坐标系，然后创建时间戳，接着设置目标位姿的 x、y、z 坐标值和四元数姿态值：

```
target_pose = PoseStamped()
target_pose.header.frame_id = reference_frame
```

```
target_pose.header.stamp = rospy.Time.now()
target_pose.pose.position.x = 0.454178
target_pose.pose.position.y = 0.284321
target_pose.pose.position.z = 0.651409
target_pose.pose.orientation.x = 0.216404
target_pose.pose.orientation.y = 0.399163
target_pose.pose.orientation.z = 0.757239
target_pose.pose.orientation.w = -0.469497
```

在输入目标位姿前，需要设置运动规划的初始状态：

```
arm.set_start_state_to_current_state()
arm.set_pose_target(target_pose, end_effector_link)
```

一般情况下使用 set_start_state_to_current_state()函数设置当前状态为初始状态。然后使用 set_pose_target()函数设置目标位姿，同时需要设置该目标位姿描述的 link，也就是之前获取的机械臂末端 link 的名称。

运动规划的第一步是路径规划，调用 plan()函数。如果路径规划成功，则会返回一条规划好的运动轨迹，然后调用 execute()函数，控制机械臂沿轨迹运动；如果规划失败，则会根据设置项，重新进行规划或者在命令行中提示规划失败的日志信息。

```
traj = arm.plan()
arm.execute(traj)
rospy.sleep(1)
```

下面总结一下 MoveIt 工作空间运动规划的几个关键步骤：创建规划组的控制对象、获取机械臂末端 link 的名称、设置目标位姿对应的参考坐标系、设置初始和目标位姿、进行工作空间运动规划、控制机械臂完成运动。对应的 API 如下：

```
arm = moveit_commander.MoveGroupCommander('manipulator')
end_effector_link = arm.get_end_effector_link()
reference_frame = 'base_link'
arm.set_pose_reference_frame(reference_frame)
arm.set_start_state_to_current_state()
arm.set_pose_target(target_pose, end_effector_link)
traj = arm.plan()
arm.execute(traj)
```

7.3.3 笛卡尔空间运动规划

在工作空间运动规划时，并没有对机械臂末端轨迹有任何约束，机械臂末端目标位姿给定后，通过逆运动学求解可获得关节空间下的各关节轴的弧度，然后进行关节空间运动规划，完成机械臂运动控制。但在很多应用场景中，我们不仅需要关心机械臂的初始和目标位姿，还对运动过程中的轨迹和位姿有所要求，比如，我们希望机械臂末端能够按直线或者圆弧轨迹运动。

MoveIt 同样提供笛卡尔空间运动规划的接口，使用以下命令运行笛卡尔空间下的运动规划例程：

```
$ roslaunch ur5_moveit_config demo.launch
$ rosrun ur5_planning moveit_cartesian_demo.py
```

运行成功后，可以看到如图 7.35 所示的运动轨迹。

笛卡尔空间运动规划需要保证机械臂运动时的各个中间目标点姿态，机械臂末端以直线方式依次完成多个目标点之间的运动。

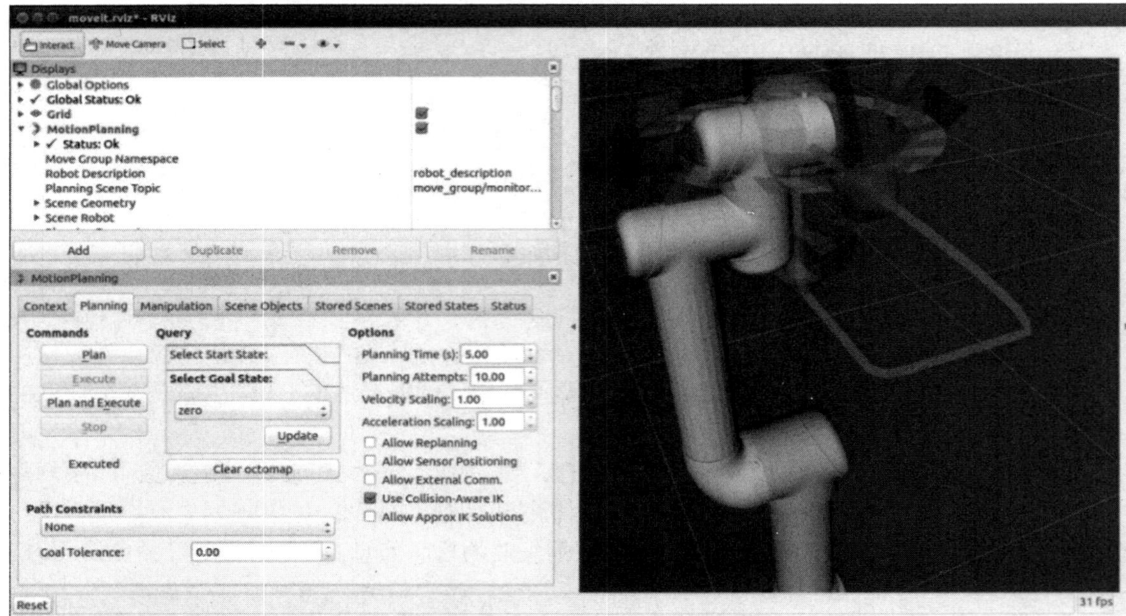

图 7.35　笛卡尔空间下的机械臂运动规划效果

例程 ur5_planning/scripts/moveit_cartesian_demo.py 的源码如下：

```
import rospy, sys
import moveit_commander
from moveit_commander import MoveGroupCommander
from geometry_msgs.msg import Pose
from copy import deepcopy

class MoveItCartesianDemo:
    def __init__(self):
        # 初始化 move_group 的 API
        moveit_commander.roscpp_initialize(sys.argv)

        # 初始化 ROS 节点
        rospy.init_node('moveit_cartesian_demo', anonymous=true)

        # 初始化需要使用 move_group 控制的机械臂中的 arm group
        arm = MoveGroupCommander('manipulator')

        # 当运动规划失败后，允许重新规划
        arm.allow_replanning(true)

        # 设置目标位姿所使用的参考坐标系
        arm.set_pose_reference_frame('base_link')

        # 设置位置（单位：米）和姿态（单位：弧度）的允许误差
        arm.set_goal_position_tolerance(0.001)
        arm.set_goal_orientation_tolerance(0.001)

        # 设置允许的最大速度和加速度
        arm.set_max_acceleration_scaling_factor(0.5)
        arm.set_max_velocity_scaling_factor(0.5)
```

```
# 获取末端 link 的名称
end_effector_link = arm.get_end_effector_link()

# 控制机械臂先回到初始位姿
arm.set_named_target('zero')
arm.go()
rospy.sleep(1)

# 获取当前位姿数据作为机械臂运动的初始位姿
start_pose = arm.get_current_pose(end_effector_link).pose

print start_pose

# 初始化路径点列表
waypoints = []

# 将初始位姿加入路径点列表
waypoints.append(start_pose)

# 设置路径点数据，并加入路径点列表
wpose = deepcopy(start_pose)
wpose.position.z -= 0.2
waypoints.append(deepcopy(wpose))

wpose.position.x += 0.2
waypoints.append(deepcopy(wpose))

wpose.position.y += 0.2
waypoints.append(deepcopy(wpose))

fraction = 0.0      #路径规划覆盖率
maxtries = 100      #最大尝试规划次数
attempts = 0        #已经尝试规划次数

# 设置机器臂当前的状态作为运动初始状态
arm.set_start_state_to_current_state()

# 尝试规划一条笛卡尔空间下的路径，依次通过所有路径点
while fraction < 1.0 and attempts < maxtries:
    (plan, fraction) = arm.compute_cartesian_path (
                            waypoints,    # waypoint poses，路径点列表
                            0.01,         # eef_step，末端步进值
                            0.0,          # jump_threshold，跳跃阈值
                            true)         # avoid_collisions，避障规划

    # 尝试规划次数累加
    attempts += 1

    # 打印运动规划进程
    if attempts % 10 == 0:
        rospy.loginfo("Still trying after " + str(attempts) + " attempts...")

# 如果路径规划成功（路径规划覆盖率为 100%），则开始控制机械臂运动
if fraction == 1.0:
```

```
                rospy.loginfo("Path computed successfully. Moving the arm.")
                arm.execute(plan)
                rospy.loginfo("Path execution complete.")
            # 如果路径规划失败，则打印失败信息
            else:
                rospy.loginfo("Path planning failed with only " + str(fraction) + " success after " + str(maxtries) + " attempts.")

            rospy.sleep(1)

            # 控制机械臂先回到初始位姿
            arm.set_named_target('zero')
            arm.go()
            rospy.sleep(1)

            # 关闭并退出 MoveIt
            moveit_commander.roscpp_shutdown()
            moveit_commander.os._exit(0)

if __name__ == "__main__":
    try:
        MoveItCartesianDemo()
    except rospy.ROSInterruptException:
        pass
```

例程中很多代码段和关节空间运动规划、工作空间运动规划例程中的代码段相同，这里不再赘述。下面主要分析笛卡尔空间路径规划部分的代码。

这里需要了解 waypoints，也就是路径点的概念。代码中，waypoints 表示一个路径点列表：

```
waypoints = []
waypoints.append(start_pose)
```

路径点表示笛卡尔路径中需要经过的每个位姿点，机械臂末端在相邻两个路径点之间沿直线轨迹运动。需要将机械臂运动经过的路径点加入路径点列表中，但此时并没有开始运动规划。

下面的代码段整个例程的核心部分：

```
while fraction < 1.0 and attempts < maxtries:
    (plan, fraction) = arm.compute_cartesian_path (
                            waypoints,     # waypoint poses，路径点列表
                            0.01,          # eef_step，末端步进值
                            0.0,           # jump_threshold，跳跃阈值
                            true)          # avoid_collisions，避障规划

    # 尝试规划次数累加
    attempts += 1

    # 打印运动规划进程
    if attempts % 10 == 0:
        rospy.loginfo("Still trying after " + str(attempts) + " attempts...")
```

这段代码使用了笛卡尔空间路径规划的 API——compute_cartesian_path()，其共有四个参数：第一个参数是路径点列表；第二个参数是机械臂末端步进值；第三个参数是跳跃阈值；第四个参数设置运动过程是否考虑避障。

compute_cartesian_path()执行后会返回两个值，plan 是规划出来的运动轨迹，fraction 描述规划成功后的轨迹在给定路径点列表中的覆盖率，范围为 0 到 1。如果 fraction 小于 1，说

明利用给定的路径点列表没办法实现完整规划，这种情况下可以重新进行规划，但需要人为设置规划次数。如果 fraction 为 1，说明规划成功，此时就可以使用 execute()控制机械臂在规划成功后的轨迹上运动了。

```
if fraction == 1.0:
    rospy.loginfo("Path computed successfully. Moving the arm.")
    arm.execute(plan)
    rospy.loginfo("Path execution complete.")
```

这个例程的关键是掌握 compute_cartesian_path()这个 API 的使用方法，以实现一系列路径点之间的笛卡尔空间直线运功规划。此外，机械臂末端也可以直接按圆弧轨迹运动，还可以将圆弧分解为多段直线，然后使用 compute_cartesian_path()函数控制运动。

7.3.4　机械臂碰撞检测

在很多应用场景下，机械臂周围会有一些物体，这些物体有可能在机械臂的工作空间内，成为机械臂运动规划过程中的障碍物，所以运动规划过程中需要考虑避障问题。

MoveIt 支持避障规划，可使用 move_group 中 planning scene 插件的相关接口引入障碍物模型，并维护机器人工作的场景信息。

执行如下命令，启动避障规划例程：

```
$ roslaunch ur5_moveit_config demo.launch
$ rosrun ur5_planning moveit_cartesian_demo.py
```

启动成功后，可以看到图 7.36 所示的避障规划的运行效果。

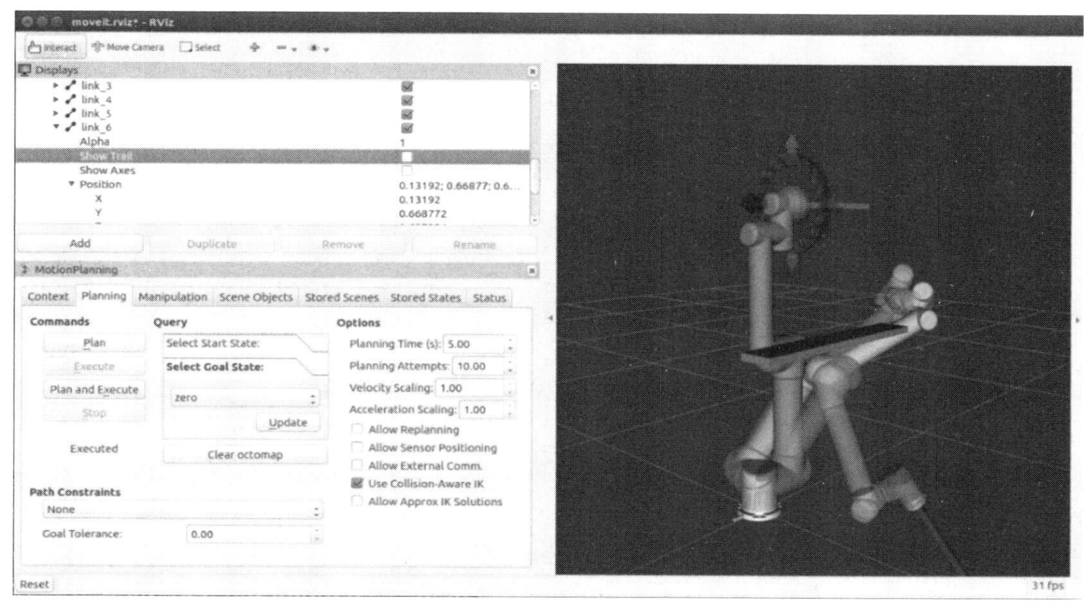

图 7.36　避障规划的运行效果

首先，机械臂运动到初始位姿；然后出现一个悬浮的桌面，机械臂末端抓取了一个长杆；接着机械臂进行碰撞检测，规划运动路径，躲过障碍物，并运动到目标位姿；运动完成后，机械臂回到初始位姿。

例程 ur5_planning/scripts/moveit_obstacles_demo.py 的源码如下：

```
import rospy, sys
```

```
import thread, copy
import moveit_commander
from moveit_commander import RobotCommander, MoveGroupCommander, PlanningSceneInterface
from geometry_msgs.msg import PoseStamped, Pose
from moveit_msgs.msg import CollisionObject, AttachedCollisionObject, PlanningScene
from math import radians
from copy import deepcopy

class MoveAttachedObjectDemo:
    def __init__(self):
        # 初始化 move_group 的 API
        moveit_commander.roscpp_initialize(sys.argv)

        # 初始化 ROS 节点
        rospy.init_node('moveit_attached_object_demo')

        # 初始化场景对象
        scene = PlanningSceneInterface()
        rospy.sleep(1)

        # 初始化需要使用 move_group 控制的机械臂中的 arm group
        arm = MoveGroupCommander('manipulator')

        # 获取末端 link 的名称
        end_effector_link = arm.get_end_effector_link()

        # 设置位置（单位：米）和姿态（单位：弧度）的允许误差
        arm.set_goal_position_tolerance(0.01)
        arm.set_goal_orientation_tolerance(0.05)

        # 当运动规划失败后，允许重新规划
        arm.allow_replanning(true)

        # 控制机械臂回到初始位姿
        arm.set_named_target('zero')
        arm.go()

        # 设置每次运动规划的时间限制：10s
        arm.set_planning_time(10)

        # 移除场景中之前运行残留的物体
        scene.remove_attached_object(end_effector_link, 'tool')
        scene.remove_world_object('table')

        # 设置桌面的高度
        table_ground = 0.6

        # 设置桌子和工具的三维尺寸
        table_size = [0.1, 0.6, 0.02]
        tool_size = [0.02, 0.02, 0.4]

        # 设置工具的位姿
        p = PoseStamped()
        p.header.frame_id = end_effector_link

        p.pose.position.x = 0.0
        p.pose.position.y = 0.0
```

```
        p.pose.position.z = -0.2
        p.pose.orientation.x = 1

        # 将工具附着到机械臂的末端
        scene.attach_box(end_effector_link, 'tool', p, tool_size)

        # 将桌子加入场景中
        table_pose = PoseStamped()
        table_pose.header.frame_id = 'base_link'
        table_pose.pose.position.x = 0.3
        table_pose.pose.position.y = 0.0
        table_pose.pose.position.z = table_ground + table_size[2] / 2.0
        table_pose.pose.orientation.w = 1.0
        scene.add_box('table', table_pose, table_size)

        rospy.sleep(2)

        # 更新当前的位姿
        arm.set_start_state_to_current_state()

        # 设置机械臂的目标位姿，使用六轴的位置数据进行描述（单位：弧度）
        joint_positions = [-0.17835936210466416, -0.5436051587483343, -2.4830557792422314,
-1.9394291217061226, -1.4178586738298844, -0.00027600657645464105]
        arm.set_joint_value_target(joint_positions)

        # 控制机械臂完成运动
        arm.go()
        rospy.sleep(1)

        # 控制机械臂回到初始位姿
        arm.set_named_target('zero')
        arm.go()

        moveit_commander.roscpp_shutdown()
        moveit_commander.os._exit(0)

if __name__ == "__main__":
    MoveAttachedObjectDemo()
```

该例程的主要实现流程如下。

（1）初始化场景，设置参数。

（2）在可视化环境中加入障碍物模型。

（3）设置机器人的初始位姿和目标位姿。

（4）进行避障规划。

下面具体分析代码的实现过程。

PlanningSceneInterface()函数提供了添加、删除物体模型的功能，PlanningScene 消息是场景更新主题 planning_scene 订阅的消息类型：

```
from moveit_commander import RobotCommander, MoveGroupCommander, PlanningSceneInterface
from geometry_msgs.msg import PoseStamped, Pose
from moveit_msgs.msg import CollisionObject, AttachedCollisionObject, PlanningScene
```

创建 PlanningSceneInterface 类的实例，通过这个实例可以添加或删除物体模型：

```
scene = PlanningSceneInterface()
```

例程代码可以在命令行中重复运行，但例程加载的物体模型并不会自动清除，需要使用 remove_attached_object()、remove_world_object()函数清除指定的物体模型：

```
scene.remove_attached_object(end_effector_link, 'tool')
```

```
scene.remove_world_object('table')
```

设置障碍物（桌子）的离地高度，以及机械臂末端抓取的长杆的模型尺寸。使用长方体描述模型，所以需要设置长方体的长、宽、高，单位是 m。

```
table_ground = 0.6
table_size = [0.1, 0.6, 0.02]
tool_size = [0.02, 0.02, 0.4]
```

除了设置物体的尺寸外，还需要设置物体在场景中的位置，使用 PoseStamped 消息描述：

```
p = PoseStamped()
p.header.frame_id = end_effector_link
p.pose.position.x = 0.0
p.pose.position.y = 0.0
p.pose.position.z = -0.2
p.pose.orientation.x = 1
scene.attach_box(end_effector_link, 'tool', p, tool_size)

table_pose = PoseStamped()
table_pose.header.frame_id = 'base_link'
table_pose.pose.position.x = 0.3
table_pose.pose.position.y = 0.0
table_pose.pose.position.z = table_ground + table_size[2] / 2.0
table_pose.pose.orientation.w = 1.0
scene.add_box('table', table_pose, table_size)
```

确定物体的位置后，使用 PlanningSceneInterface 类的 add_box()和 attach_box()函数将物体添加到场景中。这两个函数所添加的物体属性是不同的：add_box()添加的物体是外界障碍物，机械臂运动时会考虑是否会与其碰撞；attach_box()添加的物体会和机械臂成为一体，比如这里的长杆已经“附着”到机械臂末端上了，即与机械臂末端固连了。在机械臂运动时，不仅机械臂本身不能和外界障碍物碰撞，这个长杆也不能和外界障碍物碰撞。

场景配置完成后，控制机械臂运动：

```
target_pose = PoseStamped()
target_pose.header.frame_id = reference_frame
target_pose.pose.position.x = 0.2
target_pose.pose.position.y = 0.0
target_pose.pose.position.z = table_pose.pose.position.z + table_size[2] + 0.05
target_pose.pose.orientation.w = 1.0

arm.set_pose_target(target_pose, end_effector_link)
arm.go()
```

MoveIt 规划的运动轨迹会考虑避开与桌面的碰撞，机械臂运动过程中，会有明显的避障过程，机械臂末端抓取到的长杆也不会与桌面发生碰撞。

```
arm.set_start_state_to_current_state()
joint_positions = [-0.17835936210466416, -0.5436051587483343, -2.4830557792422314, -1.9394291217061226, -1.4178586738298844, -0.00027600657645464105]
arm.set_joint_value_target(joint_positions)
arm.go()
rospy.sleep(1)
arm.set_named_target('zero')
arm.go()
```

这个例程介绍了如何在 MoveIt 运动规划的场景中添加外界物体模型，同时通过不同的函数设置模型的属性。在机械臂运动规划时，会根据这些场景模型完成碰撞检测，实现自主避障。

任务 2　数字孪生——真实机械臂与仿真机械臂同步运动

随着人类社会数字化程度的逐渐加深，数字孪生（Digital Twin）应运而生。数字孪生是以

数字化方式，创建物理实体的虚拟实体，利用物理模型、算法模型、传感器更新、运行历史等数据，集成多学科、多物理量、多尺度的仿真过程，在虚拟空间中完成映射，从而反映相对应的物理实体装备的全生命周期过程，实现对物理实体的建模、分析和优化。数字孪生模型基于多维度、大规模、实时的真实数据测量。数字孪生技术在智能制造、智慧城市、智慧建筑、智慧医疗等领域得到广泛应用。

在 ROS MoveIt 中，可以实现真实机械臂与仿真机械臂的同步运动，简单实现一个类似数字孪生的互操作性功能。下面以一个六自由度机械臂 sagittarius_arm 为例，演示当手动拖动机械臂时，ROS 中的模型能与真实机械臂姿态保持同步；而使用 ROS MoveIt 控制机械臂时，真实机械臂与模型的运动姿态也能保持一致。

扫描二维码可下载 sagittarius_arm 机械臂的相关文件。

下载链接

下面介绍真实机械臂与 ROS 中的仿真机械臂的同步运动的实现过程。

（1）编译机械臂的功能包：将机械臂的工作空间下载到用户目录中，进入工作空间，使用 catkin_make 命令进行编译。

（2）启动真实机械臂：开启真实机械臂的电源开关。注意检查 Spark 机器人主控电脑与机械臂是否已使用 USB 线连接好。

（3）仿真机械臂与真实机械臂同步运动。关闭之前打开的所有命令行，然后打开一个新的命令行，使用如下命令启动仿真机械臂：

```
$ source devel/setup.bash
$ roslaunch sagittarius_moveit demo.launch
```

启动成功后，可以看到图 7.37 所示的仿真机械臂。此时，用手拖动真实机械臂，可以看到 ROS 中的仿真机械臂也在同步运动。

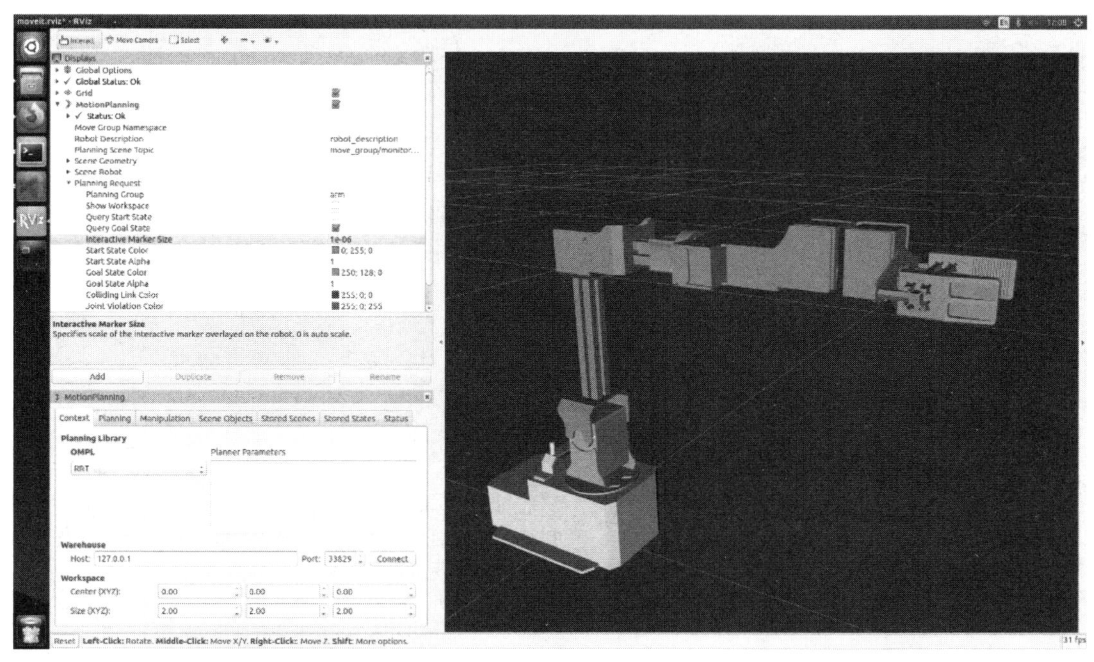

图 7.37　ROS 中仿真机械臂的同步运动显示

（4）使用如下命令安装 MoveIt：

```
$ sudo apt-get install ros-kinect-moveit
```

（5）真实机械臂与仿真机械臂同步运动。关闭之前打开的所有命令行，然后打开新的命令行，使用如下命令启动机械臂的驱动和MoveIt控制界面：

```
$ roslaunch sagittarius_moveit demo_true.launch
```

启动成功后，可以看到图 7.38 所示的 MoveIt 控制界面，使用控制球选择一个仿真机械臂的运动目标点，单击 Plan and Execute 按钮后，可以看 MoveIt 会自动产生运动轨迹，真实机械臂与仿真机械臂同步运动。

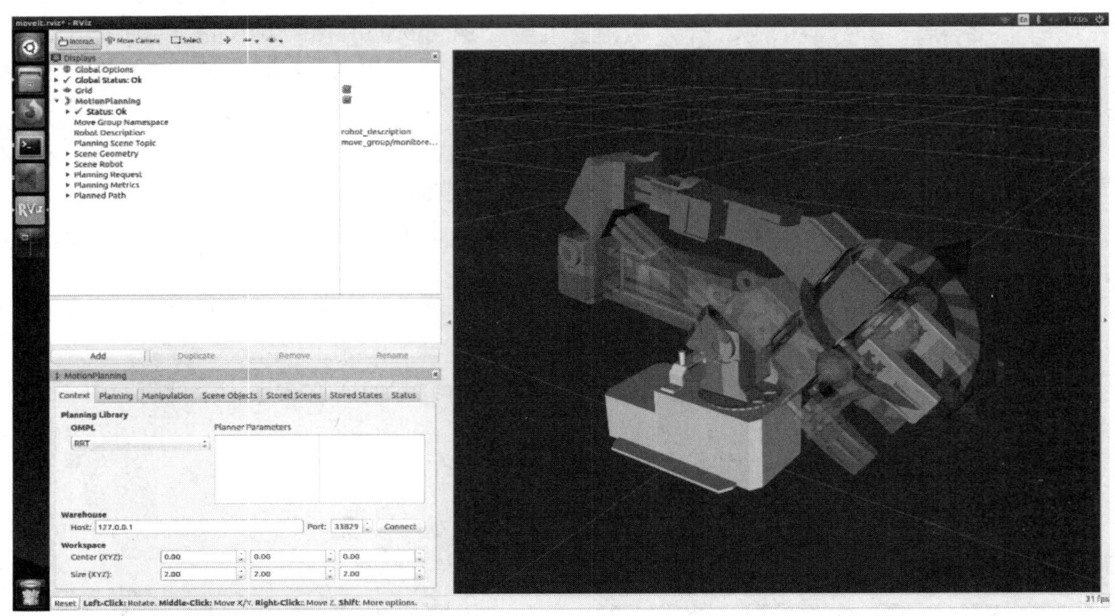

图 7.38　真实机械臂与仿真机械臂同步运动

7.4　本章小结

本章首先介绍机器人的 URDF 建模和 MoveIt 可视化配置；然后通过在 MoveIt 和 Gazebo 在仿真环境中控制机械臂，加深读者对机械臂运动学的理解；最后介绍了几种不同坐标空间下的机械臂运动规划方法，并通过一个简易的数字孪生实验，让读者体验真实机械臂与仿真机械臂互为映射的同步运动。

参 考 文 献

[1] 约翰 J. 克雷格. 机器人学导论:力学与控制[M]. 负超, 王伟, 译. 4 版. 北京：机械工业出版社, 2018.

[2] 赛义德 B. 尼库. 机器人学导论：分析、控制及应用[M]. 孙富春, 朱纪洪, 刘国栋, 译. 北京：电子工业出版社, 2010.

[3] 熊有伦, 李文龙, 陈有斌, 杨华, 丁烨, 赵欢. 机器人学：建模、控制与视觉[M]. 武汉：华中科技大学出版社, 2018.

[4] 胡春旭. ROS 机器人开发实践[M]. 北京：机械工业出版社, 2018.

[5] 廖金虎. 机器人双目视觉标定与目标抓取技术研究[D]. 武汉：华中科技大学, 2020.

[6] 任振宇. 机械臂视觉系统标定及抓取规划方法研究[D]. 武汉：华中科技大学, 2021.

扩 展 阅 读

（1）掌握机械臂坐标系的建立方法。

（2）掌握齐次变换的数学基础。

（3）了解不同应用场景下机械臂轨迹规划的方法。

（4）学习 RRT（随机快速搜索树）、多项式插值等路径规划方法。

（5）在机械臂碰到障碍物时，使用力传感器或通过关节电机力矩电流可以检测障碍物，思考如何实现主动式障碍物感知，如利用接近觉传感器、电子皮肤等。这种方式对保障人类操作员、机器人或工作场景中的物体安全有什么意义？

练 习 题

（1）根据 ROS 中的 Franka Panda 机器人，列出其 D-H 参数。

（2）参考 Franka Panda 机器人 D-H 参数，创建一个连杆形式的机器人 URDF 模型，并在 rviz 中可视化该模型。

（3）根据机器人 URDF 模型，使用 MoveIt 的 Setup Assistant 工具生成配置文件，并在 rviz 中控制机器人随机运动，验证效果。

（4）编程实现机械臂末端做圆周运动及直线运动，并在 rviz 中查看运行效果。

（5）让机械臂做两点之间的来回运动，在 rviz 中查看效果，然后在两点之间添加障碍物，再次观察运行效果。

（6）分析关节空间运动规划和笛卡尔空间运动规划的联系与区别。

（7）使用表 7.2 中 UR5 的 D-H 参数，求正、逆运动学方程。假设 UR5 关节角度设置的程序代码如下：

```
    joint_positions = [-0.17835936210466416, -0.5436051587483343, -2.4830557792422314, -1.9394291217061226,
-1.4178586738298844, -0.00027600657645464105]
    arm.set_joint_value_target(joint_positions)
```

通过正运动学方程，计算 joint_positions 对应的旋转矩阵和平移向量。

（8）假设 UR5 在世界坐标系下的运动规划部分的程序代码如下：

```
    target_pose.pose.position.x = 0.454178
    target_pose.pose.position.y = 0.284321
    target_pose.pose.position.z = 0.651409
    target_pose.pose.orientation.x = 0.216404
    target_pose.pose.orientation.y = 0.399163
    target_pose.pose.orientation.z = 0.757239
    target_pose.pose.orientation.w = -0.469497
    arm.set_start_state_to_current_state()
    arm.set_pose_target(target_pose, end_effector_link)
```

通过逆运动学方程，计算六个关节的旋转角度。

第 8 章　计算机视觉

人类获取信息主要依靠视觉，通过视觉获得的信息总量占人类获取信息总量的 80%左右。为了让机器也可以像人类一样拥有视觉，从而进行测量和判断，人们开发出了计算机视觉技术。视觉检测系统采用相机将被检测的目标变换成图像信号，并将其传送给专用的图像处理系统，图像处理系统根据像素分布和亮度、颜色等信息，将图像信号转化成数字信号，并对这些信号进行各种运算来抽取目标的视觉特征，如面积、数量、位置、长度等，再根据预设的允许度和其他条件输出结果，包括尺寸、角度、个数、合格/不合格、有/无等，实现自动识别功能。

8.1　认识 OpenCV

OpenCV 的全称是 Open Source Computer Vision Library。OpenCV 是一个基于 BSD（Berkeley Software Distribution）许可（开源）发行的跨平台计算机视觉库，它轻量且高效。在 OpenCV 2.4 之后，其架构改为以 C++为主（之前为 C），同时提供了 Python、Java 等语言的接口，实现了图像处理和计算机视觉方面的很多通用算法。

OpenCV 通过名为 vision_opencv 功能包整合到 ROS 中，vision_opencv 主要包括以下两大功能模块：

（1）cv_bridge：提供 ROS 的图像消息（image message）和 cv::Mat 相互变换的接口。ROS 内部图像以 sensor_msgs/Image 的消息格式进行发送/接收，当要利用 OpenCV 库对图像进行处理时，由于其图像格式 cv:Mat 的定义与 ROS 中不同，所以必须进行变换。vision_opencv 中的 cv_bridge 功能包为两者之间的图像数据的传递起到一个“桥梁”作用。

（2）image_geometry：提供世界坐标系到图像坐标系的变换，使用之前需要标定相机。

8.1.1　安装 OpenCV

一般来说，ROS 中已经集成了 OpenCV，所以不需要进行额外的安装操作了。如果没有安装 OpenCV，推荐安装 ROS perception 功能包，perception 功能包集成了 OpenCV 和开源点云处理库（Point Cloud Library，PCL），以及其他机器人感知相关的功能包。输入下面的命令进行安装：

```
$ sudo apt-get install ros-<当前 ROS 版本>-perception
```

注意：如果想要使用 GPU 加速等高级功能，需要自行编译相关 OpenCV 库，ROS 集成的 OpenCV 不包含这些拓展模块。

8.1.2　使用 OpenCV

首先，新建一个功能包，包名为 ros_opencv：

```
$ catkin_create_pkg ros_opencv sensor_msgs cv_bridge roscpp std_msgs image_transport
```

在包下放一个 img_pub.cpp 文件，作用是读取一个图像并发布出去，内容如下：

```
#include <ros/ros.h>
#include <image_transport/image_transport.h>
#include <opencv2/highgui/highgui.hpp>
#include <cv_bridge/cv_bridge.h>
#include <stdio.h>

int main(int argc, char** argv)
{
  ros::init(argc, argv, "image_publisher");
  ros::NodeHandle nh;
  image_transport::ImageTransport it(nh);
  image_transport::Publisher pub = it.advertise("camera/image", 1);

  cv::Mat image = cv::imread("图片.jpg", CV_LOAD_IMAGE_COLOR);
  if(image.empty())
  {
    printf("open error\n");
  }
  sensor_msgs::ImagePtr msg = cv_bridge::CvImage(std_msgs::Header(), "bgr8", image).
toImageMsg();

  ros::Rate loop_rate(5);
  while (nh.ok())
  {
    pub.publish(msg);
    ros::spinOnce();
    loop_rate.sleep();
  }
}
```

然后新建一个 img_sub.cpp 文件，接收图像并显示，内容如下：

```
#include <ros/ros.h>
#include <image_transport/image_transport.h>
#include <opencv2/highgui/highgui.hpp>
#include <cv_bridge/cv_bridge.h>

void imageCallback(const sensor_msgs::ImageConstPtr& msg)
{
  cv::imshow("view", cv_bridge::toCvShare(msg, "bgr8")->image);
  cv::waitKey(30);
}

int main(int argc, char **argv)
{
  ros::init(argc, argv, "image_listener");
  ros::NodeHandle nh;
  image_transport::ImageTransport it(nh);
  image_transport::Subscriber sub = it.subscribe("camera/image", 1, imageCallback);
  ros::spin();
}
```

编写配置文件 CMakeLists.txt，内容如下：

```
find_package(OpenCV)
include_directories(${catkin_INCLUDE_DIRS} ${OpenCV_INCLUDE_DIRS})
add_executable(rosOpenCV src/img_pub.cpp)
target_link_libraries(rosOpenCV ${OpenCV_LIBS})
```

```
target_link_libraries(rosOpenCV ${catkin_LIBRARIES})

add_executable(rosOpenCV src/ img_sub.cpp)
target_link_libraries(rosOpenCV ${catkin_LIBRARIES})
```

最后进行编译、运行即可。

8.2 单目视觉传感器的使用

在 ROS 系统中，常用的视觉传感器是相机，其价格低廉且易使用。和其他传感器不同的是，在正式使用相机的数据之前需要对它进行标定。标定可以使用 ROS 自带的 camera_calibration 包进行。

当相机通过 USB 与计算机连接之后，下一步便是通过 ROS 来调取相机图像了。不过，在 ROS 中，相机并不被原生支持，需要先安装驱动来获取相机图像并将其发布出去，相机的驱动安装完成之后，就可以使用 image_view 包来显示图像了，然后进一步将图像提供给其他算法来做处理。

任务 1 图像采集

进行本任务前，需要确保计算机已经通过 USB 连接相机，或者使用笔记本计算机自带的相机。先下载并安装用于获取图像的功能包，这里使用 usb_cam 包。

使用下面的命令获取 usb_cam 包：

```
# 注释：在这一步之前，需要确认已经按照之前的教程新建好了一个工作空间 catkin_ws
$ cd ~/catkin_ws/src
$ git clone https://github.com/ros-drivers/usb_cam.git
$ cd ..
$ catkin_make
```

命令执行结果如图 8.1 所示，catkin_make 会编译工作空间内的所有包。

```
Source space: /home/pjx/catkin_ws/src
Build space: /home/pjx/catkin_ws/build
Devel space: /home/pjx/catkin_ws/devel
Install space: /home/pjx/catkin_ws/install
####
#### Running command: "make cmake_check_build_system" in "/home/pjx/catkin_ws/build"
####
####
#### Running command: "make -j4 -l4" in "/home/pjx/catkin_ws/build"
####
[  0%] Built target spark_OTHER_FILES
[ 37%] Building CXX object usb_cam/CMakeFiles/usb_cam.dir/src/usb_cam.cpp.o
[ 37%] Building CXX object ros_tutorial/robot_setup_tf/CMakeFiles/tf_broadcaster.dir/src/tf_broadcaster.cpp.o
[ 37%] Building CXX object ros_tutorial/robot_setup_tf/CMakeFiles/tf_listener.dir/src/tf_listener.cpp.o
[ 50%] Linking CXX shared library /home/pjx/catkin_ws/devel/lib/libusb_cam.so
[ 50%] Built target usb_cam
[ 62%] Building CXX object usb_cam/CMakeFiles/usb_cam_node.dir/nodes/usb_cam_node.cpp.o
[ 75%] Linking CXX executable /home/pjx/catkin_ws/devel/lib/robot_setup_tf/tf_broadcaster
[ 87%] Linking CXX executable /home/pjx/catkin_ws/devel/lib/usb_cam/usb_cam_node
[ 87%] Built target tf_broadcaster
[ 87%] Built target usb_cam_node
[100%] Linking CXX executable /home/pjx/catkin_ws/devel/lib/robot_setup_tf/tf_listener
[100%] Built target tf_listener
```

图 8.1 正确编译输出

然后进入 usb_cam 包自带的 launch 目录，运行 test.launch 脚本：

```
$ cd ~/catkin_ws/
$ source devel/setup.bash   # 如果已经把这个 source 语句加入.bashrc 文件，则省略本命令
$ roslaunch usb_cam usb_cam-test.launch
```

会看到程序打开了一个新的窗口显示相机获取的图像，如图 8.2 所示。

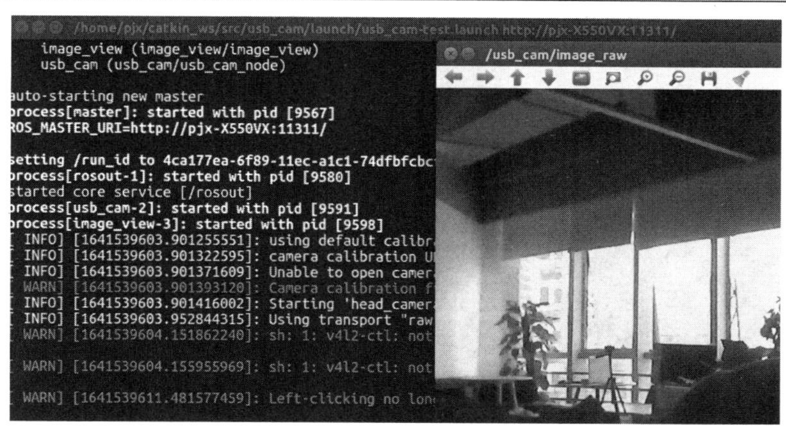

图 8.2　运行结果

至此，我们已经可以通过 ROS 相关功能包来获取相机图像并显示了。test.launch 文件的内容如下：

```
<launch>
  <node name="usb_cam" pkg="usb_cam" type="usb_cam_node" output="screen" >
    <param name="video_device" value="/dev/video0" />
    <param name="image_width" value="640" />
    <param name="image_height" value="480" />
    <param name="pixel_format" value="yuyv" />
    <param name="camera_frame_id" value="usb_cam" />
    <param name="io_method" value="mmap"/>
  </node>
  <node name="image_view" pkg="image_view" type="image_view" respawn="false" output="screen">
    <remap from="image" to="/usb_cam/image_raw"/>
    <param name="autosize" value="true" />
  </node>
</launch>
```

可以看到，文件开启了两个节点，一个是 usb_cam 自身节点，它附带了几个参数以确定图像的来源及格式；另一个是 image_view 节点，用于显示获取到的图像数据。其中，video_device 参数用于设定图像来源的设备，在 Ubuntu 中，可以通过以下命令查看当前系统中可用的视频设备：

```
$ ls /dev/ |grep video
```

正常情况下，如果只连接了一个相机，那么执行结果中应该只有 video0 设备，如图 8.3 所示。如果连接了多个相机，则还会显示 video1、video2 等，需要确认使用哪个设备，并在 launch 文件中修改。

```
pjx@pjx-X550VX: ~
pjx@pjx-X550VX:~$ ls /dev/ | grep video
video0
pjx@pjx-X550VX:~$ |
```

图 8.3　查看系统可用的相机设备

8.3　相机标定

相机标定在计算机视觉中有着非常广泛的应用，如测量、导航、三维重建等领域，其主要目的是通过标定算法获得相机的内参（焦距、光心等）、外参（坐标变换关系）和畸变系数，从而得到物体二维图像与三维空间之间的对应关系。标定方法主要是，使用一种已知的标定图案（制作成标定板），对不同角度的视图进行辨识。常用的标定板有三种：棋盘格

（Check-board）、April-grid 和实心圆阵列（Circle-grid），如图 8.4 所示。后面的相机标定介绍使用经典的棋盘格图案。

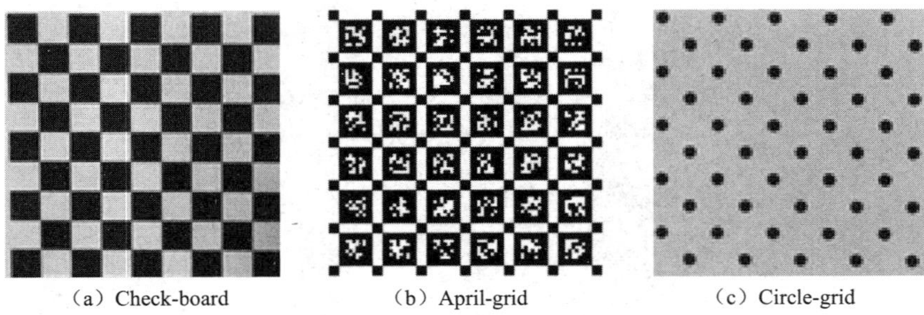

图 8.4 常用的几种标定板

8.3.1 针孔相机模型

相机成像的过程即通过透视投影变换，将三维世界中的坐标点映射到二维图像平面上的过程。这个过程可以用一个几何模型进行描述，通常称为针孔成像模型，对应的相机成像模型称为针孔相机模型。

在不考虑透镜畸变的情况下，建立针孔相机模型，如图 8.5 所示。在相机前建立一个虚拟成像平面，得到虚拟成像图像，并定义焦点、焦距。

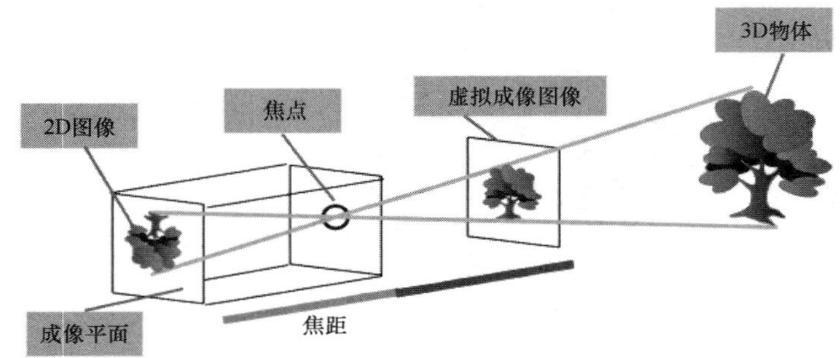

图 8.5 针孔相机模型

在针孔相机模型的基础上，建立如图 8.6 所示的四个坐标系，包括像素坐标系 O_p（以像素为单位，坐标原点图像在左上角）、成像平面坐标系 O_i、相机坐标系 O_c（以相机光心为原点）和世界坐标系 O_w。

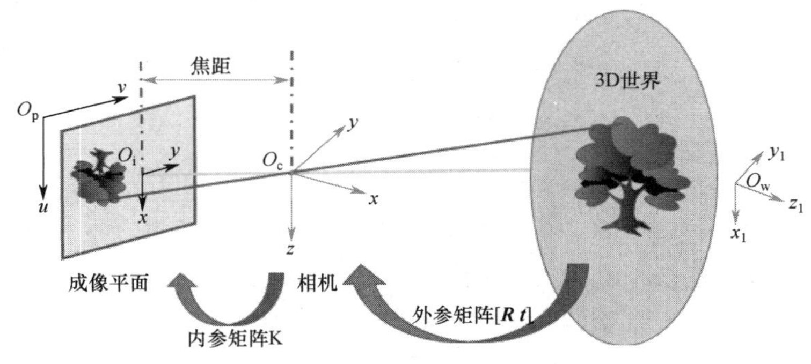

图 8.6 四个坐标系

1. 像素坐标与成像平面坐标之间的变换

以像素为单位建立像素直角坐标系 O_p，用某点坐标(u, v)来描述某一像素在图像中的位置。成像平面坐标系 O_i 建立在相机的 CCD（电荷耦合器件）或 CMOS 元件上，为简化变换矩阵，将原点设为感光元件的中心，则可以得到像素坐标(u, v)与成像平面坐标(x_1, y_1)之间的对应关系：

$$x_1 = u\mathrm{d}x - u_0\mathrm{d}x \Rightarrow u = x_1/\mathrm{d}x + u_0$$

$$y_1 = v\mathrm{d}y - v_0\mathrm{d}y \Rightarrow v = y_1/\mathrm{d}y + v_0$$

式中，(u_0,v_0)表示成像平面坐标系 O_i 的原点在像素坐标系中的坐标，dx 和 dy 表示每个像素在成像平面坐标系 x 和 y 方向上的实际物理长度，即单个像素点的实际物理尺寸。

这样，图像的像素坐标与成像平面坐标（感光单元）的变换用齐次变换方程可以表示为

$$\begin{bmatrix} u \\ v \\ 1 \end{bmatrix} = \begin{bmatrix} \frac{1}{\mathrm{d}x} & 0 & u_0 \\ 0 & \frac{1}{\mathrm{d}y} & v_0 \\ 0 & 0 & 1 \end{bmatrix} \begin{bmatrix} x_1 \\ y_1 \\ 1 \end{bmatrix} \tag{8-1}$$

2. 成像平面坐标与相机坐标之间的变换

以相机的光心（相机镜头与光轴的交点）为原点，建立三维的相机坐标系 O_c，其 x 轴、y 轴、z 轴分别与成像平面坐标系的 x 轴、y 轴、光轴平行。成像平面坐标系与相机坐标系的原点均位于光轴上，将两原点之间的欧氏距离定义为相机的焦距 f（一般为 mm 级别）。设相机坐标系中有某目标点 $P(x, y, z)$，点 P 在成像平面坐标系中的投影为点 $p(x_1,y_1)$，由相似原理，可得两点之间的对应关系为：

$$f/z = x_1/x = y_1/y \Rightarrow x_1 z = fx\ ,\ y_1 z = fy$$

这样，成像平面坐标系中的点 p 的坐标与相机坐标系中的点 P 的坐标的变换用齐次变换方程可以表示为

$$z \cdot \begin{bmatrix} x_1 \\ y_1 \\ 1 \end{bmatrix} = \begin{bmatrix} f & 0 & 0 & 0 \\ 0 & f & 0 & 0 \\ 0 & 0 & 1 & 0 \end{bmatrix} \begin{bmatrix} x \\ y \\ z \\ 1 \end{bmatrix} \tag{8-2}$$

3. 相机坐标与世界坐标之间的变换

为了描述相机和世界坐标系中的物体之间的相对位置关系，可以根据实际情况，选取世界坐标系的原点。设相机坐标系中的点 P 在对应于世界坐标系中的点 $P'(x_2, y_2, z_2)$，由于相机坐标系与世界坐标系之间可以通过旋转和平移进行变换，因此两点坐标的对应关系为

$$\begin{bmatrix} x \\ y \\ z \\ 1 \end{bmatrix} = \begin{bmatrix} \boldsymbol{R} & \boldsymbol{t} \\ 0 & 1 \end{bmatrix} \begin{bmatrix} x_2 \\ y_2 \\ z_2 \\ 1 \end{bmatrix} \tag{8-3}$$

其中，$\boldsymbol{R}$ 为 3×3 的旋转矩阵，$\boldsymbol{t}$ 为三维平移向量。

至此，就可以在线性成像模型中建立从目标物体所在的三维世界坐标系中的坐标

$P'(x_2, y_2, z_2)$ 到二维像素坐标系中的坐标(u, v)的变换了。

4. 像素坐标与世界坐标之间的变换

由式（8-1）～式（8-3）可得像素坐标与世界坐标之间的变换关系如下：

$$z \cdot \begin{bmatrix} u \\ v \\ 1 \end{bmatrix} = \begin{bmatrix} \frac{f}{\mathrm{d}x} & 0 & u_0 & 0 \\ 0 & \frac{f}{\mathrm{d}y} & v_0 & 0 \\ 0 & 0 & 1 & 0 \end{bmatrix} \begin{bmatrix} \boldsymbol{R} & \boldsymbol{t} \\ 0 & 1 \end{bmatrix} \begin{bmatrix} x_2 \\ y_2 \\ z_2 \\ 1 \end{bmatrix} = \boldsymbol{M}_1 \cdot \boldsymbol{M}_2 \cdot \begin{bmatrix} x_2 \\ y_2 \\ z_2 \\ 1 \end{bmatrix} = \boldsymbol{M} \cdot \begin{bmatrix} x_2 \\ y_2 \\ z_2 \\ 1 \end{bmatrix} \tag{8-4}$$

其中，$\frac{f}{\mathrm{d}x}$、$\frac{f}{\mathrm{d}y}$、u_0、v_0 由相机自身结构参数确定，所以 $\boldsymbol{M}_1$ 称为内参矩阵，其描述了从三维相机坐标系到二维像素坐标系的变换；$\boldsymbol{R}$、$\boldsymbol{t}$ 由世界坐标系中相机的位置确定，所以 $\boldsymbol{M}_2$ 称为外参矩阵，其描述了从世界坐标系到相机坐标系的变换。由 $\boldsymbol{M}_1$ 和 $\boldsymbol{M}_2$ 确定的矩阵 $\boldsymbol{M}$ 称为相机投影矩阵，其描述了物体从三维空间到二维像素图像上的映射关系。因此，相机标定问题转化为了上述相关矩阵中内参和外参的求解问题。

可以看出，成像过程实质上是坐标系的变换过程，如图 8.7 所示。首先空间中点的坐标由"世界坐标"变换到"相机坐标"，然后将其投影到成像平面，其坐标变换为了成像平面坐标，最后再将成像平面坐标数据变换为像素坐标。

图 8.7　成像过程的坐标系变换

8.3.2　畸变模型

透镜制造精度及组装工艺的偏差会引入畸变，导致原始图像失真。镜头的畸变分为由透镜形状引起的径向畸变，以及由透镜平面与传感器像素平面安装不平行引起的切向畸变。

径向畸变是沿着透镜半径方向产生的畸变，产生原因是光线在离透镜中心远的地方比靠近透镜中心的地方更加弯曲，离图像中心越远的位置，畸变越严重。这种畸变在普通廉价的镜头中表现得更加明显。径向畸变主要包括桶形畸变和枕形畸变两种。可以通过泰勒展开式表示径向畸变，有：

$$\begin{cases} x_{\text{distorted}} = x(1 + k_1 r^2 + k_2 r^4 + k_3 r^6) \\ y_{\text{distorted}} = y(1 + k_1 r^2 + k_2 r^4 + k_3 r^6) \end{cases} \tag{8-5}$$

其中，(x, y) 为矫正前的归一化像素坐标，$(x_{\text{distorted}}, y_{\text{distorted}})$ 为矫正后的归一化像素坐标。r 为坐标点到坐标系原点的距离，$r = \sqrt{x^2 + y^2}$ 。

k_1、k_2、k_3 为透镜径向畸变系数，一般取前两个系数进行校正，对于畸变较大的相机可以取到 k_3。当图像的中间部分失真程度较小时，用 k_1 矫正畸变，而对于失真程度较大的图像边缘部分，可以加入 k_2 进行矫正。普通相机镜头的矫正不需要用到 k_3，一般将 k_3 设置为 0 即可，只有使用广角或鱼眼等镜头时，才需要加入 k_3 矫正畸变。

切向畸变是由透镜本身与相机传感器平面（成像平面）或图像平面不平行而产生的，这

种情况多是由于将透镜粘贴到镜头模组上时的安装偏差导致的。切向畸变模型可以用两个额外的参数 p_1 和 p_2 来描述：

$$\begin{cases} x_{\text{distorted}} = x + 2p_1xy + p_2(r^2 + 2x^2) \\ y_{\text{distorted}} = y + p_1(r^2 + 2y^2) + 2p_2xy \end{cases} \tag{8-6}$$

其中，p_1、p_2 是透镜切向畸变系数。

径向畸变和切向畸变模型中共有五个畸变参数，求得这五个参数后，就可以校正由于镜头畸变引起的图像的变形失真了。

联合式（8-5）和式（8-6），可以得到畸变矫正后的模型：

$$\begin{cases} x_{\text{corrected}} = x(1 + k_1r^2 + k_2r^4 + k_3r^6) + 2p_1xy + p_2(r^2 + 2x^2) \\ y_{\text{corrected}} = y(1 + k_1r^2 + k_2r^4 + k_3r^6) + p_1(r^2 + 2y^2) + 2p_2xy \end{cases} \tag{8-7}$$

8.3.3　相机标定的原理和过程

根据针孔相机模型和畸变模型，可以得到四个相机参数和五个畸变参数，只要确定相机参数和畸变参数就可以唯一确定针孔相机模型，这个过程称为“相机标定”。一旦相机结构固定，即镜头结构固定、对焦距离固定，就可以用这些参数近似模拟这个相机。

如图 8.8 所示，使用棋盘格标定板进行单目相机标定。

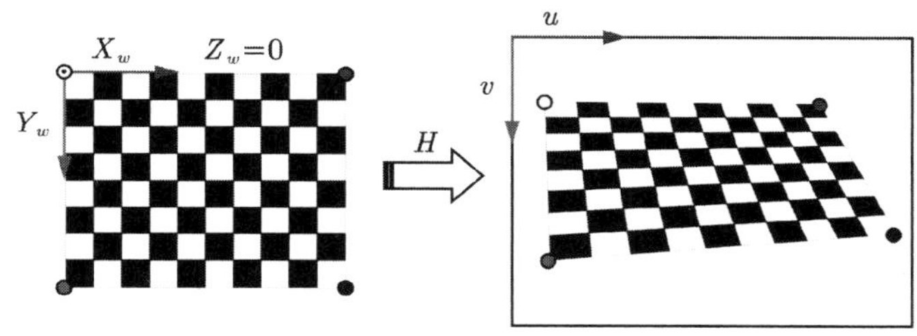

图 8.8　单目相机内参标定原理

将标定板的左上角点定义为世界坐标系的原点 O_w，并且将 X_w 轴及 Y_w 轴定义在标定板平面上，根据式（8-4）有：

$$\begin{bmatrix} u \\ v \\ 1 \end{bmatrix} = s\begin{bmatrix} f_x & 0 & u_0 & 0 \\ 0 & f_y & v_0 & 0 \\ 0 & 0 & 1 & 0 \end{bmatrix}\begin{bmatrix} \boldsymbol{R} & \boldsymbol{t} \\ 0 & 1 \end{bmatrix}\begin{bmatrix} x \\ y \\ 0 \\ 1 \end{bmatrix} = s\begin{bmatrix} f_x & 0 & u_0 \\ 0 & f_y & v_0 \\ 0 & 0 & 1 \end{bmatrix}[\boldsymbol{r}_1 \quad \boldsymbol{r}_2 \quad \boldsymbol{t}]\begin{bmatrix} x \\ y \\ 1 \end{bmatrix} \tag{8-8}$$

式中，$f_x = f / \mathrm{d}x$，$f_y = f / \mathrm{d}y$，称为等效焦距。(x, y) 为标定板上某点的世界坐标，(u, v) 为其在图像中对应的像素坐标。$\boldsymbol{R}$、$\boldsymbol{t}$ 分别为从相机坐标系变换到世界坐标系的旋转和平移向量，$\boldsymbol{r}_i$ 表示旋转矩阵 $\boldsymbol{R}$ 中的第 i 个向量，$s = 1/Z$ 表示尺度因子。根据上式，定义单应性矩阵 $\boldsymbol{H}$：

$$\boldsymbol{H} = s\begin{bmatrix} f_x & 0 & u_0 \\ 0 & f_y & v_0 \\ 0 & 0 & 1 \end{bmatrix}[\boldsymbol{r}_1 \quad \boldsymbol{r}_2 \quad \boldsymbol{t}] = s\boldsymbol{K}[\boldsymbol{r}_1 \quad \boldsymbol{r}_2 \quad \boldsymbol{t}] \tag{8-9}$$

单应性矩阵 $\boldsymbol{H}$ 用于描述像素坐标系与世界坐标系之间的变换关系，它同时包含了相机的内参和外参。

由于标定板尺寸已知，因此各角点的世界坐标 (x,y) 是已知的，且各角点在图像中的像素坐标 (u,v) 也是已知的，因此根据式（8-8）有：

$$\begin{bmatrix} u \\ v \\ 1 \end{bmatrix} = \boldsymbol{H}\begin{bmatrix} x \\ y \\ 1 \end{bmatrix} = \begin{bmatrix} h_{11} & h_{12} & h_{13} \\ h_{21} & h_{22} & h_{23} \\ h_{31} & h_{32} & h_{33} \end{bmatrix}\begin{bmatrix} x \\ y \\ 1 \end{bmatrix} \Rightarrow \begin{cases} u = \dfrac{h_{11}x + h_{12}y + h_{13}}{h_{31}x + h_{32}y + h_{33}} \\ v = \dfrac{h_{21}x + h_{22}y + h_{23}}{h_{31}x + h_{32}y + h_{33}} \end{cases} \tag{8-10}$$

由于 $\boldsymbol{H}$ 可进行任意尺度的缩放，且不会影响上式的计算结果。因此，通常限制 $\boldsymbol{H}$ 的模为 1：

$$h_{11}^2 + h_{12}^2 + h_{13}^2 + h_{21}^2 + h_{22}^2 + h_{23}^2 + h_{31}^2 + h_{32}^2 + h_{33}^2 = 1 \tag{8-11}$$

根据式（8-10）和式（8-11），利用棋盘格上四个角点的像素坐标及对应的世界坐标，列出 9 个等式，即可求得矩阵 $\boldsymbol{H}$。

由于矩阵 $\boldsymbol{H}$ 是相机内参和外参的混合体，因此在求得矩阵 $\boldsymbol{H}$ 后还需要进一步分离出相机内参矩阵。根据旋转矩阵的性质，$\boldsymbol{r}_1$ 和 $\boldsymbol{r}_2$ 正交，且模为 1，可得：

$$\begin{cases} \boldsymbol{r}_1^{\mathrm{T}}\boldsymbol{r}_2 = 0 \\ \|\boldsymbol{r}_1\| = \|\boldsymbol{r}_2\| = \boldsymbol{r}_1^{\mathrm{T}}\boldsymbol{r}_1 = \boldsymbol{r}_2^{\mathrm{T}}\boldsymbol{r}_2 = 1 \end{cases} \tag{8-12}$$

若设 $\boldsymbol{H} = [\boldsymbol{h}_1\ \boldsymbol{h}_2\ \boldsymbol{h}_3] = s\boldsymbol{K}[\boldsymbol{r}_1\ \boldsymbol{r}_2\ \boldsymbol{t}]$，则有：

$$\begin{cases} \boldsymbol{r}_1 = \lambda\boldsymbol{K}^{-1}\boldsymbol{h}_1 \\ \boldsymbol{r}_2 = \lambda\boldsymbol{K}^{-1}\boldsymbol{h}_2,\ \lambda = s^{-1} \\ \boldsymbol{t} = \lambda\boldsymbol{K}^{-1}\boldsymbol{h}_3 \end{cases} \tag{8-13}$$

将式（8-13）代入式（8-12），可得：

$$\begin{cases} \boldsymbol{h}_1^{\mathrm{T}}(\boldsymbol{K}^{-1})^{\mathrm{T}}\boldsymbol{K}^{-1}\boldsymbol{h}_2 = 0 \\ \boldsymbol{h}_1^{\mathrm{T}}(\boldsymbol{K}^{-1})^{\mathrm{T}}\boldsymbol{K}^{-1}\boldsymbol{h}_1 = \boldsymbol{h}_2^{\mathrm{T}}(\boldsymbol{K}^{-1})^{\mathrm{T}}\boldsymbol{K}^{-1}\boldsymbol{h}_2 \end{cases} \tag{8-14}$$

进一步地，选取多张图像计算出对应的 $\boldsymbol{H}$ 矩阵，并结合上式列出方程组，即可求解出相机的标准内参矩阵 $\boldsymbol{K}$。

在上述相机内参求解过程中，并未考虑相机畸变及图像噪声，为减小不确定因素对标定结果产生的影响，在实际的标定过程中，通常将相机内参和畸变参数的求解视为极大似然估计问题。

假设我们拍摄了 n 张标定板图片，标定板上有 m 个棋盘格角点，待求解的参数列表 $P = (\boldsymbol{K}, k_1, k_2, k_3, p_1, p_2)$，标定板上某点的世界坐标为 (x,y)，其在图像中对应的真实像素坐标为 (u,v)。

根据式（8-7）和式（8-8），计算得到经过畸变矫正后的理论像素坐标为 (u',v')。假设噪声是独立同分布的，那么就可通过最小化 u 及 u' 的偏差，求解上述极大似然估计问题，进而求得相机的内参及畸变参数：

$$P = \underset{P}{\operatorname{argmin}} \sum_{i=1}^{n}\sum_{j=1}^{m} \| u_{ij} - u'(P, \boldsymbol{R}_i, \boldsymbol{t}_i, x_j) \|^2 \tag{8-15}$$

可以看出，相机标定过程是一个非线性优化问题，相机参数标定结果的精度会直接影响相机工作中产生结果的准确性。因此做好相机标定是后续工作的重要前提，标定过程可概括为：

（1）提取标定板上的角点。

（2）为非线性优化问题设置初始值。将光心坐标初始化到图像的中间位置，按照公式 $f_x = f_y = d_{\text{Vanishing Point}} / \pi$ 初始化焦距，其中消失点（Vanishing Point）是用标定板上的直线拟合成的椭圆顶点。

（3）求解每一帧图像相对于标定板的位姿关系。标定板的尺寸参数是已知的，因此可以确定每一个角点在标定板坐标系下的三维坐标，即获得三维-二维对应关系，进而通过 PnP（Perspective-n-Point）算法求解相机位姿。

（4）通过相机的投影模型，得到标定板上的角点在图像上的像素坐标。不断迭代优化每一帧图像相对于标定板的位姿和相机参数，直到达到最大迭代次数或满足所有帧的重投影误差（将三维点投影到像素坐标系上的像素误差）小于设定阈值为止，由此可获得相机参数。

8.3.4　相机标定功能包

ROS 提供了许多成熟的相机标定功能包，如 visp_camera_calibration，camera_calibration 等。下面选择 camera_calibration 功能包进行标定，该功能包采用张正友标定法，并利用 OpenCV 相关函数的 Python 接口实现。为了简化计算过程，增加求解的稳定性，张正友标定法只考虑了影响最大的径向畸变，且仅选取二阶畸变系数，通过线性模型计算得到内参矩阵，随后用最小二乘法估计，并用极大似然估计进行优化，得到畸变系数。camera_calibration 功能包提供了友好的 GUI 界面与 API，通过启动 camera_calibrator 节点，即可加载 GUI 界面完成图像的采集、参数的计算与保存等。通过使用该功能包，可获得相机的内参矩阵，对于外参矩阵而言，由于采用的是静态的对象和固定的相机，所以无须进行求解。

若不需要使用 image_view 功能包来显示图像，则可以精简 8.2 节所使用的 test.launch 文件，去掉开启 image_view 功能包相关的语句，修改如下：

```
<launch>
  <node name="usb_cam" pkg="usb_cam" type="usb_cam_node" output="screen" >
    <param name="video_device" value="/dev/video0" />
    <param name="image_width" value="640" />
    <param name="image_height" value="480" />
    <param name="pixel_format" value="yuyv" />
    <param name="camera_frame_id" value="usb_cam" />
    <param name="io_method" value="mmap"/>
  </node>
</launch>
```

运行修改后的 test.launch 文件之后，执行下面的命令：

```
$ rosrun camera_calibration cameracalibrator.py --size 8x6 --square 0.036 image:=/usb_cam/image_raw
camera:=/camera --no-service-check
```

上面的命令中，传递了几个参数，意义如下。

（1）size：当前标定所使用的棋盘格标定板的大小，棋盘格角点的数量。

（2）square：每个棋盘格的边长，以米为单位。

（3）image：使用的图像主题（Topic）

（4）no-service-check：在启动时禁用检查 set_camera_info 的服务。

运行文件后，显示的界面如图 8.9 所示。

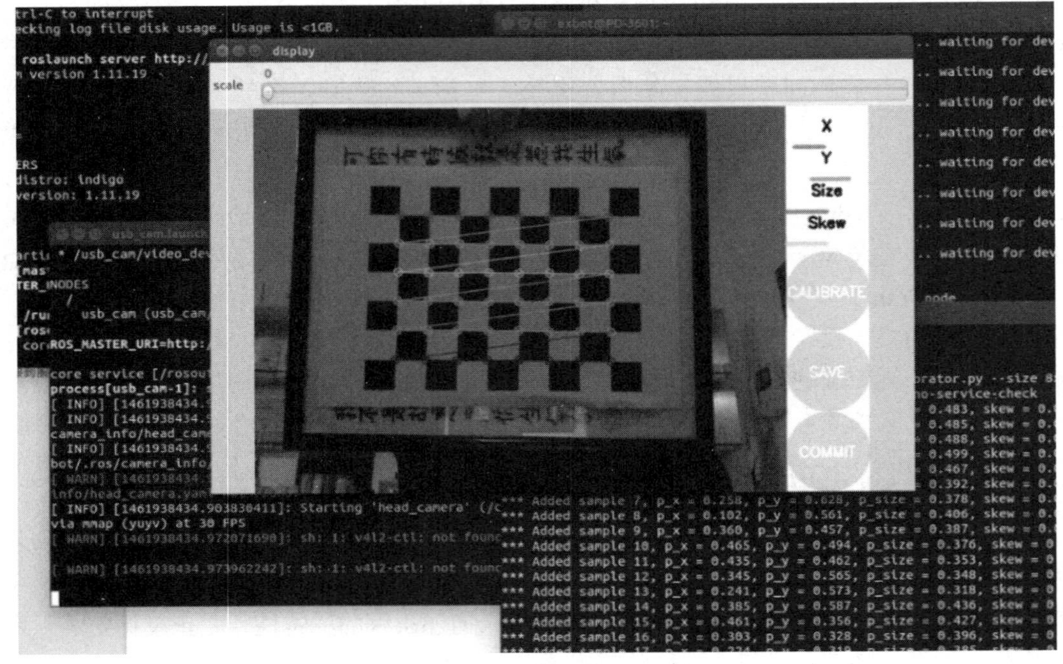

图 8.9　运行文件后显示的界面

界面正常出现后，我们需要手持棋盘格标定板在不同的位置、不同的角度让程序识别，如图 8.10 所示。注意，需要确保棋盘格全部出现在图像中。

图 8.10　手持棋盘格标定板在不同的位置、不同的角度让程序识别

在每个不同的位置保持片刻，等棋盘格被彩色高亮标识后再移动。在移动过程中，可以看到，窗口右上角的几个进度条在慢慢变长，同时颜色也渐渐趋向于绿色，如图 8.11 所示。当右侧的 CALIBRATE 按钮亮起之后，表示已经采集完标定所需的数据，单击 CALIBRATE 按钮，系统便会自动计算并显示结果。

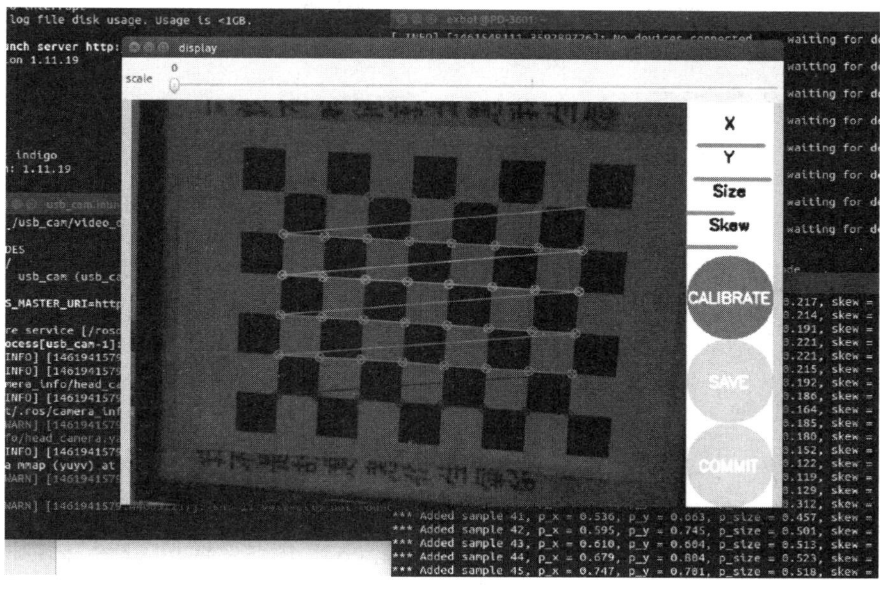

图 8.11　相机标定

结果的一般格式如下：

```
('D = ', [0.1464942242867504, -0.4618102141865415, -0.0002832001606639612, 0.007823380979168761, 0.0])
('K = ', [701.7445347703235, 0.0, 329.2574859169867, 0.0, 702.4058434859102, 235.6741579182364, 0.0, 0.0, 1.0])
('R = ', [1.0, 0.0, 0.0, 0.0, 1.0, 0.0, 0.0, 0.0, 1.0])
('P = ', [707.4067993164062, 0.0, 332.3106384985822, 0.0, 0.0, 711.5349731445312, 235.05484443414025, 0.0, 0.0, 0.0, 1.0, 0.0])
None
# oST version 5.0 parameters

[image]
width
640
height
480

[narrow_stereo]
camera matrix
701.744535 0.000000 329.257486
0.000000 702.405843 235.674158
0.000000 0.000000 1.000000

distortion
0.146494 -0.461810 -0.000283 0.007823 0.000000

rectification
1.000000 0.000000 0.000000
0.000000 1.000000 0.000000
0.000000 0.000000 1.000000

projection
707.406799 0.000000 332.310638 0.000000
0.000000 711.534973 235.054844 0.000000
0.000000 0.000000 1.000000 0.000000
```

如果对得到的结果没有疑问，单击 COMMIT 按钮，即可将结果发送至相机并存储下来。

8.4 图像变换与处理

图像处理技术就是利用计算机和数字处理技术对图像施加某种运算，以提取图像中的各种信息，从而达到某种特定目的的技术。现有的图像处理方法包括点运算、滤波、全局优化等，如透视变换、图像匹配、图像拼接、图像增强、图像二值化、图像复原、图像分割、图像识别、图像编码和压缩等，应用十分广泛。本节主要介绍透视变换、图像匹配和图像拼接，其他图像处理方法不做赘述。

8.4.1 透视变换

在平面图像处理中，由于镜头角度的不同，可能会出现图像倾斜、变形等情况，为了方便后续处理，常常需要进行图像矫正，其中主要技术包括两种变换：仿射变换（Affine Transformation）和透视变换（Perspective Transformation）。仿射变换是二维坐标之间的线性变换，故变换后的图像仍然具有原图的一些性质，包括“平直性”及“平行性”，常用于图像翻转（Flip）、旋转（Rotation）、平移（Translation）、缩放（Scale Operation）等。但是仿射变换不能矫正一些变形，如果矩形区域发生部分形变，变成了梯形，这时就需要用到透视变换进行矫正。透视变换是三维空间上的非线性变换，可视为仿射变换的更一般形式。简单地说，透视变换通过一个 3×3 的变换矩阵，将原图投影到一个新的视平面（Viewing Plane）上，因此，也称为投影映射（Projective Mapping）或投射变换，其在视觉上的直观表现就是产生或消除了远近感，其通用的变换公式为

$$[x',y',w']=[u,v,w]\begin{bmatrix} a_{11} & a_{12} & a_{13} \\ a_{21} & a_{22} & a_{23} \\ a_{31} & a_{32} & a_{33} \end{bmatrix}$$

式中，(u, v)是像素坐标，对应得到的变换后的图像坐标为(x, y)，其中，$x = x'/w', y = y'/w'$。

变换矩阵$\begin{bmatrix} a_{11} & a_{12} & a_{13} \\ a_{21} & a_{22} & a_{23} \\ a_{31} & a_{32} & a_{33} \end{bmatrix}$可以拆成四部分：$\begin{bmatrix} a_{11} & a_{12} \\ a_{21} & a_{22} \end{bmatrix}$、$[a_{31} \quad a_{32}]$、$[a_{13} \quad a_{23}]^{\mathrm{T}}$和$a_{33}$。

其中，$\begin{bmatrix} a_{11} & a_{12} \\ a_{21} & a_{22} \end{bmatrix}$表示线性变换，如缩放和旋转。$[a_{31} \quad a_{32}]$用于平移，$[a_{13} \quad a_{23}]^{\mathrm{T}}$产生透视变换。所以可以把仿射变换理解成是透视变换的特殊形式。经过透视变换之后的图像通常不是平行四边形（除非映射视平面和原来的平面平行）。

为了更好地理解上述过程，接下来可以简单地看一个从正方形到四边形的变换例子。变换的四组对应点可以表示成：

$$(0,0) \to (x_0,y_0),(1,0) \to (x_1,y_1),(1,1) \to (x_2,y_2),(0,1) \to (x_3,y_3)$$

根据变换公式得到：

$$a_{31} = x_0$$
$$a_{11} + a_{31} - a_{13}x_1 = x_1$$
$$a_{21} + a_{31} - a_{13}x_2 - a_{23}x_2 = x_2$$
$$a_{21} + a_{31} - a_{23}x_3 = x_3$$

$$a_{32} = y_0$$
$$a_{12} + a_{32} - a_{13}y_1 = y_1$$
$$a_{12} + a_{22} + a_{32} - a_{23}y_2 - a_{23}y_2 = y_2$$
$$a_{22} + a_{32} - a_{23}y_3 = y_3$$

接着，定义几个辅助变量：

$$\Delta x_1 = x_1 - x_2 \quad \Delta x_2 = x_3 - x_2 \quad \Delta x_3 = x_0 - x_1 + x_2 - x_3$$
$$\Delta y_1 = y_1 - y_2 \quad \Delta y_2 = y_3 - y_2 \quad \Delta y_3 = y_0 - y_1 + y_2 - y_3$$

根据 $\Delta x_3, \Delta y_3$ 都为 0 时，变换平面与原来的平面是平行的，可以得到：

$$a_{11} = x_1 - x_0$$
$$a_{21} = x_2 - x_1$$
$$a_{31} = x_0$$
$$a_{12} = y_1 - y_0$$
$$a_{22} = y_2 - y_1$$
$$a_{32} = y_0$$
$$a_{13} = 0$$
$$a_{12} = 0$$

当 $\Delta x_3, \Delta y_3$ 不为 0 时，可以得到：

$$a_{11} = x_1 - x_0 + a_{12}x_1$$
$$a_{21} = x_3 - x_0 + a_{12}x_2$$
$$a_{31} = x_0$$
$$a_{12} = y_1 - y_0 + a_{13}y_1$$
$$a_{22} = y_3 - y_0 + a_{23}y_3$$
$$a_{32} = y_0$$
$$a_{13} = \begin{vmatrix} \Delta x_3 & \Delta x_2 \\ \Delta y_3 & \Delta y_2 \end{vmatrix} \Big/ \begin{vmatrix} \Delta x_1 & \Delta x_2 \\ \Delta y_1 & \Delta y_2 \end{vmatrix}$$
$$a_{12} = \begin{vmatrix} \Delta x_1 & \Delta x_3 \\ \Delta y_1 & \Delta y_3 \end{vmatrix} \Big/ \begin{vmatrix} \Delta x_1 & \Delta x_2 \\ \Delta y_1 & \Delta y_2 \end{vmatrix}$$

求解出的变换矩阵可以将一个正方形变换为四边形。反之，将四边形变换为正方形也是一样的。通过两次变换：四边形变换为正方形、正方形变换为四边形，就可以将任意一个四边形变换为另一个四边形，如图 8.12 所示。

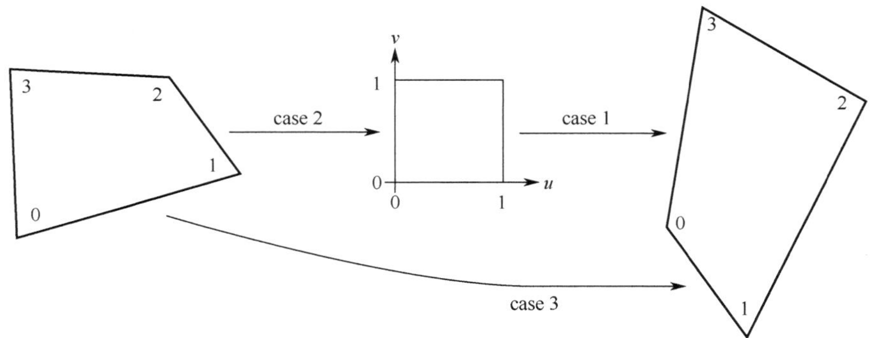

图 8.12　将任意一个四边形变换为另一个四边形

下面介绍 OpenCV 中，实现上述过程的两个相关函数：图像的透视变换函数和点的透视变换函数。

（1）图像的透视变换函数利用透视变换矩阵对图像进行透视变换，函数名为 warpPerspective()，返回透视变换后的结果图像：

```
warpPerspective( InputArray src, OutputArray dst,
                 InputArray M, Size dsize,
                 int flags = INTER_LINEAR,
                 int borderMode = BORDER_CONSTANT,
                 const Scalar& borderValue = Scalar());
```

warpPerspective()函数的参数如下。

- InputArray src：输入的源图像。
- OutputArray dst：输出的图像，即变换后的图像。
- InputArray M：透视变换矩阵。
- Size dsize：输出图像的大小。
- int flags=INTER_LINEAR：输出图像的插值方法，可选参数。
- int borderMode = BORDER_CONSTANT：边界像素模式，可选参数。
- const Scalar& borderValue = Scalar()：边界填充值，可选参数。

其中，透视变换矩阵需要使用 findHomography()函数计算，其是一个单映射变换矩阵。

findHomography()函数通过输入和输出图像中的两组点计算透视变换矩阵，函数如下：

```
Mat findHomography(InputArray srcPoints,
                   InputArray dstPoints,
                   int method=0,
                   double ransacReprojThreshold=3,
                   OutputArray mask=noArray())
```

findHomography()函数的参数如下。

- InputArray srcPoints：源图像中点的坐标矩阵。
- InputArray dstPoints：输出图像中点的坐标矩阵。
- int method=0：可选参数，计算单映射变换矩阵所使用的算法。0 代表利用所有点的常规算法，RANSAC 代表基于 RANSAC 的鲁棒算法，LMEDS 代表最小中值鲁棒算法，RHO 代表 PROSAC 鲁棒算法。
- double ransacReprojThreshold=3：可选参数，将点对视为内点的最大允许重投影错误阈值（仅用于 method 为 RANSAC 和 RHO 时）。
- OutputArray mask=noArray()：可选输出掩码矩阵，通常由鲁棒算法（RANSAC 或 LMEDS）设置。

findHomography()函数的返回值是由两个数据部分组成的矩阵类，包含矩阵信息和一个指针。其中，矩阵信息包括矩阵的大小、矩阵存储的方法、矩阵存储的地址等；指针指向包含了像素值的矩阵。

（2）点的透视变换函数利用透视变换矩阵对一组点进行透视变换，函数名为 perspectiveTransform()：

```
perspectiveTransform( InputArray src, OutputArray dst, InputArray M );
```

perspectiveTransform()函数的参数如下。

- InputArray src：输入的源图像中一组点的坐标。
- OutputArray dst：输出图像中对应该组点的坐标，即变换后该组点的坐标。

- InputArray M：透视变换矩阵。

图 8.13 是一个透视变换的例子。

（a）原图

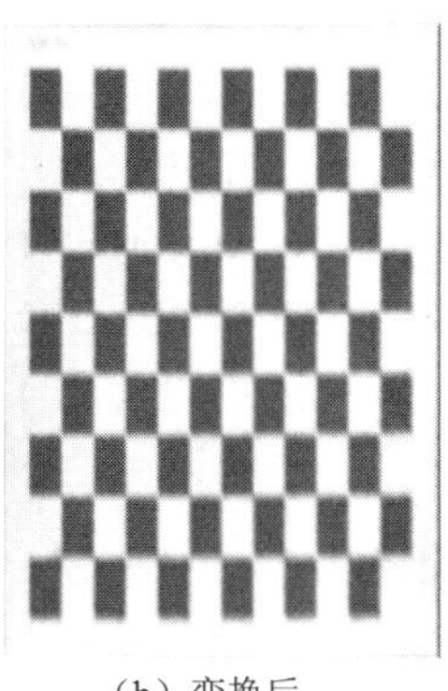

（b）变换后

图 8.13 透视变换的例子

8.4.2　图像匹配

透视变换可以为我们提供更好的图像视野，而图像匹配则可以让我们从一个图像中找到自己关心的目标图像，在实际应用中，图像匹配有着重要的作用。

图像匹配的常见方法就是模板匹配，模板匹配是在一个图像中寻找与模板图像最匹配（相似）部分。例如，有一个原图像和一个模板图像，在原图像中，我们希望找到一块和模板图像匹配的区域。图像匹配就是从原图像中搜索检测出与模板图像匹配的目标区域的过程，如图 8.14 所示。

为了确定匹配区域，可以采用在原图像中滑动模板图像来进行比较的方法。“滑动”的意思是，模板图像块一次移动一个像素（从左往右，从上往下）。在每一个位置，都进行一次度量，计算模板图像与原图像当前位置的匹配程度/相似程度。

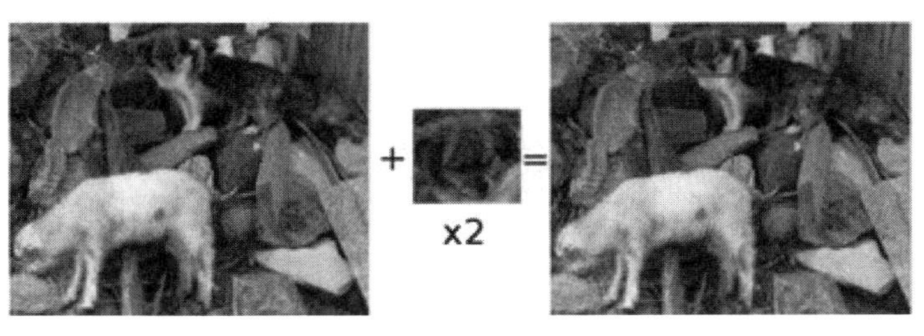

图 8.14　图像匹配示意图

在 OpenCV 中，进行图像匹配的函数是 cvMatchTemplate()：

```
cvMatchTemplate( const CvArr* image, constCvArr* templ,
                 CvArr* result, int method );
```

cvMatchTemplate()函数的参数如下。

（1）image：待搜索的原图像。

（2）templ：模板图像。

（3）result：匹配结果，用来存放滑动窗口与模板图像的相似度。

（4）method：计算滑动窗口与模板图像相似度的方法，具体如下。

- CV_TM_SQDIFF：平方差匹配法，采用平方差进行匹配，0 表示最优匹配，数值越大，表示相似度越低。
- CV_TM_CCORR：相关匹配法，采用乘法操作，数值越大，表示相似度越高。
- CV_TM_CCOEFF：相关系数匹配法，1 表示最优匹配，-1 表示最差匹配。
- CV_TM_SQDIFF_NORMED：归一化平方差匹配法。
- CV_TM_CCORR_NORMED：归一化相关匹配法。
- CV_TM_CCOEFF_NORMED：归一化相关系数匹配法。

注意：关于相似度计算，使用不同的方法产生的结果不同，有些方法的返回值越大表示相似度越高，而有些方法的返回值越小表示相似度越高。

8.4.3 图像拼接

除图像匹配之外，图像拼接也是图像处理中需要经常用到的方法。图像拼接用于把多个图像拼接成一个全景图像，或者把同一场景、不同视角下的图像拼接在一起，在实际应用中非常重要。图像拼接算法相对比较复杂，在 OpenCV 中，stitcher 作为图像拼接类，简单实用。这个类中，主要的成员函数有 createDefault()、estimateTransform()、composePanorama()、stitch()。

在 OpenCV 中，使用 stitcher 类进行图像拼接的主要步骤如下。

（1）创建一个 stitcher 对象：

```
Stitcher stitcher = Stitcher::createDefault(try_use_gpu);
```

（2）选择拼接方式，有以下几种。

平面拼接：

```
PlaneWarper* cw = new PlaneWarper();
stitcher.setWarper(cw);
```

柱面拼接：

```
SphericalWarper* cw = new SphericalWarper();
stitcher.setWarper(cw);
```

立体画面拼接：

```
StereographicWarper *cw = new cv::StereographicWarper();
stitcher.setWarper(cw);
```

在拼接时，特征点的寻找算法有 SURF 和 ORB（Oriented FAST and Rotated BRIEF）两种（将在 8.5 节具体介绍），例如，利用 Surf 算法进行特征点匹配：

```
detail::SurfFeaturesFinder *featureFinder = new detail::SurfFeaturesFinder();
stitcher.setFeaturesFinder(featureFinder);
```

（3）生成全景图像：

```
status = stitcher.composePanorama(pano);
```

图 8.15 给出了不同视角下的三个原始图像，图像拼接后的全景图像如图 8.16 所示。

图 8.15 不同视角下的多幅原始图片

图 8.16　图像拼接效果

8.5　常见的图像特征点检测算法

一个图像是由很多像素点构成的，这些像素点可以认为是这个图像的特征点。在计算机视觉领域，特征点（也称关键点或兴趣点）的概念已经得到了广泛的应用。只要图像中有足够多的可检测特征点，并且这些特征点各不相同且特征稳定，其能被精确地定位，这将有利于我们进一步对图像进行后续的其他操作。

在计算机视觉领域中，图像特征点匹配是以特征点为基础进行的，因此如何找出图像中的特征点是非常重要的。下面介绍几种常用的图像特征点检测算法。

8.5.1　SIFT 算法

首先介绍一下“尺度”的概念，如果一个图像中的像素数目被不断压缩，或者观察者距离图像越来越远，那么图像将逐渐变得模糊。导致图像的呈现内容发生变化的连续自变量就称为尺度。观察物体时的尺度不同，物体呈现的方式也不同。

特征点检测的尺度不变性是一个非常重要的概念。但是要解决尺度不变性问题，难度很大。为解决这一问题，计算机视觉领域引入了尺度不变特征的概念，即不仅在任何尺度下拍摄的物体都能检测到一致的特征点，而且每个被检测的特征点都对应一个尺度因子。理想情况下，对于两个图像中不同尺度的同一个物体点，计算得到的两个尺度因子之间的比率应该等于两个图像尺度的比率。1999 年 Lowe 提出了 SIFT（Scale-Invariant Feature Transform，尺度不变特征变换）算法，并于 2003 年对其进行了完善和总结。

下面举例说明 SIFT 算法的实现过程。

图 8.17 是特征点检测图像样本：上面两个图像是手机拍摄的风景图，下面两个图像是遥感图像。

首先，进行常规的特征点提取和特征点匹配：

```
#include "highgui/highgui.hpp"
#include "opencv2/nonfree/nonfree.hpp"
#include "opencv2/legacy/legacy.hpp"
#include <iostream>

using namespace cv;
using namespace std;

int main()
{
```

```
    Mat image01 = imread("1.jpg", 1);
    Mat image02 = imread("2.jpg", 1);
    namedWindow("p2", 0);
    namedWindow("p1", 0);
    imshow("p2", image01);
    imshow("p1", image02);

    //灰度图变换
    Mat image1, image2;
    cvtColor(image01, image1, CV_RGB2GRAY);
    cvtColor(image02, image2, CV_RGB2GRAY);

    //提取特征点
    SiftFeatureDetector siftDetector(2000);  //矩阵阈值，值越大，点越少，越精准
    vector<KeyPoint> keyPoint1, keyPoint2;
    siftDetector.detect(image1, keyPoint1);
    siftDetector.detect(image2, keyPoint2);

    //特征点描述，为特征点匹配做准备
    SiftDescriptorExtractor SiftDescriptor;
    Mat imageDesc1, imageDesc2;
    SiftDescriptor.compute(image1, keyPoint1, imageDesc1);
    SiftDescriptor.compute(image2, keyPoint2, imageDesc2);

    //获得匹配特征点，并提取最优配对
    FlannBasedMatcher matcher;
    vector<DMatch> matchePoints;
    matcher.match(imageDesc1, imageDesc2, matchePoints, Mat());
    cout << "total match points: " << matchePoints.size() << endl;
    Mat img_match;
    drawMatches(image01, keyPoint1, image02, keyPoint2, matchePoints, img_match);
    imshow("match",img_match);
    imwrite("match.jpg", img_match);
    waitKey();
    return 0;
}
```

图 8.17 特征点检测图像样本

常规的特征点提取和特征点匹配效果如图 8.18 和图 8.19 所示，可以看出，特征点匹配效果较差，不能用于后续的图像拼接或者物体跟踪。所以需要进一步筛选匹配点，以获取优秀的匹配点，这就是所谓的“去粗取精”。下面采用 SIFT 算法来进一步获取优秀匹配点。

图 8.18　风景图像特征点匹配效果

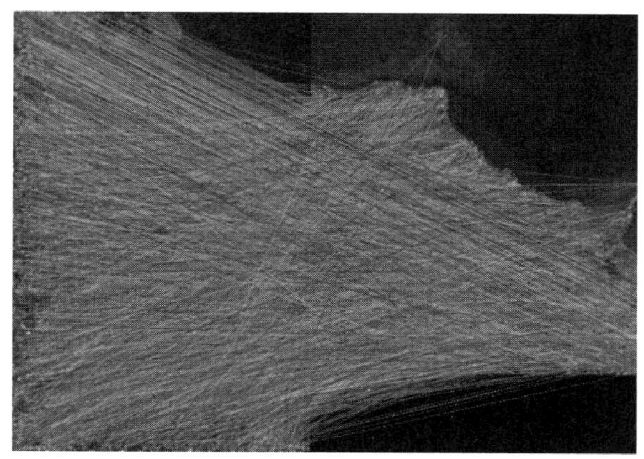

图 8.19　遥感图像特征点匹配效果

为了排除因为图像遮挡和背景混乱而产生的无匹配关系的关键点，SIFT 算法的作者 Lowe 提出了比较最近邻距离与次近邻距离的 SIFT 匹配方式：取一个图像中的一个 SIFT 关键点，并找出其与另一个图像中欧氏距离最近的前两个关键点，在这两个关键点中，如果最近的距离除以次近的距离得到的比率（ratio）小于某个阈值 *T*，则接受这一对匹配点。显然，降低阈值 *T*，SIFT 匹配点的数目会减少，但会更加稳定。

Lowe 推荐的 ratio 的阈值 *T* 为 0.8，但通过对大量图像进行匹配，结果表明 ratio 阈值 *T* 取值在 0.4～0.6 之间最佳，若小于 0. 4，则很少有匹配点，若大于 0. 6，则存在大量的错误匹配点，所以建议 ratio 的阈值 *T* 的取值原则如下。

0. 4：要求准确度较高的匹配。

0. 5：一般情况下。

0. 6：要求匹配点数目比较多的匹配。

下面采用 SIFT 算法进行优化后的特征点匹配：

```
#include "highgui/highgui.hpp"
#include "opencv2/nonfree/nonfree.hpp"
#include "opencv2/legacy/legacy.hpp"
```

```
#include <iostream>

using namespace cv;
using namespace std;

int main()
{
    Mat image01 = imread("1.jpg", 1);
    Mat image02 = imread("2.jpg", 1);
    imshow("p2", image01);
    imshow("p1", image02);

    //灰度图变换
    Mat image1, image2;
    cvtColor(image01, image1, CV_RGB2GRAY);
    cvtColor(image02, image2, CV_RGB2GRAY);

    //提取特征点
    SiftFeatureDetector siftDetector(800);  // 海塞矩阵阈值，值越大点越少，越精准
    vector<KeyPoint> keyPoint1, keyPoint2;
    siftDetector.detect(image1, keyPoint1);
    siftDetector.detect(image2, keyPoint2);

    //特征点描述，为下边的特征点匹配做准备
    SiftDescriptorExtractor SiftDescriptor;
    Mat imageDesc1, imageDesc2;
    SiftDescriptor.compute(image1, keyPoint1, imageDesc1);
    SiftDescriptor.compute(image2, keyPoint2, imageDesc2);

    FlannBasedMatcher matcher;
    vector<vector<DMatch> > matchePoints;
    vector<DMatch> GoodMatchePoints;
    vector<Mat> train_desc(1, imageDesc1);
    matcher.add(train_desc);
    matcher.train();
    matcher.knnMatch(imageDesc2, matchePoints, 2);
    cout << "total match points: " << matchePoints.size() << endl;

    // Lowe's algorithm，获取优秀匹配点
    for (int i = 0; i < matchePoints.size(); i++)
    {
        if (matchePoints[i][0].distance < 0.6 * matchePoints[i][1].distance)
        {
            GoodMatchePoints.push_back(matchePoints[i][0]);
        }
    }

    Mat first_match;
    drawMatches(image02, keyPoint2, image01, keyPoint1, GoodMatchePoints, first_match);
    imshow("first_match ", first_match);
    imwrite("first_match.jpg", first_match);
    waitKey();
    return 0;
}
```

优化后的特征点匹配效果如图 8.20 和图 8.21 所示，可以看出，优化后的特征点匹配是非常精准的，已经把不合格的匹配点移除出去了。图 8.22 体现了算法具有尺度不变性。

图 8.20　优化后的风景图像特征点匹配效果

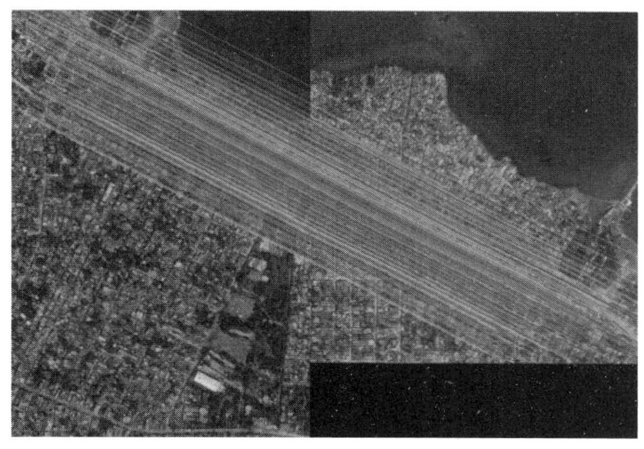

图 8.21　优化后的遥感图像特征点匹配效果

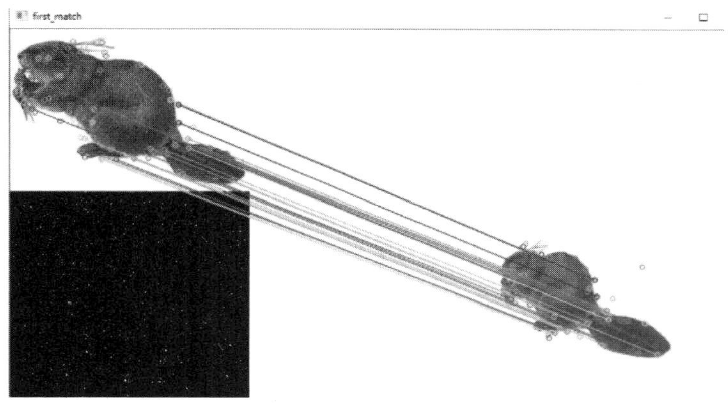

图 8.22　尺度不变性验证

8.5.2　SURF 算法

SURF（Speeded Up Robust Feature）算法是 SIFT 算法的加速版，也具有尺度不变性，全称为“加速稳健特征”，其不仅具有尺度不变特征，而且具有较高的计算效率。SURF 算法相对于 SIFT 算法而言，特征点检测的速度有极大的提升，所以在实时视频流中的物体匹配方面，有着广泛的应用。而 SIFT 算法因为其巨大的特征点计算量，使得特征点提取的过程非常耗时，所以在一些注重速度的场合难有应用。但是 SIFT 算法相对于 SURF 算法的优点是：SIFT 算法检测的特征在空间和尺度上的定位更加精确，所以在要求匹配极精准且不考虑匹配速度的场合，可以考虑使用 SIFT 算法。

仅需要对 SIFT 算法的代码做一些修改即可得到 SURF 算法的实现代码：

```
#include "highgui/highgui.hpp"
#include "opencv2/nonfree/nonfree.hpp"
#include "opencv2/legacy/legacy.hpp"
#include <iostream>

using namespace cv;
using namespace std;

int main()
{
    Mat image01 = imread("2.jpg", 1);
    Mat image02 = imread("1.jpg", 1);
    namedWindow("p2", 0);
    namedWindow("p1", 0);
    imshow("p2", image01);
    imshow("p1", image02);

    //灰度图变换
    Mat image1, image2;
    cvtColor(image01, image1, CV_RGB2GRAY);
    cvtColor(image02, image2, CV_RGB2GRAY);

    //提取特征点
    SurfFeatureDetector surfDetector(800);   // 矩阵阈值，值越大，点越少，越精准
    vector<KeyPoint> keyPoint1, keyPoint2;
    surfDetector.detect(image1, keyPoint1);
    surfDetector.detect(image2, keyPoint2);

    //特征点描述，为特征点匹配做准备
    SurfDescriptorExtractor SurfDescriptor;
    Mat imageDesc1, imageDesc2;
    SurfDescriptor.compute(image1, keyPoint1, imageDesc1);
    SurfDescriptor.compute(image2, keyPoint2, imageDesc2);

    //获得匹配特征点，并提取最优配对
    FlannBasedMatcher matcher;
    vector<DMatch> matchePoints;
    matcher.match(imageDesc1, imageDesc2, matchePoints, Mat());
    cout << "total match points: " << matchePoints.size() << endl;
    Mat img_match;
    drawMatches(image01, keyPoint1, image02, keyPoint2, matchePoints, img_match);
    namedWindow("match", 0);
    imshow("match",img_match);
    imwrite("match.jpg", img_match);
    waitKey();
    return 0;
}
```

SURF 算法的特征点匹配效果如图 8.23 和图 8.24 所示，可以看出，在没有经过特征点筛选的条件下，匹配效果同样不好。下面继续采用 Lowe 的算法选出优秀的匹配点。

图 8.23　风景图像特征点匹配效果

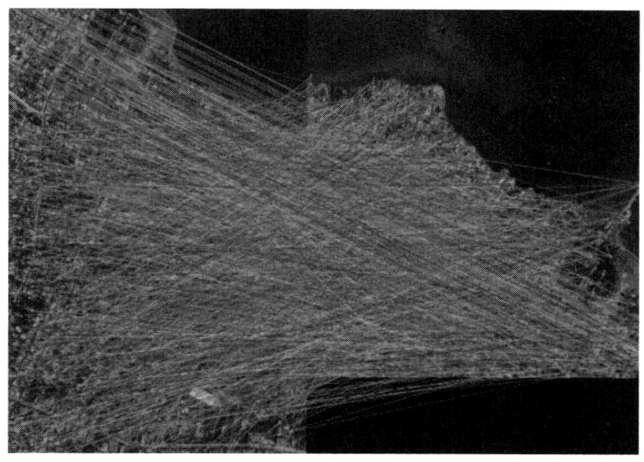

图 8.24　遥感图像特征点匹配效果

```
#include "highgui/highgui.hpp"
#include "opencv2/nonfree/nonfree.hpp"
#include "opencv2/legacy/legacy.hpp"
#include <iostream>

using namespace cv;
using namespace std;

int main()
{
    Mat image01 = imread("2.jpg", 1);
    Mat image02 = imread("1.jpg", 1);
    imshow("p2", image01);
    imshow("p1", image02);

    //灰度图变换
    Mat image1, image2;
    cvtColor(image01, image1, CV_RGB2GRAY);
    cvtColor(image02, image2, CV_RGB2GRAY);

    //提取特征点
    SurfFeatureDetector surfDetector(2000);   // 海塞矩阵阈值，值越大，点越少，越精准
```

```
    vector<KeyPoint> keyPoint1, keyPoint2;
    surfDetector.detect(image1, keyPoint1);
    surfDetector.detect(image2, keyPoint2);

    //特征点描述，为下边的特征点匹配做准备
    SurfDescriptorExtractor SurfDescriptor;
    Mat imageDesc1, imageDesc2;
    SurfDescriptor.compute(image1, keyPoint1, imageDesc1);
    SurfDescriptor.compute(image2, keyPoint2, imageDesc2);

    FlannBasedMatcher matcher;
    vector<vector<DMatch> > matchePoints;
    vector<DMatch> GoodMatchePoints;
    vector<Mat> train_desc(1, imageDesc1);
    matcher.add(train_desc);
    matcher.train();
    matcher.knnMatch(imageDesc2, matchePoints, 2);
    cout << "total match points: " << matchePoints.size() << endl;

    // Lowe's algorithm, 获取优秀匹配点
    for (int i = 0; i < matchePoints.size(); i++)
    {
        if (matchePoints[i][0].distance < 0.6 * matchePoints[i][1].distance)
        {
            GoodMatchePoints.push_back(matchePoints[i][0]);
        }
    }

    Mat first_match;
    drawMatches(image02, keyPoint2, image01, keyPoint1, GoodMatchePoints, first_match);
    imshow("first_match ", first_match);
    waitKey();
    return 0;
}
```

优化后图像特征点匹配效果如图 8.25 和图 8.26 所示，由特征点匹配的效果来看，优化后的特征点匹配是非常精准的，已经把不合格的匹配点移除出去了。图 8.27 同样体现了算法具有尺度不变性。

图 8.25　优化后的风景图像特征点匹配效果

图 8.26　优化后的遥感图像特征点匹配效果

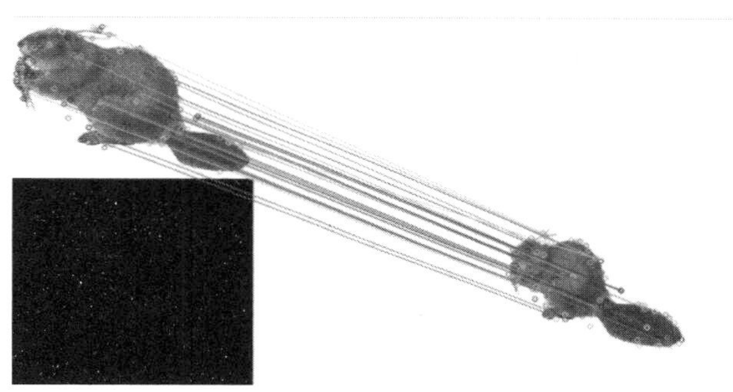

图 8.27　尺度不变性验证

8.5.3　FAST 算法

在图像中搜索有价值的特征点时，使用角点是一种不错的方法。角点是很容易在图像中定位的局部特征，并且大量存在于人造物体（如墙壁、门、窗户、桌子等）中。角点的价值在于它是两条边缘线的结合点，是一种二维特征，可以被精确地定位。与此相反的是位于均匀区域或物体轮廓上的点及在同一物体的不同图像上很难重复精确定位的点。Harris 特征点检测是检测角点的经典方法。

与 Harris 检测算法类似，FAST（Features from Accelerated Segment Test，基于加速分割测试的特征点检测）算法也源于对角点的定义。FAST 算法专门用来快速检测特征点，只需要对比几个像素，就可以判断其是否为关键点。FAST 对角点的定义是基于候选特征点周围的图像强度值的。

FAST 算法检测特征点的速度非常快，因此十分适合速度优先的应用场景。这些应用场景包括实时目标跟踪、目标识别等，这些场景要求算法在实时视频流中能跟踪或匹配多个点。

由于 FAST 算法只能检测角点，因此要结合其他特征点提取算法使用，如 SIFT 或 ORB。在 OpenCV 中，使用 FastFeatureDetector 进行特征点提取，由于 OpenCV 没有为 FAST 算法提供专用的描述子提取器，所以需要借用 SiftDescriptorExtractor 来实现描述子的提取。具体代码如下：

```
#include "highgui/highgui.hpp"
#include "opencv2/nonfree/nonfree.hpp"
#include "opencv2/legacy/legacy.hpp"
#include <iostream>

using namespace cv;
using namespace std;

int main()
{
    Mat image01 = imread("g3.jpg", 1);
    Mat image02 = imread("g4.jpg", 1);
    imshow("p2", image01);
    imshow("p1", image02);

    //灰度图变换
    Mat image1, image2;
    cvtColor(image01, image1, CV_RGB2GRAY);
    cvtColor(image02, image2, CV_RGB2GRAY);

    //提取特征点
    FastFeatureDetector Detector(50);   //阈值
    vector<KeyPoint> keyPoint1, keyPoint2;
    Detector.detect(image1, keyPoint1);
    Detector.detect(image2, keyPoint2);

    //特征点描述，为特征点匹配做准备
    SiftDescriptorExtractor     Descriptor;
    Mat imageDesc1, imageDesc2;
    Descriptor.compute(image1, keyPoint1, imageDesc1);
    Descriptor.compute(image2, keyPoint2, imageDesc2);

    BruteForceMatcher< L2<float> > matcher;
    vector<vector<DMatch> > matchePoints;
    vector<DMatch> GoodMatchePoints;
    vector<Mat> train_desc(1, imageDesc1);
    matcher.add(train_desc);
    matcher.train();
    matcher.knnMatch(imageDesc2, matchePoints, 2);
    cout << "total match points: " << matchePoints.size() << endl;

    // Lowe's algorithm,获取优秀的匹配点
    for (int i = 0; i < matchePoints.size(); i++)
    {
        if (matchePoints[i][0].distance < 0.6 * matchePoints[i][1].distance)
        {
            GoodMatchePoints.push_back(matchePoints[i][0]);
        }
    }

    Mat first_match;
    drawMatches(image02, keyPoint2, image01, keyPoint1, GoodMatchePoints, first_match);
    imshow("first_match ", first_match);
    imwrite("first_match.jpg", first_match);
    waitKey();
    return 0;
}
```

图 8.28 是基于 FAST 算法的建筑图像特征点匹配效果。可以看到，FAST 算法提取了大量的特征点，在速度上，比 SIFT 算法和 SURF 算法快两个数量级，但存在一定数量的错误匹配点，下面介绍的 ORB 算法是在 FAST 算法基础上发展而来的，可以获得更好的特征点匹配效果。

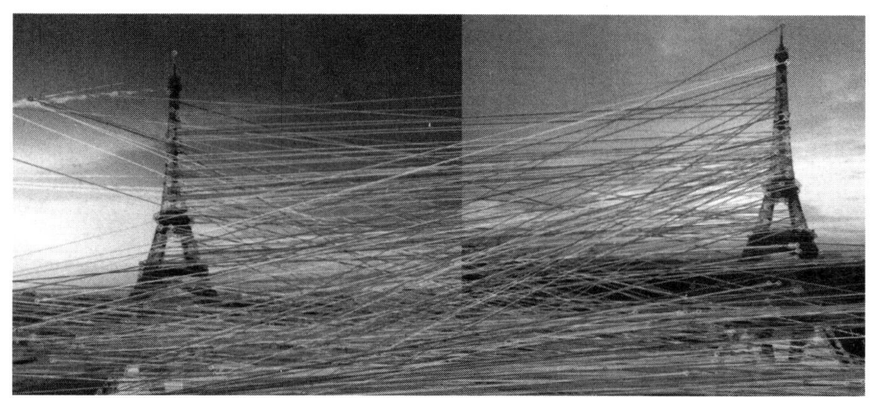

图 8.28　基于 FAST 算法的建筑图像特征点匹配效果

8.5.4　ORB 算法

ORB（Oriented FAST and Rotated BRIEF，快速特征点提取和描述）是 BRIEF（Binary Robust Independent Elementary Features，二进制鲁棒且独立的基本特征）算法的改进版。ORB 算法比 SIFT 算法的速度快 100 倍左右，比 SURF 算法的速度快 10 倍左右。在计算机视觉领域，ORB 算法的综合性能是最好的。ORB 算法可分为两部分，分别是特征点提取和特征点描述。特征点提取是由 FAST 算法发展来的，特征点描述是根据 BRIEF 算法改进的。ORB 算法将 FAST 特征点检测方法与 BRIEF 特征点描述子结合起来，并在它们原来的基础上做了改进与优化。ORB 算法最大的特点就是计算速度快，这首先得益于使用 FAST 算法检测特征点；其次得益于使用 BRIEF 算法计算描述子，该描述子特有的二进制串的表现形式不仅节约了存储空间，而且大大缩短了匹配时间。

ORB 算法开源代码引入了图像金字塔，在高斯尺度空间中进行运算，对不同尺度的图像进行特征点提取和描述，从而在一定程度上解决了尺度问题。也有研究人员对 ORB 算法进行改进，构建尺度空间，检测出具备尺度不变的特征点。

ORB 算法的具体实现代码如下：

```
#include "highgui/highgui.hpp"
#include "opencv2/nonfree/nonfree.hpp"
#include "opencv2/legacy/legacy.hpp"
#include <iostream>

using namespace cv;
using namespace std;

int main()
{
    Mat image01 = imread("g3.jpg", 1);
    Mat image02 = imread("g4.jpg", 1);
    imshow("p2", image01);
    imshow("p1", image02);

    //灰度图变换
```

```
        Mat image1, image2;
        cvtColor(image01, image1, CV_RGB2GRAY);
        cvtColor(image02, image2, CV_RGB2GRAY);
        //提取特征点
        OrbFeatureDetector OrbDetector(1000);  // 在这里调整精度，值越小，点越少，越精准
        vector<KeyPoint> keyPoint1, keyPoint2;
        OrbDetector.detect(image1, keyPoint1);
        OrbDetector.detect(image2, keyPoint2);
        //特征点描述，为特征点匹配做准备
        OrbDescriptorExtractor OrbDescriptor;
        Mat imageDesc1, imageDesc2;
        OrbDescriptor.compute(image1, keyPoint1, imageDesc1);
        OrbDescriptor.compute(image2, keyPoint2, imageDesc2);

        flann::Index  flannIndex(imageDesc1,  flann::LshIndexParams(12,  20,  2),  cvflann::FLANN_
DIST_HAMMING);
        vector<DMatch> GoodMatchePoints;
        Mat  macthIndex(imageDesc2.rows,  2,  CV_32SC1),  matchDistance(imageDesc2.rows,  2,
CV_32FC1);
        flannIndex.knnSearch(imageDesc2, macthIndex, matchDistance, 2, flann::SearchParams());

        // Lowe's algorithm,获取优秀的匹配点
        for (int i = 0; i < matchDistance.rows; i++)
        {
            if (matchDistance.at<float>(i,0) < 0.6 * matchDistance.at<float>(i, 1))
            {
                DMatch dmatches(i, macthIndex.at<int>(i, 0), matchDistance.at<float>(i, 0));
                GoodMatchePoints.push_back(dmatches);
            }
        }

        Mat first_match;
        drawMatches(image02, keyPoint2, image01, keyPoint1, GoodMatchePoints, first_match);
        imshow("first_match ", first_match);
        imwrite("first_match.jpg", first_match);
        waitKey();
        return 0;
    }
```

基于 ORB 算法的建筑图像特征点匹配效果如图 8.29 所示，基于 ORB 算法的书本图像特征点匹配效果如图 8.30 所示，可以看出，基于 ORB 算法的特征点匹配可以取得比 FAST 算法更好的匹配效果。

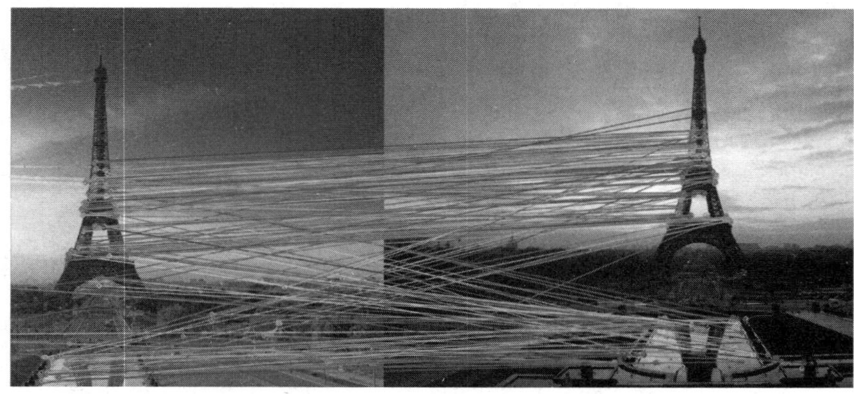

图 8.29　基于 ORB 算法的建筑图像特征点匹配效果

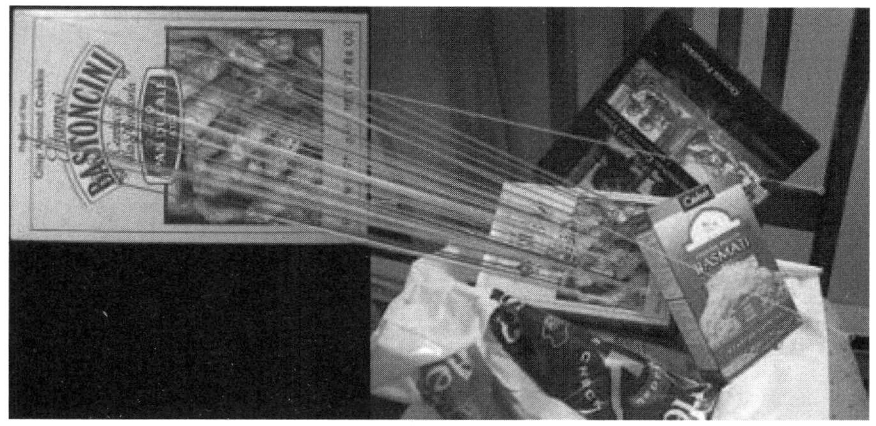

图 8.30　基于 ORB 算法的书本图像特征点匹配效果

在计算机视觉领域中，还有很多特征点检测算法，比如 HOG（Histogram Of Oriented Gradient，方向梯度直方图）、LBP（Local Binary Pattern，局部二值模式）等，读者可以查找相关资料，根据应用场景和需求，选择合适的算法。

8.6　目标识别

目标识别是指一个特殊目标（或一种类型的目标）从其他目标（或其他类型的目标）中被区分出来的过程。它既包括两个非常相似目标的识别，也包括一种类型的目标同其他类型目标的识别。接下来，我们将利用已学习的 OpenCV 图像处理内容，在 ROS 中完成目标识别任务。

任务 2　基于单目相机的物体识别

目标识别程序 cv_tutorial.cpp 的源码如下：

```
#include <ros/ros.h>
#include <image_transport/image_transport.h>
#include <cv_bridge/cv_bridge.h>
#include <sensor_msgs/image_encodings.h>
#include <opencv2/imgproc/imgproc.hpp>
#include <opencv2/highgui/highgui.hpp>
#include <stdlib.h>

static const std::string MATCH_WINDOW = "match window";
static const std::string TEMPLATE_WINDOW = "template window";
static const std::string SUBSCRIBLE_TOPIC="/camera/rgb/image_rect_color";
static const double THRESHOLD = 7.5e+6;

class ImageProcessor
{
public:
    ImageProcessor(){}
    ~ImageProcessor(){}

    void process(cv::Mat _img)
    {
        cv::Mat gray_img ,edges,result;
        cv::cvtColor(_img,gray_img,CV_BGR2GRAY);
        cv::Canny(gray_img,edges,30,90);
```

```
                cv::matchTemplate(edges,this->_template,result, CV_TM_CCORR);
                double minValue, maxValue;
                cv::Point minLoc, maxLoc;
                cv::minMaxLoc(result, &minValue, &maxValue, &minLoc, &maxLoc);

                if(maxValue>THRESHOLD)
                {
                    std::cout<<"find a circle at    x="<<maxLoc.x<<"   y="<<maxLoc.y<<"   Value
is:"<<maxValue<<std::endl;
                    cv::rectangle(_img, maxLoc, cvPoint(maxLoc.x + this->_template.cols, maxLoc.y+
this->_template.rows), cvScalar(0,0,255),5);
                }
                else
                    std::cout<<"can not find a circle"<<std::endl;
                cv::imshow(MATCH_WINDOW, _img);
                cv::imshow(TEMPLATE_WINDOW,this->_template);
                if('q'==cv::waitKey(3))
                    exit(0);
            }
            void inital()
            {
                cv::Mat templateImg(120,120,CV_8UC3);
                cv::circle(templateImg,cv::Point(60,60),50,cv::Scalar(255,255,255));
                cv::cvtColor(templateImg,this->_template,CV_BGR2GRAY);
            }

        private:
            cv::Mat _template;
        };
        ImageProcessor processor;

        class ImageConverter
        {
        public:
          ImageConverter()
            : _it(_nh)
          {
            _image_sub = _it.subscribe(SUBSCRIBLE_TOPIC, 1,
              &ImageConverter::imageCb, this);
          }
          ~ImageConverter(){}

          void imageCb(const sensor_msgs::ImageConstPtr& msg)
          {
            cv_bridge::CvImagePtr cv_ptr;
            try
            {
              cv_ptr = cv_bridge::toCvCopy(msg, sensor_msgs::image_encodings::BGR8);
            }
            catch (cv_bridge::Exception& e)
            {
              ROS_ERROR("cv_bridge exception: %s", e.what());
              return;
            }
            processor.process(cv_ptr->image);
          }

        private:
          ros::NodeHandle _nh;
          image_transport::ImageTransport _it;
```

```
    image_transport::Subscriber _image_sub;
};

int main(int argc, char** argv)
{
    ros::init(argc, argv, "ImageProcessor");
    processor.inital();
    ImageConverter ic;
    ros::spin();
    return 0;
}
```

上面的代码实现了从相机图像中识别一个圆的过程。在这个示例，使用了 Canny 算子提取图像边缘，并将其和生成的模板图像（如圆）进行比较，在匹配度大于阈值的时候，标识出目标所在的位置。

1. 目标识别源码解析

首先定义两个类——ImageConver 和 ImageProcessor。ImageConver 负责订阅 ROS 的主题，并对获得的图像进行必要的格式变换。ImageProcessor 负责进行目标识别处理。

ImageConver

ImageConver 使用 cv_bridge 及一个 Subscriber（订阅者）进行数据主题的订阅和变换。

在 ROS 中，图像数据是以图像消息（image message）的格式进行传输的，由于 OpenCV 的图像格式是 cv::Mat，所以需要使用 cv_bridge 将图像消息变换成 Mat 格式。具体实现如下：

```
_image_sub = _it.subscribe(SUBSCRIBLE_TOPIC, 1, &ImageConverter::imageCb, this);
```

使用 image_transport 订阅一个主题，并注册了一个回调函数 imageCb，指定其在主题有消息到来时进行处理，其中 SUBSCRIBLE_TOPIC 可以修改为其他用户需要订阅的主题名。如果订阅失败，可使用如下命令检查所订阅的主题是否出现在活动的主题列表中：

```
$rostopic list
```

在回调函数中，首先使用 cv_bridge 将 ROS 的图像消息变换为 OpenCV 所能处理的 Mat 格式，sensor_msgs::image_encodings::BGR8 说明当前数据是以 8 位 BGR 格式变换的。

```
void imageCb(const sensor_msgs::ImageConstPtr& msg)
{
    cv_bridge::CvImagePtr cv_ptr;
    try
    {
        cv_ptr = cv_bridge::toCvCopy(msg, sensor_msgs::image_encodings::BGR8);
    }
    catch (cv_bridge::Exception& e)
    {
        ROS_ERROR("cv_bridge exception: %s", e.what());
        return;
    }
    processor.process(cv_ptr->image);
}
```

注意：OpenCV 中颜色的存放顺序是 BGR 顺序，并非是通常的 RGB 顺序。

即便不想使用异常捕获的方式来避免错误的变换，也一定要在变换之后确认获取的图像是否为空，避免程序出错。

在回调函数的最后，调用 ImageProcessor 处理当前获取的图像。

ImageProcessor

ImageProcessor 主要对当前获取的图像进行边缘提取，并和预存的模板图像（如圆）进行模板匹配，在匹配度大于阈值的时候，认为当前图像中存在与预存模板相同的图像，并将其在窗口中绘出。

初始化时，先创建一个 120×120 的 3 通道 8 位图像，并使用 cv::circle 在其中心画一个圆作为模板，变换模板为灰度图像。

```
void inital()
{
    cv::Mat templateImg(120,120,CV_8UC3);
    cv::circle(templateImg,cv::Point(60,60),50,cv::Scalar(255,255,255));
    cv::cvtColor(templateImg,this->_template,CV_BGR2GRAY);
}
```

提示：OpenCV 图像处理函数一般都可以将输入图像和输出图像设置为同一个图像。

图像处理函数将当前获取的图像变换为灰度图，并进行边缘检测，之后进行模板匹配并输出匹配结果。

```
void process(cv::Mat _img)
{
    cv::Mat gray_img ,edges,result;
    cv::cvtColor(_img,gray_img,CV_BGR2GRAY);
    cv::Canny(gray_img,edges,30,90);
    cv::matchTemplate(edges,this->_template,result, CV_TM_CCORR);
    double minValue, maxValue;
    cv::Point minLoc, maxLoc;
    cv::minMaxLoc(result, &minValue, &maxValue, &minLoc, &maxLoc);
}
```

其中，cv::cvtColor(_img,gray_img,CV_BGR2GRAY)函数将当前图像变换为灰度图，以便进行边缘检测。cv::Canny(gray_img,edges,30,90)函数使用 Canny 算子对图像进行边缘检测。cv::matchTemplate(edges,this->_template,result,CV_TM_CCORR)函数使用 CV_TM_CCORR，即自相关匹配的方式进行模板匹配，其输出的值越大，表示匹配度越高。cv::minMaxLoc(result, &minValue, &maxValue, &minLoc, &maxLoc)函数在图像中寻找匹配度最小和最大的位置。

当最大匹配度大于阈值时，将其位置用方框标识出来，并输出其在图像中的位置。方框的原点为模板匹配的最大值点，大小为模板的大小。

```
if(maxValue>THRESHOLD)
{
std::cout<<"find a circle at   x="<<maxLoc.x<<"   y="<<maxLoc.y<<"   Value is:"<<maxValue<< std::endl;
cv::rectangle(_img, maxLoc, cvPoint(maxLoc.x + this->_template.cols, maxLoc.y+ this->_template.rows),
cvScalar(0,0,255),5);
}
else
    std::cout<<"can not find a circle"<<std::endl;
cv::imshow(OPENCV_WINDOW, _img)          //将当前处理的图像显示。
cv::imshow(TEMPLATE_WINDOW,this->_template) //将当前模板显示。
cv::imshow(MATCH_WINDOW, _img);
cv::imshow(TEMPLATE_WINDOW,this->_template);
if('q'==cv::waitKey(3))
exit(0);
```

其中，cv::imshow()函数使用窗口名来区分不同窗口，所以需要使用不同的窗口时，赋予窗口不同的名字就可以了。

if(‘q’==cv::waitKey(3))语句用于等待 3ms 的键盘输入，如果在此期间，按下键盘上的 q 键，程序将退出。

即便不想实现按下 q 键退出的功能，cv::waitKey()函数也是程序中必须拥有的，否则新窗

口会因为刷新太快而导致人眼无法辨别。

2. 编译

首先，在存放 Spark 机器人源码的工作空间中创建一个新包（因为该包运行时需要依赖相机驱动）；其中，需要使用到 ROS 中的 cv_bridge image_transport roscpp sensor_msgs std_msg，输入命令：

```
$ cd ~/spark/src
$ catkin_create_pkg cv_tutorial cv_bridge image_transport roscpp sensor_msg std_msg
```

然后，打开新包的 src 文件夹，新建.cpp 文件，将代码复制进去，并将文件命名为 cv_tutorial.cpp。

编辑配置文件 CmakeLists.txt，将其内容替换如下：

```
cmake_minimum_required(VERSION 2.8.3)
project(cv_tutorial)

find_package(catkin REQUIRED COMPONENTS
  OpenCV REQUIRED
  cv_bridge
  image_transport
  roscpp
  sensor_msgs
)
catkin_package()
include_directories(
  ${catkin_INCLUDE_DIRS}
  ${OpenCV_INCLUDE_DIRS}
)

add_executable(cv_tutorial    src/cv_tutorial.cpp)
target_link_libraries(cv_tutorial ${catkin_LIBRARIES} ${OpenCV_LIBRARIES})
```

之后，在工作空间执行 catkin_make，完成编译。如果系统编译出现异常，有可能是安装的 OpenCV 版本有问题，cv_bridge 默认使用 ROS 自带的 OpenCV 版本（ROS Kinetic 版本下为 OpenCV 3.2），而 Ubuntu 命令行安装的 libopencv-dev 版本为 OpenCV 2.4，因此要执行如下命令：

```
$ sudo apt-get remove libopencv-dev
$ sudo apt-get install ros-kinetic-opencv3
```

3. 执行

启动相机并发送主题，根据相机型号，输入不同命令。

如果相机型号为 Astra，则输入：

```
$ roslaunch camera_driver_transfer astra.launch
```

如果相机型号为 Astrapro，则输入：

```
$ roslaunch camera_driver_transfer astrapro.launch
```

如果相机型号为 D435，则输入：

```
$ roslaunch camera_driver_transfer d435.launch
```

然后打开一个新的命令行，运行目标识别程序。

```
$ rosrun cv_tutorial cv_tutorial
```

运行结果如图 8.31 所示，在图像显示窗口按 q 键可退出程序。

图 8.31　目标识别效果

8.7　本章小结

本章主要介绍了计算机视觉领域常用的开源软件库 OpenCV 的图像处理功能，如透视变换、图像匹配、图像拼接等，以及常见的图像特征点检测算法。此外，本章还介绍了相机标定的原理，并基于 ROS 系统实现了相机图像采集和目标识别。

参 考 文 献

[1] Zhang Z .Aflexiblenew tech ni que for cameracalibration[J].Tpami, 2000(11).DOI:10.1109/34.888718.

[2] 廖金虎. 机器人双目视觉标定与目标抓取技术研究[D]. 武汉：华中科技大学, 2020.

[3] 任振宇. 机械臂视觉系统标定及抓取规划方法研究[D]. 武汉：华中科技大学, 2021.

[4] David G. Lowe. Object recognition from local scale-invariant features[C]//International Conference on Computer Vision (ICCV 1999).

[5] Lowe D G .Distinctive Image Features from Scale-Invariant Keypoints[J].International Journal of Computer Vision, 2004(2).DOI:10.1023/B:VISI.0000029664.99615.94.

[6] Bay H , Tuytelaars T , Gool L V .SURF: speeded up robust features[C]//European Conference on Computer Vision.Springer, Berlin, Heidelberg, 2006.DOI:10.1007/11744023_32.

[7] Daniilidis K , Maragos P , Paragios N .Proceedings of the 11th European conference on Computer vision: Part IV[C]//European Conference on Computer Vision.Springer-Verlag, 2010.

[8] Rublee E , Rabaud V , Konolige K ,et al.ORB: an efficient alternative to SIFT or SURF[C]//IEEE International Conference on Computer Vision, ICCV 2011, Barcelona, Spain, November 6-13, 2011.IEEE, 2011.DOI:10.1109/ICCV.2011.6126544.

[9] 卢健, 何耀祯, 陈旭, 等. 结合尺度不变特征的 ORB 算法改进[J].测控技术, 2019, 38(3):6.DOI:CNKI:SUN:IKJS.0.2019-03-021.

扩展阅读

（1）了解 OpenCV 的版本历史，在使用新版本时，应该注意哪些问题？

（2）分析相机标定中几种常见标定板的优缺点。

（3）了解其他计算机视觉库，如 OpenNI、Halcon 等。

（4）熟悉 Canny 算子，了解更多的图像边缘提取算法。

（5）本章介绍的特征点检测算法是基于物体的几何信息的，也可以基于物体的颜色信息进行物体识别，熟悉 RGB、YUV 和 HSV（Hue-Saturation-Value）三种颜色模型的含义和区别。

（6）了解图像处理中的形态学操作，如腐蚀与膨胀（Dilation and Erosion）、开操作与闭操作等运算。

练　习　题

（1）根据相机标定原理，在不使用标定工具箱的前提下，说明采用 OpenCV 库函数进行相机标定的关键过程函数有哪些？

（2）图像变换方法中还有一种常见方法为仿射变换，仿射变换与透视变换的区别是什么？

（3）对比分析几种不同的特征点提取方法、特征点描述算子和特征点匹配方法。

（4）除了本书介绍的特征点检测方法外，还有哪些常见特征点检测方法？

（5）通过实验定量比较 SIFT、SURF、ORB 算法在提取特征点时的计算速度、旋转鲁棒性、模糊鲁棒性、尺度变换鲁棒性的区别。

（6）若有两幅图像样本，说明采用什么方法可以将两幅图像在它们的公共区域内进行拼接，如何实现？

（7）常见的图像预处理方法有哪些？

（8）在 ROS 下采用 camera_calibration 进行单目相机标定，命令如下：sudo apt-get install ros-kinetic-camera-calibration，或者使用开源标定工具 Kalibr 进行单目相机标定。

（9）已知两个图像间的一组对应点向量为

$$\boldsymbol{x}_i=(u_i,v_i,1)^{\mathrm{T}} \leftrightarrow \boldsymbol{x}_i'=(u_i',v_i',1)^{\mathrm{T}}\,(i=1,2,\cdots,N)$$

它们的相机投影矩阵为 $\boldsymbol{P}$ 和 $\boldsymbol{P}'$，推导出它们对应的三维空间点计算公式。

（10）已知四对对应点 $\boldsymbol{x}_i=(u_i,v_i,1)^{\mathrm{T}}$ 和 $\boldsymbol{X}_i=(X_i,Y_i,1)^{\mathrm{T}}(i=1,\cdots,4)$ 分别为图像平面上特征点的齐次坐标及对应于图像特征点的空间平面上点的齐次坐标，s 为未知非零尺度因子。根据这四对对应点 $\boldsymbol{x}_i \leftrightarrow \boldsymbol{X}_i$，计算出单应性矩阵 $\boldsymbol{H}$。

（11）已知某含噪声的图像

$$\boldsymbol{f}(x,y)=\begin{bmatrix}1&1&2&2\\1&1&\underline{9}&2\\1&\underline{5}&2&2\\1&1&2&2\end{bmatrix}$$

用中值滤波模板

$$\boldsymbol{M}=\begin{bmatrix}0&1&0\\1&1&1\\0&1&0\end{bmatrix}$$

对噪声点（已经经标出）进行处理，计算出去噪结果。

第 9 章　基于视觉的机械臂抓取

在计算机视觉领域，采集图像的主要工具是相机。通过相机可以捕捉物体反射、散射和折射的光线，将其变换为图像，并进一步从采集到的图像中得到其所反映的世界，如形状和色彩等信息。但单目相机无法获取物体到相机的深度距离信息，而深度相机则添加了深度测量功能，从而可以更全面地感知周围环境及变化。在很多的应用场景中，如三维建模、无人驾驶、机器人导航、体感游戏等中，都用到了深度相机。

9.1　深度相机

目前，深度相机的工作原理主要可分为三类：双目立体视觉（Binocular Stereo Vision）、结构光（Structured Light）、飞行时间（Time of Flight，ToF）法。双目立体视觉与结构光一样，都使用三角测量法根据物体匹配点的视差来推算物体距离，它们之间的区别是，双目立体视觉用的是自然光，属于被动光（Passive Optical）；而结构光采用主动光（Active Optical）发射特定图案的条纹或散斑。ToF 法给目标连续发送光脉冲，然后用传感器接收从物体返回的光脉冲，通过探测光脉冲的飞行（往返）时间来得到目标物距离。ToF 法和结构光都采用主动光，容易受可见光和物体表面的干扰，所以更适合室内和短距离的应用场景。这三类深度相机工作原理的优缺点对比如表 9.1 所示。目前，双目立体视觉与结构光融合的深度相机表现出优秀的性能，双目立体视觉适用于室外环境，而结构光（红外线主动光）可辅助识别室内白墙和无纹理物体，提高了深度相机对室内外不同环境的适应性。

表 9.1　三类深度相机工作原理的优缺点对比

深度相机工作原理	精　度	人脸、物体识别	黑 暗 环 境	室 外 环 境
结构光	较好	√	√	×
ToF 法	一般	√	√	×
双目立体视觉	一般	√	×	√
双目立体视觉+结构光	好	√	√	√

9.1.1　双目相机和 RGB-D 深度相机

1. 双目相机

双目立体视觉算法是模拟人眼系统的一种算法，因低廉的成本、较快的速度得到广泛使用。该算法用双目模拟人眼，基于视差原理，利用成像设备从不同的角度、位置对目标物体进行观察，实时采集左右两个图像，利用匹配算法实现左右图像特征点对的匹配，进而得到视差图，然后利用三角几何原理，实现对目标物体的三维信息恢复。

采用双目立体视觉算法获取深度图像的设备称为双目相机，如图 9.1 所示。双目相机的主要优点如下。

（1）对硬件要求低，成本也低。

（2）对室内外场景的适应性好。

但是双目相机的缺点也非常明显，具体如下。

（1）对环境光照敏感，光线变化易导致匹配失败或精度降低。

（2）计算复杂度较高，涉及左右两个摄像头的特征匹配，需要消耗较多的计算资源。

（3）基线（两个摄像头间距）限制了测量范围，测量范围和基线成正比。

图 9.1　双目相机

（4）不适用于缺乏纹理的场景（如白墙场景），因为双目视觉算法根据视觉特征进行图像匹配，没有特征会导致匹配失败。

2. RGB-D 深度相机

RGB-D 深度相机通过结构光或 ToF 测量物体深度信息，相比于双目相机通过视差计算深度的方式，RGB-D 深度相机能够主动测量每个像素的深度。RGB-D 深度相机最大的特点是不仅能够像普通相机一样去获取图像信息，还能够得到深度图，深度图中包含每个像素点的深度数据（即空间中的点到相机成像平面的距离），避免了双目相机需要利用视差，通过软件计算每个像素点深度信息的烦琐过程。RGB-D 深度相机除含有一个普通的光学摄像头外，还含有一个发射器和一个接收器。RGB-D 深度相机主动向物体发射并接收返回光，通过物理手段计算出相机与物体之间的距离。

如图 9.2 所示，微软公司 2012 年发布的 Kinect V1 相机是一种基于结构光的 RGB-D 深度相机，中间的元件为 RGB 摄像头（Color Camera），可采集彩色图像；左边的元件为红外发射器（IR Project），右边的元件为红外接收器（IR Camera），左右两个元件组成了深度传感器（Depth Sensor）。

(a) Kinect V1相机

结构光发射器
相机
θ　B　α　R
屏幕上的3D目标

(b) 结构光深度相机的基本原理

图 9.2　基于结构光的 RGB-D 深度相机

基于结构光的 RGB-D 深度相机的基本原理是：通过红外发射器，将具有一定结构特征的红外线图案（Pattern）投影到物体表面，再由专门的摄像头进行采集。这种具备一定图案结构的光线到达被摄物体表面时，被摄物体表面结构的不同会导致图案结构变形，通过运算单元可将这种图案结构变形换算成深度信息，以此来获得被摄物体的三维结构。根据结构光图案的不同，其一般可分为线扫描结构光（也叫条纹结构光）和面阵结构光。其中，线扫描结构光比面阵结构光简单，精度也比较高，在工业中广泛用于物体体积测量、三维成像等领域。面阵结构光大致可分为两类：编码结构光和随机结构光。

编码结构光又可以分为时序编码结构光和空间编码结构光。时序编码结构光是在一定时间范围内，通过投影器向被测空间投射的一系列明暗不同的结构光。每次投射都通过相机进行成像，对每个像素生成唯一的编码值。时序编码结构光的优点是精度高，缺点是只适用于静态场景，而且需要拍摄大量图像，实时性不好。为满足动态场景的需要，可以采用空间编码结构光。空间编码结构光特指向被测空间中投影的经过数学编码的、一定范围内的、光斑不具备重复性的结构光。这样，某个点的编码值可以通过其邻域获得。重建的精度取决于空间编码的像素数量（窗口大小）。常用的空间编码方式有方波、正弦波、德布鲁因序列（De Bruijn Sequence，属于一维编码）、二维空间编码。空间编码结构光的优点是无须很多图像，只需要一对图像即可进行三维重建，实时性好，常用于动态环境中；缺点是易受噪声干扰，反光、照明等原因可能导致成像时部分区域的编码信息缺失，对空间中的遮挡比较敏感，相较于时序编码结构光精度较低。

例如，散斑结构光在物体表面会形成二维随机的反射斑点，是一种空间编码结构光。散斑结构光通常与双目立体视觉结合使用，增加纹理信息，改善弱纹理、重复纹理区域的视差效果。散斑能够被红外线摄像头检测，摄像头分析其红外线光谱，创建可视范围内的物体深度图像。散斑结构光深度相机目前使用广泛，其优点主要有如下。

（1）方案成熟，成本较低，相机基线可以做得比较小，方便小型化。

（2）计算资源消耗较少，利用单帧红外线图也可以计算出深度图。

（3）采用主动光源，夜晚也可使用。

（4）适合静态场景，在一定范围内精度高、分辨率高。

随机结构光较为简单，也更加常用。随机结构光是投影器向被测空间中投射的亮度不均和随机分布的点状结构光（不带编码信息）。随机结构光通过双目相机成像，所得的图像经过极线校正后再进行双目稠密匹配（与双目算法相似），即可重建出对应的深度图。

由于结构光容易受环境光干扰，在室外场景中精度差，同时随着检测距离的增加，其精度也会变差，只适合中短距离使用。因此，出现了结构光与双目立体视觉融合的技术，采用这种技术的深度相机包括图漾双目深度相机、Intel RealSense D4 系列双目深度相机等。

如图 9.3 所示，微软公司 2014 年发布的 Kinect V2 相机是一种基于 ToF 的 RGB-D 深度相机，左边的元件为 RGB 摄像头；中间区域为深度传感器（从外观上看不到）。在深度传感器区域里面，左侧靠近 RGB 摄像头的元件为深度/红外线摄像头（Depth/IR Camera），右侧元件为激光发射器（Laser Projector）。

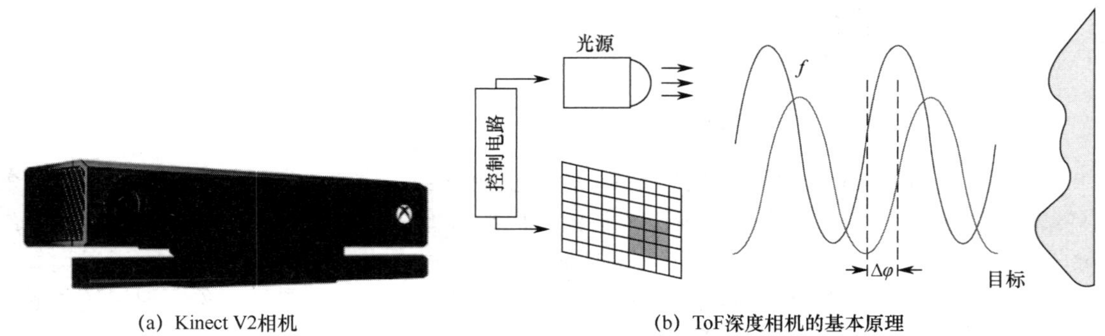

(a) Kinect V2相机　　(b) ToF深度相机的基本原理

图 9.3　基于 ToF 的 RGB-D 深度相机

基于 ToF 法的深度相机的基本原理是：通过测量激光飞行时间来计算距离。具体而言，

就是发出一束经过处理的激光，激光碰到物体以后会反射回来，因为已知光速和调制光的波长，所以根据激光往返飞行的时间能快速、准确计算出相机到物体的距离。因为激光光速太快，通过直接测量激光飞行时间不可行，一般通过检测调制后的光波相位偏移来实现激光飞行时间测量。调制方法可分为两种：脉冲调制（Pulsed Modulation）和连续波调制（Continuous Wave Modulation）。脉冲调制需要高精度的时钟进行测量，且需要发出高频、高强度激光，目前大多采用连续波调制方法，通过检测连续波调制后的光波相位偏移来实现 ToF 法。

因为 ToF 法并非基于特征匹配，在测试距离变远时，精度也不会下降得很快，所以其适合动态场景，而且受环境光干扰较小。而 ToF 法的缺点如下。

（1）对设备要求高，成本较高。

（2）边缘精度低。

（3）资源消耗大，在检测相位偏移时需要多次采样积分，运算量大，功耗高。

上面三类深度相机的各项指标对比如表 9.2 所示。从实际应用场景来看，在无人驾驶、室外移动机器人以外的领域，基于结构光（特别是散斑结构光）的深度相机用途最广泛。从精度、分辨率，还有测量范围来看，双目相机和基于 ToF 法的深度相机在兼顾各种指标下很难做到平衡。而基于结构光的深度相机容易受环境光干扰，特别是受太阳光的影响，这类深度相机都有红外发射模块，通常使用主动双目结构光深度相机来改善该问题。

表 9.2　三类深度相机指标对比表

相机类别	双目相机	基于结构光的深度相机	基于 ToF 法的深度相机
工作原理	被动式，双目图像特征点匹配，三角测量间接计算	主动式，红外线或激光投射编码图案，提升特征点匹配效果	主动式，根据激光反射时差进行测量
精度	中	中高	中
分辨率	中高	中	低
帧率	低	中	高
测量范围	一般 2m 以内	一般 10m 以内	一般 100m 以内
影响因素	受光照和物体表面纹理影响较大	不受光照和物体表面纹理影响，但受反光影响	不受光照和物体表面纹理影响，受多重反射影响
硬件成本	低	中	高
算法开发难度	高	中	低

9.1.2　双目相机模型和 RGB-D 深度相机模型

1. 双目相机模型

双目相机测距的原理与人眼类似，通过对两图像视差的计算，实现对两图像中同一物点距离的测量。双目立体视觉测距模型如图 9.4 所示，模型假设左右两个相机的光轴平行，成像平面共面，且焦距等内在参数一致。

设相机的焦距为 f、相机间的基线长度（左右相机光心之间的距离）为 b，根据几何关系，可以列出以下方程：

$$\frac{z}{f}=\frac{x}{x_1}=\frac{x-b}{x_r}=\frac{y}{y_1}=\frac{y}{y_r}$$

x_1 和 x_r 为 P 点在左右两个成像平面的投影点在 X 方向上的坐标，y_1 和 y_r 为 P 点在左右两个成像平面的投影点在 Y 方向上的坐标。进而可解得：

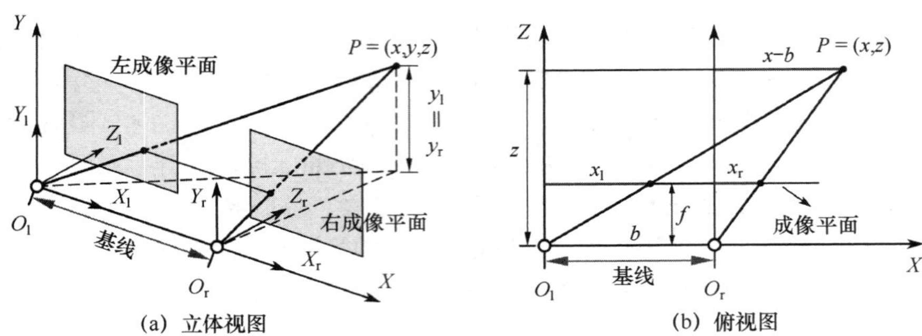

图 9.4 双目立体视觉测距模型

$$
\begin{cases}
z = \dfrac{b \cdot f}{x_l - x_r} \\
x = \dfrac{x_l \cdot z}{f} = b + \dfrac{x_r \cdot z}{f} = \dfrac{x_l \cdot b}{x_l - x_r} \\
y = \dfrac{y_l \cdot z}{f} = \dfrac{y_r \cdot z}{f} = \dfrac{b \cdot y_l}{x_l - x_r} = \dfrac{b \cdot y_r}{x_l - x_r}
\end{cases}
$$

定义视差 $d = x_l - x_r$，即左成像平面上的点 (x_l, y_l) 和右成像平面上的对应点 (x_r, y_r) 的横坐标之差，则有：

$$
\begin{cases}
z = (b \cdot f)/d \\
x = (x_l \cdot b)/d \\
y = (b \cdot y_l)/d = (b \cdot y_r)/d
\end{cases}
$$

通过上式，能够得到相机坐标系与图像坐标系之间的变换关系。可见，如果知道相机的焦距、两相机间基线长度和视差，就可以计算点 P 的深度 z。焦距及基线长度可通过相机标定获得，而视差的计算则是双目立体视觉需要解决的核心问题，一般通过对左右相机采集到的两图像进行特征点匹配来实现。

同时，视差与深度之间成反比，即当视差 d 趋近于 0 时，其细微的变化都将导致深度值巨变，因此，相机与场景中物体之间的距离不能太远，否则将出现较大偏差。

2. RGB-D 深度相机模型

Kinect V2 相机通过 ToF 法测量相机与目标物体之间的距离，而 ToF 法利用红外线在空气中传播的时间，通过红外发射器向物体发射红外线，然后记录红外线从发射到返回之间的时间，再通过计算确定相机与物体之间的距离，原理如图 9.5 所示。

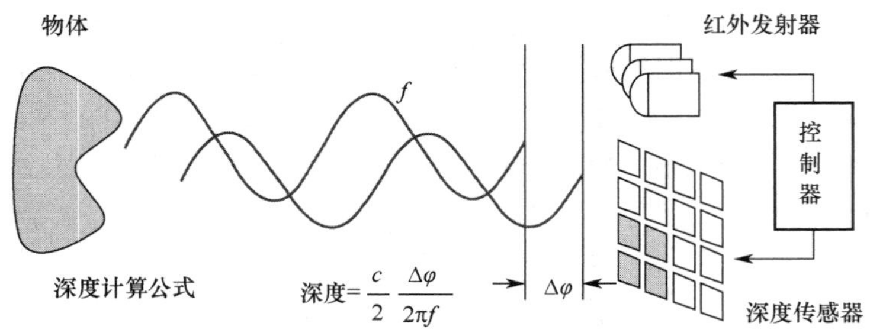

图 9.5 通过 ToF 法测量相机与目标物体之间的距离

对于 RGB-D 深度相机，需要求解深度相机与 2D 彩色相机之间的外参矩阵，将 RGB 图像与深度图像对齐，双相机几何关系如图 9.6 所示。

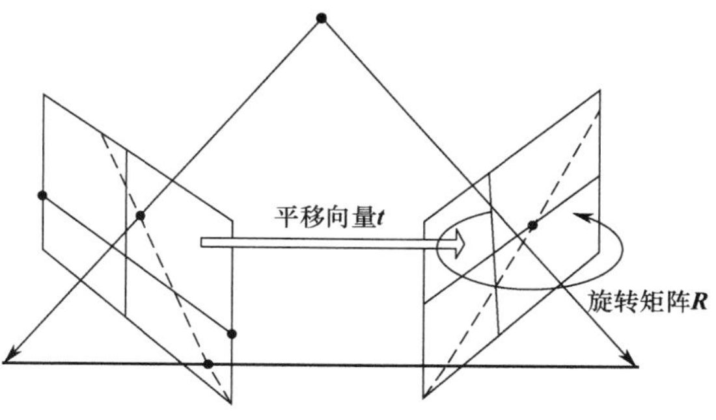

图 9.6　双相机几何关系

假设物体表面上有一点 P，它在深度图像上的投影坐标为 $\boldsymbol{p}_{ir}$，在深度相机坐标系下的坐标为 $\boldsymbol{P}_{ir}$，则有：

$$\begin{cases} \boldsymbol{p}_{ir} = \boldsymbol{H}_{ir}\boldsymbol{P}_{ir} \\ \boldsymbol{P}_{ir} = \boldsymbol{H}_{ir}^{-1}\boldsymbol{p}_{ir} \end{cases}$$

式中，$\boldsymbol{H}_{ir}$ 为深度相机的内参矩阵。同样，假设 $\boldsymbol{P}_{rgb}$ 为物体表面上同一点 P 在彩色相机坐标系下的坐标，$\boldsymbol{p}_{rgb}$ 为该点在彩色图像上的投影坐标；$\boldsymbol{P}_{rgb}$ 与 $\boldsymbol{P}_{ir}$ 之间的关系通过深度相机与彩色相机之间的外参矩阵表示，外参矩阵包括旋转矩阵 $\boldsymbol{R}$ 和平移矩阵 $\boldsymbol{t}$ 两部分。$\boldsymbol{P}_{rgb}$ 与 $\boldsymbol{P}_{ir}$ 之间的变换关系如下：

$$\boldsymbol{P}_{rgb} = \boldsymbol{R}_{P_{ir}} + \boldsymbol{t}$$

另外，$\boldsymbol{P}_{rgb}$ 与 $\boldsymbol{p}_{rgb}$ 可通过彩色相机的内参矩阵 $\boldsymbol{H}_{rgb}$ 实现变换：

$$\boldsymbol{p}_{rgb} = \boldsymbol{H}_{rgb}\boldsymbol{P}_{rgb}$$

使用下角标 rgb 和 ir 区分两个相机的内参矩阵中的 $\boldsymbol{R}$ 和 $\boldsymbol{t}$，则有：

$$\begin{cases} \boldsymbol{P}_{ir} = \boldsymbol{R}_{ir}\boldsymbol{P} + \boldsymbol{t}_{ir} \\ \boldsymbol{P}_{rgb} = \boldsymbol{R}_{rgb}\boldsymbol{P} + \boldsymbol{t}_{rgb} \end{cases}$$

将 P 点的坐标由 $\boldsymbol{R}_{ir}, \boldsymbol{t}_{ir}, \boldsymbol{P}_{ir}$ 表示：

$$\boldsymbol{P} = \boldsymbol{R}_{ir}^{-1}(\boldsymbol{P}_{ir} - \boldsymbol{t}_{ir})$$

可得：

$$\boldsymbol{P}_{rgb} = \boldsymbol{R}_{rgb}\boldsymbol{R}_{ir}^{-1}\boldsymbol{P}_{ir} + \boldsymbol{t}_{rgb} - \boldsymbol{R}_{rgb}\boldsymbol{R}_{ir}^{-1}\boldsymbol{t}_{ir}$$

整理上式，可得深度相机和彩色相机的外参矩阵，其旋转矩阵 $\boldsymbol{R}$ 和平移向量 $\boldsymbol{t}$ 如下式所示：

$$\begin{cases} \boldsymbol{R} = \boldsymbol{R}_{rgb}\boldsymbol{R}_{ir}^{-1} \\ \boldsymbol{t} = \boldsymbol{t}_{rgb} - \boldsymbol{R}_{rgb}\boldsymbol{R}_{ir}^{-1}\boldsymbol{t}_{ir} \end{cases}$$

在同一场景下，通过标定获取深度相机和彩色相机的内外参数矩阵，再由上式计算，即可将 RGB 图像与深度图像对齐。

任务 1　深度相机驱动安装

Spark 机器人安装有国产奥比中光的 Astra 深度相机，其是一种基于散斑结构光的深度相机，通过获取 RGB 图像和深度点云数据，进行室内环境感知。下面介绍深度相机的安装过程。

（1）安装依赖：

```
$ sudo apt-get install build-essential freeglut3 freeglut3-dev
```

（2）检查 udev 版本，需要的版本为 libudev.so.1，如果没有，则添加：

```
#check udev version, Orbbec Driver need libudev.so.1, if can't find it, can make symbolic link from libudev.so.x.x,
```

```
#which usually locate in /lib/x86_64-linux-gnu or /lib/i386-linux-gnu
$ ldconfig -p | grep libudev.so.1
$ cd /lib/x86_64-linux-gnu
$ sudo ln -s libudev.so.x.x.x libudev.so.1
```

（3）在奥比中光官网下载驱动，选择 Linux 版本：

```
$ cd ~
$ wget http://www.orbbec3d.net/Tools_SDK_OpenNI/2-Linux.zip
```

解压 OpenNI-Linux-x64-2.3：

```
$ unzip OpenNI-Linux-x64-2.3.zip
$ cd OpenNI-Linux-x64-2.2
```

（4）安装深度相机：

```
$ sudo chmod a+x install.sh
$ sudo ./install.sh
```

（5）重新连接设备，加入环境：

```
$ source OpenNIDevEnvironment
```

（6）编译示例程序：

```
$ cd Samples/SimpleViewer
$ make
```

（7）运行示例程序：

```
$ cd Bin/x64-Release
$ ./SimpleViewer
```

（8）安装 ROS 包。Astra 深度相机使用 UVC（USB Video Class）输入彩色信息，需要 libuvc 和 libuvc_ros 两个功能包，才能在 ROS 下正常使用彩色功能。使用下面的命令安装这两个功能包（以 ROS Kinetic 版本为例，如果是其他版本，可以将命令中 Kinetic 替换为相应的版本名字）：

```
$ sudo apt-get install ros-kinetic-libuvc
$ sudo apt-get install ros-kinetic-libuvc-ros
```

安装 astra_camera 功能包和 astra_launch 功能包：

```
$ sudo apt-get install ros-kinetic-astra-camera ros-kinetic-astra-launch
```

（9）打开一个新的命令行，启动 astra. launch 文件，进行测试：

```
$ roslaunch astra_camera astra.launch
```

如果没有错误提示，说明安装成功。

下面可以打开 rqt 工具，显示图像：

```
$ rqt
```

在 Plugins 菜单中，选择 Visualization->Image View 选项，然后在下拉列表中，选择/camera/rgb/image_raw 选项，如图 9.7 所示。

图 9.7　驱动安装成功后的测试

9.2　基于深度学习的物体识别

9.2.1　基于卷积神经网络的物体识别

1. Mask R-CNN

Mask R-CNN（Mask Region-Convolution Neural Network，带掩码的区域卷积神经网络）是目前流行的实例分割架构，能够对任意大小的输入图像进行特征学习。Mask R-CNN 扩展自 Faster R-CNN，由何凯明

在 2017 年提出。Faster R-CNN 是一个流行的目标检测框架，Mask R-CNN 在 Faster R-CNN 的基础上，将 RoI Pooling（Region of Interest Pooling，感兴趣区域池化）层替换成了 RoIAlign（区域特征聚集）层，并添加了一个预测分割掩码（Mask）的分支（FCN 层，即全连接层），将其扩展为实例分割框架。Mask R-CNN 网络结构如图 9.8 所示。

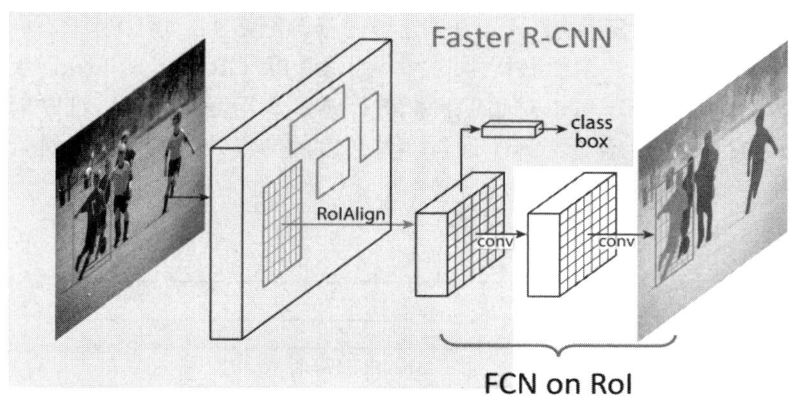

图 9.8　Mask R-CNN 网络结构

Mask R-CNN 网络整体上由两部分组成，第一部分提取图像特征，并生成建议（Proposal，即有可能包含一个目标的区域），第二部分分类建议，并生成边界框（Bounding Box）和掩码。

第一部分主要依靠卷积神经网络与区域建议生成网络（Region Proposal Network，RPN）实现。经过主干网络的前向传播，图像从 1024 × 1024 × 3 的张量被变换成形状为 32 × 32 × 2048 的特征图（Feature Map）。该特征图将作为第二部分的输入。RPN 是一个轻量的神经网络，它用滑动窗口来扫描图像，并寻找存在目标的区域。RPN 利用滑动窗口的方式产生锚（Anchor）边框，锚边框经过回归后产生候选区域。RPN 在不同的尺寸和长宽比下，图像上会有近 20 万个 Anchor，并且它们互相重叠以尽可能地覆盖图像。RPN 为每个 Anchor 生成两个输出：Anchor 类别与精调后的边框。通过 RPN 的预测，可以选出更好地包含了目标的 Anchor，并对其位置和尺寸进行精调。如果有多个 Anchor 互相重叠，则将保留拥有最高前景分数的 Anchor，并舍弃剩余的 Anchor，该操作也称为非极大值抑制（Non-Maximum Suppression，NMS）。这样就得到了最终的区域建议，并将其传递到第二部分。

在第二部分，由于分类器通常只能处理固定的输入尺寸，而 RPN 边框精调后会产生多种尺寸的 RoI 框，因此引入 RoI Pooling 解决这个问题。RoI Pooling 是指裁剪出特征图的一部分，然后将其重新调整为固定的尺寸。RoI Pooling 层的输出是尺寸固定为 7×7 的特征图，无法保证输入像素和输出像素是一一对应的（首先两者包含的信息量可能不同，其次输出的坐标无法和输入对应起来），这对分类没什么影响，但是对分割影响很大。Mask R-CNN 对该步骤进行了改进，RoIAlign 的输出坐标使用双线性插值算法得到，不再量化，每个小区域中的值也不再使用最大值算法，而是使用差值算法，这样便可以得到较准确的边界框。图像中每个物体的实例掩码是由一个与分类回归网络并行的掩码分支卷积运算所得的，其输入为 RoI 分类器选择的正区域。该分支生成的掩码分辨率为 28×28，掩码的小尺寸有助于保持掩码分支网络的轻量性。训练过程中，将真实的掩码尺寸缩小为 28×28 来计算损失函数；在识别过程中，将预测的掩码尺寸放大为 RoI 边框的尺寸，以给出最终的掩码结果，每一个实例目标都对应一个掩码，因此可以得到实例的分割结果。

2. SSD

SSD（Single Shot MultiBox Detector，单步多框目标检测）是基于 Caffe 框架实现的一种目标检测算法，其特点是识别速度快且准确率高。SSD 网络结构如图 9.9 所示。SSD 网络的主体结构是在一个基础网络的基础上，增加一系列小的卷积神经网络对目标位置与目标所属种类的信任程度进行预测。SSD 在用于图像分类的基础网络上，增加若干不同尺度的特征映射图，它们的尺度逐渐降低，用于获得不同大小的感受野（Receptive Field，RF）。尺度较大的特征映射图的感受野较小，可以对小的目标进行感知，尺度较小的特征映射图的感受野较大，可以对较大的目标进行感知。SSD 通过多种尺度的特征映射图，对多种尺度的目标进行感知。

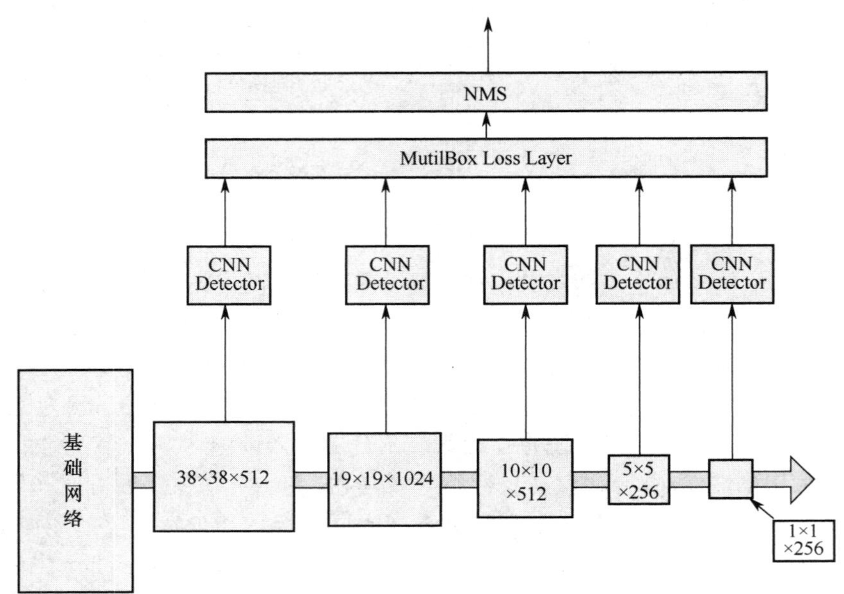

图 9.9　SSD 网络结构

与传统的卷积神经网络结构相比，SSD 网络修改了输入层以用于数据扩充，除输入图像信息之外，其还通过一个基础网络获得图像的高层次特征（目标框的位置及形状信息），并在其后扩展出若干不同尺度的特征映射图。在每张特征映射图的后面，分别添加一个小的卷积神经网络作为特征检测器，称为 CNN 特征检测器（CNN Detector），对目标的位置及其所属种类做出识别，最后经过损失层整合，进行非极大值抑制后输出。

对于 SSD 网络而言，在训练阶段，有两个输入：待提取目标的图像，以及目标的位置、大小和形状信息；在识别阶段，则只需要输入图像即可。除此之外，为了使训练出的网络能够具有更好的泛化能力（即在目标尺寸较小、发生形变、部分遮挡等情况出现时，依旧能够很好第识别目标），需要在原始训练数据的基础上进行数据扩充，丰富训练集样本的种类。SSD 网络中采用的数据扩充方式主要有随机采样、图像变换两种。

SSD 网络选择 VGG16Net 作为基础网络，VGG16Net 由 13 个卷积层和 3 个全连接层叠加而成。VGG16Net 是牛津大学视觉几何组（Visual Geometry Group）提出的网络模型，SSD 采用 VGG16Net 作为前端网络，一方面能够获得含有高层信息的特征图，另一方面，该网络的深度能够满足实时的要求，从而保证了 SSD 网络在获得较高准确率的同时，维持较快的检测速度。

CNN 特征检测器的组成如图 9.10 所示，每个 CNN 特征检测器由三部分组成：先验框生成器（Prior Box Generator）、位置回归器（CNN for Predicting（x, y, w, h））及种类置信度回归器（CNN for Predicting Confidence）。先验框生成器在每张特征映射图的位置上生成若干具有不同尺度与外形比例的先验框，同时位置回归器回归出目标相对于先验框的位置信息，种类置信度回归器回归出所属种类的置信度，进而确定其所属种类。

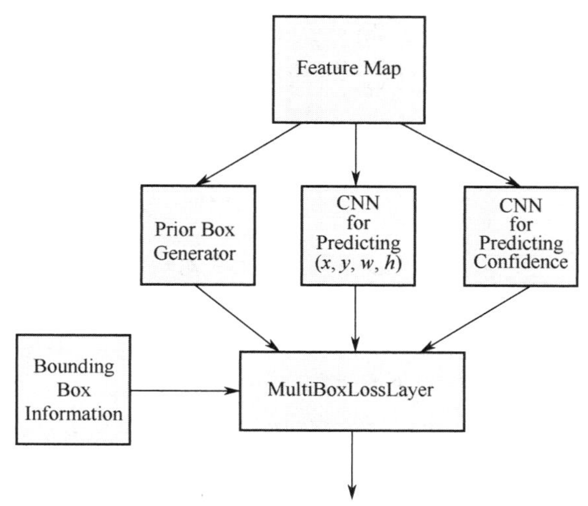

图 9.10　CNN 特征检测器的组成

对于一个卷积神经网络，损失的计算方式是由训练目标决定的，即期望输出与网络输出的差值。在训练阶段，损失层计算得到损失以后，进行反向传播和权值修正。在 SSD 网络中，损失层共有四个输入，分别为网络输入中的标注信息、先验框生成器生成的先验框、位置回归器得到的位置信息、种类置信度回归器得到的各个类别的置信度。在损失层，将根据这四的组成输入计算损失并进行反向传播，同时发掘具有代表性的负样本用于网络的进一步训练。

输出层只有在识别阶段接入网络，输出层一方面通过非极大值抑制获得较好的结果，另一方面根据置信度的阈值判断目标所属类别。

3. YOLO

YOLO（You Only Look Once）是 Redmon J 在 2015 年提出的一种全新的端到端的目标检测算法。在检测过程中，YOLO 将目标检测算法的生成目标候选区域、提取检测目标特征、检测目标候选验证的三个阶段，用一个神经网络加以整合，直接快速地完成目标检测任务。YOLO 提取整个图像的特征信息，分析每个边界框的坐标参数和其中的目标所属类别的概率，将目标检测分为边界框坐标参数的回归问题和类别的分类问题来处理，从而得到目标所属类别及其位置坐标。YOLO 算法在保证较高平均精度的同时，实现了端到端的训练和实时识别，标准的 YOLO 算法每秒能够检测 45 个图像，Fast YOLO 算法每秒能够检测 155 个图像。

YOLO 目标检测流程如图 9.11 所示。首先将输入的图像划分为 $S \times S$ 个网格（Grid Cell），如果图像中某一个目标的中心刚好落在其中的某一个网格中，那么这个目标就由该网格进行预测。

每个网格预测 B 个边界框及其置信度评分，每个预测边界框包含 5 个预测值：x、y、w、h 和置信度（Confidence）。(x, y)坐标表示边界框的中心相对其网格的位置，(w, h)为边界框相对于整个图像的宽和高。

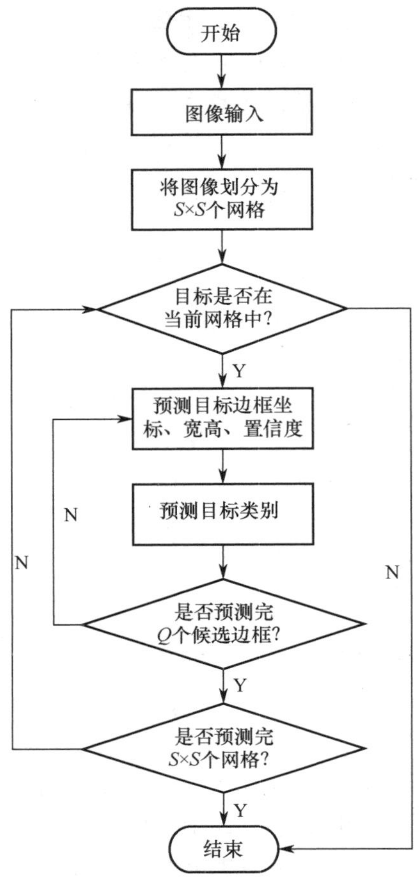

图 9.11　YOLO 目标检测流程

置信度反映了所预测的边界框内是否含有目标，以及边界框预测的准确度，其计算公式为：

$$\text{Confidence} = \Pr(\text{Object}) \times \text{IOU}_{\text{pred}}^{\text{truth}}$$

如果网格中不存在目标，则式中的 $\Pr(\text{Object}) = 0$，即置信度也为 0。如果存在某一目标的中心落在网格中，则 $\Pr(\text{Object}) = 1$，置信度等于预测目标框面积与真实目标框面积之间的交集与并集之比（Intersection over Union，IOU），计算公式为：

$$\text{IOU}_{\text{pred}}^{\text{truth}} = \frac{\text{area}(\text{box}_{\text{pred}} \cap \text{box}_{\text{truth}})}{\text{area}(\text{box}_{\text{pred}} \cup \text{box}_{\text{truth}})}$$

同时，每个单元网格还在网格内存在目标的条件下，对目标是 C 个类别中的某一类的概率进行预测，得到 C 个类别概率 $\Pr(\text{Class}_i \mid \text{Object})$，表示该网格中存在第 i 类物体中心的概率。C 为类别数量，与 B 无关。将类别预测得到的值与预测边界框的置信度相乘，可得到每个预测边界框在其网格中的某个类别物体 i 的置信度 Confidence(i)，即：

$$\text{Confidence}(i) = \Pr(\text{Class}_i \mid \text{Object}) \times \Pr(\text{Object}) \times \text{IOU}_{\text{pred}}^{\text{truth}}$$

如图 9.12 所示，YOLO 将输入的图像划分为 $S \times S$ 个网格，每个网格预测 B 个边界框和 C 个类别概率，其中每个边界框包含 x、y、w、h 和 Confidence 共 5 个预测值。最终，输出层输出 $S \times S \times (B \times 5 + C)$ 维的张量。

例如，在 Pascal VOC 数据集中，输入图像尺寸为 448×448，取 S=7，B=2，Pascal VOC 数据集含有 20 个类别的标签，即 C=20，因此最终的预测输出为 7×7×30 的张量。

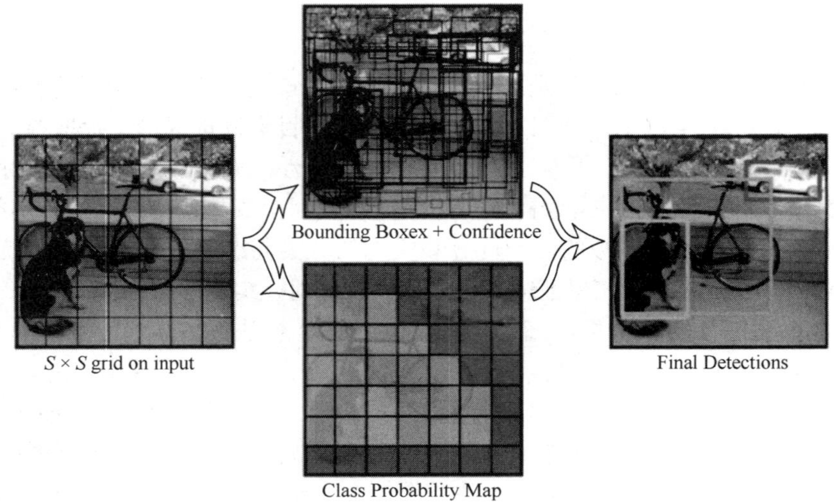

图 9.12　YOLO 目标检测示意图

9.2.2　常见深度学习框架

深度学习在图像识别、语音识别方面的准确率不断提高，构建高效、可靠、扩展性好的基础工具，能为这一领域的发展起到极大的推动作用。学术界在不停地探索深度学习新模型、新方法的同时，工业界也不断推出各种工具框架，以促进深度学习研究和应用的发展。

1. TensorFlow 框架

TensorFlow 是 Google 提出的深度学习框架，具有 Python 和 C++接口，利用其灵活易用的前端语言，人们可以轻松地构建复杂的算法模型；同时，其后端高效的执行系统与分布式架构保证了在模型训练和执行方面的高性能。TensorFlow 从 2015 年 11 月开源以来，一直是 GitHub 机器学习门类中最受关注的项目之一，也是业界优秀的深度学习框架之一。

TensorFlow 是一个基于数据流图（Data Flow Graph）的数值计算开源软件库，其灵活的架构设计允许开发者以单机或分布式的方式，将计算部署到台式机或服务器上。数据流图是 TensorFlow 中对计算过程的抽象描述，如图 9.13 所示。数据流图是有向图，图中的各节点表示各种数学计算操作，每个边表示操作与操作之间传递的高维数组数据，称为 tensor。

支持各种设备的灵活部署是 TensorFlow 最大的优势，大至分布式服务器集群，小到手机等移动设备，都能运行同样的机器学习算法模型。

TensorFlow 作为一个深度学习框架，主要具有以下优势。

（1）基于 TensorFlow 搭建模型时使用的代码量少，可以用非常简洁的语言实现各种复杂的算法模型，将开发者从非常消耗精力的编码和调试工作中解放出来，在提高程序可维护性的同时节省大量的开发时间。

（2）TensorFlow 的内核执行系统使用 C++语言编写，拥有非常高的执行效率。

（3）TensorFlow 具有优秀的分层架构设计，采用前端编程语言与后端执行引擎分离，执行引擎与面向硬件的计算分离的架构，使模型非常方便地运行在异构设备环境中，充分实现了“高内聚，低耦合”的设计思想，开发者在前端可以不用关心硬件运行的特殊机制，而专心于算法和应用方面的研究。

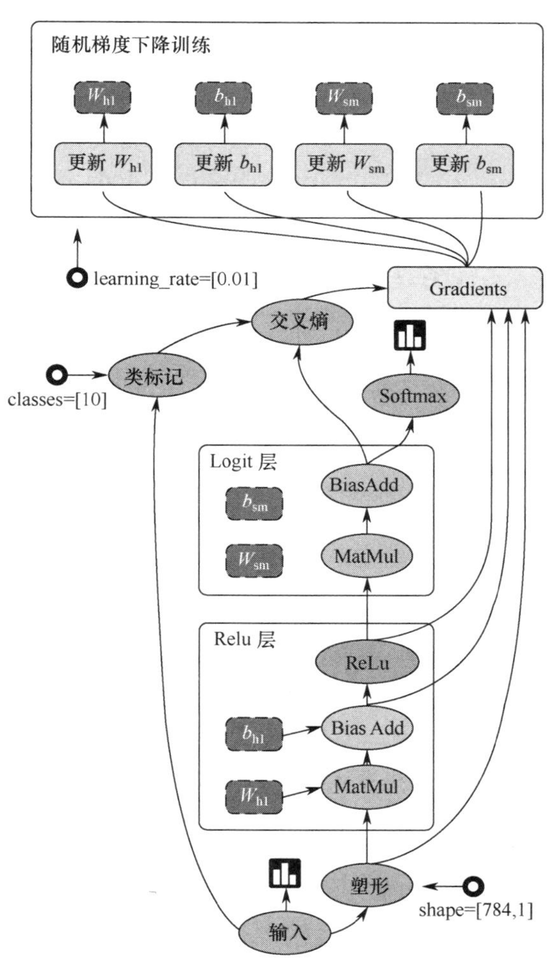

图 9.13　TensorFlow 数据流图

2. PyTorch 框架

PyTorch 的前身是 Torch。自从互联网巨头原 Facebook 人工智能研究院（FAIR）开源了大量基于 Torch 框架的深度学习模块后，Torch 逐渐流行起来，它是一个拥有大量机器学习算法支撑的科学计算框架，应用灵活。Torch 框架的一个特殊之处是采用 Lua 作为编程语言，后来 PyTorch 框架使用 Python 语言重写了 Torch 框架底层很多内容，不仅更加灵活，支持动态图，还提供了 Python 接口。PyTorch 更像 NumPy（Numerical Python）的替代产物，不仅继承了 NumPy 的众多优点，还支持 GPUs 计算，在计算效率上要比 NumPy 有更明显的优势；此外，PyTorch 还有许多高级功能，如拥有丰富的 API，可以快速完成深度神经网络模型的搭建和训练。2018 年，PyTorch 并入了 Caffe2 的代码后，目前已成为一个主流的深度学习框架。

PyTorch 具有以下优点。

（1）TensorFlow 与 Caffe 都采用命令式的编程语言，而且是静态的，使用 TensorFlow 时，首先必须构建一个神经网络，如果想要改变网络结构，需要从头开始。但是 PyTorch 是动态的，通过一次反向求导的技术，开发者可以任意改变神经网络的行为。到目前为止，PyTorch 的实现是最快的，可以获得很高的灵活性，这也是 PyTorch 对比 TensorFlow 具有的最大的优势。

（2）PyTorch 的设计思路是线性、直观且易于实现的，当代码出现问题时，开发者可以轻松地找到出错的代码，不会因错误的指向浪费太多的调试时间。

（3）PyTorch 的代码相对于 TensorFlow 而言，更加简洁、直观。对比 TensorFlow 高度工业化的底层代码，PyTorch 的源码更友好，更容易看懂，开发者对其框架的理解会更深。

同时，PyTorch 也存在以下缺点。

（1）针对移动端、嵌入式部署及高性能服务器端的部署，性能表现有待提升。

（2）由于 PyTorch 的流行比 TensorFlow 晚一些，它的开发社区没有那么强大，实现的相关开源代码较少，不支持某些运算（如快速傅里叶变换、检查无穷与非数值张量等）。

任务 2　基于卷积神经网络的物体识别实现

ROS 环境下，TensorFlow 的安装过程如下。

（1）安装 python-pip 工具：

```
$ sudo apt-get install python-pip python-dev python-virtualenv
```

（2）创建 TensorFlow 虚拟环境：

```
$ virtualenv --system-site-packages ~/tensorflow
```

（3）进入 TensorFlow 虚拟环境：

```
$ source ~/tensorflow/bin/activate
```

（4）在虚拟环境中安装 python-pip：

```
$ easy_install -U pip
```

（5）在虚拟环境中安装 TensorFlow（注意：安装 1.15.0 版本的 TensorFlow，否则会导致运行失败）：

```
$ pip install --upgrade tensorflow==1.15.0
```

Spark 机器人中已经集成了基于卷积神经网络的物体识别程序 tensorflow_object_detector。打开一个新的命令行，运行物体识别程序：

```
$ roslaunch tensorflow_object_detector object_detect.launch camera_type_tel:=astra
```

注意：需要指定相机型号作为参数，这里使用奥比中光的 Astra 深度相机。

基于卷积神经网络的物体识别效果如图 9.14 所示。关于卷积神经网络和深度学习的知识，读者可以阅读相关书籍学习。

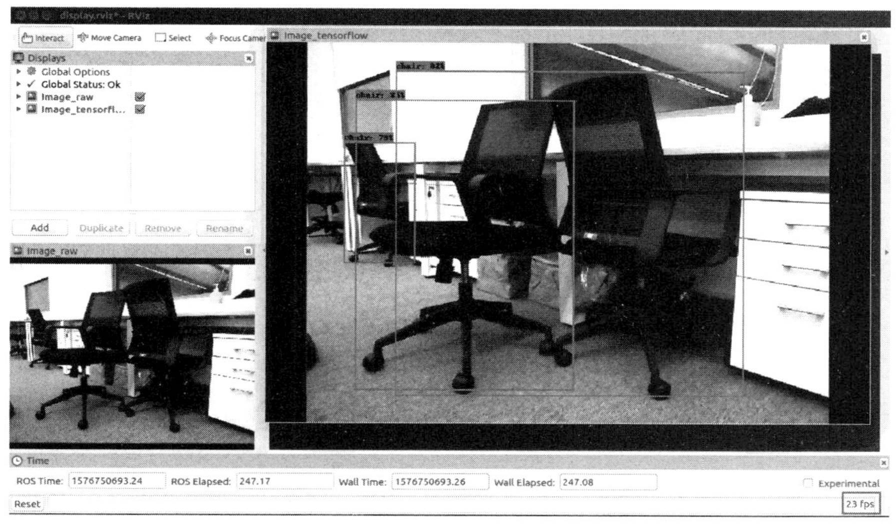

图 9.14　基于卷积神经网络的物体识别效果

9.3　手眼标定原理和过程

为了使机器人能够根据相机采集的图像信息进行操作，需要获得相机（机器人的眼）与机器人末端夹爪（机器人的手，以下简称机器人末端）之间的坐标变换关系，即对相机坐标系与机器人末端坐标系进行标定，该过程也叫手眼标定。通过第 8 章的相机标定，我们得到了相机的内外参数和畸变系数，建立了物体坐标系到像素坐标系之间的变换。而通过机械臂夹爪去抓取物体，需要建立机械臂与目标物体之间的坐标变换关系，相机可以作为联系两者的“桥梁”，问题就可以转化为求机械臂与相机之间的坐标变换关系。因此，通过手眼标定，获取机器人末端坐标系和相机坐标系之间的关系，就可以将识别的目标物体位置坐标变换到机器人末端坐标系下，进而实现物体抓取等操作。

机器人的手眼关系分为 eye-in-hand 及 eye-to-hand 两种，如图 9.15 所示。其中 eye-in-hand 叫眼在手上，机器人的视觉系统随着机器人末端运动；而 eye-to-hand 叫眼在手外，机器人的视觉系统不会在世界坐标系内运动，与机器人基座的坐标变换关系是固定的。

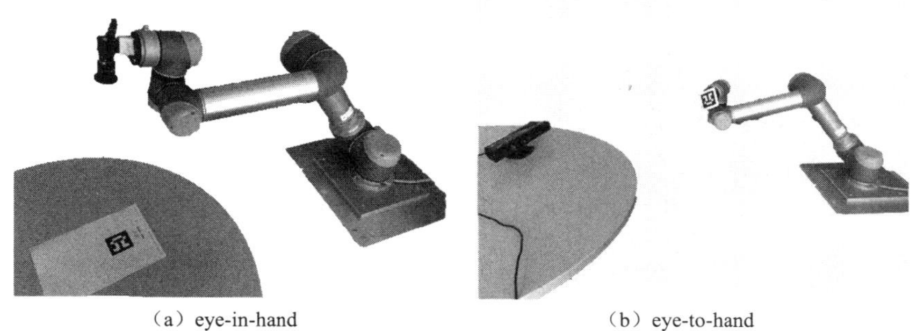

（a）eye-in-hand　　（b）eye-to-hand

图 9.15　机器人的手眼关系

对于 eye-in-hand 的情况，机器人手眼标定即标定机器人末端与相机之间的坐标变换关系；对于 eye-to-hand 的情况，机器人手眼标定即标定机器人基座与相机之间的坐标变换关系。两种标定方法都是将机器人及相机之间的不变量确定下来，从而建立两者之间的变换矩阵。

两种手眼标定方式的基本原理相似，如图 9.16 所示，下面介绍标定原理。

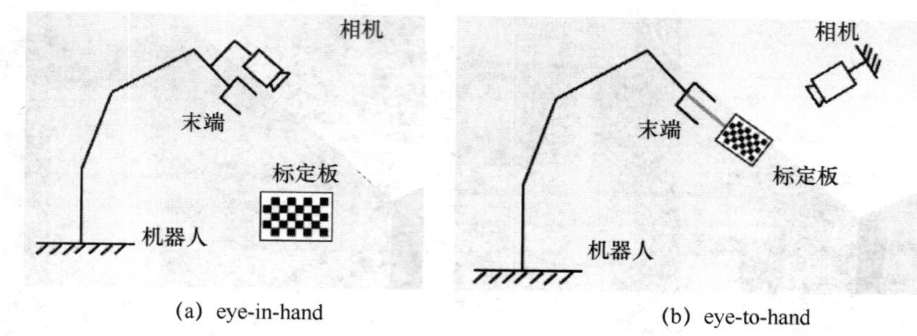

图 9.16　两种手眼标定方式的基本原理

设 ${}^{\mathrm{Base}}_{\mathrm{End}}\boldsymbol{T}$ 为机器人末端坐标系相对于机器人基座坐标系的变换矩阵，${}^{\mathrm{End}}_{\mathrm{Camere}}\boldsymbol{T}$ 为相机坐标系相对于机器人末端坐标系的变换矩阵，则相机坐标系相对于机器人基座坐标系的变换矩阵为

$$ {}^{\mathrm{Base}}_{\mathrm{Camera}}\boldsymbol{T} = {}^{\mathrm{Base}}_{\mathrm{End}}\boldsymbol{T} \cdot {}^{\mathrm{End}}_{\mathrm{Camera}}\boldsymbol{T} $$

其中，${}^{\mathrm{Base}}_{\mathrm{End}}\boldsymbol{T}$ 可利用机器人各关节角度及正运动学方程计算得到，而 ${}^{\mathrm{End}}_{\mathrm{Camere}}\boldsymbol{T}$ 需要通过手眼标定算法来求解。

又设 ${}^{\mathrm{Camera}}_{\mathrm{Object}}\boldsymbol{T}$ 为物体相对于相机坐标系的变换矩阵，则：

（1）在 eye-in-hand 方式中，机器人运动到任意两个位姿，有以下公式：

$$ {}^{\mathrm{Base}}_{\mathrm{End1}}\boldsymbol{T} \cdot {}^{\mathrm{End1}}_{\mathrm{Camera1}}\boldsymbol{T} \cdot {}^{\mathrm{Camera1}}_{\mathrm{Object}}\boldsymbol{T} = {}^{\mathrm{Base}}_{\mathrm{End2}}\boldsymbol{T} \cdot {}^{\mathrm{End2}}_{\mathrm{Camera2}}\boldsymbol{T} \cdot {}^{\mathrm{Camera2}}_{\mathrm{Object}}\boldsymbol{T} $$

$$ {}^{\mathrm{Base}}_{\mathrm{End2}}\boldsymbol{T}^{-1} \cdot {}^{\mathrm{Base}}_{\mathrm{End1}}\boldsymbol{T} \cdot {}^{\mathrm{End1}}_{\mathrm{Camera1}}\boldsymbol{T} = {}^{\mathrm{End2}}_{\mathrm{Camera2}}\boldsymbol{T} \cdot {}^{\mathrm{Camera2}}_{\mathrm{Object}}\boldsymbol{T} \cdot {}^{\mathrm{Camera1}}_{\mathrm{Object}}\boldsymbol{T}^{-1} $$

令 ${}^{\mathrm{Base}}_{\mathrm{End2}}\boldsymbol{T}^{-1} \cdot {}^{\mathrm{Base}}_{\mathrm{End1}}\boldsymbol{T} = \boldsymbol{A}$，${}^{\mathrm{End1}}_{\mathrm{Camera1}}\boldsymbol{T} = {}^{\mathrm{End2}}_{\mathrm{Camera2}}\boldsymbol{T} = \boldsymbol{X}$，${}^{\mathrm{Camera2}}_{\mathrm{Object}}\boldsymbol{T} \cdot {}^{\mathrm{Camera1}}_{\mathrm{Object}}\boldsymbol{T}^{-1} = \boldsymbol{B}$，可得：

$$ \boldsymbol{AX} = \boldsymbol{XB} $$

（2）在 eye-to-hand 方式中，机器人末端夹着标定板，运动到任意两个位姿，有以下公式：

$$ {}^{\mathrm{End}}_{\mathrm{Base1}}\boldsymbol{T} \cdot {}^{\mathrm{Bade1}}_{\mathrm{Camera1}}\boldsymbol{T} \cdot {}^{\mathrm{Camera1}}_{\mathrm{Object}}\boldsymbol{T} = {}^{\mathrm{End}}_{\mathrm{Base2}}\boldsymbol{T} \cdot {}^{\mathrm{Base2}}_{\mathrm{Camera2}}\boldsymbol{T} \cdot {}^{\mathrm{Camera2}}_{\mathrm{Object}}\boldsymbol{T} $$

$$ {}^{\mathrm{End}}_{\mathrm{Base2}}\boldsymbol{T}^{-1} \cdot {}^{\mathrm{End}}_{\mathrm{Base1}}\boldsymbol{T} \cdot {}^{\mathrm{Base1}}_{\mathrm{Camera1}}\boldsymbol{T} = {}^{\mathrm{Base2}}_{\mathrm{Camera2}}\boldsymbol{T} \cdot {}^{\mathrm{Camera2}}_{\mathrm{Object}}\boldsymbol{T} \cdot {}^{\mathrm{Camera1}}_{\mathrm{Object}}\boldsymbol{T}^{-1} $$

令 ${}^{\mathrm{End}}_{\mathrm{Base2}}\boldsymbol{T}^{-1} \cdot {}^{\mathrm{End}}_{\mathrm{Base1}}\boldsymbol{T} = \boldsymbol{A}$，${}^{\mathrm{Base1}}_{\mathrm{Camera1}}\boldsymbol{T} = {}^{\mathrm{Base2}}_{\mathrm{Camera2}}\boldsymbol{T} = \boldsymbol{X}$，${}^{\mathrm{Camera2}}_{\mathrm{Object}}\boldsymbol{T} \cdot {}^{\mathrm{Camera1}}_{\mathrm{Object}}\boldsymbol{T}^{-1} = \boldsymbol{B}$，可得：

$$ \boldsymbol{AX} = \boldsymbol{XB} $$

可以看出，最终无论采用哪种方式，通过采样多个标定位姿下的图像数据，都可将标定问题简化为 $\boldsymbol{AX} = \boldsymbol{XB}$ 的求解问题，其中 $\boldsymbol{A}$、$\boldsymbol{X}$、$\boldsymbol{B}$ 均为 4×4 的齐次变换矩阵。

为进一步求解齐次方程 $\boldsymbol{AX} = \boldsymbol{XB}$，先将齐次变换矩阵写成旋转矩阵和平移向量的形式：

$$ \underbrace{\begin{bmatrix} \boldsymbol{R}_A & \boldsymbol{t}_A \\ 0 & 1 \end{bmatrix}}_{\boldsymbol{A}} \underbrace{\begin{bmatrix} \boldsymbol{R} & \boldsymbol{t} \\ 0 & 1 \end{bmatrix}}_{\boldsymbol{X}} = \underbrace{\begin{bmatrix} \boldsymbol{R} & \boldsymbol{t} \\ 0 & 1 \end{bmatrix}}_{\boldsymbol{X}} \underbrace{\begin{bmatrix} \boldsymbol{R}_B & \boldsymbol{t}_B \\ 0 & 1 \end{bmatrix}}_{\boldsymbol{B}} $$

将上式展开，即可得到待求解的方程组：

$$ \begin{cases} \boldsymbol{R}_A \cdot \boldsymbol{R} = \boldsymbol{R} \cdot \boldsymbol{R}_B \\ (\boldsymbol{R}_A - \boldsymbol{I})\boldsymbol{t} = \boldsymbol{R} \cdot \boldsymbol{t}_B - \boldsymbol{t}_A \end{cases} $$

在上面的方程组中，$\boldsymbol{R}_A$、$\boldsymbol{R}_B$、$\boldsymbol{t}_A$、$\boldsymbol{t}_B$ 均可通过测量得到，$\boldsymbol{I}$ 为单位阵。此方程组有多种解

法，其中最经典的解法为 Tsai-Lenz 两步法，即先利用方程的上式求解出旋转矩阵 $\boldsymbol{R}$，再代入下式求解出平移向量 $\boldsymbol{t}$。求解过程中，利用旋转向量-旋转角来描述旋转变换，具体的实现步骤如下。

（1）将旋转矩阵 $\boldsymbol{R}_A$、$\boldsymbol{R}_B$ 变换为旋转向量 $\boldsymbol{r}_A$、$\boldsymbol{r}_B$。

根据罗德里格斯旋转公式（Rodrigues' Rotation Formula），旋转矩阵 $\boldsymbol{R}^*$ 可以通过旋转向量 $\boldsymbol{r}=[v_x,v_y,v_z]^{\mathrm{T}}$ 和旋转角 θ 进行表示：

$$\boldsymbol{R}^* = \boldsymbol{I}\cos\theta + (1-\cos\theta)\boldsymbol{r}\boldsymbol{r}^{\mathrm{T}} + \sin\theta\boldsymbol{r}\wedge$$

式中，$\boldsymbol{r}\wedge$ 为 $\boldsymbol{r}$ 的反对称阵：

$$\boldsymbol{r}\wedge = \begin{bmatrix} 0 & -v_z & v_y \\ v_z & 0 & -v_x \\ -v_y & v_x & 0 \end{bmatrix}$$

实际使用时，通常会对旋转向量 $\boldsymbol{r}$ 进行缩放，使其二范数等于 θ，即 $\theta = \|\boldsymbol{r}\|_2$。

将旋转矩阵 $\boldsymbol{R}_A$、$\boldsymbol{R}_B$ 变换为旋转向量 $\boldsymbol{r}_A$、$\boldsymbol{r}_B$ 的公式如下：

$$\begin{cases} \boldsymbol{r}_A = \mathrm{rodrigues}(\boldsymbol{R}_A) \\ \boldsymbol{r}_B = \mathrm{rodrigues}(\boldsymbol{R}_B) \end{cases}$$

（2）定义新的旋转向量表达 $\boldsymbol{P}_r$，有：

$$\boldsymbol{P}_r = 2\sin\left(\frac{\theta}{2}\right)\boldsymbol{N}_r = 2\sin\left(\frac{\|\boldsymbol{r}\|_2}{2}\right)\boldsymbol{N}_r$$

式中，$\boldsymbol{N}_r$ 为旋转向量 $\boldsymbol{r}$ 的单位向量：

$$\boldsymbol{N}_r = \frac{\boldsymbol{r}}{\|\boldsymbol{r}\|_2}$$

进而可得：

$$\begin{cases} \boldsymbol{P}_A = 2\sin\left(\dfrac{\|\boldsymbol{r}_A\|_2}{2}\right)\dfrac{\boldsymbol{r}_A}{\|\boldsymbol{r}_A\|_2} \\ \boldsymbol{P}_B = 2\sin\left(\dfrac{\|\boldsymbol{r}_B\|_2}{2}\right)\dfrac{\boldsymbol{r}_B}{\|\boldsymbol{r}_B\|_2} \end{cases}$$

（3）根据下式，计算初始旋转向量 $\boldsymbol{P}'$：

$$(\boldsymbol{P}_A + \boldsymbol{P}_B)\wedge\boldsymbol{P}' = \boldsymbol{P}_B - \boldsymbol{P}_A$$

（4）根据下式，计算旋转向量 $\boldsymbol{P}$：

$$\boldsymbol{P} = \frac{2\boldsymbol{P}'}{\sqrt{1+|\boldsymbol{P}'|^2}}$$

（5）根据下式，计算旋转矩阵 $\boldsymbol{R}$：

$$\boldsymbol{R} = \left(1-\frac{|\boldsymbol{P}|^2}{2}\right)I + \frac{1}{2}\left(\boldsymbol{P}\boldsymbol{P}^{\mathrm{T}} + \sqrt{4-|\boldsymbol{P}|^2}\boldsymbol{P}\wedge\right)$$

（6）根据计算所得旋转矩阵 $\boldsymbol{R}$，求解平移向量 $\boldsymbol{t}$：

$$\boldsymbol{t} = (\boldsymbol{R}_A - \boldsymbol{I})^{-1}(\boldsymbol{R}\cdot\boldsymbol{t}_B - \boldsymbol{t}_A)$$

因此，可以将手眼标定的具体过程分为下面四个步骤进行。

（1）对相机进行标定，获得相机内参。

（2）使用 eye-to-hand 或者 eye-in-hand 方式将相机、标定板固定好，启动机器人，调整机器人末端位姿，并将对应的照片、机器人末端位姿记录下来。

（3）利用相机内参，计算得到照片中相机与标定板之间的坐标变换关系。

（4）利用 Tsai-Lenz 两步法求解前述方程，先从方程中求解出旋转矩阵，再求解出平移向量，得到 4×4 的齐次变换矩阵。

任务 3　机器人手眼视觉外参标定

1. eye-in-hand 方式的机器人视觉标定

ROS 中提供了许多成熟的手眼标定功能包，如 handeye、hand_eye_calibration、hand_eye_calib、handeye_calib_camodocal，easy_handeye。easy_handeye 功能包可以以 TF 中的变换关系为输入，提供了友好的 GUI 界面，通过简单的 launch 配置文件完成标定工作。为了提高精度，不同的采样位姿之间应该减少平移变换，增加旋转变换，并引入冗余位姿。

在应用时，首先根据 demo.launch 修改相应参数，启动标定计算节点和坐标变换发布节点。同时，由于 easy_handeye 功能包需结合 ArUco 库使用，在 launch 文件中还需启动 aruco_tracker 节点。然后，配合相机和机器人的配置和启动文件完成手眼标定，结果以四元数或欧拉角的形式发布。

easy_handeye 功能包依赖于 vision-visp 功能包，需要先安装 vision-visp 功能包，再安装 easy_handeye 功能包。

（1）vision-visp 源码下载和安装。

先下载源码：

```
$ cd ~/catkin_ws/src && git clone https://github.com/lagadic/vision_visp.git
```

切换到当前的 ROS 版本，如 Kinetic：

```
$ cd vision_visp git checkout kinetic
```

安装 ROS 依赖：

```
$ cd ~/catkin_ws
$ sudo rosdep init
$ rosdep update
$ rosdep install --from-paths src --ignore-src --rosdistro kinetic
```

编译源码：

```
$ cd ~/catkin_ws
$ catkin_make -j4 -DCMAKE_BUILD_TYPE=Release
```

测试安装是否成功：

```
$ roslaunch visp_tracker tutorial.launch
$ roslaunch visp_auto_tracker tutorial.launch
```

（2）easy_handeye 源码下载和安装。

先下载源码：

```
$ cd ~/catkin_ws/src
$ git clone https://github.com/IFL-CAMP/easy_handeye
```

安装 ROS 依赖：

```
$ cd ~/catkin_ws
$ rosdep install -iyr --from-paths src
$ catkin_make -j4 -DCMAKE_BUILD_TYPE=Release
```

（3）功能包使用。

复制 launch 文件模板：

```
$ cd ~/catkin_ws/src/easy_handeye
```

```
$ cp ./docs/example_launch/ur5_kinect_calibration.launch ./easy_handeye/launch/handeye_ calibration.launch
```

修改 handeye_calibration.launch 文件：

```
$ gedit ./easy_handeye/launch/handeye_calibration.launch
```

重命名命名空间：

```
$<arg name="namespace_prefix" default="handeyecalibration" />
```

修改<!-- start the Kinect -->：

```
<include file="$(find kinect2_bridge)/launch/kinect2_bridge.launch" />
```

修改<!-- start the robot -->：

```
<include file="$(find iiwa_moveit)/launch/demo.launch" />
```

修改 <!-- start ArUco -->（reference_frame 及 camera_frame 为相机坐标系的名称）：

```
<param name="reference_frame"    value="kinect2_rgb_optical_frame"/>
<param name="camera_frame"       value="kinect2_rgb_optical_frame"/>
```

修改<!--start easy_handeye-->(tracking_base_frame 为相机坐标系的名称，robot_base_frame 为机器人基座坐标系名称，robot_effector_frame 为机器人末端坐标系名称)：

```
<arg name="tracking_base_frame" value="kinect2_rgb_optical_frame" />
<arg name="robot_base_frame" value="iiwa_link_0" />
<arg name="robot_effector_frame" value="iiwa_link_ee" />
```

（4）启动标定：

```
$ roslaunch easy_handeye handeye_calibration.launch
```

标定完成后，所得标定结果以 yaml 文件保存在.ros/easy_handeye 文件夹下，查看文件内容：

```
$ cat .ros/easy_handeye/handeyecalibration_eye_on_base.yaml
```

发布标定所得机器人与相机之间的坐标变换关系，需修改 publish.launch 文件：

```
$ gedit ./easy_handeye/launch/publish.launch
```

加上两处默认值：eye_on_hand 为 true 时发布 eye-in-hand 方式的标定结果，eye_on_hand 为 false 时，发布 eye-to-hand 方式的标定结果。修改命名空间，使其与 handeye_ calibration.launch 文件中的相同。

```
<arg name="eye_on_hand" doc="eye-on-hand instead of eye-on-base" default="false"/>
<arg name="namespace_prefix" default="handeyecalibration" />
```

2. eye-to-hand 方式的机器人视觉标定

在标定前，把相机镜头向前下方旋转 90°，使镜头向下，对着机器人末端所在地面，如图 9.17 所示。

（1）准备工作：在机器人末端的吸盘正上方的位置贴上一张 18mm × 28mm 的长方形红色纸。

（2）控制机器人依次运动到指定标定点：查看标定源码，路径为~/spark/src/spark_app/ spark_carry/nodes/cali_pos.py。其功能是控制机器人依次运动到指定标定点，每次进行(5,10)单位的移动，共计 20 个点。并通过主题发布出去。

（3）相机订阅与视觉定位：查看源码，路径为~/spark/src/spark_app/spark_carry/nodes/cali_cam_cv3.py。其功能是通过相机图像的订阅，检测出红色标签点，计算出红色标签点坐标，结合机器人的坐标，进行线性拟合，把拟合后的标定结果保存到 txt 文件中。

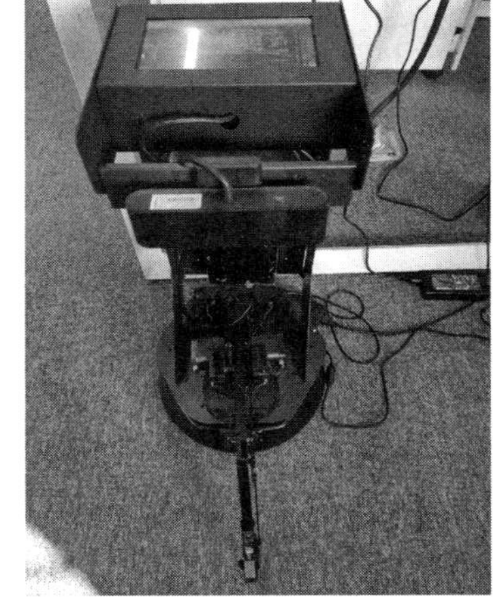

图 9.17　相机安装方式与标定物

（4）编写机器人与相机标定的 launch 文件。文件名为

spark_carry_cal_cv3.launch。

launch 文件中包括以下内容：

- 安装 Spark 机器人驱动，包含机器人描述、机械臂、相机和底盘的驱动。
- 相机订阅与视觉定位。
- 控制机械臂定点运动。
- 在 rviz 中显示标定过程。

launch 文件的内容如下：

```
    <!--机器人与相机之间的校准功能。注意相机镜头需要垂直向下。将一张红色纸贴在吸盘的正上方作为校准点。-->
    <launch>

        <!--UARM 机械臂-->
        <include file="$(find swiftpro)/launch/pro_control_nomoveit.launch"/>

        <!--Spark 机器人驱动：机器人描述、机械臂、相机、底盘-->
        <include file="$(find spark_bringup)/launch/driver_bringup.launch"/>

        <!--相机订阅与视觉定位-->
        <node pkg="spark_carry_object" type="cali_cam_cv3.py" name="cali_cam_cv3_node" output="screen"/>

        <!--控制机械臂定点运动-->
        <node pkg="spark_carry_object" type="cali_pos.py" name="cali_pos_node" output="screen"/>

         <!--在 rviz 中显示标定过程-->
        <arg name="rvizconfig" default="$(find spark_carry_object)/rviz/carry_object.rviz" />
        <node name="rviz" pkg="rviz" type="rviz" args="-d $(arg rvizconfig)" required="true"/>

    </launch>
```

将 spark_carry_cal_cv3.launch 保存到~/spark/src/spark_app/spark_carry/launch/文件夹中。

（5）运行标定程序：在控制台输入如下命令，先后打开 rviz 和命令行进行标定。

```
$ cd ~/spark
$ catkin_make
$ source ~/spark/devel/setup.bash
$ roslaunch spark_carry spark_carry_cal_cv3.launch camera_type_tel:=astra
```

注意：需要指定相机型号作为参数，这里使用的是奥比中光的 Astra 深度相机。

或者直接运行一键脚本 onekey.sh：

```
$ cd ~/spark
$ ./onekey.sh
# 根据提示，选择第 8 个功能“机械臂与摄像头标定”
```

进行 eye-to-hand 方式的全局标定时，机器人末端会依次移动，首先记录下 20 个以机器人基座坐标系为参考的 x,y 坐标（世界坐标，z 轴固定），以及对应图像的像素坐标。这 20 个世界坐标是程序中给定的（固定的），图像的像素坐标取的是标定物的中心点坐标。然后对这 20 对采样点进行直线拟合，得到标定参数。如图 9.18 所示，命令行中依次打印出了这 20 对采样点及最后的标定结果。

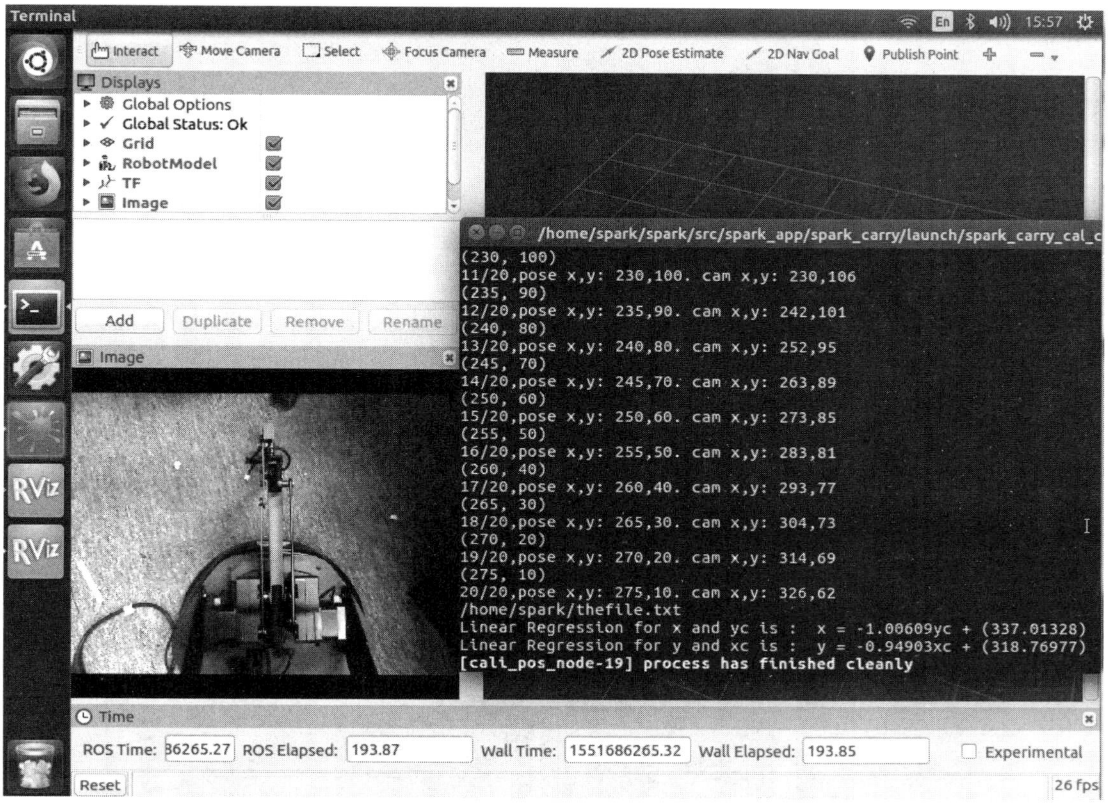

```
/home/spark/spark/src/spark_app/spark_carry/launch/spark_carry_cal_c
(230, 100)
11/20,pose x,y: 230,100. cam x,y: 230,106
(235, 90)
12/20,pose x,y: 235,90. cam x,y: 242,101
(240, 80)
13/20,pose x,y: 240,80. cam x,y: 252,95
(245, 70)
14/20,pose x,y: 245,70. cam x,y: 263,89
(250, 60)
15/20,pose x,y: 250,60. cam x,y: 273,85
(255, 50)
16/20,pose x,y: 255,50. cam x,y: 283,81
(260, 40)
17/20,pose x,y: 260,40. cam x,y: 293,77
(265, 30)
18/20,pose x,y: 265,30. cam x,y: 304,73
(270, 20)
19/20,pose x,y: 270,20. cam x,y: 314,69
(275, 10)
20/20,pose x,y: 275,10. cam x,y: 326,62
/home/spark/thefile.txt
Linear Regression for x and yc is :  x = -1.00609yc + (337.01328)
Linear Regression for y and xc is :  y = -0.94903xc + (318.76977)
[cali_pos_node-19] process has finished cleanly
```

图 9.18　标定结果

9.4　基于视觉的机械臂抓取实现

机器人的智能化不仅要求其能够感知环境，而且要求其能够与环境中的物体进行交互。抓取便是机器人与物体进行交互的一种典型方式。为了提高机器人与物体的交互水平，机器人需要可以很好地进行物体感知，这也是计算机视觉与机器人技术领域的长期研究目标。

随着传感器技术的发展，目前大多数机器人已经装备了单目相机或深度相机，但相机获取的信息仅局限于像素中存储的 RGB 信息或深度信息，传感器的原始数据仅能为机器人提供环境感知信息。为了使机器人能够基于视觉进行物体抓取，通常需要通过计算机视觉算法，提取环境中物体的高级语义信息，如物体的位置、姿态、抓取点等。

基于视觉的机械臂抓取系统通常由抓取检测系统、抓取规划系统和控制系统三部分组成。下面主要介绍基于视觉的机械臂抓取检测系统。

基于视觉的机械臂抓取检测系统如图 9.19 所示，其通常配备深度相机（如 RGB-D 深度相机）及平行夹爪（用于抓取桌面上的目标物体）。机械臂抓取检测系统包括目标物体定位（Object Localization）、姿态估计（Pose Estimation）、抓取姿态检测（Grasp Detection）和运动规划（Motion Planning）四个子任务，并通过控制系统完成机械臂抓取动作。

如图 9.20 所示，基于视觉的机械臂抓取检测系统中的四个任务既可以独立完成，也可以联合完成，完成方法可以分为八种，每种方法都可以完成一个或多个任务。

方法①、方法②、方法④和方法⑦可以分别完成目标物体定位、姿态估计、抓取姿态检测

测和运动规划。

方法③可以一起完成目标物体定位和姿态估计。

方法⑤中可以直接执行抓取姿态检测，而无须估计对象的位姿。

方法⑥无须完成目标物体定位和姿态估计即可完成抓取姿态检测。

方法⑧直接根据输入数据完成所有抓取任务，是一种端到端的方法。

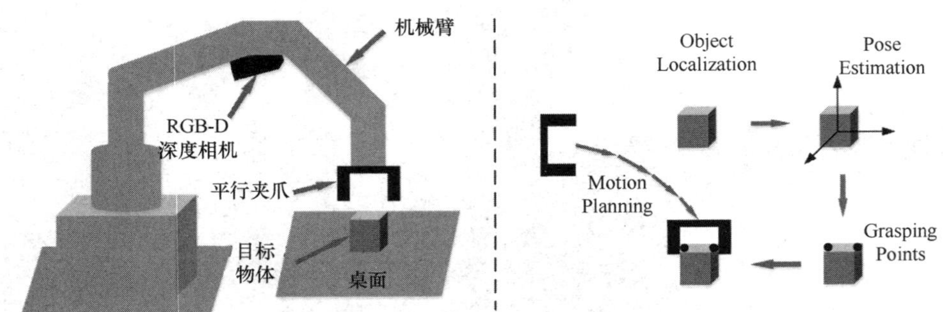

图 9.19　基于视觉的机械臂抓取检测系统

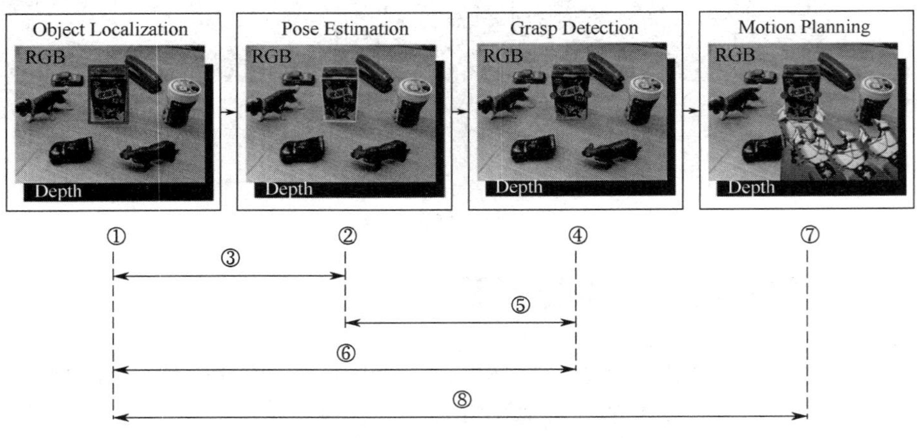

图 9.20　基于视觉的机械臂抓取检测系统中的四个任务

9.4.1　目标物体定位

大多数机械臂抓取方法的第一步都是计算目标物体在输入图像中的位置，这涉及目标检测和目标分割技术。目标检测提供目标物体的矩形边界框，而目标分割则提供目标物体的精确边界。后者提供了对象所在区域的更准确的描述，因而其计算更加耗时。

（1）2D 目标检测流程如图 9.21 所示。传统的 2D 目标检测算法依赖于模板匹配，模板匹配利用人工设计的描述符（如 SIFT、SURF、Bag of Words 等）训练分类器，如神经网络、支持向量机或 Adaboost。这种基于描述符的算法适用范围有限，而基于深度学习的算法近年来逐渐流行起来，该算法可以分为两阶段算法和一阶段算法。两阶段算法包括区域建议生成和分类两个阶段，如 R-CNN、Mask R-CNN；而一阶段算法可直接得出检测结果，如 YOLO、SSD。

（2）2D 目标分割流程如图 9.22 所示。传统的目标分割算法大多基于聚类算法或图分割算法，性能有限。随着全卷积神经网络（Fully Convolutional Networks）的提出，出现了很多基于卷积神经网络的目标分割算法，如 SegNet、DeepLab 等。

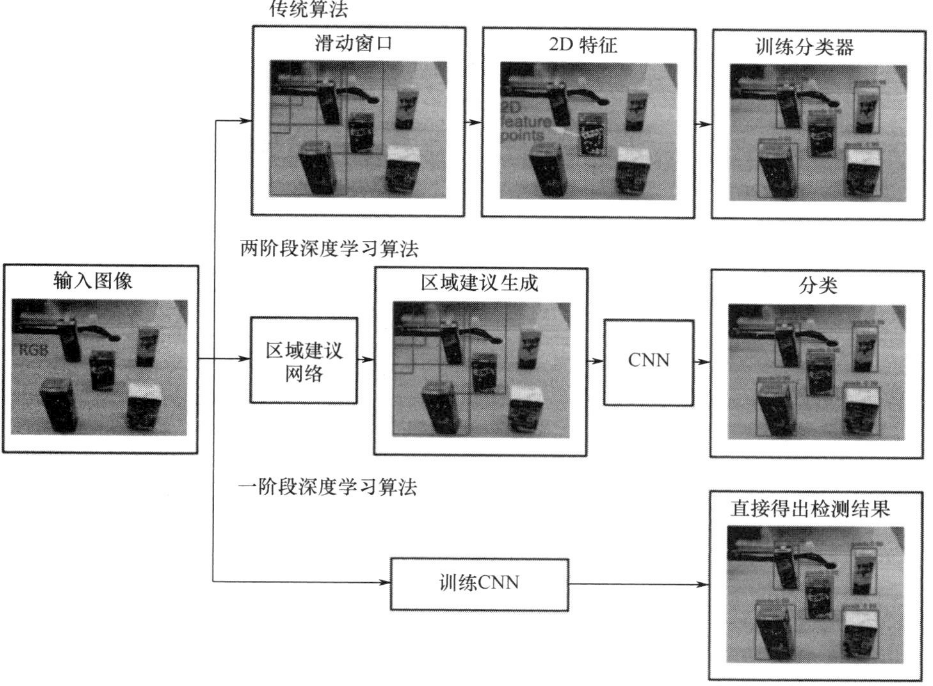

图 9.21　2D 目标检测流程

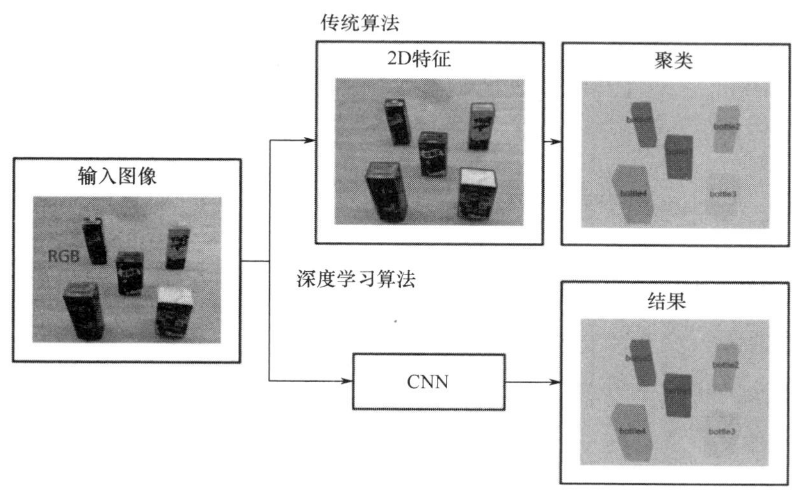

图 9.22　2D 目标分割流程

（3）3D 目标检测流程如图 9.23 所示。除 RGB 图像数据外，还使用 3D 点云、3D 局部形状描述符（如 FPFH、SHOT 等）来执行检测任务。例如，基于深度学习的 3D 目标检测算法 Complex-YOLO 结合激光雷达输出的点云数据检测物体的包围框。

（4）3D 目标分割流程如图 9.24 所示。传统的 3D 目标分割算法通常基于聚类算法，其表现通常差强人意。随着 PointNet 及 PointCNN 等 3D 神经网络模型的出现，人们利用神经网络进行点云的特征提取，取得了不俗的目标分割性能。

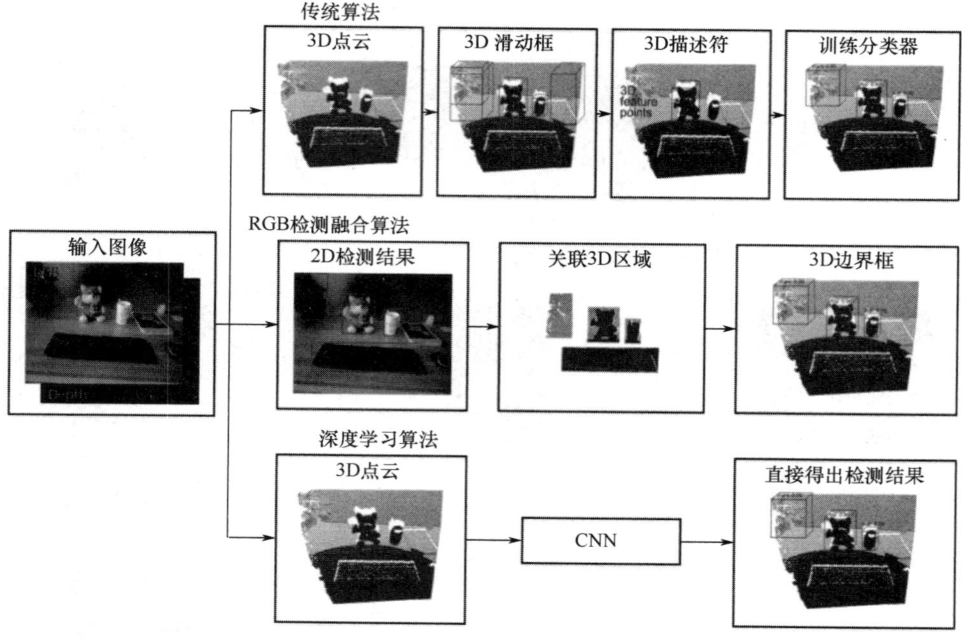

图 9.23　3D 目标检测流程

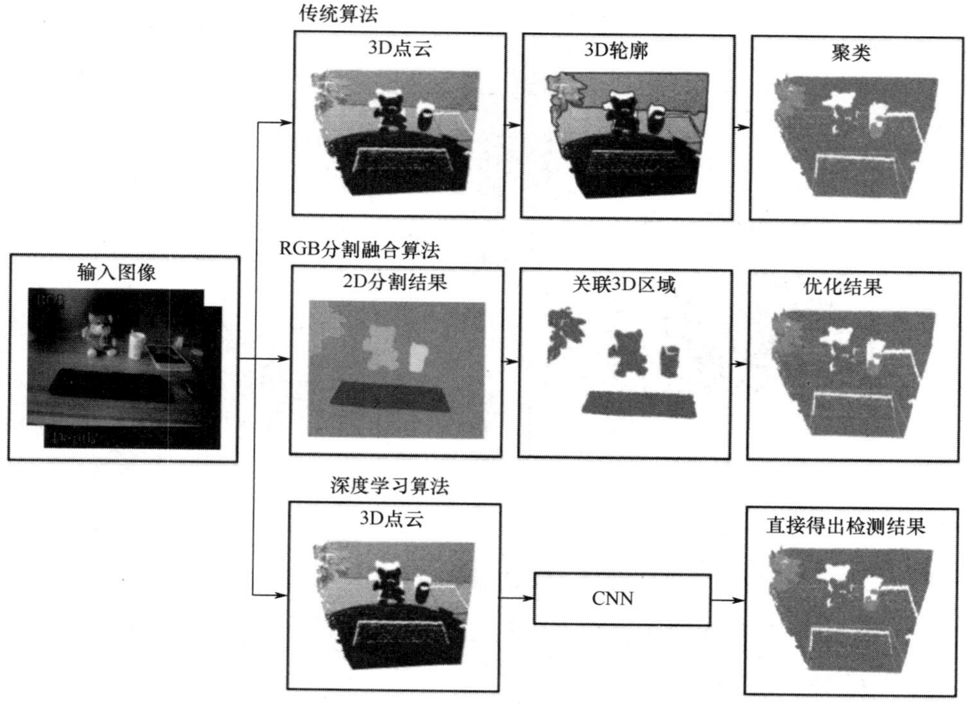

图 9.24　3D 目标分割流程

深度学习算法在 2D 及 3D 目标检测与目标分割任务上表现优异，但其最大的缺点是需要大量的数据进行长时间的训练，并且数据的获取及处理过程非常耗时。但近年来，随着计算平台性能的不断提高，深度学习算法已得到广泛使用。

9.4.2　姿态估计

姿态估计在诸如增强现实、机器人操作和无人驾驶等领域中起着举足轻重的作用，它可以帮助机器人了解待抓取物体的位置和方向。物体姿态估计的方法大致可分为四种：基于对应关系的方法、基于模板的方法、基于投票的方法和目标检测与姿态估计组合方法。

（1）基于对应关系的物体姿态估计方法的流程如图 9.25 所示，这种方法主要针对具有丰富纹理的物体进行姿态估计，丰富的纹理有利于进行 2D 特征点匹配。通过从不同角度投影现有的 3D 模型，可以渲染得到多个图像。通过在观察图像和渲染图像上找到 2D 特征点之间的匹配关系，可以建立 2D 像素到 3D 点云的对应关系。常用的 2D 描述符（如 SIFT、SURF、ORB）用于 2D 特征点提取，而物体的姿态可以使用 Perspective-n-Point（PnP）算法计算。当深度图像可用时，问题变成了 3D 点云配准问题。流行的 3D 描述符（如 FPFH、SHOT）可用于查找部分点云与物体完整点云之间的对应关系。通过点云配准可获得物体粗糙的位姿，然后可利用迭代最近点（Iterative Closest Point，ICP）算法对其进行优化。

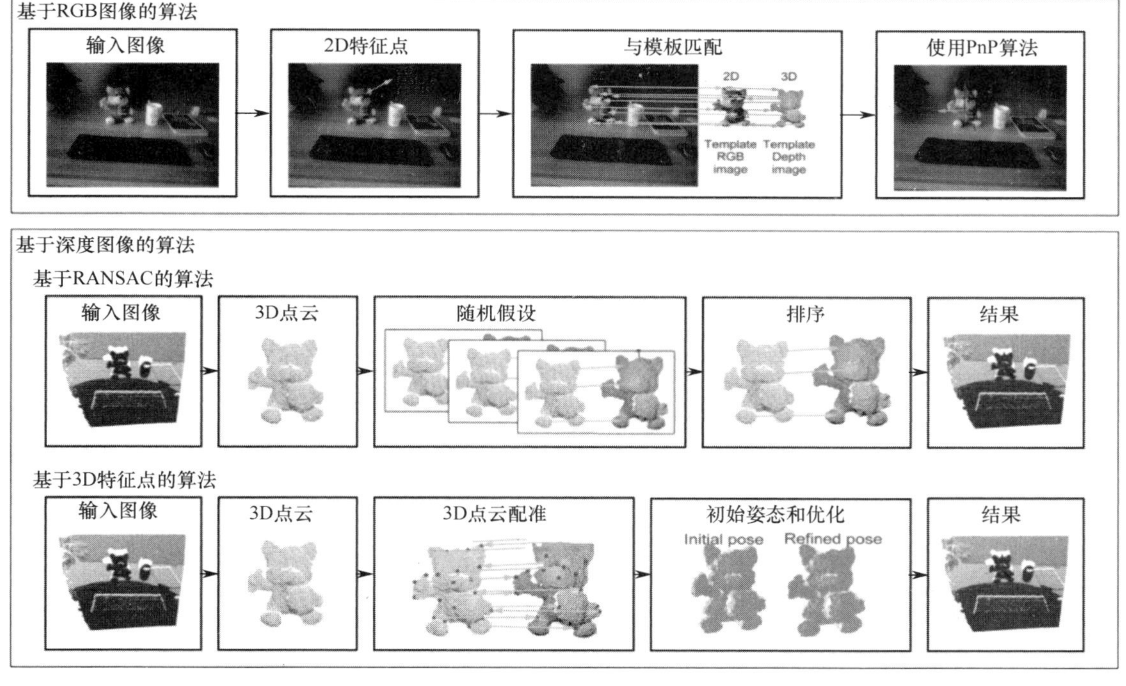

图 9.25　基于对应关系的物体姿态估计方法的流程

（2）基于模板的物体姿态估计方法的流程如图 9.26 所示，这种方法不进行目标检测，与基于对应关系的方法有很大的区别。这种方法通常利用梯度信息，从多个角度投影现有 3D 模型而生成多个图像，将其作为模板。然后通过扩展图像梯度方向进行模板匹配，如图 9.27 所示，并使用一组有限的模板表示一个 3D 对象。这种方法由深度传感器获得的稠密点云计算出 3D 表面法线方向，通过匹配特征点来验证候选对象实例，并将检测到的与模板有关联的近似对象姿态作为初始值，以进行进一步优化。

（3）基于投票的物体姿态估计方法的流程如图 9.28 所示。这种方法主要用于计算有遮挡的对象姿态。对于这些对象，图像中的局部特征限制了输出的可能结果，因此通常利用各个图像块对输出进行投票。这种方法采用稠密 3D 对象坐标标记与稠密类标记配对的方式，每个对象坐标预测都定义了图像和 3D 对象模型之间的 3D-3D 对应关系，生成并修正了姿态假设，以获得最终假设。例如，点云对特征（PPF）可从深度图像中恢复对象的 6D 姿态，点云对特征包含两个任意 3D 点的距离和法线的信息。又如，DenseFusion 是一个通用物体姿态估计框架，用于从 RGB-D 图像中估计一组已知对象的 6D 姿态。DenseFusion 是一种异构体系结构，可独立处理两个数据源（RGB 图像和深度图像），进行物体姿态估计，然后对该预测进行投票，生成对象的最终 6D 姿态估计。

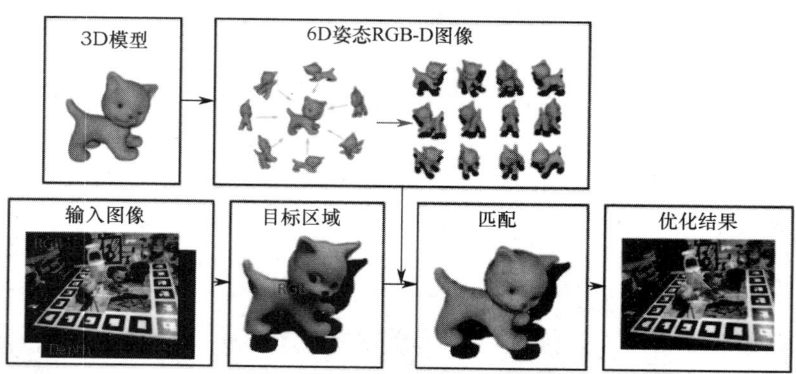

图 9.26 基于模板的物体姿态估计方法的流程

图 9.27 通过扩展图像梯度方向进行模板匹配

基于RGB图像的算法

输入图像 → 预测对象坐标 → 排序

基于深度图像的算法

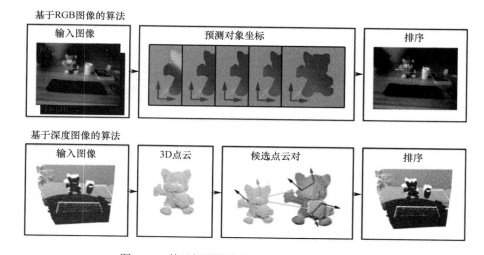

输入图像 → 3D点云 → 候选点云对 → 排序

图 9.28 基于投票的物体姿态估计方法的流程

物体姿态估计方法需要用准确的 3D 模型来获得准确的结果，而在大多数情况下，很难获得目标物体准确的 3D 模型。即使是基于深度学习的方法，在归纳新对象时仍缺乏准确性。

（4）目标检测与姿态估计组合方法的流程如图 9.29 所示，这类方法基于回归，并结合目标物体识别模块，可同时完成目标检测和姿态估计。不同于其他采用多阶段策略从输入图像中估计对象姿态的方法，这种方法从输入图像中获取姿态的直接映射，因此可以结合对象检测来估计对象姿态。基于回归的方法通常可分为两种：一种是直接回归算法，可直接回归对象的 6D 姿态，另一种是间接回归算法。

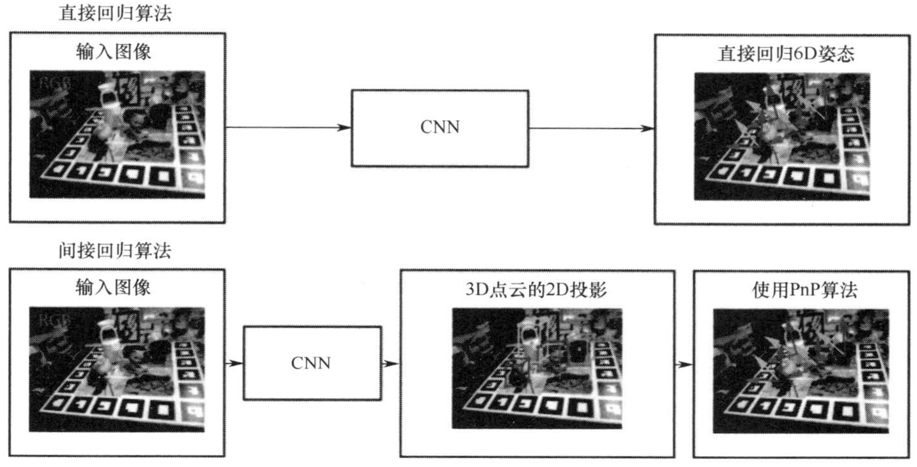

图 9.29　目标检测与姿态估计组合方法的流程

PoseCNN 是一种直接回归对象的 6D 姿态的新型卷积神经网络，其网络结构如图 9.30 所示。其通过在图像中定位中心并预测与物体之间的距离来估计对象的 3D 平移，然后将其回归到四元数表示来计算 3D 旋转，其使用 ShapeMatchLoss()函数来处理对称对象。

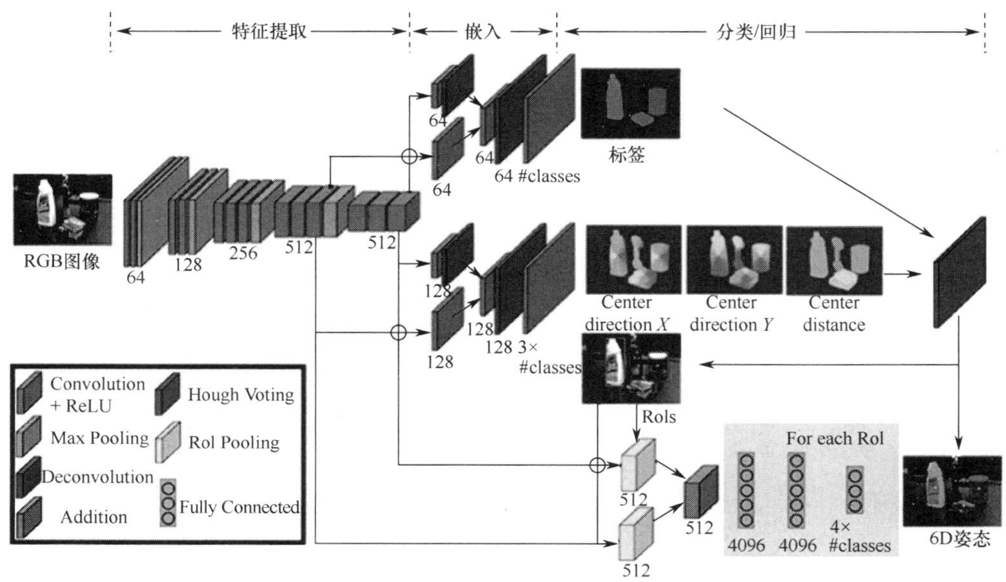

图 9.30　PoseCNN 网络结构

间接回归算法首先计算 2D-3D 对应关系，然后解决 PnP 问题，以获得物体的 6D 姿态。其采用分割驱动的 6D 姿态估计框架，其中对象的每个可见部分都以 2D 关键点位置的形式对局部姿态进行预测，然后将姿态候选者组合为一组可靠的 3D 到 2D 的对应关系，从中计算出姿态估计结果。

9.4.3 抓取姿态检测

抓取姿态检测是指从给定图像中识别出物体的抓取点或抓取姿态，也叫抓取点检测。抓取策略应确保稳定性、任务兼容性和对新对象的适应性，抓取质量可以通过接触点的位置和夹爪的配置来衡量。抓取姿态检测可以分为基于经验方法的抓取姿态检测和基于分析方法的抓取姿态检测。基于经验方法的抓取姿态检测使用学习算法来选择夹爪的位置和手形，学习算法取决于特定任务和目标对象的几何形状。基于分析方法的抓取姿态检测根据抓取稳定性或任务要求的运动学和动力学要求来选择夹爪的位置和手形。

按物体种类不同，抓取姿态检测可分为三种：已知物体抓取姿态检测，相似物体抓取姿态检测，未知物体抓取姿态检测。

1. 已知物体抓取姿态检测

（1）基于经验方法的已知物体抓取姿态检测方法流程如图 9.31 所示，这种方法曾经是最流行的方法。这种基于经验或数据驱动的方法从先前已知的成功结果中学习，这些结果是通过抓取物体或模拟机器人系统的现有知识而产生的。如果目标物体是已知位置和姿态的，则意味着 3D 对象和抓取位置在数据库中是已知的。在这种情况下，通过 ICP 算法，可以从局部视图中估计目标物体准确的 6D 姿态，进而可以直接从完整的 3D 对象中获得抓取位置。这种方法的缺点是依赖目标物体的准确三维模型，若三维模型与目标物体模型不同，则物体姿态估计将产生较大误差，最终可能导致抓取失败。

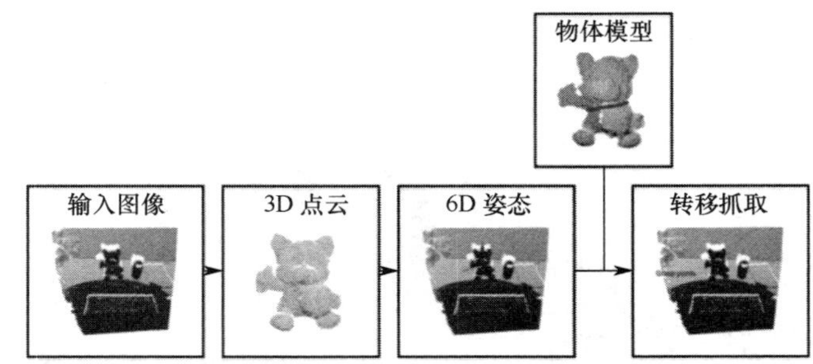

图 9.31　基于经验方法的已知物体抓取姿态检测方法流程

（2）基于分析方法的已知对象抓取姿态检测方法流程如图 9.32 所示。分析方法首先生成一系列候选抓取姿态，再借助运动学和动力学公式进行抓取质量分析，其中力闭合分析和任务兼容性是完成抓取任务的两个主要条件。通过力闭合分析，可以提供稳定的抓取力，但这种方法也只能用于完成简单的抓取任务。

2. 相似物体抓取姿态检测

基于经验方法的相似物体抓取姿态检测方法流程如图 9.33 所示。在大多数情况下，目标对象与现有数据库中的对象并不完全相同。如果对象属于数据库中已知的类，则可将其视为

相似对象。在目标对象定位之后，可以使用基于对应关系的方法将抓取点从相似的完整 3D 对象映射到当前的局部视图对象。由于当前目标对象与数据库中的对象并不完全相同，因此这些方法在不估计其 6D 姿态的情况下，通过观察对象来学习抓取方法。

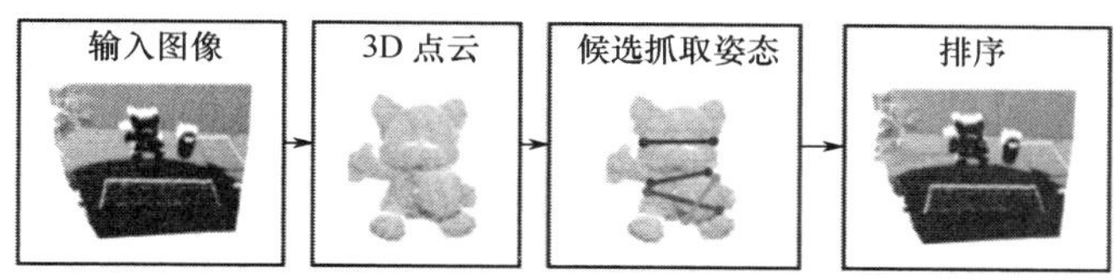

图 9.32　基于分析方法的已知对象抓取姿态检测方法流程

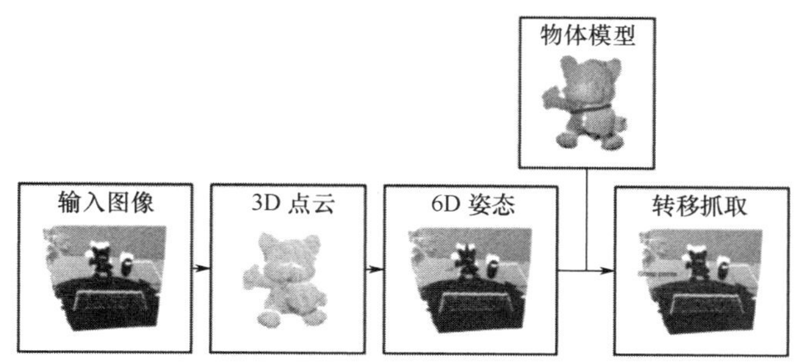

图 9.33　基于经验方法的相似物体抓取姿态检测方法流程

3. 未知物体抓取姿态检测

基于经验方法的未知物体抓取姿态检测方法流程如图 9.34 所示。在掌握某些先验知识（如物体几何形状、物理模型或力分析）的前提下，执行上述机械臂抓取的经验方法。抓取数据库通常只包含有限数量的对象，所以经验方法在处理未知物体方面将面临困难，但以前学到的抓取经验可以为处理未知物体提供质量度量。

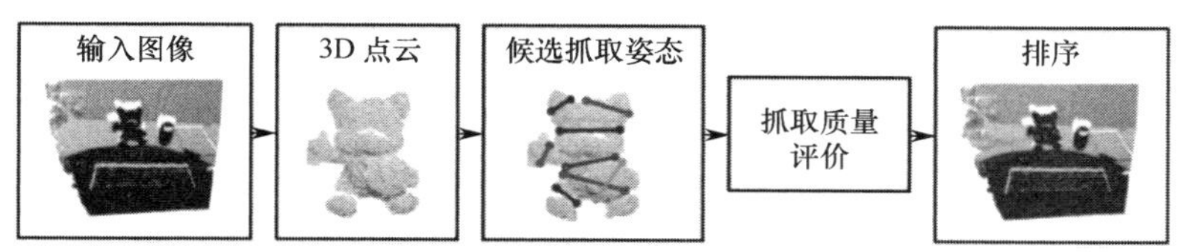

图 9.34　基于经验方法的未知物体抓取姿态检测方法流程

除上述方法外，基于深度学习的抓取姿态检测方法利用合成点云和解析性抓取指标来规划具有鲁棒性的抓取，如图 9.35 所示。该方法首先从深度图像中分割出当前的兴趣点，然后生成多个候选抓取姿态，再评价抓取质量，并选择质量最高的抓取姿态作为最终抓取姿态，取得相对令人满意的性能。

端到端的抓取姿态检测方法跳过目标对象的定位，直接从输入图像中恢复抓取位置，如图 9.36 所示。这种方法可以分为两阶段方法和一阶段方法。两阶段方法首先评价候选抓取姿态的抓取位置，然后选择其中最有可能的一个，而一阶段方法直接回归候选位置。对于端到端的抓取姿态检测方法，由于图像中仅有目标物体的部分信息，因此计算出的抓取点可能不是全局最优的。同时，该方法只考虑了几何信息，而没有考虑其他重要因素，如材料和重量。

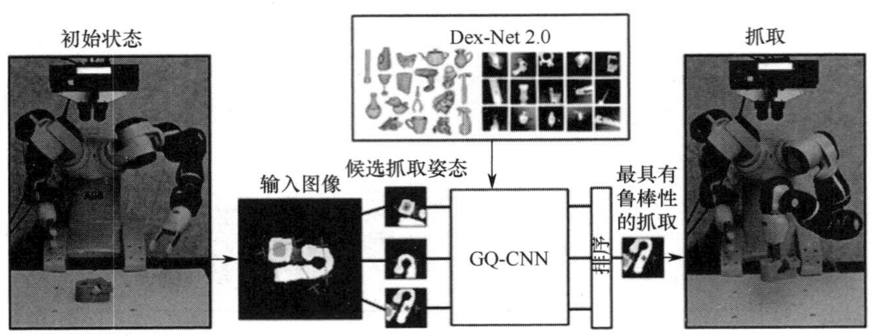

图 9.35　基于深度学习的抓取姿态检测方法流程（Dex-Net 2.0）

图 9.36　端到端的抓取姿态检测方法流程

在两阶段方法中，滑动窗口策略通常用于检测抓取。该方法通常采用具有两个深度网络的两级系统，第一个深度网络的检测结果由第二个深度网络重新评估。第一个深度网络的功能较少，运行速度快，并且可以有效地修剪不太可能的候选抓取姿态；第二个深度网络功能更多，运行速度较慢，只能在第一个深度网络的检测结果上运行。即使两阶段方法获得了很高的精度，但迭代扫描使得抓取姿态检测过程十分缓慢。

由于单一网络的性能要优于两级系统，因此出现了越来越多的一阶段方法，一阶段方法无须使用标准的滑动窗口或区域建议生成技术。

9.4.4　运动规划

通过抓取姿态检测方法检测到物体的抓取点后，可以得到从机械臂到目标物体抓取点的多条轨迹，但机械臂具有局限性，其无法到达所有区域。因此，需要进行机械臂的运动规划。目前主要有三种机械臂运动规划方法，分别是基于 DMP（动态运动原语）的传统方法、模仿学习方法和强化学习方法，各方法的流程如图 9.37 所示。

基于 DMP 的传统方法考虑运动的动力学方程并生成运动原语。DMP 是可以作为反应反馈控制器的最受欢迎的运动表示之一。DMP 是作用单元，被形式化为稳定的非线性吸引子系统。该方法将运动控制策略编码为微分方程，目标是吸引子。非线性强迫项允许塑造吸引子的瞬态行为，而不会危及明确定义的吸引子特性。一旦该非线性项已经被初始化，该运动表示就可以对任务参数（如运动的开始时间、目标和持续时间）进行概括。DMP 已成功用于模仿学习、强化学习、动作识别等。

模仿学习方法也称从演示中学习。在基于 DMP 的传统方法中，机器人的运动学方程被忽略了，因为我们假定可以到达对象表面上的任何接触点，并且可以在那些接触点上施加任意的力。实际上，机械臂可以到达的实际接触点，受夹爪的几何形状的严格限制。通过模仿学习，我们可以将从成功抓取中学到的抓取动作，以更自然的方式映射到对目标对象的抓取上。演示中的动作可以分解为 DMP。当抓取相同或相似的物体时，可以利用相同的运动轨迹。如

果目标对象存在于存储的数据库中，则可以直接获取抓取点。然后问题就变成了找到从起点到达目标物体的路径，并以特定的姿态抓住物体。如果目标对象与示例对象相似，则可以先检测目标对象的抓取点。目标对象可以视为演示对象的变形版本，并且可以将抓取点从一个对象映射到另一个对象。基于模仿学习的方法用于在人类演示的基础上学习和推广抓取技能，一种基于模仿学习的机械臂运动规划方法如图 9.38 所示。可将合成抓取动作的任务分为三部分：从人类那里学习有效的抓取演示，将接触点变形到新对象上，以及优化和执行触手可及的动作。该方法可较容易地将新的抓取规划编程到机器人中，并且用户只需要执行一组抓取示例。

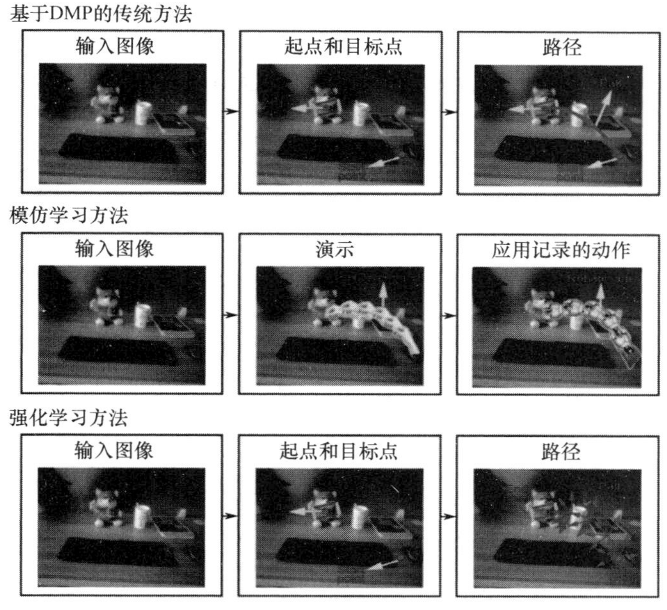

图 9.37　机械臂运动规划方法流程

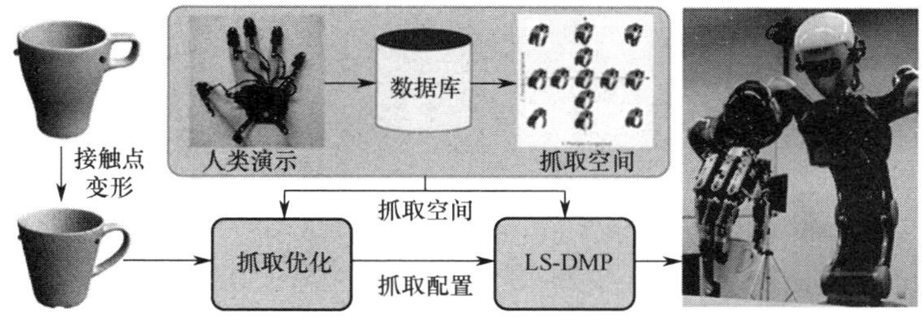

图 9.38　一种基于模仿学习的机械臂运动规划方法

强化学习方法可用于解决机械臂运动到目标抓取点的问题，同时能够处理一些运动过程中更加复杂的问题，例如，由于存在障碍物，机器人无法接近目标对象；由于障碍物太大，机器人无法抓住目标物体等问题。这时便需要机器人与环境互动。对于此类抓取任务，最常见的解决方案是以对象为中心的强化学习方法，该方法将目标与环境分开，这种方法在对象分离良好的结构化或半结构化设置中效果很好。

基于强化学习的端到端抓取运动规划方法流程如图 9.39 所示，这种方法直接根据 RGB-D 深度图像完成抓取。基于强化学习的方法通常结合任务场景和任务目标设计奖励函数，并结合状态空间的参数类型决定所训练的神经网络类型，如果状态空间中涉及图像操作，则需要卷积神经网络，如果状态空间中只涉及单纯的向量等类型，一般只需要全连接神经网络来预测任务空间中的运动，实现成功抓取。还有一些基于强化学习的端到端方法考虑障碍物对抓取的影响，学习如何先推开障碍物再进行目标物体的抓取。强化学习模型的训练通常在虚拟环境中完成，通过尽量多的抓取尝试来训练模型，使得模型学习到最优的抓取策略。在仿真环境中，训练的强化学习模型通常无法直接应用于真实环境，还需要进行域随机化等处理，或在真实环境中进行迁移学习，才能应用于实际机械臂抓取。

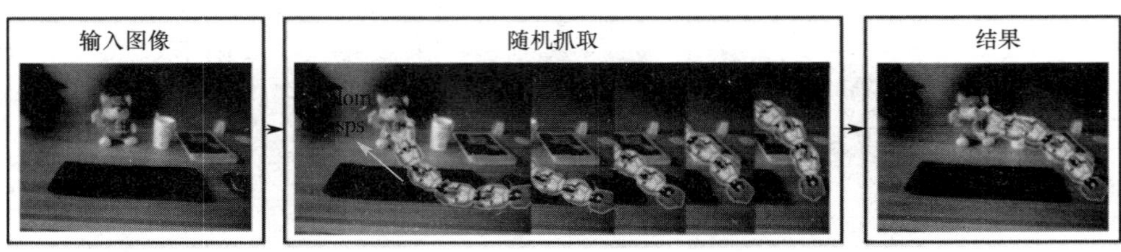

图 9.39　基于强化学习的端到端抓取运动规划方法流程

任务 4　完成基于视觉的机械臂抓取

本任务通过相机进行目标物体图像识别，然后控制机械臂运动，抓取物体，如图 9.40 所示。

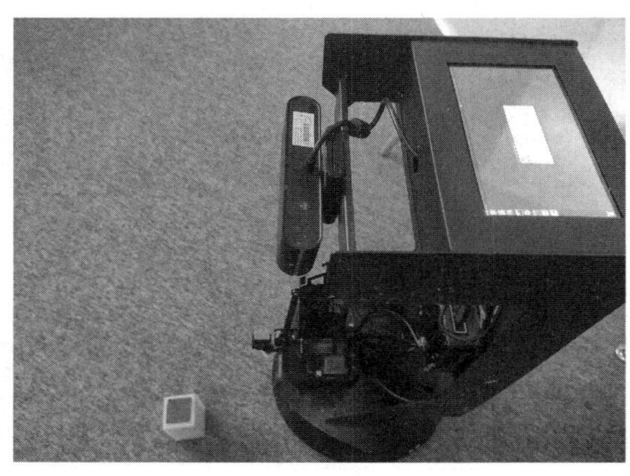

图 9.40　机械臂抓取物体

（1）准备工作。

进行同任务 3 中的 eye-to-hand 方式的机器人视觉标定。

（2）机械臂视觉抓取。

查看视觉抓取源码，路径为~/spark/src/ spark_app/spark_carry/nodes/s_carry_object_cv3.py。

该源码的功能主要分为四部分。

- 图像订阅、机械臂位置和气泵的控制主题发布。
- 读取标定的拟合参数，控制气泵。
- 接收相机数据，基于 HSV（Hue, Saturation, Value）颜色空间进行蓝色物体检测，检测阈值请自行查阅相关资料。检测后的分割效果如图 9.41 所示。
- 建立机械臂运动状态机，根据状态执行相关动作。

（3）编写机械臂抓取物体的 launch 文件。

该 launch 文件包括以下内容：

- 安装 Spark 机器人驱动，包含机器人描述，机械臂、相机、底盘的驱动。
- 控制机械臂向物体运动。
- 在 rviz 中显示抓取过程。

launch 文件名为 spark_carry_object_only_cv3.launch，保存到~/spark/src/spark_app/spark_carry/ launch/ 文件夹中。文件的内容如下：

彩色图

图 9.41　基于 HSV 颜色空间检测的分割效果

```
<launch>
  <!--Spark 机器人驱动：机器人描述，机械臂，相机，底盘-->
  <!--include file="$(find spark_bringup)/launch/driver_bringup.launch"/-->
  <include file="$(find astra_launch)/launch/astra.launch">
     <arg name="rgb_processing" value="true"/>
     <arg name="depth_processing" value="true"/>
     <arg name="depth_registered_processing" value="false"/>
     <arg name="depth_registration" value="false"/>
     <arg name="disparity_processing" value="false"/>
     <arg name="disparity_registered_processing" value="false"/>
  </include>

  <!--UARM 机械臂-->
  <include file="$(find swiftpro)/launch/pro_control_nomoveit.launch"/>
  <!--搬运物体-->
  <node pkg="spark_carry_object" type="s_carry_object_cv3.py" name="spark_carry_object_node" output="screen">
     <param name ="turnbody_min_z" value = "-0.2"/>
     <param name ="turnbody_max_z" value = "0.2"/>
  </node>

  <!--在 rviz 中显示-->
  <arg name="rvizconfig" default="$(find spark_carry_object)/rviz/carry_object_amcl.rviz" />
```

```
    <node name="rviz" pkg="rviz" type="rviz" args="-d $(arg rvizconfig)" required="true"/>
    <!--是否开始抓取-->
    <node pkg="spark_carry_object" type="cmd_spark_carry_start.sh" name="cscs" />

</launch>
```

（4）运行抓取程序。

在控制台中输入如下命令，先后打开 rviz 界面和命令行进行标定。

```
$ cd ~/spark
$ catkin_make
$ source ~/spark/devel/setup.bash
$ roslaunch spark_carry spark_carry_object_only_cv3.launch camera_type_tel:=astra
```

注意：需要指定相机型号作为参数，上例使用的是奥比中光的 Astra 深度相机。

或者直接运行一键脚本 onekey.sh：

```
$ cd ~/spark
$ ./onekey.sh
# 根据提示，选择第 9 个功能“让 Spark 机器人通过机械臂进行视觉抓取”
```

eye-to-hand 的深度相机识别物体后，机械臂将运动到物体上方，执行抓取操作。

通过上面这个任务，我们可以看到软件编程涉及 ROS 系统的节点、消息、主题、服务等概念，系统主要包括相机标定、手眼标定和视觉抓取三部分，如图 9.42 所示。其中，相机标定部分计算相机内参矩阵及畸变系数，手眼标定部分进行相机与机械臂变换矩阵的计算和相关 TF 发布，视觉抓取部分主要利用相机标定结果对相机采集的图像进行处理，获得目标物体的二维像素坐标，然后通过手眼标定结果确定物体相对于机械臂的三维世界坐标，再利用机械臂 API 接口控制机械臂执行抓取操作。

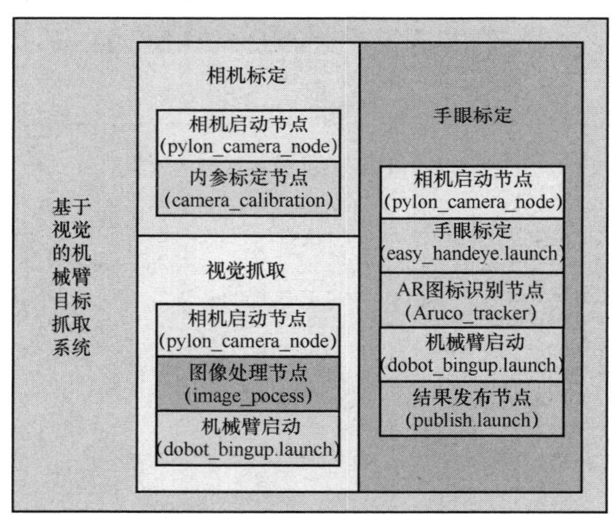

图 9.42　基于视觉的机械臂抓取系统软件结构图

任务 5　控制机械臂指向物体

本任务基于 TensorFlow 深度学习框架进行深度学习网络模型训练，然后利用学习好的模型进行目标物体识别，接着控制 Spark 机器人的机械臂指向物体，并进行复位。

当 Spark 机器人通过相机识别到物体后，需要从图像中获取坐标，以控制机械臂和底盘。图像坐标的中心可以视为这个物体的中心，利用该坐标，机械臂的方位控制系统首先通过线

性回归的方法给出一个估算的位置，即拟合图像坐标与机械臂动作姿态，依据得出的线性方程，在得知图像坐标后求出机械臂位姿；然后通过深度相机测量距离和方位，估算出底盘需要转动的角度。对于机械臂和底盘的控制来说，也可以通过像素坐标得出物体在图像上的角度，再根据此角度计算出机械臂需要转动的角度及底盘需要转动的角度，从而进行更准确的控制。

（1）安装 Spark 机器人驱动。

下载最新版本的 Spark 机器人程序：

```
git clone https://github.com/nxrobo.com/spark.git
```

运行一键脚本 onekey.sh，根据提示，选择“单独安装 Spark 机器人依赖”选项（如果已安装，可以忽略）。

（2）安装 TensorFlow，命令如下：

```
$ sudo apt install python-testresources
$ pip install setuptools -i https://pypi.douban.com/simple/
$ sudo pip install --upgrade setuptools -i https://pypi.douban.com/simple/
$ pip install virtualenv -i https://pypi.douban.com/simple/
$ sudo pip install --upgrade virtualenv -i https://pypi.douban.com/simple/
$ virtualenv --system-site-packages $BASEPATH/tensorflow
$ source $BASEPATH/tensorflow/bin/activate
$ easy_install -U pip
$ pip install --upgrade tensorflow==1.5.0 -i https://pypi.douban.com/simple/
$ source $BASEPATH/tensorflow/bin/activate
```

（3）进行机械臂与摄像头标定：

```
$ cd spark
$ ./onekey.sh
```

进入 onekey 界面后，根据提示，选择“机械臂与摄像头标定”选项，进入标定功能。在 home 目录下生成 thefile.txt 文件，该文件存放摄像头坐标与机械臂坐标的变换矩阵，如图 9.43 所示。

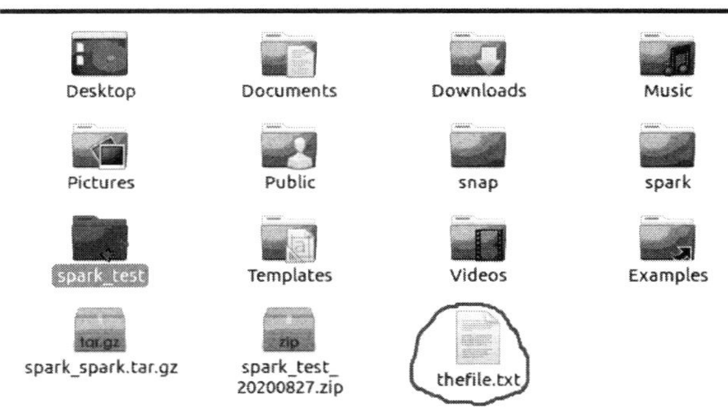

图 9.43　保存的标定文件

（4）控制机械臂指向物体。

下载好 Spark 机器人的源码后，在 spark/src 目录下创建文件夹 DL_tutorial，存放深度学习相关代码。复制 unit2_pointto 及 dl_msgs 文件夹至 DL_tutorial 文件夹下，然后编译：

```
$ cd /home/spark/spark
$ catkin_make
```

主要代码存放在 unit2_pointto/scripts 和 tensorflow_app/tensorflow_object_detector/scripts 中。其中，DL_pointto.py 文件为识别物体后的机器人控制代码，包括机械臂指向物体及底盘

复位功能，而 detect_ros.py 文件则为识别物体的主要代码，包括发布需要用到的识别物体后的信息，如名字、分数与图像位置，这些信息分散在不同的消息里。为了减少底层文件的改动，需要在高层文件中添加消息的发布功能。

unit2_test.launch 文件的功能包括安装 Spark 机器人驱动等。可以根据实际检测的物体，修改 unit2_test.launch 中的 object_name 的值，如改为 bottle。

运行 unit2_test.launch 文件时，会运行 DL_pointto.py 和 detect_ros_info.py 中的代码。

```
<launch>
#设置所使用的摄像头名称
<arg name="camera_types" default="astrapro"/>

<!—Spark 机器人驱动，机器人描述，底盘、机械臂、摄像头-->
<include file="$(find spark_bringup)/launch/driver_bringup.launch">
<arg name="camera_types" value="$(arg camera_types)" />
</include>

<!--UARM 机械臂启动-->
<include file="$(find swiftpro)/launch/pro_control_nomoveit.launch"/>

<!--物体识别代码运行-->
<!--spark 支持 d435 和 astrapro 以及 astra 摄像头，对需要用到的摄像头 topic 进行重映射-->
<node pkg= "tensorflow_object_detector" name="detect_ros_info" type="detect_ros_info.py"
output="screen">
<remap from="image" to="/camera/color/image_raw" if="$(eval arg('camera_types')=='d435')"/>
<remap from="image" to="/camera/rgb/image_raw" unless="$(eval arg('camera_types')=='d435')"/>
</node>

<!-- 打开 rviz -->
<arg name="rviz" default="true" />
<arg name="rviz_file" default="$(find tensorflow_object_detector)/config/display.rviz"/>
<node pkg="rviz" type="rviz" name="rviz" output="screen" args="-d $(arg rviz_file)" if="$(arg rviz)"/>

<!--输入需要识别的物体名字，使用英文进行输入，可以直接更改 value 等号后的名称-->
<arg name="object_name" value="bottle" doc="object name [such as bottle, person, dog, cat]"/>

<!-- 运行机械臂指向物体代码 -->
<node pkg= "unit2_pointto" name="obj_pointto" type="DL_pointto.py" output="screen">
<param name="obj_name" value="$(arg object_name)"/>
</node>
</launch>
```

（5）运行程序。

根据实际检测的物体，将 detect_ros.py 文件另存为 detect_ros_info.py，在该文件中添加由深度学习检测结果中的物品类型、矩形候选框和识别分数组成的 ObjectInfo 类型消息，具体实现可以参考/3rd_app/tensorflow_app/tensorflow_object_detector/scripts 路径下的 detect_ros_info.py 文件。

也可以使用有限状态机实现，具体实现可以参考 DL_pointto_fsm.py 文件。

```
$ cd ~/spark
$ catkin_make
$ source devel.setup.bash
$ source tensorflow/bin/activate
$ roslaunch unit2_pointto unit2_test.launch
```

编译、运行 unit2_test.launch 文件，查看 Spark 机器人运行效果。Spark 机器人首先会识别到物体，并判断这个物体是否为静止的，如果是，就会先让机械臂指向物体。随后，底盘

转动至中心点，并让机械臂复位。Spark 机器人运行过程如图 9.44 所示。

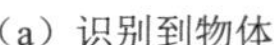

（a）识别到物体

（b）机械臂指向物体

（c）机械臂复位

图 9.44　基于视觉的 Spark 机器人的机械臂指向物体的运行过程

9.5　本章小结

本章主要分析了几种深度相机的原理，然后介绍基于深度学习的物体识别算法、两种手眼标定方法，以及基于视觉的机械臂抓取。本章通过物体识别，抓取姿态计算，以及结合手眼标定得到的相机与机械臂变换矩阵，生成机械臂的运动目标位姿，从而进行运动规划，完成抓取任务。

参 考 文 献

[1] Tsai, R. Y ,Lenz,et al.A new technique for fully autonomous and efficient 3D robotics hand/eye calibration[J].Robotics and Automation, IEEE Transactions on, 1989, 5(3):345-358.DOI:10.1109/70.34770.

[2] 廖金虎. 机器人双目视觉标定与目标抓取技术研究[D]. 武汉：华中科技大学, 2020.

[3] 任振宇. 机械臂视觉系统标定及抓取规划方法研究[D]. 武汉：华中科技大学, 2021.

[4] 杨顺波. 基于双目视觉的三维重建技术研究[D]. 长沙：湖南工业大学, 2019.
[5] 曹文武. 基于 RGB-D 视觉识别的机器人抓取规划研究[D]. 哈尔滨：哈尔滨工业大学, 2018.

扩展阅读

（1）理解双目立体视觉、结构光原理。

（2）熟悉手眼标定的具体步骤。

（3）熟悉 RCNN、Mask-RCNN、YOLO 等常见深度学习网络的模型和训练方法。

（4）熟悉基于视觉的目标检测与机械臂抓取。

（5）学习 PCL（Point Cloud Library，点云库）中的稠密点云处理方法。

练 习 题

（1）深度相机有哪些类别？简述每种深度相机的成像原理和优缺点是什么。查找资料，在国内外各找三款深度相机，比较它们的规格指标。

（2）基于深度学习的物体目标检测有哪些常见网络模型？分析并运行其中一种，说明其原理。

（3）阐述手眼标定在“完成基于视觉的机械臂抓取”任务中的作用是什么？两种手眼标定方式的坐标变换的齐次变换矩阵有什么区别？

（4）物体抓取姿态检测方法有哪些？如何将物体的抓取姿态与机器人末端夹爪位姿的 6 关节角度对应起来？

（5）在进行抓取时，机械臂主要的运动规划方法有哪些？

（6）抓取任务需要考虑哪些机械臂的物理结构和工作环境因素？

（7）TensorFlow 与 PyTorch 的区别是什么？

（8）对于某一 RGB-D 深度相机，假设物体表面上的点 P，在深度图像上的投影坐标为 $\boldsymbol{p}_{\mathrm{ir}}$，在深度相机坐标系下的坐标为 $\boldsymbol{P}_{\mathrm{ir}}$，$\boldsymbol{H}_{\mathrm{ir}}$ 为深度摄像机的内参矩阵，$\boldsymbol{P}_{\mathrm{rgb}}$ 为物体表面上同一点 P 在彩色相机坐标系下的空间坐标，$\boldsymbol{p}_{\mathrm{rgb}}$ 为该点在彩色图像上的投影坐标。其中，$\boldsymbol{P}_{\mathrm{rgb}}$ 与 $\boldsymbol{P}_{\mathrm{ir}}$ 之间的关系通过深度相机与彩色相机之间的外参矩阵表示，求该外参矩阵（即旋转矩阵 $\boldsymbol{R}$ 和平移向量 $\boldsymbol{t}$）。

（9）在某目标检测网络中，某个样本的期望输出为（0, 0, 0, 1），两个模型 A 和 B 都采用交叉熵损失函数进行计算，针对该样本的实际输出分别为（ln20, ln40, ln60, ln90）、(ln10, ln30, ln50, ln90)，均采用 Softmax 函数对输出进行归一化，计算两个模型的交叉熵，并说明哪个模型好。

（10）定义机械臂基座坐标系、机械臂末端坐标系、相机坐标系、标定物坐标系的原点为 O_{b}、O_{e}、O_{c}、O_{m}，${}^{\mathrm{m}}{}_{\mathrm{c}}\boldsymbol{T}$ 为标定物坐标系相对于相机坐标系的变换矩阵，以此类推。根据齐次方程 $\boldsymbol{AX}=\boldsymbol{XB}$，求解旋转矩阵 $\boldsymbol{R}$ 和平移向量 $\boldsymbol{t}$。

第 10 章　移动机器人视觉 SLAM

视觉 SLAM 技术发展初期，没有考虑与其他传感器信息进行交互，仅依赖相机进行，主要分为单目 SLAM 和双目 SLAM 两种。后来，根据跟踪算法的不同，视觉 SLAM 可以分为直接法与特征法（间接法）。根据优化算法的不同，视觉 SLAM 可以分为基于滤波器的算法与基于图优化的算法两类。由于基于纯视觉算法的 SLAM，当图像特征丢失时，位姿估计精度及鲁棒性会快速下降，算法可能失效，因此在后续发展过程中，出现了基于视觉、IMU 和激光雷达等多传感器融合的视觉 SLAM 技术。

10.1　视觉 SLAM 框架

移动机器人视觉 SLAM 框架（如图 10.1 所示）及其所包含的算法在许多视觉库和 ROS 功能包中已经提供。依靠这些算法和功能包，我们能够构建一个视觉 SLAM 系统进行定位与建图。移动机器人视觉 SLAM 框架中的主要模块如下。

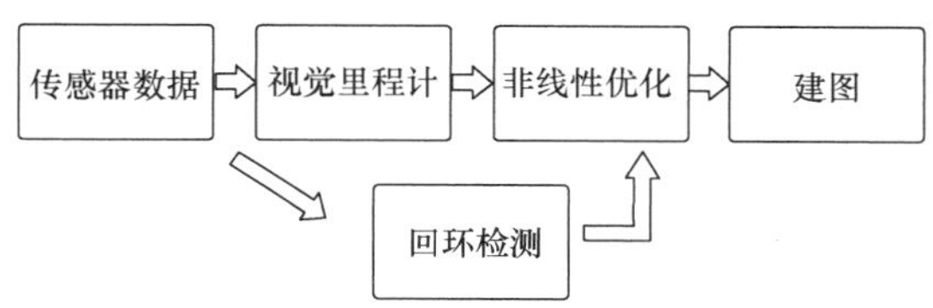

图 10.1　移动机器人视觉 SLAM 框架

（1）传感器数据：包括图像信息、惯性传感器信息和编码器等信息，需要对不同传感器获取的数据进行同步处理。

（2）视觉里程计（前端）：估算相邻图像间相机的运动，并构建局部地图。

（3）非线性优化（后端）：接收不同时刻视觉里程计测量的相机位姿及回环检测信息，优化后得到全局一致的轨迹和地图。

（4）回环检测（Loop Closing）：判断机器人是否曾经到达过先前的位置，如果检测到回环，会把信息提供给后端进行处理。

（5）建图（Mapping）：根据估计的轨迹，建立与任务要求对应的地图。

深入理解视觉 SLAM 框架中的各个模块需要较多的数学知识，下面对视觉里程计、非线性优化、回环检测和建图进行定性的介绍。

10.1.1　视觉里程计

视觉里程计关心相邻图像之间的相机运动，即两图像之间的运动关系。例如，观察图 10.2，我们会发现右图是左图向左旋转一定角度的结果。人类用眼睛探索世界，估计自己的位置，但又往往难以用定量的语言进行描述。在场景中，近处是吧台，远处是墙壁。当相机向左转动时，图像左侧的部分出现在视野中，而图像右侧的部分则移出了视野。通过这些信息，人类可以判断相机是向左旋转的。但是，能否定量地确定它旋转了多少度，平移了多少厘米呢？人们很难给出一个确切的答案。不过，在计算机算法中，我们必须精确地计算这次运动的信息。

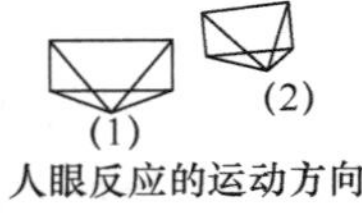

图 10.2 相机拍摄到的图片与人眼反应的运动方向

图像在计算机里用一个数值矩阵表示。这个矩阵里表达着什么东西，计算机毫无概念。而在视觉 SLAM 中，我们只能看到一个个像素，知道它们是某些空间点在相机的成像平面上投影的结果。所以，为了定量地估计相机的运动，必须先了解相机与空间点的几何关系。

视觉里程计需要通过相邻帧的图像来估计相机的运动，并恢复场景的空间结构。视觉里程计是视觉 SLAM 框架的关键组成部分，其能把相邻时刻的图像运动“串”起来，构成机器人的运动轨迹，从而解决定位问题。另外，其能根据每个时刻的相机位置，计算出各像素对应的空间点的位置，从而得到地图。然而，仅通过视觉里程计来估计轨迹，将不可避免地出现累计漂移（Accumulating Drift）误差（简称累计误差）问题。这是由于视觉里程计（在最简单的情况下）只估计两个图像间运动，而每次估计都带有一定的误差，先前时刻的误差将会传递到下一时刻，导致经过一段时间后，估计的轨迹不再准确。比如，机器人先向左转 90°，再向右转 90°，由于存在误差，视觉里程计把第一个 90° 估计成了 89.5°，那么向右转之后，机器人并没有回到原始位置。同时，即使之后的估计再准确，与真实值相比，都会带上这−0.5° 的误差。

这种累计误差将导致算法无法建立全局一致的地图。比如，建图时，原本直的走廊变成了斜的，而原本 90° 的直角变成了钝角或锐角。为了解决累计误差问题，出现了两种技术：回环检测和非线性优化。回环检测负责把“机器人回到原始位置”的场景检测出来，而非线性优化则根据该信息，校正整个轨迹的形状和地图。

10.1.2 非线性优化

在移动机器人系统中，各个传感器都带有一定的噪声。有的传感器还会受磁场和温度的影响。所以，除解决“如何从图像中估计出相机运动”的问题之外，还要关心这个估计带有多大的噪声、这些噪声是如何从上一时刻传递到下一时刻的、当前的估计置信度有多大等问题。非线性优化要解决的问题是如何从这些带有噪声的数据中，估计机器人系统的状态，以及这个状态估计的不确定性有多大，即要进行最大后验概率（Maximum-a-Posteriori，MAP）估计，也称为空间状态不确定性估计（Spatial Uncertainty Estimation）。这里的状态既包括移动机器人自身的轨迹，也包括地图。

在移动机器人视觉 SLAM 框架中，前端给后端提供待优化的数据，以及这些数据的初始值，后端负责系统的优化过程，往往面对的只有数据，不必关心这些数据到底来自什么传感器。前端与计算机视觉研究领域更为相关，需要完成图像的特征点提取和匹配等，而后端则主要应用滤波与非线性优化算法。非线性优化是 SLAM 的重要组成部分，其本质是对运动主

体自身和周围环境空间不确定性的估计，利用状态估计理论，把定位和建图的不确定性表达出来，然后去估计状态的均值和不确定性（方差）。

10.1.3　回环检测

回环检测，又称闭环检测，主要解决位置估计随时间漂移的问题。移动机器人经过一段时间的运动后回到了原点，但是由于存在累计误差，它的位置估计值却没有回到原点。如果可以让机器人知道"回到了原点"，或者把"原点"识别出来，再把位置估计值"拉"过去，那么就可以消除累计误差了，这就是回环检测。

回环检测与"定位"和"建图"都有密切的关系。地图存在的一个重要意义是为了让移动机器人知道自己到达过的地方。为了实现回环检测，需要让机器人具有识别曾到达过的地方的能力。最简单的方法是，可以在场景中设置一个标志物（如二维码图片），只要移动机器人看到了这个标志物，就表示其回到了原点。但是，应用环境中可能会限制出现这种辅助标志物。

此外，移动机器人可以使用自身携带的传感器来完成这个任务。例如，移动机器人可以通过判断图像间的相似性来进行回环检测。当机器人看到两个相似的图像时，需要辨认出它们来自同一个地方。如果回环检测成功，可以显著减小累计误差。所以回环检测实质上是一种计算图像相似性的算法。由于图像的信息非常丰富，回环检测的难度也降低了不少。

回环检测后，会把"A 与 B 是同一个点"这样的信息告诉后端的非线性优化算法。然后，后端根据这些信息，消除轨迹和地图的累计误差，得到全局一致的轨迹和地图。

10.1.4　建图

建图是指构建地图的过程。地图是对环境的描述，根据不同的 SLAM 应用，地图的常见形式包括 2D 栅格地图、2D 拓扑地图、3D 点云地图（Point Cloud Map）和 3D 栅格地图等，如图 10.3 所示。

2D 栅格地图

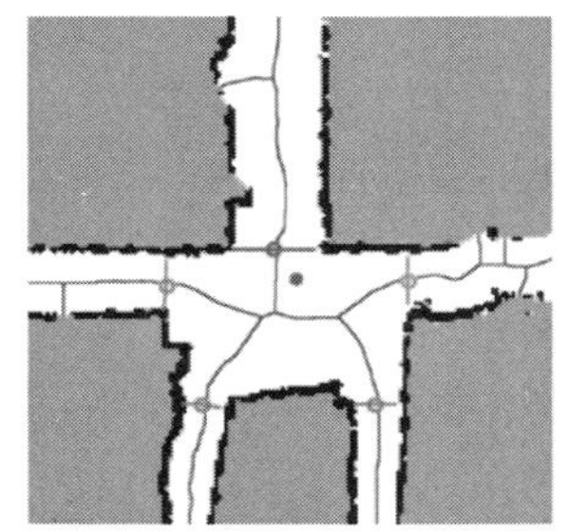

2D 拓扑地图

3D 点云地图

3D 栅格地图

图 10.3　几种常见的地图

例如，简单的家用扫地机器人，只需要一张 2D 栅格地图，标记哪里可以通过，哪里存在障碍物，就可以在房间内进行导航了。但如果是室外巡检机器人，其可能需要一张 3D 地图，以获得更多的环境信息。有一些应用场景要求我们构建一张完整度很高的地图，此时地图不仅需要一组空间点的集合，还需要带纹理的三角面片。而另一些应用场景中，我们可能不关心地图的样子，只需要知道“A 点到 B 点可通过，而 B 点到 C 点不可通过”就可以了。因此，相比于视觉里程计、非线性优化和回环检测，建图并没有固定的形式和算法。地图的形式与 SLAM 应用场景密切相关，一组空间点的集合可以称为地图，一个 3D 模型也可以称为地图，一张标记着城市、村庄、铁路、河道的图片仍可以称为地图。

总体上，地图可以划分为尺度地图（Metric Map，也叫度量地图）、拓扑地图（Topological Map）和语义地图（Semantic Map）三种。

1. 尺度地图

尺度地图上的每一点都可以用坐标来表示，它强调精确地表示地图中物体的位置，通常用稀疏（Sparse）与稠密（Dense）对它进行分类。稀疏地图进行一定程度的抽象，并不需要表达所有的物体。例如，可以选择一部分具有代表意义的物体，称为特征点，也称为路标（Landmark），那么一张稀疏地图就是由特征点组成的地图，而不是特征点的部分就可以忽略掉。而稠密地图着重于建模所有能看到的东西。对于定位来说，稀疏地图就可以满足要求。而对于导航来说，往往需要稠密地图。

2D 尺度地图是由许多个小格子（Grid）组成的，3D 尺度地图则是由许多小方块（Voxel）组成的。一般地，一个小格子或小方块有占据、空闲、未知三种状态，以表达该小格子或小方块内是否有物体。当查询某个空间位置时，地图能够给出该位置是否可以通过的信息。但是，这种地图需要存储每个小格子或小方块的状态，耗费大量的存储空间，而且多数情况下地图的许多细节部分是无用的。另外，大规模尺度地图有时会出现一致性问题，很小的转向误差可能会导致两间屋子的墙出现重叠，使地图失效。

2. 拓扑地图

相比于尺度地图的精确性，拓扑地图则更强调地图元素之间的关系。拓扑地图是一种图论中的图（Graph），由顶点和边组成，仅考虑顶点间的连通性，用边来连接相邻的顶点，其只考虑两点之间是否是连通的，而不考虑如何从一点到达另一点。比如，从地铁路线图中，我们可以知道华中科技大学站与光谷大道站相连，这个地铁路线图便是一种拓扑地图。拓扑地图中没有物体精确的位置信息，去掉了地图的细节信息，是一种更为紧凑的表达方式。但是，拓扑地图不擅长表达具有复杂结构的场景。

3. 语义地图

语义地图上的每个地点和道路都会用标签的集合来表示，它是一种对环境（室内或室外）的增强表示，同时包含了几何信息和高层次的定性特征。语义地图一般是建立在尺度地图之上的，其能将空间中物体的语义属性与其周围环境的几何感知建立联系，进而供人们利用。例如，华中科技大学的财务中心在哪里？用语义地图可以表达为：在大学生活动中心靠近梧桐语问学中心的这一边。因此，语义地图包含了高层次的特征，这些特征建模了关于地点、物体、形状及所有这些对象之间关联的概念，而尺度地图则保留了机器人需要感知的环境几何特征，以实现在环境中的安全导航。

10.2　ORB-SLAM 算法

ORB-SLAM 是西班牙 Zaragoza 大学的 Raul Mur-Artal 编写的基于稀疏特征点的视觉 SLAM 算法，其论文 *ORB-SLAM: a versatile and accurate monocular SLAM system* 发表在 2015 年的 *IEEE Transaction on Robotics* 上。目前开源代码的版本包括 ORB-SLAM、ORB-SLAM2 和 ORB-SLAM3。最早的 ORB-SLAM 版本主要用于单目视觉 SLAM，从第二个版本开始支持单目相机、双目相机和 RGB-D 深度相机三种接口的视觉传感器，支持使用 ROS。其代码结构清晰，命名规范，非常适合移植到实际项目中。

ORB-SLAM 基于图像特征识别，可以实时运行，适用于室内或室外，小场景或大场景，包括跟踪、局部建图、回环检测等模块。ORB-SLAM 使用 ORB（Oriented FAST and Rotated BRIEF）算子进行特征点提取与描述，具有旋转不变性，在计算时间上比 SIFT 算法快两个数量级，比 SURF 算法快一个数量级，同时与它们保持相似的检测效果。而且 ORB-SLAM 对噪声有较强的抗干扰能力，因此，ORB-SLAM 具有很强的跟踪鲁棒性和可持续性，可以很好地处理剧烈运动的图像，也可以很好地处理回环检测、重定位和位置初始化。

ORB-SLAM 算法框架如图 10.4 所示，包括三个线程：跟踪、局部建图和回环检测。ORB-SLAM 算法中的视觉里程计是基于特征点检测算法实现的，利用 ORB-SLAM 算法的实时性，可以实时计算出相机的旋转和平移数据，并根据特征点恢复出 3D 稀疏地图，进行建图和定位。ORB-SLAM 在跟踪线程中提取并记录图像中的 ORB 特征点，并在回环检测线程中基于词袋（Bag Of Words，BOW）模型，将当前视觉特征与历史特征进行匹配，若匹配成功，则在所有历史相机位姿组合而成的位姿图（Pose Graph）上进行全局位姿优化，有效降低了视觉 SLAM 系统的累计定位误差。

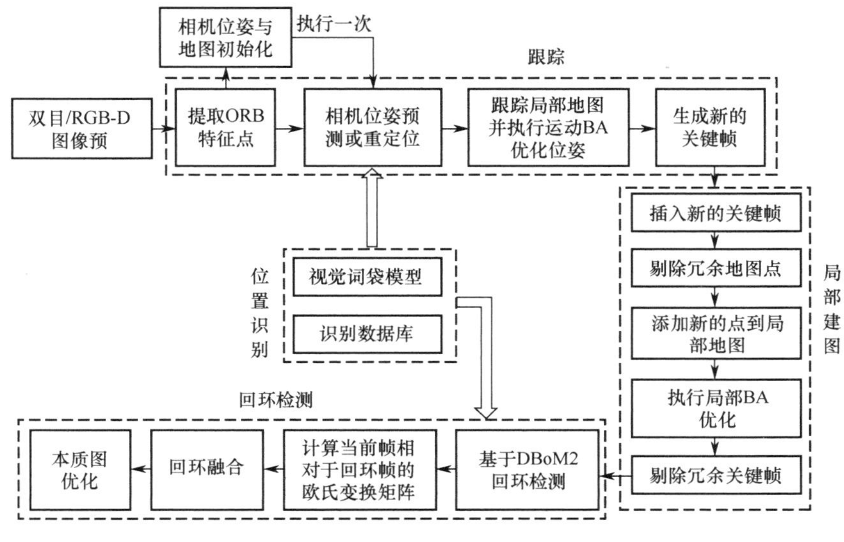

图 10.4　ORB-SLAM 算法框架

1. 跟踪线程

跟踪线程作为 ORB-SLAM 算法的前端，负责特征点跟踪，不断获取相邻图像帧之间的位姿变化，同时通过投影变换，生成关键帧（KeyFrame）可视区间内的地图点（MapPoint），更新地图关系，并确定关键帧插入的时机。该线程首先进行建图的初始化过程，同时计算两个模型：单应矩阵（Homography Matrix）模型和基础矩阵（Fundamental Matrix）模型，并对两个模型进行评分，根据各自分值评估，使用两者之一：若视差较小，则采用单应矩阵模型恢复运动；反之，则采用基础矩阵模型恢复运动。恢复运动后，采用集束调整（Bundle Adjustment，即 BA 优化，也叫光束平差法）优化初始化结果。

初始化完成后，跟踪线程从图像中提取 ORB 特征点，并默认从前一帧，采用匀速运动模型或关键帧模型计算相机的位姿，最后进行姿态估计。若初始化后第一帧跟踪失败，则需通过全局重定位来初始化位姿估计，此时当前帧会与所有关键帧进行匹配，通过不断优化得到重定位后的位姿。最后，根据关键帧插入的条件，判断是否需要插入新的关键帧。

2. 局部建图线程

局部建图线程主要完成局部地图构建。首先根据新加入的关键帧更新共视图（Covisibility Graph）、生长树（Spanning Tree，也叫扩展树），同时对跟踪线程中生成的地图点进行剔除，从而控制地图中的地图点数量。随后，在共视图中，依据三角原理生成新的地图点，对当前帧、共视图中与之相关联的关键帧能够检测到的地图点进行局部 BA 优化。最后，再剔除冗余的关键帧。

其中，共视图是无向加权图，如图 10.5 所示。共视图中每个节点是一个关键帧，如果两个关键帧之间满足一定的共视关系（如至少有 15 个共视地图点），就将它们连成一条边，边的权重是共视地图点的数目。共视图是 ORB-SLAM 中的一个核心概念，在视觉 SLAM 算法的搜索地图点、回环检测、重定位和优化中起着重要的作用。

生长树只针对关键帧而言，在关键帧建立时，需确定生长树的父子关系，如图 10.6 所示。生长树除用于更新局部地图关键帧外，还用于回环校正。

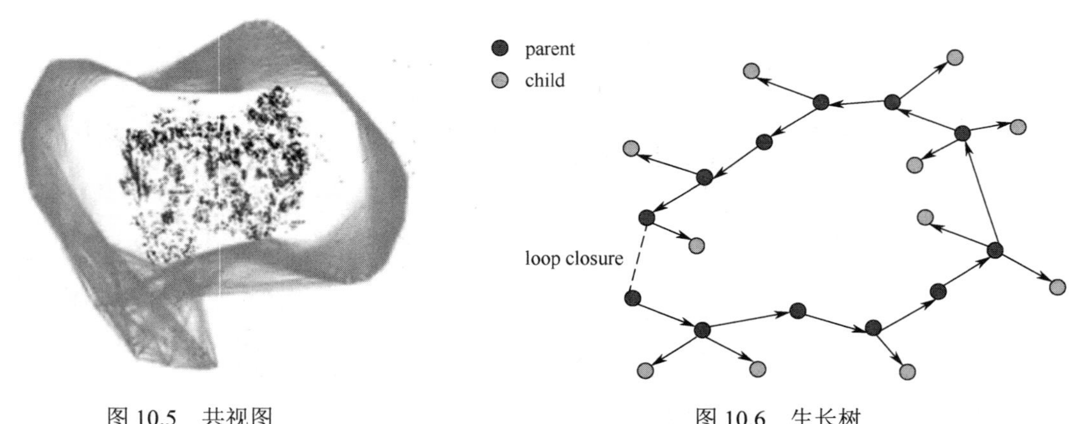

图 10.5 共视图

图 10.6 生长树

3. 回环检测线程

回环检测线程是消除累计误差最有效的办法。回环检测线程主要分为两个过程：回环条件检测和回环校正。回环条件检测的主要工作是将当前帧与候选回环帧中所有的帧进行比较，根据设置的条件进行比对及评分，当得到超出阈值的评分后，即得到回环帧，并开始进行非线性优化。回环校正的主要工作是在当前帧和回环帧之间找到更多的对应点，通过这些对应点计算 Sim3 变换，求解当前帧和回环帧之间的平移和旋转数据，如图 10.7(a)所示。Sim3 变换使用 3 对不共线的匹配点进行相似变换（Similarity Transformation），求解出两个坐标系之

间的旋转矩阵、平移向量和尺度变换。回环校正时，局部建图线程和全局 BA 优化需停止，以完成本质图（Essential Graph）优化和回环融合。

其中，本质图也叫本征图，也只针对关键帧而言，本质图比共视图更稀疏，其作用是在回环校正时，用相似变换来矫正尺度漂移，把回环误差均摊在本质图中，如图 10.7(b)所示。本质图中的连接边更少，仅保留联系紧密的边，使得结果更精确。同时，相比全局 BA 优化，本质图也可以快速收敛且结果更精确。本质图中包含：

（1）生长树的连接关系；

（2）形成回环的连接关系，即回环检测后，地图点发生变动后的新增连接关系；

（3）共视关系非常好（至少有 100 个共视地图点）的连接关系。

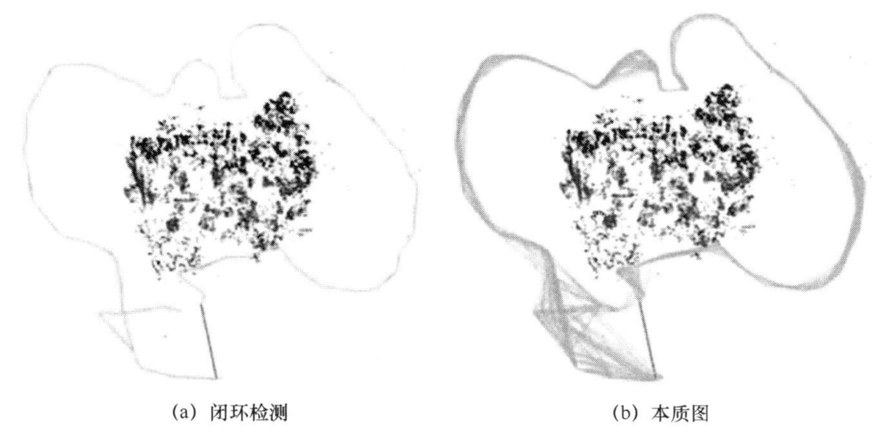

(a) 闭环检测　　(b) 本质图

图 10.7　回环检测和本质图示意图

ORB-SLAM 算法采用 g2o（General Graph Optimization，通用图优化）库作为非线性优化工具，支持全局优化和局部优化，能有效地减少对特征点位置和自身位姿的估计误差。另外，其采用词袋算法，使用 DBoW2 库（DBoW2 是一种高效的回环检测算法，称为 Bags of Binary Words for Fast Place Recognition in Image Sequence）进行回环检测，减少了寻找特征点的计算量，同时回环匹配和重定位效果好。例如，当机器人遇到一些意外情况时，数据流突然被打断了，ORB-SLAM 算法可以在短时间内重新把机器人在地图中定位出来。

ORB-SLAM 算法也存在一些缺点，主要如下。

（1）构建出的地图是稀疏点云图，保留了图像中特征点的一部分作为关键点，固定在空间中进行定位，很难描绘地图中的障碍物的存在。

（2）初始化时机器人需要保持低速运动，相机需要对准特征和几何纹理丰富的物体。

（3）相机旋转时比较容易丢帧，对噪声敏感，不具备尺度不变性。

（4）如果使用纯视觉 SLAM 用于机器人导航，容易产生累计误差，精度不高，因此需要结合 IMU，提高精度（一般采用双目结构光与 IMU 融合的方案，在室内外场景下，可以获得不错的效果）。

相比 ORB-SLAM，ORB-SLAM2 增加了一个线程，将整个系统分成四个相对独立的线程，各线程之间通过关键帧连接。这四个线程具体为：跟踪线程、局部建图线程、回环检测线程、全局 BA 优化线程。其中，前三个线程并行执行，保证 SLAM 的实时性，第四个线程依据回环检测的结果进行全局 BA 调整（当检测到回环时，回环融合后会触发全局 BA 优化线程），优化全局地图和轨迹。ORB-SLAM2 算法框架如图 10.8 所示。

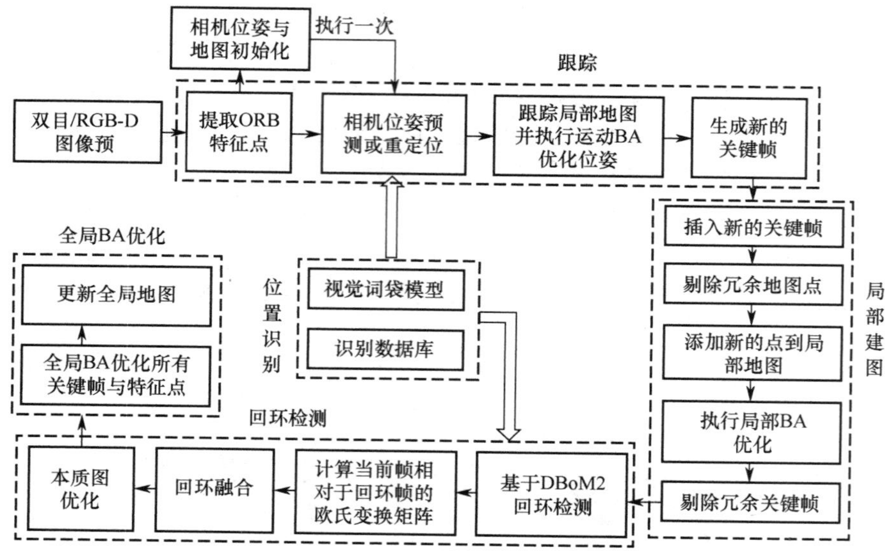

图 10.8　ORB-SLAM2 算法框架

相比 ORB-SLAM，ORB-SLAM2 在回环校正时，进一步将本质图优化与全局 BA 优化结合起来，均方根误差（Root Mean Square Error，RMSE）有所降低，但耗时较长。此外，ORB-SLAM2 还包含一个轻量级的定位模式，该模式能够在允许零点漂移的条件下，利用视觉里程计来跟踪未建图的区域并且匹配特征点。

ORB-SLAM3 在重定位方法、回环和地图融合等方面做了进一步改进，能够对多地图进行复用，加入 IMU 约束，支持单目/双目/RGB-D 相机图像作为输入，并支持针孔及鱼眼相机图像。

任务 1　在单目数据集上运行 ORB-SLAM2

在电脑上安装 ORB-SLAM2 及其依赖项，源码可扫码二维码下载，按照网页上的介绍进行安装和配置。

下载链接

（1）安装工具。在配置过程中需要 cmake、gcc、g++和 git 工具，在命令行中通过以下命令下载：

```
$ sudo apt-get install cmake
$ sudo apt-get install git
$ sudo apt-get install gcc g++
```

（2）安装 Pangolin。Pangolin 是一个轻量级的 OpenGL 显示和交互的开发库，可以用于 3D 视觉和 3D 导航。安装 Pangolin 之前，先安装必要的依赖项：

```
$ sudo apt-get install libglew-dev
$ sudo apt-get install libboost-dev libboost-thread-dev libboost-filesystem-dev
$ sudo apt-get install libpython2.7-dev
```

安装完依赖项后，通过以下命令安装 Pangolin（使用 Pangolin v0.5 版本，如果使用其他版本可能会出现兼容问题）：

```
$ git clone https://github.com/stevenlovegrove/Pangolin.git
$ git checkout v0.5
$ cd Pangolin
$ mkdir build
```

```
$ cd build
$ cmake -DCPP11_NO_BOOSR=1 ..      % 也可以直接 cmake ..
$ make                          % 使用 make –j 命令可以加速，但如果计算机性能不够，可能会死机
```

（3）安装 OpenCV。安装 OpenCV 的过程较为复杂，可以扫描二维码获得详细的安装方法。

安装方法

（4）安装 Eigen。通过下面的命令安装 Eigen 库：

```
$ sudo apt-get install libeigen3-dev
```

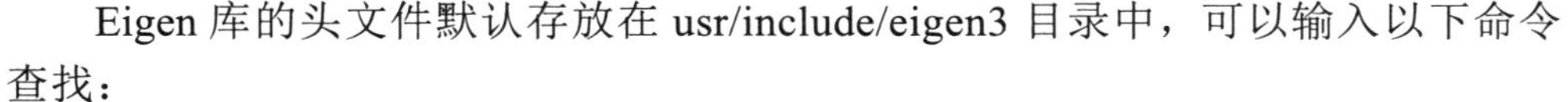

Eigen 库的头文件默认存放在 usr/include/eigen3 目录中，可以输入以下命令查找：

```
$ sudo updatedb
$ locate eigen3
```

相比于其他库，Eigen 是一个纯用头文件搭建起来的库，没有用到.so 或.a 那样的二进制文件。在使用时，只需引入 Eigen 的头文件即可，不需要链接库文件（因为它没有链接库文件）。

使用 Eigen 库时，需要在 cmake 工程中的 CMakeLists.txt 文件中指定 Eigen 头文件目录：

```
#添加 Eigen 库头文件
include_directories("/usr/include/eigen3")
```

（5）安装 ORB_SLAM2。选择放置 ORB_SLAM2 工程的目录（如果需要在 ROS 环境下运行 ORB_SLAM，最好将工程放在 catkin_ws/src 目录下），在该目录中打开命令行，执行以下命令：

```
$ git clone https://github.com/raulmur/ORB_SLAM2.git ORB_SLAM2
$ cd ORB_SLAM2
$ chmod +x build.sh
$ ./build.sh
```

上述 build.sh 文件生成非 ROS 环境下的 ORB_SLAM2 相关可执行文件，以及 ROS 环境下的动态链接库 libORB_SLAM2.so。如果需要在 ROS 环境下运行 ORB_SLAM2，则需要先执行 build.sh，再执行以下命令：

```
$ chmod +x build_ros.sh
$ export ROS_PACKAGE_PATH=${ROS_PACKAGE_PATH}:~/catkin_ws/src/ORB_SLAM2/Examples / ROS
$ sudo cp /usr/lib/x86_64-linux-gnu/libboost_system.so libboost_system.so
$ sudo cp /usr/lib/x86_64-linux-gnu/libboost_filesystem.so libboost_filesystem.so
```

然后打开文件 Examples/ROS/ORB_SLAM2/CMakeLists.txt，在文件末尾加入以下内容：

```
target_link_libraries(Stereo boost_system boost_filesystem)
target_link_libraries(RGBD boost_system boost_filesystem)
```

打开文件 ORBSLAM2/Examples/ROS/ORBSLAM2/CMakeLists.txt，找到 set 部分，在后面添加两句库文件路径（见粗体）：

```
set(LIBS
${OpenCV_LIBS}
${EIGEN3_LIBS}
${Pangolin_LIBRARIES}
${PROJECT_SOURCE_DIR}/../../../Thirdparty/DBoW2/lib/libDBoW2.so
${PROJECT_SOURCE_DIR}/../../../Thirdparty/g2o/lib/libg2o.so
${PROJECT_SOURCE_DIR}/../../../lib/libORB_SLAM2.so
${PROJECT_SOURCE_DIR}/../../../lib/libboost_filesystem.so
${PROJECT_SOURCE_DIR}/../../../lib/libboost_system.so
)
```

最后执行：

```
$ ./build_ros.sh
```

如果计算机的性能较低，执行以上命令时可能会死机，这时可以将 build.sh 文件和

build_ros.sh 文件中的命令 make -j 全部改为 make。

如果运行 build.sh 和 build_ros.sh 时意外中断，需要把所有 build 目录删除，重新运行。

（6）运行 ORB_SLAM2。编译完成后，ORB_SLAM2/Examples 目录下会生成多个可执行文件。下面使用 KITTI 数据集，介绍如何运行 ORB_SLAM2 程序。

KITTI 数据集由德国卡尔斯鲁厄理工学院和位于美国芝加哥的丰田技术研究院联合创建，是目前国际上最大的无人驾驶场景下的计算机视觉算法评测数据集。该数据集常用于评测立体视觉（Stereo）、视觉里程计（Visual Odometry，VO）、3D 目标物体识别（Object Detection）和 3D 跟踪（Tracking）等计算机视觉算法在车载环境下的性能。

KITTI 数据集包含市区、乡村和高速公路等场景的真实图像数据，图像中有车辆和行人，设计了各种程度的遮挡，数据集以 10Hz 的频率采样而成，可以扫描二维码进行下载。

下载链接

在 ORB_SLAM2 目录下打开命令行，执行以下命令运行程序，以 KITTI 数据集中的第 00 组数据为例，在命令行中输入以下命令：

```
$ ./Examples/Monocular/mono_kitti Vocabulary/ORBvoc.txt Examples/Monocular/KITTI00-02.yaml PATH_TO_DATASET_FOLDER/dataset/KITTI/sequences/00
```

其中，PATH_TO_DATASET_FOLDER 指 KITTI 数据集所在目录的路径。

ORB-SLAM2 的运行效果如图 10.9 所示。KITTI 数据集中的第 00 组数据录制的是室外道路场景，光照充足、纹理特征丰富，便于视觉特征的提取与匹配，非常适合视觉 SLAM 算法的运行。

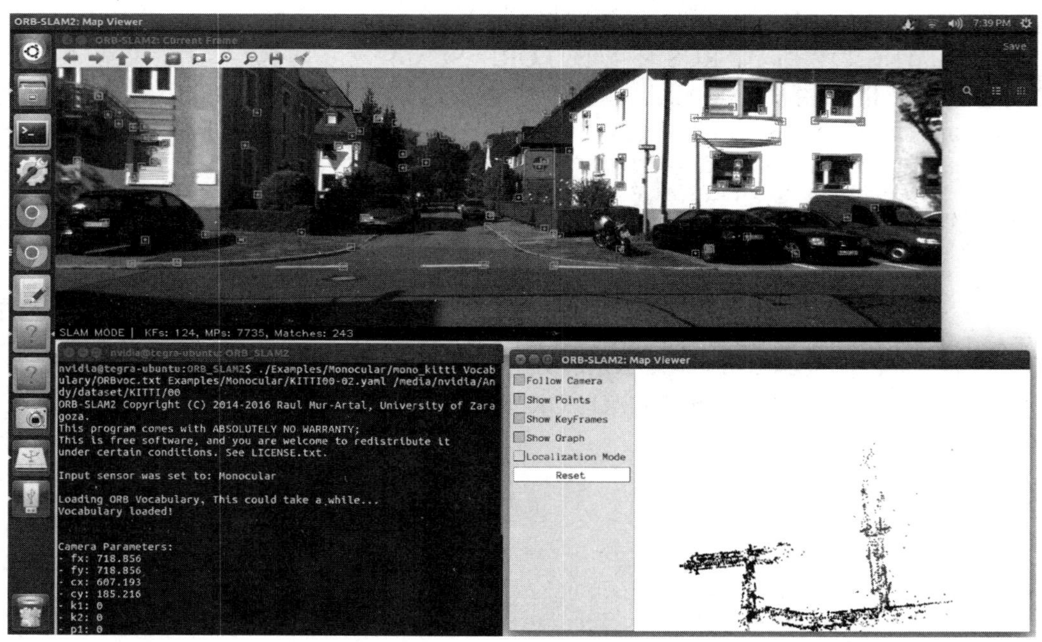

图 10.9　ORB-SLAM2 的运行效果

图 10.10（a）是算法运行过程中的某一个片段，图中蓝色三角形为关键帧，绿色三角形为当前帧，红色点为当前视觉特征，黑色点为历史地图点。当相机再次经过历史场景时，回环检测生效，修正了累计误差。为了准确地验证算法的有效性，本文使用 EVO 工具包（一个用于处理、评估和比较视觉里程计和 SLAM 算法轨迹输出的 Python 工具包）进行结果分析。

图 10.10（b）是 ORB-SLAM2 估计出的运动轨迹与真实值之间的对比，可见整体上算法估计出的运动轨迹符合真实情况。图 10.10（c）是随着时间变化的 x、y、z 三轴估计出的运动轨迹和真实值之间的对比，图中 kitti_00_tum 表示真实值，KeyFrameTrajectory 表示 ORB-SLAM2 估计出的运动轨迹。图 10.10（d）给出了 ORB-SLAM2 位姿估计的整体误差，包括 APE（绝对位姿误差）、mean（平均误差）、median（误差中位数）、rmse（均方根误差）、std（标准差）。由此可见，ORB-SLAM2 位姿估计误差较小，具有较好的准确性和鲁棒性。

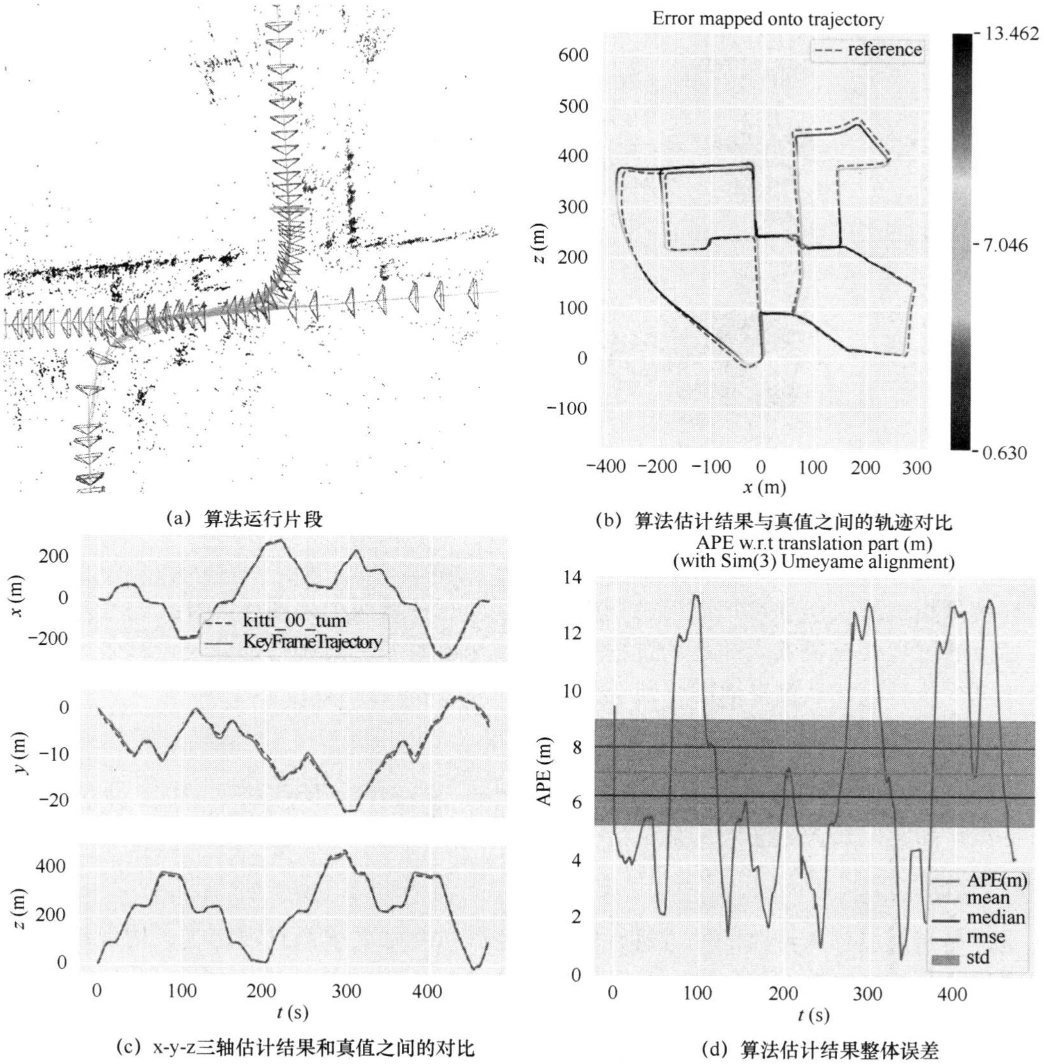

(a) 算法运行片段

(b) 算法估计结果与真值之间的轨迹对比

(c) x-y-z三轴估计结果和真值之间的对比

(d) 算法估计结果整体误差

图 10.10　在 KITTI 数据集上运行 ORB-SLAM2 的实验结果

彩色图

10.3　稠密建图

在前面介绍 SLAM 算法时，主要关注定位问题，在地图上可以看见稀疏的特征点，并未进行稠密建图。在 SLAM 模型中，地图是所有特征点的集合。一旦确定了特征点的位置，就完成了建图。地图的功能可以归纳为五点，如图 10.11 所示。

1. 定位

定位是地图的基本功能，我们不仅需要知道机器人在本次 SLAM 中的定位，还希望能够把地图保存下来，让机器人在下次启动后依然能在地图中定位。这样在每次启动机器人后，就不需要重新做一次完整的 SLAM 了。

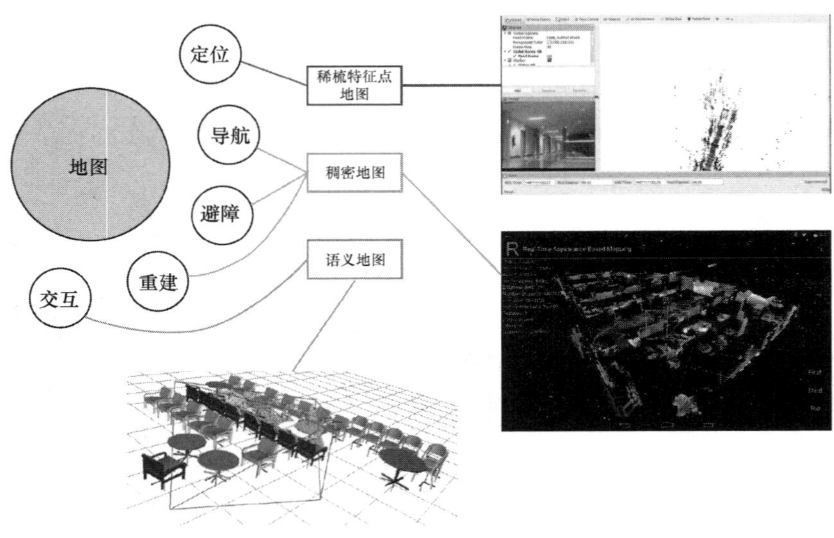

图 10.11　地图的功能

2. 导航

导航是指机器人能够在地图中进行路径规划，在任意两个地图点间寻找路径，然后运动到目标点的过程。在机器人的运动过程中，需要知道地图上的哪些部分是可行区域，哪些部分是非可行区域。建立稠密地图有助于提高机器人的导航性能。

3. 避障

避障是指机器人在遇到局部、动态的障碍物时，能够避开障碍物的功能。如果地图中仅有特征点，那么机器人无法判断某个特征点是否为障碍物，因此需要建立稠密地图。

4. 重建

重建是指对机器人经过的地方进行重建，给人以身临其境的直观感受。实现重建功能的地图往往是稠密的，带有纹理的，甚至是三维的。

5. 交互

交互主要指机器人与地图之间的互动。例如，机器人可能会收到命令“取桌子上的报纸”，在执行命令时，除环境地图外，机器人还需要知道地图上哪一块是“桌子”，什么叫“上”，什么是“报纸”。这需要机器人对地图有更高层面的认知。

稠密地图是相对于稀疏地图而言的，稀疏地图只建模感兴趣的部分，也就是特征点。而稠密地图要建模所有机器人看到过的部分。对于同一张桌子，稀疏地图可能只建模桌子的四个角，而稠密地图则会建模整个桌面和桌腿。虽然只有桌子的四个角的地图可以用于定位，但其无法用于获得空间结构的细节信息，无法辅助机器人完成导航、避障等工作。因此，稠

密地图对于机器人的导航、避障、重建和交互具有非常重要的价值。

10.3.1　空间地图的表示方式

目前空间地图的表示方式主要有稀疏特征点地图、稠密地图、占据栅格地图，这三种地图均有不同的应用场景，各有优势。在空间环境建模时，应根据具体的应用场景选用不同的地图，以达到最高效率。

1．稀疏特征点地图

稀疏特征点地图主要分为稀疏路标地图及稀疏点云地图两种，如图 10.12 所示。

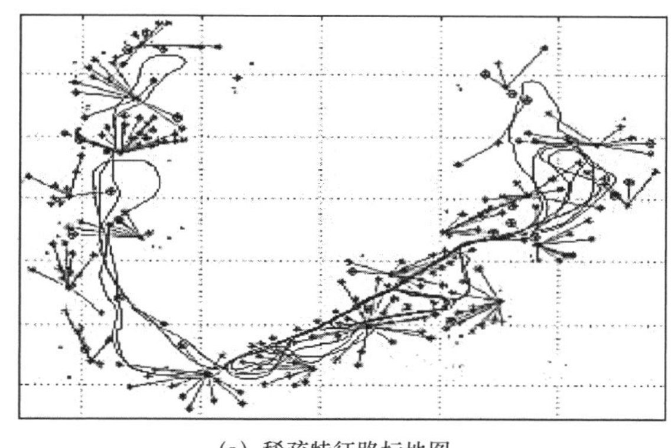

(a) 稀疏特征路标地图

(b) 稀疏特征点云地图

图 10.12　稀疏特征点地图

这两种地图均将空间中相机观察到的特征点建立到地图中，例如，针对空间中的一张桌子，稀疏特征点地图可能只将桌子的四个角建立到地图中。这两种地图主要应用于稀疏视觉 SLAM 中，为机器人的位姿估计服务，因为位姿估计对实时性要求较高，而稀疏特征点地图不占用计算机资源，可以为位姿估计提供较可靠的信息。但是其无法应用于可视化交互和机器人导航、避障中，因为其是稀疏的，无法提供对应场景的细节，只有稠密地图才能提供场景中物体的形状及轮廓，对于机器人导航、避障而言，不仅需要稠密地图，还要求该地图中的点能表示障碍物信息，而稀疏特征点地图不满足这些要求。

2．稠密地图

稠密地图目前主要分为稠密点云地图、TSDF（Truncated Signed Distance Function，截断符号距离函数）地图、面元（Surface Element，Surfel）地图，如图 10.13 所示。

(a) 稠密点云地图

(b) TSDF地图

(c) 面元地图

图 10.13　稠密地图

其中，稠密点云地图是稠密地图表示模型中最基本的一种模型，其他两种地图均是基于稠密点云地图得到的。稠密点云地图将空间环境采用一组离散的点表示，以三维的方式存储。虽然稠密点云地图比较粗糙，但具有基本的可视化功能，我们可以通过这种地图快速浏览环境中的各个部分。如果对外观有进一步的要求，还可以使用三角网格（Mesh）或面元进行建图。由于稠密点云地图纯粹地将 3D 空间中的某个位置标记为一个点，并不能表示障碍物信息，人们无法通过该地图查询某个点处是否是障碍物，因此其不满足机器人导航、避障的需求。但是我们可以将稠密点云地图转换为可用于导航、避障的地图，例如，可通过体素（Voxel）建立占据栅格地图。TSDF 地图是以网格的形式建立的，主要应用于三维重建领域。其将环境建成具有表面信息的模型，可以获得光滑的、精细的地图信息，对环境的还原程度较高，非常适合用来做可视化显示，但该地图需要 GPU 加速才能获得较为理想的结果，比较耗费资源。面元地图是和 TSDF 地图不同的另一种稠密地图，面元是表面元素或表面体素的缩写，也称面片。面元地图以面元作为地图的基本单位，依据不同的像素建立面元单位，是一种具有不同分辨率的、具有表面信息的地图，能在仅有 CPU 的条件下保证实时性，且具有较好的可视化效果。

3. 占据栅格地图

占据栅格地图分为 3D 占据栅格地图和 2D 占据栅格地图，如图 10.14 所示。其中，3D 占据栅格地图也称为 3D 八叉树（Octo-tree）地图。

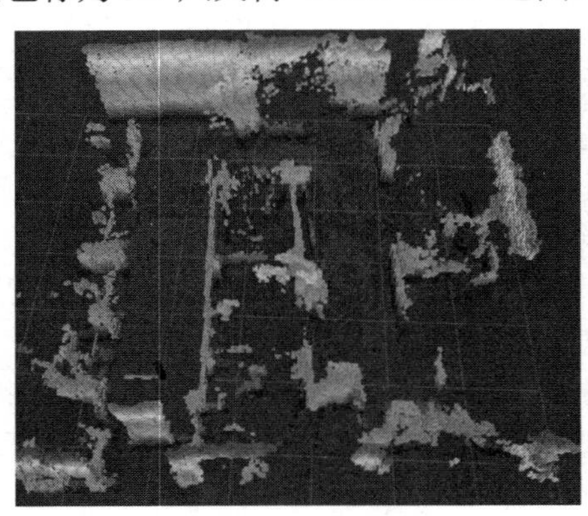

（a）3D 占据栅格地图

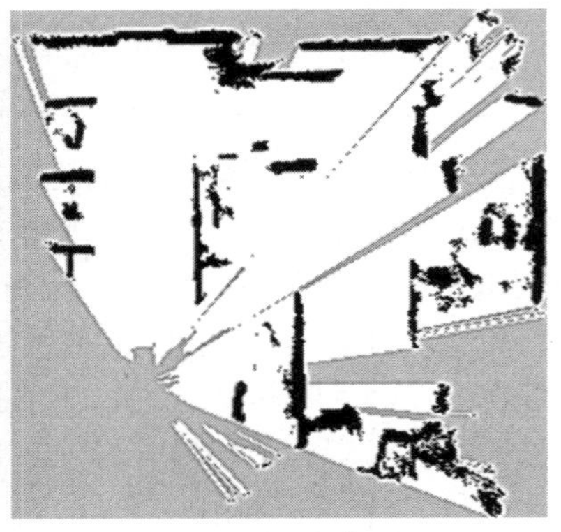

（b）2D 占据栅格地图

图 10.14　占据栅格地图

在占据栅格地图中，环境被栅格化（也叫网格化）了，整个环境是由一个个栅格组合而成的。依据栅格尺寸的大小，可以构建不同分辨率的占据栅格地图。其中，每个栅格有三种状态，分别为占据、空闲、未知，可以通过查询地图中的每个栅格像素，判断其是否是障碍物。因此，该类地图符合机器人导航、避障需求。

3D 占据栅格地图可以由稠密点云地图转换获得，由于其数据量较大，为降低空间开销和地图大小，常采用八叉树模型来存储 3D 占据栅格地图的信息，该地图主要应用于空中无人机导航、避障领域。对于地面移动机器人而言，其运动空间为二维平面，利用 3D 占据栅格地图来进行导航、避障比较浪费资源，可以利用 2D 占据栅格地图来实现机器人导航、避障。2D 占据栅格地图可以由基于视觉传感器或 3D 激光雷达建立的 3D 占据栅格地图进行地面二维投影获得。

从前面介绍的空间地图的表示方式可以看出，在机器人 SLAM 系统中，地图的作用包括定位、导航、避障、重建、交互等，需要根据具体的场景选用不同的地图，以满足功能需求。

随着计算机视觉和图像处理领域的飞速发展，视觉 SLAM 还可以实现语义地图构建、人机交互等复杂多元的功能，基于视觉图像语义分割构建的语义 3D 地图如图 10.15 所示。但是，由于相机在深度测量上存在缺陷，不适用于有光照变化和低纹理的环境，因此纯视觉 SLAM 算法的准确性和鲁棒性受限。

图 10.15　基于视觉图像语义分割构建的语义 3D 地图

激光雷达的优势是能够准确测量场景中物体之间的距离，可测量的距离远、抗干扰能力强，常用于室内外大场景的三维重建。3D 激光雷达可以获得多个平面上的信息，拓展了 2D 激光雷达的应用场景。3D 激光雷达也是无人驾驶汽车中的主要传感器之一。图 10.16 是使用 3D 激光雷达构建的无人驾驶高精度地图。

图 10.16　基于 3D 激光点云构建的无人驾驶高精度地图

构建地图需要完成两方面的工作：3D 点云拼接和语义特征点提取。通常使用基于图优化的 SLAM 算法进行分层细化，然后对 3D 点云进行拼接，使用机器学习和人工监督的迭代算法提取语义特征。图 10.17 是基于 3D 激光雷达的场景感知效果。无人驾驶系统获得行人，车辆的体积、速度，与车辆的距离等信息后，进而实现定位、导航、避障等复杂功能。

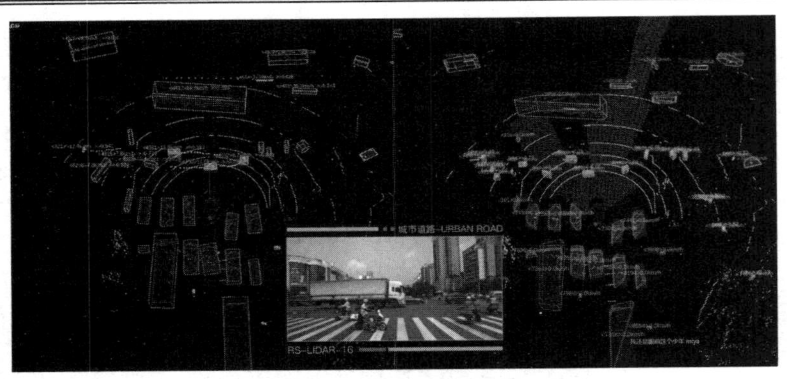

图 10.17　基于 3D 激光雷达的场景感知效果

受限于常规 3D 激光雷达的垂直视场角，移动平台周边存在一定的锥形盲区。目前所使用的激光雷达多是动态扫描式的，机械旋转结构的稳定性难以保证，信息获取频率较低。车规级的激光雷达常采用固态激光雷达和数字激光雷达，硬件稳定性有所提升。

为了解决单一传感器的局限性，人们使用多种类别的传感器进行多层次的数据融合，从而提高建图的准确性和鲁棒性。这些传感器有相机（单目相机、多目相机、深度相机）、2D/3D 激光雷达、IMU、里程计、北斗卫星导航系统、GPS（Global Positioning System，全球定位系统）等。多传感器融合的 SLAM 的缺点是数据融合复杂度较大，计算量较大，维护困难。

激光雷达和相机在建图方面的优缺点如表 10.1 所示。

表 10.1　激光雷达和相机在建图方面的优缺点

<table>
<tr><th colspan="2">传　感　器</th><th>优　　点</th><th colspan="2">缺　　点</th></tr>
<tr><td colspan="2">激光雷达</td><td>精度高，方向性强，测量速度快，计算量小，易于实时建图</td><td colspan="2">价格较高，易受雾霾、灰尘影响</td></tr>
<tr><td rowspan="3">相机</td><td>单目相机</td><td>结构简单，成本低，室内外通用</td><td>无法测量真实距离</td><td rowspan="3">易受视野和恶劣天气影响，在逆光和光影复杂的情况下效果较差</td></tr>
<tr><td>多目相机</td><td>可通过多个相机之间的基线估计深度</td><td>配置与标定较为复杂，深度量程受基线和分辨率限制，深度计算复杂度较大</td></tr>
<tr><td>深度相机</td><td>可根据结构光或 ToF 原理测量距离，计算复杂度相对较小</td><td>测量范围小，噪声大，视野小，主要用于室内建图</td></tr>
</table>

表 10.2 从地图重构效率、环境内容完整性、碰撞检测效率及典型算法方面对比了多种类型的地图。其中，栅格地图及特征地图是传统激光 SLAM 算法中常用的地图类型，常应用于室内导航系统中，能够较准确地描述环境的几何信息，但缺乏语义信息，限制了机器人的智能化水平。几何语义地图可提供目标物体类型、空间形态及位置，以及机器人在地图中的位置，但目前仅能使用单一几何体，同时受到深度学习的计算需求与硬件计算能力制约。因此，构建可用、普适、简洁的语义地图，解决传统地图存在的冗余性、时效性问题，提高机器人与不同环境的交互能力，是一个重要的研究方向。

表 10.2　常见地图类型对比

地 图 类 型	地图重构效率	环境内容完整性	碰撞检测效率	典 型 算 法
栅格地图	★★★★	★★★	★★★★	Gmapping
特征地图	★★★★★	★★★	★★★★★	EKF（Extended Kalman Filter）

（续表）

地 图 类 型	地图重构效率	环境内容完整性	碰撞检测效率	典 型 算 法
稠密地图	★★	★★★★	★	ElasticFusion
半稠密地图	★★★	★★★	★★★	SVO（Semi-Direct Monocular Visual Odometry）
稀疏地图	★★★★★	★★	—	ORB-SLAM
稠密语义地图	★	★★★★★	★	MaskFusion
几何语义地图	★★★	★★★★	★★★	CubeSLAM

10.3.2　双目相机几何模型与标定

一般来说，双目立体视觉的标定精度主要采用对标准件测量得到的测量精度、3D 空间中某一特征点三维重建的精度，以及通过标定实验测量得到的相机出厂参数间接来评价。本节通过左右图像平面上实测角点与其在相对图像平面上对应极线的匹配程度来评价双目立体视觉的标定精度，该方法充分考虑两个图像特征之间的匹配对应关系。

对于一个连续的视频序列，每帧图像都有对应的相机矩阵 $\boldsymbol{T}_i$。空间中的一个三维点 P 在第一个图像中的投影位置为 $\boldsymbol{p}_1=\boldsymbol{T}_1\boldsymbol{P}$，在第二个图像中的投影位置为 $\boldsymbol{p}_2=\boldsymbol{T}_2\boldsymbol{P}$，成像点 p_1 与 p_2 之间存在射影几何关系，因为它们对应同一个空间点 P。

1. 2D-2D 映射：对极几何

对极几何是同一个视频序列中两个图像之间内在的射影几何，它只依赖于相机相对位置及其内参，独立于图像中的场景结构。双目相机的标定利用了对极几何模型。

对极几何由 3×3 的矩阵 $\boldsymbol{F}$ 表示，称为基础矩阵（Fundamental Matrix）。对极几何的本质是两个图像与以相机基线为轴的平面束相交的几何关系。如图 10.18 所示，左右相机的光心 O_1、O_2 分别为左右相机的投影中心，I_1 和 I_2 为图像平面，三维空间点 P 及其在两个图像平面视图上的成像点 p_1 与 p_2 都处在同一个平面上，这个平面称为对极平面。连接左右相机投影中心的线为基线 O_1O_2，基线 O_1O_2 与左右图像平面相交的点称为极点，分别为 e_1、e_2。

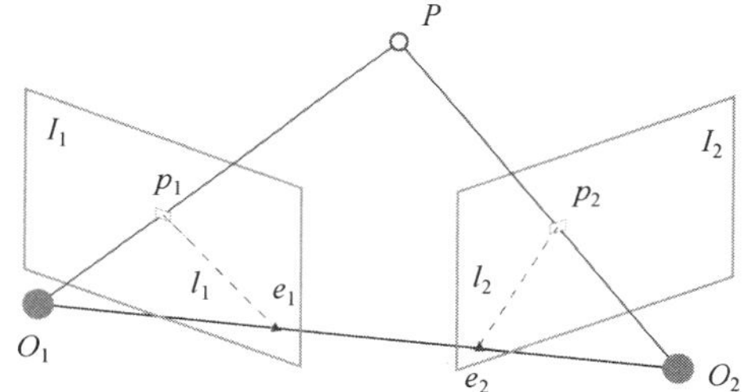

图 10.18　对极几何约束

投影点 p_1 和对应极点 e_1 的连线为极线，同理，p_2 和 e_2 的连线也为极线。左右极线分别用 l_1、l_2 表示。图像点 p_1 经过反投影，对应三维空间中的一条射线，这条射线由 p_1 和相机矩阵 $\boldsymbol{T}$ 确定。将射线投影至第二个图像上会形成一条直线，可见三维空间点 P 在第二个图像上的成像点 p_2 必然在极线 l_2 上。

因此，第一个图像上的成像点 p_1 与第二个图像上的极线 l_2 之间存在着映射：

$$p_1 \rightarrow l_2$$

这个映射的本质是基础矩阵 $\boldsymbol{F}$ 表示的从 p_1 到 l_2 的射影变换，基础矩阵 $\boldsymbol{F}$ 也是对极几何的核心。

设点 P 在左相机坐标系下的空间位置为

$$\boldsymbol{P}=[X,Y,Z]^{\mathrm{T}}$$

设矢量 $\boldsymbol{P}_1=\overline{O_1P}$， $\boldsymbol{p}_1=\overline{O_1p_1}$， $\boldsymbol{P}_2=\overline{O_2P}$， $\boldsymbol{p}_2=\overline{O_2p_2}$，右相机坐标系相对于左相机坐标系的旋转矩阵为 $\boldsymbol{R}$，平移向量为 $\boldsymbol{t}=\overline{O_1O_2}$，则有：

$$\boldsymbol{P}_2=\boldsymbol{R}\boldsymbol{P}_1+\boldsymbol{t}$$

由于 $\boldsymbol{P}_1$ 与 $\boldsymbol{p}_1$ 同向， $\boldsymbol{P}_2$ 与 $\boldsymbol{p}_2$ 同向，因而有：

$$\boldsymbol{P}_1=s_1\boldsymbol{p}_1,\boldsymbol{P}_2=s_2\boldsymbol{p}_2$$

式中 s_1、 s_2 为常量，可得：

$$s_2\boldsymbol{p}_2=s_1\boldsymbol{R}\boldsymbol{p}_1+\boldsymbol{t}$$

上式两侧同时对 $\boldsymbol{t}$ 做外积，可得：

$$s_2\boldsymbol{t}\times\boldsymbol{p}_2=s_1\boldsymbol{t}\times\boldsymbol{R}\boldsymbol{p}_1$$

再同时左乘 $\boldsymbol{p}_2{}^{\mathrm{T}}$ 可得：

$$s_2\boldsymbol{p}_2{}^{\mathrm{T}}(\boldsymbol{t}\times\boldsymbol{p}_2)=s_1\boldsymbol{p}_2{}^{\mathrm{T}}\boldsymbol{t}\times\boldsymbol{R}\boldsymbol{p}_1$$

由于 $\boldsymbol{p}_2$ 和 $\boldsymbol{t}$ 均处于对极平面上，因此 $\boldsymbol{p}_2{}^{\mathrm{T}}(\boldsymbol{t}\times\boldsymbol{p}_2)=0$，代入上式可得：

$$\boldsymbol{p}_2^{\mathrm{T}}\boldsymbol{t}\times\boldsymbol{R}\boldsymbol{p}_1=0$$

$$\boldsymbol{p}_2^{\mathrm{T}}\boldsymbol{E}\boldsymbol{p}_1=0$$

式中， $\boldsymbol{E}=\boldsymbol{t}\times\boldsymbol{R}$，称为本质矩阵（Essential Matrix），反映了点 P 在左右相机坐标系下的成像点之间的对应关系。若已知点 P 在左相机坐标系下成像点 p_1 的坐标，则可根据上式求得其在右相机坐标系下成像点 p_2 的坐标，反之亦然。

定义： $\boldsymbol{p}_1$、 $\boldsymbol{p}_2$ 在像素坐标系下的矢量分别为 $\boldsymbol{p}_{\mathrm{pix1}}$、 $\boldsymbol{p}_{\mathrm{pix2}}$，根据针孔成像原理，有：

$$\boldsymbol{Z}_1\boldsymbol{p}_{\mathrm{pix1}}=\boldsymbol{K}_1\boldsymbol{p}_1$$

$$\boldsymbol{Z}_2\boldsymbol{p}_{\mathrm{pix2}}=\boldsymbol{K}_2\boldsymbol{p}_2$$

$\boldsymbol{K}$ 为相机内参矩阵，根据 $\boldsymbol{p}_2^{\mathrm{T}}\boldsymbol{E}\boldsymbol{p}_1=0$，可得：

$$(\boldsymbol{Z}_2\boldsymbol{K}_2^{-1}\boldsymbol{p}_{\mathrm{pix2}})^{\mathrm{T}}\boldsymbol{E}(\boldsymbol{Z}_1\boldsymbol{K}_1^{-1}\boldsymbol{p}_{\mathrm{pix1}})=0$$

$$\boldsymbol{Z}_2\boldsymbol{Z}_1(\boldsymbol{p}_{\mathrm{pix2}}^{\mathrm{T}}\boldsymbol{K}_2^{-\mathrm{T}}\boldsymbol{E}\boldsymbol{K}_1^{-1}\boldsymbol{p}_{\mathrm{pix1}})=0$$

$$\boldsymbol{p}_{\mathrm{pix2}}^{\mathrm{T}}\boldsymbol{K}_2^{-\mathrm{T}}\boldsymbol{E}\boldsymbol{K}_1^{-1}\boldsymbol{p}_{\mathrm{pix1}}=0$$

$$\boldsymbol{p}_{\mathrm{pix2}}^{\mathrm{T}}\boldsymbol{F}\boldsymbol{p}_{\mathrm{pix1}}=0$$

式中， $\boldsymbol{F}=\boldsymbol{K}_2^{-\mathrm{T}}\boldsymbol{E}\boldsymbol{K}_1^{-1}$，称为基础矩阵，内含双目相机之间位姿信息，反映了点 P 在左右像素坐标系下的成像点之间的对应关系。若已知点 P 在左像素坐标系下成像点 p_{pix1} 的坐标，则可根据上式求得其在右像素坐标系下成像点 p_{pix2} 的坐标，反之亦然。

对极约束也常用于计算单目相机拍摄的两个图像之间的相对位姿，并三角化一些三维特征点，算法包括如下步骤：

（1）分别检测两个图像中的特征点，常用 ORB 算法；

（2）使用五点法或八点法，根据匹配的特征点对像素坐标，求出 $\boldsymbol{E}$ 或 $\boldsymbol{F}$；

（3）通过奇异值分解，根据 $\boldsymbol{E}$ 或 $\boldsymbol{F}$，求出双目相机之间的相对位姿 $[\boldsymbol{R}\quad\boldsymbol{t}]$；

（4）通过三角化计算特征点三维坐标。

2. 双目相机外参标定

双目相机的外参主要指的是左右相机之间的相对位姿，双目相机外参标定即求解左右两

个相机坐标系之间的变换关系。

若在单目相机标定过程中，已求得单应性矩阵 $\boldsymbol{H}=[\boldsymbol{h}_1 \quad \boldsymbol{h}_2 \quad \boldsymbol{h}_3]$ 及相机内参矩阵 $\boldsymbol{K}$，则可求得比例因子 λ：

$$\|\boldsymbol{r}_1\|=\|\lambda\boldsymbol{K}^{-1}\boldsymbol{h}_1\|=1$$
$$\Downarrow$$
$$\lambda=1/\|\boldsymbol{K}^{-1}\boldsymbol{h}_1\|$$

设相机坐标系到世界坐标系的旋转矩阵 $\boldsymbol{R}=[\boldsymbol{r}_1 \ \boldsymbol{r}_2 \ \boldsymbol{r}_3]$，根据旋转矩阵的性质有 $\boldsymbol{r}_3=\boldsymbol{r}_1\times\boldsymbol{r}_2$，可求得旋转矩阵 $\boldsymbol{R}$ 及平移向量 $\boldsymbol{t}$，即相机此时相对于标定板的外参。

在双目相机外参标定过程中，若分别求得左右相机相对于同一标定板的外参 $\boldsymbol{R}_{\mathrm{l}}$、$\boldsymbol{t}_{\mathrm{l}}$、$\boldsymbol{R}_{\mathrm{r}}$ 和 $\boldsymbol{t}_{\mathrm{r}}$，则世界坐标系下某一点 P 在左右相机坐标系下的坐标向量 $\boldsymbol{p}_{\mathrm{l}}$ 和 $\boldsymbol{p}_{\mathrm{r}}$ 可以表示为

$$\begin{cases}\boldsymbol{p}_{\mathrm{l}}=\boldsymbol{R}_{\mathrm{l}}\boldsymbol{P}+\boldsymbol{t}_{\mathrm{l}}\\ \boldsymbol{p}_{\mathrm{r}}=\boldsymbol{R}_{\mathrm{r}}\boldsymbol{P}+\boldsymbol{t}_{\mathrm{r}}\end{cases}$$

消去 $\boldsymbol{P}$，可得：

$$\boldsymbol{p}_{\mathrm{r}}=\boldsymbol{R}_{\mathrm{r}}\boldsymbol{R}_{\mathrm{l}}^{-1}\boldsymbol{p}_{\mathrm{l}}+\boldsymbol{t}_{\mathrm{r}}-\boldsymbol{R}_{\mathrm{r}}\boldsymbol{R}_{\mathrm{l}}^{-1}\boldsymbol{t}_{\mathrm{l}}$$

设有左相机坐标系到右相机坐标系的旋转矩阵 ${}_{\mathrm{r}}^{\mathrm{l}}\boldsymbol{R}$ 和平移向量 ${}_{\mathrm{r}}^{\mathrm{l}}\boldsymbol{t}$：

$$\boldsymbol{p}_{\mathrm{r}}={}_{\mathrm{r}}^{\mathrm{l}}\boldsymbol{R}\boldsymbol{p}_{\mathrm{l}}+{}_{\mathrm{r}}^{\mathrm{l}}\boldsymbol{t}$$
$$\begin{cases}{}_{\mathrm{r}}^{\mathrm{l}}\boldsymbol{R}=\boldsymbol{R}_{r}\boldsymbol{R}_{l}^{-1}\\ {}_{\mathrm{r}}^{\mathrm{l}}\boldsymbol{t}=\boldsymbol{t}_{\mathrm{r}}-\boldsymbol{R}_{\mathrm{r}}\boldsymbol{R}_{l}^{-1}\boldsymbol{t}_{l}\end{cases}$$

根据上式，若同时求解出左右相机相对于同一标定板的外参，即可求得两相机之间的外参。

一般来说，相机出厂时均会进行参数标定，并且厂家也会提供相关工具供用户读取和写入相机参数。但若出厂参数存在较大误差，不能满足实际使用要求，用户便需进行更加精细的标定。下面介绍 Intel RealSense D435i 双目结构光深度相机的标定。在实际使用时，我们发现其输出的点云数据存在较大误差。由于点云数据是利用对齐到 RGB 相机坐标系下的深度图像，以及 RGB 相机的内参计算所得的，因此需要重新对左右相机的内外参，以及 RGB 相机的内参进行标定。

（1）标定工具。

选用开源的 Kalibr 标定工具包，对 Intel RealSense D435i 左右相机的内外参及 RGB 相机内参进行标定。选用的相机模型为 pinhole，进行 f_x、f_y、u_0、v_0 四个参数的标定；选用的畸变模型为 radial-tangential，进行 k_1、k_2、p_1、p_2 四个参数的标定。为保证标定板表面平整并避免反光，选用磨砂材质的棋盘格标定板，棋盘格标定板尺寸为 11 格×8 格，每个格的长、宽均为 25mm。

（2）标定步骤。

Intel RealSense D435i 支持多种分辨率的图像数据输出，但标定时最好使用默认分辨率，以便将标定所得参数写入相机固件中。详细的内外参标定步骤如下。

- 使用 Intel.Realsense.CustomRW 工具读取相机出厂参数，获取各相机的默认分辨率。
- 将标定板放置在光线充足的环境下，启动相机，并将各相机的输出分辨率设置为默认值。

- 缓慢移动相机，保证各相机拍摄到 30 张左右可检测到棋盘格各角点位置的图片。
- 使用 Kalibr 工具包内的 kalibr_calibrate_cameras 工具，计算左右相机的内外参及 RGB 相机内参。
- 使用 Intel.Realsense.CustomRW 工具将标定所得相机参数写入相机固件中，使标定结果永久生效。

（3）标定结果。

按以上步骤获取到 Intel RealSense D435i 左右相机的默认分辨率为 1280×800，RGB 相机的默认分辨率为 1920×1080。各相机内参标定结果见表 10.3，双目相机外参标定结果见表 10.4。此外，标定所得双目相机的基线距离为 0.0501m，厂家给出的标准基线距离为 0.05m，两者基本一致，说明双目相机外参标定结果良好。

表 10.3　各相机内参标定结果

相机	$[f_x, f_y, u_0, v_0]$	$[k_1, k_2, p_1, p_2]$
RGB 相机	[1373.72, 1374.10, 965.286, 554.510]	[0.142, -0.288, 0.002, 0.000]
左相机	[641.475, 641.198, 632.971, 412.754]	[0.001, 0.014, -0.001, 0.001]
右相机	[640.713, 640.422, 640.326, 410.301]	[0.003, -0.002, -0.003, 0.001]

表 10.4　双目相机外参标定结果

旋转矩阵 $\boldsymbol{R}$	平移向量 $\boldsymbol{t}$
$\begin{bmatrix} 0.9999 & -0.0005 & -0.0037 \\ 0.0005 & 0.9999 & -0.0045 \\ 0.0037 & 0.0045 & 0.9999 \end{bmatrix}$	$\begin{bmatrix} -0.0501 \\ 0.0003 \\ -0.0009 \end{bmatrix}$

3. 3D-2D 映射：PnP

PnP（Perspective-n-Point，n 点透视）是求解 3D 到 2D 点对运动的方法。当已知一组（n 对）三维特征点及它们在视图中的像素坐标（3D-2D 点对）时，利用该方法可求解相机姿态，这样的对应关系可以由特征点匹配算法得到。在使用双目相机或 RGB-D 相机情况下，可以直接使用 PnP 求解姿态。若视觉传感器是单目相机，首先要利用对极约束初始化出一些三维特征点，才能使用 PnP。PnP 可以在很少的匹配点对中获得较好的运动估计，能减轻计算压力。

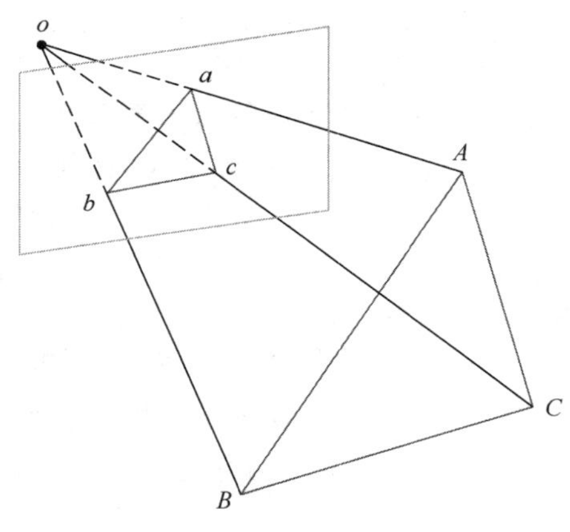

图 10.19　P3P 问题示意图

典型的 PnP 问题有多种求解方法，经常使用的是三对点估计位姿的 P3P 方法。如图 10.19 所示，输入数据为三对 3D-2D 匹配点，3D 点为世界坐标系中的 A、B、C，2D 点为相机坐标系中的 a、b、c，相机光心为 O。其中，a、b、c 点是 A、B、C 点在相机成像平面上的投影。此外，P3P 还需要使用一对验证点 D-d，以便从可能的解出选出正确的解（类似对极几何情形）。

图中的三角形存在如下对应关系：$\Delta OAB \sim \Delta Oab$，$\Delta OAC \sim \Delta Oac$，$\Delta OBC \sim \Delta Obc$。

由余弦定理可得：

$$OA^2 + OB^2 - 2OA \cdot OB \cdot \cos\angle AOB = AB^2$$
$$OB^2 + OC^2 - 2OB \cdot OC \cdot \cos\angle BOC = BC^2$$

$$OC^2 + OA^2 - 2OC \cdot OA \cdot \cos\angle AOC = AC^2$$

将上述三式两边同除以 OC^2，并记 $x = OA/OC$，$y = OB/OC$，可得：

$$x^2 + y^2 - 2xy \cdot \cos\angle AOB = AB^2 / OC^2$$

$$y^2 + 1^2 - 2y \cdot \cos\angle BOC = BC^2 / OC^2$$

$$1^2 + x^2 - 2x \cdot \cos\angle AOC = AC^2 / OC^2$$

记 $v = AB^2/OC^2$，$u = BC^2/AB^2$，$w = AC^2/AB^2$，可得：

$$x^2 + y^2 - 2xy \cdot \cos\angle AOB - v = 0$$

$$y^2 + 1^2 - 2y \cdot \cos\angle BOC - uv = 0$$

$$1^2 + x^2 - 2x \cdot \cos\angle AOC - wv = 0$$

进一步可得：

$$(1-u)y^2 - ux^2 - 2y \cdot \cos b, c + 2uxy \cdot \cos\angle AOB + 1 = 0$$

$$(1-w)x^2 - wy^2 - 2x \cdot \cos c, a + 2wxy \cdot \cos\angle AOB + 1 = 0$$

在上述公式中，由于已知 2D 点的图像位置，故三个余弦值 $\cos\angle AOB$，$\cos\angle BOC$，$\cos\angle AOC$ 是已知的。同时，$u = BC^2/AB^2$，$w = AC^2/AB^2$ 可以通过 A、B、C 三点在世界坐标系下的坐标算出，变换到相机坐标系下后，u和w的值不变，而 x 和 y 是未知的，因此方程是关于 x 和 y 的一个二元二次方程，最多可以得到四个解。可以使用验证点来计算最可能的解，得到 A、B、C 三点在相机坐标系下的 3D 坐标，然后根据点对关系，求解相机的运动位姿$[\boldsymbol{R} \quad \boldsymbol{t}]$。

从 P3P 原理中可以看出，为了求解 PnP，需利用三角形相似的性质，求解投影点 a、b、c 在相机坐标系下的 3D 坐标，从而把问题转换成一个 3D 到 3D 的位姿估计问题。然而，P3P 也存在以下问题。

（1）P3P 只利用三个点的信息，当给定的配对点多于三对时，其难以利用更多的信息。

（2）如果 3D 点或 2D 点受噪声影响，或者存在误匹配，则算法失效。

其他求解 PnP 的方法还有直接线性变换（Direct Linear Transform，DLT）、EPnP（Efficient PnP）、UPnP（Uncalibrated PnP），以及通过构建最小二乘问题进行迭代求解的非线性优化方法——BA 优化。

BA 优化通过最小化重投影误差来获得最优解，误差项是通过将特征点的像素坐标与 3D 点按当前估计的位姿进行投影得到的像素位置相比较而得到的，构建的非线性优化公式如下：

$$\min \sum_{i=1}^{n} \left\| \boldsymbol{u}_i - \frac{1}{s_i} \boldsymbol{K} \mathrm{e}^{\xi^\wedge} \boldsymbol{P}_i^2 \right\|$$

其中，$\boldsymbol{P}_i$ 为 3D-2D 匹配的特征点对 i 的三维空间坐标，$\boldsymbol{u}_i$ 为像素坐标，s_i 为空间点 i 的深度值，$\boldsymbol{K}$ 为相机内参，ξ 为当前估计的相机位姿的李代数表示，$\xi^\wedge$ 为 ξ 的矩阵表达，$\mathrm{e}^{\xi^\wedge}$ 表达从向量到矩阵的对数映射。通过迭代优化上述误差，就能得到一个局部最优的相机位姿。

10.3.3　稠密建图

基于单目相机的稠密三维重建难点在于快速实时恢复稠密的深度图像，完成这一过程需要进行大量的计算，算法需要在效率和精度之间保持平衡。通常选取两帧具有一定视差的图像，通过立体视觉算法快速计算每个像素的深度值。一个标准的方法是为第一帧图像的每一个像素 x_1 在第二帧图像对应的极线上搜索最相似的像素 x_2，这个过程称为极线搜索。在搜索过程中，通过比较像素周围局部图像块 A,B 的相似度来确定最佳匹配。

常用图像块差异性或相似度的度量方法如下。

（1）SAD（Sum of Absolute Difference），即用图像块每个像素灰度差的绝对值和度量：

$$S(A,B)_{\mathrm{SAD}}=\sum_{i,j}|A(i,j)-B(i,j)|$$

（2）SSD（Sum of Squared Distance），即用图像块每个像素灰度差的平方和度量：

$$S(A,B)_{\mathrm{SSD}}=\sum_{i,j}\left[A(i,j)-B(i,j)\right]^2$$

（3）NCC（Normalized Cross Correlation），即用图像块之间的相关性度量：

$$S(A,B)_{\mathrm{NCC}}=\frac{\sum_{i,j}A(i,j)B(i,j)}{\sqrt{\sum_{i,j}A(i,j)^2\sum_{i,j}B(i,j)^2}}$$

另外，可以先把每个图像块的灰度均值归一化，这样能处理图像整体亮度提升的情况，也就是图像块 A 整体比 B 亮很多，但仍然很相似的情况。常用的方法有去均值的 SSD 和去均值的 NCC。

为了加速极线搜索的匹配过程，可对图像建立高斯金字塔，先在低分辨率的图像上进行立体匹配，把结果用于限制高分辨率图像的搜索范围。像素点的深度估计也可被建模为一个状态估计问题，假设深度值服从均匀－高斯混合分布，可推导出深度滤波器，用于优化极线搜索得到的深度值。

综上所述，单目稠密建图的深度估计完整过程如下：

（1）假设图像上的像素深度整体上满足均匀－高斯混合分布。

（2）通过极线搜索和块匹配确定重投影像素的位置。

（3）根据搜索结果三角化出每个像素的深度值并计算不确定性。

（4）将恢复的深度图像与上一次估计相融合。若收敛，则结束算法，否则返回步骤（2）。

相比单目相机，使用 RGB-D 深度相机进行稠密建图是更好的选择。RGB-D 深度相机能通过硬件直接测得深度图像，避免了使用单目相机、双目相机时出现的复杂的深度估计环节。RGB-D 深度相机基于结构光或 ToF 原理测量深度值，相比双目立体视觉算法能提供更加稳定的深度值。Newcombe 等人提出 Kinect Fusion 稠密建图算法，基于 Kinect 相机实现了实时稠密三维建图，如图 10.20 所示。

图 10.20　Kinect Fusion 稠密建图算法的效果

Kinect Fusion 稠密建图算法的流程如下。

（1）深度图像转换：将获得的深度图像转换成点云，根据相邻像素点求得每个点的法向量。

（2）相机跟踪：计算全局模型在上一帧相机位姿下的深度图像，将该深度图像和当前帧深度图像都转换成点云，通过 ICP（Iterative Closest Point，迭代最近点）算法，配准求得两帧间的相对运动。

（3）体素化表示：采用截断符号距离函数（Truncated Signed Distance Function，TSDF）表示三维模型，不断融合深度数据，将待重建的三维空间均匀划分成网格，每个体素中存储其中心到最近的三维物体表面的距离。经步骤（2）后，将当前帧点云融合到三维模型中。

（4）光线投射：计算在当前视角下场景的可见表面，用来和下一帧图像进行配准，计算下一帧相机的位姿。

注意：在步骤（3）中，Kinect Fusion 稠密建图算法采用 GPU 更新网格中的值，只要显卡满足重建的帧率不低于深度相机的帧率，就能做到实时稠密三维重建。

但 Kinect Fusion 稠密建图算法存在以下局限性。

（1）使用 ICP 算法进行相机位姿跟踪，十分依赖场景的纹理丰富程度。

（2）基于 Kinect 相机，预设 TSDF 中的三维网格，限制了场景尺度。

（3）没有提供类似 ORB-SLAM 算法的回环检测。

基于这些问题，人们后来对 Kinect Fusion 稠密建图算法进行了改进。例如，为减少对纹理的依赖性，融合 ICP 和 RGB-D 深度相机跟踪方法；为突破场景尺度限制，令三维网格随相机运动，让三维网格外的区域不参与计算；采用 DBoW 算法进行回环检测，提高三维稠密建图的准确性。

任务 2　基于深度相机的场景建图

RTAB-Map（Real-Time Appearance-Based Mapping，基于外观的实时建图）是一种基于深度相机和激光雷达的 SLAM 算法，属于基于图优化的 SLAM 算法。RTAB-Map 的回环检测器也采用词袋模型，确定新图像来自先前位置或新位置的可能性。当接受回环假设时，新约束将被添加到地图中，图形优化器随之将地图中的误差最小化。RTAB-Map 使用内存管理方法来限制用于回环检测和图优化的位置数量，以便适应大场景的实时约束。RTAB-Map 可以将 Kinect 等深度相机与 3D 激光雷达一起使用。

RTAB-Map 开源库于 2013 年发布，现在已经扩展为一个完整的基于图优化的 SLAM 算法库，包括跨平台的 C++库和 ROS 包，支持在线处理，支持鲁棒性高且误差小的里程计，可实现定位、实用地图生成、建图等功能。

在 ROS 上安装 RTAB-Map 的命令如下：

```
$ sudo apt-get install ros-kinetic-rtabmap-ros
```

spark 包里已经集成了 RTAB-Map 算法，使用如下命令可启动建图：

```
$ roslaunch spark_rtabmap spark_rtabmap_teleop.launch camera_type_tel:=astra
```

注意：如果 Spark 机器人配置的是 Astrapro 或 D435 深度相机，则 camera_type_tel:=astra 需要改为 camera_type_tel:=astrapro 或 camera_type_tel:=d435。

使用键盘按键 W、A、S、D 控制 Spark 机器人行走，进行建图，如图 10.21 所示。

执行如下命令，在建立的地图上进行导航：

```
$ roslaunch spark_rtabmap spark_rtabmap_nav.launch camera_type_tel:=astra
```

使用 RTAB-Map 建立的地图进行导航前，需要先把机器人放到原点上。导航正常启动后，如果需要查看原来建立的 3D 地图，勾选 rviz 界面中的 Display 菜单下的 Rtabmap cloud 复选框，加载 3D 地图。定位成功后，单击 2D Nav Goal 按钮，在地图上指定导航的目标点，机器人将进行自主导航，如图 10.22 所示。

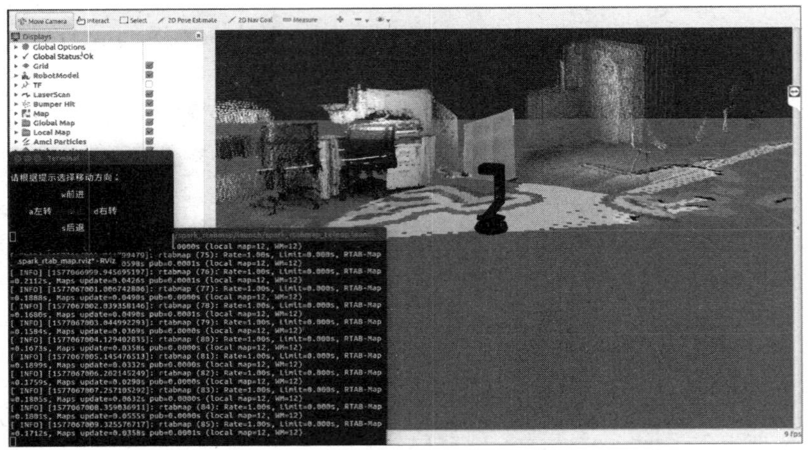

图 10.21　使用 RTAB-Map 建图

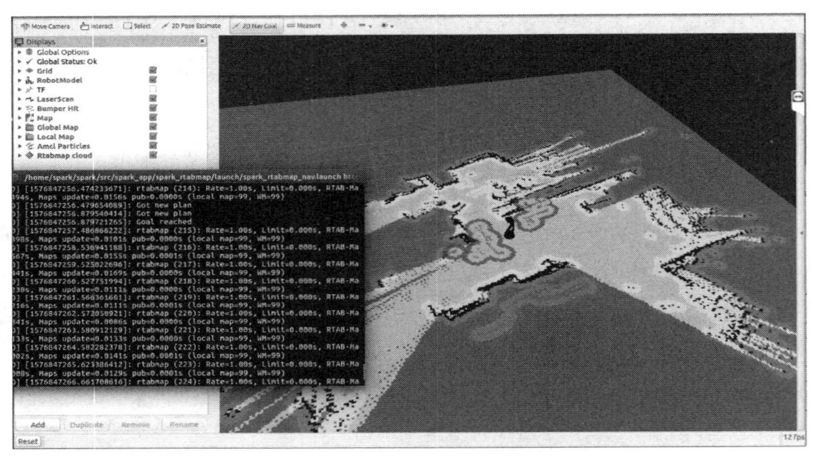

图 10.22　机器人在已建好的地图上进行自主导航

10.4　其他视觉 SLAM 算法或框架

对于单目 SLAM，最早的代表是 Davison A J 等人在 2007 年提出的 MonoSLAM，该算法基于 EKF（Extended Kalman Filter，扩展卡尔曼滤波），同时优化相机的特征点位姿，通过不断优化获得较为可靠的位姿估计，但该算法在 EKF 位姿优化过程中，利用不同的线性化点来计算雅可比矩阵，使得最后求解的相机位姿缺乏一致性，导致精度快速下降。在后续研究中，Huang G P 等人提出了改进算法，在每次相机位姿更新时，均采用 EKF 首次估计的相机状态来计算雅可比矩阵，有效解决相机位姿缺乏一致性问题，一定程度上提高了使用滤波器来估计位姿的精度，该算法称为基于 FEJ（First Estimate Jacobian）的单目视觉 SLAM。

基于滤波器的视觉 SLAM 算法，由于会对相机的每一帧图像进行处理，计算量相当大，算法的实时性不高，且到后期会产生大量累计误差，降低位姿估计与建图的精度。因此，一些视觉 SLAM 技术采用精度更高、实时性更强的基于关键帧的 BA 优化法求解相机每个关键帧的位姿和地图信息。关键帧是指采用一定的策略选择出的相机的某些图像帧，在优化时只处理被选出来的关键帧，这样不仅兼顾了算法的实时性，也保证了精度。第一个基于 BA 优

化的实时单目视觉 SLAM 算法是 Klein G 等人提出的 PTAM（Parallel Traçking and Mapping，并行跟踪和建图）算法，该算法首次将 SLAM 算法划分为前端位姿求解和后端位姿优化两部分，使用 BA 优化法快速进行前端特征跟踪（前端计算资源有限），通过求解获得初步的位姿估计和地图信息，在非线性优化中采用更耗时的最小化重投影误差方法（后端计算资源丰富），将前端求解的位姿和地图不断优化，以获得更高精度的解。后续出现的 ORB-SLAM 算法就是基于 PTAM 的思想，进一步将 SLAM 系统细分为视觉跟踪、局部建图及回环检测三个独立线程的。在此基础上，为克服单目相机 ORB-SLAM 算法的尺度偏移等缺点，出现了 ORB-SLAM2 算法，其同时兼容单目相机、双目相机、RGB-D 深度相机三类相机，对室内外环境都具有较高的适应性和鲁棒性。但由于在 ORB-SLAM2 等纯视觉算法中，当图像特征丢失时，位姿估计精度及鲁棒性快速下降，算法可能失效。因此在后续发展过程中，出现了基于视觉、IMU、激光雷达等多传感器融合的视觉 SLAM 技术。

基于 IMU 的惯性测量算法具有较好的短期跟踪性能，能在视觉特征丢失（光照变化、纹理特征缺失、相机快速运动）的情况下提供短期较为精确可靠的位姿，而纯视觉 SLAM 算法能给基于 IMU 的惯性测量算法提供速度约束，一定程度上可以避免 IMU 的测量速度误差快速扩散。因此，利用视觉传感器与 IMU 的优势，通过数据融合可进一步提高 SLAM 的精度与鲁棒性。视觉传感器与 IMU 的融合策略分为紧耦合融合与松耦合融合，紧耦合融合是直接将视觉特征与 IMU 信息进行融合，在同一个优化方程里实现优化；而松耦合融合是先基于视觉特征进行位姿估计，再将获得的相机位姿与 IMU 信息加入状态优化器中实现融合。

早期的松耦合融合利用滤波器来融合视觉特征与 IMU 信息，由于视觉特征在状态优化器里是不可见的，因此无法利用 IMU 信息来调整，若遇到精度较差的视觉特征点位置，会导致前期纯视觉估计的位姿精度下降，最终使得整个状态优化器的位姿估计精度下降；而紧耦合融合将相机位姿与视觉特征点的位置一起作为整个状态优化器的变量来优化，可以在优化位姿的同时优化视觉特征位置，这种融合策略能有效改善松耦合融合中存在的弊端。例如，Leutenegger S 等人将 IMU 测量结果以紧耦合的方式融合到基于关键帧的光束平差优化视觉 SLAM 中，设计了 OKVIS 视觉 SLAM 算法。但该算法会出现重复计算 IMU 积分的问题，导致算法实时性降低。为解决这一问题，Christian Forster 等人采用 IMU 预积分，将其与视觉特征点进行紧耦合融合，组成最大后验估计，通过求最大后验概率来估计最优结果，实现视觉惯性 SLAM 算法。Mur-Artal R 等人也在 ORB-SLAM 的基础上，提出了 ORB-VISLAM，该算法也使用 IMU 预积分的方式将 IMU 测量结果融合到视觉 SLAM 系统中，构建了具有回环检测与地图重用能力的单目视觉惯性 SLAM 系统，具有较强的鲁棒性与精度。香港科技大学的 Qin T 和 Li P 团队采用滑动窗口机制，构建 IMU 预积分误差与视觉重投影误差的约束方程，采用非线性优化的方法提出了兼容单目相机、双目相机的视觉惯性 SLAM 算法 VINS-Fusion，该算法还支持扩展融合 GPS 等传感器来进一步提高算法的精度和鲁棒性。

当视觉特征丢失时，视觉惯性 SLAM 算法将退变为经典的惯性测量算法，若视觉特征长时间得不到恢复，恰巧机器人又处于匀速运动状态，则会导致 IMU 无激励，使得惯性测量算法估计的位姿误差将随时间迅速增大，因此需要抗干扰能力较强的激光雷达与视觉传感器或 IMU 进行融合，以进一步提升视觉 SLAM 算法的精度与鲁棒性。随着机器人系统计算能力的增强，将视觉传感器、IMU、激光雷达等多传感器的信息互相融合，构建紧耦合的基于非线性优化状态估计，是视觉 SLAM 技术的发展方向。

常见视觉 SLAM 算法或框架采用的传感器形式如表 10.5 所示。

表 10.5　常见视觉 SLAM 算法或框架采用的传感器形式

名　称	传感器形式
MonoSLAM	单目相机
ORB-SLAM2	单目相机、双目相机、RGB-D 深度相机
ORB-SLAM3	单目相机、双目相机、RGB-D 深度相机
LSD-SLAM	单目相机为主
SVO	单目相机
DTAM	RGB-D 深度相机
DVO	RGB-D 深度相机
DSO	单目相机、双目相机
LDSO	单目相机、双目相机
VINS-Mono	单目相机、IMU
VINS-Fusion	单目相机、双目相机、IMU、GPS
VINS-RGBD	RGB-D 深度相机
RTAB-MAP	双目相机、RGB-D 深度相机
RGBD-SLAM-V2	RGB-D 深度相机
Elastic Fusion	RGB-D 深度相机
OKVIS	双目相机、IMU
ROVIO	单目相机、IMU
Cube SLAM	单目相机、双目相机、RGB-D 深度相机
OpenVSLAM	单目相机、双目相机、RGB-D 深度相机
LVI-SAM	激光雷达、单目相机、IMU

在视觉惯性融合方案中，基于特征点法的 VIO（Visual-Inertial Odometry）算法已经可以达到比较高的定位精度，但是该算法过于依赖特征点的提取与匹配。由于线特征可以在复杂环境下提供更多的约束关系，近年来人们开始将线特征融合到视觉惯性系统中。2016 年，Ruben 等人在 SVO 算法的基础上提出了 PL-SVO，结合线特征实现了半直接法的视觉里程计。后来又出现了 PL-SLAM、Trifo-VIO、PL-VIO、PLS-VIO、PL-VINS、PLF-VINS 等算法，将点特征约束、线特征约束和 IMU 约束以紧耦合的方式融合。结合线特征的 VIO 算法可以进一步提高系统的定位精度，并且在光照变化较大的复杂场景中具有更好的鲁棒性。一些工作在线特征点提取和匹配方面不断进行优化，降低计算量，通过剔除较短线段来提高线特征的匹配效率，以提高系统的实时性，这也在一定程度上提高了系统的定位精度。

下面介绍四种常见视觉 SLAM 算法或框架。

10.4.1　LSD-SLAM

基于图像特征识别的视觉 SLAM 属于特征点法，特征点法又称为两视图几何（Two-View Geometry）法，该算法通过提取图像的特征点，对前后帧图像的特征点进行匹配，进而恢复相机的位姿。特征点法较为成熟，能够获得较精确的位姿估计。在处理输入图像时，首先提取图像中的特征点，然后在求解过程中，最小化特征点的几何位姿误差。特征点法会丢失图像中许多有效信息，特别是在弱纹理场景中，特征点法无法提取有效的特征点，将失效。因此，出现了基于直接法的视觉 SLAM。直接法不需要实现特征点提取与配对，直接在像素级

别上，根据像素间的灰度梯度信息最小化各个像素的灰度误差，估计像素的深度和位姿，用光流跟踪替代了特征点法的特征点匹配。这样就可以针对图像像素的多少，根据需要建立空间地图（可以建立稠密或半稠密地图）。

LSD-SLAM（Large-Scale Direct SLAM）属于直接法视觉 SLAM，能够实时构建稠密或半稠密的点云地图。总体来说，直接法的计算开销要高于特征点法，但精度略差于特征点法。对于稀疏的特征点地图来说，人或其他系统难以直接利用和理解地图信息，而使用直接法视觉 SLAM 构建的稠密地图，可以直观地呈现出三维模型，为机器人的导航与避障提供了有利条件。因此，在对精度要求较高，不需要实时建图的场景下，通常采用特征点法；而对于需要建立稠密地图，或者需要利用环境地图进行导航和避障时，通常采用直接法。

LSD-SLAM 算法是 J. Engle 等人于 2014 年提出的单目视觉 SLAM 算法，其几乎不需要计算特征点，只需要根据特征点的灰度值进行光流跟踪，能构建出半稠密地图。

LSD-SLAM 算法的主要优点如下。

（1）LSD-SLAM 是针对像素进行的，体现了像素梯度与直接法的关系，以及像素梯度与极线方向在稠密地图重建中的角度关系。

（2）LSD-SLAM 在 CPU 上实现了半稠密地图的实时重建。

（3）LSD-SLAM 具有较好的实时性与稳定性。

LSD-SLAM 运行效果如图 10.23 所示。图中上半部分为估计的轨迹与地图；下半部分为图像中被建模的部分，具有较明显的像素梯度分布，即半稠密特点。LSD-SLAM 建模了灰度图中有明显梯度的部分，地图中很大一部分是物体的边缘或表面上带纹理的部分，LSD-SLAM 对它们进行跟踪并建立关键帧，最后进行优化得到半稠密地图，其比稀疏地图具有更多的信息，但又不像稠密地图那样拥有完整的表面（稠密地图很难仅用 CPU 实现实时性）。

图 10.23 LSD-SLAM 运行效果

由于 LSD-SLAM 使用了直接法进行跟踪，所以它既有直接法的优点（对特征缺失区域不敏感），也继承了直接法的缺点。例如，LSD-SLAM 对相机内参和曝光非常敏感，并且在相机快速运动时容易丢失图像。另外，LSD-SLAM 必须依赖于特征点法进行回环检测，尚未完全摆脱特征点的计算。

10.4.2 SVO

SVO（Semi-direct Visual Odometry）是由 Forster 等人于 2014 年提出的一种基于稀疏半直接法的视觉里程计算法。半直接法是将特征点法与直接法结合起来的方法，SVO 跟踪一些梯度明显的关键点（角点，但没有描述子），然后像直接法那样，根据这些关键点周围的信息，估计相机运动及它们的位置，如图 10.24 所示。在 SLAM 实现过程中，SVO 使用了关键点周围的 4×4 的小块进行块匹配，估计相机运动。

图 10.24 SVO 跟踪关键点

相比于其他视觉 SLAM 算法，SVO 的优势是速度快。由于使用稀疏的半直接法，其不必计算描述子，也不必处理稠密地图和半稠密地图中那么多的信息，因此在嵌入式计算平台上也能达到实时性，而在 PC 平台上则可以达到每秒 100 多帧的运行速度。SVO 2.0 运行速度达到了惊人的每秒 400 帧。这使得 SVO 非常适用于计算资源受限的场景，如无人机、手持 AR/VR 设备的定位场景。SVO 的创新之处是提出了深度滤波器的概念，并推导了基于均匀—高斯混合分布的深度滤波器。SVO 将这种滤波器用于关键点的位置估计，并使用逆深度作为参数化形式，能够更好地计算特征点位置。

开源版 SVO 存在一些问题，需要针对不同的应用场景进行优化。

（1）由于 SVO 的目标应用平台为无人机的俯视相机，视野内的物体主要是地面，而且相机的运动主要为水平运动和垂直运动，因此 SVO 的许多细节是围绕这个应用背景进行设计的，使得它在平视相机中表现不佳。例如，SVO 在单目初始化时，需要假设特征点位于平面上。该假设对于俯视相机是成立的，但对平视相机通常是不成立的，会导致初始化失败。另外，SVO 在关键帧选择时，仅使用平移量作为确定新关键帧的策略，而没有考虑旋转量。这在无人机俯视情况下是有效的，但在平视相机中则会容易丢失关键帧。所以，如果要在平视相机中使用 SVO，必须对其加以修改。

（2）SVO 为了速度快和轻量化，舍弃了非线性优化和回环检测部分，也基本没有建图功能。这意味着 SVO 的位姿估计结果中必然存在累计误差，而且在丢失图像后不太容易进行重定位（因为没有描述子用来回环检测）。

10.4.3 OpenVSLAM

ORB-SLAM、LSD-SLAM 和 DSO 等视觉 SLAM 算法在可用性和扩展性方面还需要进一步优化，在应用于机器人或无人机的地图构建和 3D 建模，以及移动设备上的增强现实（Augmented Reality，AR）等方面时不方便。因此，提供一个开源、易用、扩展性好的视觉 SLAM 框架就显得非常有意义。OpenVSLAM 是日本国立先进工业科学技术研究所（National Institute of Advanced Industrial Science and Technology）在 2019 年提出的一种基于特征点法的视觉 SLAM 框架，并在 GitHub 上进行了开源。OpenVSLAM 与 ORB-SLAM2 的很多内容非常相似，继承了 ORB-SLAM2 很多成功的经验，并在其基础之上增加了一些功能。同时，它在代码的规范化、系统的完整度方面优于 ORB-SLAM2，使得该算法更加

易于使用与推广。

如图 10.25 所示，OpenVSLAM 是一种可以基于单目相机、双目相机、RGB-D 深度相机的视觉 SLAM 系统，其主要特点如下。

（1）兼容多种相机类型，可以处理各种类型的相机模型，扩展方便。

（2）可以存储和加载预先构建的地图，进行定位。

（3）API 易于理解，组件封装了多个函数，易于使用，模块化好。

图 10.25　基于 OpenVSLAM 框架的 3D 建模

OpenVSLAM 框架提供了比多数传统视觉 SLAM 框架更宽松的 OSS 许可证（Open Source Software License），可以实现地图保存与重载，具有可定制性；同时，OpenVSLAM 系统可以处理多种相机模型捕获的图像，如透视相机、鱼眼相机和 360°环绕平行多相机系统等。

OpenVSLAM 框架是基于具有稀疏特征的间接 SLAM 算法，如图 10.26 所示，其包括三个模块：跟踪模块、建图模块和全局优化模块。其中，跟踪模块主要实现 ORB 特征提取和位姿估计，以及关键点检测；建图模块主要实现三维重建，以及局部位姿和三维点信息的优化；全局优化模块主要实现回环检测及全局优化。

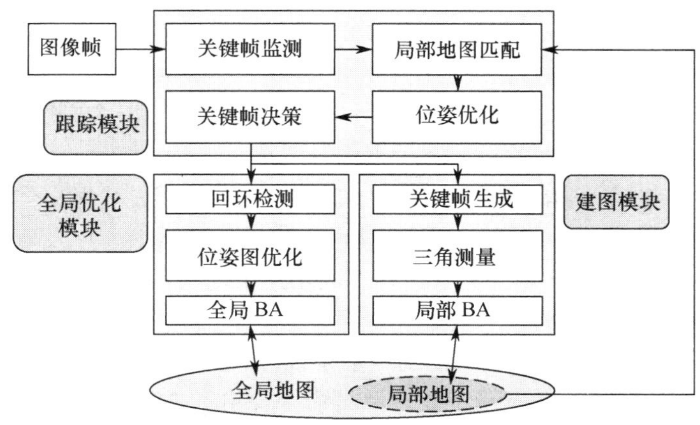

图 10.26　OpenVSLAM 的主要模块

可以看出，OpenVSLAM 与 ORB-SLAM 类似，也提取 ORB 特征点，但 OpenVSLAM 实现了基于鲁棒匹配的帧跟踪，因此 OpenVSLAM 估计的轨迹比 ORB-SLAM 估计的轨迹更精确；同时 OpenVSLAM 中的 ORB 提取实现方法有效地防止了全局地图展开时在跟踪模块中放大局部地图，减小了跟踪时间消耗。

10.4.4 VINS-Fusion

由于受到视觉传感器的限制，单目视觉 SLAM 算法存在很大的局限性。

（1）具有尺度不确定性：无法确定地图中的尺度与实际尺度之间的比例关系。

（2）在弱光或强光场景下，相机曝光不足或过度曝光，无法获取有效的图像信息。

（3）在低纹理或少特征场景下，画面包含的信息量太少，无法准确估计相机运动。

（4）相机的快速运动造成图像模糊甚至画面撕裂，无法进行可靠的跟踪。

因此，仅依赖单一视觉传感器进行 SLAM，在视觉信息缺失情况下，算法鲁棒性和精度均会快速下降。而对于纯双目视觉 SLAM 来说，可以利用相机双目视差来获取环境的尺度信息。但是单目相机和双目相机均受环境光照影响大，在光照条件不好或相机快速运动的情况下，容易使特征缺失，造成定位失败。为了解决上述问题，通常使用其他具有尺度度量能力的传感器与单目视觉传感器进行融合，使用多个具有互补信息的传感器有利于改善 SLAM 算法的精度和鲁棒性。IMU 可以根据加速度和角速度测量值进行积分运算，求解下一时刻的机器人位姿，并且 IMU 在短期内估计的位姿比相机更加精确。因此，可以通过 IMU 和视觉传感器融合的方法来得到精度更高、鲁棒性更好的视觉惯性 SLAM 系统。

香港科技大学的 Qin T 和 Li P 等人提出了基于紧耦合非线性优化的单目视觉惯性里程计算法 VINS-Mono，该算法将 IMU 预积分测量与视觉测量以紧耦合的形式组合，得到最大后验概率估计问题，采用非线性优化的方法估计最优状态。该算法具备以下优点。

（1）是一种适应性强且具有鲁棒性的初始化算法。

（2）利用光流法跟踪特征点，减轻了相机快速运动带来的不良影响。

（3）在状态估计中考虑了相机的卷帘快门效应，并进行了有效补偿。

（4）在状态估计中，能够在线校准相机-IMU 的外参及二者之间的时间偏移，显著提高在未知的传感器组件上进行 SLAM 的精度。

（5）通过词袋模型进行特征点匹配，能够进行回环检测与全局位姿优化。

在 VINS-Mono 的基础上，Qin T 和 Li P 等人又开发了 VINS-Fusion 算法，该算法支持多种传感器组合，并且能够使用 GPS 提供的绝对位姿进行测量，进一步提高全局路径的精度。因此，VINS-Fusion 算法是一种基于视觉、IMU 及部分全局传感器（GPS、磁力计、气压计）紧耦合的视觉 SLAM 算法。VINS-Fusion 是 VINS-Mono 的扩展，其根据传感器的配置及使用场景，分别实现了单目相机+IMU、仅双目相机、双目相机+IMU，以及双目相机+IMU+GPS 四种视觉 SLAM。VINS-Fusion 算法在室内外不同场景下均可运行，在一些极端情况（灯光很暗）下也能正常运行，具有较好的鲁棒性和精度。

VINS-Fusion 算法分为两大模块，分别是基于视觉和 IMU 的局部位姿估计，融合局部位姿估计结果与全局传感器测量的全局位姿估计。由于相机、IMU 等传感器提供的是基于局部参考坐标系的测量值，其局部位姿估计误差与机器人的运动距离成正比，而 GPS、磁力计、气压计等传感器提供的是基于地球坐标系的全局测量值，主要用于了解以机器人或观察者为中心的其他物体运动规律，其提供的全局位姿估计产生的误差与机器人的运动距离无关，因此可以利用两者的优势，做到局部精确、全局无偏的位姿估计。

VINS-Fusion 算法框图如图 10.27 所示。

双目相机和 IMU 作为局部传感器，用于双目视觉惯性（VIO）算法进行局部位姿估计，GPS、磁力计、气压计等作为全局传感器，提供相对于局部 ENU 坐标系（East North Up

Coordinate System，东-北-天坐标系，即地球坐标系）下的测量值，并将其与局部位姿估计结果一起转换为统一的因子，构建非线性最小二乘模型，然后采用图优化的方法求解全局位姿估计。在图优化过程中，局部位姿估计结果将会被变换到地球坐标系下与全局传感器进行数据融合，这样能有效消除局部位姿估计的累计误差，最终获得局部精确、全局无偏的位姿估计结果。

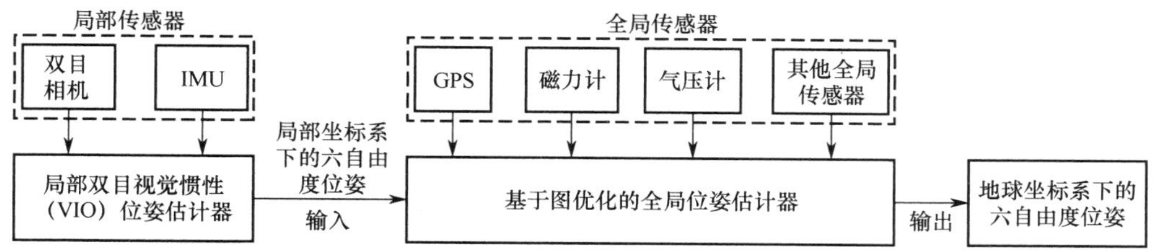

图 10.27　VINS-Fusion 算法框图

图 10.28 是地球坐标系，是以移动机器人或无人驾驶汽车当前所在位置点为坐标原点的坐标系。坐标系 X 轴指向东边，Y 轴指向北边，Z 轴指向天空。

地球坐标系采用三维直角坐标系来描述地球表面，实际应用较为困难，一般使用简化后的二维投影坐标系来描述。其中，统一横轴墨卡托（The Universal Transverse Mercator，UTM）坐标系是一种应用较为广泛的二维投影坐标系，如图 10.29 所示。UTM 坐标系统使用基于网格的方法表示坐标，它将地球分为 60 个经度区，每个区内的坐标均基于横轴墨卡托投影。

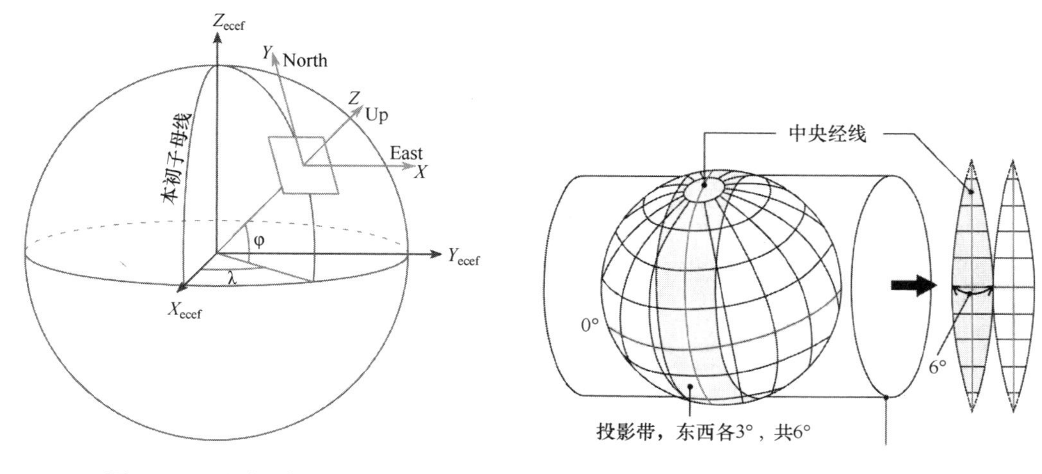

图 10.28　地球坐标系

图 10.29　UTM 坐标系

移动机器人或无人驾驶汽车是一个多传感器融合系统，每个传感器的安装位置和角度不同。在 VINS-Fusion 算法中，需要将多个传感器的数据统一到车辆坐标系下，可以设定 IMU 坐标系原点为车辆坐标系原点。

VINS-Fusion 算法中的局部位姿估计在遇到强光、弱光、纹理特征缺失时，会导致视觉信息不足，若此时移动机器人或无人驾驶汽车长时间处于匀速运动或纯旋转状态，则算法位姿估计的精度和鲁棒性会快速下降，且这种特殊状态若长时间保持，算法可能失效。因此将抗干扰能力较强的激光雷达与视觉传感器、IMU 进一步融合，构建紧耦合的基于非线性优化状态估计，是视觉 SLAM 技术的发展方向。

10.5 本章小结

本章首先介绍了移动机器人视觉 SLAM 的整体框架，以及经典的 ORB-SLAM 算法。然后，分析了几种不同空间地图表示方式，以及相机稠密建图的具体步骤。最后介绍了一些常见视觉 SLAM 算法或框架，扩展读者的视野，帮助读者了解相关技术发展趋势。

参考文献

[1] Mur-Artal Raul, Montiel J M M, Tardos Juan D. ORB-SLAM: a Versatile and Accurate Monocular SLAM System[J]. IEEE Transactions on Robotics, 2015, Vol.31(5):1147-1163

[2] Mur-Artal Raul, Tardos J D. ORB-SLAM2: an Open-Source SLAM System for Monocular, Stereo and RGB-D Cameras[J]. IEEE Transactions on Robotics, 2017, Vol.33(5):1255-1262.

[3] Carlos Campos, Richard Elvira, Juan J. Gómez Rodríguez, Jose M.M. Montiel, Juan D. Tardos. ORB-SLAM3: An Accurate Open-Source Library for Visual, Visual-Inertial and Multi-Map SLAM[J]. IEEE Transactions on Robotics. 2021, 37(6): 1874-1890

[4] 陆泽早. 结合轮速传感器的紧耦合单目视觉惯性 SLAM[D]. 武汉：华中科技大学, 2019.

[5] 虎璐. 结合激光雷达的双目视觉惯性 SLAM 与导航研究[D]. 武汉：华中科技大学, 2020.

[6] 陈博成. 基于动态特征检测与多传感器融合的 SLAM 技术研究[D]. 武汉：华中科技大学, 2021.

[7] 陈善良. 基于点线特征的双目视觉惯性 SLAM 定位算法研究[D]. 武汉：华中科技大学, 2021.

[8] 谭则杰. 推土机无人驾驶系统路径跟踪与感知技术研究[D]. 武汉：华中科技大学, 2021.

[9] 高翔, 张涛, 刘毅, 颜沁睿. 视觉 SLAM 十四讲：从理论到实践[M]. 北京：电子工业出版社, 2017.

[10] Labbé, Mathieu,Michaud, François.RTAB-Map as an open-source lidar and visual simultaneous localization and mapping library for large-scale and long-term online operation: LABB and MICHAUD[J].Journal of Field Robotics, 2018, 36.DOI:10.1002/rob.21831.

[11] Labbé, Mathieu, Michaud F .Long-term online multi-session graph-based SPLAM with memory management[J].Autonomous Robots, 2017.DOI:10.1007/s10514-017-9682-5.

[12] Sumikura S, Shibuya M, Sakurada K. OpenVSLAM: A Versatile Visual Slam Framework[C]. Proceedings of the 27th ACM International Conference on Multimedia, pp:2292-2295, 2019.

[13] Qin T , Li P , Shen S .VINS-Mono: A Robust and Versatile Monocular Visual-Inertial State Estimator[J].IEEE Transactions on Robotics, 2018.DOI:10.1109/TRO.2018.2853729.

[14] Shan Z , Li R ,Sören Schwertfeger.RGBD-Inertial Trajectory Estimation and Mapping for Ground Robots[J].Sensors, 2019, 19(10):2251-.DOI:10.3390/s19102251.

[15] Cao, Shaozu, Lu, Xiuyuan, Shen, Shaojie. GVINS: Tightly Coupled GNSS-Visual-Inertial Fusion for Smooth and Consistent State Estimation[J]. IEEE Transactions on Robotics. 2022, 38(4): 2004-2021

[16] Gao X S , Hou X R , Tang J ,et al.Complete solution classification for the perspective-three-point problem [J].IEEE Transactions on Pattern Analysis & Machine Intelligence, 2003, 25(8):930-943. DOI: 10.1109/TPAMI.2003.1217599.

[17] Davison A J , Reid I D , Molton N D ,et al.MonoSLAM: Real-Time Single Camera SLAM[J].IEEE Computer Society, 2007(6).DOI:10.1109/TPAMI.2007.1049.

[18] Engel J , Schps T , Cremers D .LSD-SLAM: Large-scale direct monocular SLAM[C]//European Conference on Computer Vision.Springer, Cham, 2014.DOI:10.1007/978-3-319-10605-2_54.

[19] Forster C , Pizzoli M ,Davide Scaramuzza*.SVO: Fast semi-direct monocular visual odometry[C]//IEEE International Conference on Robotics & Automation.IEEE, 2014.DOI:10.1109/ICRA.2014.6906584.

[20] Newcombe R A , Lovegrove S J , Davison A J .DTAM: Dense tracking and mapping in real-time[C]//IEEE International Conference on Computer Vision, ICCV 2011, Barcelona, Spain, November 6-13, 2011.IEEE, 2011.DOI:10.1109/ICCV.2011.6126513.

[21] Whelan T , Leutenegger S ,Renato F. Salas-Moreno†,et al.ElasticFusion: Dense SLAM Without A Pose Graph[C]//Robotics: Science & Systems.2015.DOI:10.15607/RSS.2015.XI.001.

[22] Tixiao Shan, Brendan Englot, Carlo Ratti, Daniela Rus. LVI-SAM: Tightly-coupled Lidar Visual Inertial Odometry via Smoothing and Mapping[C]. Proceedings of 2021 IEEE International Conference on Robotics and Automation (ICRA2021), May 30-June 5, 2021, pp: 5692-5698, Xi'an China.

[23] Tateno K , Tombari F , Laina I ,et al.CNN-SLAM: Real-time dense monocular SLAM with learned depth prediction[C]//Computer Vision and Pattern Recognition (CVPR).IEEE Computer Society, 2017.DOI:10.1109/CVPR.2017.695.

[24] Salas-Moreno R F , Newcombe R A , Strasdat H ,et al.SLAM++: Simultaneous Localisation and Mapping at the Level of Objects[C]//Computer Vision & Pattern Recognition.IEEE, 2013.DOI:10.1109/ CVPR. 2013.178.

[25] Nicholson L, Milford M, Sünderhauf N. QuadricSLAM: Dual quadrics from object detections as landmarks in object-oriented SLAM [J]. IEEE Robotics and Automation Letters, 2018, 4(1): 1-8.

[26] Yang S, Scherer S. Cubeslam: Monocular 3-d object slam[J]. IEEE Transactions on Robotics, 2019, 35(4): 925-38.

[27] Gomez-Ojeda R , Briales J , Gonzalez-Jimenez J .PL-SVO: Semi-direct Monocular Visual Odometry by combining points and line segments[C]//2016 IEEE/RSJ International Conference on Intelligent Robots and Systems (IROS).IEEE, 2016.DOI:10.1109/IROS.2016.7759620.

[28] Gomez-Ojeda R, Zuniga-Noël David, Moreno FA, D Scaramuzza, J Gonzalez-Jimenez. PL-SLAM: A stereo SLAM system through the combination of points and line segments[J]. IEEE Transactions on Robotics, 2019,35(3):734-746.

[29] Feng Zheng, Grace Tsai, Zhe Zhang, Shaoshan Liu, Chen-Chi Chu, Hongbing Hu. Trifo-VIO: Robust and efficient stereo visual inertial odometry using points and lines[C]. Proceedings of 2018 IEEE/RSJ International Conference on Intelligent Robots and Systems (IROS 2018). pp:3686-3693, 1-5 October, 2018, Madrid, Spain.

[30] Yijia H , Ji Z , Yue G ,et al.PL-VIO: Tightly-Coupled Monocular Visual–Inertial Odometry Using Point and Line Features[J].Sensors, 2018, 18(4):1159.DOI:10.3390/s18041159.

[31] Wen H , Tian J , Li D .PLS-VIO: Stereo Vision-inertial Odometry Based on Point and Line Features[C]//2020 International Conference on High Performance Big Data and Intelligent Systems (HPBD&IS). 2020.DOI:10.1109/HPBDIS49115.2020.9130571.

[32] Fu Q , Wang J , Yu H ,et al.PL-VINS: Real-Time Monocular Visual-Inertial SLAM with Point and Line[J]. 2020.DOI:10.48550/arXiv.2009.07462.

[33] Lee J , Park S Y .PLF-VINS: Real-Time Monocular Visual-Inertial SLAM with Point-Line Fusion and Parallel-Line Fusion[J].IEEE Robotics and Automation Letters, 2021, PP(99):1-1.DOI:10.1109/LRA.2021.3095518.

[34] Rehder J , Nikolic J , Schneider T ,et al.Extending kalibr: Calibrating the extrinsics of multiple IMUs and of individual axes[C]//IEEE International Conference on Robotics & Automation.IEEE, 2016.DOI:10.1109/ICRA.2016.7487628.

扩 展 阅 读

（1）深入分析 ORB-SLAM2 算法的几个线程。

（2）熟悉 ORB-SLAM2 算法使用的 g2o 库、BA 优化方法、Sim3 变换。

（3）熟悉 ORB-SLAM2 算法中两种加速特征点匹配的策略：词袋模型加速匹配、恒速运动模型加速匹配。

（4）分析 ORB-SLAM2/ORB-SLAM3 算法针对单目相机、双目和 RGB-D 相机的初始化过程及区别。

（5）熟悉 LIO-SAM、FAST-LIO、FAST-LIO2、Ponit LIO 及 LVI-SAM 算法的原理。

（6）分析 R2LIVE 和 R3LIVE 算法的原理。

（7）了解 AUTOSAR 规范，以及典型的无人驾驶平台，如百度 Apollo、华为 MDC、特斯拉 Autopilot、NVIDIA Drive、AutoWare 等。

练　习　题

（1）ORB-SLAM2 算法实现过程中用到的优化内容是什么？

（2）非线性优化常用的优化方法有哪些？描述一下这些方法。

（3）如何选择关键帧？

（4）学习 DBoW2 库，尝试寻找几张图片，测试能否正确检测回环？除了词袋模型，还有哪些方法可以用于回环检测？

（5）视觉 SLAM 中的地图有几种表示形式？它们分别适合什么应用场景？

（6）除了对极几何和 PnP，还有哪些方法可以求解相机运动？描述一下这些方法。

（7）简述单目相机稠密建图和 RGB-D 相机稠密建图的步骤，并说明它们的区别和联系。

（8）简述不少于三种常见视觉 SLAM 的应用场景，并对比它们的优势和不足。

（9）编译并运行 ORB-SLAM2，对其运行过程进行实验测试。

（10）图 10-30 包含了典型的移动机器人系统运行时的主要功能，对图中所示的各个 ROS 节点进行分析。

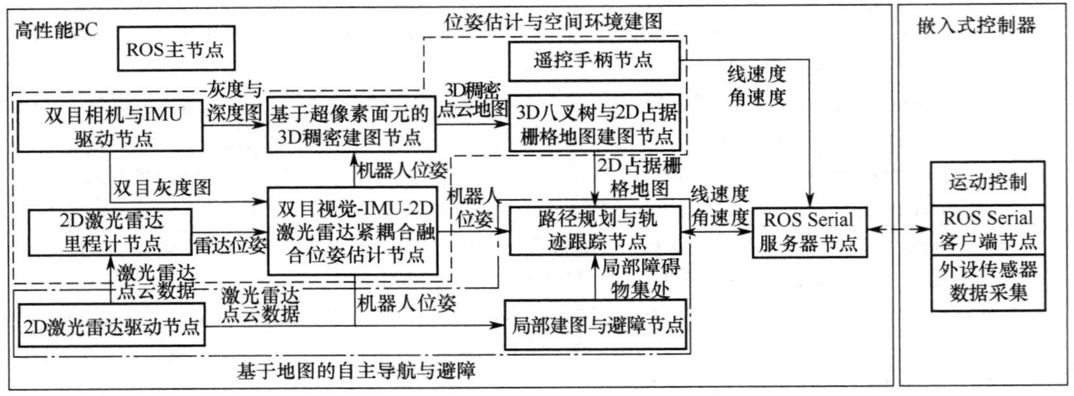

图 10.30　典型的移动机器人系统运行时的主要功能

（11）在视觉 SLAM 算法里，常常根据相邻帧的匹配特征点计算位姿变化。假设一个点坐标为(x, y, z)，分别绕 x 轴、y 轴、z 轴旋转了 a°、b°、c°，推导对应的旋转矩阵 $\boldsymbol{R}$。

（12）旋转的表示方法有多种，包括矩阵表示法、轴角表示法和四元数表示法，理解不同表示法之间的转换关系十分重要。请推导罗德里格斯旋转公式。

（13）使用直接线性变换求解 PnP 时，若点数过多，方程 $\boldsymbol{Ax}=\boldsymbol{b}$ 中的系数矩阵 $\boldsymbol{A}$ 将为超定的。证明：当 $\boldsymbol{A}$ 超定时，$\boldsymbol{Ax}=\boldsymbol{b}$ 最小二乘解为 $\boldsymbol{x}=(\boldsymbol{A}^{\mathrm{T}}\boldsymbol{A})^{-1}\boldsymbol{A}^{\mathrm{T}}\boldsymbol{b}$。

第 11 章　ROS 2.0 介绍与编程基础

随着机器人技术的发展，ROS 也得到了极大的推广和应用。ROS 社区内的功能包数量呈指数级逐年上涨，为机器人开发带来了巨大的便利。不少开发者和研究机构还针对 ROS 的局限性进行了改良，但这些局部功能的改善往往很难带来整体性能的提升，机器人开发者对新一代 ROS 的呼声越来越大，ROS 2.0 的消息也不绝于耳。

在 ROSCon 2014 上，新一代 ROS 的设计架构（Next-generation ROS: Building on DDS）正式公布。众多新技术和新概念应用到了新一代的 ROS 中，不仅带来了整体架构的颠覆，更增强了 ROS 2.0 的综合性能。下面从 ROS 2.0 设计思想、ROS 2.0 安装与使用，以及 ROS 2.0 编程基础三方面对 ROS 2.0 进行介绍。

11.1　ROS 2.0 设计思想

11.1.1　ROS 1.0 问题总结

ROS 最初是基于 PR2 机器人设计的，这款机器人搭载了当时最先进的移动计算平台，而且网络性能优异，不需要考虑实时性问题，主要应用于科研领域。如今应用 ROS 的机器人领域越来越广：轮式机器人、人形机器人、机械臂、室外机器人（如无人驾驶汽车）、无人飞行器、救援机器人等，美国 NASA 甚至使用 ROS 开发火星探测器，机器人开始从科研领域走向人们的日常生活。ROS 虽然仍是机器人领域的开发利器，但由于最初设计时具有局限性，也逐渐暴露出不少问题。

（1）没有构建多机器人系统：多机器人系统是机器人领域研究的一个重点问题，可以解决单机器人性能不足、无法应用等问题，但是 ROS 1.0 中并没有构建多机器人系统的标准方法。

（2）不支持跨平台：ROS 1.0 基于 Linux 系统，在 Windows、Mac OS、RTOS 等系统上无法应用或功能有限，这对机器人开发者和开发工具提出了较高要求。

（3）不具有实时性：很多应用场景下的机器人对实时性有较高要求，尤其在工业领域，系统需要做到硬实时的性能指标，但是 ROS 1.0 缺少实时性方面的设计，所以在很多应用中捉襟见肘。

（4）限制网络连接：ROS 1.0 的分布式机制需要良好的网络环境来保证数据完整性，网络数据的丢失或延迟会导致 ROS 通信问题；而且网络没有数据加密、安全防护等功能，网络中的任意主机都可获得节点发布或接收的消息数据。

（5）生产环境不稳定：ROS 1.0 的稳定性欠佳，ROS Master、节点等重要环节在很多情况下会不稳定，导致很多机器人应用系统从研究开发到消费产品的过渡非常艰难。

（6）缺乏项目管理：ROS 1.0 没有为一些新特性（如部署的生命周期管理和静态配置）提供清晰的模式和支持工具。

除此之外，构建 ROS 2.0 的原因还有改进原有 ROS 面向用户的 API。目前存在的大量 ROS 代码都与 2009 年 2 月发布的 0.4 版 Mango Tango 的客户端库兼容。从稳定性的角度来看，这很好，但也意味着 ROS 应用会被其限制，因为当年的 API 设计概念已经无法适用于当今的需求。

因此，在 ROS 2.0 中，新的 API 将被设计，但关键概念（分布式处理、匿名发布/订阅消息传递、带有反馈的 RPC、语言中立性、系统自省性等）将保持不变。

11.1.2 ROS 2.0 发展现状

2015 年 8 月，第一个 ROS 2.0 的 Alpha 版本落地；2016 年 12 月 19 日，ROS 2.0 的 Beta 版本发布；2017 年 12 月 8 日，ROS 2.0 发布了第一个正式版——Ardent Apalone。之后，ROS 2.0 以每年一到两个版本的速度更新，可见其发展之迅速。

ROS 2.0 的发展历程如图 11.1 所示。截至 2021 年底，ROS 2.0 已经更迭了 10 个版本，最新发布的两个版本是 2021 年 5 月发布的 Galactic Geochelone 和 2020 年 6 月发布的 Foxy Fitzroy，前者为过渡版本，维护时间为 1 年，后者为稳定版本，维护时间为 3 年。

图 11.1　ROS 2.0 的发展历程

ROS 2.0 继承了 ROS 1.0 提高机器人研发中的软件复用率的设计目标，并在此之上提出了另外五个目标。

（1）支持多机器人系统：ROS 2.0 增加了对多机器人系统的支持，提高了多机器人之间通信的网络性能，更多机器人系统及应用将出现在 ROS 社区中。

（2）跨越了原型与产品之间的鸿沟：ROS 2.0 不仅针对科研领域，还关注机器人从研究到应用之间的过渡，可以让更多机器人直接搭载 ROS 2.0 系统走向市场。

（3）支持微控制器：ROS 2.0 不仅可以运行在现有的 X86 和 ARM 系统上，还将支持 MCU 等嵌入式微控制器，如常用的 ARM-M4、ARM-M7 内核。

（4）支持实时控制：ROS 2.0 加入了对实时控制的支持，可提高控制的时效性和机器人的整体性能。

（5）跨系统平台支持：ROS 2.0 不仅能运行在 Linux 系统之上，还支持 Windows 和 Mac OS 等系统，让开发者有更多的选择。

11.1.3 ROS 2.0 通信模型

ROS 1.0 的通信模型主要包含主题（Topic）、服务（Service）等通信机制，ROS 2.0 的通信模型会稍显复杂，加入了很多 DDS（Data Distribution Service）的通信机制，如图 11.2 所示。

基于 DDS 的 ROS 2.0 通信模型包含以下几个关键概念。

（1）参与者（Participant）：在 DDS 中，每一个发布者或者订阅者都称为参与者，对应于一个使用 DDS 的用户，可以使用某种定义好的数据类型来读写全局数据空间。

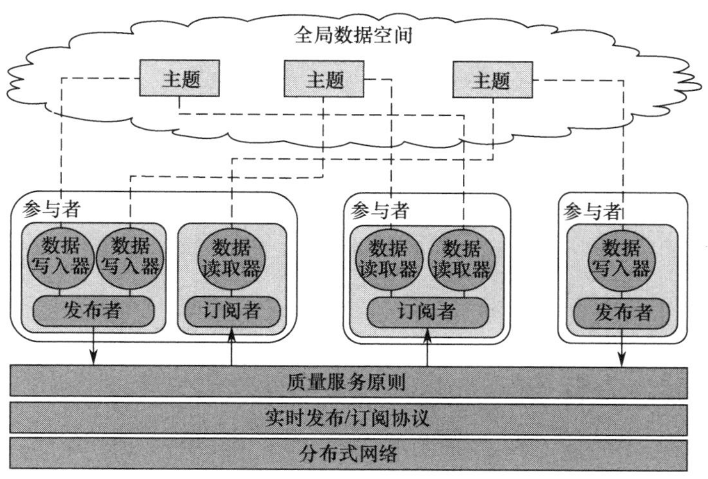

图 11.2　ROS 2.0 的通信模型

（2）发布者（Publisher）：数据发布的执行者，支持多种数据类型的发布，可以与多个数据写入器相连，发布一种或多种主题的消息。

（3）订阅者（Subscriber）：数据订阅的执行者，支持多种数据类型的订阅，可以与多个数据读取器（DataReader）相连，订阅一种或多种主题的消息。

（4）数据写入器（DataWriter）：上层应用向发布者更新数据的对象，每个数据写入器对应一个特定的主题，类似于 ROS 1.0 中的一个消息发布者。

（5）数据读取器（DataReader）：上层应用从订阅者读取数据的对象，每个数据读取器对应一个特定的主题，类似于 ROS 1.0 中的一个消息订阅者。

（6）主题：和 ROS 1.0 中的概念类似，主题需要定义一个名称和一种数据结构，但 ROS 2.0 中的每个主题都是一个实例，可以存储该主题中的历史消息数据。

（7）质量服务（Quality of Service）原则：简称 QoS Policy，这是 ROS 2.0 中新增的、也是非常重要的一个概念，主要从时间限制、可靠性、持续性、历史记录几方面，满足用户针对不同场景的数据通信需求，如图 11.3 所示。

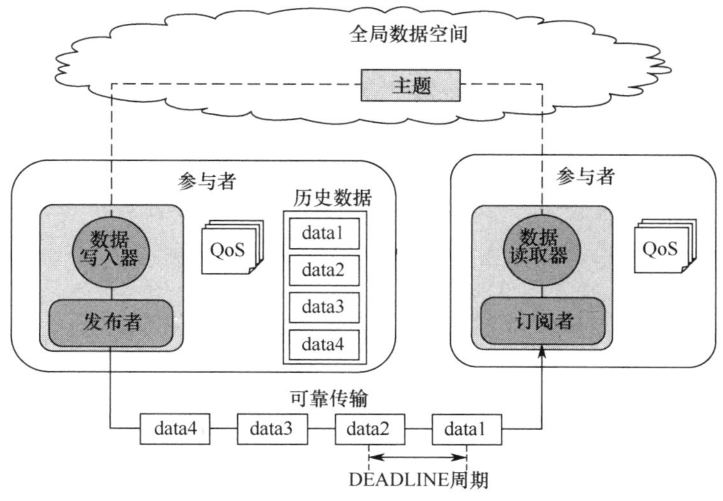

图 11.3　质量服务原则

从上面几个重要概念，可以看出 ROS 2.0 相比于 ROS 1.0，在以下几方面有所提升。

（1）实时性增强：数据必须在截止日期之前完成更新。

（2）持续性增强：DDS 可以为 ROS 2.0 提供数据历史服务，新加入的节点也可以获取发布者发布的所有历史数据。

（3）可靠性增强：配置可靠性原则，用户可以根据需求选择性能模式（BEST_EFFORT）或稳定模式（RELIABLE）。

11.2 ROS 2.0 安装与使用

11.2.1 ROS 2.0 安装

为使用 ROS 2.0，首先需要进行编译安装。ROS 2.0 有多个版本，每个版本对应的适配环境和功能不尽相同。本节以 2020 年 6 月发布的 ROS 2.0 Foxy Fitzroy 版本为例，介绍 ROS 2.0 的安装流程。

在安装前，需要提前准备好与之对应的操作环境，可以使用虚拟机构建 Ubuntu 20.04 操作环境，具体构建过程不再赘述。构建好操作环境后，即可开始 ROS 2.0 的安装，流程如下：

（1）设置编码，命令如下：

```
$ sudo locale-gen en_US en_US.UTF-8
$ sudo update-locale LC_ALL=en_US.UTF-8 LANG=en_US.UTF-8
$ export LANG=en_US.UTF-8
```

（2）设置软件源，命令如下：

```
$ sudo apt update && sudo apt install curl gnupg2 lsb-release
$ curl -s https://raw.githubusercontent.com/ros/rosdistro/master/ros.asc | sudo apt-key add -
$ sudo sh -c 'echo "deb [arch=amd64,arm64] http://packages.ros.org/ros2/ubuntu $(lsb_release -cs) main" > /etc/apt/sources.list.d/ros2-latest.list'
```

（3）安装 ROS 2.0（如果出现下载失败问题，可以尝试更换软件源重新下载），命令如下：

```
$ sudo apt update
$ sudo apt install ros-foxy-desktop
```

ROS 2.0 安装过程如图 11.4 所示。

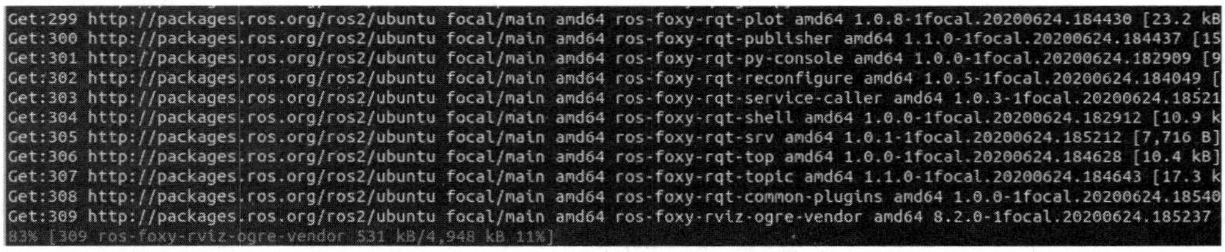

图 11.4 ROS 2.0 安装过程

（4）安装自动补全工具，命令如下：

```
$ sudo apt install python3-argcomplete
```

安装完 ROS 2.0 后，需要进行 ROS 2.0 的环境变量更新，并将其加入用户环境变量.bashrc 文件中，以便在后续过程中更方便地进行 ROS 2.0 编程与仿真。命令如下：

```
$ source /opt/ros/foxy/setup.bash
$ echo "source /opt/ros/foxy/setup.bash" >> ~/.bashrc
```

如果命令执行后未报错，代表 ROS 2.0 已经安装成功。

11.2.2　运行小海龟案例

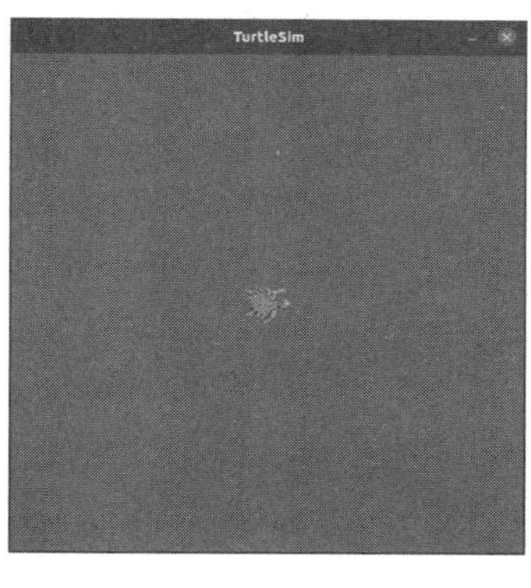

图 11.5　小海龟仿真器界面

本节将通过小海龟仿真案例，让读者初步体验 ROS 2.0。

1. 启动小海龟仿真器

在命令行中输入如下命令启动小海龟仿真器：

```
$ ros2 run turtlesim turtlesim_node
```

命令执行后会打开一个仿真器界面，里边会随机生成一只小海龟，如图 11.5 所示。在命令行中可以看到小海龟的名字和其在仿真器坐标系下的位置（如果没有小海龟仿真器功能包，可以通过命令 sudo apt install ros-foxy-turtlesim 安装）。

命令行打印的小海龟位置信息如下：

```
[INFO] [1641968936.339206332] [turtlesim]: Starting turtlesim with node name /turtlesim
[INFO] [1641968936.344071096] [turtlesim]: Spawning turtle [turtle1] at x=[5.544445], y=[5.544445], theta=[0.000000]
```

2. 控制小海龟运动

打开一个新的命令行，输入如下命令：

```
$ ros2 run turtlesim turtle_teleop_key
```

如图 11.6 所示，在新的命令行中可以通过上、下、左、右方向键分别控制小海龟的前进后退和旋转方向，这与 ROS 1.0 中是相同的。不同的是，ROS 2.0 多出了固定角度旋转动作（action）控制功能，可通过输入 G、B、V、C 等键控制小海龟旋转固定角度。

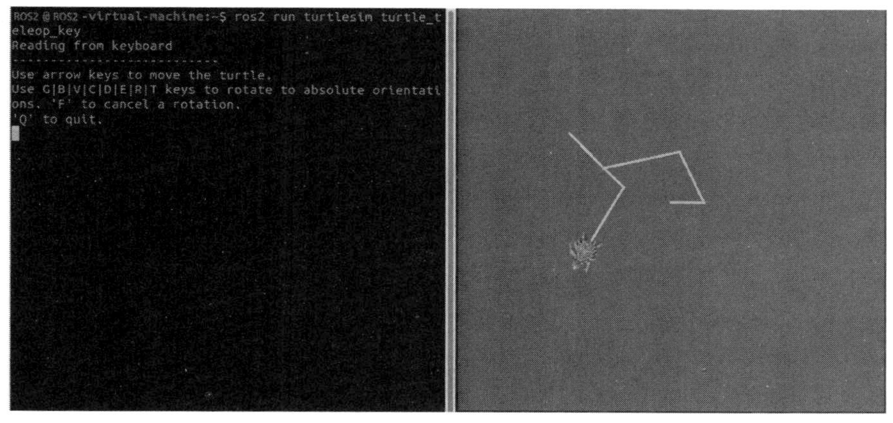

图 11.6　控制小海龟运动

3. 分析消息的传递

打开一个新的命令行，输入如下命令：

```
$ rqt_graph
```

可以打开 ROS 节点图形化界面。在左上角的下拉列表中选择 Nodes/Topics(all)选项，单击刷新按钮，可以看到小海龟案例对应的节点、主题，以及带箭头的消息传递方向。其中，/turtlesim 是图形化小海龟节点，/teleop_turtle 是小海龟运动控制节点，两者通过主题 /turtle1/cmd_vel 进行关联，该主题为小海龟运动控制主题。其余主题为控制小海龟固定角度旋转动作的主题，如图 11.7 所示。

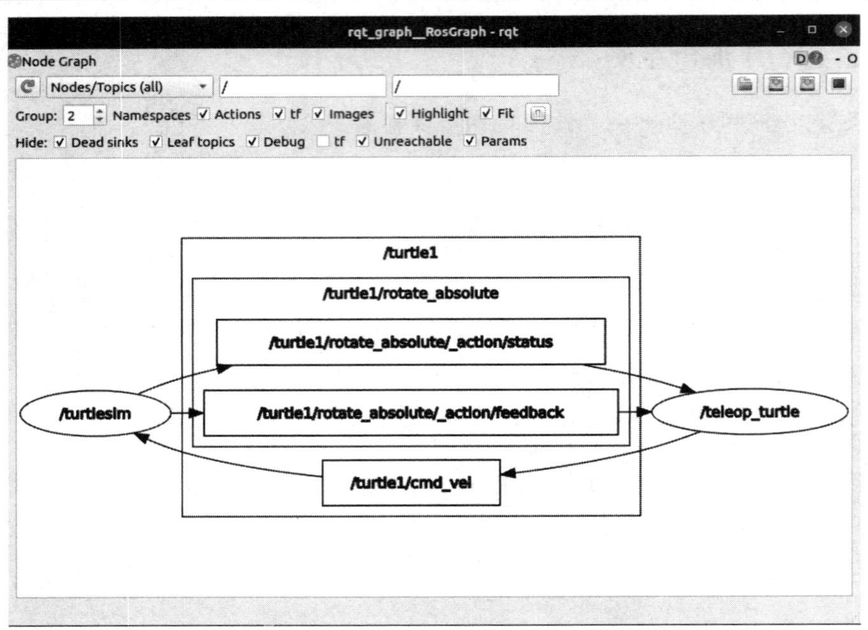

图 11.7　小海龟案例节点主题分析

4. 安装 rqt 图形化工具，生成新小海龟

在 Linux 中通过如下命令安装 rqt 图形化工具：

```
$ sudo apt update
$ sudo apt install ~nros-foxy-rqt*
```

安装完成后，通过命令 rqt 运行 rqt 图形化界面。第一次打开的界面是空的（如图 11.8 所示），选择 Plugins->Services->Service Caller 选项，应用用来发布服务请求的插件，单击刷新按钮之后，可以看到系统当前的所有服务。

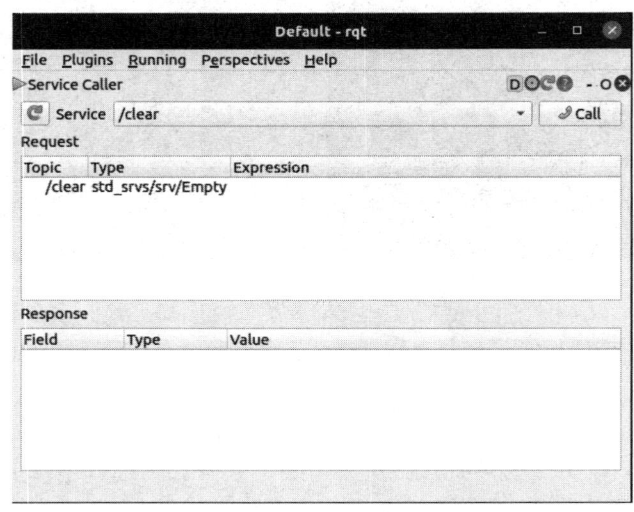

图 11.8　rqt 图形化界面（空的）

选择/spawn 服务，双击下边的数据项，填写新产生小海龟的名字（turtle2）和位置，然后单击 Call 按钮，即可发送服务请求，生成一只新的小海龟。注意，名字不能和已有的小海龟

名字一样，否则会报错。请求服务后，产生的不仅是一只新的小海龟，还会有 turtle2 对应的主题、服务，如图 11.9 所示。

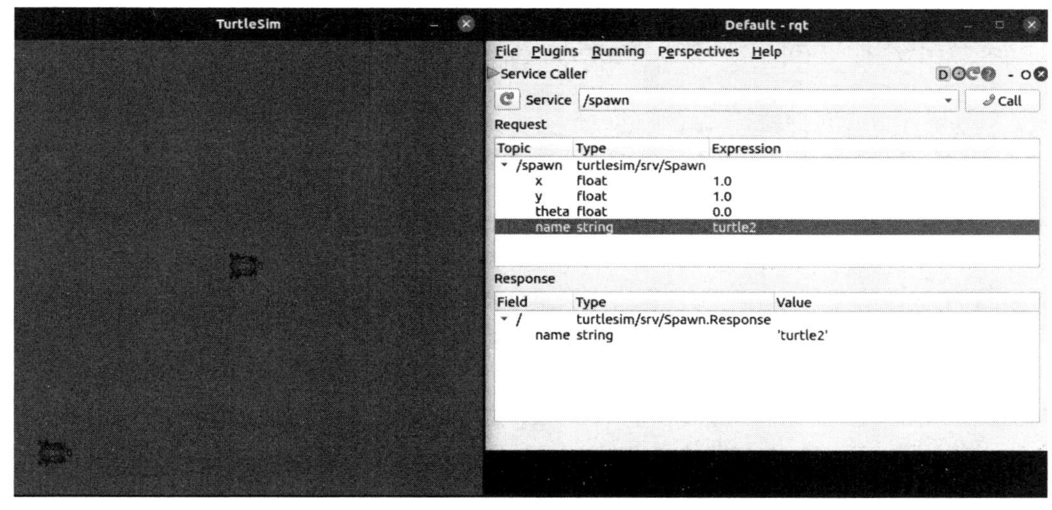

图 11.9　rqt 服务请求界面

接下来控制第二只小海龟的运动，仿真器默认的键盘控制节点只能发布 turtle1 的主题，但是通过 ROS 的重映射（remapping）机制，可以实现对主题的重新命名。在一个新的命令行中输入如下命令：

```
$ ros2 run turtlesim turtle_teleop_key --ros-args --remap turtle1/cmd_vel:=turtle2/cmd_vel
```

此命令把 turtle1/cmd_vel 主题名更改为 turtle2/cmd_vel，然后就可以通过该节点控制 turtle2 小海龟的运动了。

11.2.3　ROS 2.0 命令行

ROS 2.0 的主要命令行入口为 ros2，使用命令“ros2　<command>”进行调用。相关命令介绍如下：

action　　动作相关的子命令
bag　　rosbag 相关的子命令
component　　组件相关子命令
daemon　　守护进程相关的子命令
doctor　　检查 ROS 设置和其他潜在问题
interface　　显示 ROS 接口的信息
launch　　运行 launch 文件
lifecycle　　生命周期相关的子命令
multicast　　组播相关子命令
node　　节点相关的子命令
param　　参数相关的子命令
pkg　　功能包相关的子命令
run　　运行一个功能包中特定的可执行文件
security　　安全相关子命令

service　　服务相关的子命令
topic　　主题相关子命令
wtf　　doctor 命令的别名

ROS 2.0 命令行与 ROS 1.0 命令行在功能上有很大的相似之处。在以上命令中，需要注意以下经常使用到的命令：

ros2 node：输出节点相关信息。

ros2 run：运行一个功能包节点/可执行文件，是 ROS 2.0 中的基本运行命令。

ros2 topic：操作主题信息，如使用 ros2 topic list 可以查看当前运行的所有主题名，使用 ros2 topic info 可以打印主题相关信息，使用 ros2 topic pub 可以发布新主题。

ros2 service：操作服务信息，使用 ros2 service call 可以申请服务，使用 ros2 service list 可以查看当前运行的所有服务名，使用 ros2 service type 可以输出指定服务的类型。

ros2 param：操作参数服务器信息，如增加参数、修改参数等。

ros2 launch：运行一个 launch 文件，launch 文件可以将多个功能包节点/可执行文件集成在一个文件中同时运行，在运行大的工程项目时十分方便。

ros2 action：action 是 ROS 2.0 中的通信类型之一，适用于长时间运行的任务。它们由三部分组成：目标、反馈和结果。action 基于主题和服务构建。其功能类似于服务，只是可以取消操作。action 还提供稳定的反馈，而不是返回单个响应的服务。

11.3 ROS 2.0 编程基础

11.3.1 ROS 2.0 编程方法

ROS 2.0 的编程方法与 ROS 1.0 类似，主要包括三种通信机制：主题通信、服务通信、参数服务器通信。这三种通信机制的基本原理与思想与 ROS 1.0 并无差别，只是实现上有所不同。

为了让读者更清晰地理解 ROS 2.0 编程细节，本节通过主题通信案例——创建 ROS 2.0 工作空间、创建 ROS 2.0 功能包、创建一个简单的订阅者和发布者（C++），来介绍 ROS 2.0 编程方法。更多有关 ROS 2.0 与 ROS 1.0 编程的区别，将在下一节进行介绍。

1. 创建 ROS 2.0 工作空间

ROS 2.0 中的工作空间是开发具体应用项目的空间，所有功能包的源码、配置、编译都在该空间下完成。当存在多个工作空间时，需要设置工作空间之间的层次（类似于优先级），以此来区分不同工作空间下同名功能包的运行优先级。ROS 默认是启动最上层的工作空间（overlay），上层工作空间中的功能包会覆盖（override）下层工作空间（underlay）中的同名功能包。所以存在多个工作空间时，还需要注意设置工作空间的层次。创建 ROS 2.0 工作空间的流程如下：

（1）设置 ROS 2.0 的环境变量，命令如下：

```
$ source /opt/ros/foxy/setup.bash
```

工作空间的层次是通过环境变量来配置的。简单来说，下一个配置的工作空间会放到上一个配置的工作空间之上。ROS 2.0 安装路径下的功能包一般会被设置为最下层的工作空间。

（2）创建一个新的文件夹，命令如下：

```
$ mkdir -p ~/dev_ws/src
$ cd ~/dev_ws/src
```

其中 dev_ws 是创建的工作空间，src 是放置功能包相关文件的位置。

（3）编译工作空间，编译工作空间需要在工作空间的根目录 dev_ws 下执行，命令如下：

```
$ cd ..
$ colcon build
```

如果提示 colcon 没有安装，可以使用如下命令安装：

```
$ sudo apt install python3-colcon-common-extensions
```

colcon 是 ROS 2.0 的编译工具，类似于 ROS 1.0 中的 catkin，该命令尾部还可以紧跟一些常用的参数后缀，如：

--packages-up-to：编译指定的功能包，而不是整个工作空间；

--symlink-install：节省每次重建 Python 脚本的时间；

--event-handlers console_direct+：在命令行中显示编译过程中的详细日志。

编译结束后，在 dev_ws 工作空间下，可以看到新创建了 build、install、log 文件夹。其中“install”文件夹是未来运行所有的节点启动文件和脚本的位置。该文件夹下有两个重要的文件 local_setup.sh 和 setup.sh，前者仅会设置当前工作空间中功能包的相关环境变量，后者还会设置该工作空间下其他底层工作空间的环境变量。当设置 local_setup.sh 环境变量时，只能调用该工作空间下的功能包文件；当设置 setup.sh 环境变量时，该工作空间和 ROS 2.0 安装路径下的环境变量会同时被设置，且该工作空间会被设置为最上层工作空间，调用功能时会先查找并使用该工作空间下的功能包文件，然后查找 ROS 2.0 安装路径下的自带功能包文件。在用户工作空间中设置环境变量的命令如下：

```
$ . install/local_setup.sh
```

或

```
$. install/setup.sh
```

2. 创建 ROS 2.0 功能包

功能包是 ROS 2.0 中组织代码的基本容器，方便编译、安装和开发。一般来讲，每个功能包都是用来完成某项具体的功能相对完整的单元。ROS 2.0 中的功能包可以使用 CMake 或 Python 两种方式来编译，其本身是一个“文件夹”，但和文件夹不同的是，每个功能包中至少都会有两个文件：

（1）package.xml：功能包的描述信息。

（2）CMakeLists.txt：描述 CMake 编译该功能包的规则。

每个工作空间中可以有多个功能包，但是功能包不能嵌套。一个工作空间内典型的功能包结构如下：

```
workspace_folder/
    src/
        package_1/
            CMakeLists.txt
            package.xml

        package_2/
            setup.py
            package.xml
            resource/package_2

         ......
         package_n/
```

```
                CMakeLists.txt
                package.xml
```

创建功能包需要在工作空间目录下进行，使用之前已经创建好的 dev_ws 工作空间，在其中的 src 文件夹中，创建新功能包，命令如下：

```
$ cd ~/dev_ws/src
$ ros2 pkg create --build-type ament_cmake <package_name>
```

命令执行后，将创建一个名为<package_name>的功能包，该功能包目录下有 include 文件夹、src 文件夹、CMakeLists.txt 文件和 package.xml 文件。其中 include 文件夹存放用户编写的库文件，src 文件夹存放.cpp 文件。创建功能包的命令还允许设置节点名，并自动生成一个名为 helloworld 的例程代码。如下述命令将生成一个名为 my_package 的功能包及该功能包下名为 my_node 的节点，该节点中存在一个自动生成的 helloworld 的例程代码：

```
$ ros2 pkg create --build-type ament_cmake --node-name my_node my_package
```

上述命令创建的都是 CMake 功能包，若要创建 Python 功能包，则将 ament_cmake 更改为 ament_python 即可。需要注意的是，每次修改功能包后，都需要重新编译工作空间，如果只想编译某个特定的功能包，可以使用如下命令，其中 my_package 是指定编译的功能包名。

```
$ colcon build --packages-select my_package
```

完成工作空间和功能包创建后，将得到如下所示的文件树结构：

```
dev_ws/
    build/
    install/
    log/
    src/
        my_package/
            CMakeLists.txt
            package.xml
            include/
            src/
```

3. 创建一个简单的订阅节点和发布节点（C++）

通过发布和订阅主题进行节点间通信，是 ROS 通信机制中重要的方式之一。掌握好这种通信方式的使用，对于理解 ROS 2.0 编程具有很大帮助。经过以上两步，我们已经创建好了 dev_ws 工作空间及 my_package 功能包，现在开始创建发布节点和订阅节点。

（1）创建发布节点，进入 my_package/src 目录下，创建 HelloWorld_Pub.cpp 文件，并将以下代码复制进去：

```
#include <chrono> //一些标准 C++头文件
#include <functional>
#include <memory>
#include <string>

#include "rclcpp/rclcpp.hpp" //ROS2 中常用的 C++接口头文件
#include "std_msgs/msg/string.hpp" //ROS2 中字符串消息的头文件

using namespace std::chrono_literals;

/* This example creates a subclass of Node and uses std::bind() to register a
* member function as a callback from the timer. */

//创建一个节点类 MinimalPublisher，用于定时触发回调函数，发布消息
class MinimalPublisher : public rclcpp::Node
{
  public:
```

```
    MinimalPublisher()
    : Node("minimal_publisher"), count_(0)
    {
      publisher_ = this->create_publisher<std_msgs::msg::String>("topic", 10);
      timer_ = this->create_wall_timer(
      500ms, std::bind(&MinimalPublisher::timer_callback, this));
    }

  //回调函数：用于对外发布消息
  private:
    void timer_callback()
    {
      auto message = std_msgs::msg::String();
      message.data = "Hello, world! " + std::to_string(count_++);
      RCLCPP_INFO(this->get_logger(), "Publishing: '%s'", message.data.c_str());
      publisher_->publish(message);
    }
    //创建定时器、发布者和计数变量
    rclcpp::TimerBase::SharedPtr timer_;
    rclcpp::Publisher<std_msgs::msg::String>::SharedPtr publisher_;
    size_t count_;
};

int main(int argc, char * argv[])
{
  rclcpp::init(argc, argv);
  rclcpp::spin(std::make_shared<MinimalPublisher>());
  rclcpp::shutdown();
  return 0;
}
```

MinimalPublisher()为节点类 MinimalPublisher 的构造函数，该函数初始化了一个名为 minimal_publisher 的节点，并构造了一个消息类型为 String，消息队列保存长度为 10 的主题 topic，然后创建一个定时器 timer_，每 500ms 触发一次，并运行回调函数 timer_callback()。

回调函数 timer_callback()的主要功能是在每次触发时发布一次主题消息。message 中保存的字符串是“Hello，world！”加一个计数值，然后通过 RCLCPP_INFO 宏函数打印一次日志信息，再通过发布节点的 publish 方法将消息发布出去。

main()函数中，先初始化 ROS 2.0 节点，然后使用 rclcpp::spin 创建 MinimalPublisher 类对象，并进入自旋锁，当退出锁时，关闭节点结束程序。

（2）创建订阅节点，同样在 my_package/src 目录下，创建 HelloWorld_Sub.cpp 文件，并将以下代码复制进去：

```
#include <memory>
#include "rclcpp/rclcpp.hpp"
#include "std_msgs/msg/string.hpp"
using std::placeholders::_1;

class MinimalSubscriber : public rclcpp::Node
{
  public:
    MinimalSubscriber()
    : Node("minimal_subscriber")
    {
      subscription_ = this->create_subscription<std_msgs::msg::String>(
      "topic", 10, std::bind(&MinimalSubscriber::topic_callback, this, _1));
    }
```

```
  private:
    void topic_callback(const std_msgs::msg::String::SharedPtr msg) const
    {
      RCLCPP_INFO(this->get_logger(), "I heard: '%s'", msg->data.c_str());
    }
    rclcpp::Subscription<std_msgs::msg::String>::SharedPtr subscription_;
};

int main(int argc, char * argv[])
{
  rclcpp::init(argc, argv);
  rclcpp::spin(std::make_shared<MinimalSubscriber>());
  rclcpp::shutdown();
  return 0;
}
```

创建订阅节点的整体流程和创建发布节点类似，构造函数中初始化了节点 minimal_subscriber，创建了订阅者，订阅 String 消息，订阅的主题名为 topic，保存消息的队列长度是 10，当订阅到数据时，会进入回调函数 topic_callback()。

回调函数 topic_callback()的主要功能是将收到的 String 消息通过 RCLCPP_INFO 打印出来。main()函数中的内容和创建发布者时的内容几乎一致，不再赘述。

（3）设置依赖项与编译规则。首先打开功能包的 package.xml 文件，把标记有 TODO 的内容填写完整：

```
<description>Examples of minimal publisher/subscriber using rclcpp</description>
...
<license>Apache License 2.0</license>
```

添加所需依赖项，放在 ament_cmake 下边：

```
<depend>rclcpp</depend>
<depend>std_msgs</depend>
```

然后打开 CMakeLists.txt 文件，在 find_package 语句下，添加两行：

```
find_package(rclcpp REQUIRED)
find_package(std_msgs REQUIRED)
```

再设置具体的编译规则，添加可执行文件和依赖，以便可以使用命令运行节点：

```
add_executable(talker src/HelloWorld_Pub.cpp)
add_executable(listener src/HelloWorld_Sub.cpp)
ament_target_dependencies(talker rclcpp std_msgs)
ament_target_dependencies(listener rclcpp std_msgs)
```

最后，设置安装规则，以便可以使用 ros2 run 命令找到执行文件：

```
install(TARGETS
  talker
  listener
  DESTINATION lib/${PROJECT_NAME})
```

完整的 CMakeLists.txt 文件如下：

```
cmake_minimum_required(VERSION 3.5)project(cpp_pubsub)
cmake_minimum_required(VERSION 3.5)
project(my_package)

# Default to C99
if(NOT CMAKE_C_STANDARD)
  set(CMAKE_C_STANDARD 99)
endif()

# Default to C++14
if(NOT CMAKE_CXX_STANDARD)
  set(CMAKE_CXX_STANDARD 14)
```

```
endif()

if(CMAKE_COMPILER_IS_GNUCXX OR CMAKE_CXX_COMPILER_ID MATCHES "Clang")
  add_compile_options(-Wall -Wextra -Wpedantic)
endif()

# find dependencies
find_package(ament_cmake REQUIRED)
find_package(rclcpp REQUIRED)
find_package(std_msgs REQUIRED)

add_executable(talker src/HelloWorld_Pub.cpp)
add_executable(listener src/HelloWorld_Sub.cpp)
ament_target_dependencies(talker rclcpp std_msgs)
ament_target_dependencies(listener rclcpp std_msgs)

install(TARGETS
  talker
  listener
  DESTINATION lib/${PROJECT_NAME})

if(BUILD_TESTING)
  find_package(ament_lint_auto REQUIRED)
  ament_lint_auto_find_test_dependencies()
endif()

ament_package()
```

（4）编译和运行。编译前先确认功能包的依赖项是否安装好，在 dev_ws 路径下执行如下命令：

```
$ rosdep install -i --from-path src --rosdistro <distro> -y
```

安装完毕后，在该路径下编译 cpp_pubsub 功能包：

```
$ colcon build --packages-select my_package
```

如图 11.10 所示，编译成功后，进行检验：打开一个新的命令行，设置工作空间的环境变量，运行发布节点：

```
$ . install/setup.bash
$ ros2 run my_package talker
```

```
Starting >>> my_package
Finished <<< my_package [8.05s]

Summary: 1 package finished [8.16s]
```

图 11.10　编译成功

然后，再打开一个新的命令行，用类似的操作，运行订阅节点：

```
$ . install/setup.bash
$ ros2 run my_package listener
```

运行成功后，可以看到命令行每隔 0.5s 打印一次日志信息，如图 11.11 所示，左侧命令行表示发布方，右侧命令行表示接收方，接收方成功与发布方进行了通信。

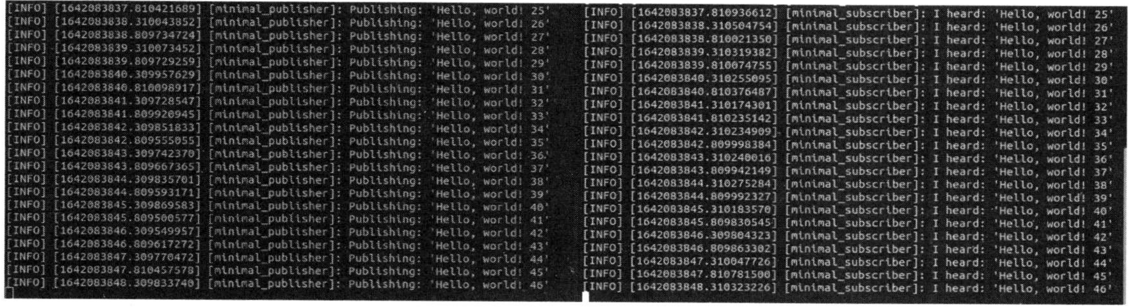

图 11.11　一个简单的发布和订阅功能

11.3.2 ROS 2.0 与 ROS 1.0 编程区别

通过上述案例，我们已经大致了解 ROS 2.0 编程方法。不难发现，在整体框架上，ROS 2.0 与 ROS 1.0 并无多大差异，更多的差异体现在功能实现方法与手段上。它们的主要区别如下。

（1）架构方面。ROS 2.0 不再使用 ROS Master 节点。在 ROS 1.0 中，运行功能包前首先要启动 ROS Master 节点，用于管理其他节点，并提供服务，让不同的节点可以找到彼此。而在 ROS 2.0 中，得益于 DDS 的发现（Discovery）机制，所有节点可以在全局数据空间中进行通信，不再需要 ROS Master 节点统一管理。

（2）编译命令方面。ROS 1.0 使用 rosbuild、catkin 编译并管理项目。ROS 2.0 使用的是升级版的 ament、colcon 编译并管理项目。相比于前者，后者在编译时出错的概率更小，稳定性更高。

（3）头文件包含方面。ROS 2.0 常使用的是 rclcpp 库（ROS Client Library for C++）、rclc 库（ROS Client Library for C）或 rclpy 库（ROS Client Library for Python），而 ROS 1.0 使用的是 roscpp 库或 rospy 库，如图 11.12 所示。相比之下，ROS 2.0 对库的划分更精细。两者的底层原理也有所区别，ROS 1.0 底层基于 UDP/TCP 通信。ROS 2.0 则增加了中间层 API，调用底层 DDS 通信。不同的厂家 DDS 解决方案不尽相同，但不管采用哪种方案，在将其集成到 ROS 2.0 中时都会按统一标准进行抽象化封装，由中间层 API 调用。

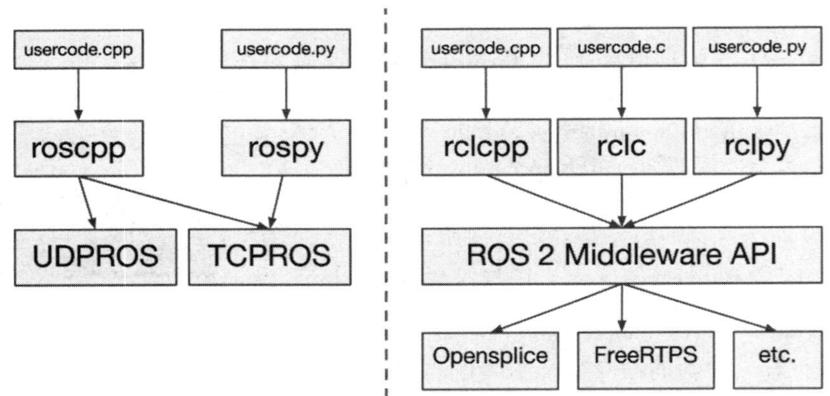

图 11.12 ROS 2.0 与 ROS 1.0 在库文件和底层通信原理上的区别

（4）三种通信的实现方面。首先，不同于 ROS 1.0 使用 NodeHandle 创建节点句柄，ROS 2.0 使用 C++标准库中的共享指针进行节点句柄的创建。如下述代码将会创建一个名为 Node Name 的节点：

```
//ROS 1.0 创建节点句柄
//ros::NodeHandle nh;
//ROS 2.0 创建节点句柄
std::shared_ptr<rclcpp::Node> node = rclcpp::Node::make_shared("Node Name");
//or std::shared_ptr<rclcpp::Node> node = std::make_shared<rclcpp::Node> ("Node Name");
```

其次，ROS 1.0 与 ROS 2.0 在创建三种通信对象的实现方式上有些许不同，主要体现在 API 的使用上，如下述代码都会创建一个主题名为 chatter，消息队列长度为 100 的发布者对象 pub：

```
//ROS 1.0 创建 pub 对象
//ros::Publisher pub = nh. advertise<std msgs: :String>("chatter",100);
//ROS 2.0 创建 pub 对象
```

```
rclcpp::Publisher<std_msgs::msg::String>::SharedPtr pub =
nh->create_publisher<std_msgs::msg::String>("chatter",100);
```

总的来说，使用 ROS 2.0 与 ROS 1.0 时，编程思路基本不变，只需要注意 API 接口的变化即可。由于 ROS 编程中 API 接口众多，本书无法全部提及，想要深入了解的读者请查阅 ROS 2.0 官网文档。

11.4　本章小结

本章对新一代 ROS 设计架构——ROS 2.0 进行了介绍。首先介绍了 ROS 2.0 的发展现状和通信模型，然后介绍了 ROS 2.0 的安装，并通过运行小海龟案例带领读者初步了解 ROS 2.0 的使用，最后通过在 ROS 2.0 上进行主题通信，帮助读者进一步了解和熟悉 ROS 2.0 的编程方法和 ROS 2.0 与 ROS 1.0 的编程区别。

扩 展 阅 读

（1）深入了解 ROS 2.0 的 DDS 通信机制原理。

（2）学习 CMakeLists.txt 的编写方法。

（3）深入了解 ROS 2.0 的编译系统 ament。

练　习　题

（1）部署 ROS 1.0 的移动机器人能在实时性要求较高的高速公路上使用吗？它存在哪些问题？

（2）ROS 2.0 目前有几个版本？

（3）什么是 DDS？它的作用是什么？

（4）ROS 2.0 与 ROS 1.0 在编程上有什么区别？

（5）参考 ROS 2.0 官网，编写一个节点，实现 ROS 2.0 下的服务通信。

（6）设计程序，实现小坦克在二维平面中走椭圆轨迹，说明设计思路，画出流程图并写出核心程序。

附录　缩略词

AMCL：Adaptive Monte Carlo Localization，自适应蒙特卡罗定位。

BoW：Bag-of-Words，词袋模型。

BRIEF：Binary Robust Independent Elementary Features，二进制鲁棒独立基本特征。

BA：Bundle Adjustment：集束调整，也叫光束平差法，采用非线性最小二乘法求取相机位姿，将所观测的图像位置和预测的图像位置点进行最小 error 映射（匹配），由很多非线性函数的平方和组成。

Caffe：Convolutional Architecture for Fast Feature Embedding，快速特征嵌入的卷积结构。

CNN：Convolution Neural Network，卷积神经网络。

CPS：Cyber-Physical Systems，信息物理系统。

DBOW：Bags of binary words for fast place recognition in image sequence，用于图像序列中快速位置识别的二进制词袋模型库（一个开源软件库，使用的特征检测算法为 Fast，描述子使用的是 brief 描述子，采用层级结构的树）。

EKF：Extended Kalman Filter，扩展卡尔曼滤波器。

FAST：Features from Accelerated Segment Test，基于加速分割测试的特征检测。

g2o：General Graph Optimization，通用图优化库。

GUI：Graphical User Interface，图形用户界面，又称图形用户接口。

HOG：Histogram of Oriented Gradient，方向梯度直方图。

IMU：Inertial Measurement Unit，惯性测量单元。

IOU：Intersection Over Union，预测目标框面积与真实目标框面积之间的交集与并集之比。

LBP：Local Binary Pattern，局部二值模式。

LARK：Locally Adaptive Regression Kernels，局部自适应回归核。

LIO-SAM：Lidar Inertial Odometry via Smoothing and Mapping，基于滑动窗口的激光雷达惯性里程计与建图。

Fast-LIO：Fast Lidar-Inertial Odometry，快速激光雷达惯性里程计。

LOAM：Lidar Odometry and Mapping：激光雷达里程计与建图。

LeGO-LOAM：Lightweight and Ground-Optimized Lidar Odometry and Mapping，优化地面的轻量级激光雷达里程计与建图。

NMS：Non-Maximum Suppression，非极大值抑制。

ORB：Oriented FAST and Rotated BRIEF，快速特征点提取和描述。

PF：Particle Filter，粒子滤波器。

RANSAC：RANdom SAmple Consensus，随机抽样一致算法（在计算机视觉中同时解决一对相机的匹配点问题及矩阵计算）。

R-CNN：Region-Convolution Neural Network，区域卷积神经网络。

ROS：Robot Operating System，机器人操作系统。

RPN：Region Proposal Network，区域建议生成网络。

SFM：Structure from Motion，从运动中恢复结构，即从一系列包含视觉运动信息的多幅二维图像序列中恢复三维结构。

SIFT：Scale-Invariant Feature Transform，尺度不变特征变换。

SLAM：Simultaneous Localization and Mapping，同时定位与地图建立。

SPP：Spatial Pyramid Pooling，空间金字塔池化。

SSD：Single Shot MultiBox Detector，单次多框检测器（一种 one-stage 多框预测方法）。

SURF：Speed-Up Robust　Features，加速稳健特征（Sift 算法的加速版）。

SVO：Semi-direct Visual Odometry，半直接视觉里程计。

ToF：Time-of-Flight，飞行时间。

UKF：Unscented Kalman Filter，无迹卡尔曼滤波器，也称无损卡尔曼滤波器。

URDF：Unified Robot Description Format，统一机器人描述格式。

XML：eXtensible Markup Language，可扩展标记语言。